U0346749
PM
35618
09:30
12/24 · 周五
新
印象
—
NEW
IMPRESSION
杜伟 编著
Cinema 4D+Octane Render
建模/材质/灯光/渲染技术
与产品包装表现实例教程
880多分钟
教学视频
人民邮电出版社
北京

图书在版编目（CIP）数据

新印象Cinema 4D+Octane Render建模/材质/灯光/渲染技术与产品包装表现实例教程 / 杜伟编著. -- 北京 : 人民邮电出版社, 2021.7
ISBN 978-7-115-56505-1

Ⅰ. ①新… Ⅱ. ①杜… Ⅲ. ①三维动画软件—教材
Ⅳ. ①TP391.414

中国版本图书馆CIP数据核字(2021)第083888号

内 容 提 要

这是一本全面介绍使用 Octane Render 制作、渲染产品包装的 Cinema 4D 技术教程书。

全书共 11 章，从 Cinema 4D 基本操作入手，结合可操作实例，深入地阐述 Cinema 4D 的建模工具、造型工具、生成器、变形器和效果器的使用方法和技巧，并全面讲解 Octane Render 渲染器的区域光、日光、HDRI 环境、材质通道和材质节点等方面的技术；之后通过对 7 个产品类目共 21 个商业实操案例的讲解，让读者全方面理解并掌握产品包装的制作与渲染，从而实现学以致用。

本书附带学习资源，包含本书所有案例的实例文件（含贴图）、场景文件、多媒体教学在线视频，以便读者获得更好的学习体验。

本书适合包装设计师、平面设计师、电商设计师，以及使用 Octane Render 渲染器创作作品的设计师阅读。此外，本书所有内容均采用中文版 Cinema 4D R19、Octane Render V3.07 进行编写，请读者使用相同或更高版本的软件进行练习。

◆ 编　　著　杜　伟
责任编辑　张丹阳
责任印制　马振武
◆ 人民邮电出版社出版发行　　北京市丰台区成寿寺路 11 号
邮编　100164　　电子邮件　315@ptpress.com.cn
网址　https://www.ptpress.com.cn
天津市银博印刷集团有限公司印刷
◆ 开本：787×1092　1/16
印张：13
字数：411 千字　　2021 年 7 月第 1 版
印数：1 – 2 500 册　　2021 年 7 月天津第 1 次印刷

定价：109.90 元

读者服务热线：(010)81055410　印装质量热线：(010)81055316
反盗版热线：(010)81055315
广告经营许可证：京东市监广登字 20170147 号

精彩案例赏析

5.1 曲奇饼干包装渲染案例

实例位置	实例文件>CH05>曲奇饼干包装渲染案例.c4d
技术掌握	曲奇饼干模型及材质的调节方法、包装盒的布线技巧

5.2 花生豆包装渲染案例

实例位置	实例文件>CH05>花生豆包装渲染案例.c4d
技术掌握	花生豆模型及材质的调节方法、包装袋模型的制作技巧

5.3 八宝粥包装渲染案例

实例位置	实例文件>CH05>八宝粥包装渲染案例.c4d
技术掌握	易拉罐模型的制作方法

6.1 果汁包装渲染案例

实例位置	实例文件>CH06>果汁包装渲染案例.c4d
技术掌握	饮料瓶模型及材质的调节方法、包装盒的布线技巧

6.2 红酒包装渲染案例

实例位置	实例文件>CH06>红酒包装渲染案例.c4d
技术掌握	酒瓶模型及材质的调节方法、包装盒模型的制作技巧

6.3 咖啡包装渲染案例

实例位置	实例文件>CH06>咖啡包装渲染案例.c4d
技术掌握	咖啡豆和包装袋建模的方法、渲染环境的制作技巧

7.1 洁面乳包装渲染案例

实例位置	实例文件>CH07>洁面乳包装渲染案例.c4d
技术掌握	洁面乳瓶子模型制作及材质的调节方法

精彩案例赏析

7.2 护肤霜包装渲染案例

实例位置	实例文件>CH07>护肤霜包装渲染案例.c4d
技术掌握	护肤霜包装模型制作及材质的调节方法

8.2 音箱包装渲染案例

实例位置	实例文件>CH08>音箱包装渲染案例.c4d
技术掌握	音箱模型布线技巧、布料模型制作方法

9.1 养生壶包装渲染案例

实例位置	实例文件>CH09>养生壶包装渲染案例.c4d
技术掌握	养生壶模型的制作及材质的调节方法

9.2 加湿器包装渲染案例

实例位置	实例文件>CH09>加湿器包装渲染案例.c4d
技术掌握	加湿器模型布线技巧、材质及渲染环境的制作方法

10.1 铅笔包装渲染案例

实例位置	实例文件>CH10>铅笔包装渲染案例.c4d
技术掌握	铅笔模型的制作及材质的调节方法

11.1 茶叶包装渲染案例

实例位置	实例文件>CH11>茶叶包装渲染案例.c4d
技术掌握	茶叶模型的制作及包装材质的调节方法

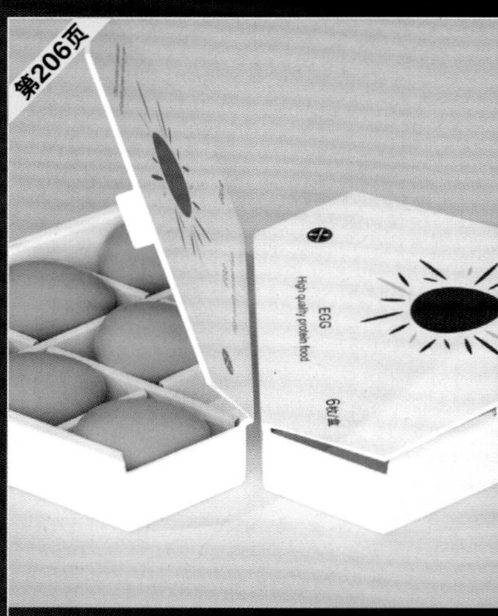

11.3 鸡蛋包装渲染案例

实例位置	实例文件>CH11>鸡蛋包装渲染案例.c4d
技术掌握	鸡蛋包装盒模型制作方法及材质的调节方法

设计行业的发展日新月异，需求从以往的二维设计转向三维设计，设计师也从“全栈设计师”向“全链路设计师”全面发展。设计师要学的东西越来越多，Cinema 4D也逐渐被广大设计师喜爱和使用，成为当下较流行的设计软件之一。

本书是一本以Cinema 4D为主要工具，讲解产品包装制作与渲染技术的专业教程；结合Octane Render，从实用角度出发，全面、系统地讲解产品包装的建模、UV拆分、UV贴图、环境搭建，以及材质渲染的方法和技巧。同时，本书围绕教学内容配套提供大量学习视频。此外，本书附录还为初学者配备了常用快捷键速查表、Cinema 4D的一些基本操作技巧，以及Cinema 4D插件和预设安装方法。本书知识点全面系统，讲解详细且通俗易懂，能帮助读者全方位掌握Cinema 4D的使用技巧和制作、渲染产品包装的具体方法。

本书结构说明

本书分为五大部分，共11章。

第一部分（第1章）： 讲解Cinema 4D的基本功能、自定义布局和插件与预制库的安装方法，介绍Octane Render的功能和参数配置。该部分的目的是让读者对Cinema 4D和Octane Render有一个全面的认识与了解。

第二部分（第2章）： 讲解常用的建模工具，以及造型工具、变形器、生成器和效果器的使用方法及其在建模中的应用，同时设置了5个技术专题和12个实例。该部分的目的是帮助读者深入理解各个工具的应用。

第三部分（第3章）： 深入讲解Octane Render中的区域光、日光，以及HDRI环境的各项参数和具体使用方法，同时讲解第三方打光软件HDR Light Studio和Octane Render配合为产品打光的思路和方法。该部分的目的是帮助读者充分地了解并掌握Octane Render中各种灯光的使用技巧和方法。

第四部分（第4章）： 对Octane Render 常用材质的材质通道和产品包装渲染中常用的材质节点进行全面讲解，同时设置了3个技术专题和9个实例。该部分的目的是让读者更好地掌握Octane Render材质的调节方法和使用技巧。

第五部分（第5~11章）： 针对产品包装渲染，为读者讲解7个产品类目中21种不同的产品从建模、UV拆分和贴图到材质调整及渲染的整体思路和流程。该部分的目的是让读者结合前面所学知识，进一步理解产品包装的制作流程与方法，掌握全局化思路，并将所学知识运用到商业实战中，做到举一反三。

强调与说明

本书在讲解过程中，在必要的位置设置了技术专题、提示等内容，目的是帮助读者进一步理解并掌握产品包装制作、渲染的方法与技巧。

本书是一本系统性、综合性较强，并且以实操教学为主的产品包装渲染教程。读者在学习书中讲到的方法和技巧时，主要掌握核心步骤及一些常用命令的快捷键，避免死记硬背，要灵活运用。在学习了前边的基础知识和基本技术之后，注意结合实例多做一些练习，这样才能对知识点做到融会贯通。关于参数的设置本书没有做严格的规定，读者需根据产品的实际效果来决定参数的设置。此外，大家都知道，软件的版本是随时可能会更新升级的，因此本书中有关的知识点可能会与其他版本存在一些差异，但基本原理和使用方法是相通的，希望读者能够活学活用。

本书的版面结构说明

为了达到让读者轻松学习和深入了解软件功能的目的，本书专门配置了“实例”“技术专题”“提示”“商业案例实战”等重要知识板块。

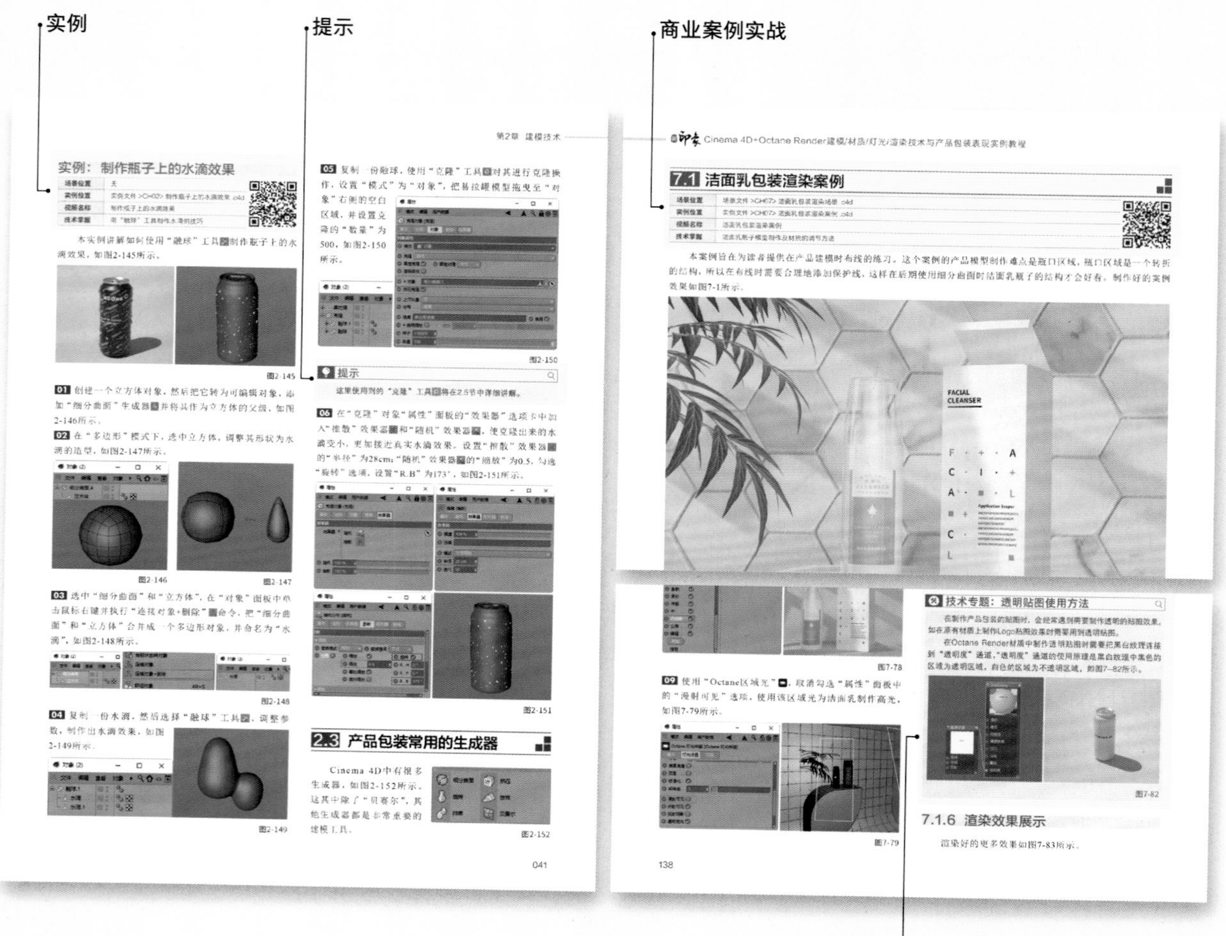

作者建议

目前，Cinema 4D的Octane Render作为产品包装渲染的应用工具之一，正在被更多设计师接受和使用。编者在从业和分享经验的经历中，经常发现初学者遇到问题不知如何解决和从何处获得帮助。所以让读者能更好地学习并快速上手这款软件，是编者写这本书的初衷。

想要更快地学会产品渲染，需要多做练习，不断地巩固所学知识。在练习过程中，不仅要对产品材质有比较深入的了解，还应对常见的不同产品的模型做大量的建模练习，之后以全局化的思路进行产品制作、渲染，做出完整的作品，这样才能真正掌握产品包装制作、渲染的方法与技巧，并为就业打下坚实的基础。

由于编者经验有限，书中难免会有讲解不周全的地方，望读者谅解并提出宝贵意见。

本书由“数艺设”出品，“数艺设”社区平台（www.shuyishe.com）为您提供后续服务。

配套资源

本书附赠所有案例的实例文件（含贴图）、场景文件、多媒体教学视频。

资源获取请扫码

“数艺设”社区平台，为艺术设计从业者提供专业的教育产品。

与我们联系

我们的联系邮箱是 szys@ptpress.com.cn。如果您对本书有任何疑问或建议，请您发邮件给我们，并请在邮件标题中注明本书书名及ISBN，以便我们更高效地做出反馈。

如果您有兴趣出版图书、录制教学课程，或者参与技术审校等工作，可以发邮件给我们；有意出版图书的作者也可以到“数艺设”社区平台在线投稿（直接访问 www.shuyishe.com 即可）。如果学校、培训机构或企业想批量购买本书或“数艺设”出版的其他图书，也可以发邮件联系我们。

如果您在网上发现针对“数艺设”出品图书的各种形式的盗版行为，包括对图书全部或部分内容的非授权传播，请您将怀疑有侵权行为的链接通过邮件发给我们。您的这一举动是对作者权益的保护，也是我们持续为您提供有价值的内容的动力之源。

关于“数艺设”

人民邮电出版社有限公司旗下品牌“数艺设”，专注于专业艺术设计类图书出版，为艺术设计从业者提供专业的图书、U书、课程等教育产品。出版领域涉及平面、三维、影视、摄影与后期等数字艺术门类，字体设计、品牌设计、色彩设计等设计理论与应用门类，UI设计、电商设计、新媒体设计、游戏设计、交互设计、原型设计等互联网设计门类，环艺设计手绘、插画设计手绘、工业设计手绘等设计手绘门类。更多服务请访问“数艺设”社区平台www.shuyishe.com。我们将提供及时、准确、专业的学习服务。

目录

第1章 Cinema 4D和Octane Render基础知识

Octane Render作为一款优秀的渲染器，已经成为越来越多设计师渲染时的不二之选。在学习一款新软件时，我们首先要了解软件的功能、操作方式和使用逻辑等。本章将介绍Cinema 4D软件的界面构成、界面自定义设置、第三方插件和预制库的安装方法、在产品包装设计中的使用优势与特点，以及Octane Render的使用优势、界面与主要功能、使用前的设置工作。

1.1 初识Cinema 4D

本节主要从Cinema 4D界面的组成部分、自定义界面布局的方法，以及插件和预制库的安装方法这3个方面进行讲解。

1.1.1 Cinema 4D界面

Cinema 4D界面的布局结构清晰，为模块化的结构。它的默认界面主要由10个部分组成，如图1-1所示。

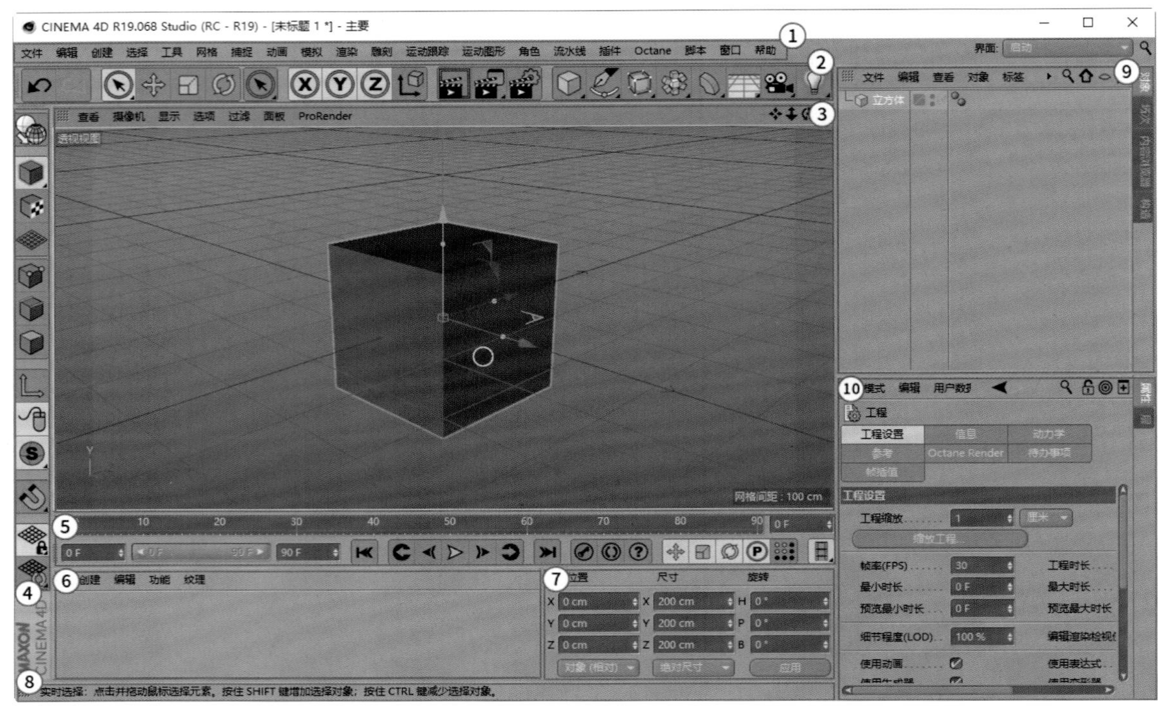

图1-1

①**菜单栏：** Cinema 4D中非常重要的组成部分之一，所有功能都可以在菜单栏找到。

②**快捷工具栏：** 默认包含“返回”按钮、“撤销”按钮、“实时选择”工具、“移动”工具、“缩放”工具、“旋转”工具、“锁定/解锁 *x*轴”工具、“锁定/解锁 *y*轴”工具、“锁定/解锁 *z*轴”工具、“使用全局/对象坐标系统”工具、“渲染”工具组、“立方体”工具（长按鼠标左键，可以展开工具组，里面包含所有创建物体对象的工具）、“画笔”工具（长按鼠标左键，可以展开工具组，里面包含所有创建样条的工具）、“扭曲”工具（长按鼠标左键，可以展开工具组，里面包含所有变形器工具）等。

③**工作视图面板：** 主要的工作面板，对物体对象的编辑操作几乎都可以在这里完成。打开软件，默认情况下为“透视视图”模式，可以使用鼠标中键或快捷键F1~F5切换视图模式。视图模式包含透视视图、顶视图、右视图、正视图和四视图。

④**编辑模式工具栏：** 用于操作对象的不同编辑模式。编辑模式包含“转为可编辑对象”、“纹理”、“点”、“边”、“多边形”、“启用轴心”、“启用捕捉”等。

⑤**动画编辑面板：** 在动画编辑面板中，可以进行创建关键帧动画、编辑时间轴长度和播放预览制作的动画效果等操作。

⑥**材质管理器：** 材质直接影响作品的最终效果。在Cinema 4D中创建的所有材质都会出现在材质管理器里，当其中存放了大量材质时，可以通过创建多个图层来建立分组，以方便管理。

⑦**坐标管理器：** 用于显示和设置物体对象在三维空间中的位置、尺寸和旋转角度。

⑧**提示栏：** 位于Cinema 4D界面的最下方，用于显示工具提示信息、错误信息和视图渲染进度信息等。

⑨**对象管理器：** Cinema 4D中较常使用的面板之一，在Cinema 4D中创建的物体对象都会出现在这里。使用它可以

对物体对象进行添加标签、转换可编辑状态等操作。对象管理器中包括3栏，左侧是创建的物体对象，中间为该物体对象的显示开关和图层颜色，右侧是该物体对象的各类选项标签。

⑩属性管理器： 属性管理器中显示的是被选中物体的属性参数，选中的物体不同，属性管理器中显示的参数也会发生变化；同时也用于配合动画编辑面板来制作关键帧动画。

1.1.2 自定义Cinema 4D工作界面

一般来说，Cinema 4D默认工作界面已经可以满足日常设计的工作需要。不过Cinema 4D也允许用户对工作界面的布局进行自定义设置，如将常用的某个按钮放到明显的位置，以方便用户操作，提高工作效率。

对Cinema 4D界面进行自定义的规划布局，可以满足不同的项目需要和个人操作习惯。Cinema 4D的各工作面板、功能面板的自定义布局方法基本相同。下面以快捷工具栏的布局调整为例进行讲解。

⊙ 移动面板

移动面板的操作流程示意如图1-2所示。

①将鼠标指针移动到图中线框处，按住鼠标左键并拖曳面板，即可对面板进行移动操作。

②拖曳面板到指定区域，松开鼠标，即可完成移动面板操作。

按住Ctrl键的同时单击图中线框处，可以折叠（隐藏）面板，这个方法适用于需要更多操作空间的情况。

图1-2

⊙ 自定义界面布局

自定义界面布局流程示意如图1-3所示。

①执行“面板>自定义布局>自定义面板”菜单命令，打开“自定义命令”面板。

②在“自定义命令”面板中输入关键词搜索需要的功能按钮，然后按住鼠标左键并拖曳功能按钮到指定区域，如将“Octane光泽材质”拖曳到快捷工具栏。双击可以删除添加的自定义功能按钮。

在实际工作中，有些功能按钮是会经常用到的，可以通过这个方法把这些功能按钮整理在一起并放置到方便操作的面板上，便于提高日常工作的效率。

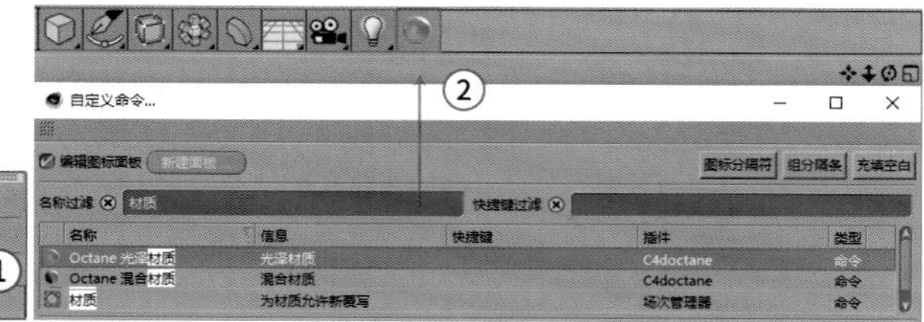

图1-3

1.1.3 Cinema 4D插件及预制库安装

为了提高工作效率，我们经常会使用第三方插件和预制库。下面介绍第三方插件和预制库的安装方法。

⊙ 插件安装

Cinema 4D插件的默认安装目录是“C:\Program Files\MAXON\Cinema 4D R19\plugins”，如图1-4所示。把插件粘贴到plugins文件夹下，重新启动Cinema 4D，即可完成插件的安装。

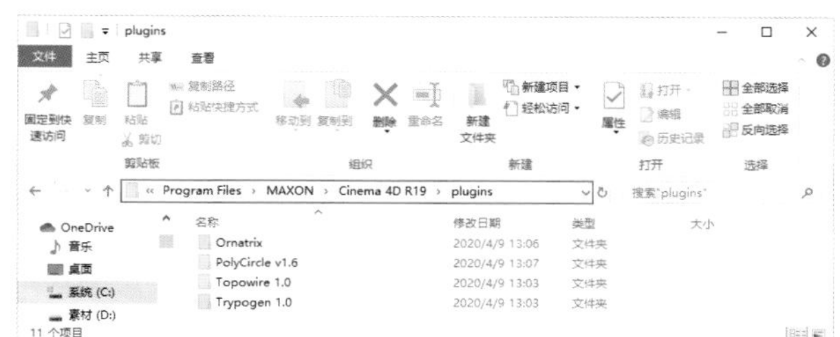

图1-4

⊙ 预制库安装

Cinema 4D插件的默认安装目录是“C:\Program Files\MAXON\Cinema 4D R19\library\browser”。把预制库文件粘贴到browser文件夹下，重新启动Cinema 4D，即可完成预制库的安装，并且可以在“内容浏览器”中找到安装的所有预制库，如图1-5所示。

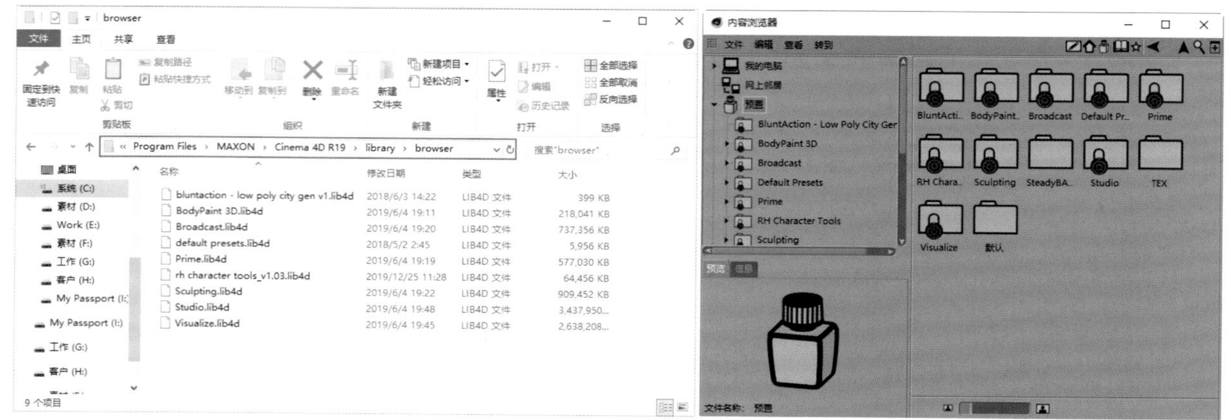

图1-5

1.2 用Cinema 4D做包装设计的优势与特点

随着设计行业尤其是电商领域的不断发展，人们对视觉设计的要求也在不断地提高，许多设计风格和风格表现方式融入了设计师天马行空的设计想法，如手绘插画、海报合成、3D视觉设计等。在目前的各大电商活动、产品展示、电视节目片头中，我们能看见越来越多的使用Cinema 4D设计的作品。

那么，为何Cinema 4D如此受到青睐呢？在编者看来，这主要是由它的优势和特点决定的。Cinema 4D是一款非常好用且功能强大的专业3D建模工具。在日常设计中，虽然我们还有其他3D软件可以选择使用，但是Cinema 4D凭借其全新的特效和全面的建模功能，以及操作更加直观、学习上手更快的优势，被越来越多的设计师选择并使用。

随着Cinema 4D的不断更新，Cinema 4D目前已经被各行业普遍认可和使用，并形成了一个新兴的广告创意表现形式，成为许多品牌营销的“新宠儿”。例如，某电商平台近年“双11”活动的视觉内容表现，多是使用Cinema 4D来制作的效果。Cinema 4D也将会成为设计师必学软件之一。

Cinema 4D不仅被应用在广告创意方面，还在产品包装设计、电影特效、游戏等多个领域有不俗的表现。Cinema 4D凭借其易操作的特点在产品包装设计上展现出十分便捷的优势，通过Cinema 4D建模，配合Octane Render实时渲染，设计师可以把更多的精力专注于包装视觉效果的表现上。同时，用Cinema 4D制作包装视觉效果比拍摄产品图成本更低，更易二次编辑，灵活性更高。本书中的案例均是使用Cinema 4D配合Octane Render制作的，如图1-6所示。

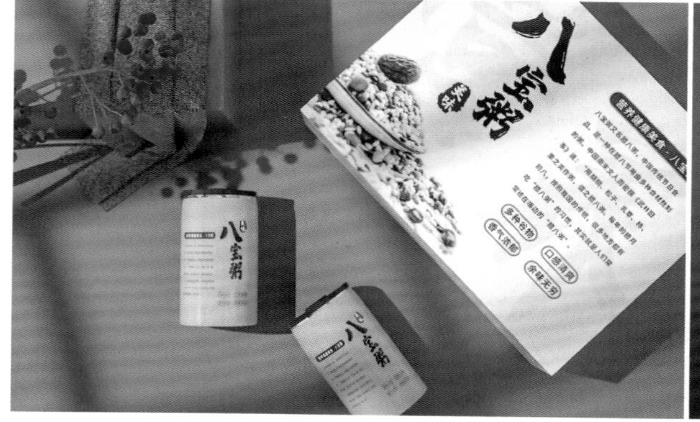

图1-6

1.3 初识Octane Render

Octane Render凭借使用方便、易学习的特点，深受设计师的喜爱。但是在使用之前需要经过合理的配置才能达到满意的效果。

本节将从认识Octane Render的优势开始，逐步深入讲解Octane Render的界面布局和功能，以及使用前的配置方法。

1.3.1 Octane Render的优势

Octane Render是基于GPU的一款渲染器。它只使用计算机的显卡就可以获得更快、更逼真的渲染效果。相比于传统的基于CPU的渲染器，Octane Render让用户花费更少的时间就可以获得更出色的作品，这是CPU渲染所做不到的。

Octane Render不仅渲染速度快，而且属于完全实时交互渲染。通过Octane Render，用户的操作（如编辑灯光、材质、摄像机设置、景深等）都会被即时反馈并渲染出来，用户可以实时获得渲染结果。

Octane Render的材质可以使用“节点编辑”的方式编辑，材质操作界面直观、友好，其自带的体积雾、灯光效果也很优秀。在Octane Render的渲染方式下，设计师可以把更多精力放到效果创作上，从而不断探索更好的视觉表现。

1.3.2 Octane Render界面布局及功能介绍

Octane Render安装成功后，Cinema 4D的菜单栏中会出现一个“Octane”选项，在该菜单中执行“Octane实时查看窗口”命令，可以打开Octane Render，如图1-7所示。

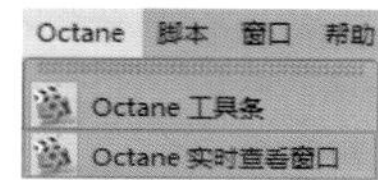

图1-7

⊙ 界面布局

Octane Render界面包含菜单栏、工具栏、渲染面板和信息栏，如图1-8所示。

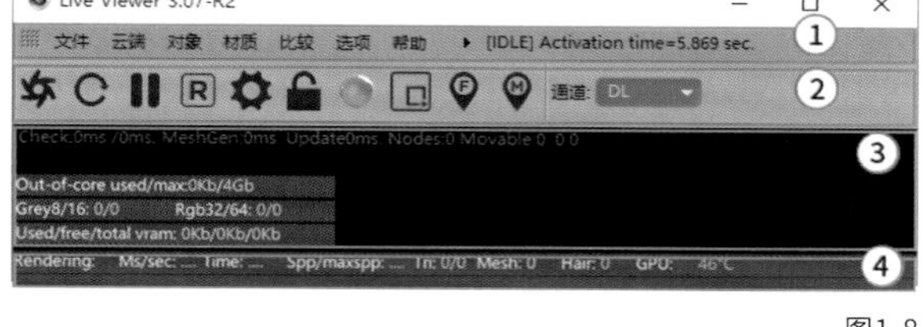

图1-8

①**菜单栏：**Octane Render的全部功能都可以在这个地方找到，包含“文件”“云端”“对象”“材质”“比较”“选项”“帮助”等。

②**工具栏：**该区域包含Octane Render的功能按钮，每个功能按钮都非常重要，是渲染时使用频率很高的区域，如图1-9所示。

③**渲染面板：**显示渲染对象的渲染效果。

④**信息栏：**显示渲染进程及相关信息。

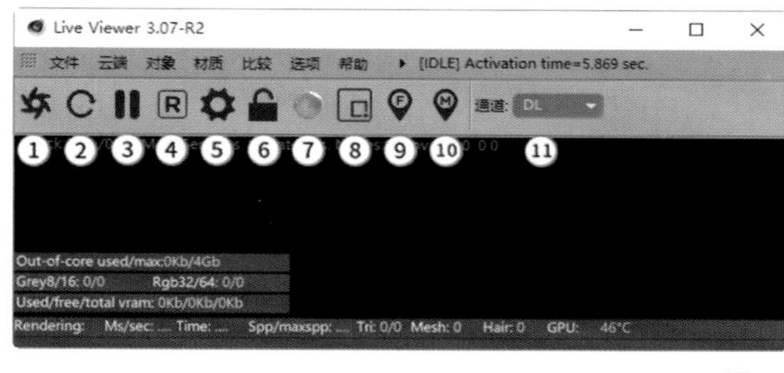

图1-9

⊙ 功能介绍

熟悉了Octane Render的界面布局之后，我们来了解一下工具栏中各功能按钮的作用及使用方法。Octane Render工具栏中的按钮都非常重要，而且使用频率很高。

①**渲染：**启动渲染和重新启动新渲染。当需要查看渲染效果的时候需要激活该按钮，如图1-10所示。

②**刷新：**用来刷新实时渲染效果。

③**暂停：**暂停渲染，激活该按钮，Octane Render将会暂停实时渲染。

④**刷新数据：**若在场景中进行某些操作时Octane Render没有实时更新，可以使用这个功能按钮使Octane Render更新数据并重新渲染场景，如图1-11所示。

⑤**设置：**用来配置渲染的默认参数，这里的参数设置将会在“1.3.3 Octane Render的设置工作”中介绍。

⑥**尺寸锁定：**用来设置渲染的尺寸比例，激活该按钮后默认按1：1的比例显示渲染结果，并且工具栏右端会出现“比例设置”选项，可以在其中自定义渲染比例，如图1-12所示。

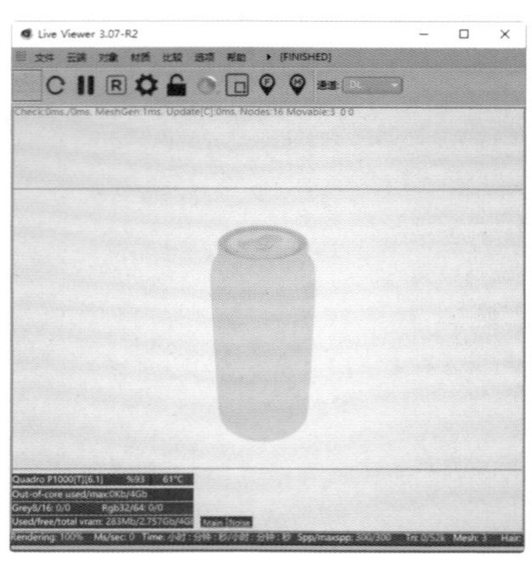
图1-10

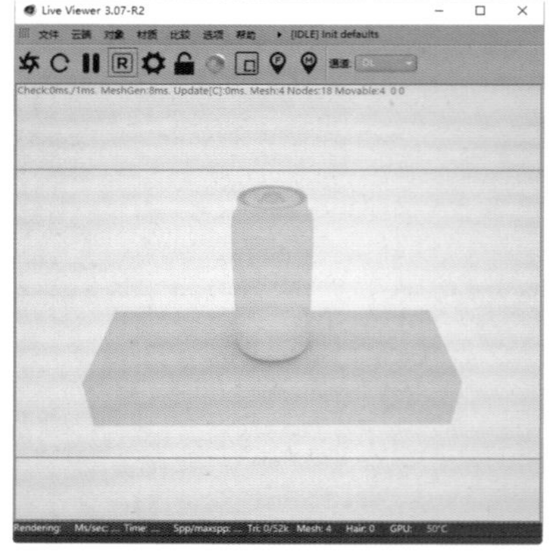
图1-11

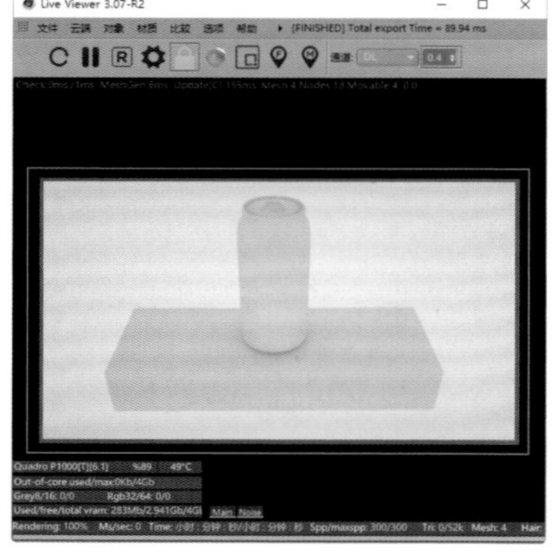
图1-12

⑦**渲染模式：**用来切换3种不同的渲染模式，如图1-13所示。

- 默认模式：这种模式会渲染场景中的全部信息，包含模型、材质、光影信息等，这也是作品最后的渲染结果。
- 白模模式：这种模式不会渲染场景中模型的材质颜色信息。
- 无反射模式：这种模式不会渲染场景中模型受到光源影响后产生的反射信息。

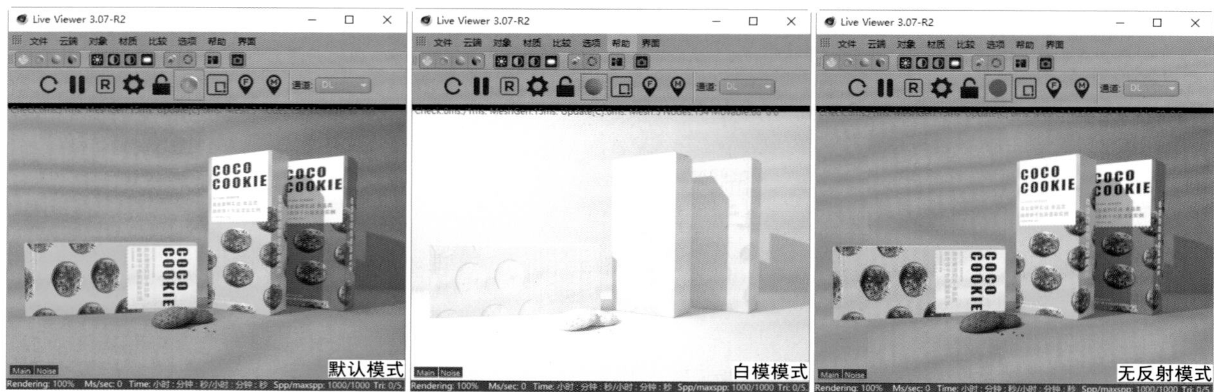

图1-13

⑧**区域渲染：**可以自定义渲染某个区域，多用来观察指定区域的渲染变化，从而节省计算机资源并加快渲染速度，如图1-14所示。

⑨**景深：**配合摄像机制作景深效果，多用来设置摄像机的焦点对象，如图1-15所示。

⑩**材质选择：**用来在Octane Render中快速选择材质。

⑪**渲染通道：**切换渲染的通道，这里的选项和Octane Render设置是统一的，无须更改。

图1-14

图1-15

1.3.3 Octane Render的设置工作

在使用Octane Render前需要进行一些设置工作，这些设置是为了使Octane Render有更好的渲染效果。

如果想要设置Octane Render，可以单击渲染器工具栏中的“设置”按钮，会弹出“Octane设置”面板，Octane Render的所有参数都在这里进行设置。

⊙ 参数介绍

"Octane设置"面板中包含4种渲染模式，即"信息通道""直接照明""路径追踪""PMC"，其中"路径追踪"是工作中经常用到的渲染模式（下面介绍的内容均为该渲染模式下的参数），如图1-16所示。

"Octane设置"面板中包含4个选项卡，即"核心""摄像机成像""后期""设置"。这里介绍比较重要的渲染参数的含义和设置数值，如图1-17所示。

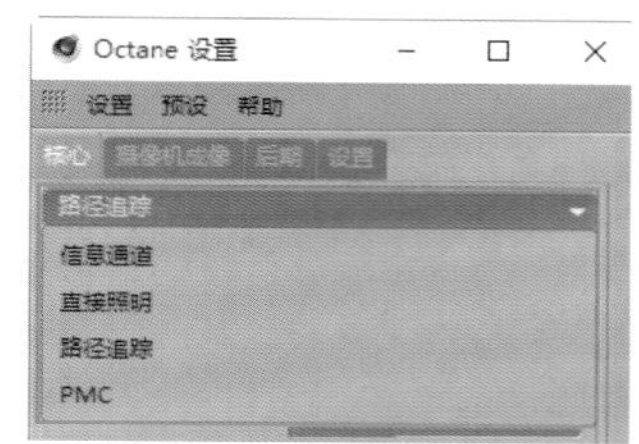

图1-16

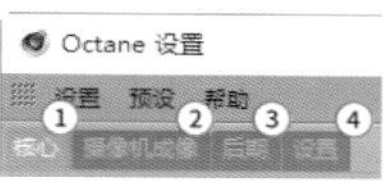

图1-17

①核心：设置Octane Render的参数是重点，提高图片渲染的质量、消除场景中的噪点等都需要在这个选项卡里进行设置，如图1-18所示。

❖ 最大采样：渲染的质量；设置数值越大，渲染精度越高，图片效果越细腻。

❖ 漫射深度：场景受光线照射后漫射的深度；设置数值越小，场景越暗，一般默认数值为16，如图1-19所示。

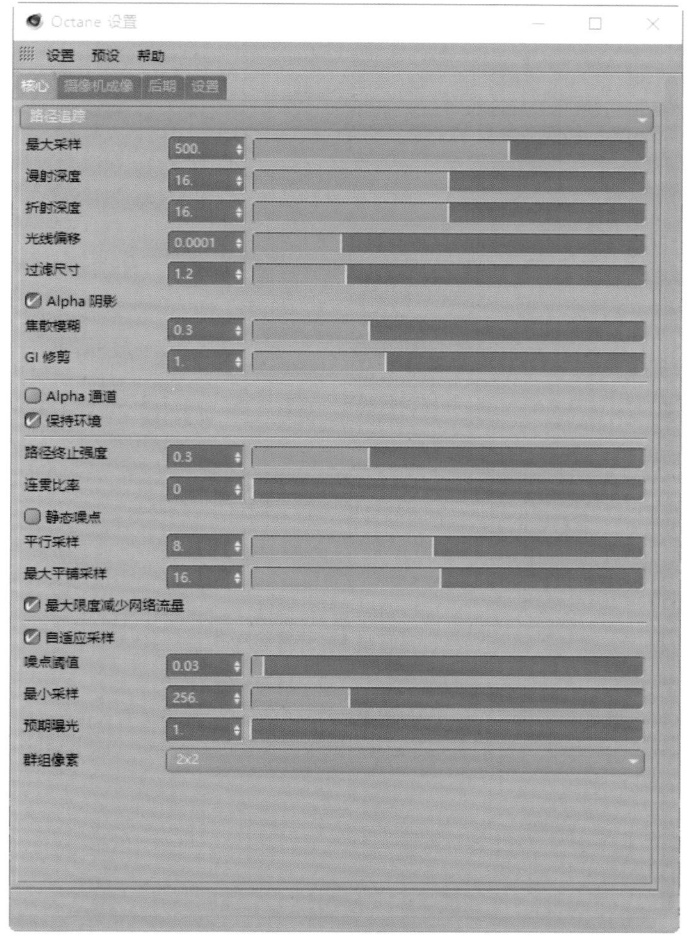

图1-18

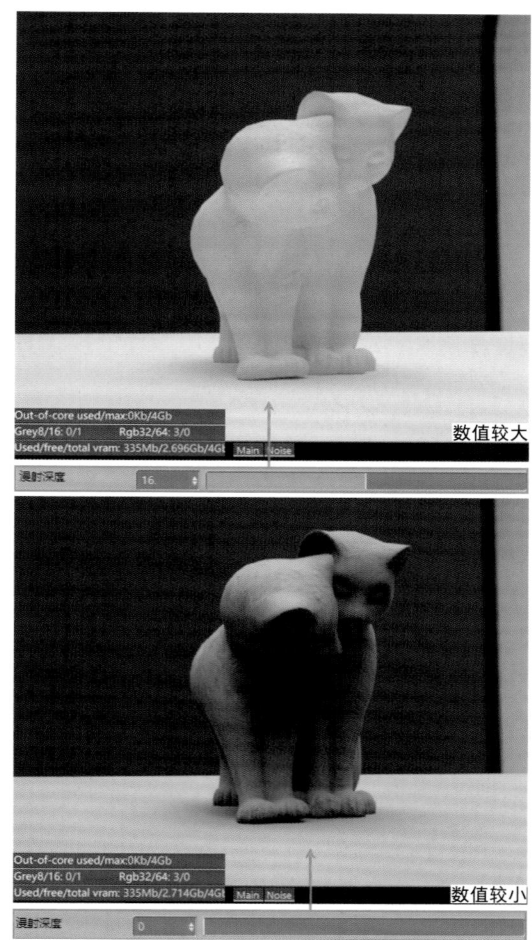

图1-19

提示

物体间的漫射会受到场景中灯光的影响，适当调整"漫射深度"数值，可以调节场景中物体背光面和物体间阴影的明暗程度。

❖ 折射深度：光线折射的深度，主要影响场景中的玻璃材质效果；设置数值越小，玻璃通透性越差，一般默认数值为16，如图1-20所示。

❖ 光线偏移：物体阴影的偏移程度；设置数值越大，偏移越小，一般默认数值为0.0001，如图1-21所示。

图1-20

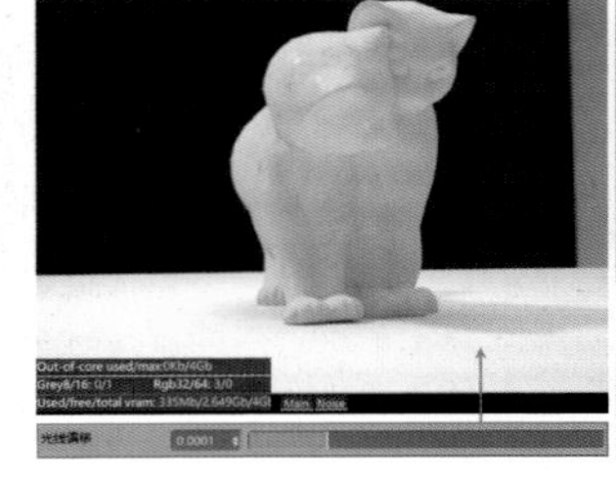

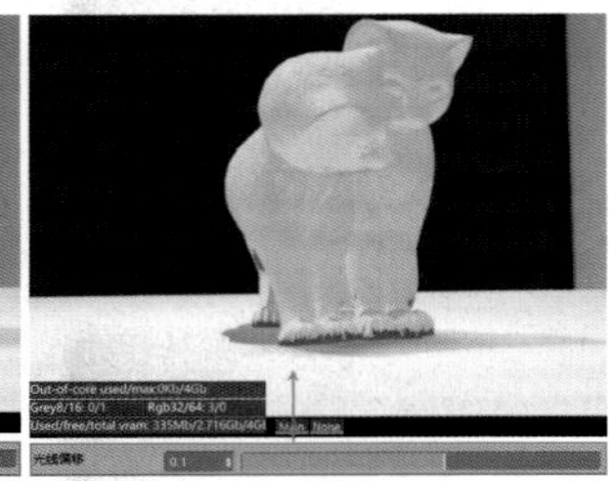

图1-21

❖ 过滤尺寸：物体边缘羽化程度；设置数值越大，物体边缘越模糊，一般默认数值为1.2，如图1-22所示。

❖ Alpha阴影：阴影是否受Alpha通道影响；勾选该选项后，投射的阴影形状是Alpha通道黑白贴图的形状，如图1-23所示。

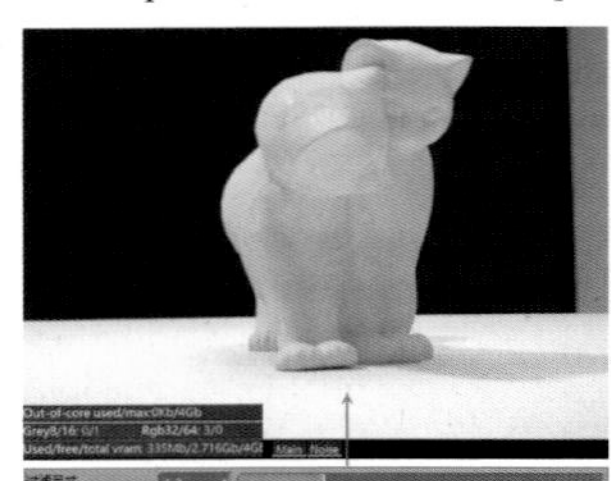

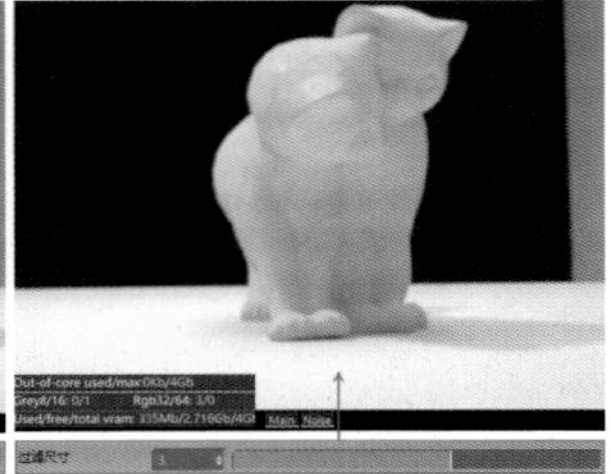

图1-22

图1-23

❖ 焦散模糊：玻璃材质焦散的模糊程度；设置数值越大，焦散越清晰，渲染时间越长，一般设置数值为0.1，如图1-24所示。

❖ GI修剪：消除噪点；一般设置数值为1~10。

在实际操作中，有关界面中“GI修剪”以后的参数几乎不会用到，因此这里就不过多介绍了。

②摄像机成像：这个选项卡的最大作用是可以更改渲染场景的滤镜效果，只需要更改“伽马”和“镜头”这两个参数，其余保持默认即可。例如，设置“伽马”为2.2，选择“镜头”为“Linear”，如图1-25所示。

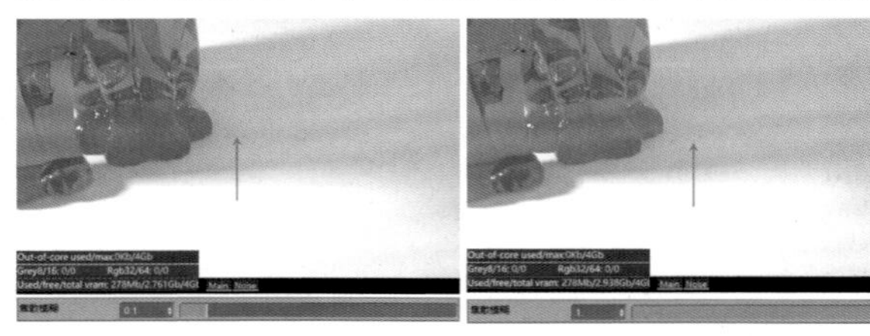

图1-24

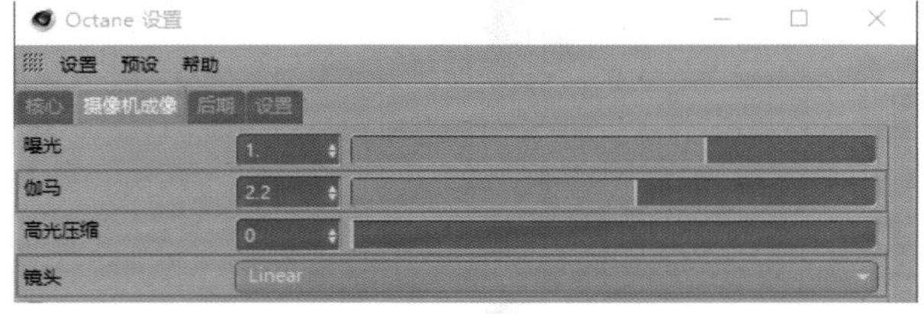

图1-25

③后期：这个选项卡可以用来制作后期辉光效果，在实际项目工作中这个选项卡是不启用的，只在最后渲染输出时根据需要的效果决定是否启用，如图1-26所示。

④设置：在这里我们只需要设置“环境颜色”，其余参数保持默认即可。“环境颜色”是影响场景中没有任何光影的情况下默认渲染的亮度。一般默认“明度”（V）为90%，如图1-27所示。

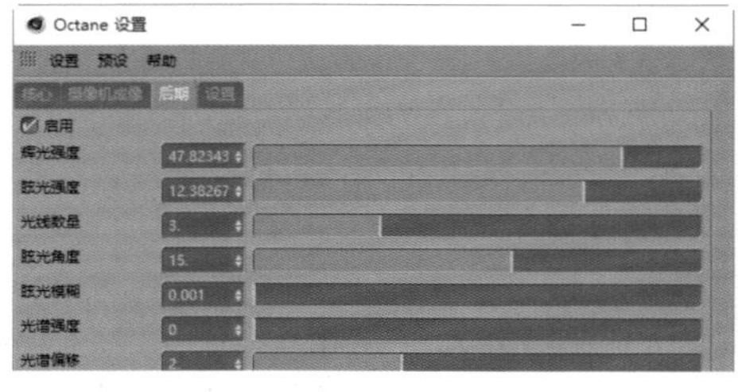

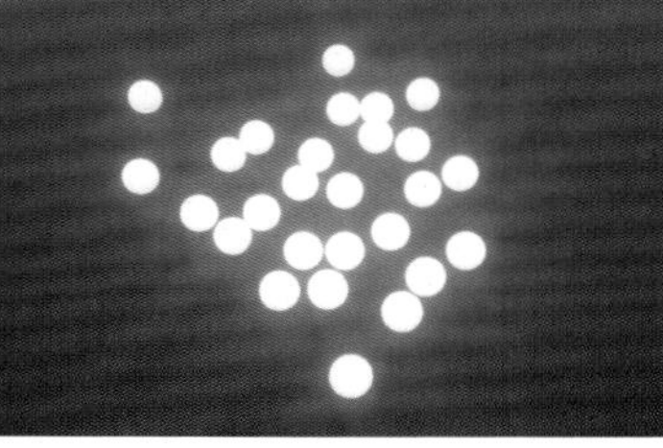

图1-26

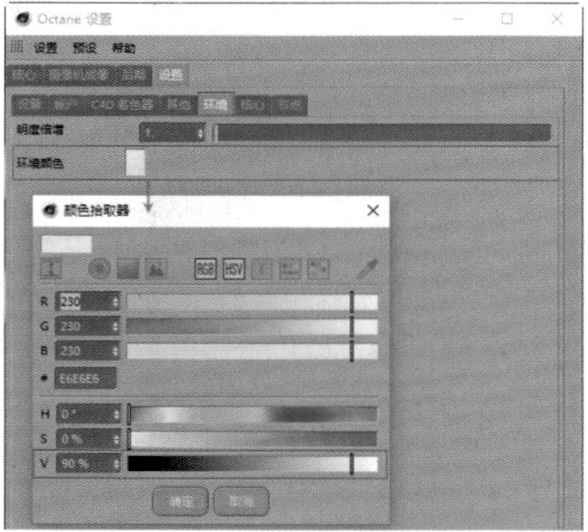

图1-27

提示

“后期”选项卡常用来配合灯光制作梦幻的效果，如超现实科幻场景等。我们应根据实际项目风格来决定是否采用这种效果，通过其他合成软件也可以模拟这种效果。

第2章 建模技术

在学习任何一款3D软件时，建模都是必不可少的一个环节。只有掌握了建模的方法，在工作时才能对作品进行更好的调节和创作。本章为读者精心安排了Cinema 4D软件建模的重点知识，涉及建模的常用工具、建模辅助工具组、可以让样条变成三维模型的工具生成器、实现设计师奇思妙想的创意工具——变形器，以及对运动图形和效果器的讲解。

2.1 多边形建模技术

建模永远是学习3D软件必须掌握的知识点之一，本节将讲解Cinema 4D中较常用的建模工具。

2.1.1 线性切割

“线性切割”工具的作用是可以为模型加“边”。

在“点”“边”“多边形”任一模式下的“透视视图”中单击鼠标右键，可以找到“线性切割”工具，如图2-1所示。

“线性切割”工具的“属性”面板如图2-2所示。

图2-1

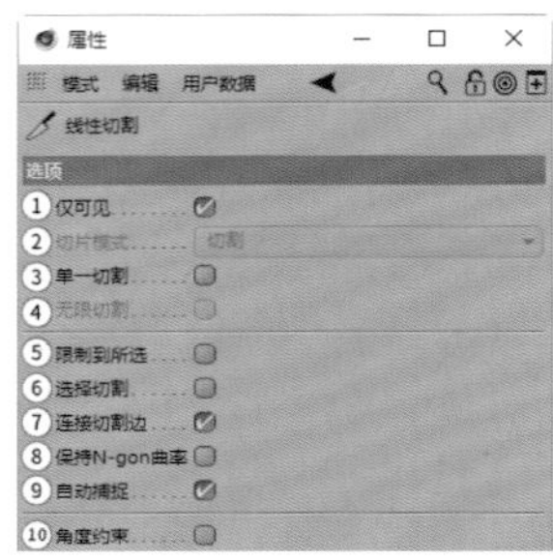

图2-2

①**仅可见：**勾选该选项后，只会切割当前视图可见区域；若取消勾选，则切割全部区域，如图2-3所示。

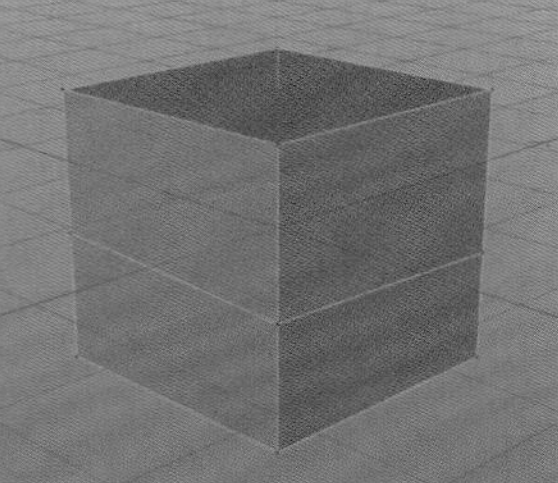

图2-3

②**切片模式：**取消勾选“仅可见”后，会激活该选项，该选项包含以下4个子选项，如图2-4所示。

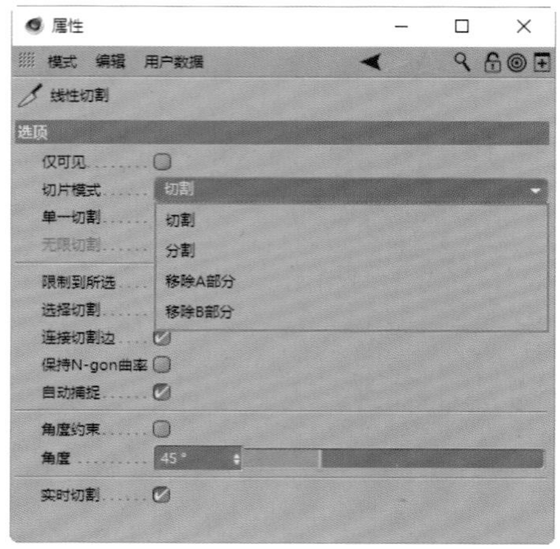

图2-4

❖ 切割：在当前模型上加线，如图2-5所示。

❖ 分割：在当前模型上加线后，模型会被切割成两个部分，如图2-6所示。

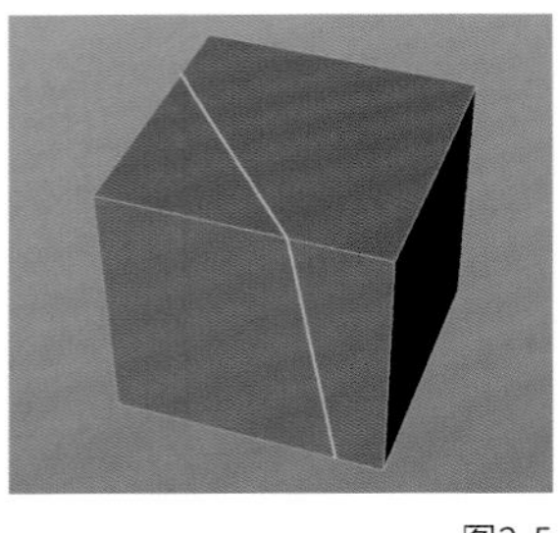

图2-5

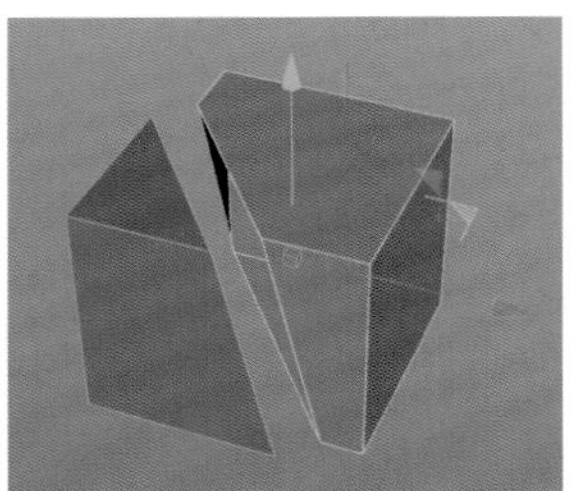

图2-6

❖ 移除A部分：切割后移除模型右侧区域，如图2-7所示。

❖ 移除B部分：切割后移除模型左侧区域，如图2-8所示。

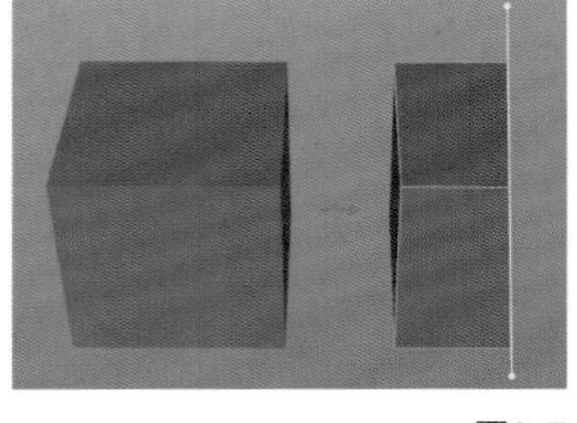

图2-7

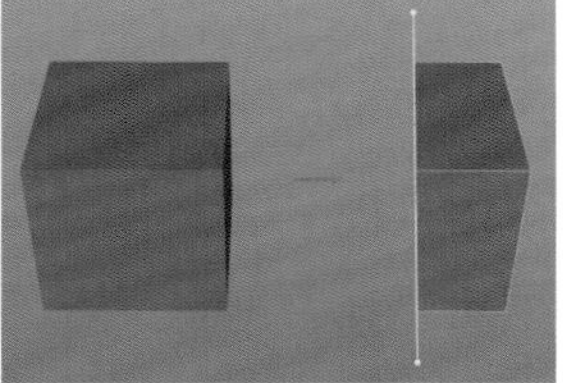

图2-8

③**单一切割：**勾选该选项后，按住鼠标左键并移动鼠标指针，绘制切割线，释放鼠标左键后即可完成当前切割。此时移动鼠标指针，切割线不会继续跟随鼠标指针移动。取消勾选该选项后，情况则相反，如图2-9所示。

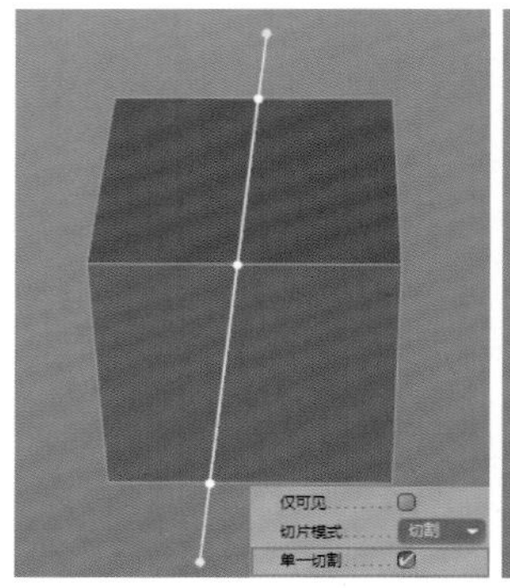

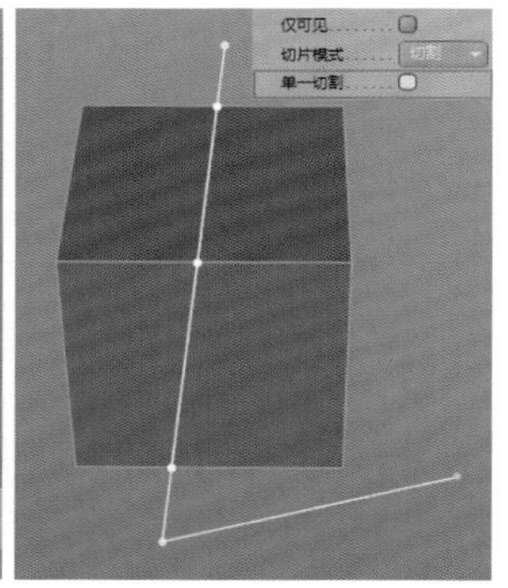

图2-9

④**无限切割：**勾选“单一切割”后，该选项被激活。勾选该选项后，按住鼠标左键并移动鼠标指针，会生成一条黄色的参考线，此时可通过移动鼠标指针来调整切割的位置，如图2-10所示。

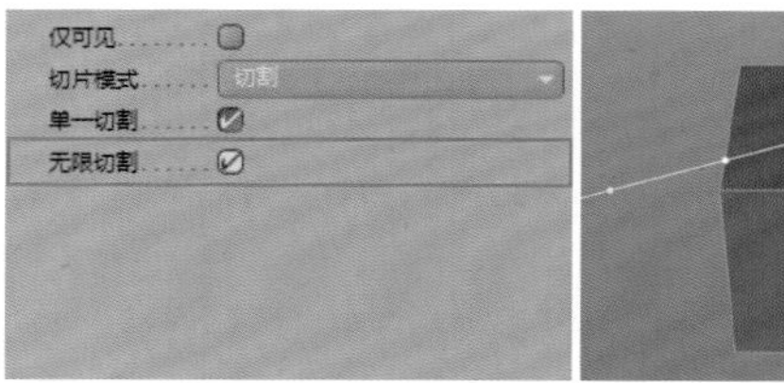

图2-10

⑤**限制到所选：**将切割范围限制在所选的边内，如图2-11所示。

⑥**选择切割：**勾选该选项后，切割完成后生成的线会被自动选中，且默认以黄色高亮显示，如图2-12所示。

图2-11

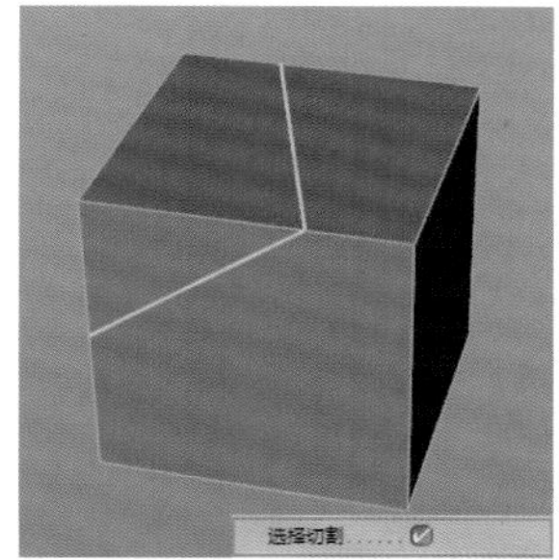

图2-12

⑦**连接切割边：**默认为勾选状态。若取消勾选，切割后不会生成新的线，只会在原有的边上生成新的点，如图2-13所示。

图2-13

⑧**保持N-gon曲率：**在比较复杂的有N-gon线的面上进行切割时，勾选该选项后，会保持N-gon线的曲率结构。

⑨**自动捕捉：**默认为勾选状态，作用是当鼠标指针移动到模型的点上时会自动吸附，方便精准切割，如图2-14所示。

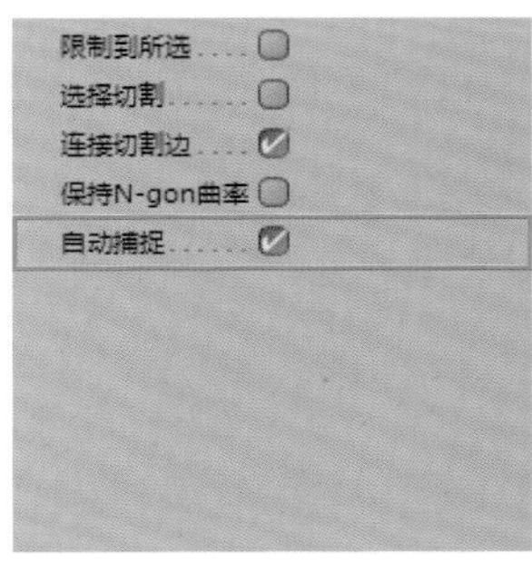

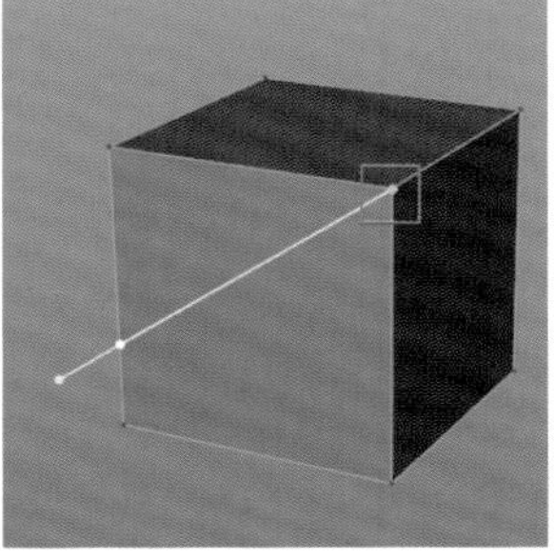

图2-14

⑩**角度约束：**勾选该选项后，切割会受到“角度”参数的约束。

2.1.2 循环/路径切割

“循环/路径切割”工具的作用是可以根据模型的结构添加循环线。

在“点”“边”“多边形”任一模式下的“透视视图”中单击鼠标右键，可以找到“循环/路径切割”工具，如图2-15所示。

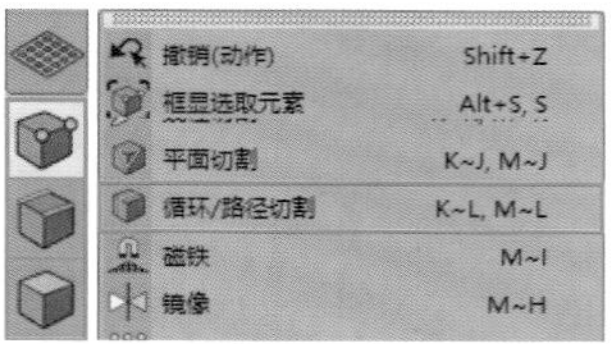

图2-15

选择“循环/路径切割”工具，在模型上单击可以添加新的循环线，使用上方的快捷工具可以增加或减少线的数量，以及调整线间的距离，如图2-16所示。

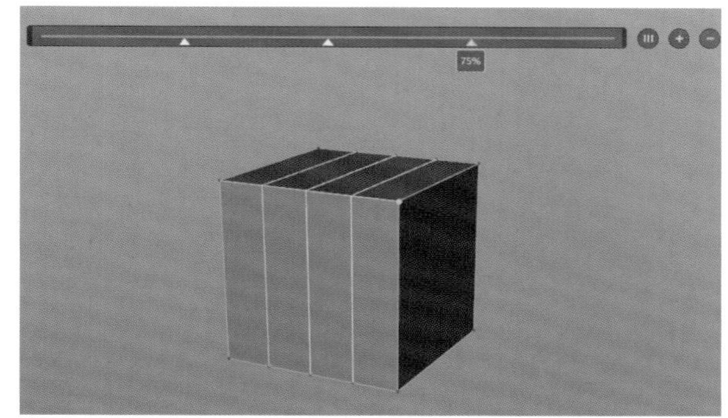

图2-16

“循环/路径切割”的“属性”面板如图2-17所示。

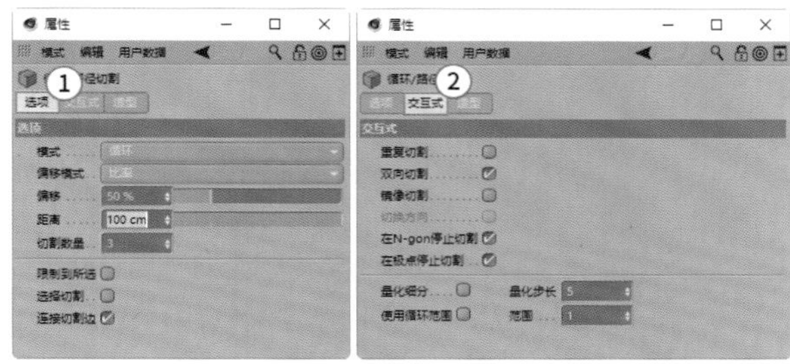

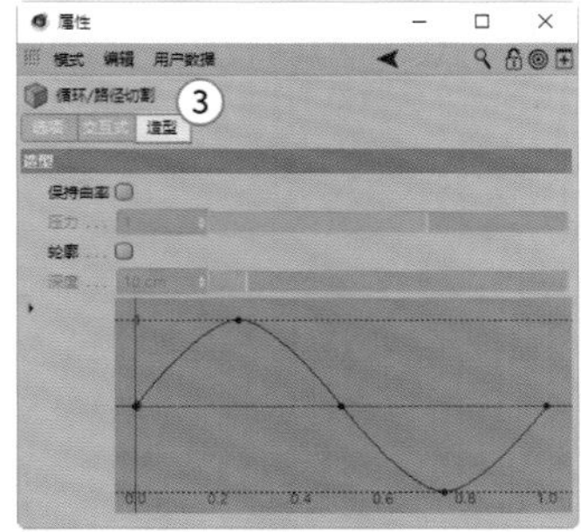

图2-17

①**选项：**可以设置循环的“切割数量”“距离”“偏移”等属性。

❖ 模式：“循环/路径切割”有两种模式，即“循环”和“路径”；选择“循环”模式后，“交互式”选项卡中的“在N-gon停止切割”和“在极点停止切割”为可用状态；选择“路径”模式后，“交互式”选项卡中的“在N-gon停止切割”和“在极点停止切割”为不可用状态，如图2-18所示。

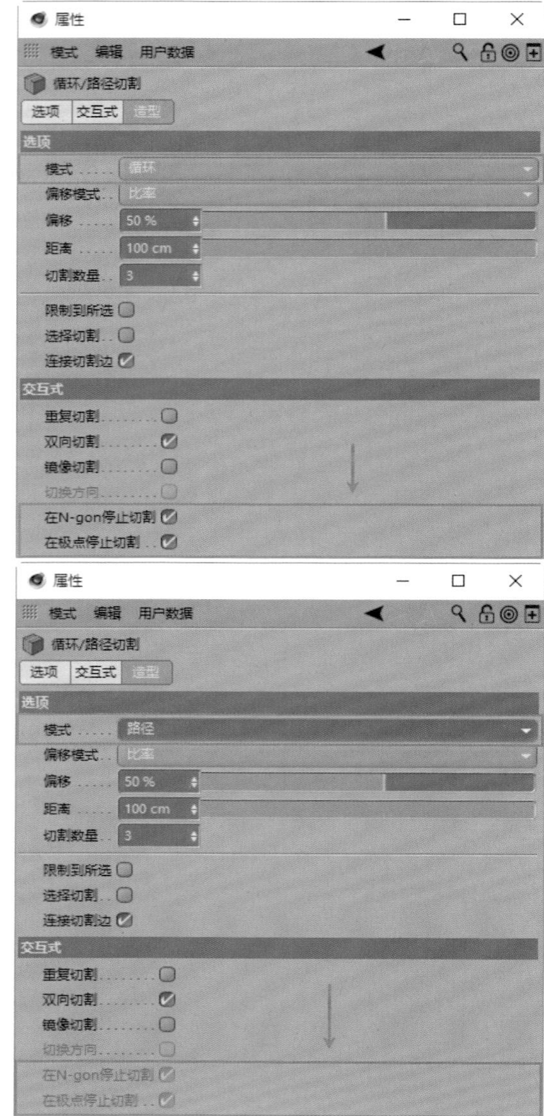

图2-18

❖ 偏移模式/偏移/距离/切割数量：这4个参数配合使用，用来调整切割线的距离和切割数量；图2-19所示为设置“偏移”为42.857%、“距离”为85.714cm、“切割数量”为6时的效果。

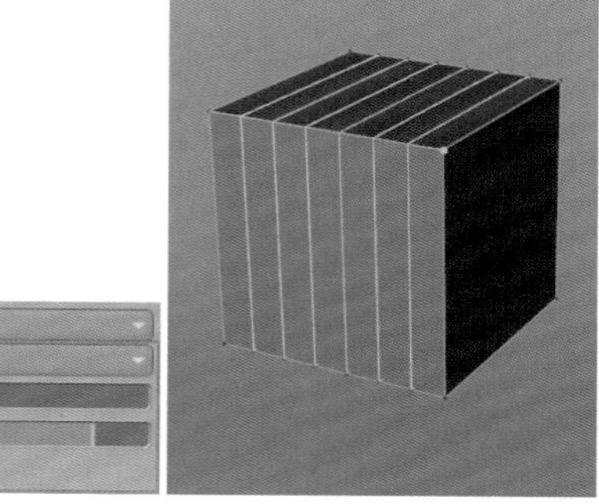

图2-19

❖ 限制到所选：将切割范围限制在所选的边内，如图2-20所示。

❖ 选择切割：勾选该选项后，切割完成会自动选中切割线，如图2-21所示。

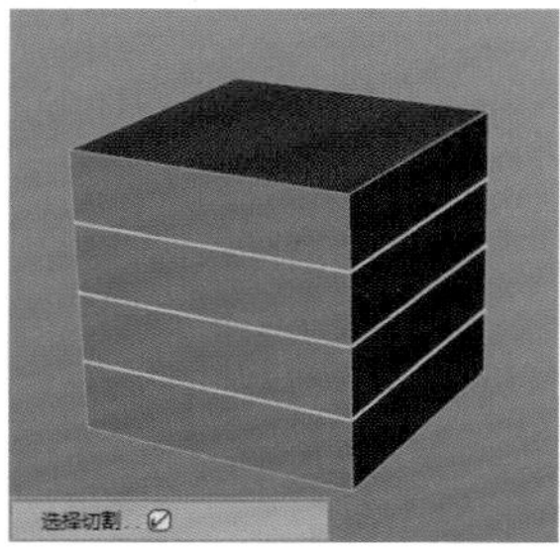

图2-20 图2-21

❖ 连接切割边：默认为勾选状态，若取消勾选，切割后不会生成新的线，只会在原有的边上生成新的点，如图2-22所示。

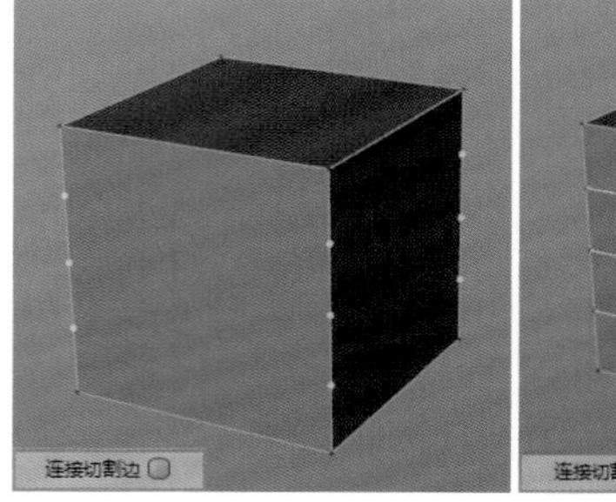

图2-22

②**交互式：**用来设置切割的方式，如“重复切割”“双向切割”“镜像切割”等。

❖ 重复切割：勾选该选项后，通过“选项”选项卡中的“切割数量”设置一次切割的线的数量；图2-23所示为设置“切割数量”为5时的效果。

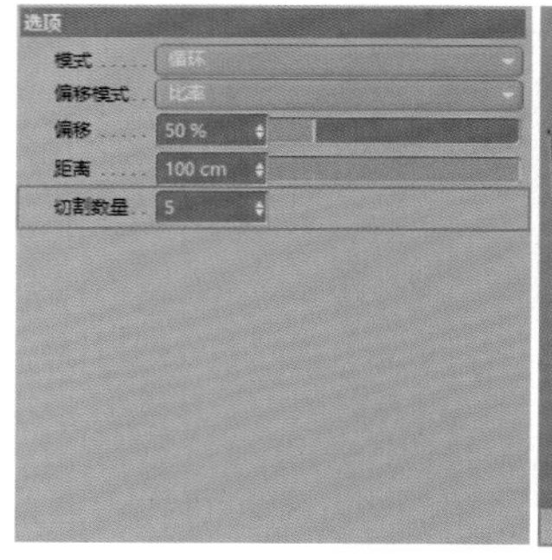

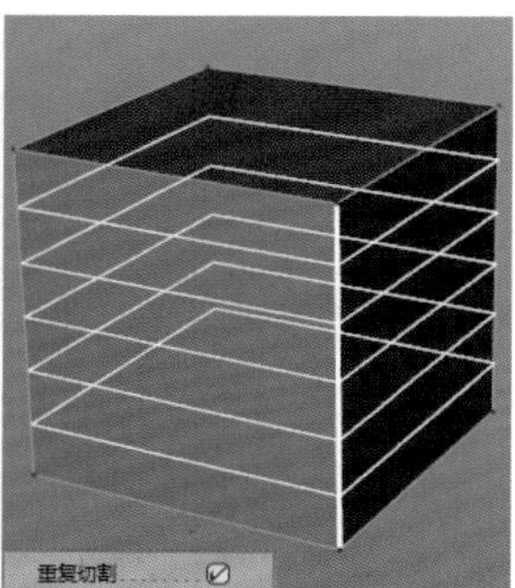

图2-23

❖ 双向切割：默认为勾选状态，当一个模型存在不连续的面时，用于确定是否切割相同形状的线，如图2-24所示。

图2-24

❖ 镜像切割：勾选该选项后，会复制一条镜像线，如图2-25所示。

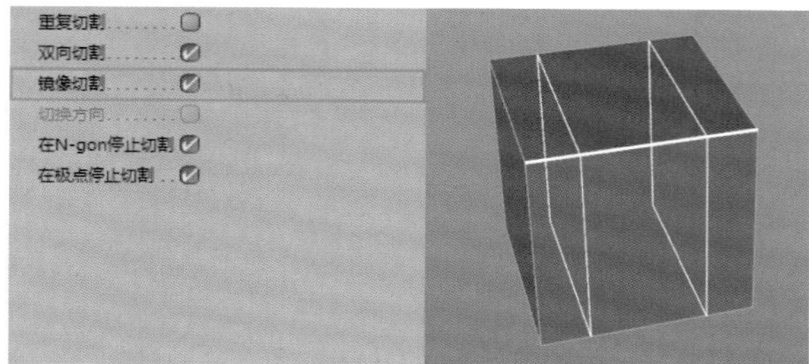

图2-25

❖ 切换方向：当选择“选项”选项卡中的“偏移模式”为“边缘距离”后，“切换方向”被激活；“切换方向”会更改切割线的起始距离和方向，如图2-26所示。

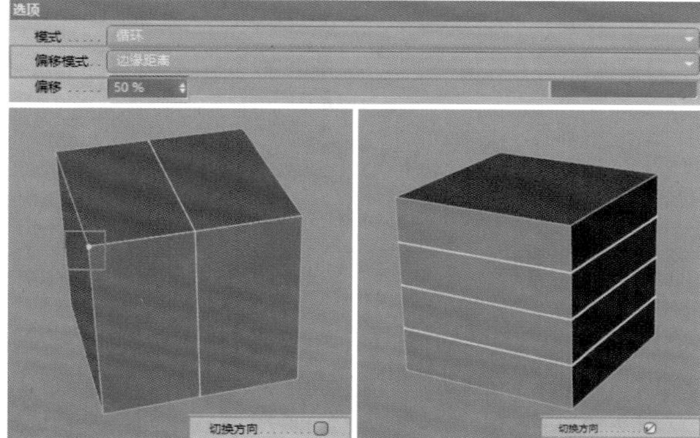

图2-26

❖ 在N-gon停止切割：如果模型上存在N-gon线，勾选该选项后，切割线遇到N-gon线后会停止循环切割，如图2-27所示。

❖ 在极点停止切割：如果模型上存在极点，勾选该选项后，切割线遇到极点后会停止循环切割，如图2-28所示。

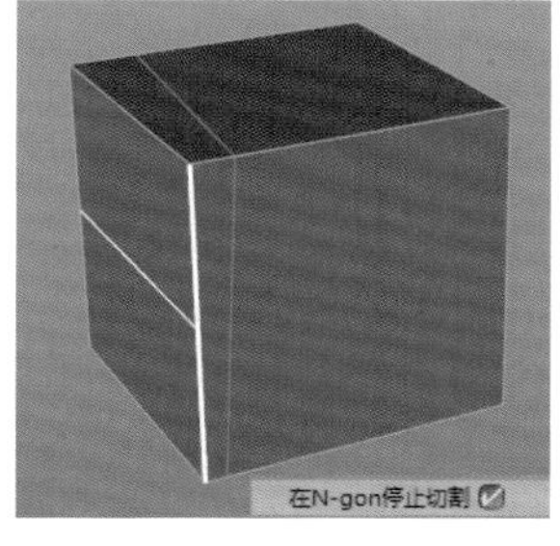

图2-27

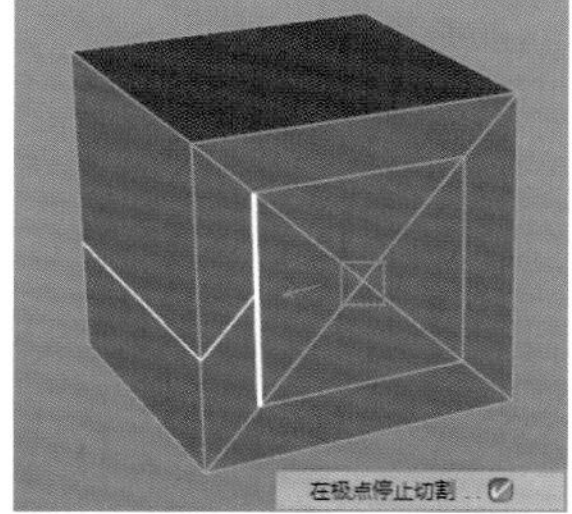

图2-28

❖ 量化细分/量化步长：勾选该选项后，会在模型边上等量均分出“量化步长”中设置的数值个数；图2-29所示为设置“量化步长”为15时的效果，此时移动鼠标指针可以在这些点上完成精准切割。

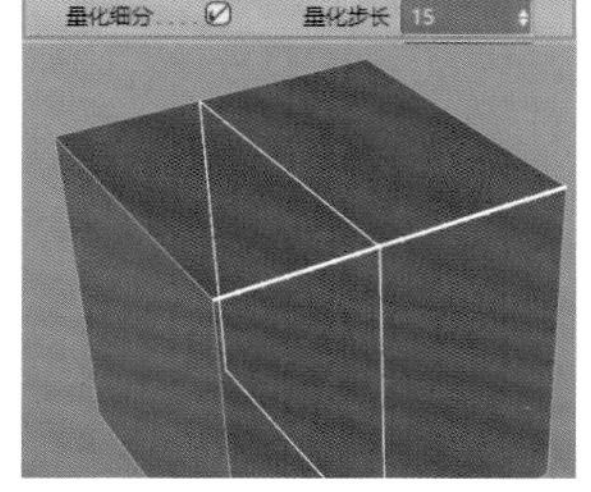

图2-29

❖ 使用循环范围/范围：限制循环切割的长度；图2-30所示为设置“使用循环范围”为1和设置“使用循环范围”为3时的切割效果的区别。

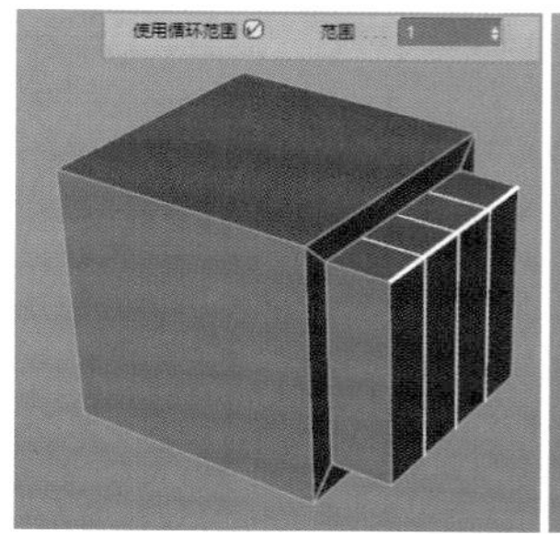

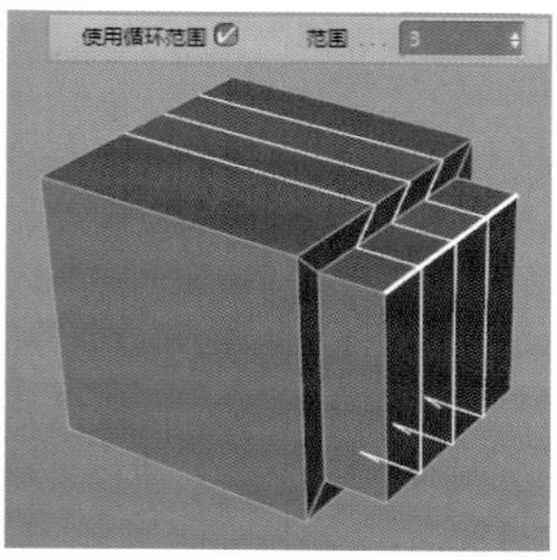

图2-30

③造型：可以通过曲线控制切割线条的高度及切割后物体的变形程度。

❖ 保持曲率：勾选该选项后，可以通过设置“压力”数值来影响切割后模型的变形效果；图2-31所示为设置“压力”为3.2时的效果。

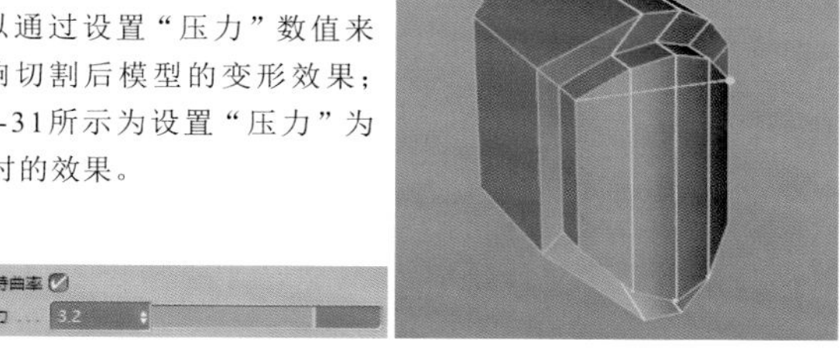

图2-31

❖ 轮廓：勾选该选项后，可以通过设置“深度”数值和下方的曲线来影响切割后模型的变形效果；图2-32所示为设置“深度”为27cm时的效果。

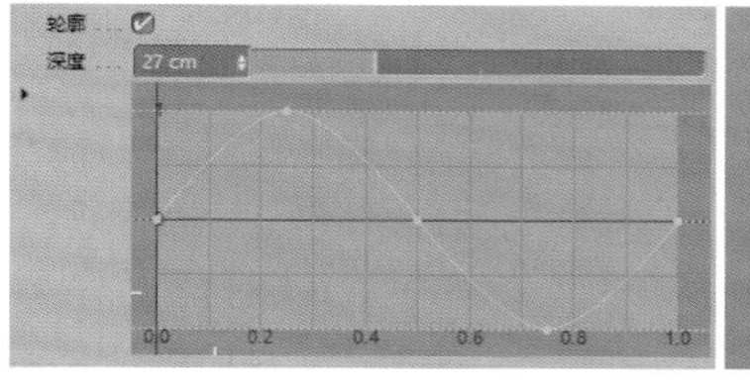

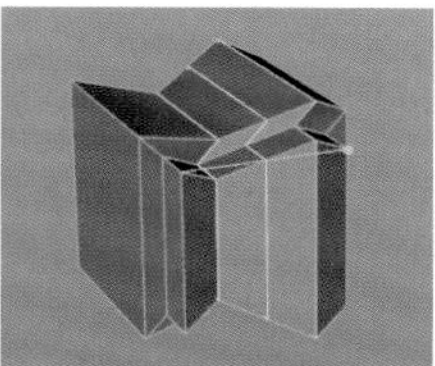

图2-32

2.1.3 多边形画笔

“多边形画笔”工具的作用是可以在视图中自由绘制模型形状。

“多边形画笔”工具有以下两种创建方法。

第1种：执行“网格>创建工具>多边形画笔”菜单命令，如图2-33所示。

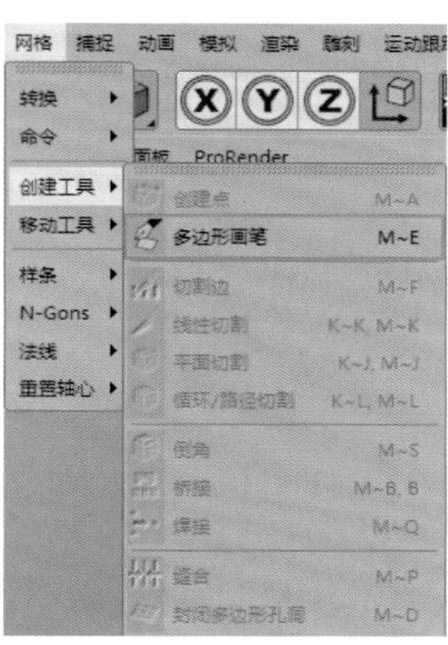

图2-33

第2种： 在“视图”面板中单击鼠标右键，选择“多边形画笔”工具，如图2-34所示。

“多边形画笔”工具的“属性”面板如图2-35所示。

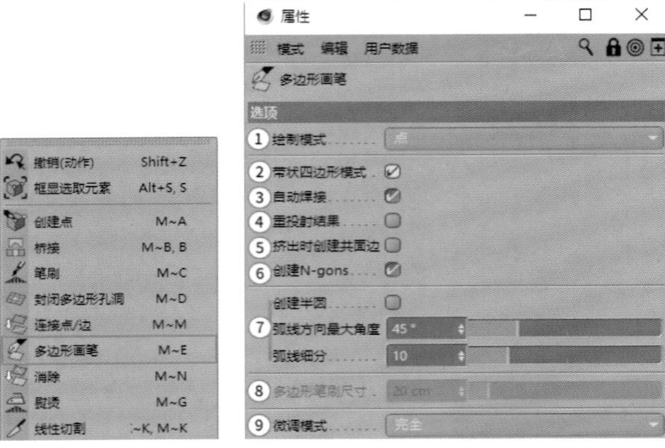

图2-34　　图2-35

①**绘制模式：** 包含3种绘制模式，即“点”“边”“多边形”。“点”绘制模式通过创建的点绘制多边形，4个点生成一个新的面，“边”绘制模式通过线绘制多边形，先绘制一条线，按住Ctrl键并拖曳线，会生成一个新的面。“多边形”绘制模式则在按住鼠标左键并拖曳的情况下，绘制多边形，如图2-36所示。

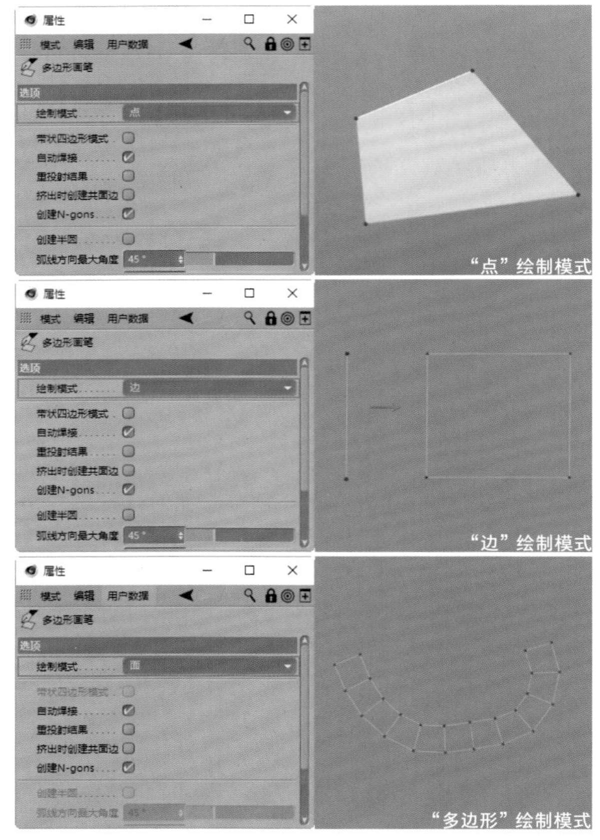

图2-36

②**带状四边形模式：** 该模式在绘制模式是“边”和“点”时激活，勾选该选项后，在“边”绘制模式下绘制两条边后，会自动生成四边形的面；在“点”绘制模式下，绘制4个点后，会自动生成四边形的面，并且可以继续绘制，如图2-37所示。

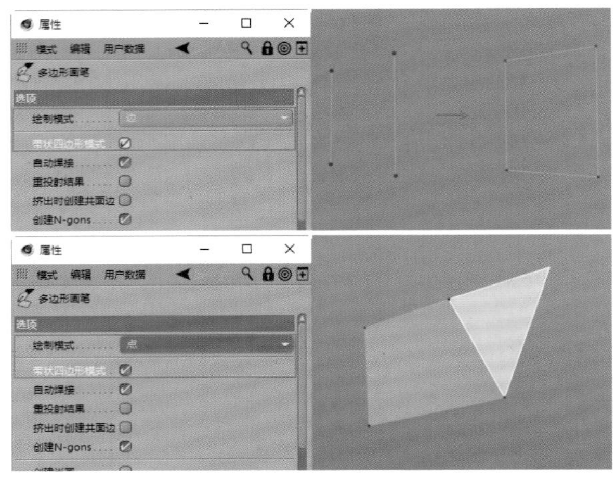

图2-37

③**自动焊接：** 勾选该选项后，临近的两个点会自动焊接在一起，如图2-38所示。

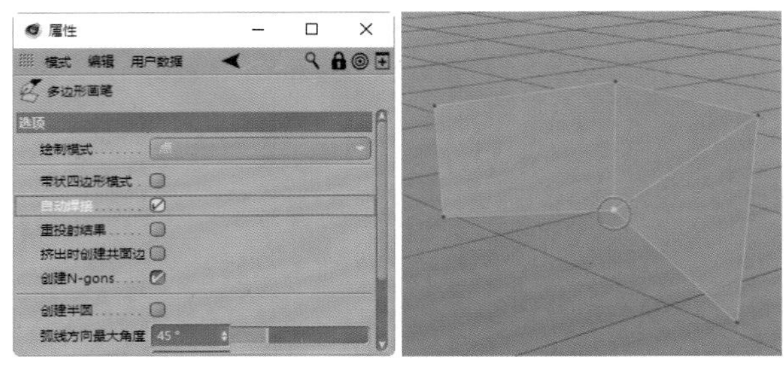

图2-38

④**重投射结果：** 在进行拓扑时是一个很有用的选项。勾选该选项后，对物体进行拓扑时，绘制的多边形可以贴合在拓扑对象的表面，如图2-39所示。

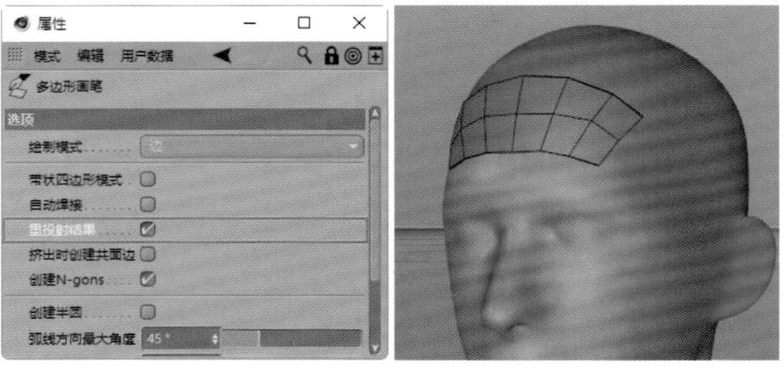

图2-39

提示

在次世代建模中需要对高模进行低模拓扑，制作低模模型。在拓扑时勾选“重投射结果”，方便拓扑的多边形面自动贴合在高模模型表面，避免多边形面的穿插和变形。

⑤挤出时创建共面边： 按住Ctrl键，在绘制的多边形面上移动鼠标指针可以对面进行挤压，勾选该选项后，会保留挤压后原有的边，如图2-40所示。

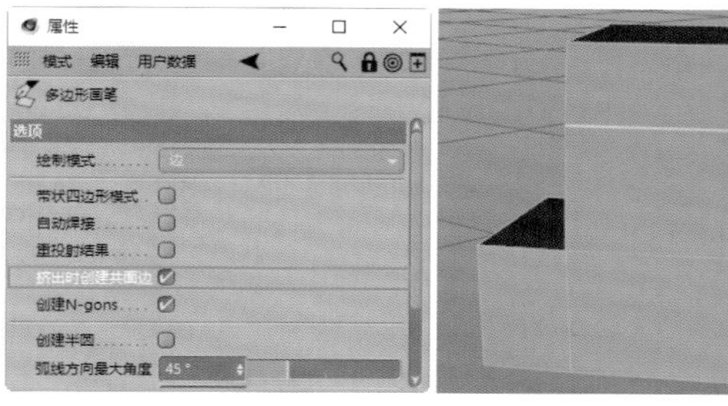

图2-40

⑥创建N-gons： 按住Shift键，可以对绘制的多边形的边进行加点，勾选该选项后，创建出的点不会把产生的N-gons转换为线，如图2-41所示。

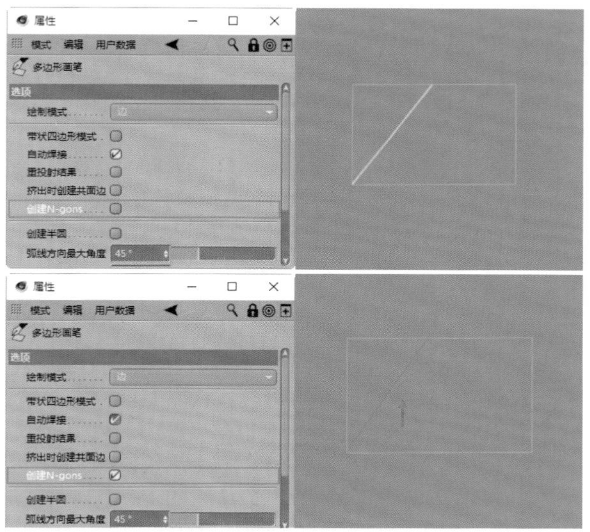

图2-41

⑦创建半圆： 按住快捷键Ctrl+Shift，可以将一条边变成圆弧。不勾选该选项时，圆弧的大小可以自由控制。勾选该选项后，圆弧的角度和细分会受到“弧线方向最大角度”和“弧线细分”的影响，如图2-42所示。

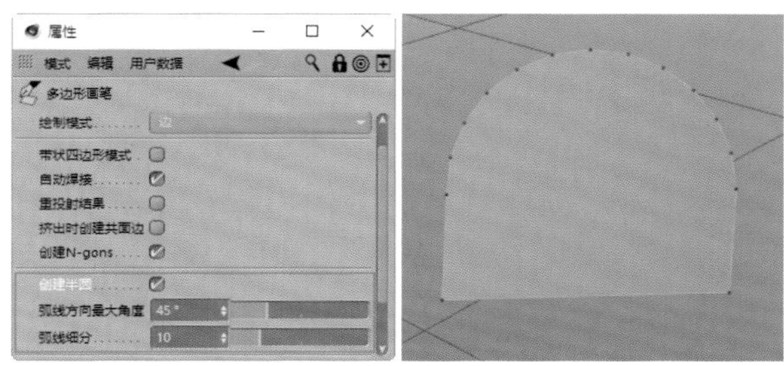

图2-42

⑧多边形笔刷尺寸： 在绘制模式为“多边形”时激活，用来设置绘制笔刷的大小。

⑨微调模式： 包含“完全”“点”“边”“多边形”“传统模式”，用来设置“多边形画笔”工具控制的模式。例如选择“点”模式，画笔只能控制多边形上点的移动，如图2-43所示。

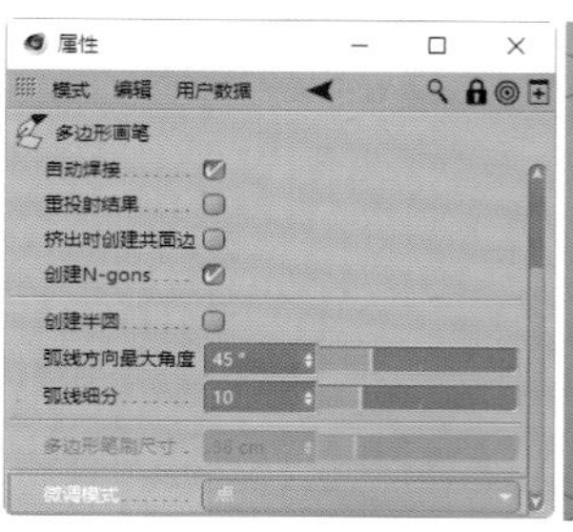

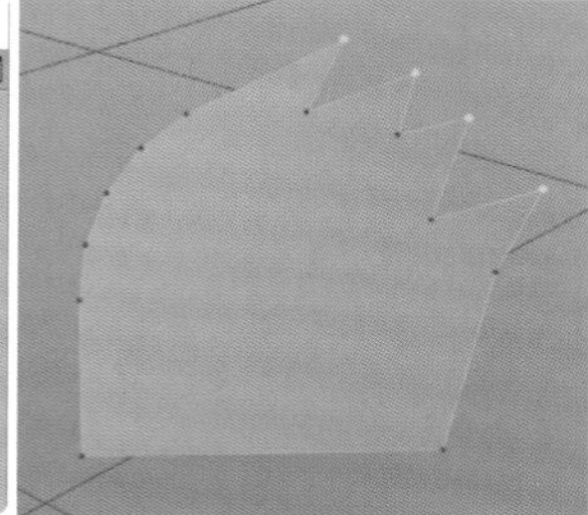

图2-43

2.1.4 内部挤压

“内部挤压”工具的作用是可以使选中的“多边形”向内部挤压。

在“多边形”模式下的“透视视图”中单击鼠标右键，可以找到“内部挤压”工具，如图2-44所示。

“内部挤压”工具的“属性”面板如图2-45所示。

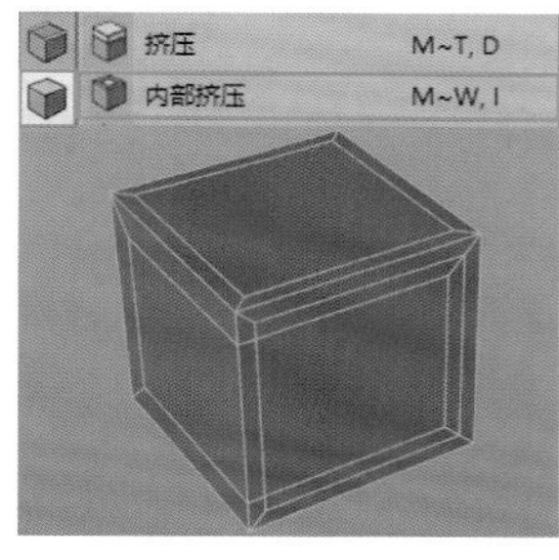

图2-44

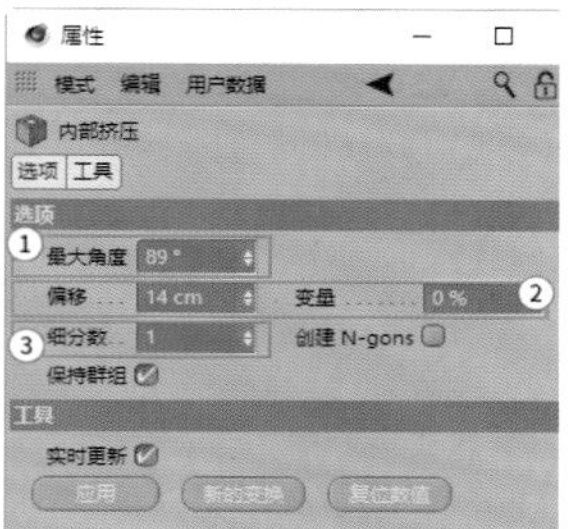

图2-45

①最大角度： 配合“保持群组”使用，勾选“保持群组”后，如果选中两个以上的面，且“最大角度”大于90°，那么选中的这些面会整体统一挤压。如果“最大角度”小于90°，则分开单独挤压这些面。图2-46所示为“最大角度”为89°和91°时的效果区别。

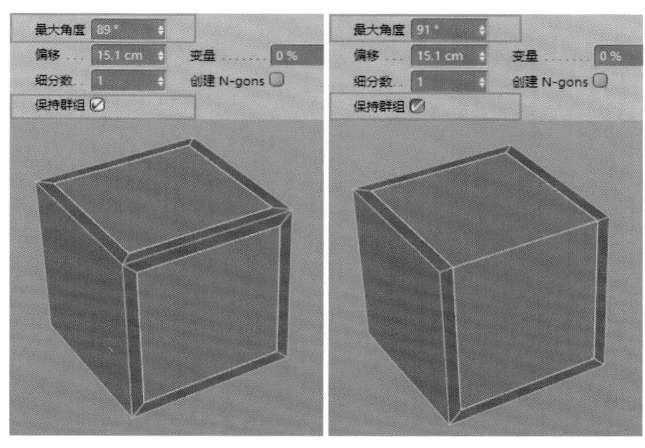

图2-46

②**偏移/变量：**“偏移”用来设置挤压的数值，当数值为正数时，向内挤压；当数值为负数时，向外挤压。“变量”用来设置挤压的随机大小变化。图2-47所示为设置“偏移”为34.6cm、“变量”为50%时的效果。

③**细分数：**挤压后的细分数值，图2-48所示为设置“细分数”为3时的效果。

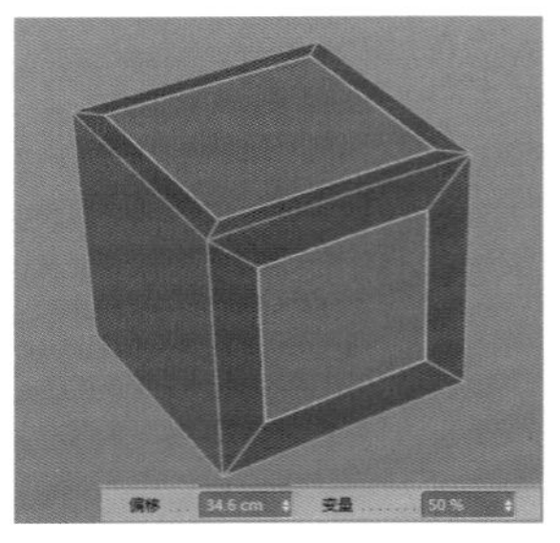

图2-47

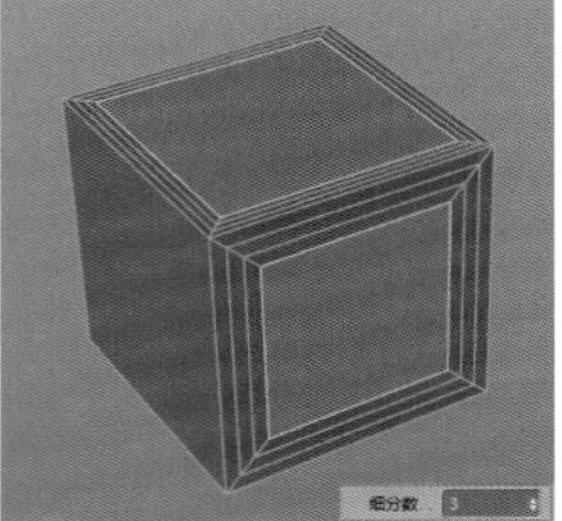

图2-48

2.1.5 挤压

“挤压”工具的作用是可以使选中的“多边形”向上或向下挤压。

在“点”“边”“多边形”任一模式下的“透视视图”中单击鼠标右键，可以找到“挤压”工具，如图2-49所示。

图2-49

“挤压”工具的“属性”面板如图2-50所示。

①**斜角/变量：**在“点”模式下，对选中的点进行挤压时，该选项被激活。“斜角”用来设置挤压后点的“倒角”效果。“变量”是“斜角”的随机值。图2-51所示为设置“斜角”为10cm、“变量”为50%时的效果。

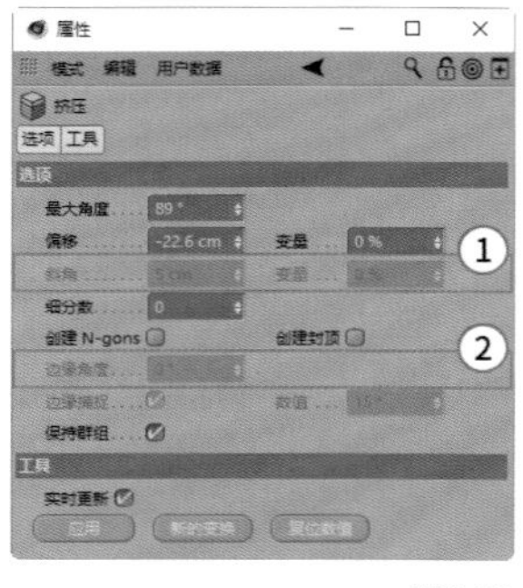

图2-50

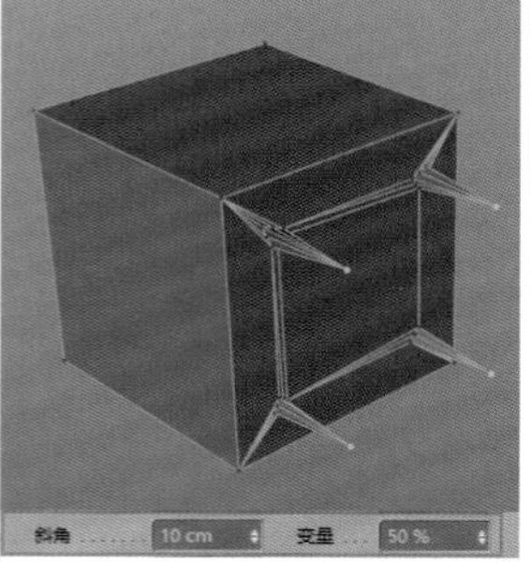

图2-51

②**边缘角度：**在“边”模式下，对边进行挤压时，该选项被激活，此时可以改变挤压边的方向。图2-52所示为设置“边缘角度”为90°时的效果。

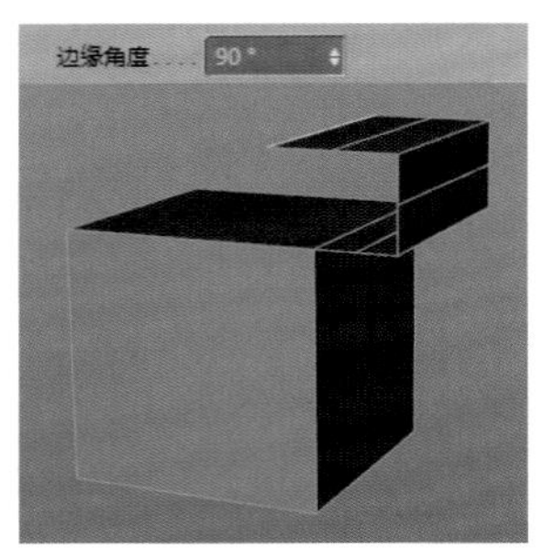

图2-52

技术专题：如何布线卡边

创建一个圆柱体对象，设置“旋转分段”为8，按快捷键C把圆柱体转为可编辑对象；在“点”模式下，按快捷键Ctrl+A全选所有的点，然后单击鼠标右键并执行“优化”命令，使所有的点连接在一起。为圆柱体添加细分曲面，此时圆柱体受到细分曲面的影响，上下边缘会变得过度圆滑，如图2-53所示。

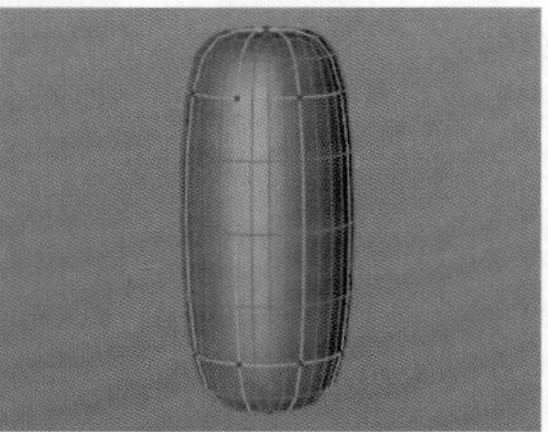

图2-53

使用“循环/路径切割”工具分别在圆柱体上下面处切割循环边，通过简单的布线、卡边操作，圆柱体之前过度圆滑的边缘变得硬朗、自然且美观了，如图2-54所示。

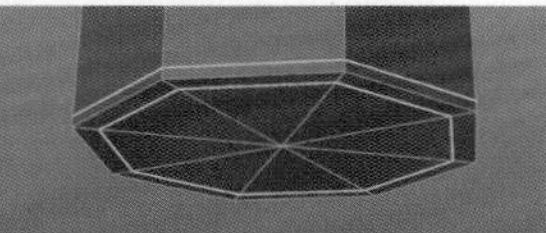

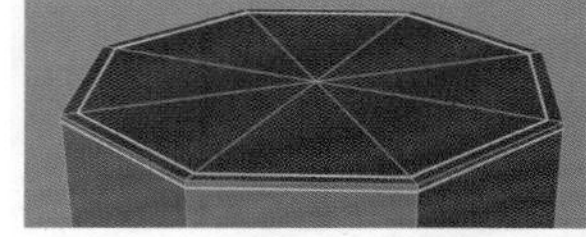

图2-54

在制作产品模型时，以上的布线、卡边方式是会经常使用到的，需要引起重视。

2.1.6 桥接

缝合一个模型断开的多边形时，可使用“桥接”工具。

在“点”“边”“多边形”任一模式的“透视视图”中单击鼠标右键，可以找到“桥接”工具，如图2-55所示。

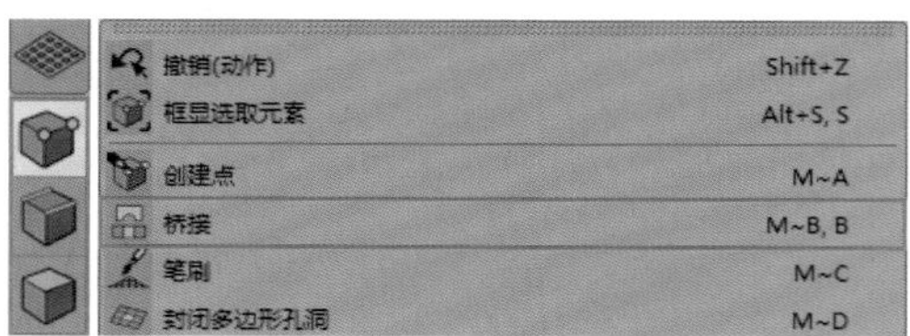

图2-55

在“点”“边”“多边形”模式下，“桥接”工具的操作方法有所不同。

在“点”模式下，移动鼠标指针到需要桥接的第1个点，然后按住鼠标左键并移动鼠标指针至第2个点上，释放鼠标。继续将鼠标指针移动至第3个点，按住鼠标左键并移动鼠标指针至与其对应的第4个点上，释放鼠标，完成桥接，如图2-56所示。

在“边”模式下，移动鼠标指针到需要桥接的边上，然后按住鼠标左键并移动鼠标指针至与其对应的另一条边上，释放鼠标，完成桥接，如图2-57所示。

图2-56

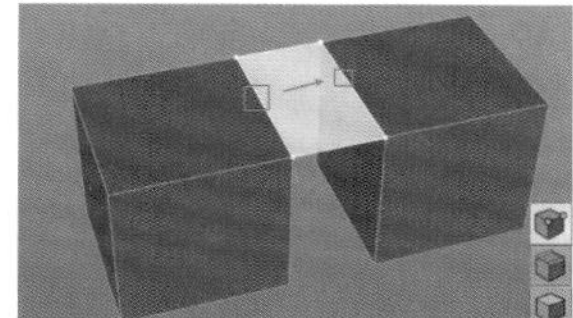
图2-57

在“多边形”模式下，先选择两个需要桥接的面，然后在空白区域按住鼠标左键，出现一条与面垂直的白线后，释放鼠标，完成桥接，如图2-58所示。

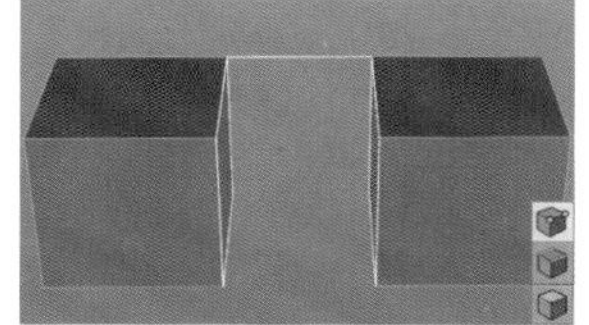
图2-58

2.1.7 倒角

“倒角”工具的作用是可以对一个模型的点、边、多边形进行倒角。

在“点”“边”“多边形”任一模式下的“透视视图”中单击鼠标右键，可以找到“倒角”工具，如图2-59所示。

“倒角”工具的“属性”面板如图2-60所示。

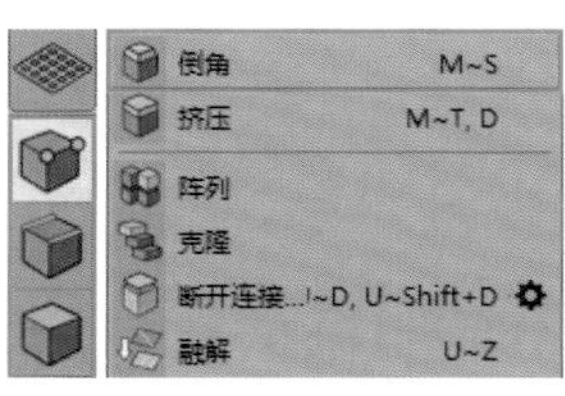

图2-59

图2-60

①**工具选项：**用来设置倒角的大小和细分数，常用的参数选项是“倒角模式”“深度”“限制”，如图2-61所示。

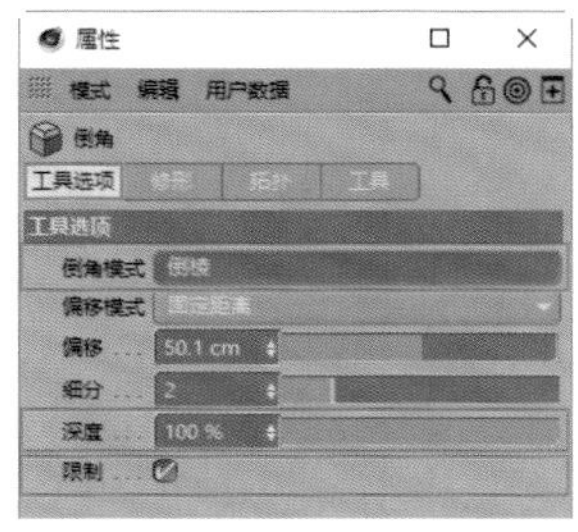

图2-61

❖ 倒角模式：在“边”模式下激活，包含“倒棱”和“实体”两种模式，如图2-62所示。在“倒棱”模式下，对选中的边进行倒角并生成弧度，弧度的细节受到“细分”数值大小的影响。图2-63所示为设置“细分”为2时的效果。“实体”模式多用来进行布线和卡边，选择“实体”模式后，选中线的两侧会生成两条新的线，“偏移”用来控制它们之间的距离。图2-64所示为设置“偏移”为10cm时的效果。

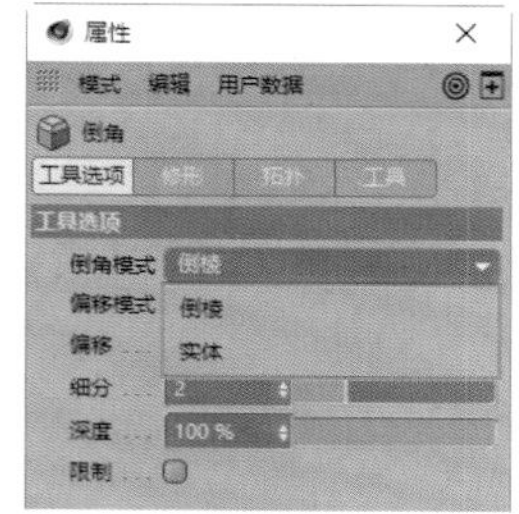

图2-62

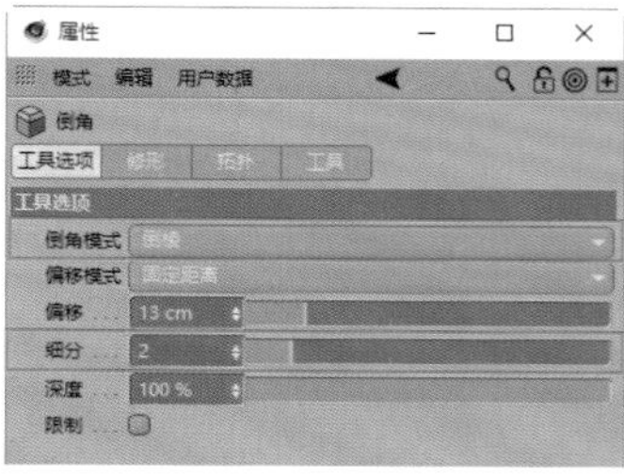

图2-63

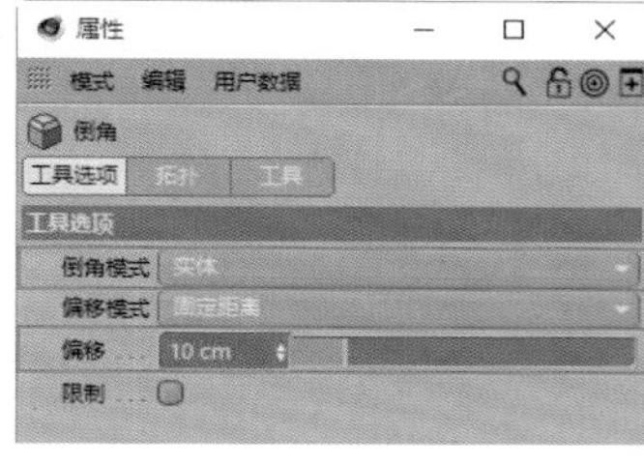

图2-64

❖ 深度：设置“倒角”凹凸的方向。当数值为正数时，向外凸出；当数值为负数时，向内凹陷。图2-65所示为设置“深度”为100%和-100%时的效果区别。

图2-65

❖ 限制：控制在倒角过程中所选边的倒角范围是否可超出相邻边所处的范围。勾选该选项后，倒角的范围将会被限制在相邻边的范围内；取消勾选该选项后，倒角范围会超出相邻边，如图2-66所示。

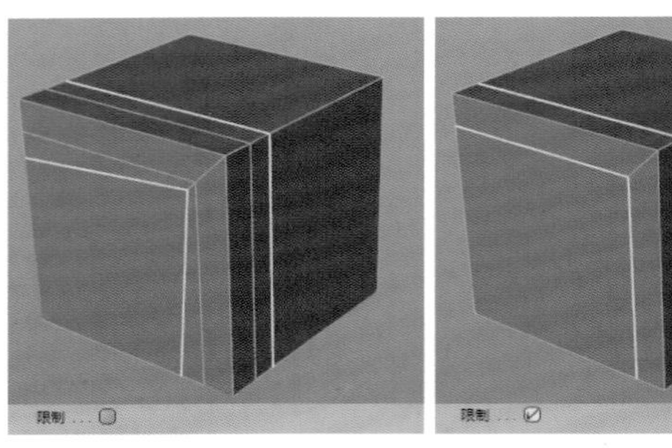

图2-66

②**修形：**用来控制倒角的外形结构，如图2-67所示。

图2-67

❖ 圆角：当“张力”数值为100%，“细分”数值不为0时，倒角的轮廓呈圆弧形，如图2-68所示。

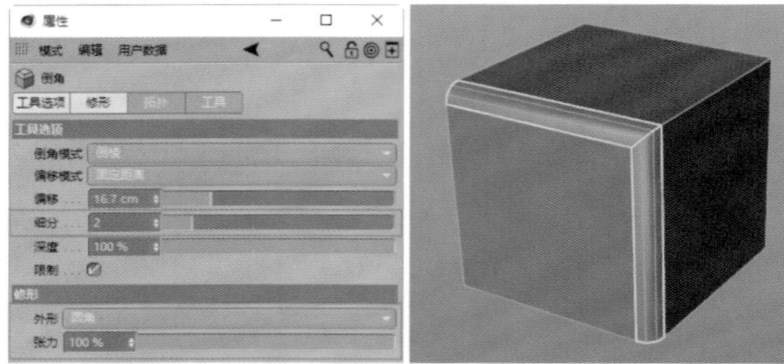

图2-68

❖ 用户：使用曲线控制倒角的轮廓结构，如图2-69所示。

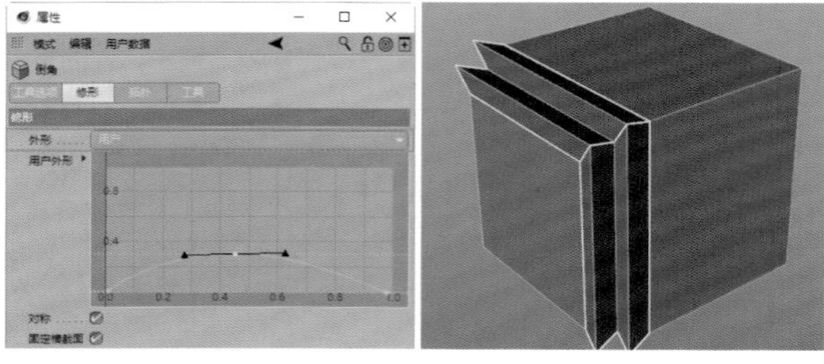

图2-69

❖ 轮廓：可以自定义倒角轮廓的形状。将一条样条线拖曳到“轮廓样条”属性右侧的空白区域后，通过这条样条线，可以自定义倒角的轮廓形状，如图2-70所示。

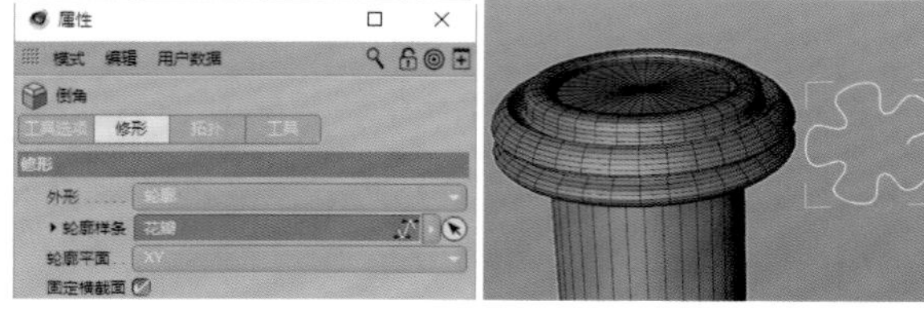

图2-70

③**拓扑：**用来控制倒角的外形结构，如图2-71所示。

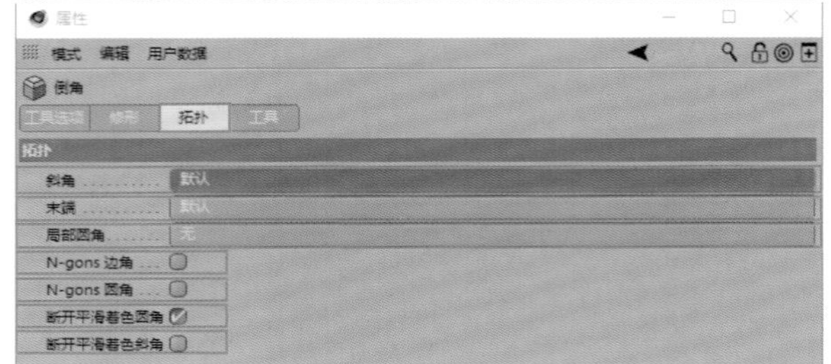

图2-71

❖ 斜角：只能用在“边”模式下，对所选边的拐角进行拓扑结构的处理，处理类型包含“默认”“均匀”“径向”“修补”，如图2-72所示。

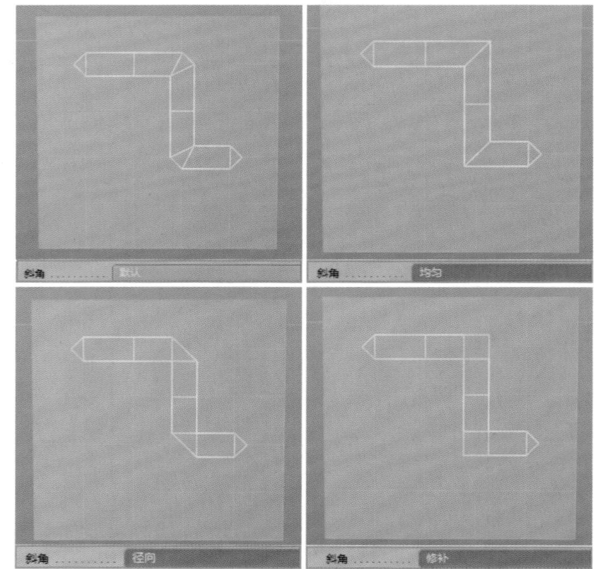

图2-72

❖ 末端：在倒角过程中，用来控制所选边末端的拓扑结构，拓扑结构类型包含“默认”“延伸”“插入”，如图2-73所示。

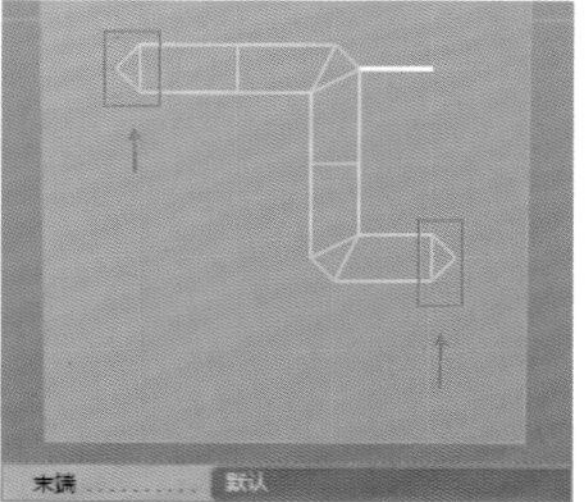

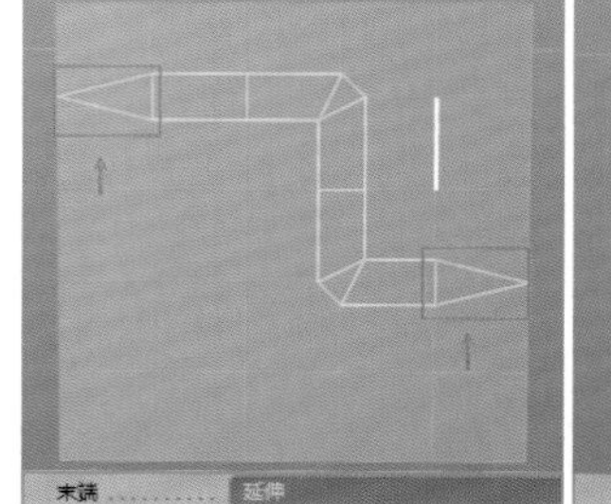

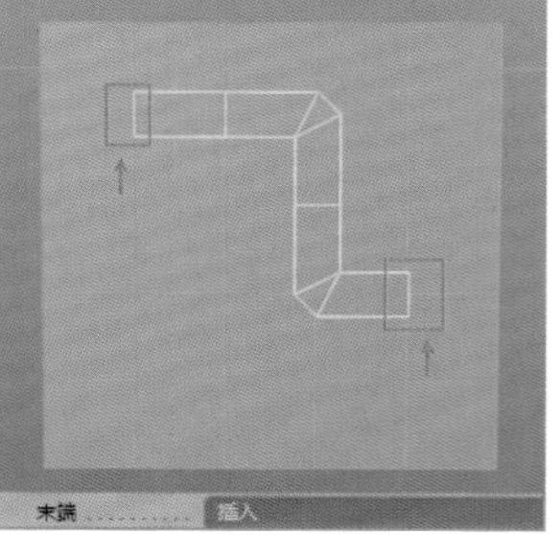

图2-73

❖ 局部圆角：当选择的3条边交于一点时，会影响点处的倒角效果，倒角效果类型包含“无”“完全”“凸角”，如图2-74所示。

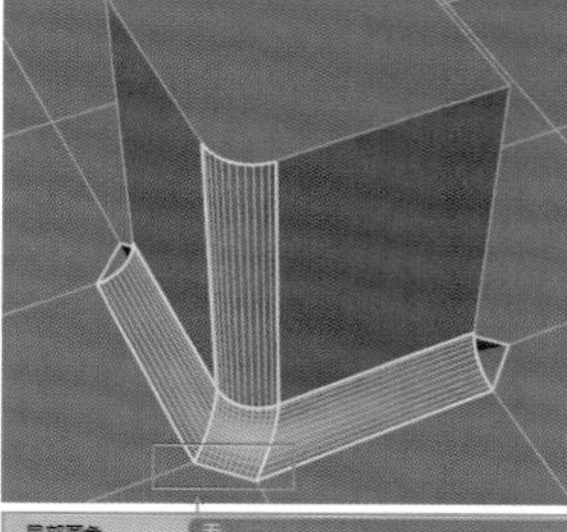

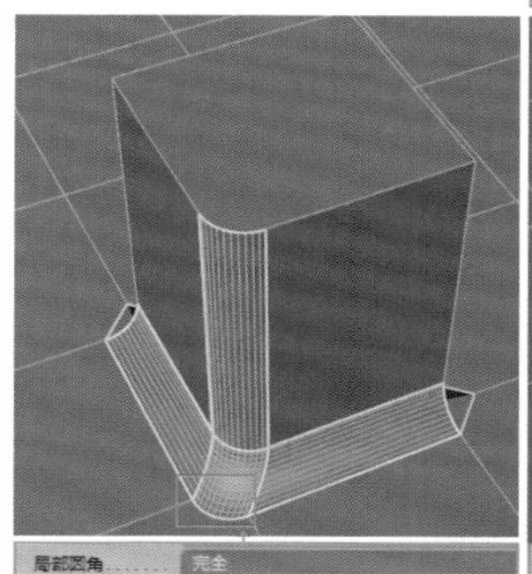

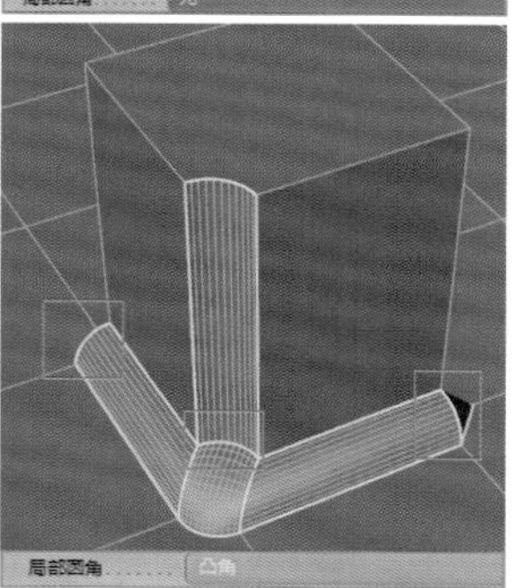

图2-74

❖ N-gons边角：定义倒角交点处是否显示多边形结构。勾选该选项后，隐藏交点处的多边形结构；取消勾选该选项后，显示交点处的多边形结构，如图2-75所示。

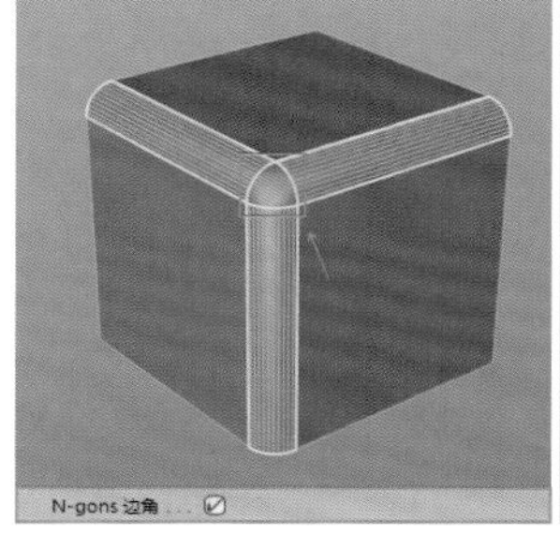

图2-75

❖ N-gons圆角：定义倒角后是否显示新生成的多边形结构。勾选该选项后，隐藏新生成的多边形结构；取消勾选该选项后，显示新生成的多边形结构，如图2-76所示。

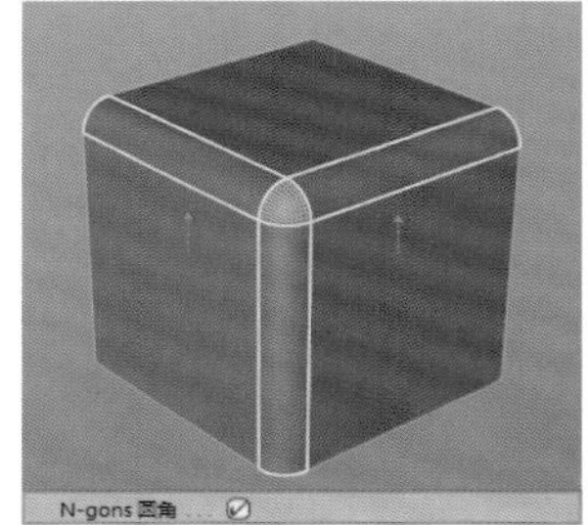

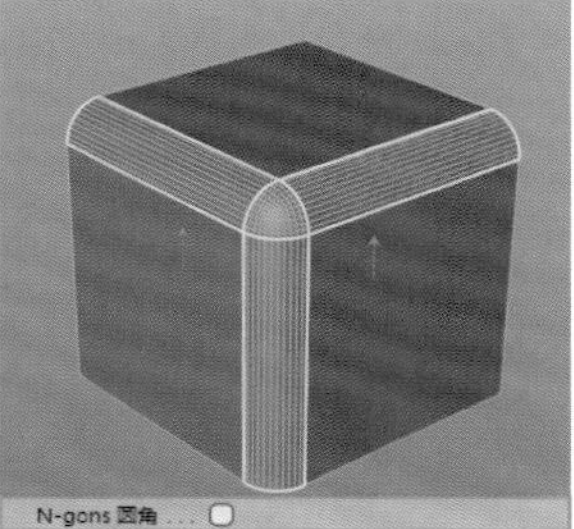

图2-76

❖ 断开平滑着色圆角：勾选该选项后，倒角后生成的多边形会产生锐利且过度的转折效果；取消勾选该选项后，转折处会显得平滑一些，如图2-77所示。

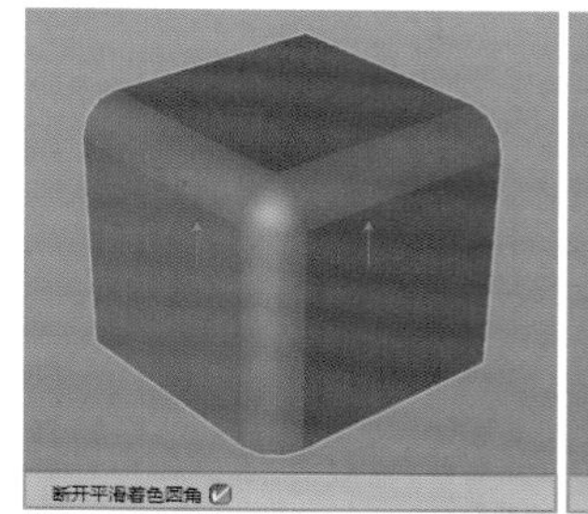

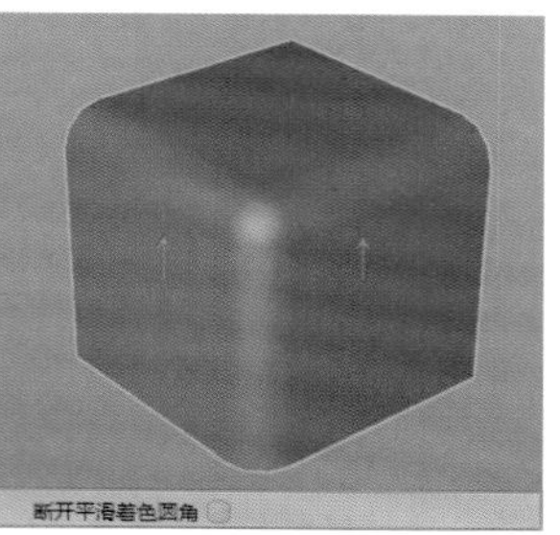

图2-77

❖ 断开平滑着色斜角：勾选该选项后，倒角后在倒角交点处生成的多边形会产生锐利且过度的转折效果；取消勾选该选项后，过度转折则会平滑一些，如图2-78所示。

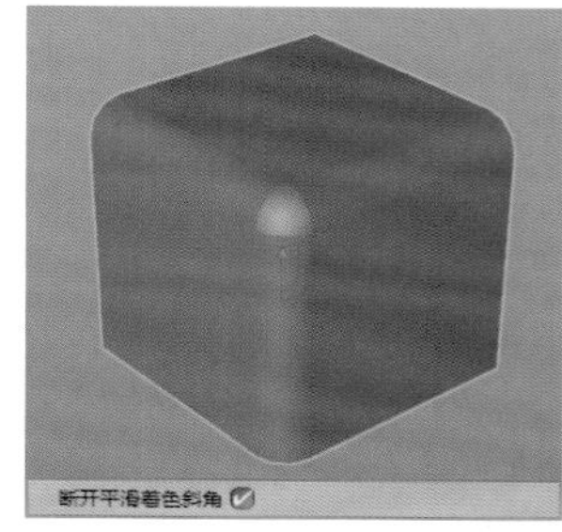

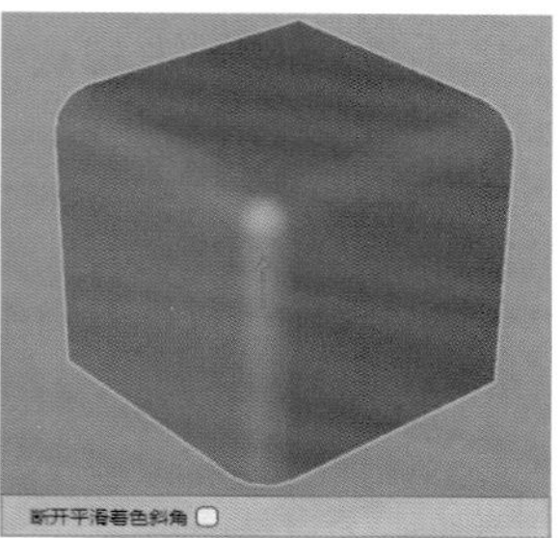

图2-78

④**工具**：可以用来重复之前的倒角效果，如图2-79所示。

图2-79

2.1.8 焊接

“焊接”工具的作用是可以使选择的点、边、多边形合并在指定的一个点上。

在“点”“边”“多边形”任一模式下的“透视视图”中单击鼠标右键，可以找到“焊接”工具，如图2-80所示。

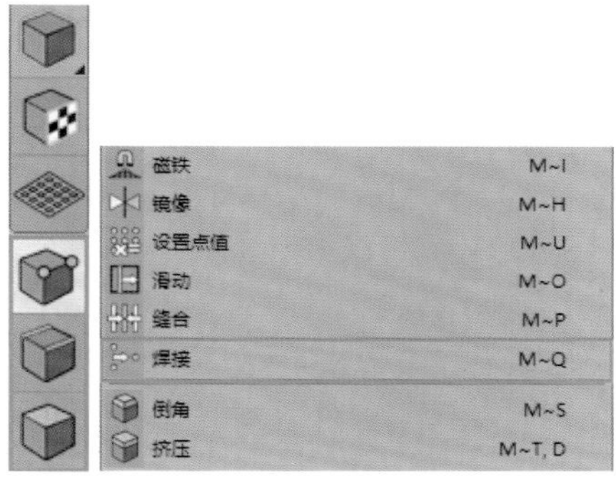

图2-80

“焊接”工具可以在“点”“边”“多边形”模式下使用，但使用方法不同。

在“点”模式下，有两种操作方法。第1种是先选择需要合并的点，然后配合鼠标指针选择焊接的位置。焊接的位置可以是这些点的其中一个点，也可以是这些点的中间位置，如图2-81所示。

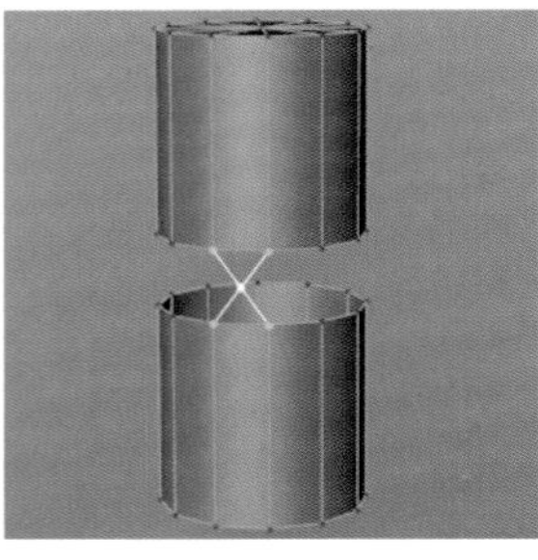

图2-81

第2种是在不选择任何点的情况下，按住Ctrl键，在需要合并的点上单击并拖动鼠标，将合并到指定的点；按住Shift键，在需要合并的点上单击并拖动鼠标，将合并到指定的点的中间位置，如图2-82所示。

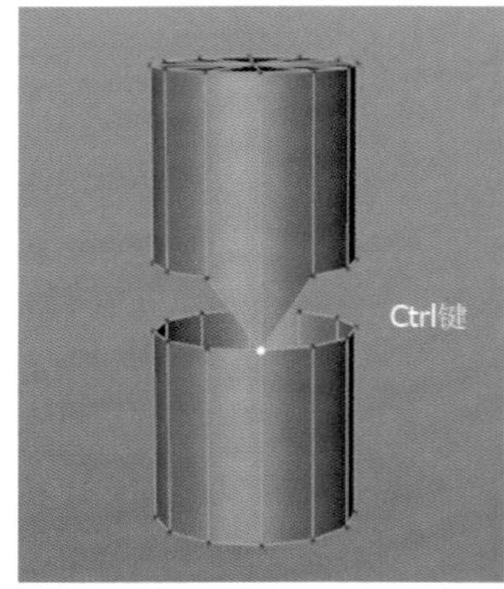

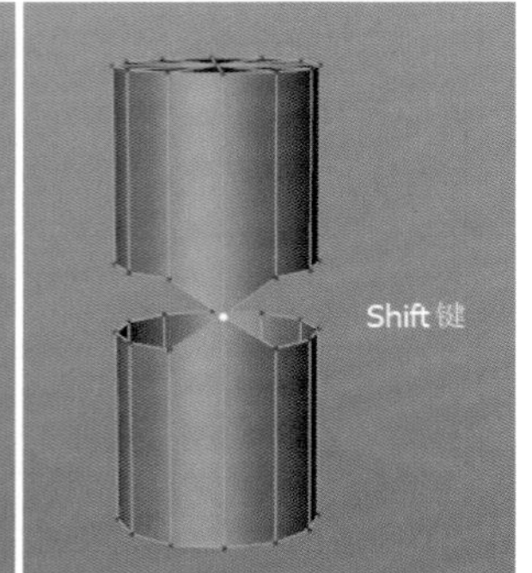

图2-82

在“边”“多边形”模式下，选择需要合并的线或面，这些线或面会合并在它们中间的位置，如图2-83所示。

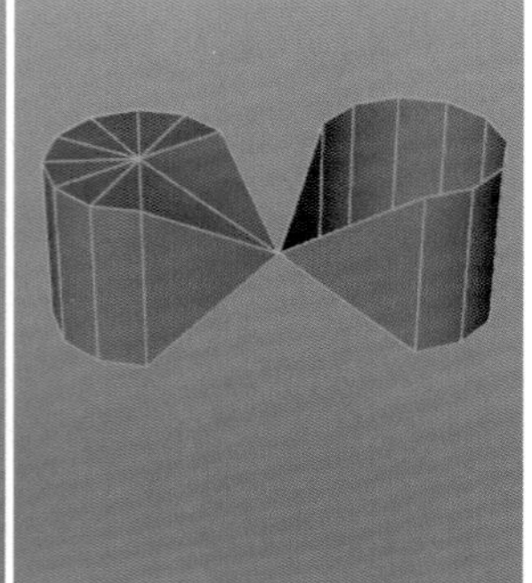

图2-83

2.1.9 分裂

“分裂”工具的作用是可以把选择的“多边形”复制生成一个独立的多边形对象。

在“多边形”模式下的“透视视图”中单击鼠标右键，可以找到“分裂”工具，如图2-84所示。

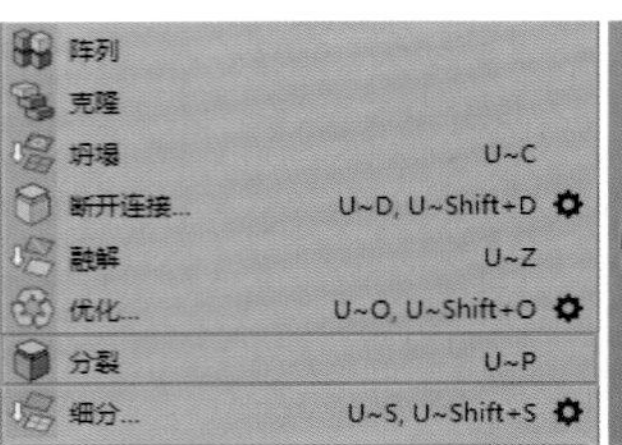

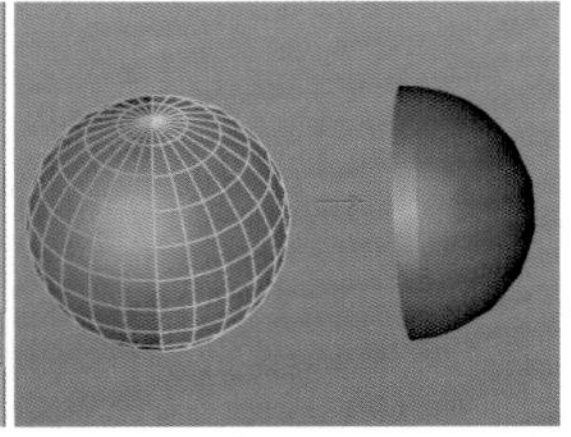

图2-84

2.1.10 笔刷

“笔刷”工具的作用是可以对模型进行涂抹与绘制等操作。

在“点”“边”“多边形”任一模式下的“透视视图”中单击鼠标右键，可以找到“笔刷”工具，如图2-85所示。

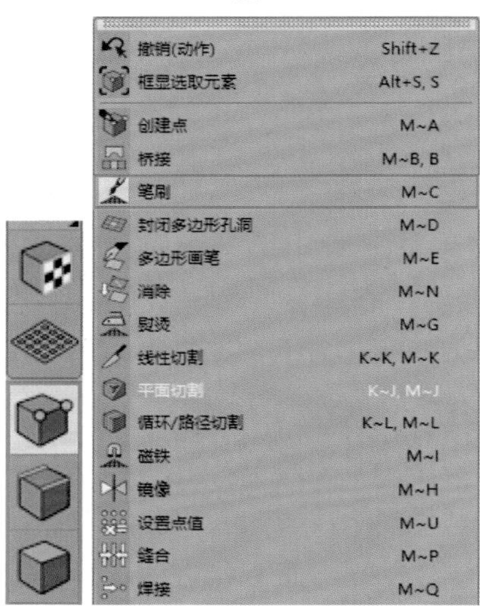

图2-85

“笔刷”工具有很多种模式，用不同模式的“笔刷”对模型进行绘制的时候会有不同的效果。该工具经常用来调整模型或调整模型表面点的分布。这里仅介绍其中的两种，其余效果读者可以亲自尝试一下，如图2-86所示。

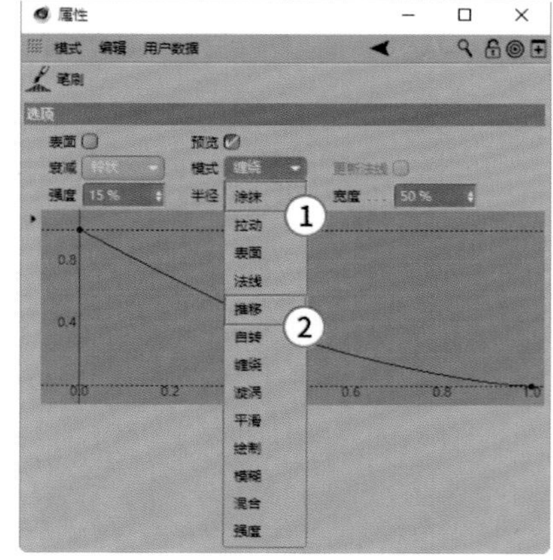

图2-86

①**涂抹：**这时笔刷相当于一支画笔，可以在模型上随意绘制，通过改变模型上点的位置，对模型进行塑形，如图2-87所示。

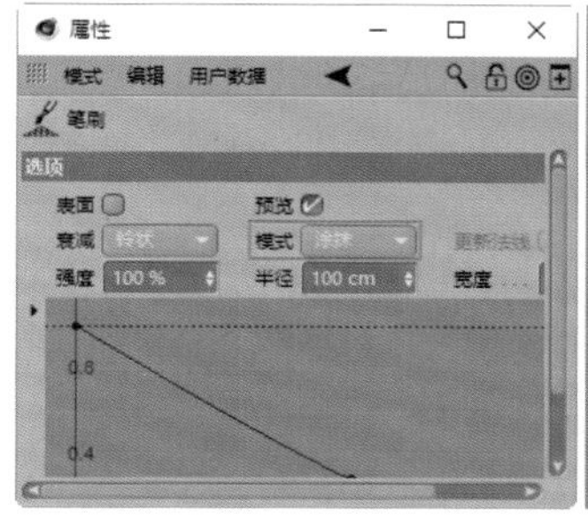

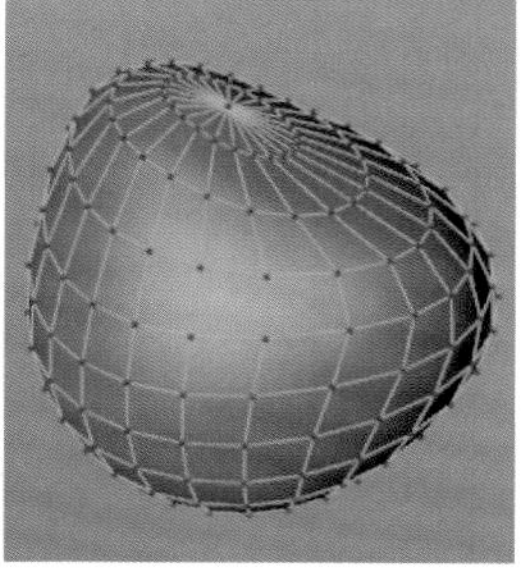

图2-87

②**推移：**把模型上的点分离并向外扩张，如图2-88所示。

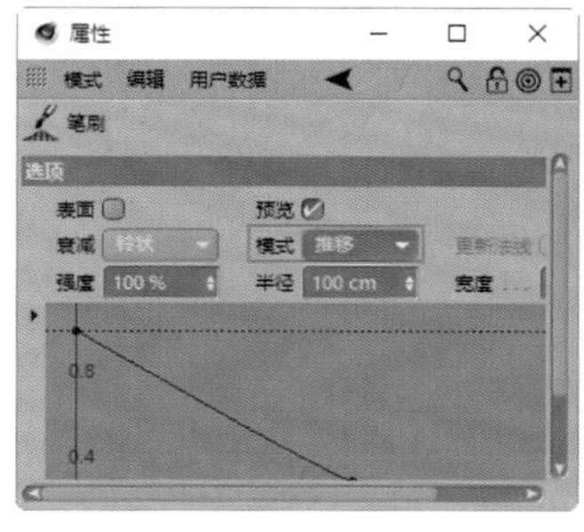

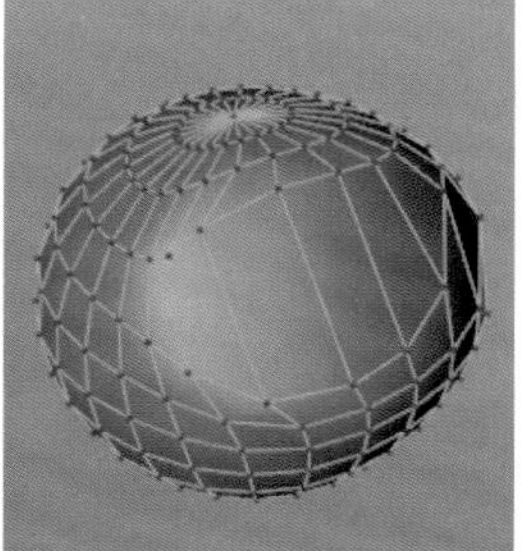

图2-88

2.1.11 细分

“细分”工具的作用是增加模型的面数和细节。

在“多边形”模式下的“透视视图”中单击鼠标右键，可以找到“细分”工具，如图2-89所示。

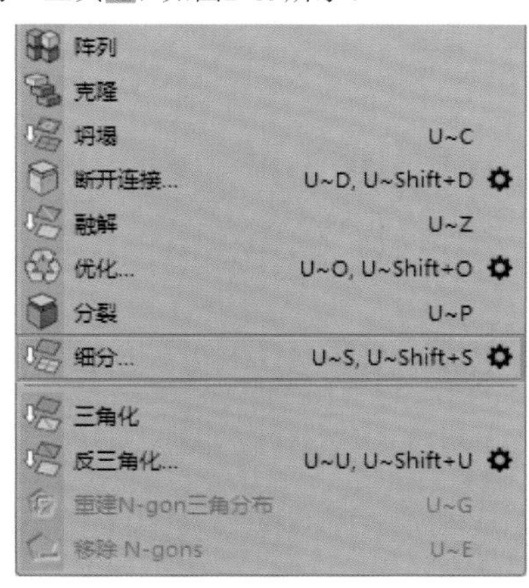

图2-89

“细分”工具可以自定义细分级别，单击“细分”右侧的“齿轮”图标，在弹出的“细分”面板中可以设置“细分”数值及“最大角度”数值。图2-90所示为设置“细分”为1时的效果。

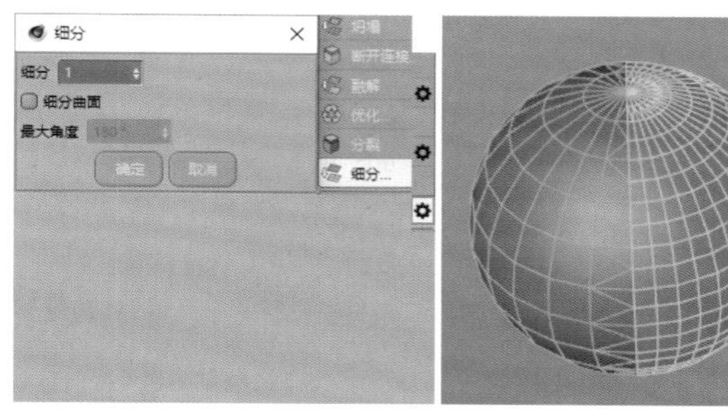

图2-90

2.1.12 优化

“优化”工具的作用是合并相邻的未焊接的点，删除多余的点，用于优化多边形。

在“点”“边”“多边形”任一模式下的“透视视图”中单击鼠标右键，可以找到“优化”工具，如图2-91所示。

“优化”工具可以通过自定义“公差”数值来控制焊接的范围。单击“优化”右侧的“齿轮”图标，在弹出的“优化”面板中可以设置“公差”的数值，默认的“公差”数值为0.01cm，如图2-92所示。

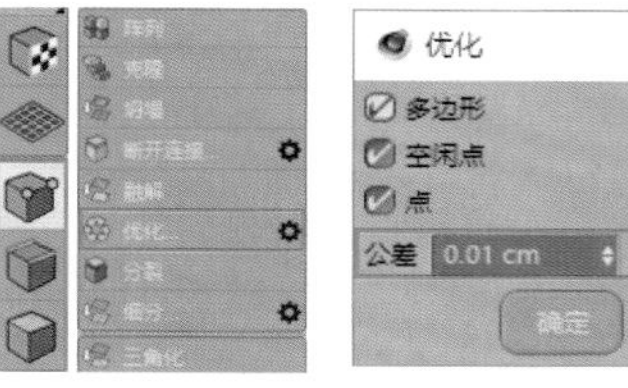

图2-91 图2-92

技术专题：如何在平面上挖洞

创建一个平面对象，按快捷键C把平面对象转为可编辑对象。

在“点”模式下选中其中一个点，然后单击鼠标右键并执行“倒角”命令，设置“细分”为1、“深度”为-100%，同时删除倒角生成的面，为平面对象添加细分曲面，如图2-93所示。

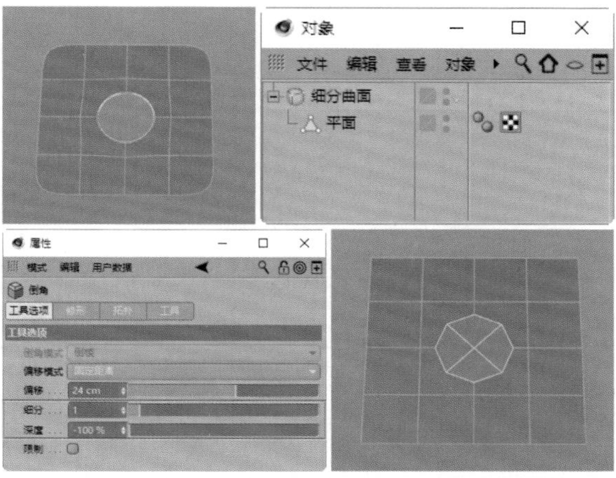

图2-93

在做产品包装时，设计师经常使用这种方法制作孔洞效果。

2.2 产品包装常用的造型工具

Cinema 4D中有很多工具，如图2-94所示。这里只介绍在产品包装工作中常用的几种造型工具。

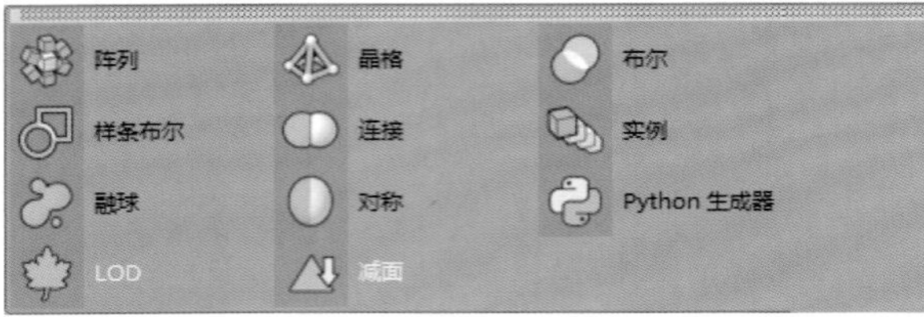

图2-94

2.2.1 布尔

“布尔”工具可以对两个及两个以上的模型进行交集、补集等布尔运算操作。

“布尔”工具有两种创建方法。

第1种：执行“创建>造型>布尔”菜单命令，如图2-95所示。

第2种：在快捷工具栏中单击“造型”工具组，在弹出的菜单中选择“布尔”工具，如图2-96所示。

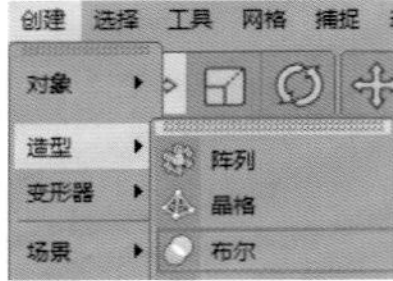

图2-95

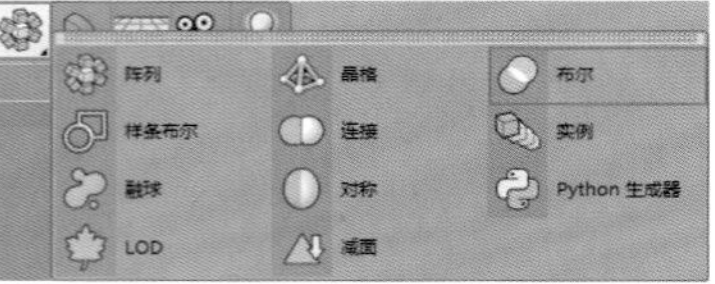

图2-96

布尔运算需要两个及两个以上的物体才能进行，该工具的主要属性参数如图2-97所示。

图2-97

①**布尔类型：**包含“A减B”“A加B”“AB交集”“AB补集”。在物体之间进行布尔运算，可以得到新的物体结构，如图2-98所示。

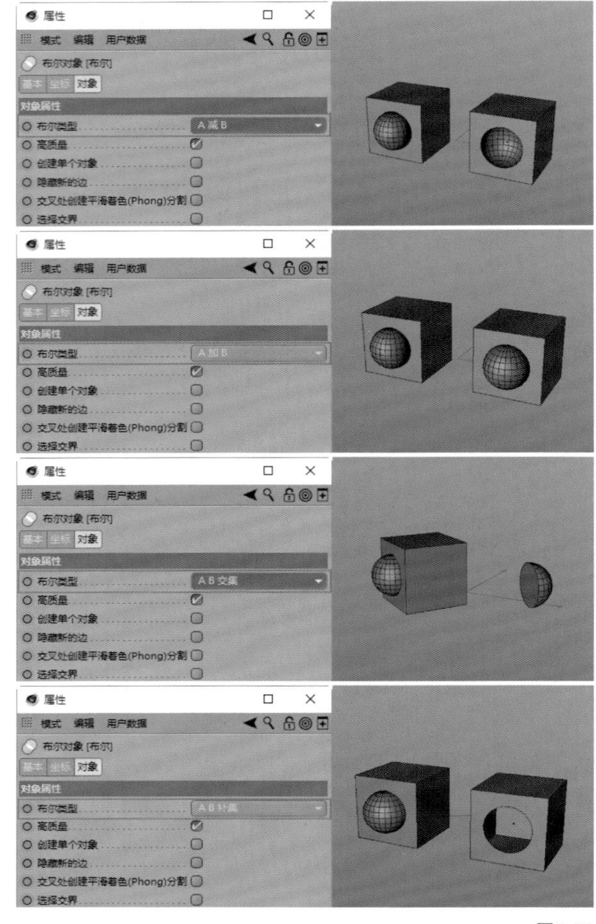

图2-98

②**高质量：**默认为“勾选”状态，布尔运算后会生成新的边。勾选该选项后，其余参数被激活，这些新生成的边会更均匀，如图2-99所示。

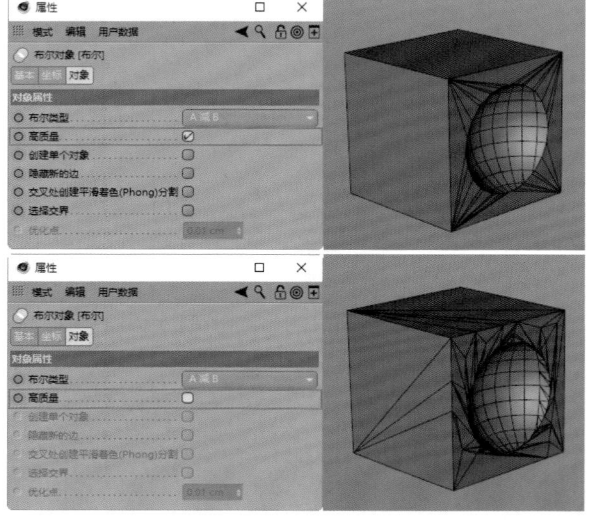

图2-99

③创建单个对象： 将“布尔”转为可编辑对象，勾选该选项后，参与布尔运算的物体会被合并为一个整体，如图2-100所示。

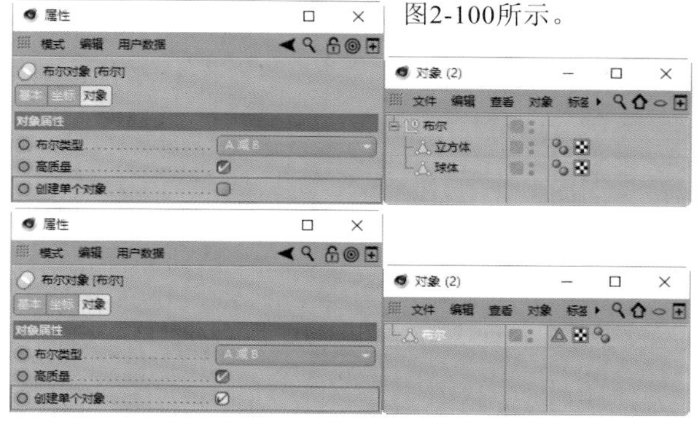

图2-100

④隐藏新的边： 布尔运算后会生成新的边，勾选该选项后，可以隐藏这些新的边，如图2-101所示。

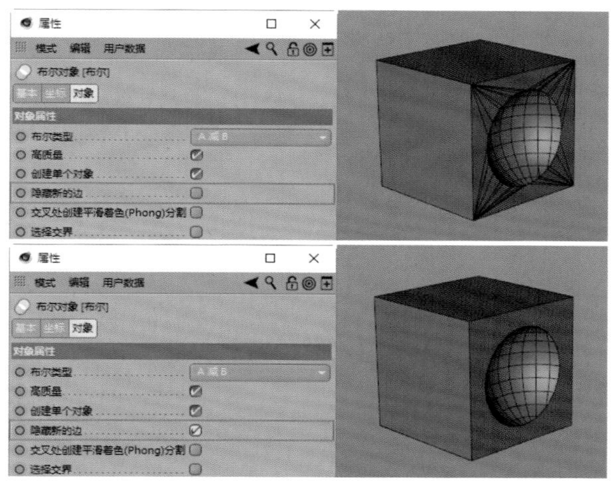

图2-101

⑤交叉处创建平滑着色（Phong）分割： 对较复杂模型的交叉边缘进行圆滑处理，如图2-102所示。

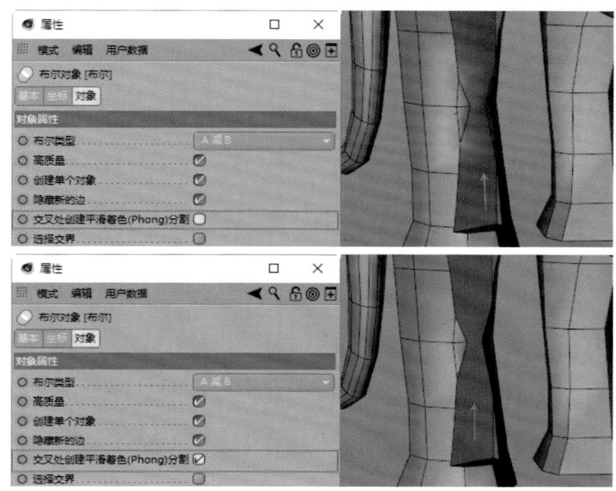

图2-102

⑥选择交界： 将“布尔”转为可编辑对象，勾选该选项后，会自动选择交叉的边，如图2-103所示。

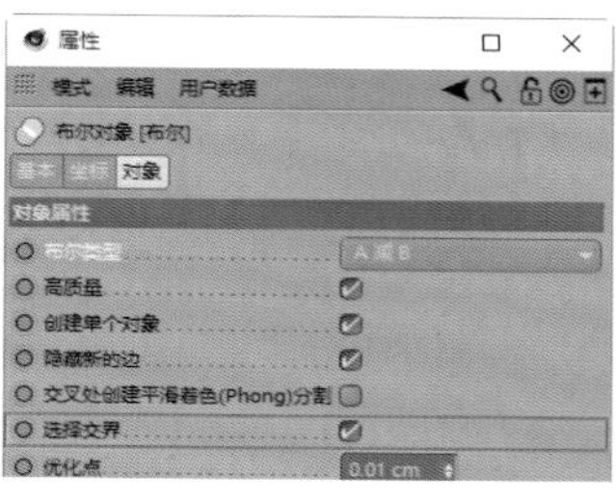

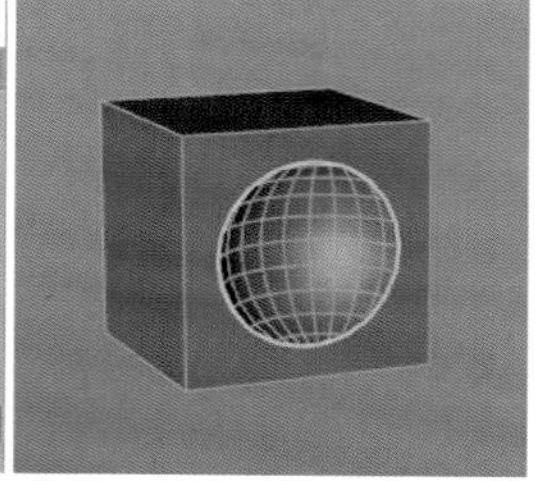

图2-103

⑦优化点： 对布尔运算后物体对象中的点元素进行优化处理，删除无用的点（注意只有勾选“创建单个对象”时才会起作用）。“优化点”默认数值为0.01cm，如图2-104所示。

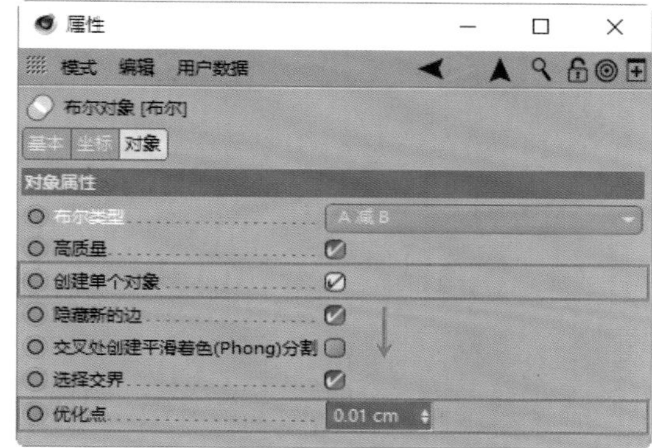

图2-104

实例：制作一个水杯模型

场景位置	无
实例位置	实例文件 >CH02> 制作一个水杯模型 .c4d
视频名称	制作一个水杯模型
技术掌握	“布尔”工具的使用方法

本实例讲解如何使用“布尔”工具创建一个水杯模型，如图2-105所示。

图2-105

01 使用“圆柱体”工具创建两个圆柱体，然后设置其中一个圆柱体的“半径”为60cm，另一个圆柱体的“半径”为56cm，并让它们重叠在一起，如图2-106所示。

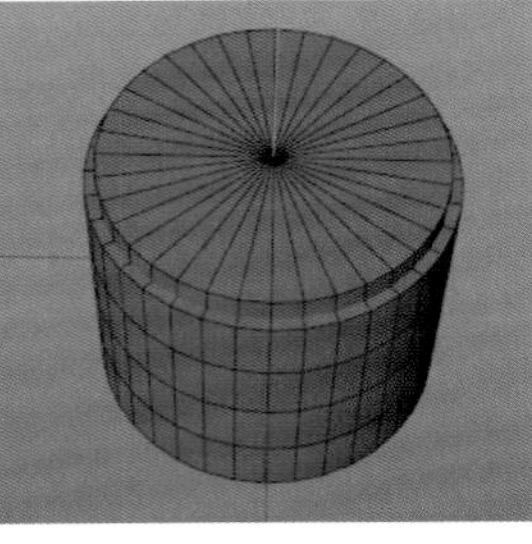

图2-106

02 将“布尔”工具作为两个圆柱体的父级，选择“布尔类型”为“A减B”，如图2-107所示。

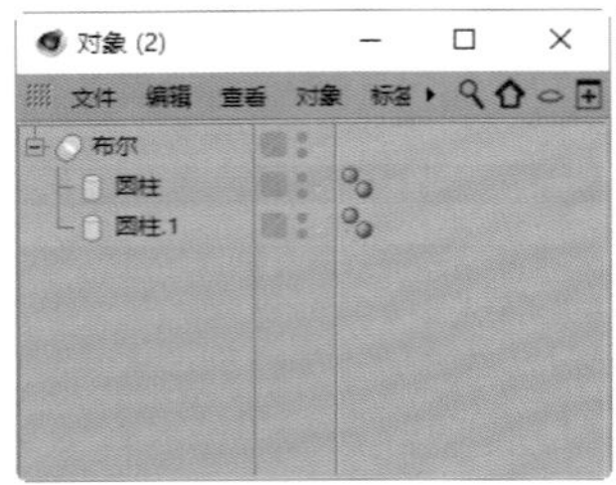
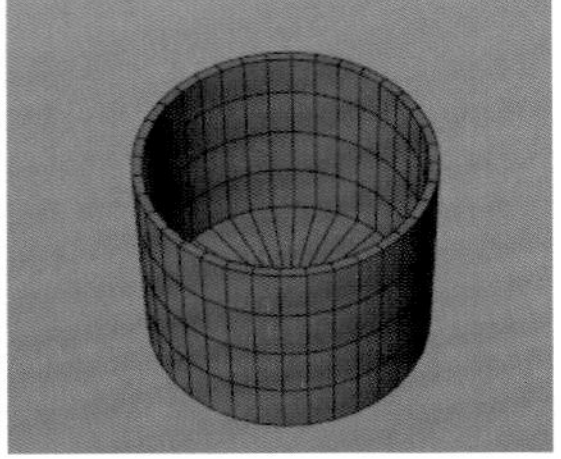

图2-107

03 创建一个圆环对象，使用“布尔”工具对其进行运算，选择“布尔类型”为“A加B”，如图2-108所示。

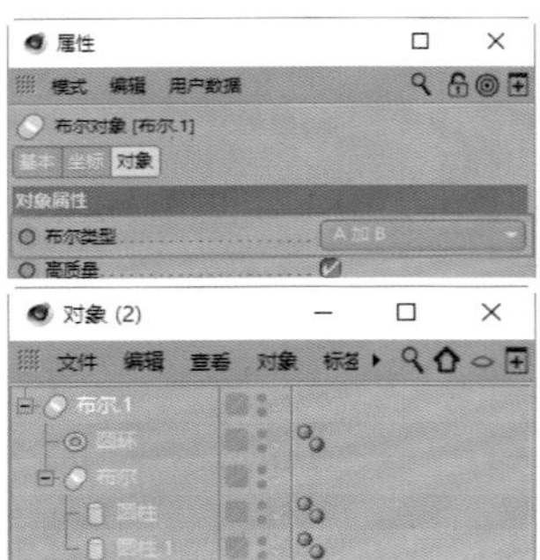

图2-108

2.2.2 样条布尔

“样条布尔”工具的作用和“布尔”工具类似，区别是“样条布尔”是对两个及两个以上的样条进行布尔运算的工具。

“样条布尔”工具有两种创建方法。

第1种：执行“创建>造型>样条布尔”菜单命令，如图2-109所示。

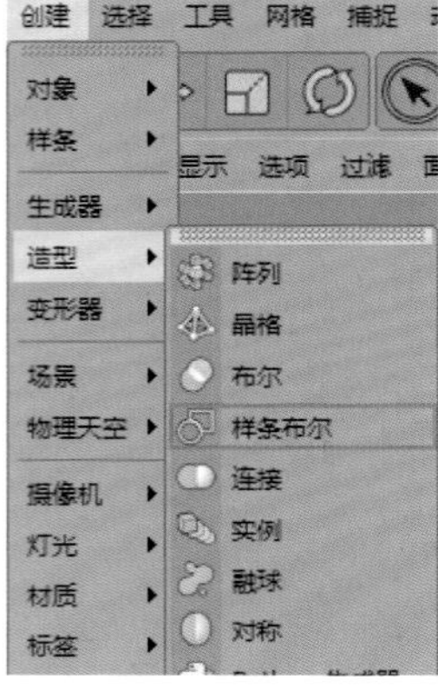

图2-109

第2种：在快捷工具栏中单击“造型”工具组，在弹出的菜单中选择“样条布尔”工具，如图2-110所示。

图2-110

样条布尔运算需要两个及两个以上的样条才能进行，该工具的主要属性参数如图2-111所示。

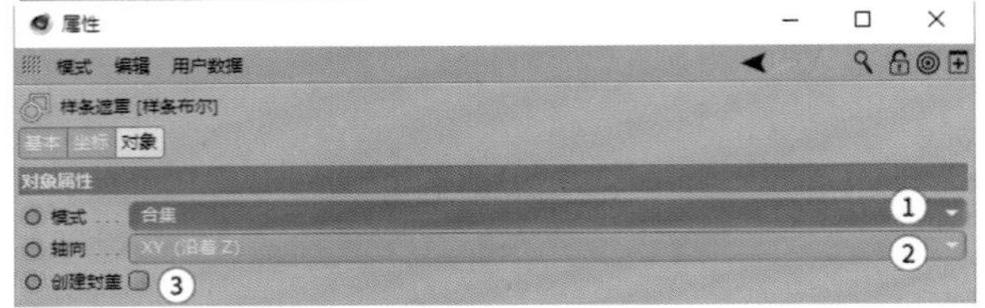

图2-111

①**模式：**包含“合集”“A减B”“B减A”“与”“或”“交集”，在样条之间进行运算，可以得到新的样条结构，如图2-112所示。

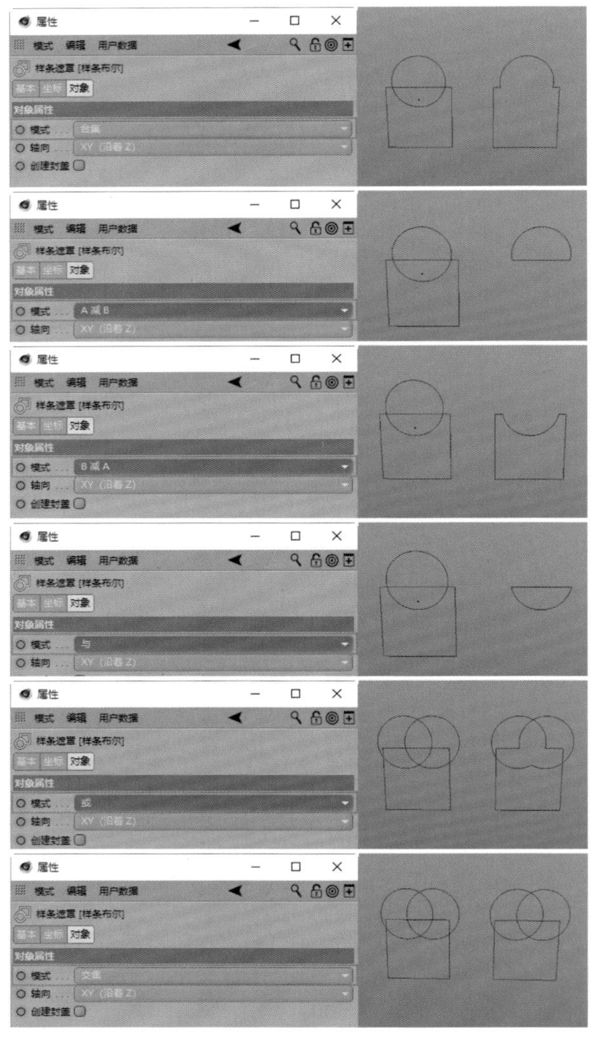

图2-112

②**轴向：**设置样条布尔运算的轴向，包含“XY（沿着Z）”“ZY（沿着X）”“XZ（沿着Y）”“视图（渲染视角）”，如图2-113所示。

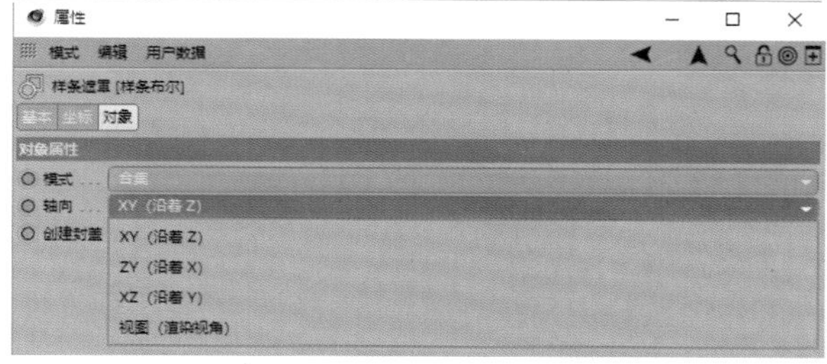

图2-113

③**创建封盖：**勾选该选项后，布尔运算后的样条会形成一个闭合的面，如图2-114所示。

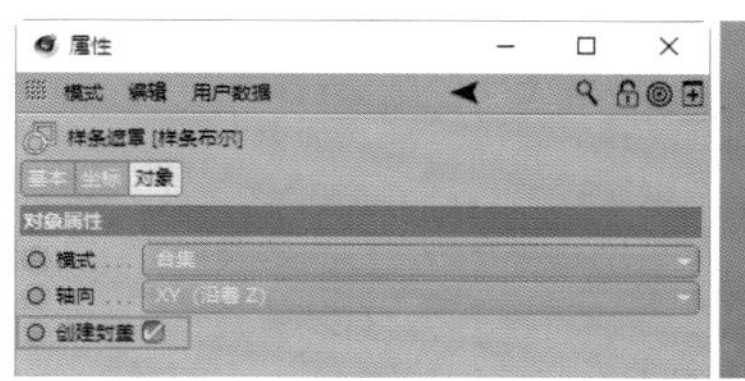

图2-114

实例：制作Logo样条

场景位置	无
实例位置	实例文件 >CH02> 制作 Logo 样条 .c4d
视频名称	制作 Logo 样条
技术掌握	“样条布尔”工具的使用方法

本实例讲解如何使用“样条布尔”工具制作Logo样条，如图2-115所示。

图2-115

01 在“正视图”模式下创建3个圆环对象，设置其中最大圆环的“半径”为100cm，两个小圆环的“半径”为20cm，并摆放好位置，如图2-116所示。

图2-116

02 选择“样条布尔”工具，设置“模式”为“合集”，创建耳朵造型，更改样条布尔的名字为“耳朵”，如图2-117所示。

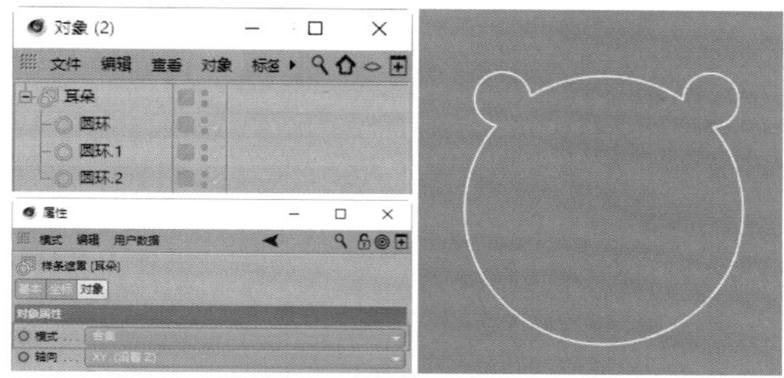

图2-117

03 创建矩形样条，设置“宽度”为230cm，然后使用“样条布尔”工具对步骤02的“耳朵”进行布尔运算，选择“布尔类型”为“A减B”，更改样条布尔的名字为“头”，如图2-118所示。

图2-118

04 创建两个圆环对象，设置它们的“半径”为10cm，然后将它们放到合适位置，作为动物Logo的眼睛。选中这两个“圆环”，然后单击鼠标右键并执行“连接对象+删除”命令，将它们合并为一个样条对象，如图2-119所示。

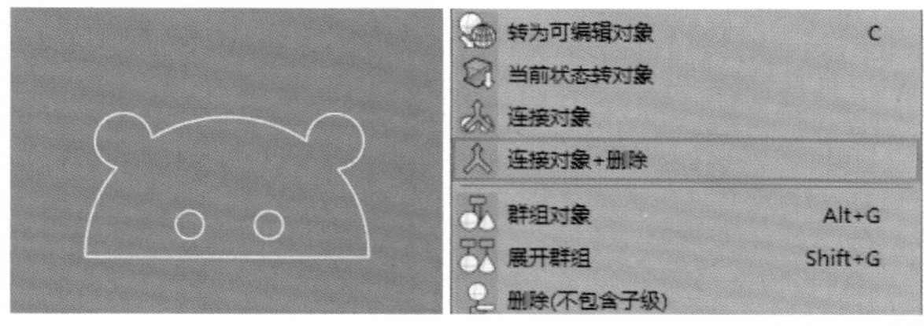

图2-119

05 使用“样条布尔”工具制作动物Logo的眼睛和头部，设置“模式”为“A减B”，更改样条布尔的名字为“眼”，如图2-120所示。

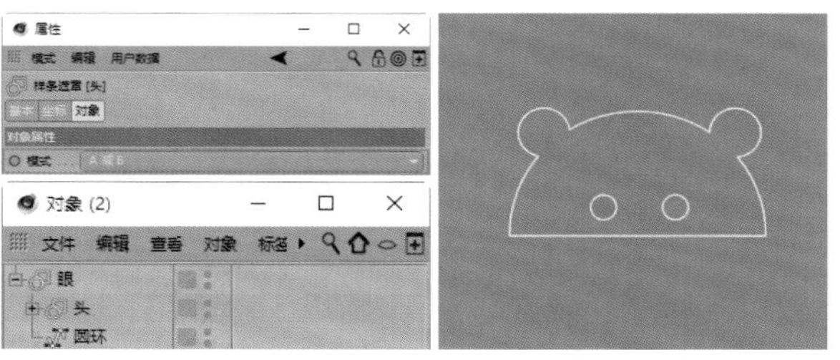

图2-120

06 创建两个圆环对象，使用“样条布尔”工具制作动物Logo下半部分的形状，设置“模式”为“与”，更改样条布尔的名字为“下半部分”，如图2-121所示。

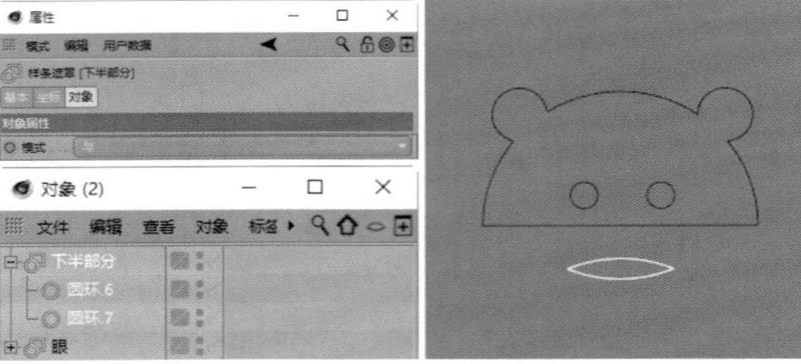

图2-121

2.2.3 对称

“对称”工具是在制作产品模型时经常使用到的工具。它可以减少建模的工作量。有了该工具，针对对称类物体的制作，只需要制作模型一半的结构，就可生成一个左右对称的完整模型。

“对称”工具有两种创建方法。

第1种： 执行“创建>造型>对称”菜单命令，如图2-122所示。

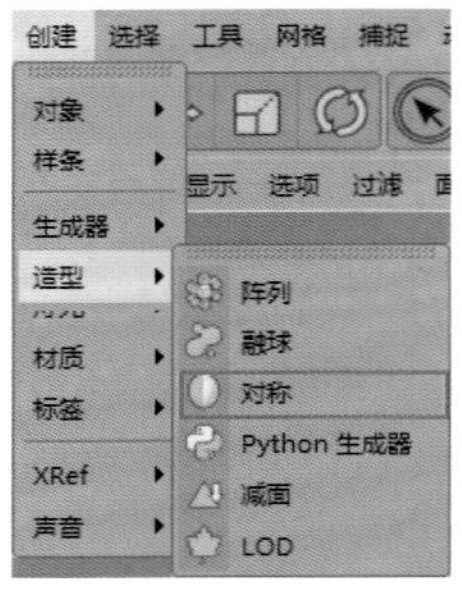

图2-122

第2种： 在快捷工具栏中单击“造型”工具组，在弹出的菜单中选择“对称”工具，如图2-123所示。

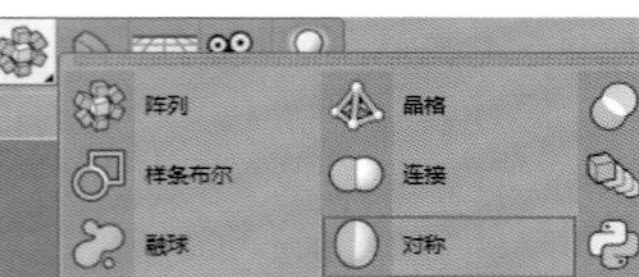

图2-123

“对称”工具的属性参数并不复杂，其中比较重要的参数如图2-124所示。

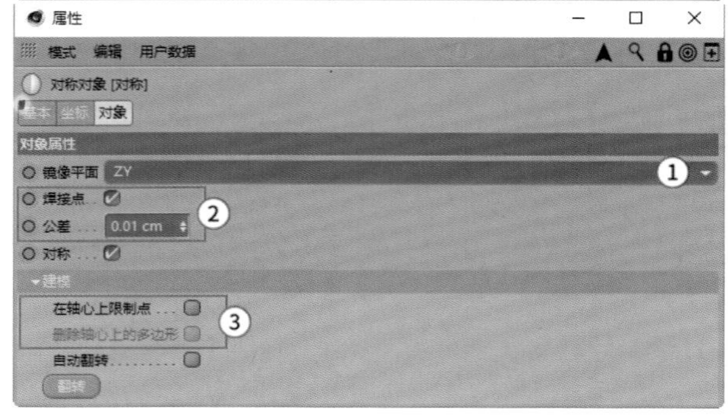

图2-124

①**镜像平面：** 对称的轴向，包含“ZY”“XY”“XZ”。

②**焊接点/公差：** 勾选“焊接点”后，将激活“公差”，通过调整“公差”数值可以控制两个物体连接在一起的距离。图2-125所示为“公差”为0.01cm 和“公差”为12cm时的效果区别。

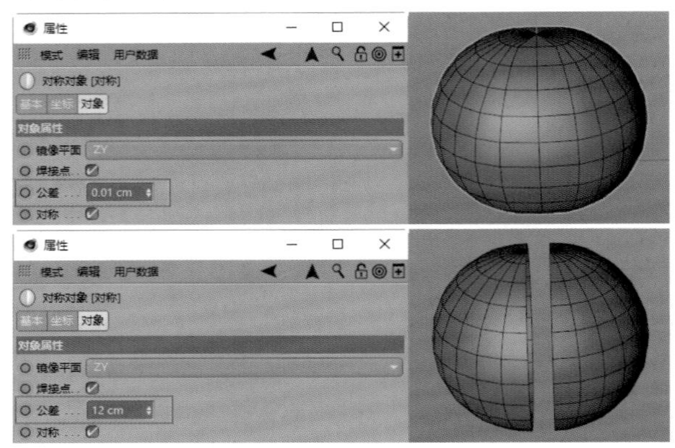

图2-125

③**在轴心上限制点/删除轴心上的多变形：** 勾选“在轴心上限制点”选项后，将激活“删除轴心上的多边形”，勾选这两个选项后将方便建模的对称操作。同时，在勾选“在轴心上限制点”后，对称的中心点会始终保持连接在一起，如图2-126所示。此时使用“笔刷”工具绘制物体时，中心点不会裂开。

勾选“删除轴心上的多边形”后，对模型轴心上的面进行“挤压”操作时，轴心上不会生成多余的面，如图2-127所示。

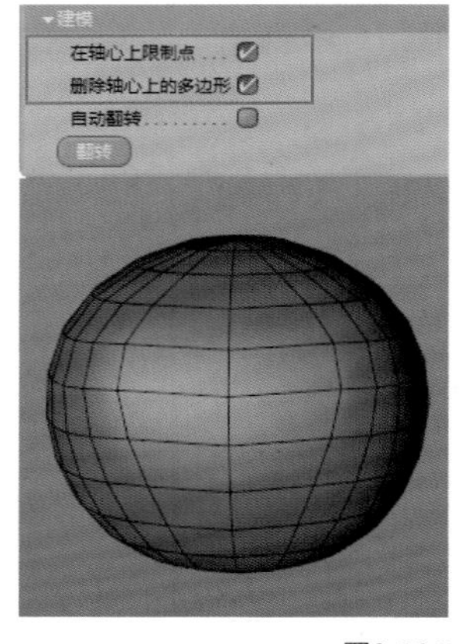

图2-126　图2-127

实例：制作一个包装袋模型

场景位置	无
实例位置	实例文件 >CH02> 制作一个包装袋模型 .c4d
视频名称	制作一个包装袋模型
技术掌握	“对称”工具的使用方法

本实例讲解如何使用“对称”工具制作包装袋模型，如图2-128所示。

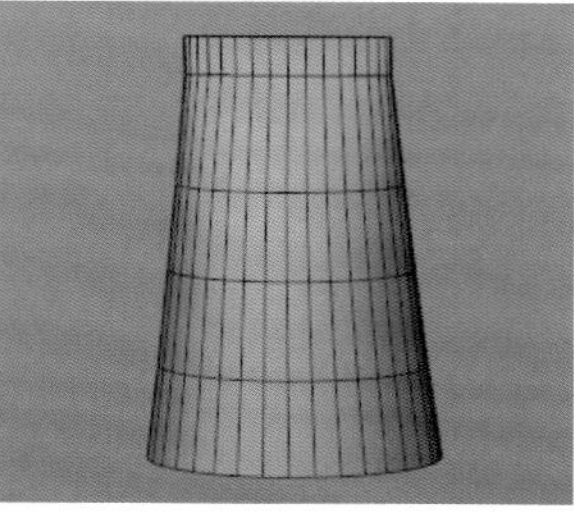

图2-128

01 创建一个圆柱体对象，取消勾选"封顶"选项，设置"半径"为50cm、"高度"为200cm、"高度分段"为4、"旋转分段"为36，把圆柱体转为可编辑对象后，切换到"正视图"模式，如图2-129所示。

图2-129

02 在"多边形"模式下，选中圆柱体一半的面，然后按Delete键将其删除，并使用"对称"工具还原圆柱体，如图2-130所示。

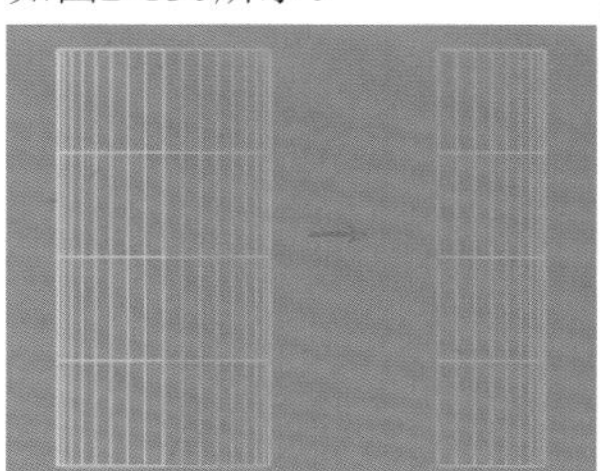

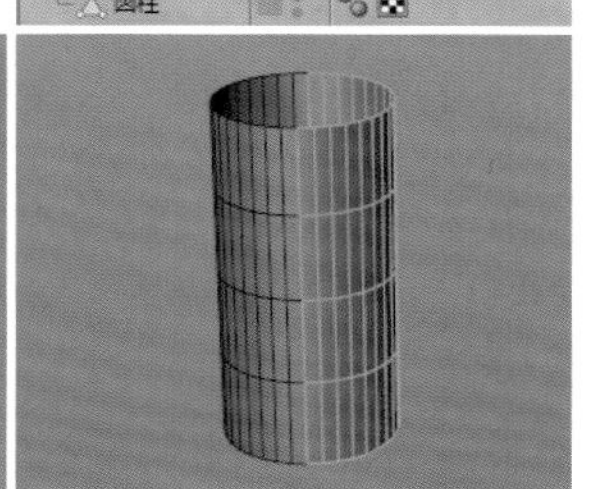

图2-130

03 调整圆柱体的结构，使其接近包装袋的造型，如图2-131所示。

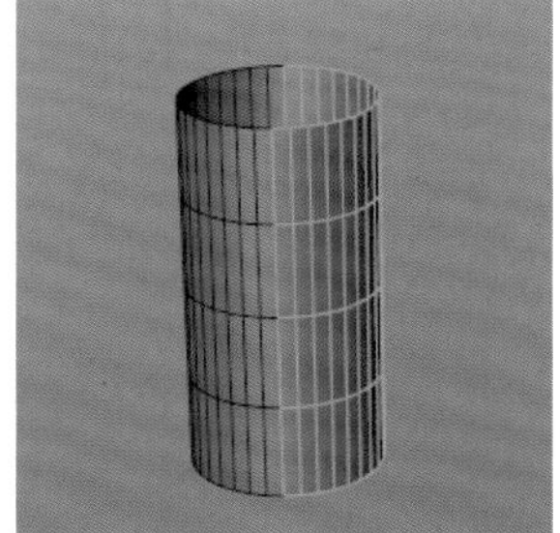

图2-131

提示

这里仅举例说明"对称"工具的使用方法，包装袋更详细的制作步骤将在后续的"商业案例实战"中讲解。

2.2.4 实例

"实例"工具可以继承参考对象的全部属性，它可以用来复制物体对象。

"实例"工具有两种创建方法。

第1种： 执行"创建>造型>实例"菜单命令，如图2-132所示。

第2种： 在快捷工具栏中单击"造型"工具组，在弹出的菜单中选择"实例"工具，如图2-133所示。

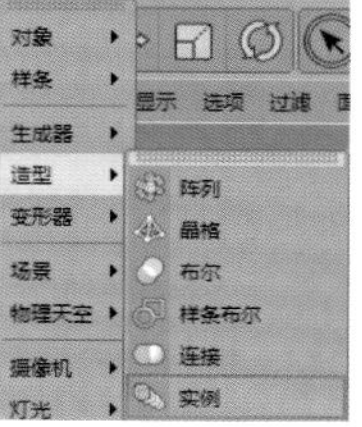

图2-132

图2-133

创建一个管道对象，将其拖曳到"属性"面板"参考对象"右侧的空白区域中。

这时"实例"继承了"管道"的全部属性，并呈现为管道的形状，如图2-134所示。

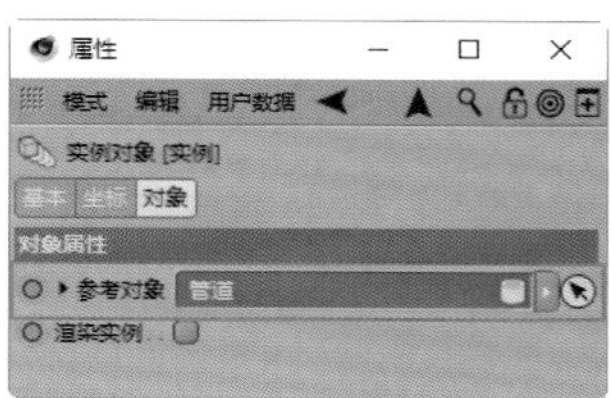

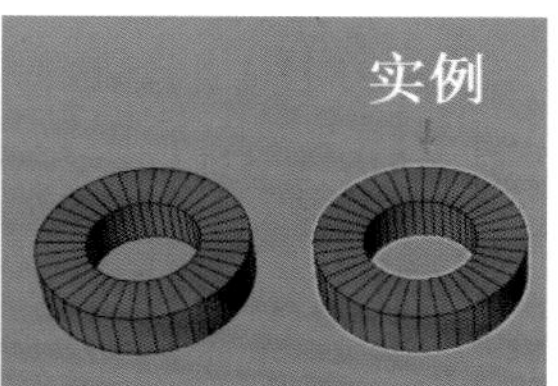

图2-134

同时，也可以对"实例"进行单独操作，如进行布尔运算，如图2-135所示。

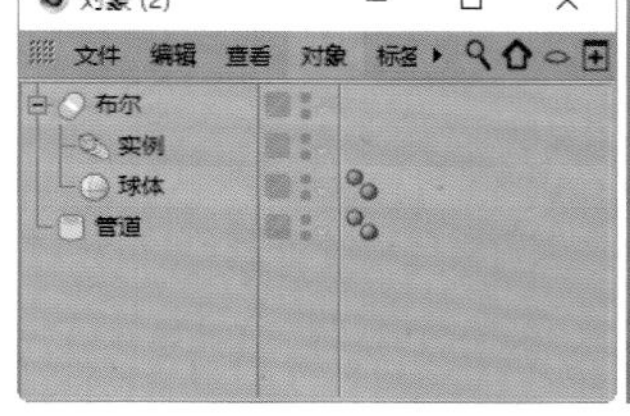

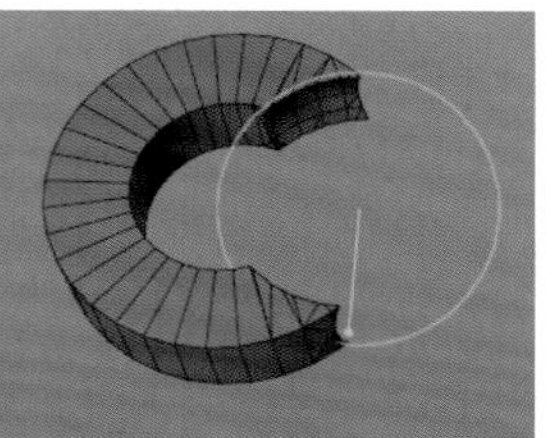

图2-135

2.2.5 融球

"融球"工具可以制作两个或两个以上物体融合在一起的效果。

"融球"工具有两种创建方法。

第1种： 执行"创建>造型>融球"菜单命令，如图2-136所示。

第2种： 在快捷工具栏中单击"造型"工具组，在弹出的菜单中选择"融球"工具，如图2-137所示。

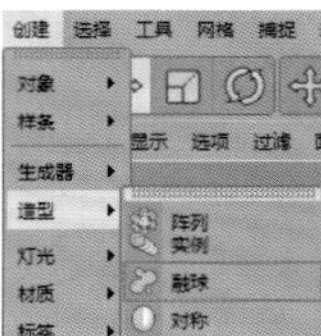

图2-136

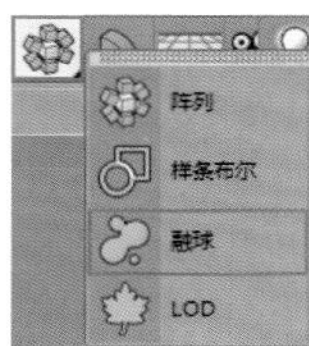

图2-137

创建两个球体对象和一个融球，将球体作为融球的子级，如图2-138所示。

"融球"工具的主要属性参数如图2-139所示。

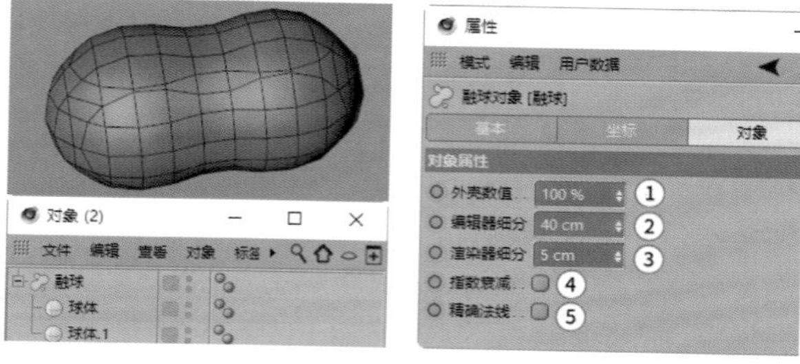

图2-138 图2-139

①**外壳数值：**设置融球的效果和大小，图2-140所示为"外壳数值"默认为100%和设置"外壳数值"为170%时的效果区别。

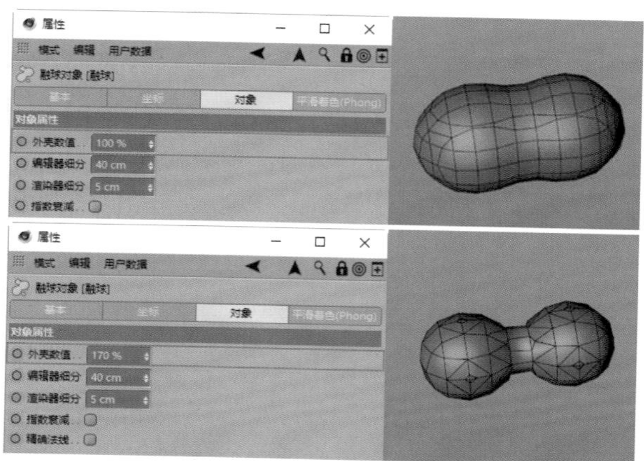

图2-140

②**编辑器细分：**设置视图显示的融球细分数值，默认数值为40cm。设置数值越小，融球越圆滑。图2-141所示为设置"编辑器细分"为50cm和20cm时的效果区别。

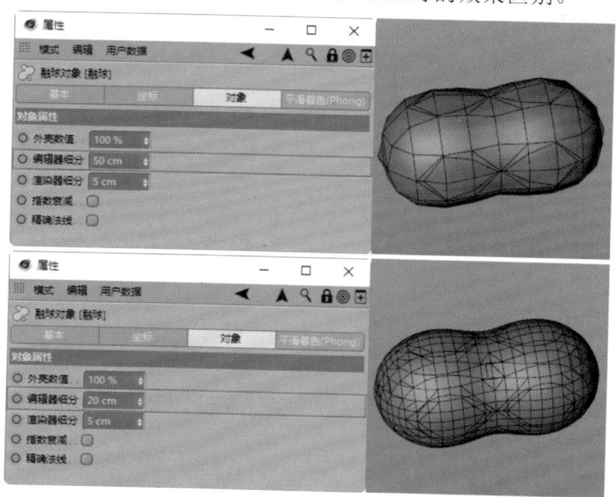

图2-141

③**渲染器细分：**设置渲染时融球的细分数值，默认数值为5cm。设置数值越小，融球越圆滑。图2-142所示为设置"渲染器细分"为20cm和5cm时的效果区别。

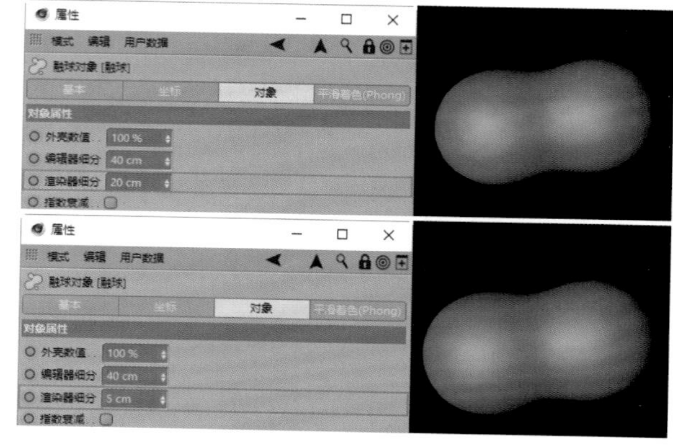

图2-142

④**指数衰减：**勾选该选项后，会影响融球的大小和圆滑程度，如图2-143所示。

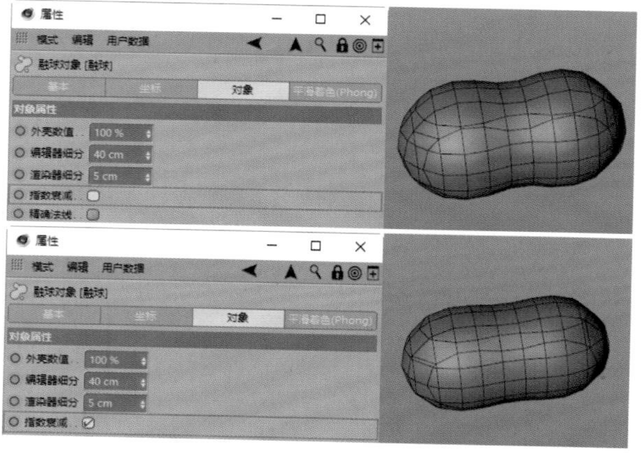

图2-143

⑤**精确法线：**勾选该选项后，融球表面会显得更圆滑，如图2-144所示。

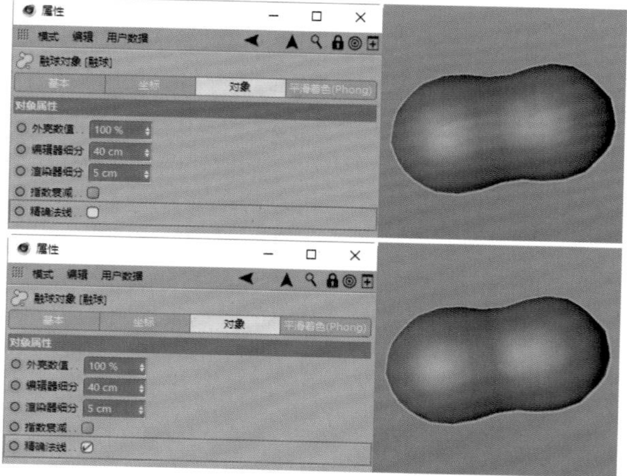

图2-144

实例：制作瓶子上的水滴效果

场景位置	无
实例位置	实例文件 >CH02> 制作瓶子上的水滴效果 .c4d
视频名称	制作瓶子上的水滴效果
技术掌握	用“融球”工具制作水滴的技巧

本实例讲解如何使用“融球”工具制作瓶子上的水滴效果，如图2-145所示。

图2-145

01 创建一个立方体对象，然后把它转为可编辑对象，添加“细分曲面”生成器并将其作为立方体的父级，如图2-146所示。

02 在“多边形”模式下，选中立方体，调整其形状为水滴的造型，如图2-147所示。

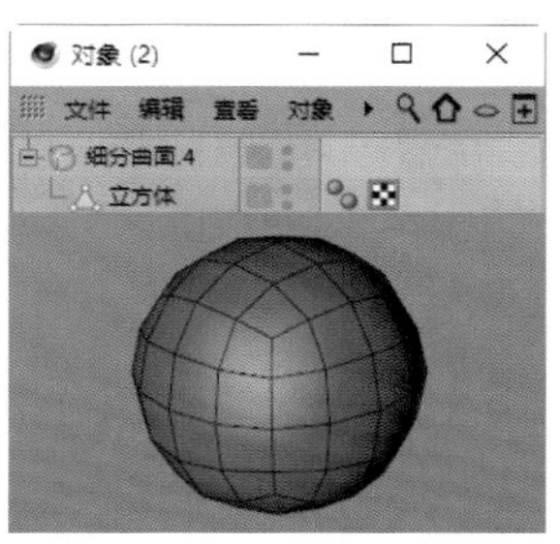

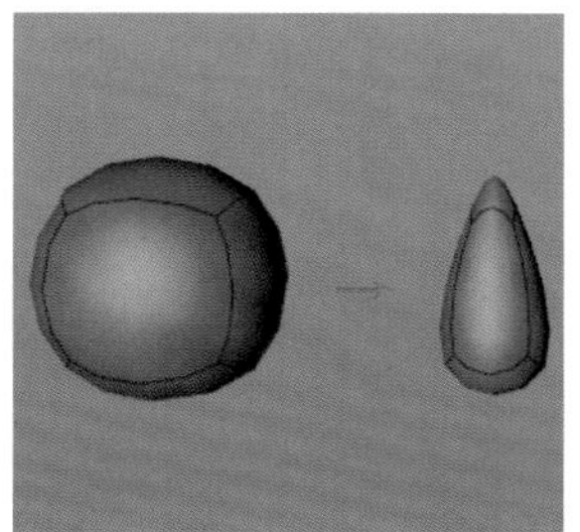

图2-146　　图2-147

03 选中“细分曲面”和“立方体”，在“对象”面板中单击鼠标右键并执行“连接对象+删除”命令，把“细分曲面”和“立方体”合并成一个多边形对象，并命名为“水滴”，如图2-148所示。

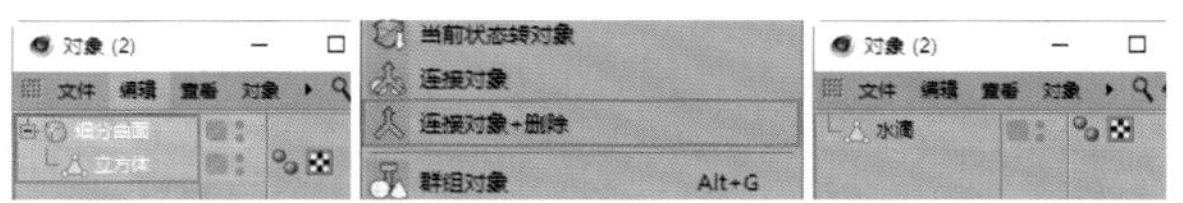

图2-148

04 复制一份水滴，然后选择“融球”工具，调整参数，制作出水滴效果，如图2-149所示。

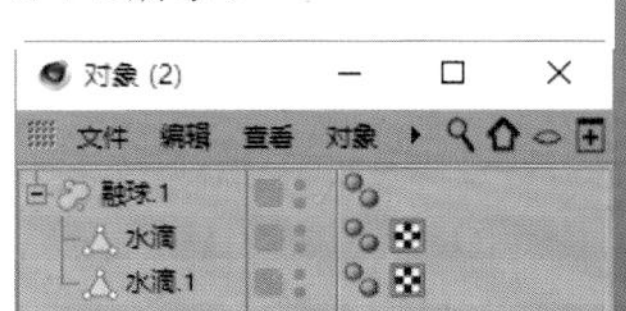

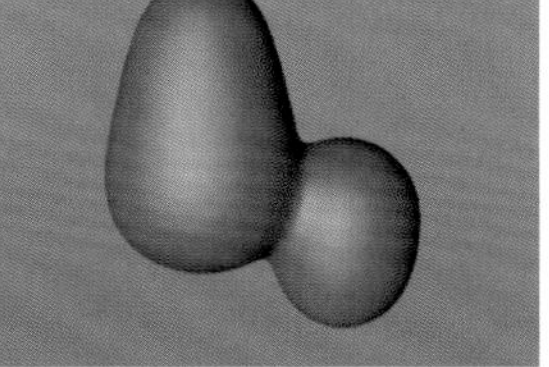

图2-149

05 复制一份融球，使用“克隆”工具对其进行克隆操作，设置“模式”为“对象”，把易拉罐模型拖曳至“对象”右侧的空白区域，并设置克隆的“数量”为500，如图2-150所示。

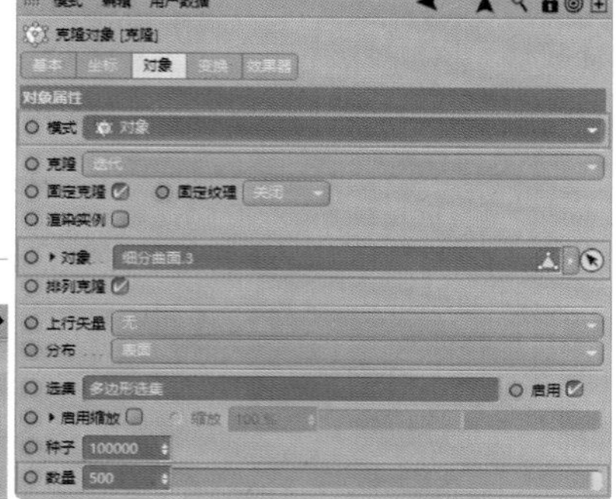

图2-150

提示

这里使用到的“克隆”工具将在2.5节中详细讲解。

06 在“克隆”对象“属性”面板的“效果器”选项卡中加入“推散”效果器和“随机”效果器，使克隆出来的水滴变小，更加接近真实水滴效果。设置“推散”效果器的“半径”为28cm；“随机”效果器的“缩放”为0.5，勾选“旋转”选项，设置“R.B”为173°，如图2-151所示。

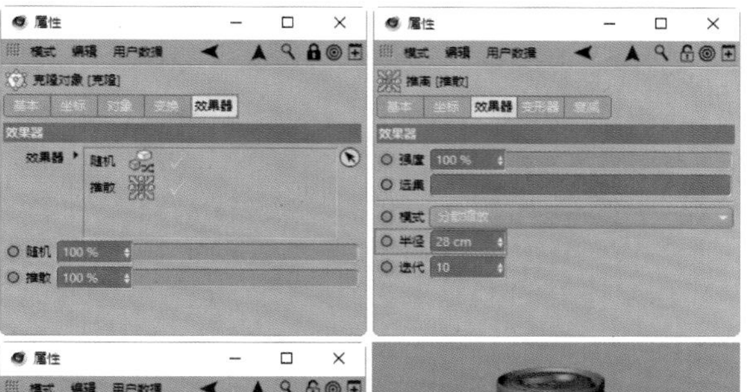

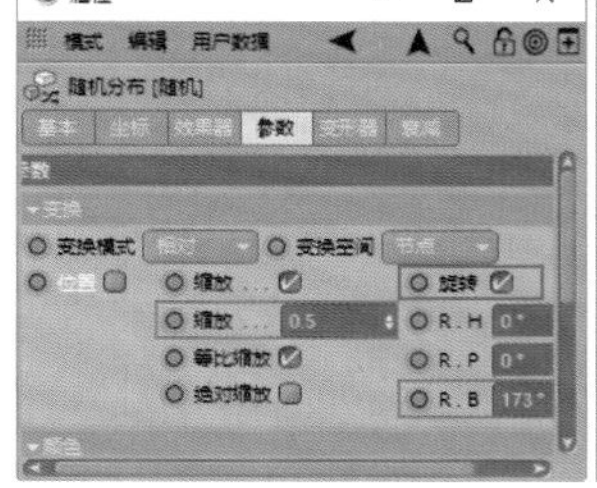

图2-151

2.3 产品包装常用的生成器

Cinema 4D中有很多生成器，如图2-152所示。这其中除了“贝赛尔”，其他生成器都是非常重要的建模工具。

图2-152

2.3.1 细分曲面

“细分曲面”是Cinema 4D中使用频率较高也是较重要的工具之一，通过它可以对物体表面进行细分并制作出精细的模型。

“细分曲面”生成器有两种创建方法。

第1种：执行“创建>生成器>细分曲面”菜单命令，如图2-153所示。

第2种：在快捷工具栏中单击“生成器”工具组，在弹出的菜单中选择“细分曲面”生成器，如图2-154所示。

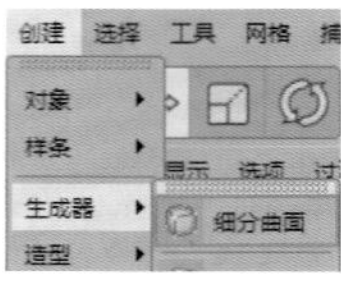

图2-153

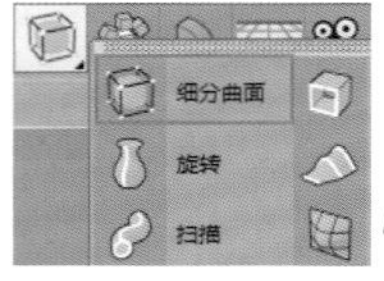

图2-154

该生成器的“属性”面板如图2-155所示。

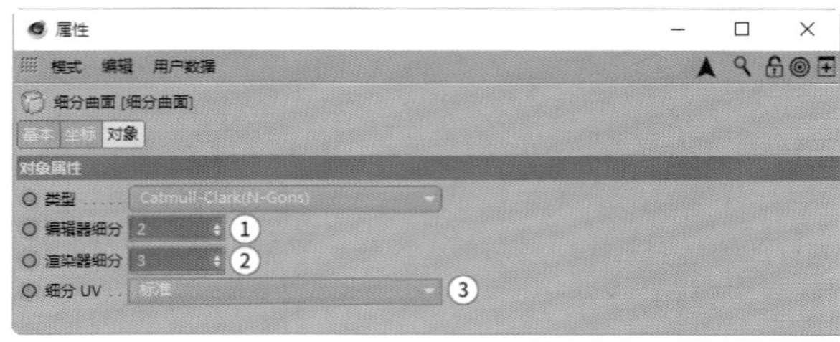

图2-155

①**编辑器细分：**控制视图中模型对象的细分程度。设置数值越大，模型细分数越多，也就越精细。图2-156所示为设置“编辑器细分”为2和4时的效果区别。

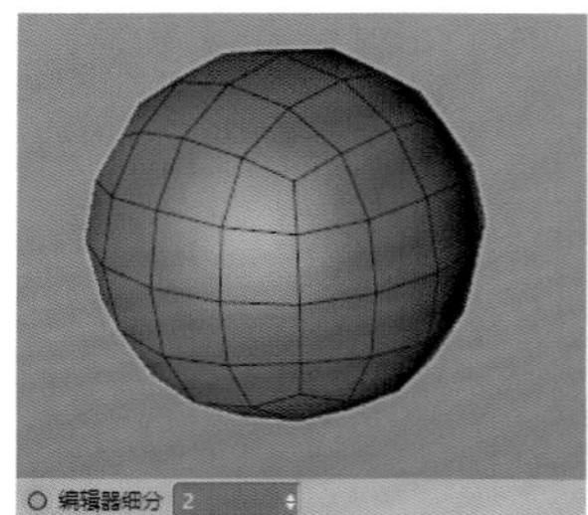

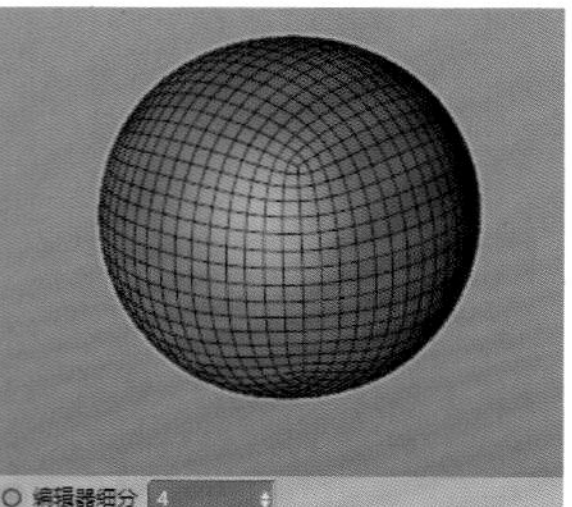

图2-156

②**渲染器细分：**控制渲染时模型的细分程度。设置数值越大，模型细分数越多，也就越精细。图2-157所示为设置“渲染器细分”为2和4时的效果区别。

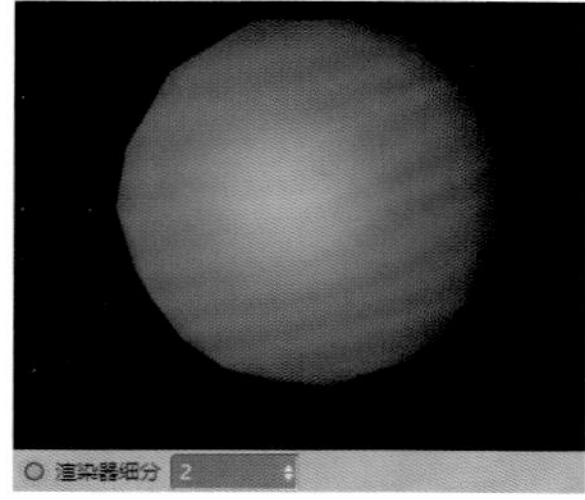

图2-157

③**细分UV：**该选项会影响模型UV贴图的显示效果，包含“标准”“边界”“边”，如图2-158所示。

图2-158

> **提示**
>
> 给一个制作了UV并贴图后的模型添加“细分曲面”后，如果出现贴图变形的问题，可以选择“边界”或“边”选项来解决。

2.3.2 挤压

“挤压”生成器是针对样条对象建模的工具，可以将二维的样条曲线生成三维模型，如图2-159所示。

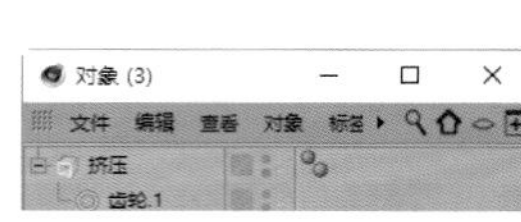

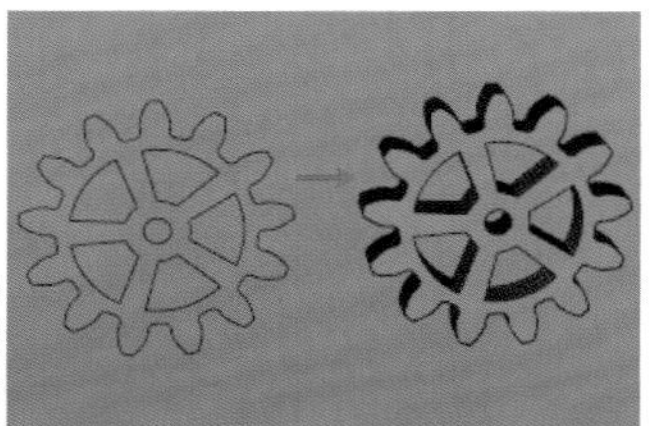

图2-159

“挤压”生成器有两种创建方法。

第1种：执行“创建>生成器>挤压”菜单命令，如图2-160所示。

第2种：在快捷工具栏单击“生成器”工具组，在弹出的菜单中选择“挤压”生成器，如图2-161所示。

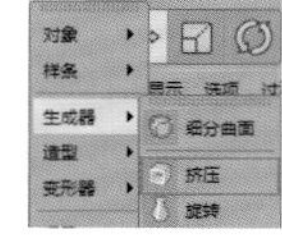

图2-160

图2-161

“挤压”生成器的主要属性参数位于“对象”和“封顶”两个选项卡中，如图2-162所示。

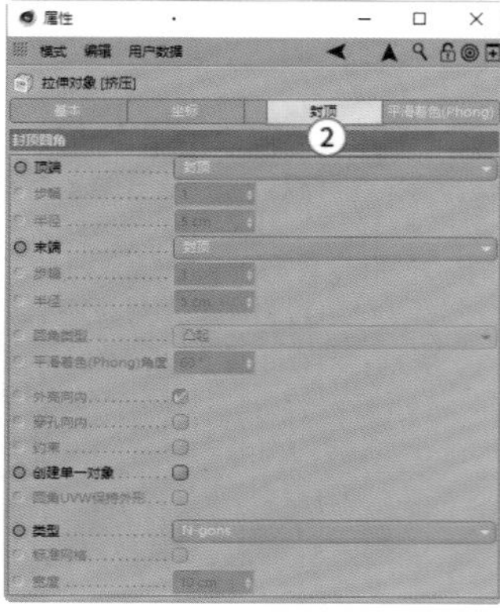

图2-162

①**对象**：设置样条挤压的厚度及细分数值。

❖ 移动：包含3个输入框，从左至右分别代表x轴、y轴和z轴上的挤出距离，图2-163所示为“齿轮”样条在z轴上挤压出60cm的厚度时的效果。

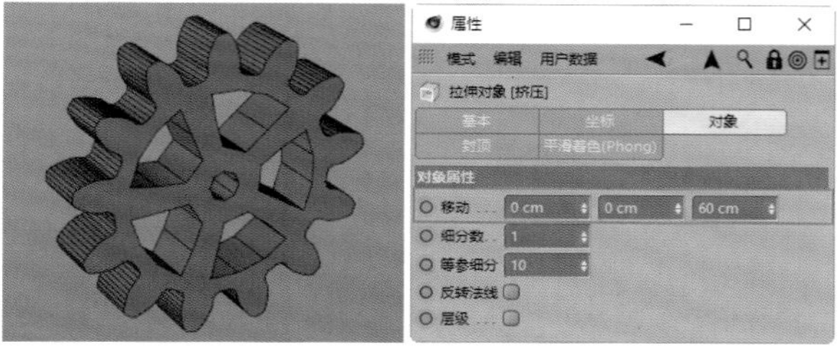

图2-163

❖ 细分数：控制挤压对象在挤压轴上的细分数量，默认数值为1。图2-164所示为设置“细分数”为1和4时的效果区别。

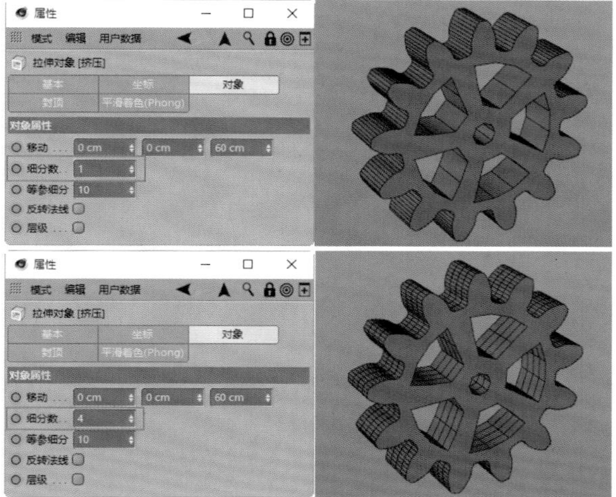

图2-164

❖ 等参细分：用来设置等参线的细分数量，默认数值为10，要显示等参线可以执行“视图菜单＞显示＞等参线”命令。图2-165所示为设置“等参细分”为100时的效果。

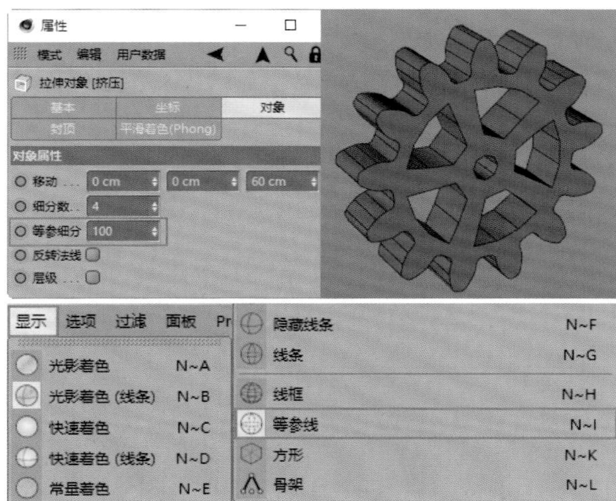

图2-165

❖ 反转法线：用于反转法线的方向，如图2-166所示。

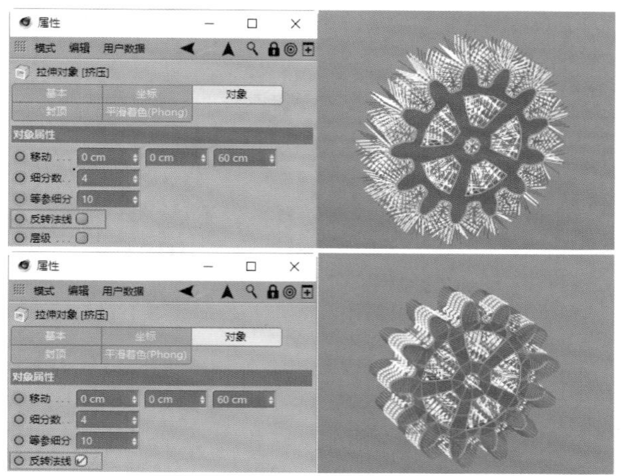

图2-166

❖ 层级：勾选该选项后，如果“挤压”下方有两个以上的样条对象，则这些样条都会被挤压；若取消勾选该选项，则默认挤压第一个层级的样条对象，如图2-167所示。

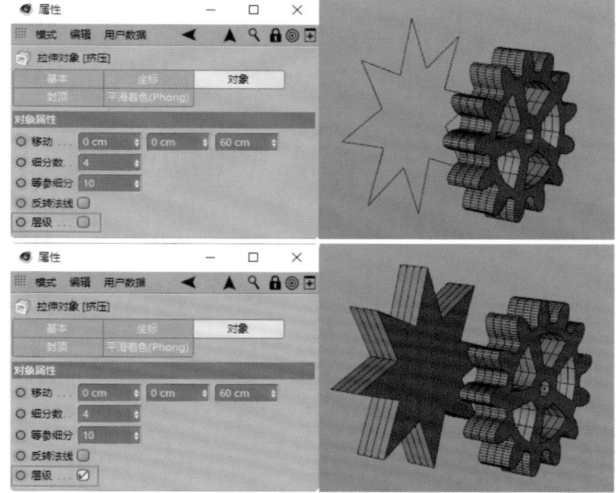

图2-167

②**封顶**：设置样条挤压后的效果，如模型的顶端和末端是否封闭等效果。

❖ 顶端/末端：这两个参数分别设置样条挤压后顶端和末端两个面的效果，包含“无”“封顶”“圆角”“圆角封顶”4个选项，如图2-168所示。

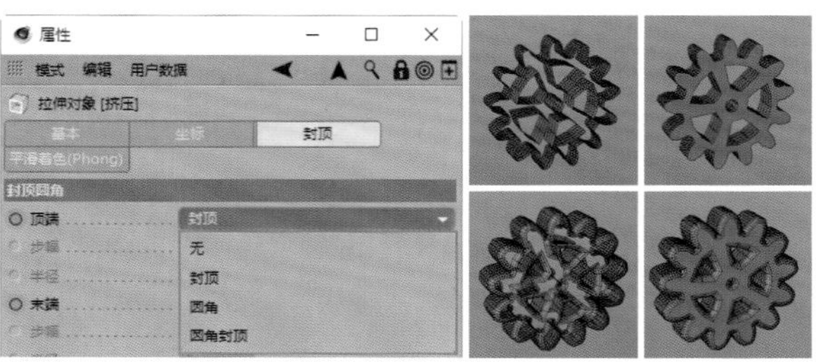

图2-168

❖ 步幅/半径：当选择"顶端""末端"为"圆角"或"圆角封顶"后，该选项被激活。图2-169所示为设置"步幅"为4、"半径"为6cm时的效果。

图2-169

❖ 圆角类型：当"顶端""末端"选择为"圆角"或"圆角封顶"后，该选项被激活，包含"凸起""线性""凹陷""半圆""1步幅""2步幅""雕刻"7个选项，如图2-170所示。

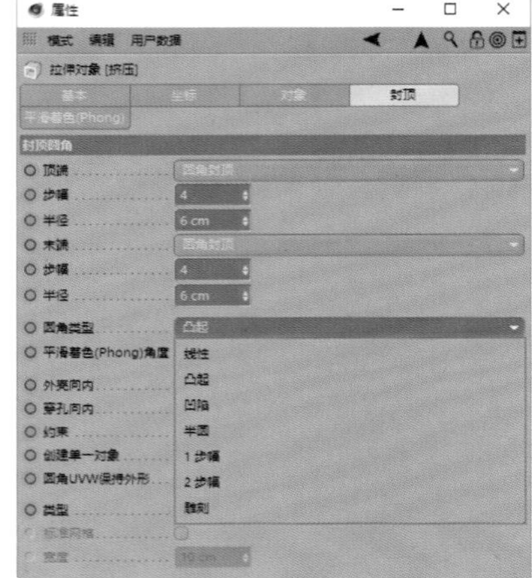

图2-170

❖ 平滑着色（Phong）角度：设置挤压后模型的平滑角度；设置数值越小，物体轮廓越硬朗。

❖ 外壳向内：设置挤压轴上的外壳方向，如图2-171所示。

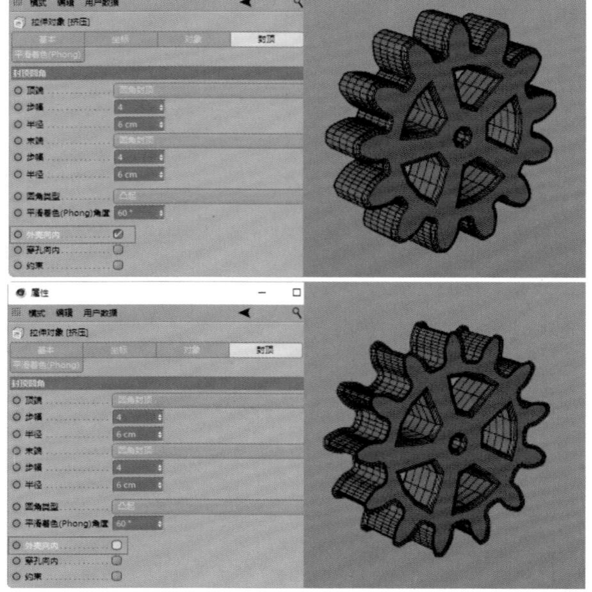

图2-171

❖ 穿孔向内：当挤压对象上有穿孔时，用来设置穿孔的方向，如图2-172所示。

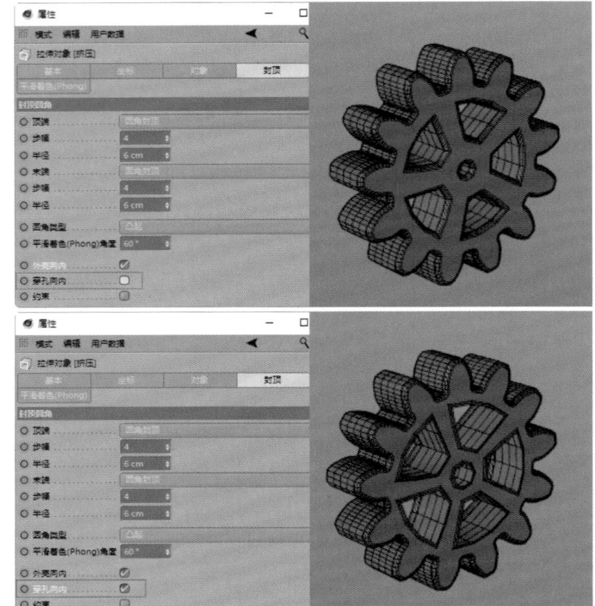

图2-172

❖ 类型：包含"N-gons""三角形""四边形"3个选项，用来设置挤压面的结构类型。图2-173所示为设置"类型"为"四边形"、"宽度"为22cm时的效果。

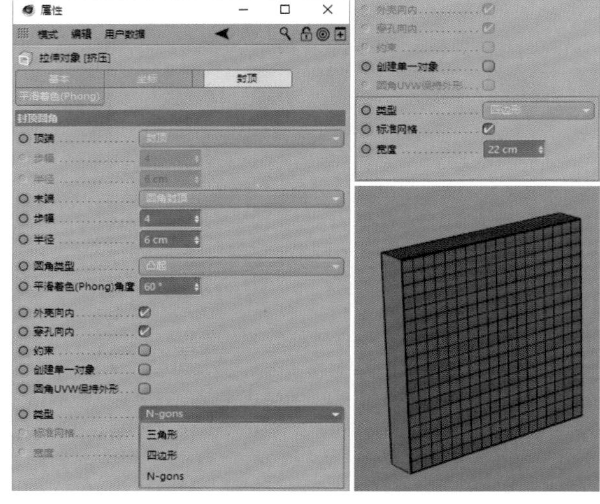

图2-173

实例：给Logo样条挤压造型

场景位置	无
实例位置	实例文件 >CH02> 给 Logo 样条挤压造型 .c4d
视频名称	给 Logo 样条挤压造型
技术掌握	"挤压"生成器的使用方法

Cinema 4D自带的样条或用户自定义的样条可以通过"挤压"生成器在x轴、y轴或z轴方向上挤压出厚度。这

里以之前制作的Logo样条为例，讲解如何用“挤压”生成器挤压出三维模型，如图2-174所示。

图2-174

01 按快捷键Ctrl+O打开“制作Logo样条.c4d”实例文件，如图2-175所示。

02 添加“挤压”生成器并将其作为Logo样条的父级，如图2-176所示。

图2-175

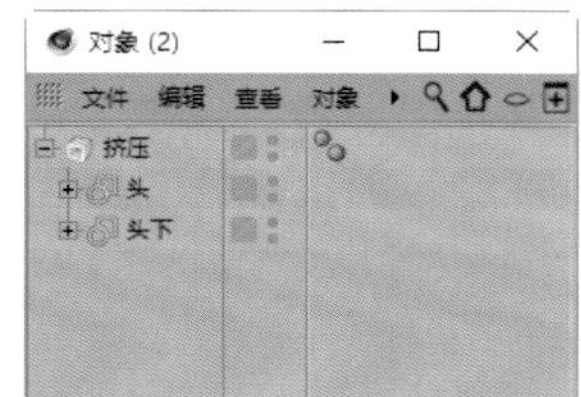

图2-176

03 勾选“属性”面板中的“层级”选项，如图2-177所示。

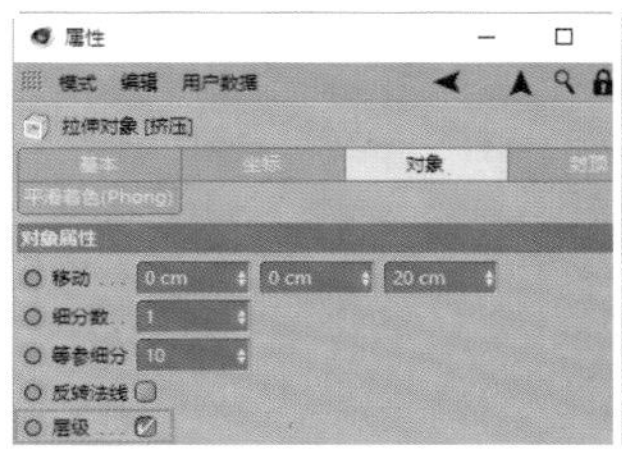

图2-177

技术专题：如何进行层级样条挤压

在实际工作中，“挤压”生成器若需要同时挤压两个以上的样条，为了让这些样条同时产生挤压效果，就需要勾选“属性”面板中的“层级”选项。

当勾选了“层级”选项后，如果将挤压对象转为可编辑对象，那么该对象将按照层级划分显示，如图2–178所示。

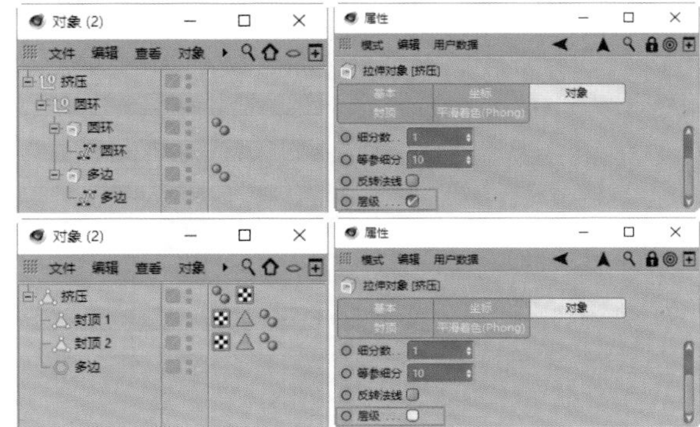

图2-178

2.3.3 旋转

“旋转”生成器可以将样条对象围绕y轴旋转生成三维模型。

“旋转”生成器有两种创建方法。

第1种： 执行“创建>生成器>旋转”菜单命令，如图2-179所示。

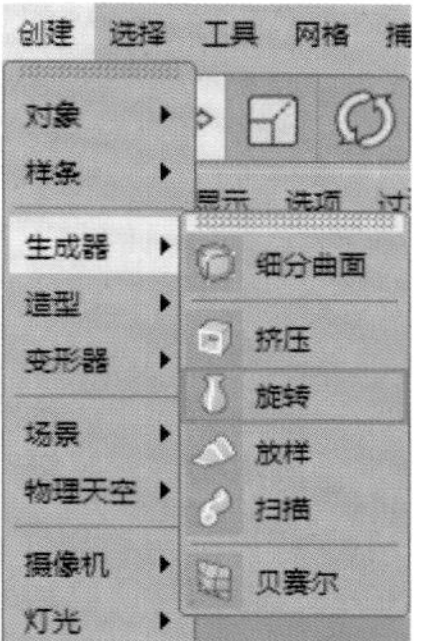

图2-179

第2种： 在快捷工具栏中单击“生成器”工具组，在弹出的菜单中选择“旋转”生成器，如图2-180所示。

图2-180

“旋转”生成器经常配合“画笔”工具使用，它的“属性”面板中的“封顶”选项卡和“挤压”生成器的相同，这里仅介绍一下其“对象”属性参数，如图2-181所示。

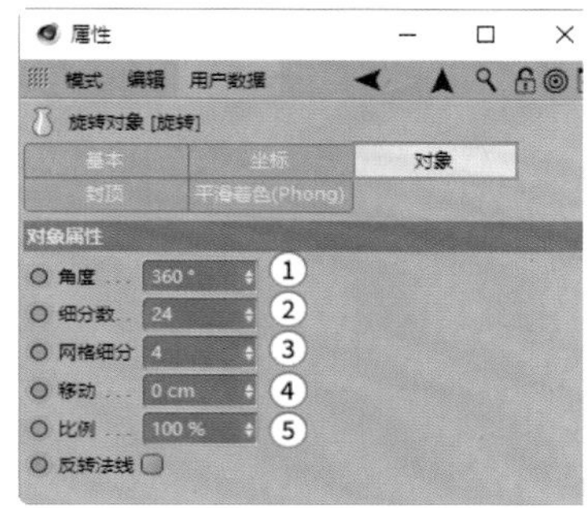

图2-181

①**角度：** 控制旋转对象沿y轴旋转的角度。图2-182所示为设置“角度”为280°时的效果。

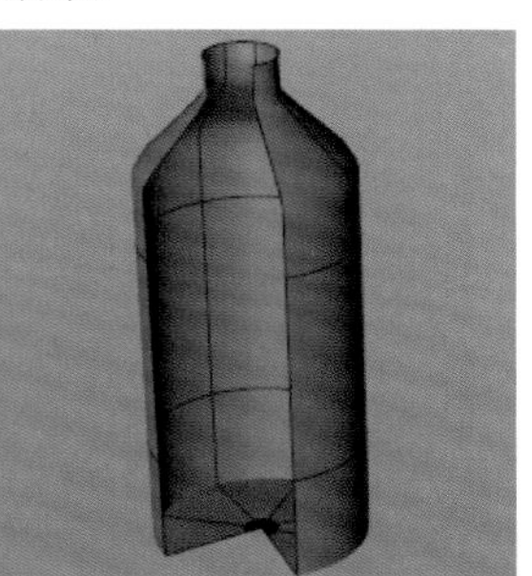

图2-182

②**细分数：** 用来设置旋转对象的细分数量，参数设置可参考“挤压”生成器。

③**网格细分：** 用来设置等参线的细分数量，参数设置可参考“挤压”生成器。

④**移动：** 用来设置旋转对象在y轴上纵向移动的距离。图2-183所示为设置“移动”为370cm时的效果。

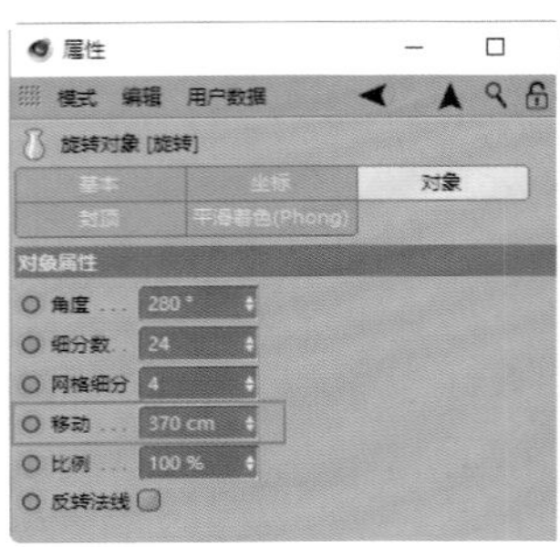

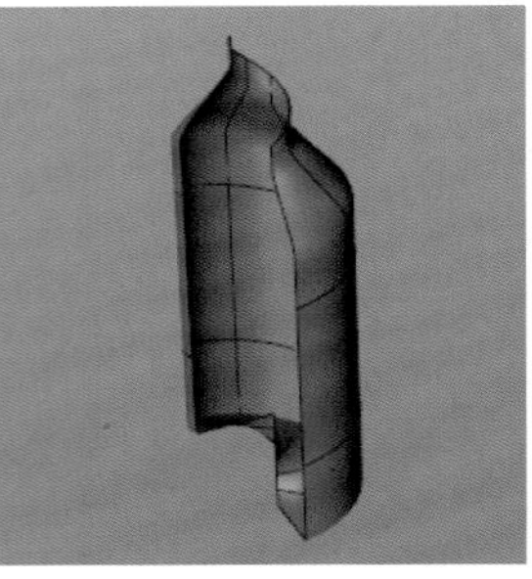

图2-183

⑤**比例：**用来设置旋转对象在y轴上移动的比例。图2-184所示为设置“比例”为200%时的效果。

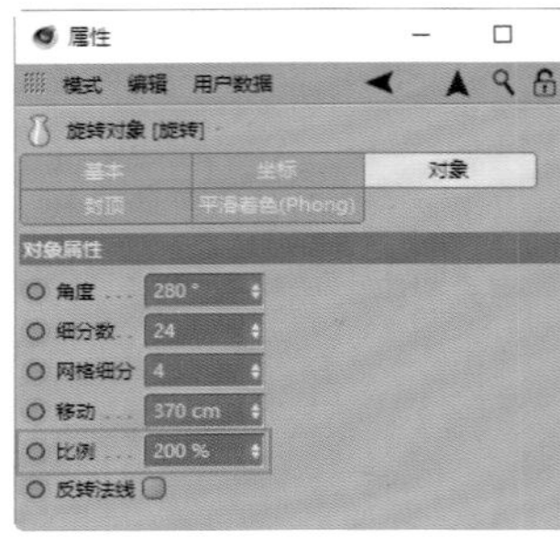

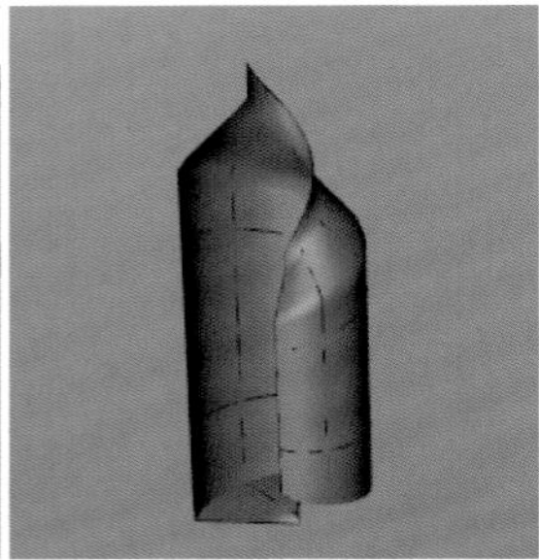

图2-184

实例：制作一个高脚酒杯

场景位置	无
实例位置	实例文件 >CH02> 制作一个高脚酒杯 .c4d
视频名称	制作一个高脚酒杯
技术掌握	“旋转”生成器的使用方法

本实例讲解如何通过“旋转”生成器制作高脚酒杯，如图2-185所示。

图2-185

01 在“正视图”模式下，使用“画笔”工具绘制出高脚酒杯一半的结构轮廓，如图2-186所示。

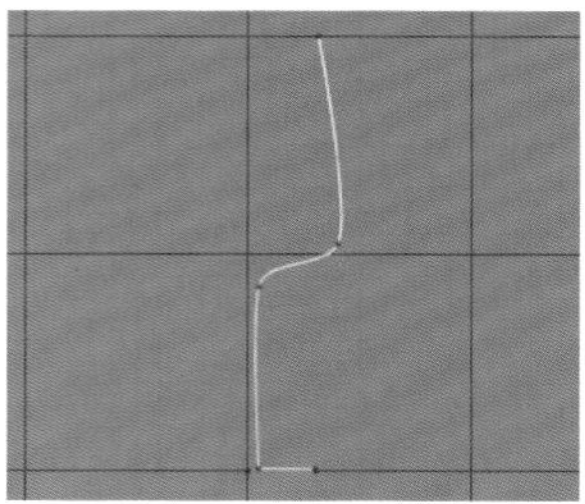

图2-186

02 添加“旋转”生成器并将其作为样条对象的父级，属性参数可以保持默认设置，如图2-187所示。

图2-187

2.3.4 放样

“放样”生成器可以使用两个及两个以上的样条对象生成三维模型。

“放样”生成器有两种创建方法。

第1种：执行“创建>生成器>放样”菜单命令，如图2-188所示。

第2种：在快捷工具栏中单击“生成器”工具组，在弹出的菜单中选择“放样”生成器，如图2-189所示。

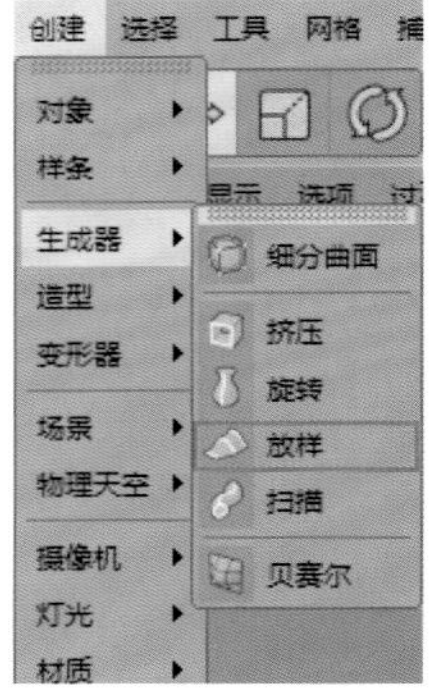

图2-188

图2-189

“放样”生成器需配合两个及两个以上的样条对象使用，“属性”面板中的“封顶”选项卡和“挤压”生成器的相同，这里只介绍“放样”生成器的“对象”属性参数，如图2-190所示。

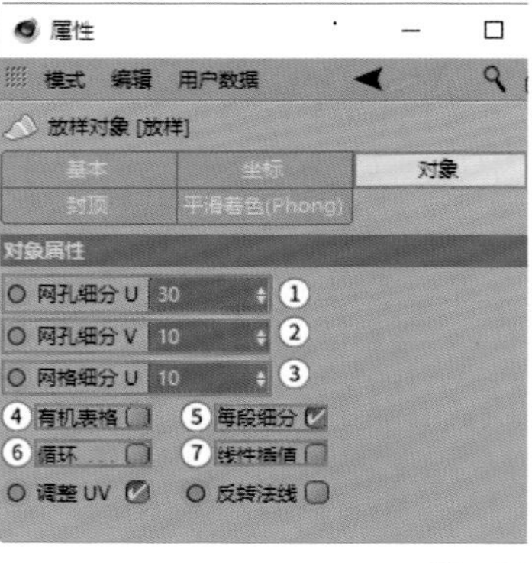

图2-190

①**网孔细分U：**用来设置放样模型在U方向上的细分数量。图2-191所示为“网孔细分U”为默认参数值30和设置“网孔细分U”为10时的效果区别。

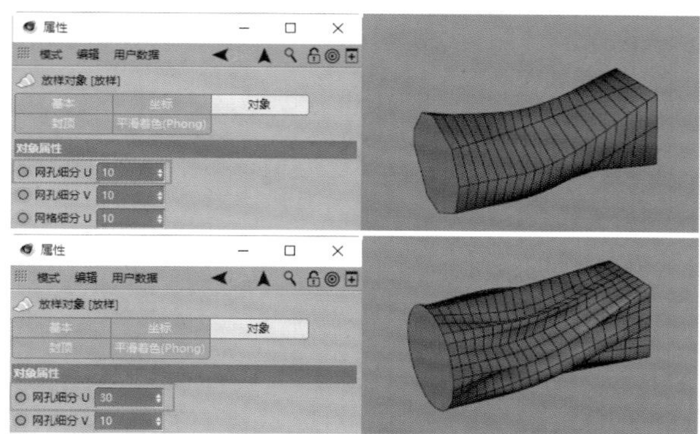

图2-191

②**网孔细分V：**用来设置放样模型在V方向上的细分数量，默认参数值为10。图2-192所示为“网孔细分V”为默认参数值10和设置“网孔细分V”为30时的效果区别。

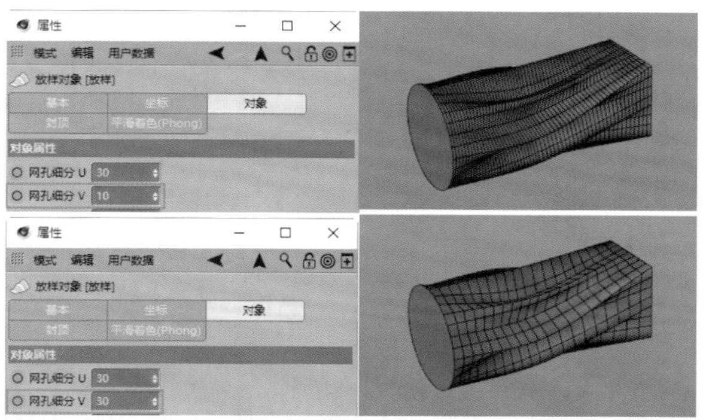

图2-192

③**网格细分U：**用来设置等参线的细分数量，参数设置可参考“挤压”生成器。

④**有机表格：**勾选该选项后，放样模型细节会有损失，生成的模型结构不会受到样条对象点的约束；取消勾选该选项后，放样模型按照样条对象的点来生成模型结构，如图2-193所示。

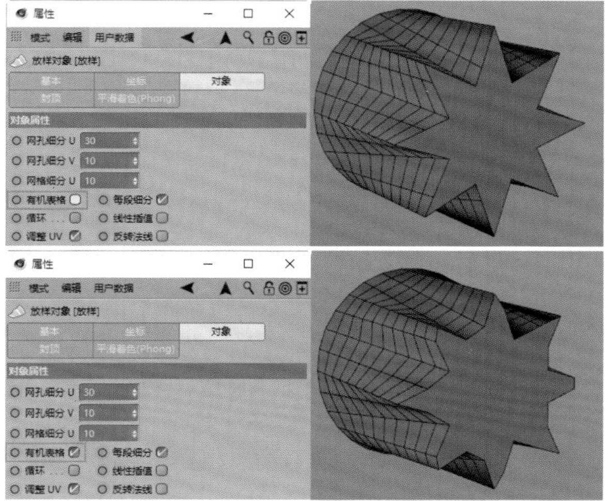

图2-193

⑤**每段细分：**勾选该选项后，V方向上的分段会根据“网孔细分V”中设置的数值均匀细分。图2-194所示为设置“网孔细分V”为5时的效果。

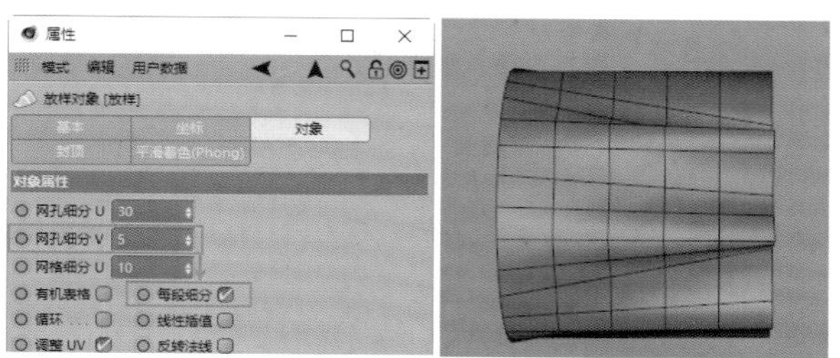

图2-194

⑥**循环：**勾选该选项后，样条对象将进行循环放样，也将影响“封顶”属性中设置的参数效果，如图2-195所示。

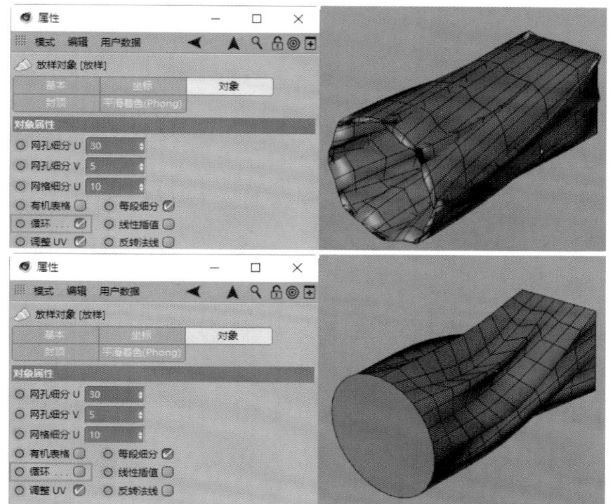

图2-195

⑦**线性插值：**勾选该选项后，样条点将使用线性连接的方式连接，如图2-196所示。

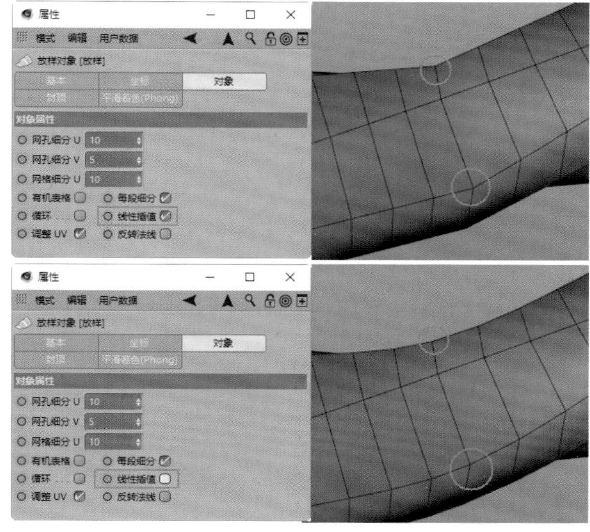

图2-196

实例：制作一个可乐瓶

场景位置	无
实例位置	实例文件 >CH02> 制作一个可乐瓶 .c4d
视频名称	制作一个可乐瓶
技术掌握	“放样”生成器的使用方法

本实例讲解如何通过“放样”生成器制作可乐瓶，如图2-197所示。

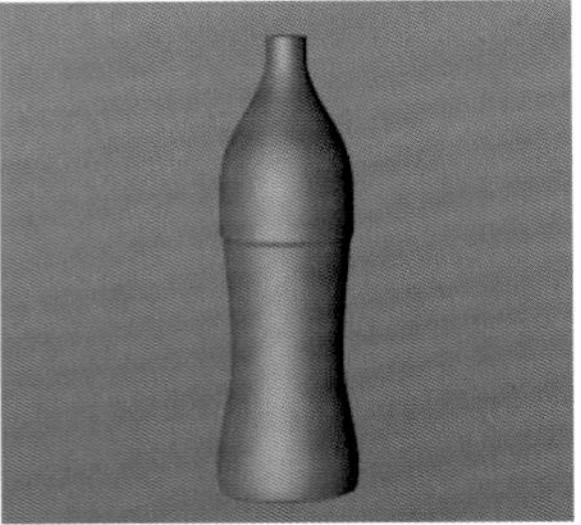

图2-197

01 创建一个圆环对象，更改“平面”为“XZ”，如图2-198所示。

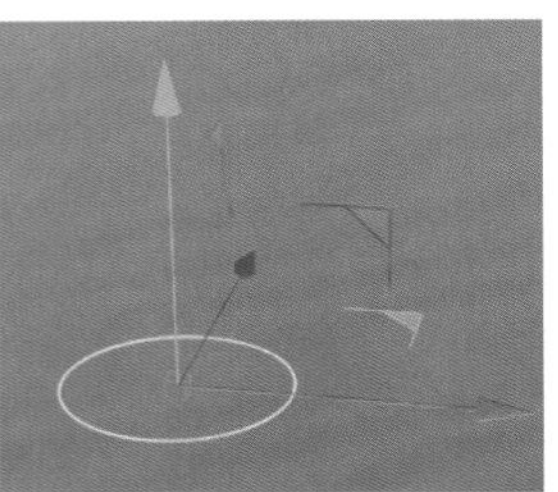

图2-198

02 复制多份圆环，然后调整每个圆环之间的距离和半径大小，使其结构接近可乐瓶，如图2-199所示。

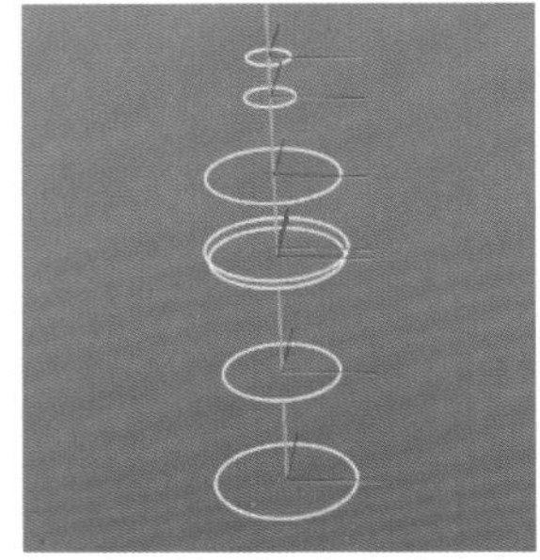

图2-199

03 添加“放样”生成器并将其作为这些圆环的父级，生成可乐瓶三维模型，如图2-200所示。

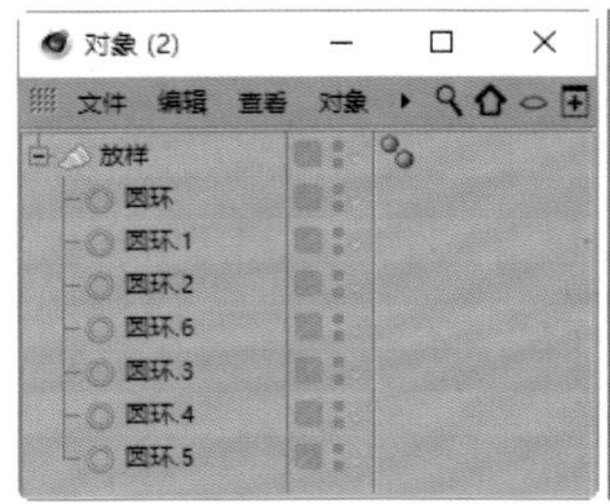

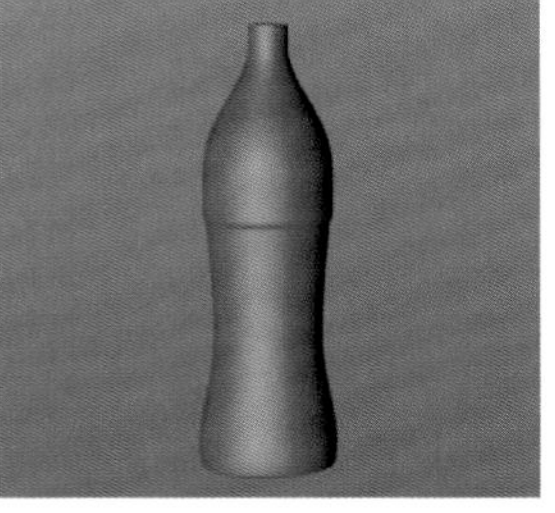

图2-200

技术专题：如何通过样条子级顺序调整对象形状

“放样”生成器生成的对象形状会受到样条子级顺序的影响，子级样条上下位置的不同，生成的模型将会有很大区别。一般来说，放样子级的顺序是由上至下生成模型的，如图2-201所示。

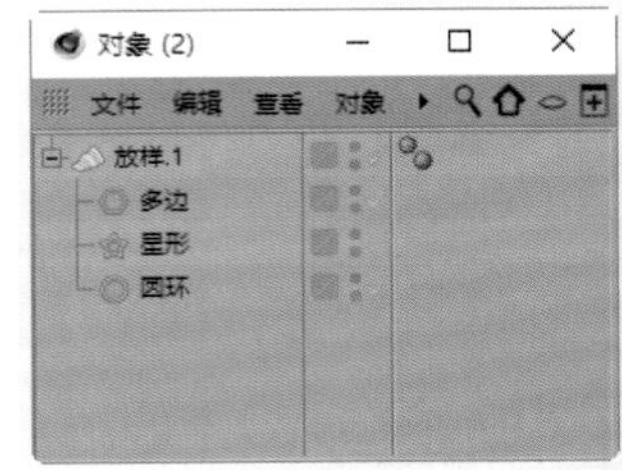

图2-201

2.3.5 扫描

“扫描”生成器可以使用两个样条对象生成三维模型。“扫描”生成器有两种创建方法。

第1种： 执行“创建>生成器>扫描”菜单命令，如图2-202所示。

第2种： 在快捷工具栏中单击“生成器”工具组，在弹出的菜单中选择“扫描”生成器，如图2-203所示。

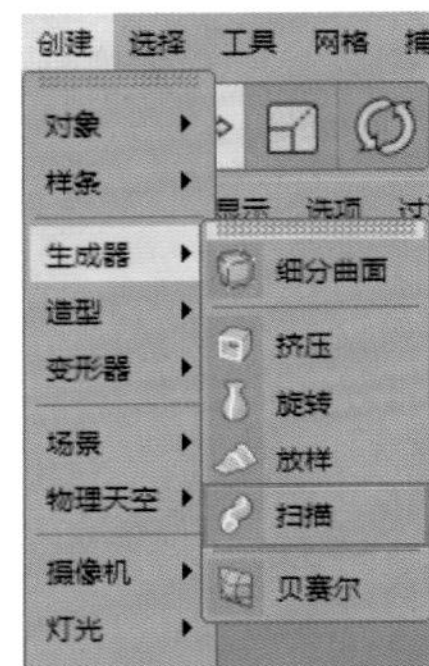

图2-202

图2-203

“扫描”生成器属性参数中的“封顶”选项卡和“挤压”生成器的相同，这里只介绍“扫描”生成器的“对象”属性中比较常用的参数，如图2-204所示。

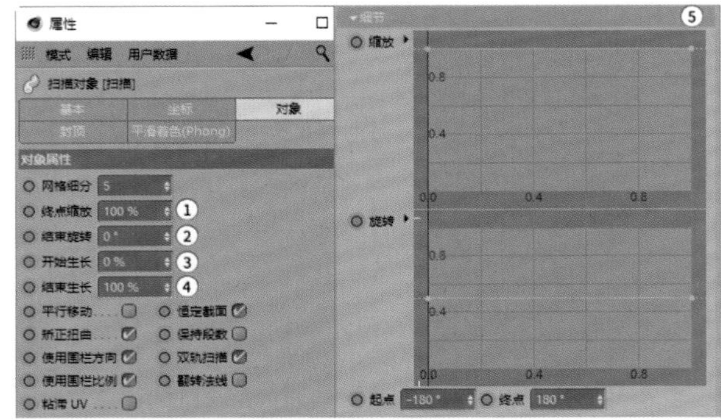

图2-204

①**终点缩放：** 控制扫描对象在终点位置的缩放比例。图2-205所示为设置“终点缩放”为250%时的效果。

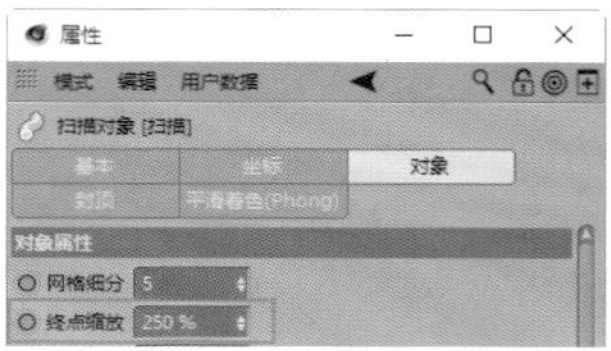

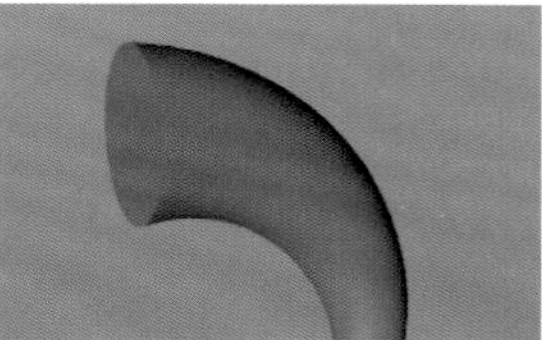

图2-205

②**结束旋转：**控制扫描对象在终点位置时的旋转角度。图2-206所示为设置“结束旋转”为200°时的效果。

图2-206

③**开始生长：**设置扫描对象开始扫描的起点位置。图2-207所示为“开始生长”为默认数值0%和设置“开始生长”为50%时的效果区别。

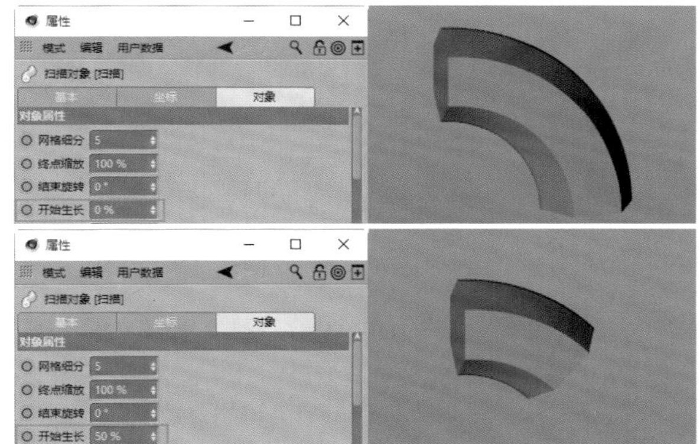

图2-207

④**结束生长：**设置扫描对象扫描的结束位置。图2-208所示为“结束生长”为默认数值50%和设置“结束生长”为100%时的效果区别。

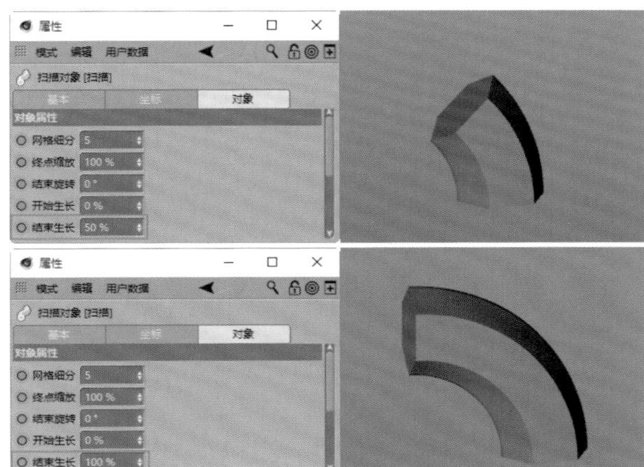

图2-208

⑤**细节：**可以通过调节曲线的方式控制扫描对象的缩放及旋转效果，如图2-209所示。

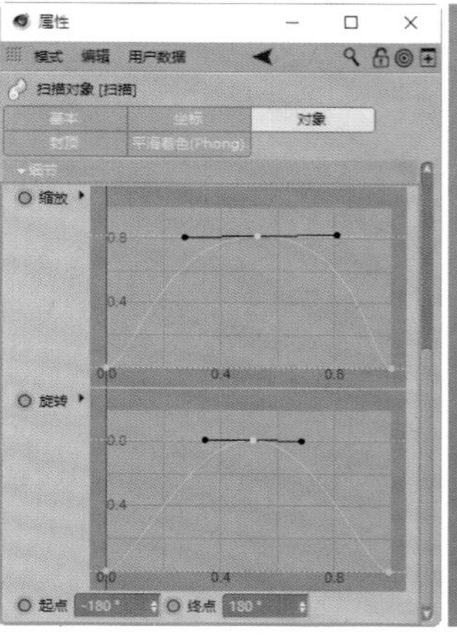

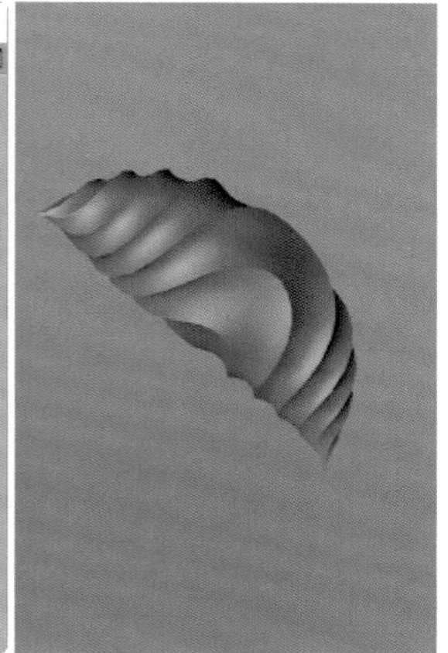

图2-209

2.4 产品包装常用的变形器

Cinema 4D中一共有29种变形器，在产品包装工作中实际经常用到的变形器并不多，这里介绍一下产品包装工作中常用的几种变形器，如图2-210所示。

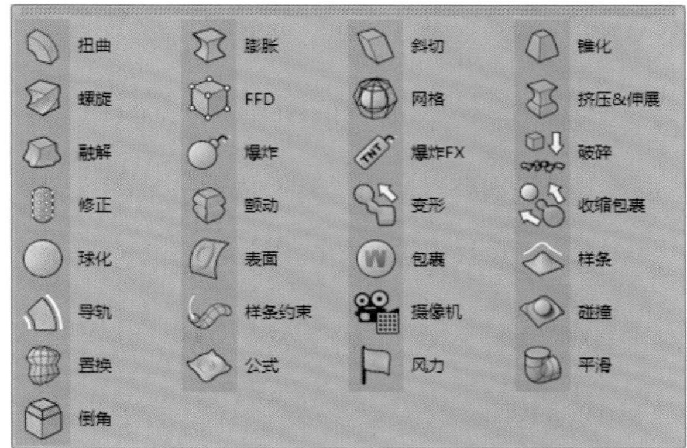

图2-210

2.4.1 扭曲

“扭曲”变形器是制作模型时很重要的一个辅助工具，可以扭曲任何可变形对象，对对象的设置和建模十分有用，是使用频率较高的变形器之一。

“扭曲”变形器有两种创建方法。

第1种：执行“创建＞变形器＞扭曲”菜单命令，如图2-211所示。

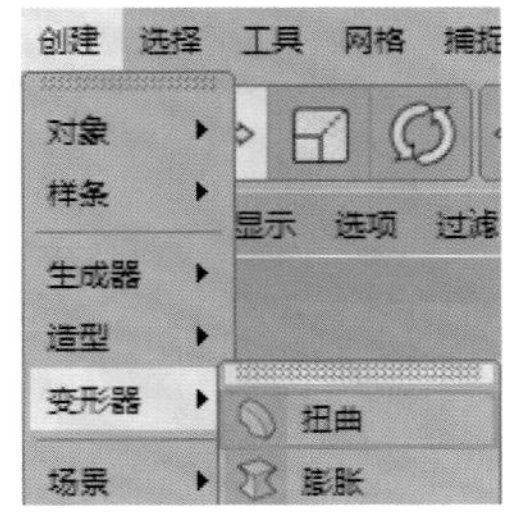

图2-211

第2种：在快捷工具栏中单击“变形器”工具组，在弹出的菜单中选择“扭曲”变形器，如图2-212所示。

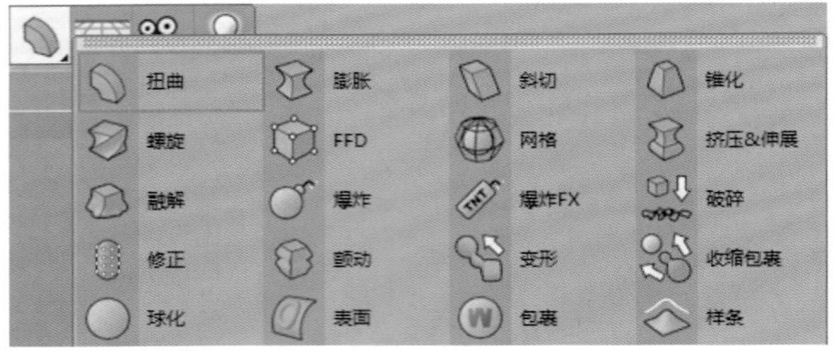

图2-212

“扭曲”变形器的主要属性参数位于“对象”和“衰减”两个选项卡中，如图2-213所示。

图2-213

①对象：设置扭曲变形的大小、扭曲角度和强度。

❖ 尺寸：用来设置扭曲变形器的外形尺寸，从左至右依次代表*x*轴、*y*轴和*z*轴上的尺寸大小，默认数值都为250cm，如图2-214所示。

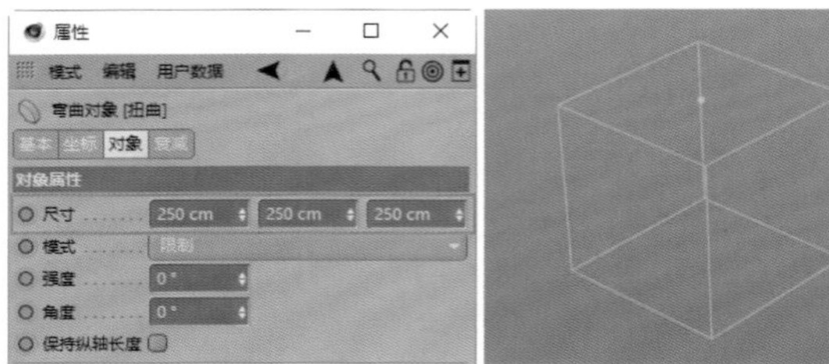

图2-214

❖ 模式：用来设置扭曲的不同模式，包含“限制”“框内”“无限”。“限制”是指物体对象在扭曲范围框内的部分会产生扭曲效果，范围框外的模型部分会随之产生移动，但本身不会产生扭曲效果，如图2-215所示。“框内”是指物体对象只有在扭曲范围框内的部分会产生扭曲效果，如图2-216所示。“无限”是指物体对象全部会产生扭曲效果，如图2-217所示。

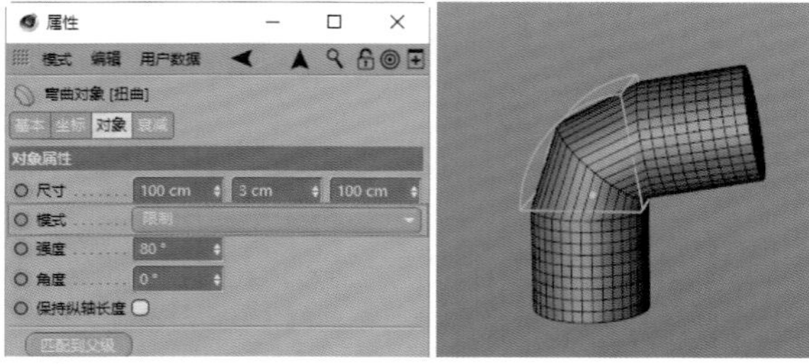

图2-215

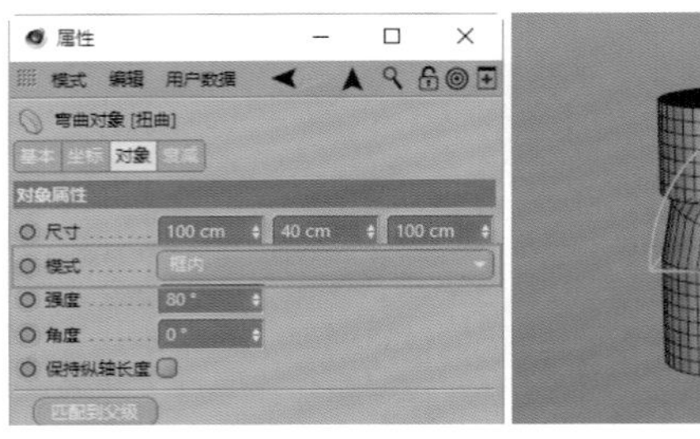

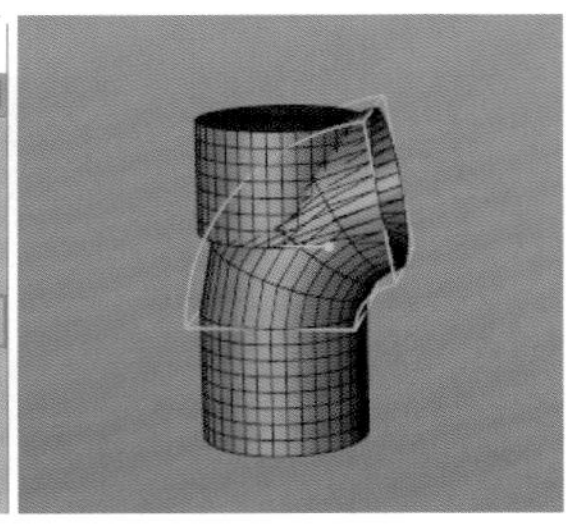

图2-216

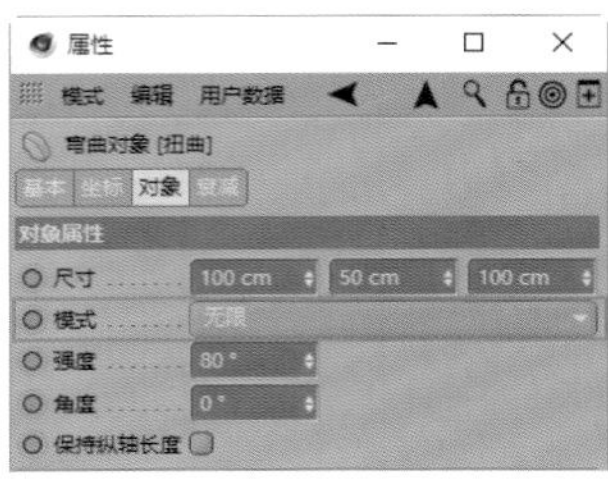

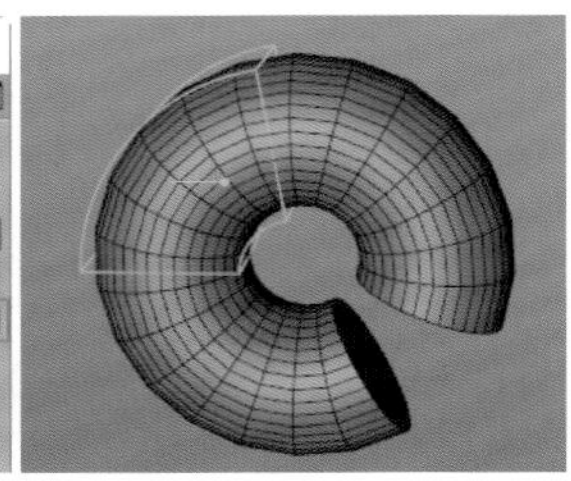

图2-217

❖ 强度：用来控制扭曲变形的程度。图2-218所示为设置“强度”为90°时的效果。

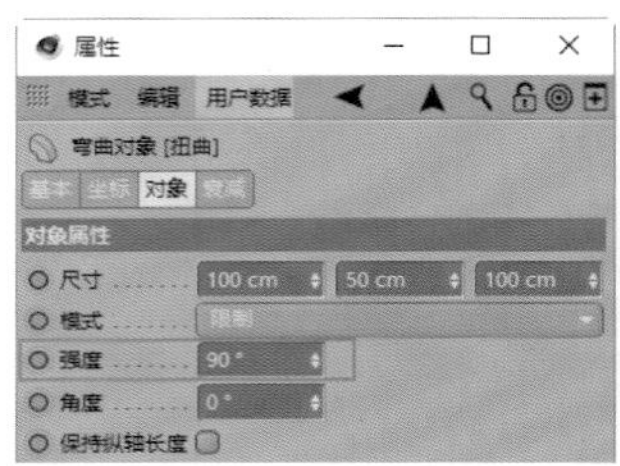

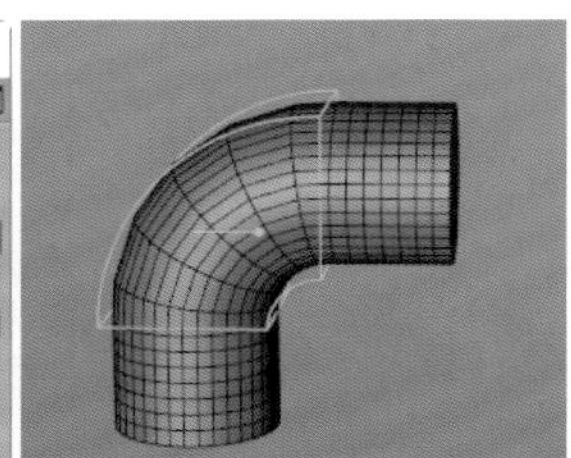

图2-218

❖ 角度：设置扭曲变形的偏移角度。图2-219所示为设置“角度”为-49°时的效果。

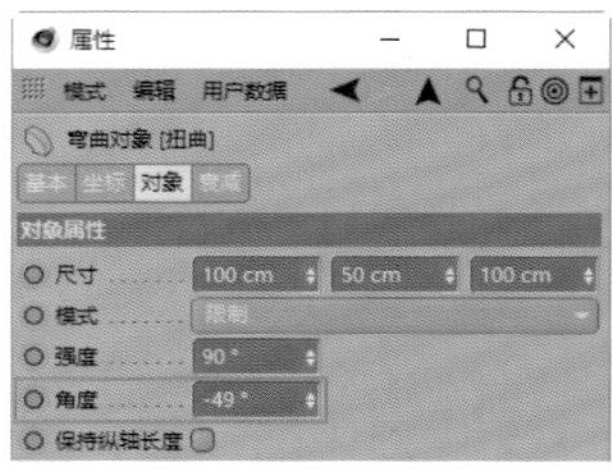

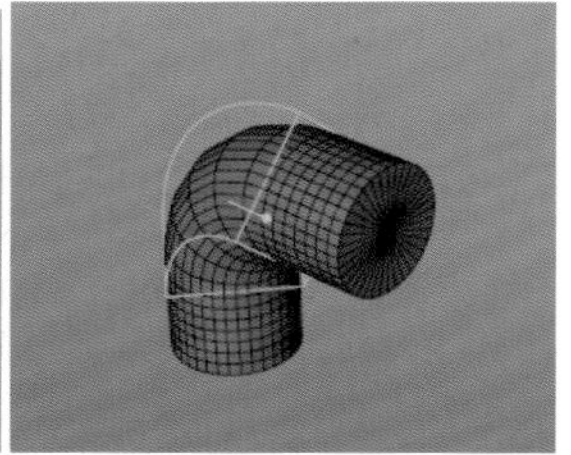

图2-219

❖ 保持纵轴长度：勾选该选项后，物体对象的长度不会受到“扭曲”变形器的影响，如图2-220所示。取消勾选该选项后，物体对象的长度会受到“扭曲”变形器的影响，如图2-221所示。

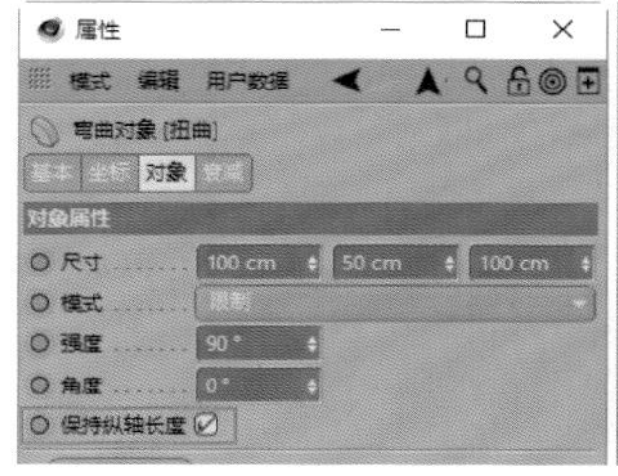

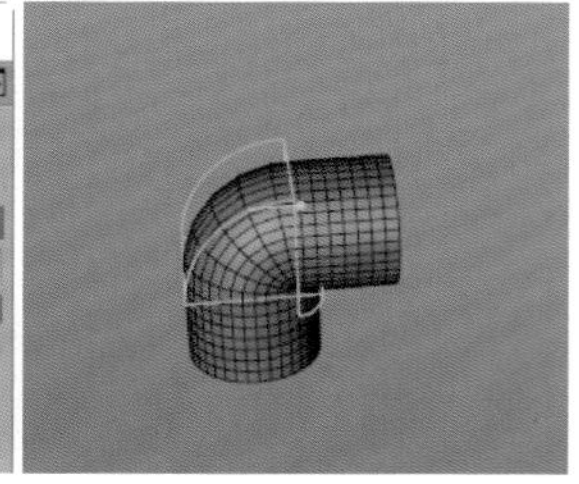

图2-220

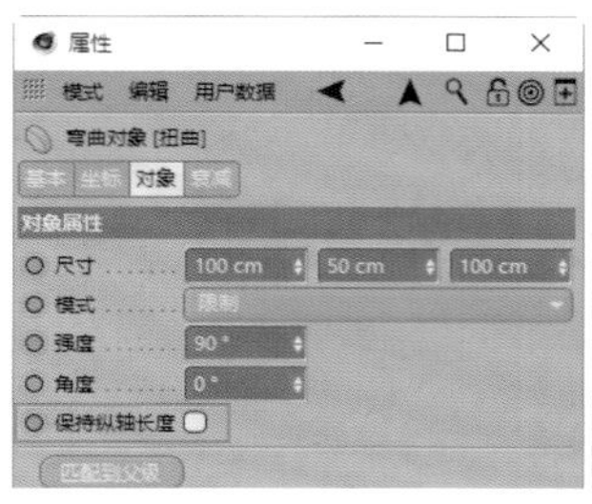

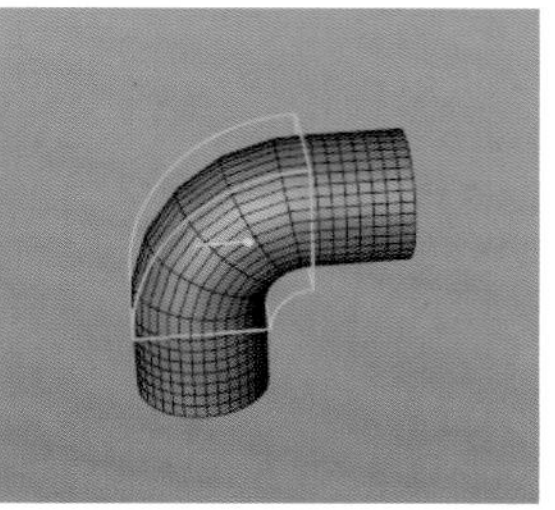

图2-221

❖ 匹配到父级：自动根据物体对象的大小、位置进行匹配。

②**衰减：**用来设置变形器变化的范围，包含“方形”“无限”“噪波”“圆柱”“圆环”等11种形状，常用来配合制作动画效果，如图2-222所示。

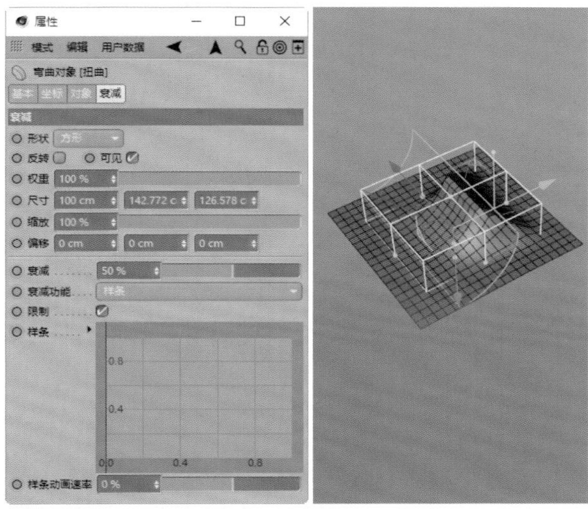

图2-222

技术专题：“扭曲”变形器轴向的使用

“扭曲”变形器可以使物体对象产生扭曲变形的效果，使用方法也很简单，将其作为被扭曲对象的子级即可，如图2-223所示。

但是有种特殊使用情况，就是在对平面对象进行扭曲时，会受到轴向的影响，此时只有设置正确的轴向才能产生正确的扭曲效果。

“扭曲”变形器主要受y轴和z轴的影响。y轴是控制扭曲变形开始的轴向，z轴是扭曲变形的轴心。也就是说，扭曲是y轴沿着z轴进行的扭曲变形，如图2-224所示。

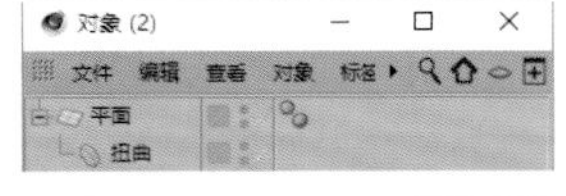

图2-223

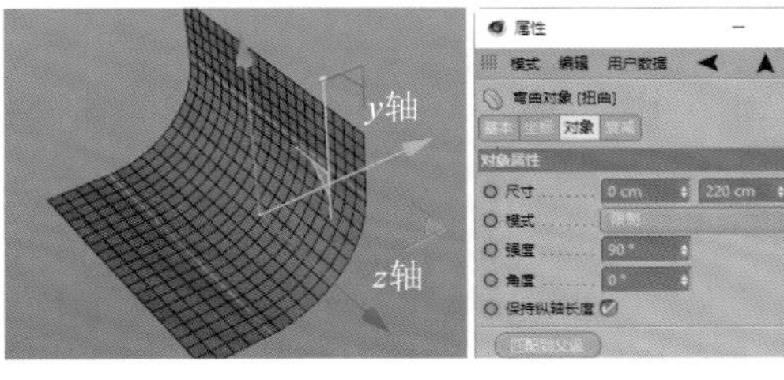

图2-224

2.4.2 锥化

“锥化”变形器可以对物体对象进行锥化变形。

“锥化”变形器有两种创建方法。

第1种：执行“创建>变形器>锥化”菜单命令，如图2-225所示。

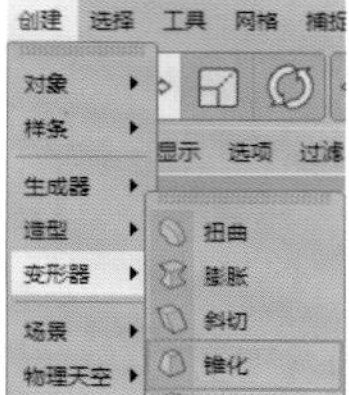

图2-225

第2种：在快捷工具栏中单击“变形器”工具组，在弹出的菜单中选择“锥化”变形器，如图2-226所示。

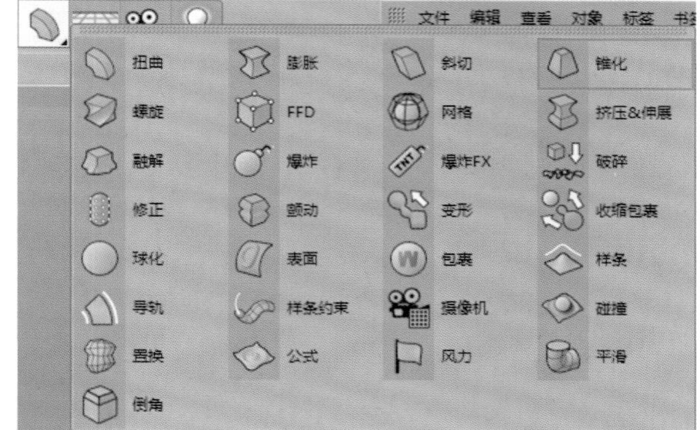

图2-226

“锥化”变形器的大部分属性参数与“扭曲”变形器的类似，这里主要介绍“对象”和“衰减”两个选项卡中的属性参数，如图2-227所示。

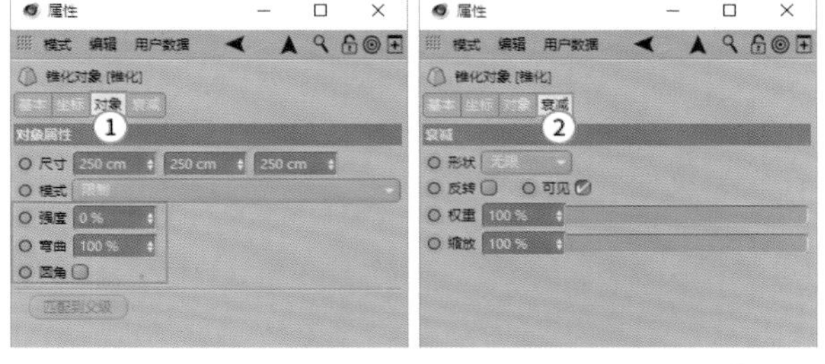

图2-227

①**对象：**设置锥化变形的大小、模式和强度等。

❖ 强度：设置锥化变形的强度。图2-228所示为设置“强度”为80%时的效果。

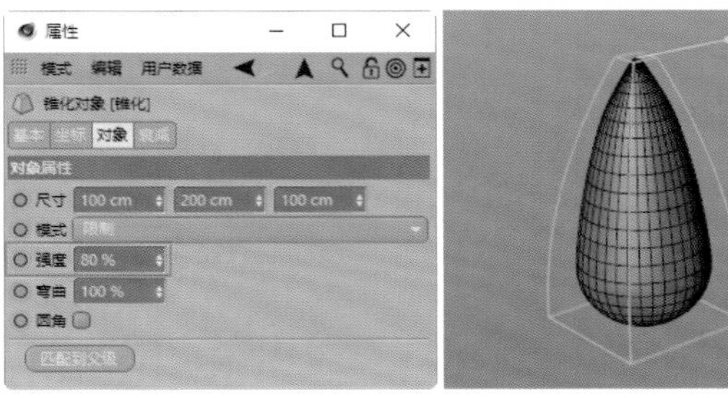

图2-228

❖ 弯曲：设置锥化后模型边缘弯曲的程度。图2-229所示为“弯曲”为默认数值100%和设置“弯曲”为0%时的效果区别。

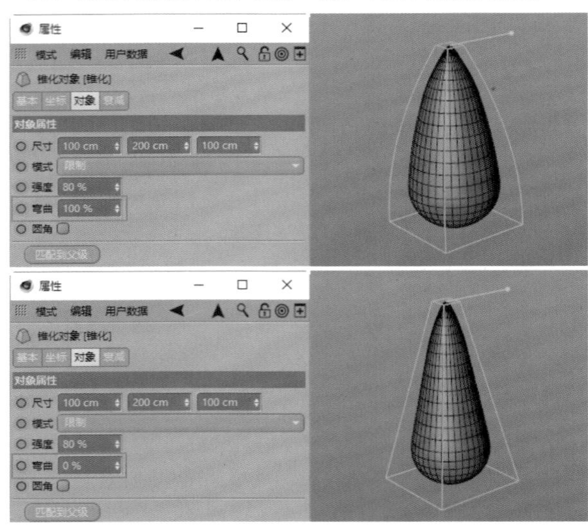

图2-229

❖ 圆角：勾选该选项后，锥化变形后有圆角效果，如图2-230所示。

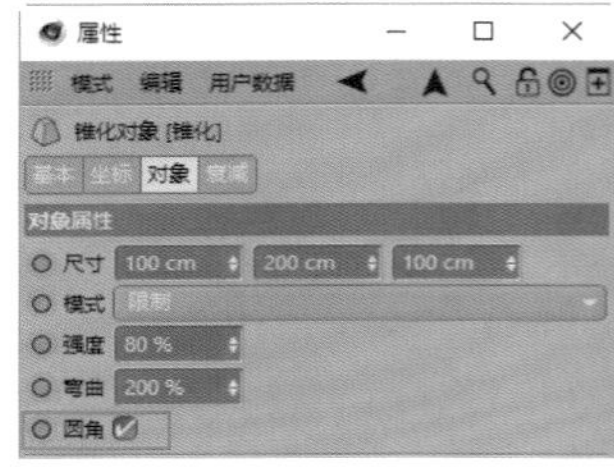
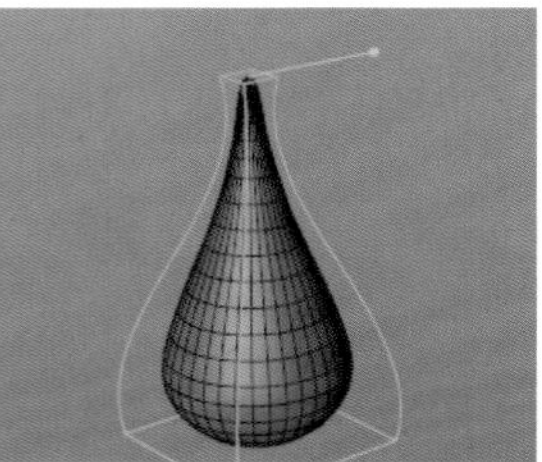

图2-230

②**衰减：**用来设置变形器变化的范围，也可以用来制作动画效果（由于所有变形器的“衰减”属性参数都是一样的，因此这里不做赘述）。

2.4.3 螺旋

“螺旋”变形器用于对模型对象进行螺旋变形。

“螺旋”变形器有两种创建方法。

第1种：执行“创建>变形器>螺旋”菜单命令，如图2-231所示。

第2种：在快捷工具栏中单击“变形器”工具组，在弹出的菜单中选择“螺旋”变形器，如图2-232所示。

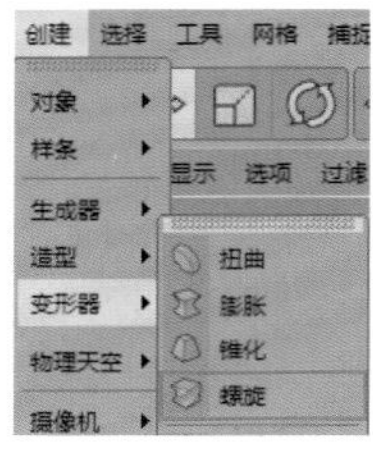

图2-231

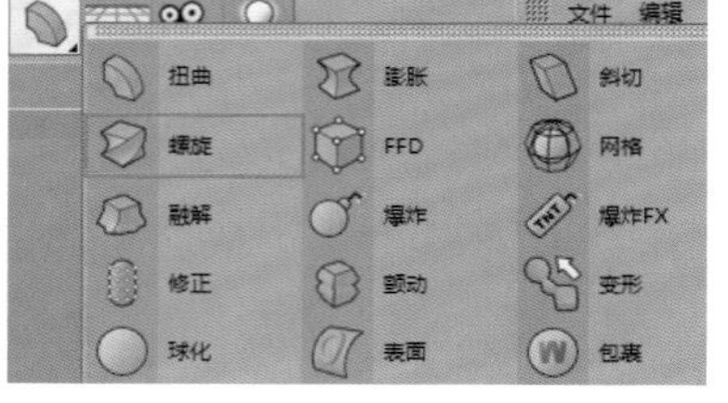

图2-232

“螺旋”变形器的属性参数与“锥化”变形器和“扭曲”变形器的属性参数相似，这里不做赘述，如图2-233所示。

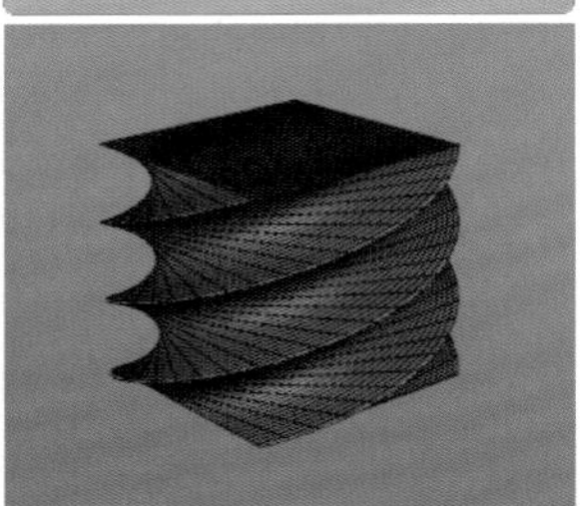

图2-233

2.4.4 FFD

“FFD”变形器可以在物体对象不转为可编辑对象的前提下，对其进行“点”级别的变形操作。

“FFD”变形器有两种创建方法。

第1种：执行“创建>变形器>FFD”菜单命令，如图2-234所示。

第2种：在快捷工具栏中单击“变形器”工具组，在弹出的菜单中选择“FFD”变形器，如图2-235所示。

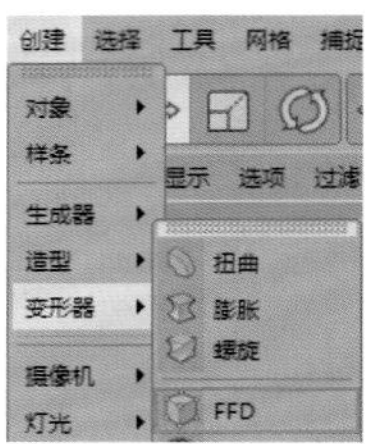

图2-234

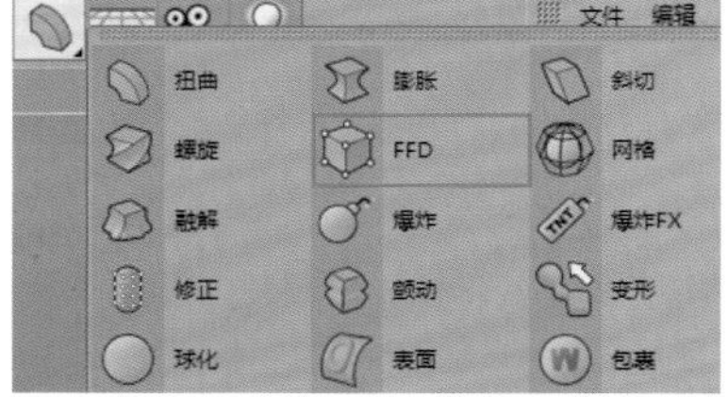

图2-235

“FFD”变形器的主要属性参数位于“对象”选项卡中，如图2-236所示。

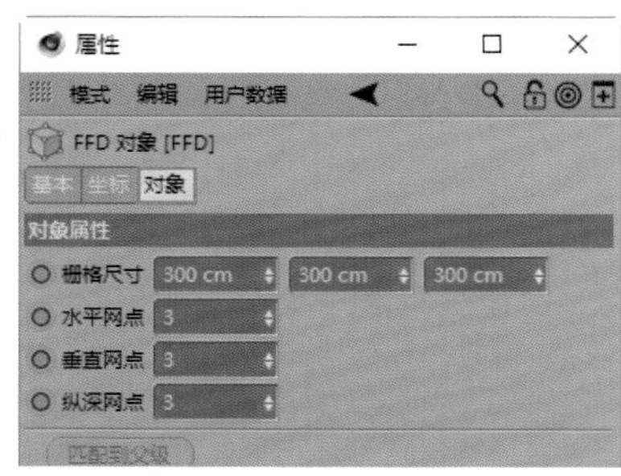

图2-236

“对象”属性面板中的“水平网点”“垂直网点”“纵深网点”分别代表x、y、z轴上的网点分布数量。“FFD”变形器通过这些网点控制模型对象的外形。图2-237所示为设置“水平网点”“垂直网点”“纵深网点”均为5时的效果。

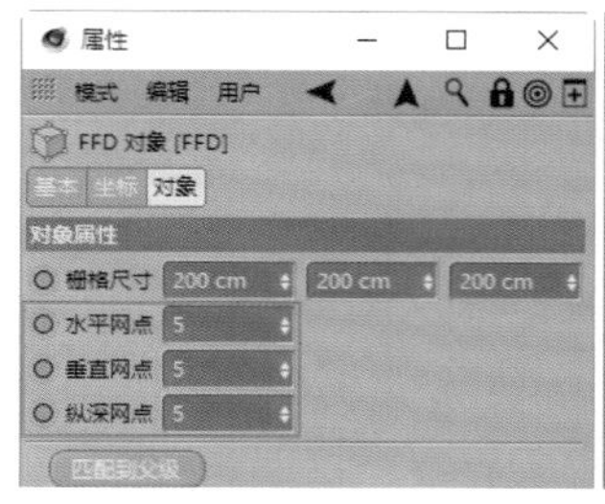
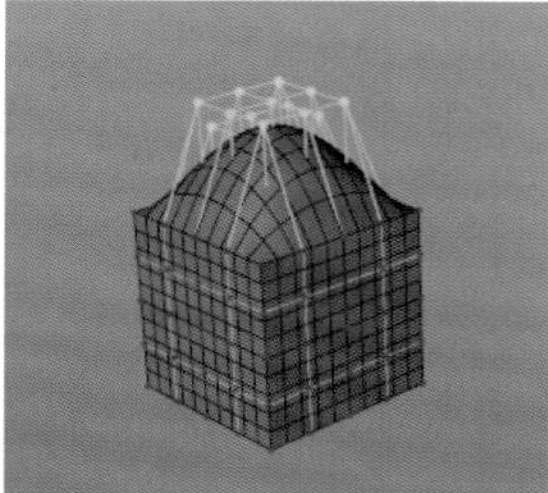

图2-237

2.4.5 收缩包裹

“收缩包裹”变形器是使用某个物体对象作为目标对象来影响物体外形结构的工具。

“收缩包裹”变形器有两种创建方法。

第1种：执行“创建>变形器>收缩包裹”菜单命令，如图2-238所示。

第2种：在快捷工具栏中单击“变形器”工具组，在弹出的菜单中选择“收缩包裹”变形器，如图2-239所示。

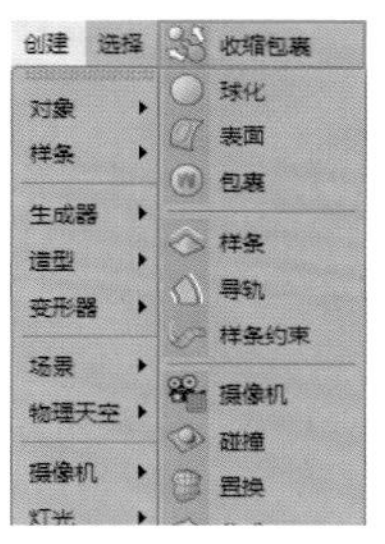

图2-238

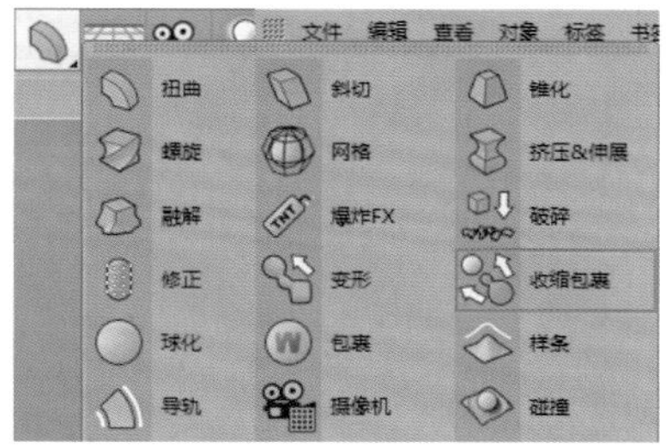

图2-239

该变形器的“属性”面板如图2-240所示。

图2-240

把“收缩包裹”变形器作为立方体对象的子级，再创建一个圆锥对象，并拖曳至“收缩包裹”变形器“属性”面板中“目标对象”右侧的空白区域，如图2-241所示。

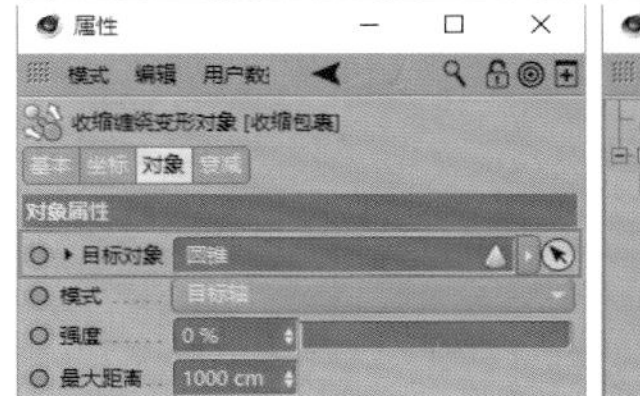
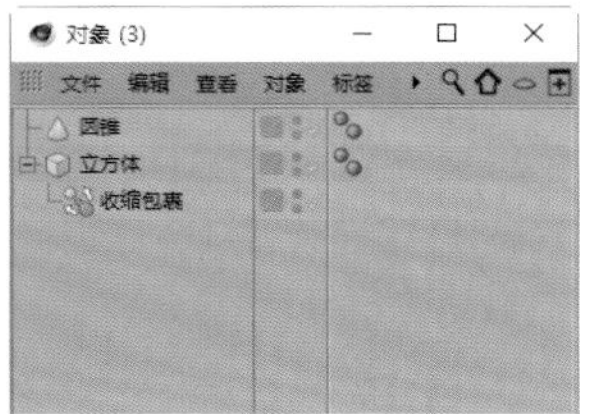

图2-241

调整“收缩包裹”变形器“属性”面板中的“模式”和“强度”参数，可以控制“立方体”对象向圆锥结构变形。图2-242所示为设置“模式”为“目标轴”，“强度”为100%时的效果。

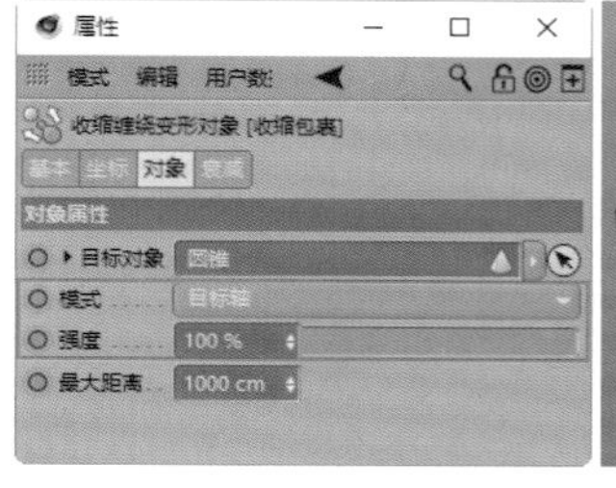
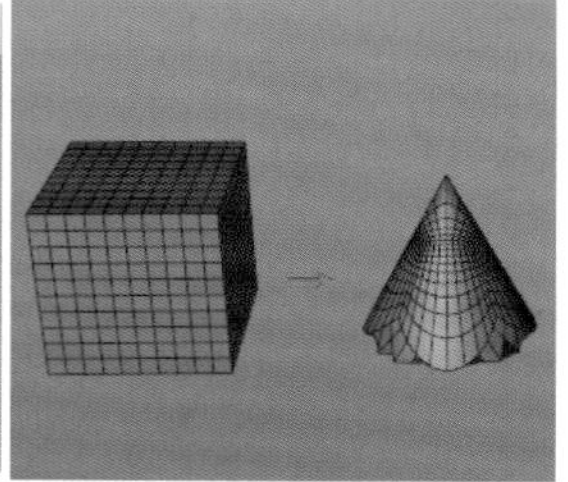

图2-242

2.4.6 样条约束

“样条约束”变形器是利用样条对物体进行变形的工具。

“样条约束”变形器有两种创建方法。

第1种：执行“创建>变形器>样条约束”菜单命令，如图2-243所示。

第2种：在快捷工具栏中单击“变形器”工具组，在弹出的菜单中选择“样条约束”变形器，如图2-244所示。

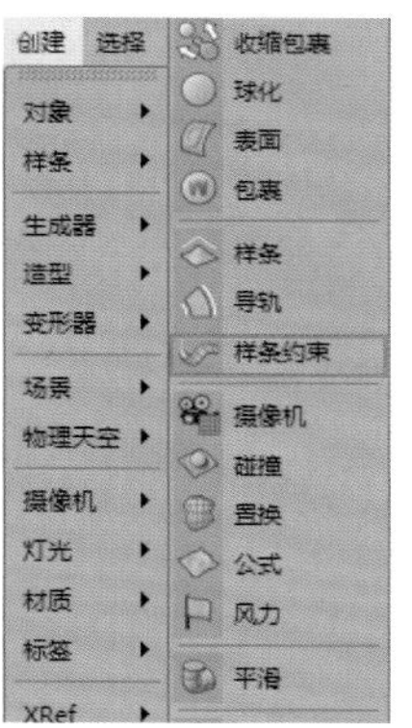

图2-243

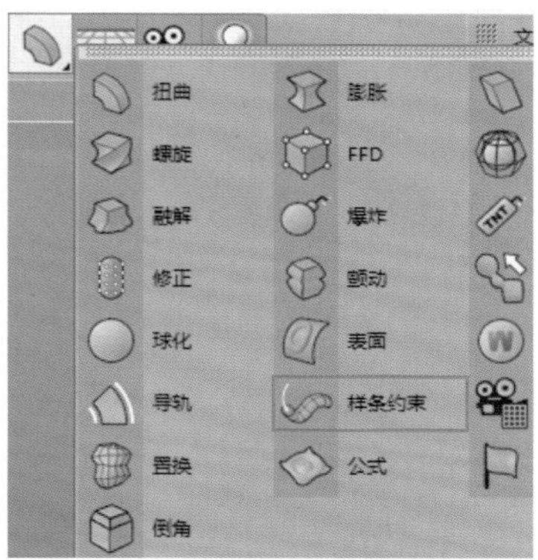

图2-244

“样条约束”变形器的“属性”面板如图2-245所示。

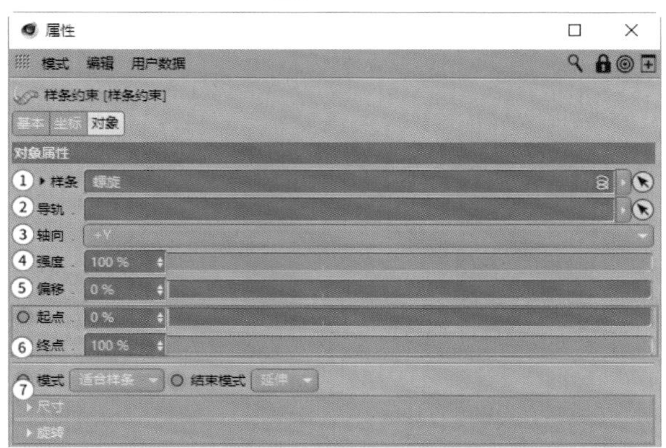

图2-245

①**样条：** 用于对物体对象进行变形的样条曲线，把“样条约束”变形器作为“胶囊”对象的子级，再创建一个螺旋样条，并拖曳至“样条约束”变形器“属性”面板中“样条”右侧的空白区域，如图2-246所示。

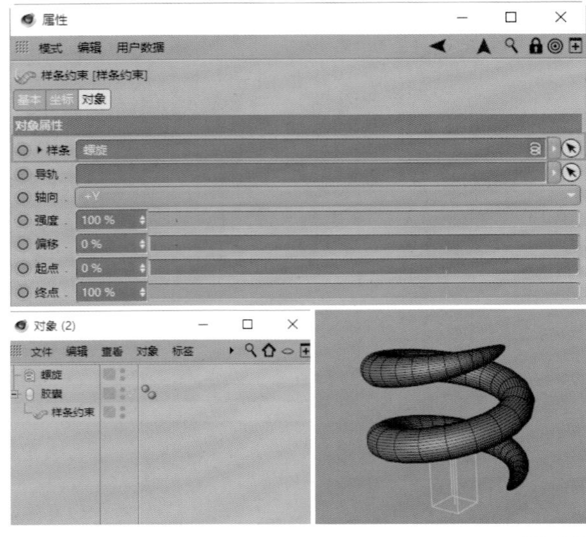

图2-246

②**导轨：** 控制被样条约束的物体对象的旋转方向，如图2-247所示。

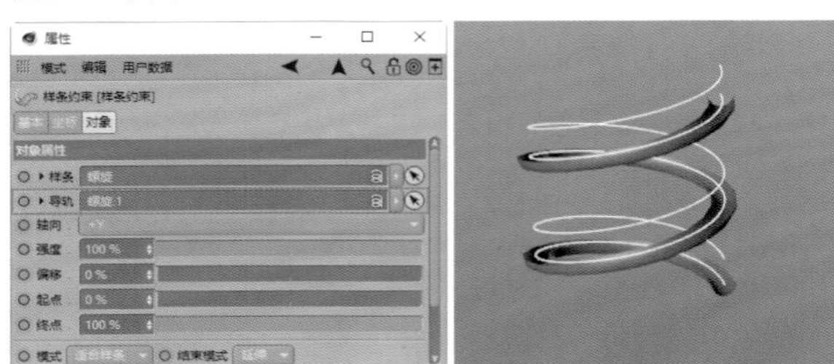

图2-247

③**轴向：** 设置样条约束的方向。

④**强度：** 设置样条对物体对象的约束强度。

⑤**偏移：** 设置物体对象在样条上偏移的程度。图2-248所示为设置“偏移”为22%时的效果。

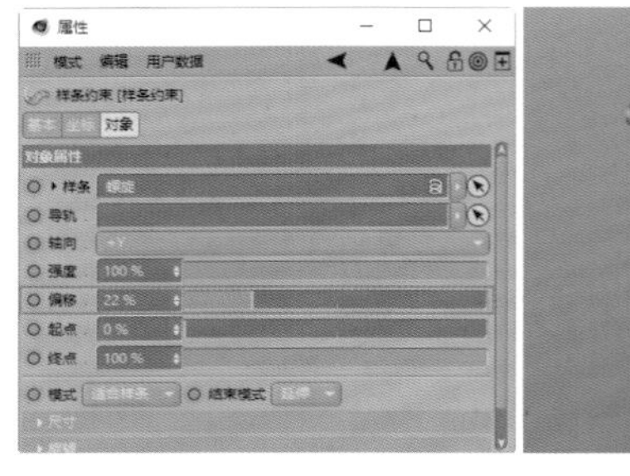
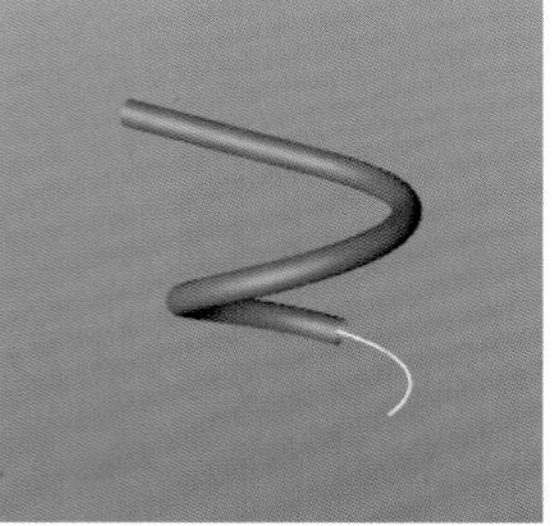

图2-248

⑥**起点/终点：** 设置样条约束的开始和结束位置。

⑦**尺寸/旋转：** 可以通过这里的曲线调整样条约束的粗细和旋转程度，如图2-249所示。

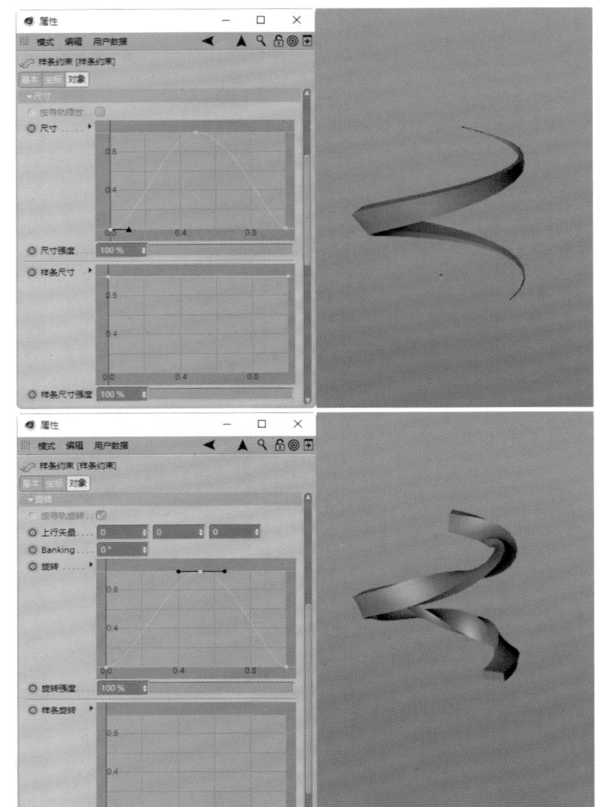

图2-249

2.4.7 置换

“置换”变形器是可以通过添加着色器，使物体对象表面产生变形效果的工具。

“置换”变形器有两种创建方法。

第1种： 执行“创建>变形器>置换”菜单命令，如图2-250所示。

第2种： 在快捷工具栏中单击“变形器”工具组，在弹出的菜单中选择“置换”变形器，如图2-251所示。

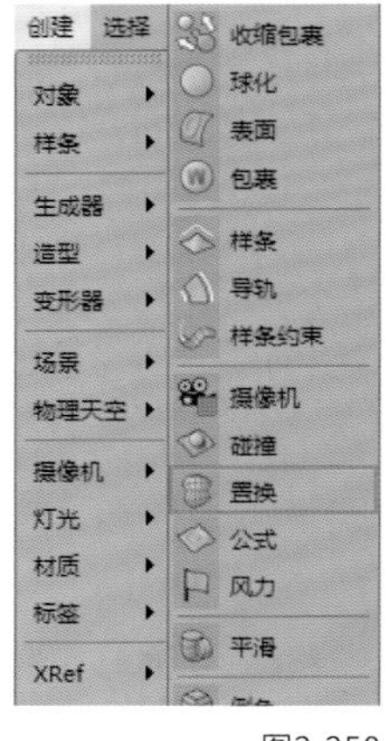

图2-250

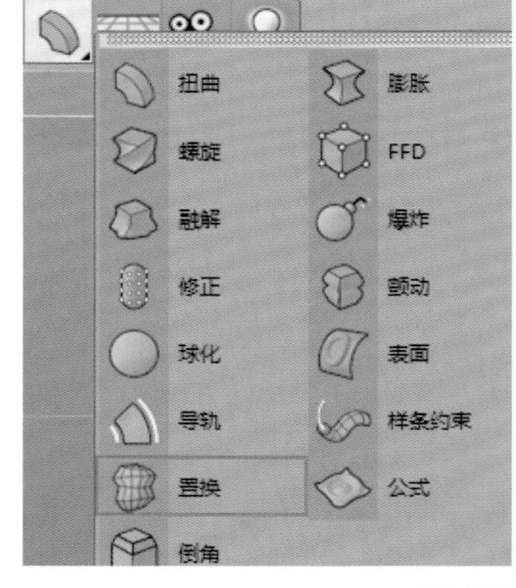

图2-251

“置换”变形器的“属性”面板中“对象”和“着色”两个选项卡比较重要，如图2-252所示。

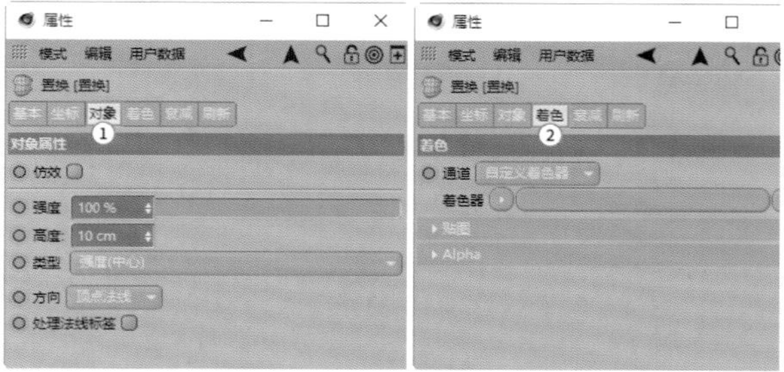

图2-252

①**对象：**主要用来设置置换的强度、置换的高度，以及不同的置换类型。

❖ 强度：设置置换效果的强度，可以为正数，也可以为负数，默认数值为100%，如图2-253所示。

图2-253

❖ 高度：设置置换效果距离表面的高度。图2-254所示为设置“高度”为50cm时的效果。

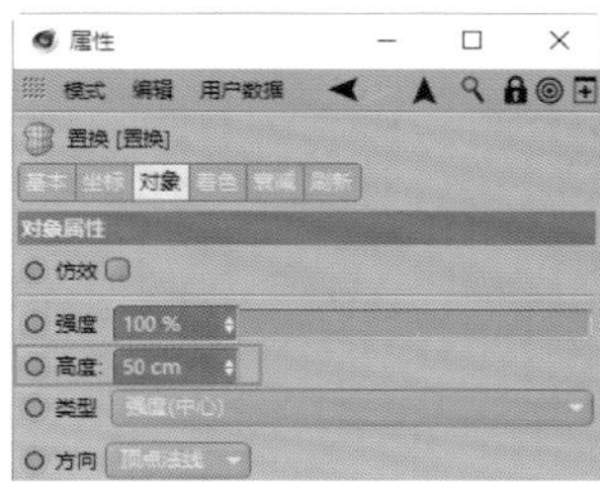

图2-254

❖ 类型/方向：设置置换效果的类型和置换的方向。常用的置换效果的“类型”是“强度”和“强度（中心）”，常用置换“方向”为“顶点法线”，如图2-255所示。

图2-255

②**着色：**用来设置置换的贴图，若要产生置换效果需要在该面板的“着色器”中设置贴图。

❖ 通道：包含“颜色”“发光”“透明”“环境”“凹凸”“Alpha”“高光”“置换”“漫射”“法线”和“自定义着色器”，可以使用某个通道来控制置换的效果，其中最常用的通道是“自定义着色器”，如图2-256所示。

❖ 着色器：设置置换效果的纹理，常用的“着色器”是“噪波”，也可以导入一张图片或使用Cinema 4D自带的纹理，如图2-257所示。

图2-256

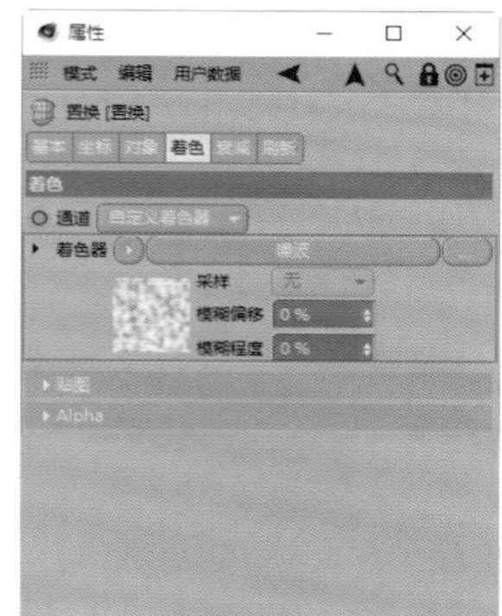

图2-257

2.4.8 倒角

“倒角”变形器可以使物体对象生成倒角效果。

“倒角”变形器有两种创建方法。

第1种：执行“创建>变形器>倒角”菜单命令，如图2-258所示。

第2种：在快捷工具栏中单击“变形器”工具组，在弹出的菜单中选择“倒角”变形器，如图2-259所示。

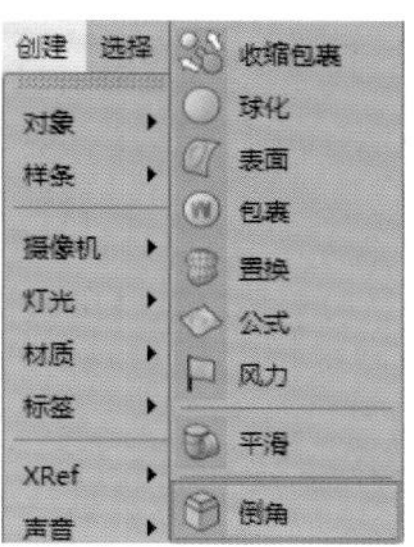

图2-258

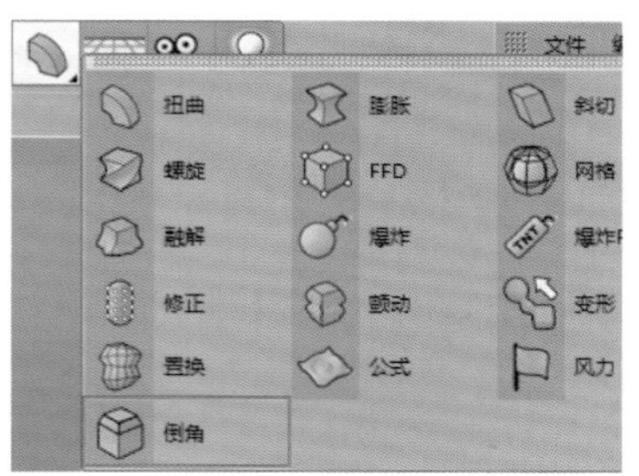

图2-259

“倒角”变形器的属性参数与2.1.7小节中的“倒角”工具的属性参数大部分相同，如图2-260所示。这里主要介绍“选项”中的“构成模式”“选择”“用户角度”。

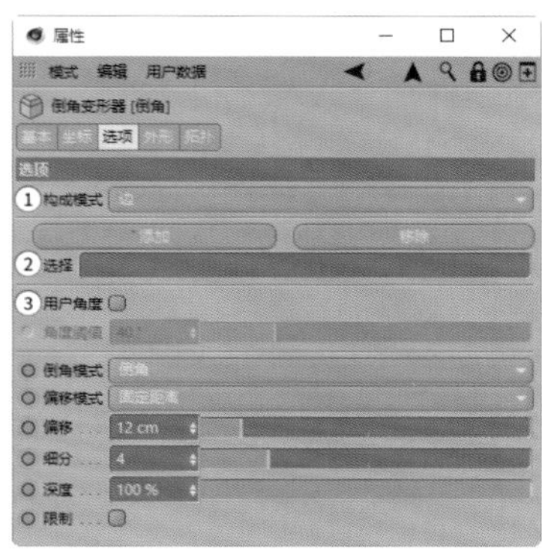

图2-260

①**构成模式：**设置倒角的模式，包含“点”“边”“多边形”3种模式，如图2-261所示。

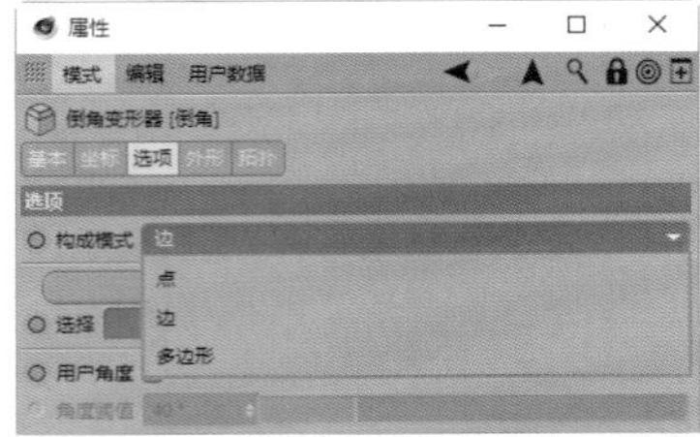

图2-261

②**选择：**可以通过“选集”来设置倒角的区域，如图2-262所示。

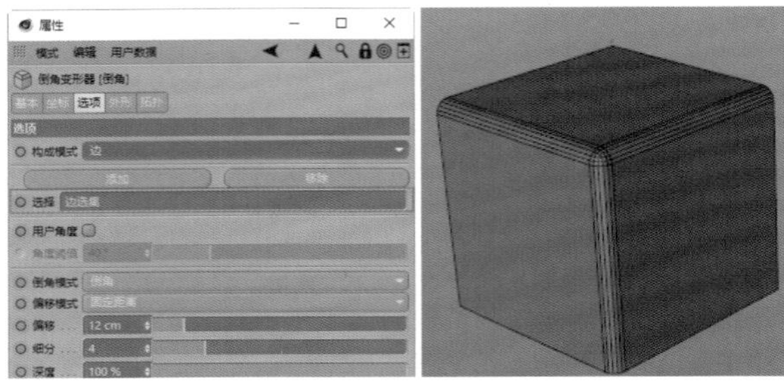

图2-262

③**用户角度：**当“构成模式”为“边”时，该选项被激活，此时可以通过“角度阈值”来设置倒角的角度。图2-263所示为设置“角度阈值”为40°时的效果。

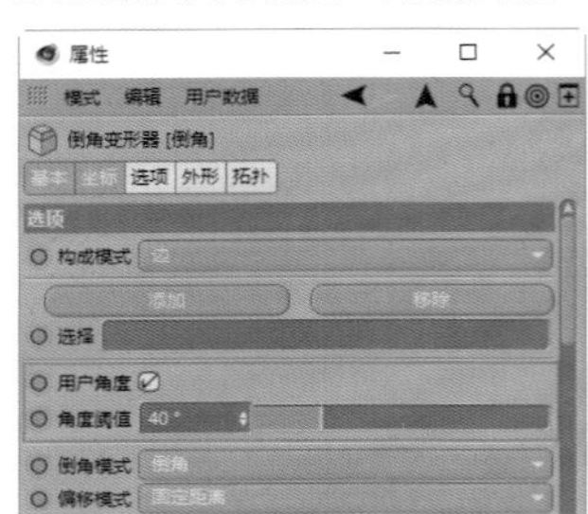

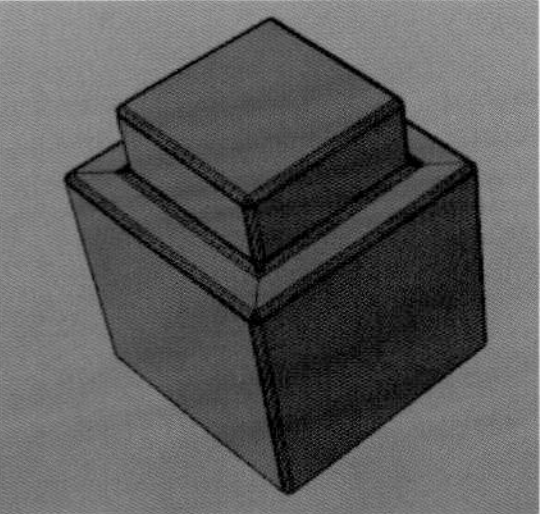

图2-263

提示

勾选“用户角度”选项后，可以只对模型转折区域进行倒角，这个功能在制作产品模型时非常实用。

2.5 克隆工具的使用方法

Cinema 4D中的效果器较多，经常需要“克隆”工具配合制作多份相同物体的随机造型，如图2-264所示。

图2-264

在学习效果器之前，我们要先来了解一下“克隆”工具的使用方法。

“克隆”工具可以将物体对象复制多个。执行“运动图形>克隆”菜单命令，可以创建该工具，如图2-265所示。

“克隆”工具的“属性”面板中包含3个重要选项卡，分别是“对象”“变换”“效果器”，如图2-266所示。

图2-265

图2-266

①**对象：**用来设置克隆的类型、数量、分布方式等，是该工具最重要的选项卡，如图2-267所示。

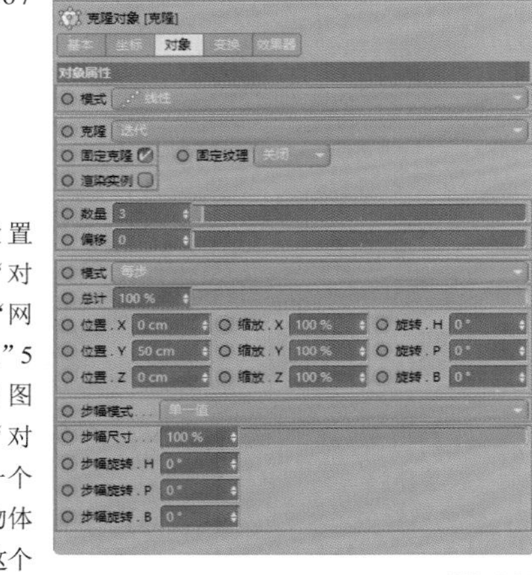

图2-267

❖ 模式：用来设置克隆的方式，包含“对象”“线性”“放射”“网格排列”“蜂窝阵列”5种克隆方式，如图2-268所示。其中“对象”模式可以指定一个物体对象作为克隆物体分布的参考对象，这个物体对象可以是样条曲线，也可以是模型。使用时需要将物体对象拖曳至“对象”右侧的空白区域，如图2-269所示。

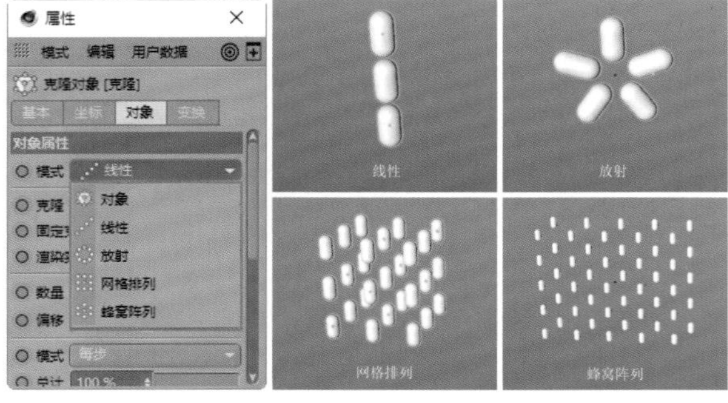

图2-268

图2-269

❖ 克隆：当有两个及两个以上克隆物体的时候，用来设置克隆物体的排列方式，如图2-270所示。

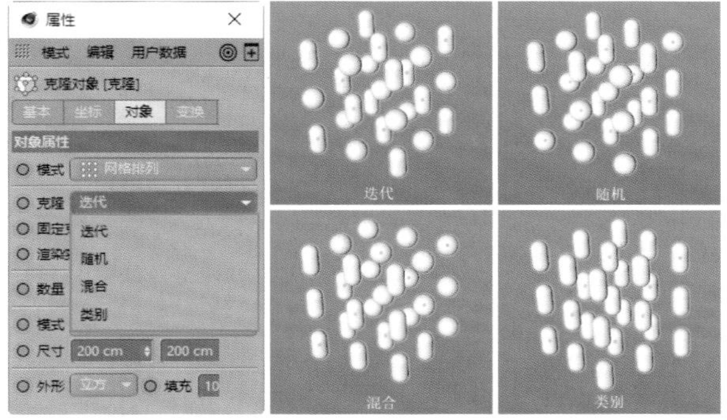

图2-270

❖ 固定克隆：勾选该选项后，克隆物体将以固定的克隆坐标位置进行克隆；取消勾选该选项后，克隆物体按照自身坐标位置进行克隆，如图2-271所示。

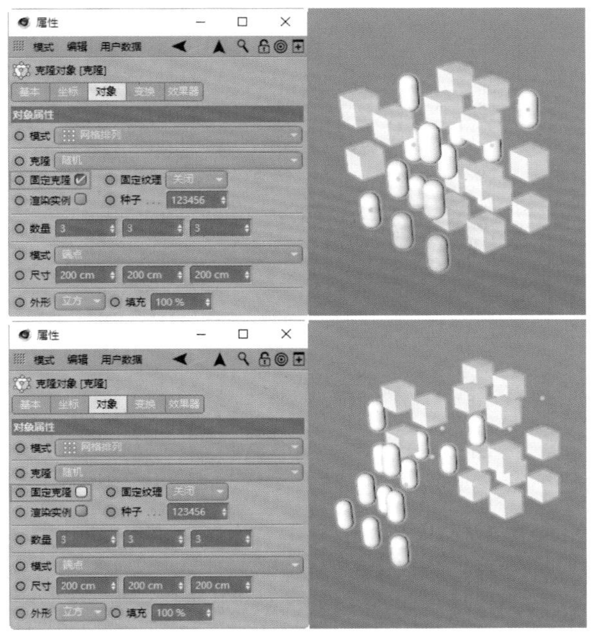

图2-271

❖ 渲染实例：勾选该选项后，有助于加快计算机的计算速度。

❖ 数量：设置克隆物体的数量。

❖ 偏移：设置克隆物体的位置偏移。

❖ 模式：包含“终点”和“每步”两种模式。“终点”模式用于控制克隆从初始位置到结束位置的变化，在该模式下克隆的终点受到“位置”数值的影响。当设置“位置.Y”为120cm时，增加克隆数量，克隆终点位置保持不变，如图2-272所示。“每步”模式用于控制克隆物体间的位置变化，当设置“位置.Y”为30cm时，增加克隆数量，克隆的终点也会随之发生变化，如图2-273所示。

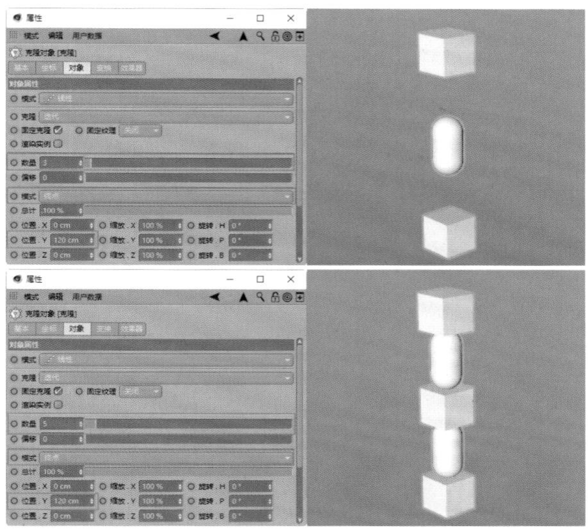

图2-272

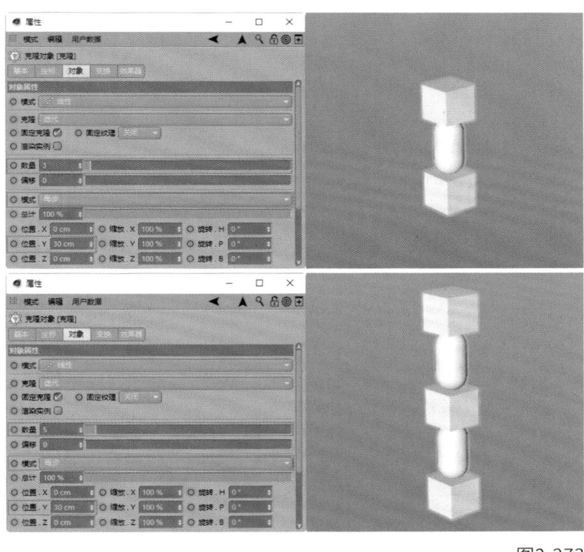

图2-273

❖ 总计：用来设置克隆物体的位置、旋转和缩放的比例。

❖ 位置/缩放/旋转：用来设置克隆物体的位置、缩放和旋转的数值。

❖ 步幅模式：包含“单一值”和“累积”两种模式。在“单一值”模式下，每个克隆物体间的数值变化保持一致；在“累积”模式下，相邻两个克隆物体间的数值变化是累积计算的，如图2-274所示。

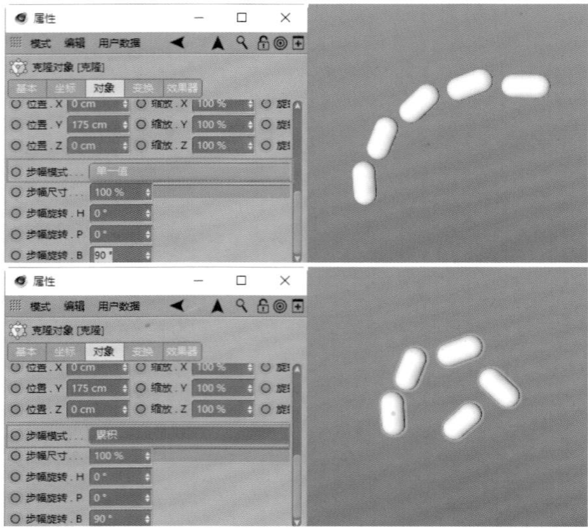

图2-274

❖ 步幅尺寸/步幅旋转：减小“步幅尺寸”数值，会减小克隆物体的间距。“步幅旋转”配合“步幅模式”使用，用来控制克隆物体的旋转角度。

②**变换：**主要用来设置克隆物体的显示状态，以及克隆物体的位置、旋转等信息，如图2-275所示。

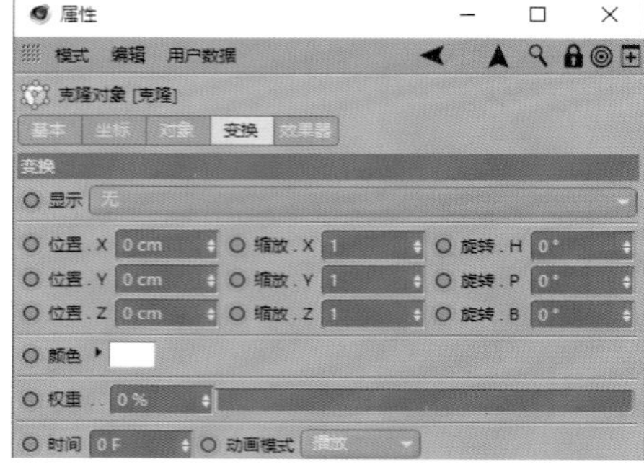

图2-275

❖ 显示：设置克隆物体的显示状态，如图2-276所示。

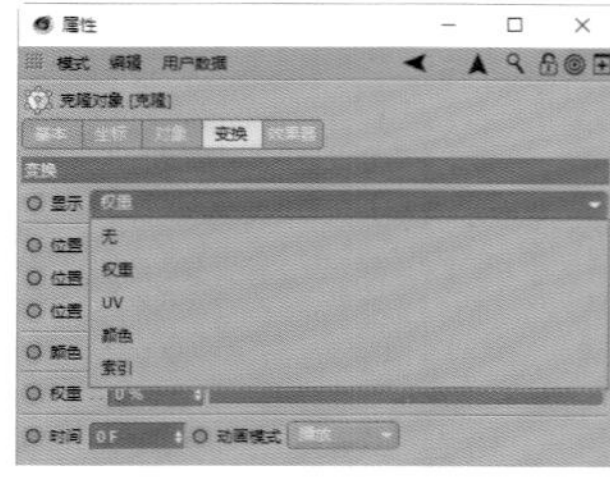

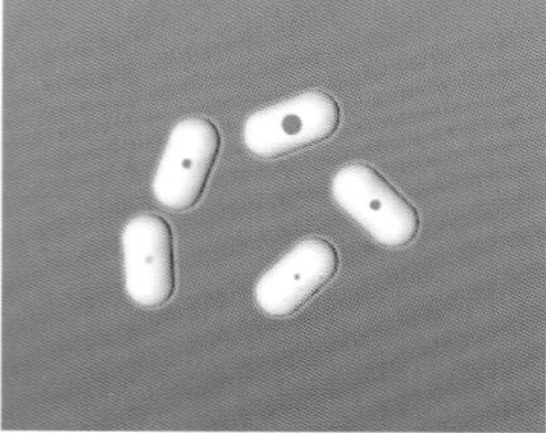

图2-276

❖ 位置/缩放/旋转：设置克隆物体的位置、缩放和旋转的数值。

❖ 颜色：可以自定义克隆物体的显示颜色。

❖ 权重：设置克隆物体的权重，权重数值的大小将会影响效果器的作用效果。

❖ 时间：如果克隆物体带有动画，用来设置克隆物体动画的起始帧。

③**效果器：**运动图形的效果器需要放到这个面板中，才会对克隆物体起作用，如图2-277所示。

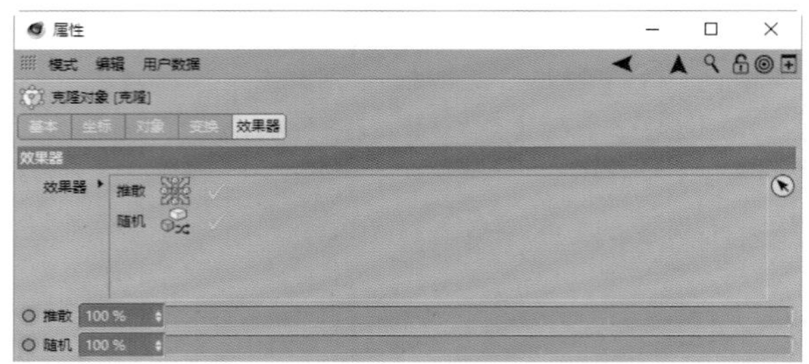

图2-277

下面将通过一个例子来讲解“克隆”工具的具体使用方法。

首先，创建一个矩形样条，调整“宽度”为200cm、“高度”为400cm，如图2-278所示。把矩形转为可编辑对象，在“点”模式下全选所有的点，单击鼠标右键，选择“倒角”选项进行倒角，并设置“倒角”为103.57cm，制作出椭圆造型，如图2-279所示。

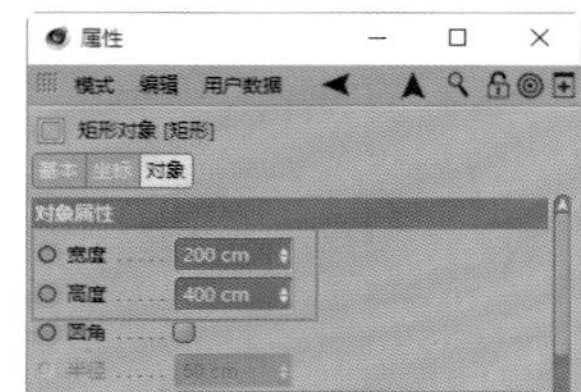

图2-278

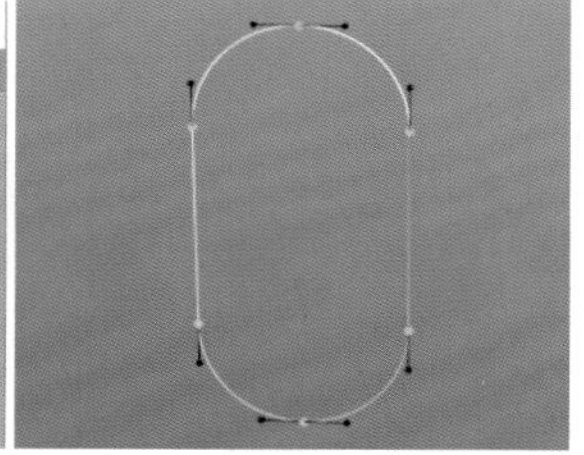

图2-279

然后，创建一个圆环样条并设置合适的半径，使用“扫描”工具对矩形进行扫描，并将“扫描”改名为“链条”，如图2-280所示。

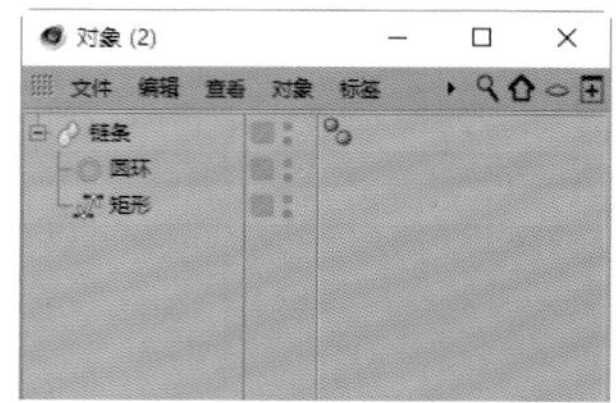

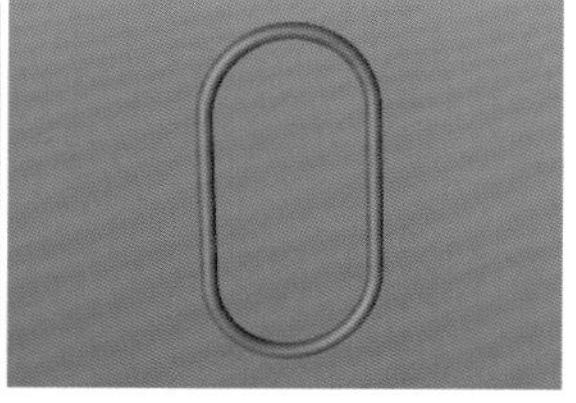

图2-280

接着，使用“克隆”工具对“链条”进行克隆，设置克隆“模式”为“线性”，如图2-281所示。

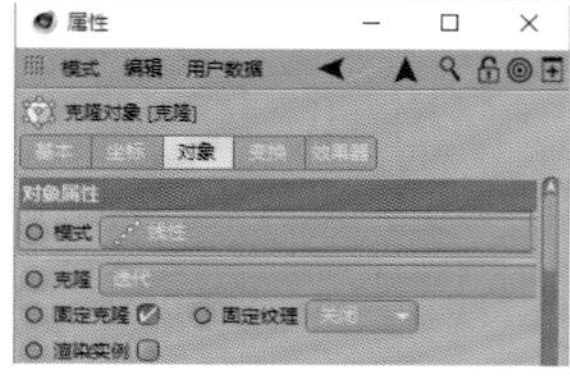

图2-281

最后，调整“克隆”参数，设置“数量”为20、“位置.Y”为250cm、“旋转.H”为50°、“步幅旋转.P”为18°，如图2-282所示。

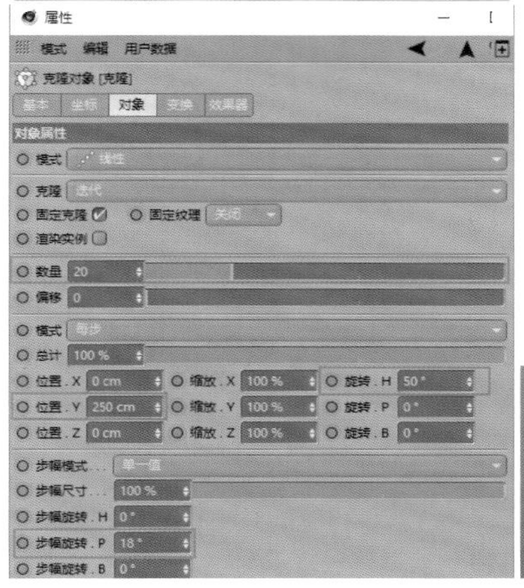
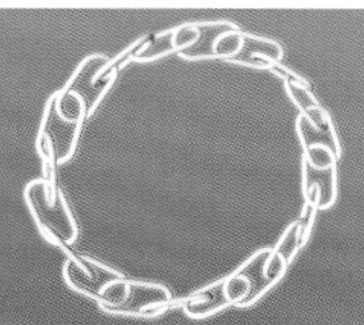

图2-282

2.6 产品包装中常用的效果器

Cinema 4D中一共有17种效果器，在产品包装工作中实际经常用到的效果器并不多，这里介绍一下产品包装工作中常用的3种效果器，如图2-283所示。

图2-283

2.6.1 简易

“简易”效果器可以对运动图形产生位置、缩放和旋转等影响。在产品包装设计中，“简易”效果器配合“克隆”工具可以用于制作一些包装展示细节效果（如之前讲到的“实例：制作瓶子上的水滴效果”）。

执行“运动图形>效果器>简易”菜单命令，可以创建“简易”效果器，如图2-284所示。

图2-284

“简易”效果器“属性”面板中比较重要的是“参数”选项卡中的设置，主要用来调节效果器作用在物体上时的效果和强度，如图2-285所示。

①**变换模式：**包含“相对”“绝对”“重映射”3种模式。变换模式会影响“位置”“缩放”“旋转”作用到克隆物体上时的效果，如图2-286所示。

图2-285　　图2-286

②**变换空间：**包含“节点”“效果器”“对象”3个选项，不同的选项设置会影响克隆的坐标情况，如图2-287所示。当“变换空间”为“节点”时，克隆会以被克隆物体自身的坐标进行变换；当“变换空间”为“效果器”时，克隆会以“简易”效果器的坐标进行变换；当“变换空间”为“对象”时，克隆会以克隆物体的坐标进行变换。

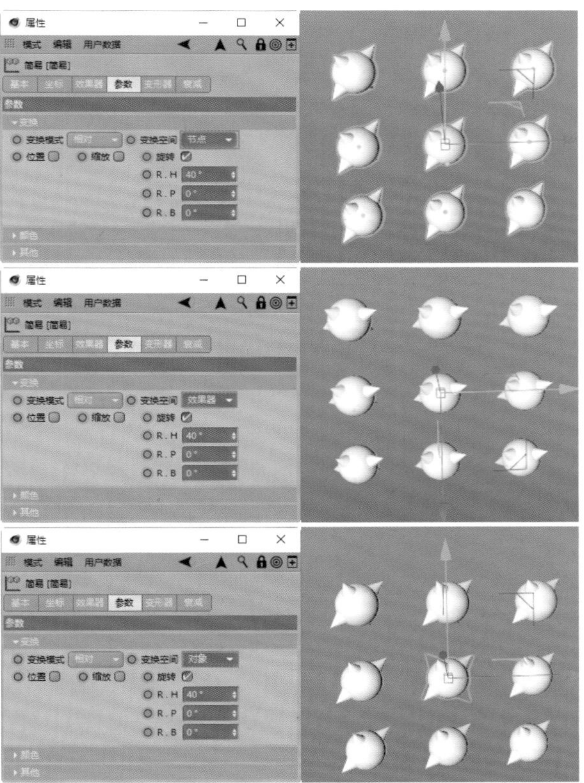

图2-287

③**位置：**设置克隆物体在x轴、y轴、z轴上的移动距离，如图2-288所示。

④**缩放**：设置克隆物体在x轴、y轴、z轴上的缩放大小，如图2-289所示。

图2-288

图2-289

⑤**旋转**：设置克隆物体在x轴、y轴、z轴上的旋转角度，如图2-290所示。

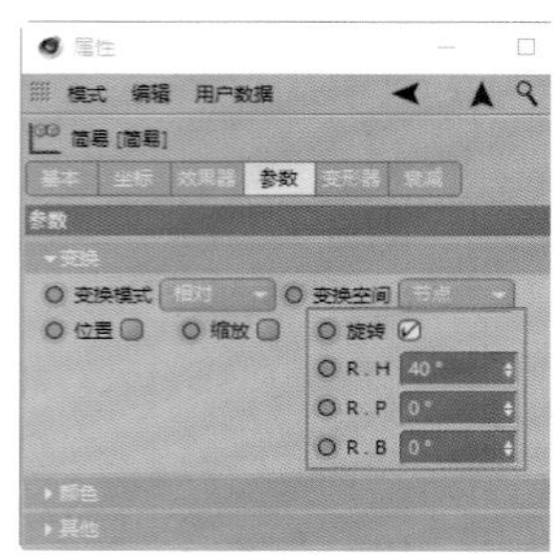

图2-290

2.6.2 推散

"推散"效果器可以增加克隆物体之间的距离。

执行"运动图形>效果器>推散"菜单命令，可以创建"推散"效果器，如图2-291所示。

图2-291

"推散"效果器"属性"面板中比较重要的选项卡是"效果器"，如图2-292所示。

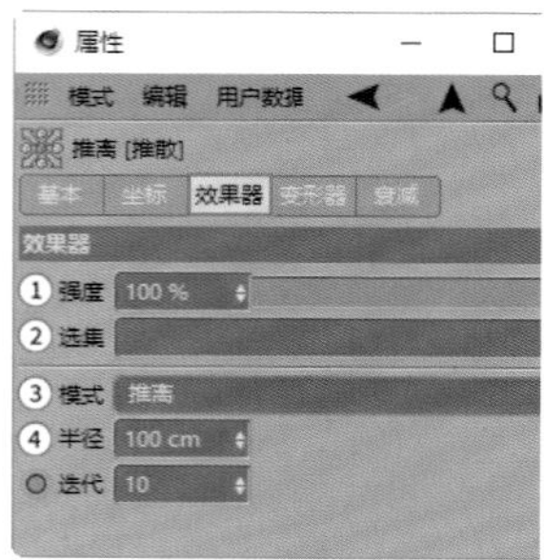

图2-292

①**强度**：控制效果器的影响效果。设置数值越小，效果器对克隆物体的影响就越小，反之则越大。图2-293所示为设置"强度"为6%和59%时的效果区别。

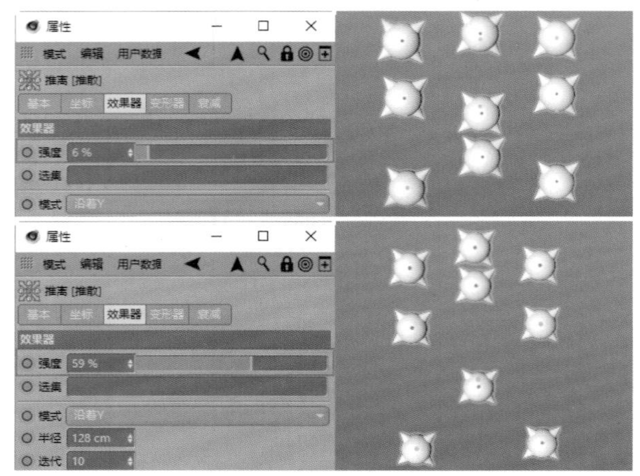

图2-293

②**选集**：通过"运动图形选集"绘制的选集来控制被效果器影响的区域，如图2-294所示。

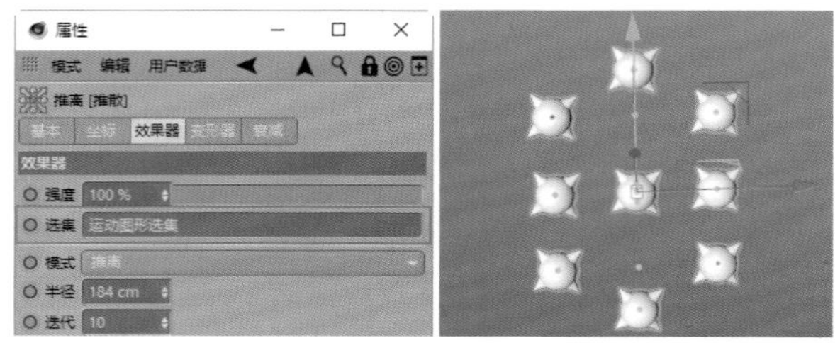

图2-294

③**模式**：包含"隐藏""推离""分散缩放""沿着X""沿着Y""沿着Z"6种模式。配合"半径"数值，用来设置不同的推散效果，如图2-295所示。在"隐藏"模式下，"半径"数值内的克隆物体会被隐藏；在"推离"模式下，"半径"数值内的克隆物体会被推开；在"分散缩放"模式下，"半径"数值内的克隆物体会被缩小；在"沿着X"模式下，"半径"数值内的克隆物体会沿着x轴移动；在"沿着Y"模式下，"半径"数值内的克隆物体会沿着y轴移动；在"沿着Z"模式下，"半径"数值内的克隆物体会沿着z轴移动。

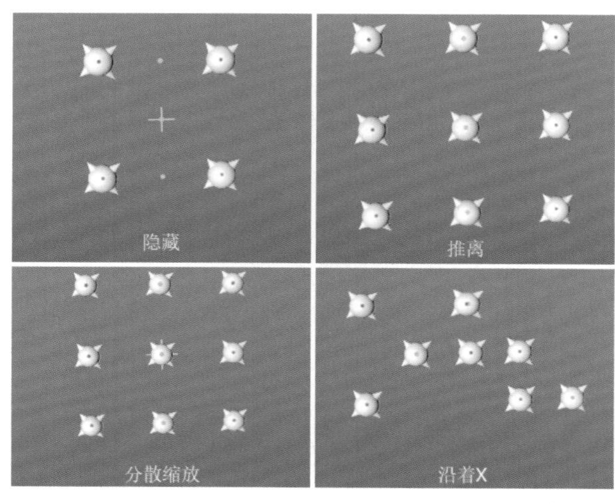

图2-295

④**半径：**设置效果器的影响范围，在半径范围内的克隆物体会被影响。

2.6.3 随机

“随机”效果器可以使被克隆的物体产生随机分布的效果。

执行“运动图形＞效果器＞随机”菜单命令，可以创建“随机”效果器，如图2-296所示。

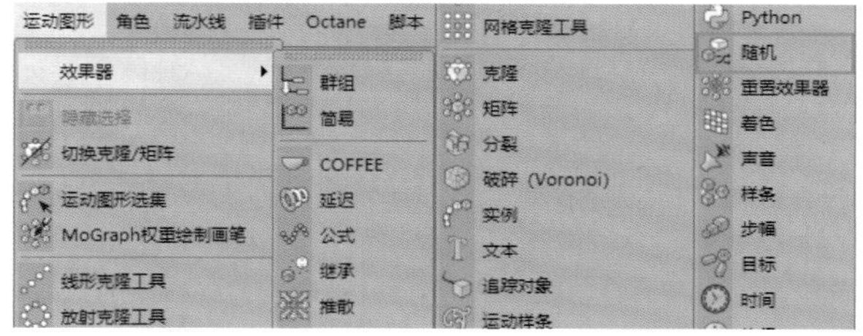

图2-296

“随机”效果器和“简易”效果器的属性参数大致相同，区别在于“随机”效果器可以对克隆物体产生随机的影响效果，如图2-297所示。

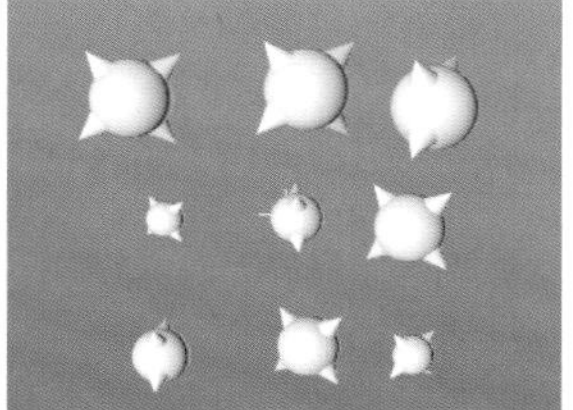

图2-297

实例：制作散落在桌上的茶叶

场景位置	无
实例位置	实例文件 >CH02> 制作散落在桌上的茶叶 .c4d
视频名称	制作散落在桌上的茶叶
技术掌握	效果器及动力学标签的使用方法

本实例讲解如何使用变形器配合“克隆”工具制作随机散落在桌上的茶叶效果，如图2-298所示。

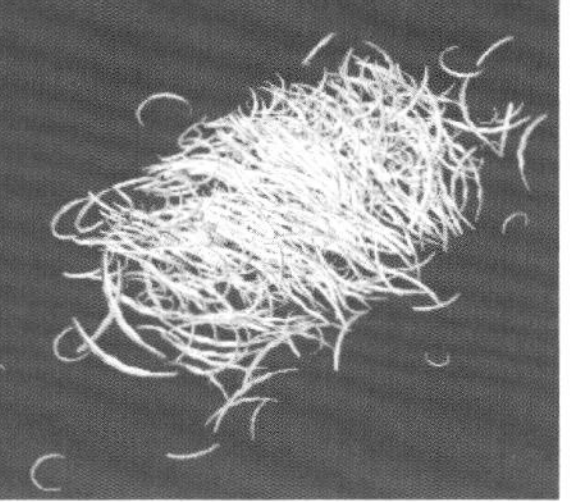

图2-298

01 创建一个平面对象，设置“宽度分段”和“高度分段”均为2，并将其转为可编辑对象，如图2-299所示。

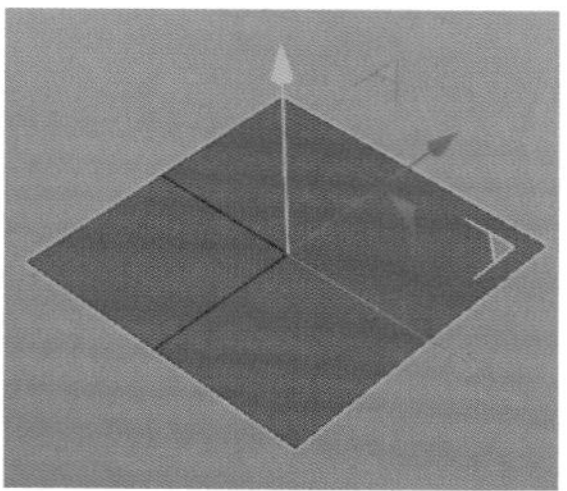

图2-299

02 在“点”模式下，调整平面的外形结构，使其变成两端窄、中间宽的造型，如图2-300所示。

03 在“多边形”模式下，按快捷键Ctrl+A全选所有面，然后单击鼠标右键并执行“细分”命令，保持“细分”为默认数值1，如图2-301所示。

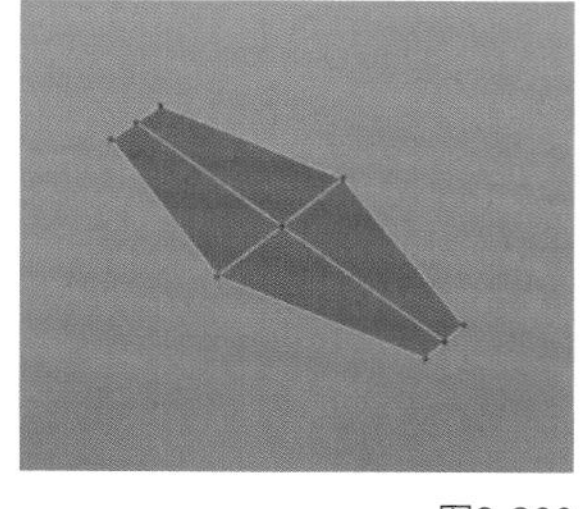

图2-300

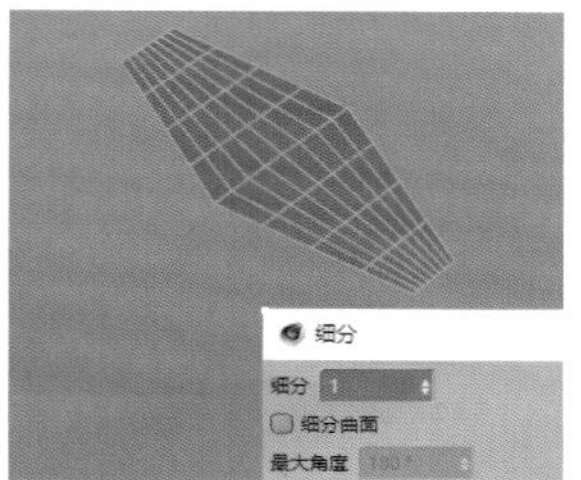

图2-301

04 创建两个“锥化”变形器，然后分别为平面对象的两端制作锥化效果，并设置“强度”为78%，如图2-302所示。

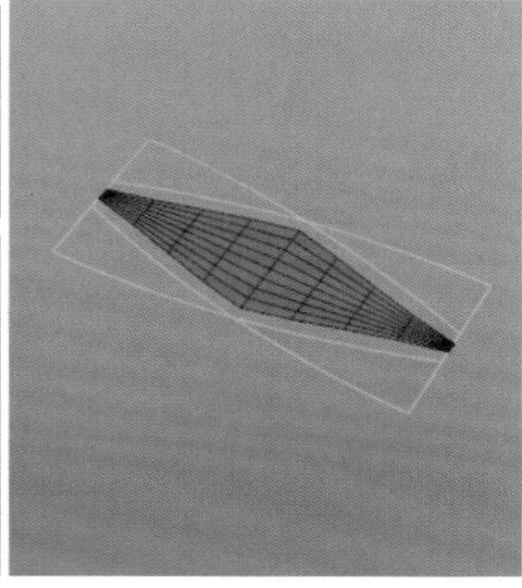

图2-302

05 创建一个“扭曲”变形器，在“扭曲”变形器“属性”面板的“对象”选项卡中设置“模式”为“无限”，并从侧面对平面进行扭曲，设置扭曲“强度”为271°，如图2-303所示。

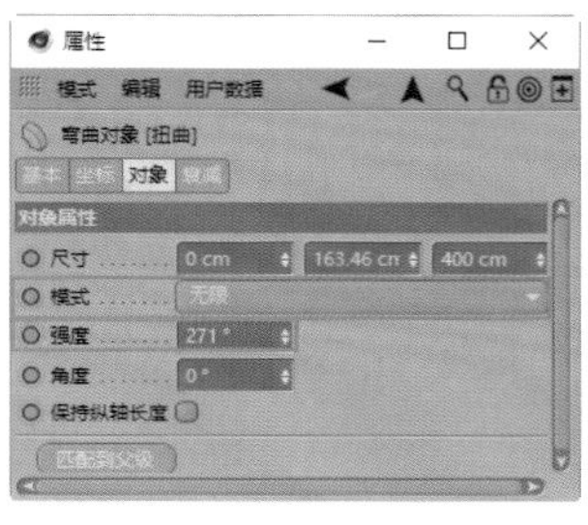

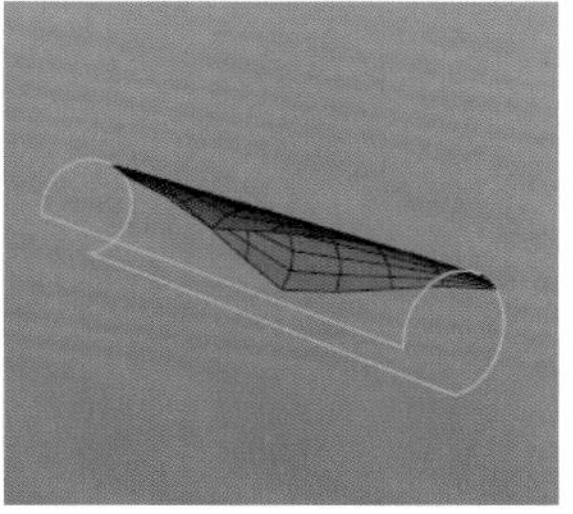

图2-303

06 复制一个“扭曲”变形器，继续制作平面对象扭曲效果，设置扭曲“强度”为107°，如图2-304所示。

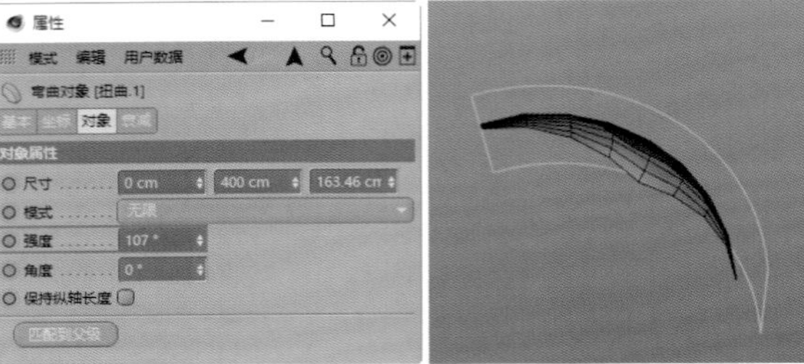

图2-304

07 创建一个“置换”变形器，在“属性”面板的“着色”选项卡中设置“着色器”为“噪波”，制作出平面上随机的凹凸细节，如图2-305所示。

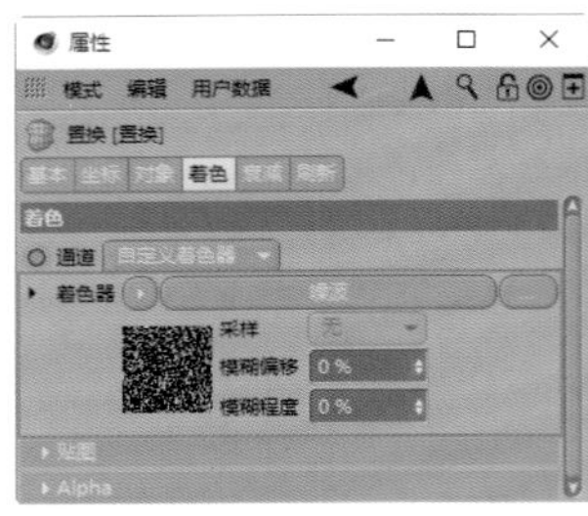

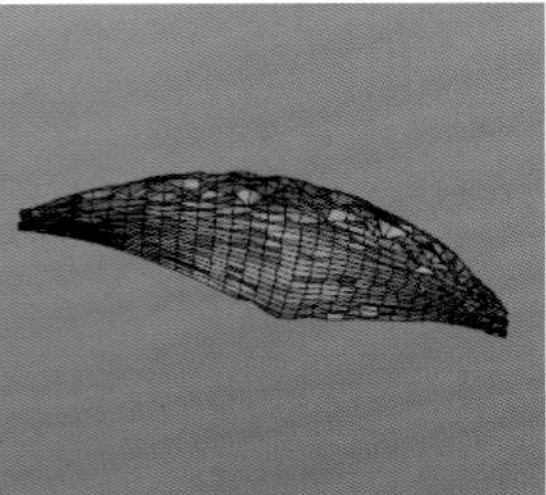

图2-305

08 为“平面”添加“细分曲面”。选中平面对象，在“点”模式下，调整点的位置，使平面变得更不规则一些（因为散落在桌上的茶叶本身就是不规则且随机性很强的），如图2-306所示。

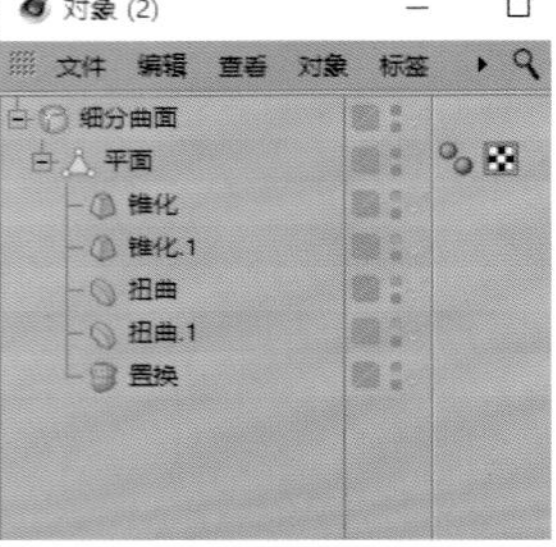

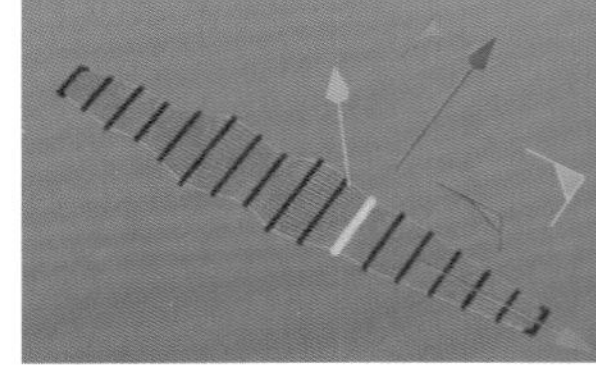
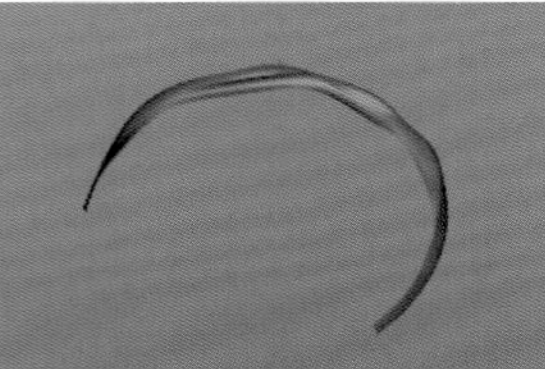

图2-306

09 复制一份制作好的茶叶模型，调整“扭曲”变形器的“强度”为78°，使它们在造型上有所差别，如图2-307所示。

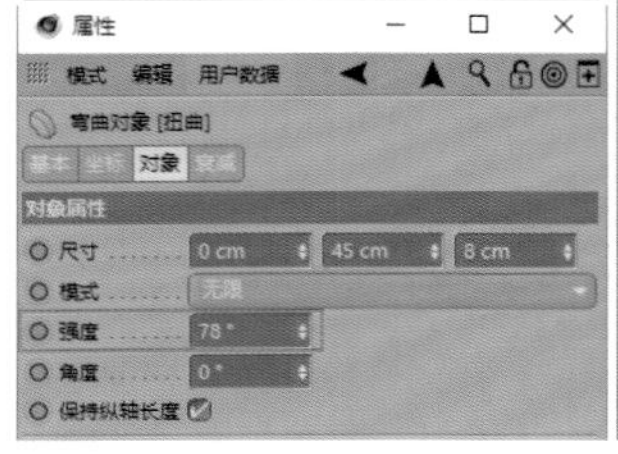

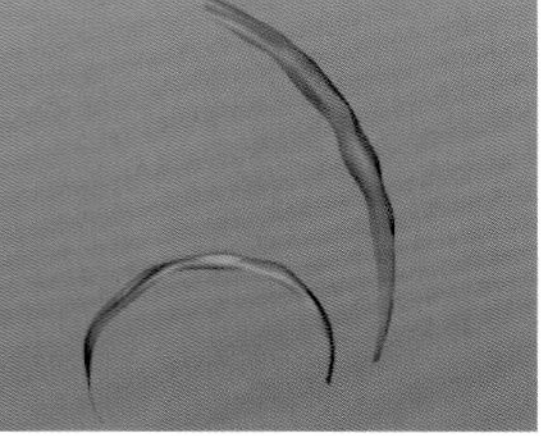

图2-307

10 使用“克隆”工具对这两个茶叶模型进行克隆，在“克隆”工具“属性”面板的“对象”选项卡中设置“模式”为“网格排列”、“数量”为(5,20,5)，如图2-308所示。

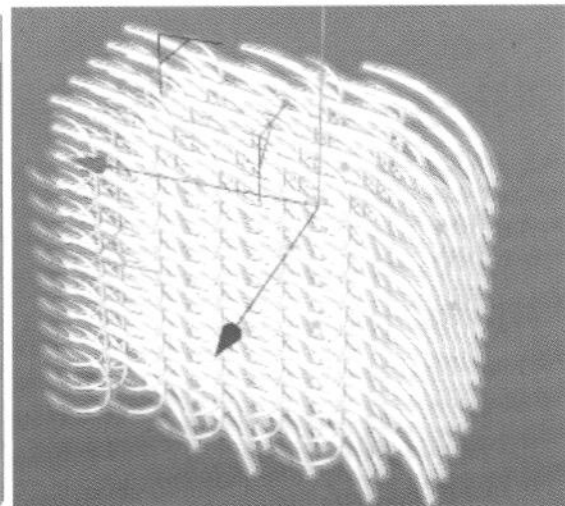

图2-308

11 选中克隆对象，为其添加“随机”效果器，在“随机”效果器的“参数”选项卡中设置“P.Y”为50cm、“缩放”为0.5，如图2-309所示。

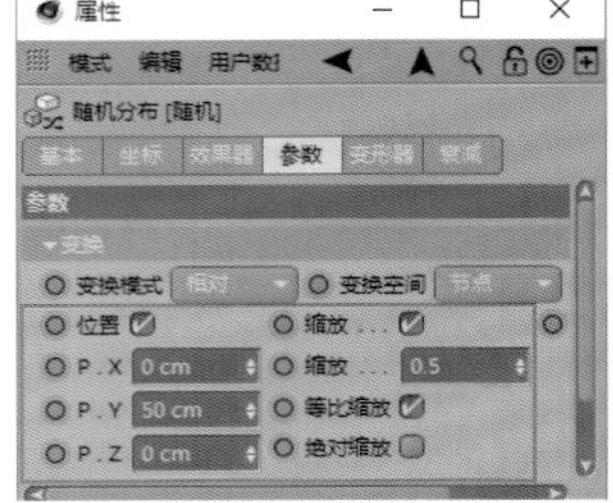

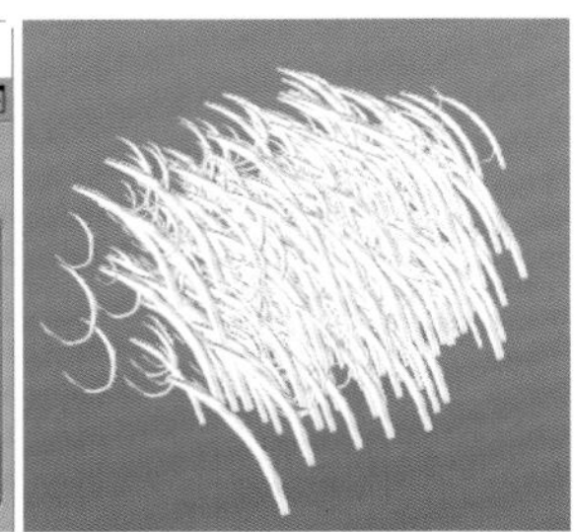

图2-309

12 制作茶叶随机散落在桌面上的效果时，使用动力学标签，在“对象”面板里的“克隆”对象上单击鼠标右键并执行“模拟标签>刚体”命令，添加“刚体”标签。然后在“刚体”标签“属性”面板的“碰撞”选项卡中设置“继承标签”为“应用标签到子级”、“独立元素”为“全部”，如图2-310所示。

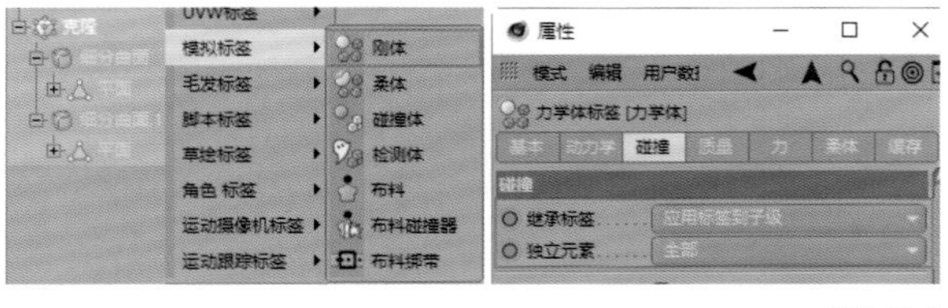

图2-310

13 创建一个立方体对象作为桌子。在立方体上单击鼠标右键并执行“模拟标签>碰撞体”命令，添加“碰撞体”标签，在“碰撞体”标签“属性”面板的“碰撞”选项卡中设置“外形”为“静态网格”，如图2-311所示。

图2-311

14 播放动画▷，观察茶叶模型下落的效果，在觉得满意的位置停止播放动画⏸。制作好的茶叶散落在桌上的造型效果如图2-312所示。

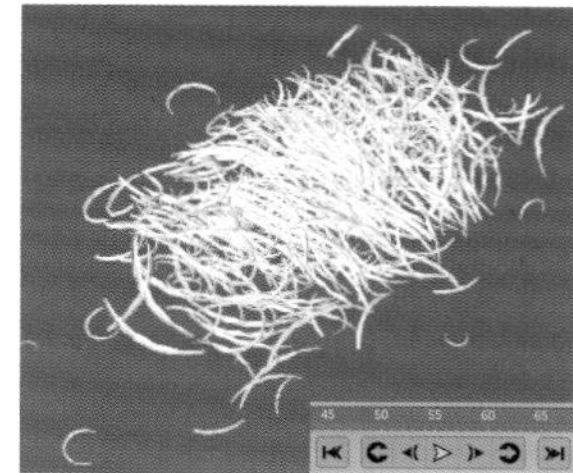

图2-312

实例：制作一个罐子

场景位置	无
实例位置	实例文件 >CH02> 制作一个罐子 .c4d
视频名称	制作一个罐子
技术掌握	在圆柱体上挖洞的技巧

本实例讲解如何使用变形器与建模工具在圆柱上制作出挖洞的效果，如图2-313所示。在曲面上制作挖洞效果，是在建模中会经常用到的操作。

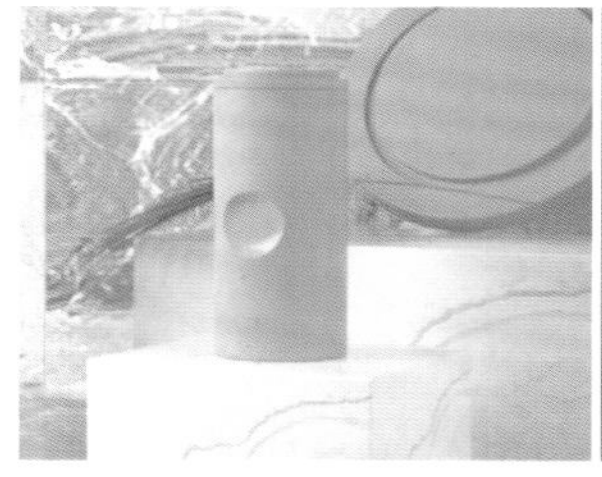

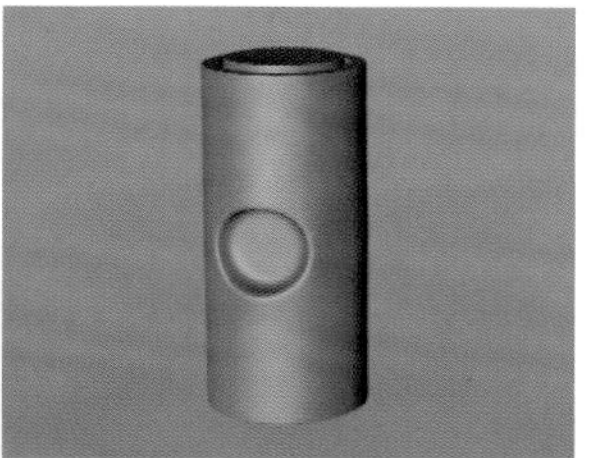

图2-313

01 创建一个圆柱体对象，设置“高度分段”为2、“旋转分段”为8。之后将圆柱体复制一份，留作备用，如图2-314所示。

图2-314

02 把圆柱体转为可编辑对象，然后切换到“点”模式，在“正视图”模式下使用“线性切割”工具对圆柱体进行布线，在该工具“属性”面板中勾选“角度约束”选项，设置“角度”为45°，如图2-315所示。

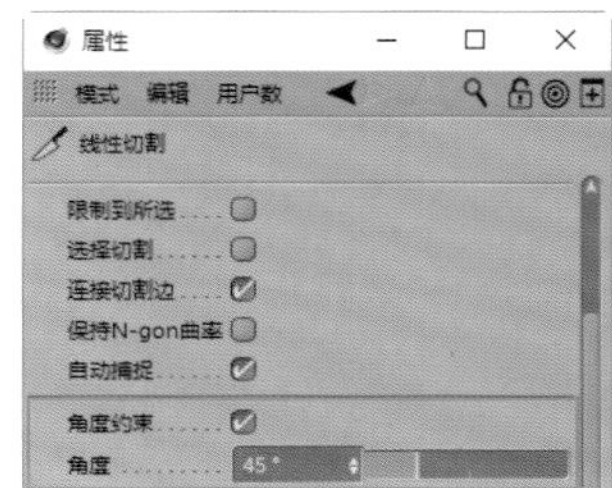

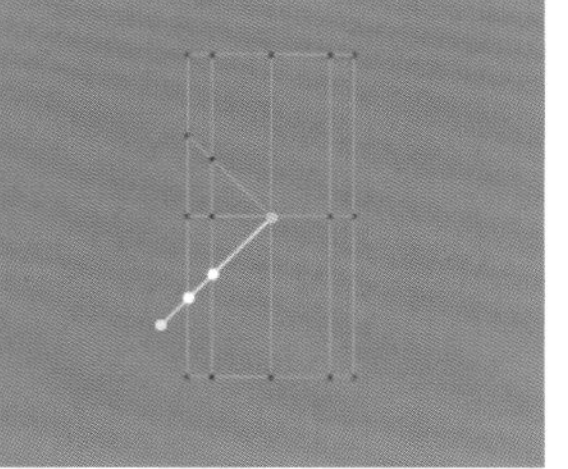

图2-315

03 在“多边形”模式下，选中并删除切割出来的面，如图2-316所示。

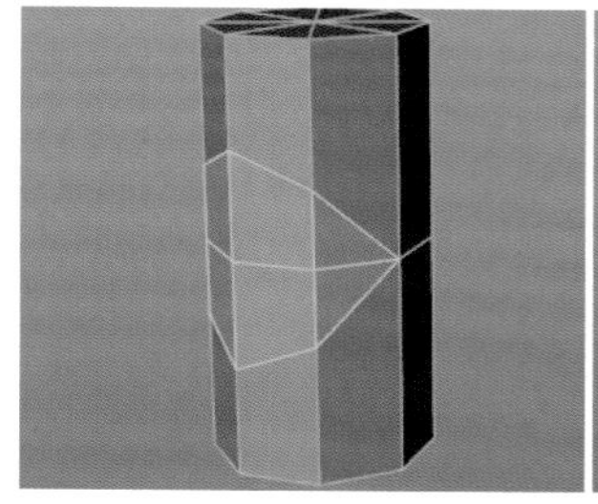

图2-316

04 创建一个圆盘对象，在“属性”面板中设置“外部半径”为50cm、“圆盘分段”为3、“旋转分段”为8，在“右视图”模式下调整“圆盘”的大小和“圆柱体”切割面的大小，使两者相吻合，如图2-317所示。

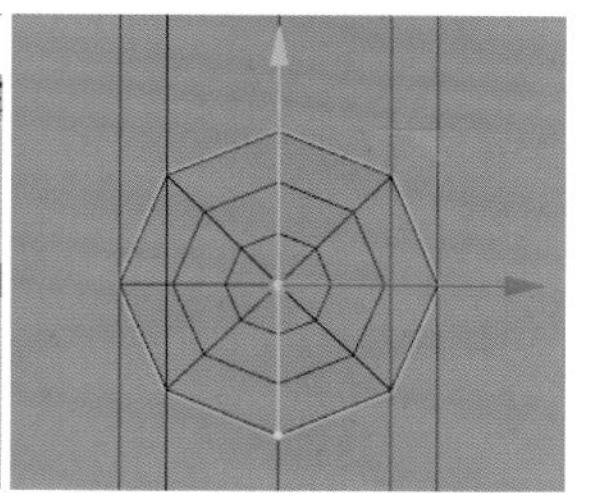

图2-317

05 添加“收缩包裹”变形器并将其作为“圆盘”的子级，然后把备份的“圆柱.1”对象拖曳到“收缩包裹”变形器的“目标对象”右侧的空白区域，如图2-318所示。

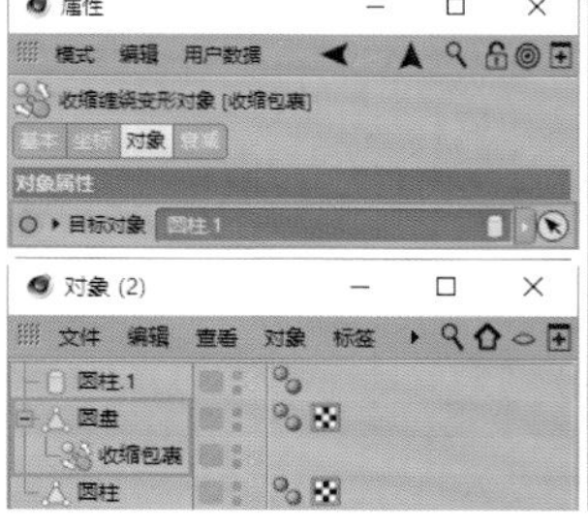

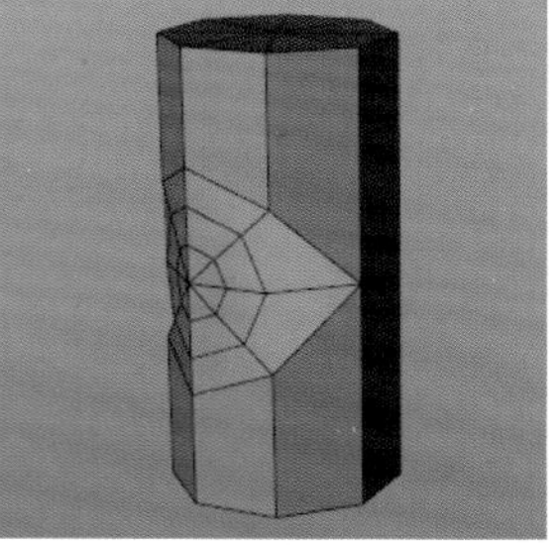

图2-318

06 在“对象”面板中选中“圆盘”和“圆柱”，然后单击鼠标右键并执行“连接对象+删除”命令，把它们合并成一个物体对象，如图2-319所示。

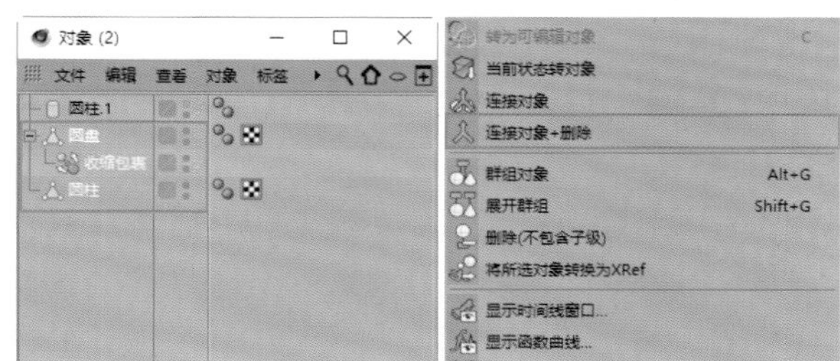

图2-319

07 在“正视图”模式下使用“线性切割”工具对圆柱进行布线操作，如图2-320所示。

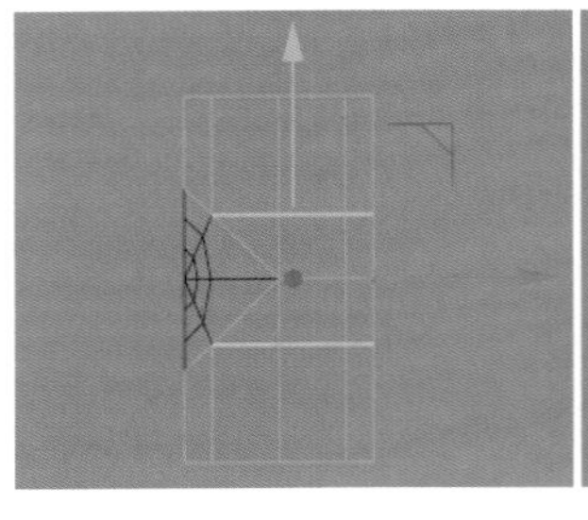
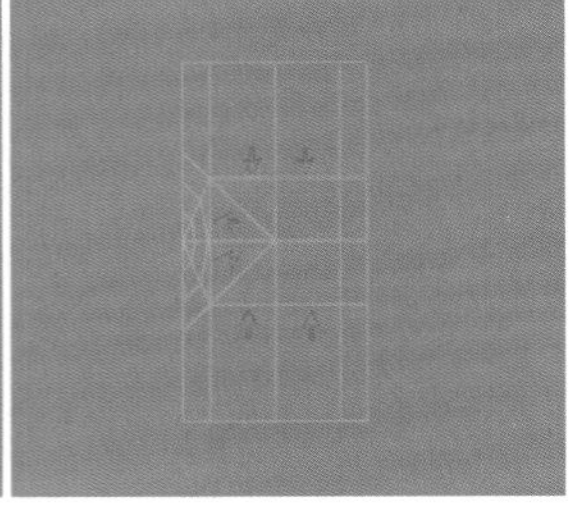

图2-320

08 按快捷键M+O激活“滑动”工具，然后调整圆柱上的点，使切割面更贴合圆形结构，如图2-321所示。

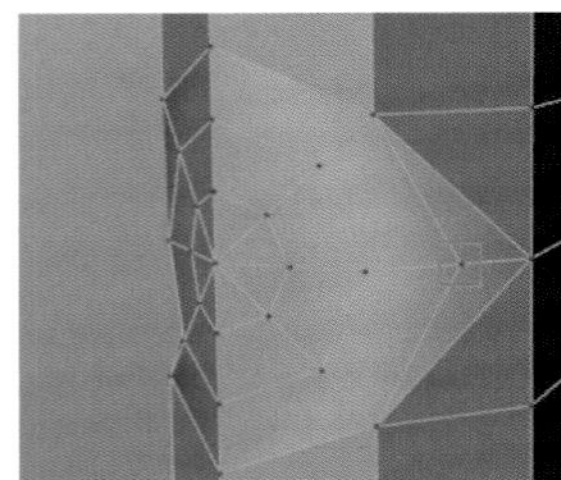

图2-321

09 选中两侧多余的边，按快捷键M+N把这些边删除掉，如图2-322所示。

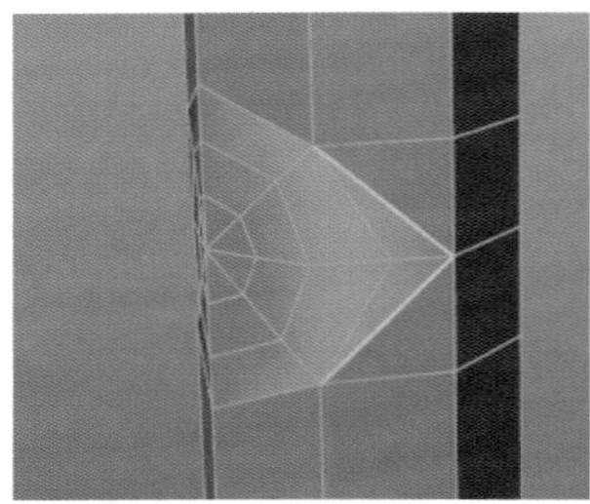

图2-322

10 在“多边形”模式下，选中八边形，用“内部挤压”工具和“挤压”工具制作凹陷造型，如图2-323所示。

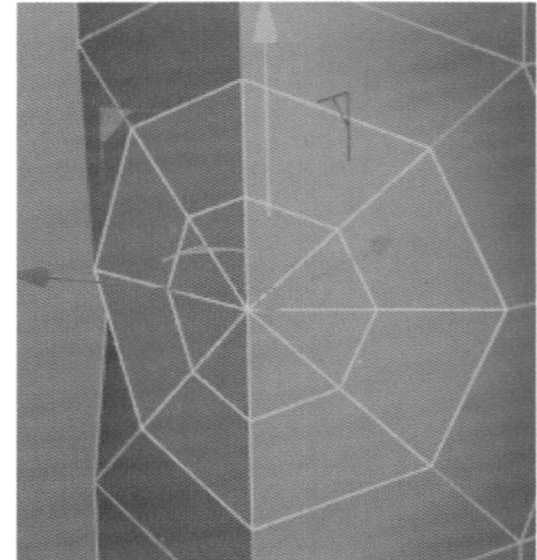

图2-323

11 选中圆柱顶部的面，执行“内部挤压”和“挤压”操作制作顶部的结构造型，如图2-324所示。

12 使用“线性切割”工具在圆柱底部添加保护线，如图2-325所示。

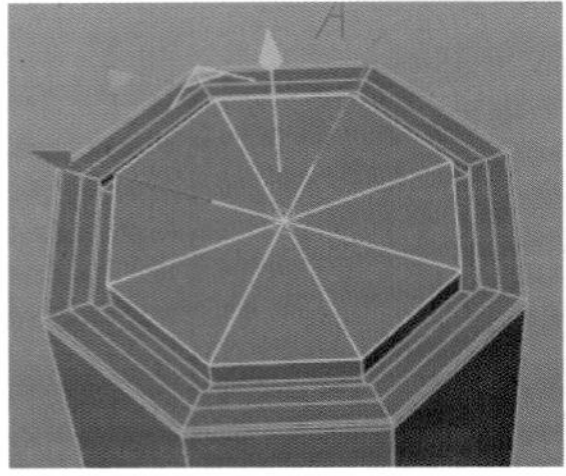

图2-324

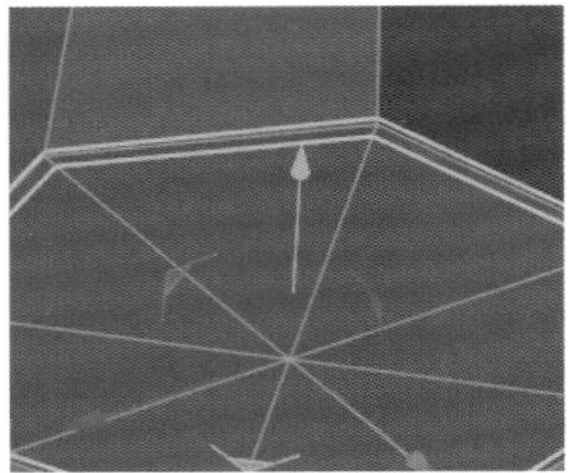

图2-325

13 为“圆柱”对象添加“细分曲面”，一个简单的罐子模型就制作好了，如图2-326所示。

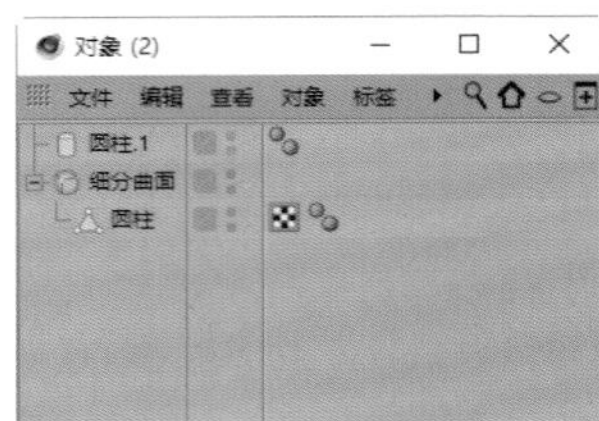

图2-326

实例：制作一个洗面奶包装模型

场景位置	无
实例位置	实例文件 >CH02> 制作一个洗面奶包装模型 .c4d
视频名称	制作一个洗面奶包装模型
技术掌握	洗面奶包装模型的创建思路

本实例以洗面奶包装模型的制作为例讲解在建模中经常使用的调整点和边的方法，以及手动拓扑面封闭孔洞的操作方法，如图2-327所示。

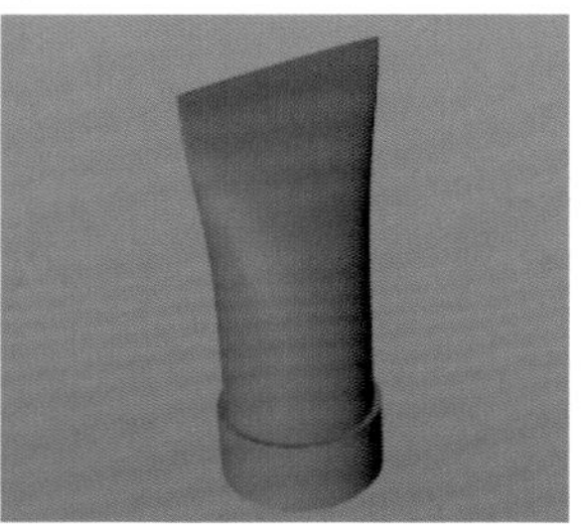

图2-327

01 创建一个圆柱体对象，在“属性”面板中取消勾选圆柱体的“封顶”选项，设置“高度分段”为2，“旋转分段”为8，并将圆柱体转为可编辑对象，如图2-328所示。

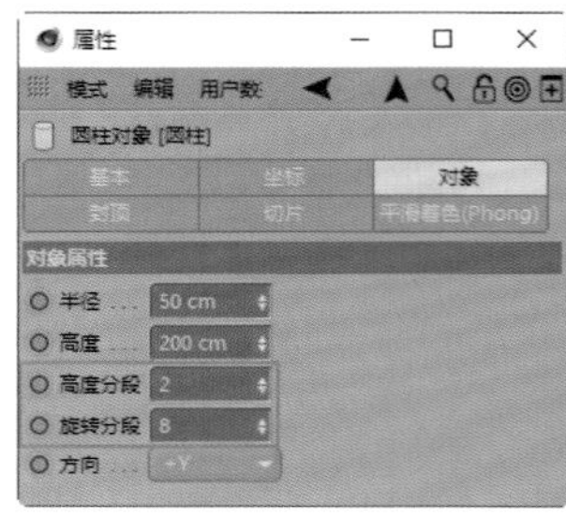

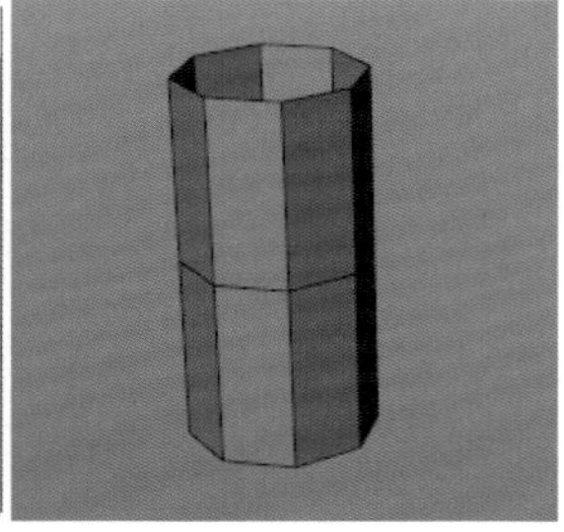

图2-328

02 在“点”模式下选中对象顶部的一圈点，然后沿z轴向内收缩，沿x轴向外放大，做出洗面奶底部的造型，如图2-329所示。

03 在“边”模式下选中对象顶部的一圈边，按住Ctrl键的同时将其沿着y轴向上拖曳，如图2-330所示。

图2-329

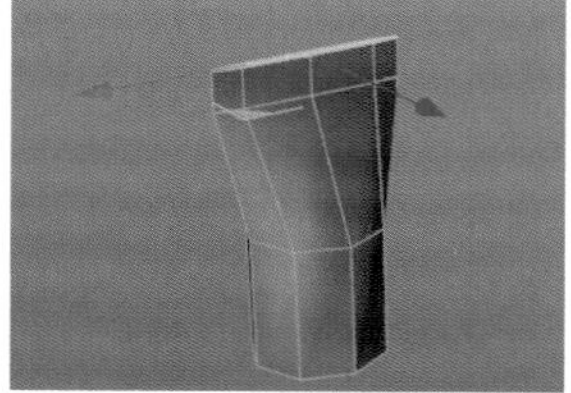

图2-330

04 在“边”模式下选中底部的一圈边，按住Ctrl键的同时将其沿着y轴向下拖曳，如图2-331所示。

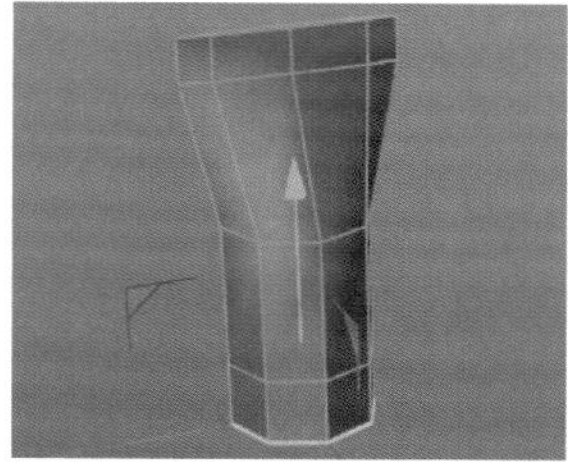

图2-331

05 在“多边形”模式下，使用“循环选择”工具（快捷键U+L）选中对象底部的一圈面。使用“分裂”工具把选中的面复制一份，并将其作为洗面奶的瓶盖，如图2-332所示。

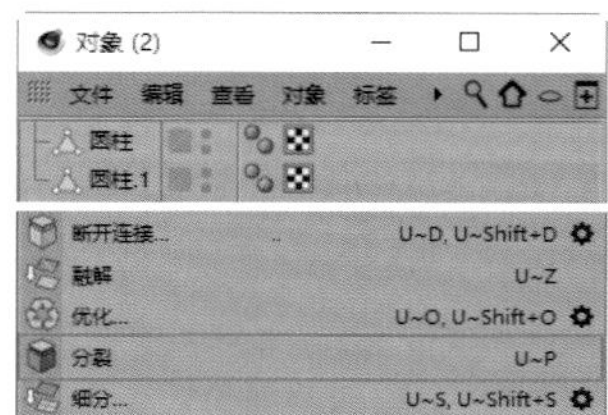

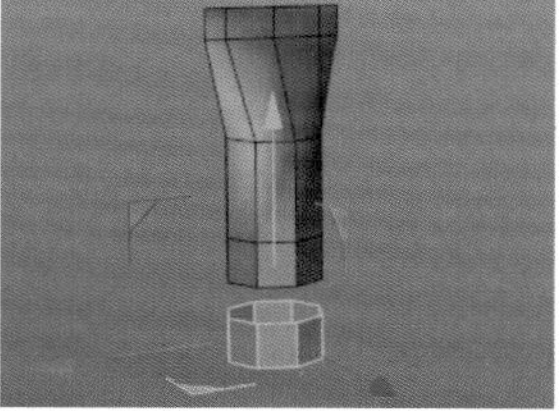

图2-332

06 单击鼠标右键，执行“封闭多边形孔洞”命令把复制出来的“圆柱.1”顶部的面封闭，如图2-333所示。

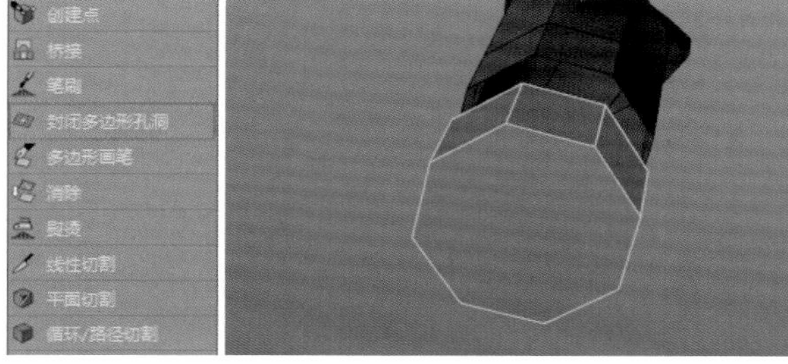

图2-333

07 使用“线性切割”工具在封闭的面上切割出十字线，选中十字线交叉点，然后对其进行倒角，对应外部的点的数量设置倒角的“细分”为1、“深度”为-100%，如图2-334所示。

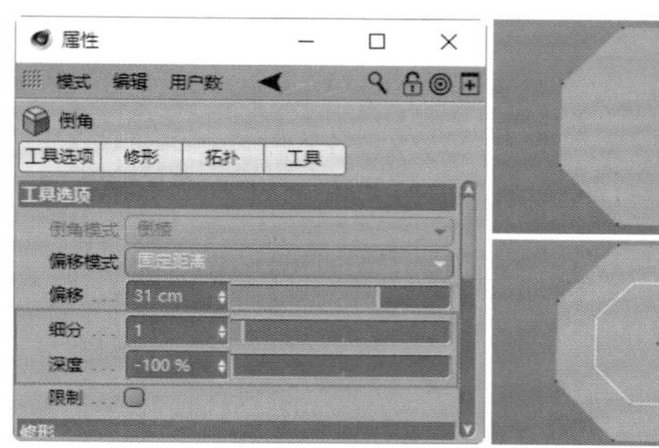

图2-334

08 在“多边形”模式下，选中并删除外侧的一圈面，如图2-335所示。

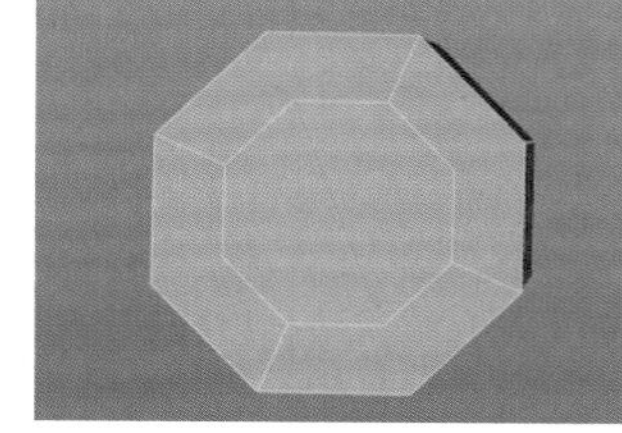

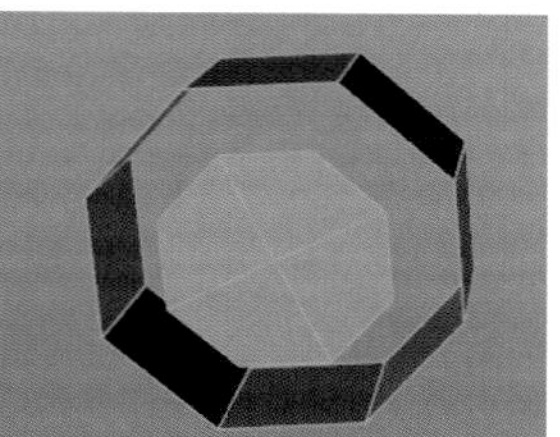

图2-335

09 在“边”模式下，选中内侧的两圈边，然后按住Shift键的同时使用“缝合”工具把它们连接起来，如图2-336所示。

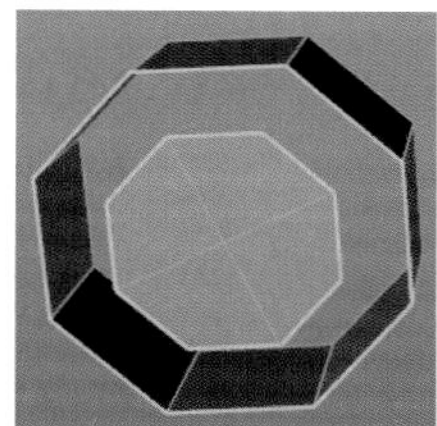

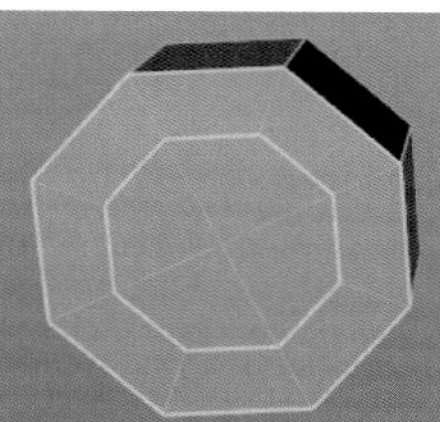

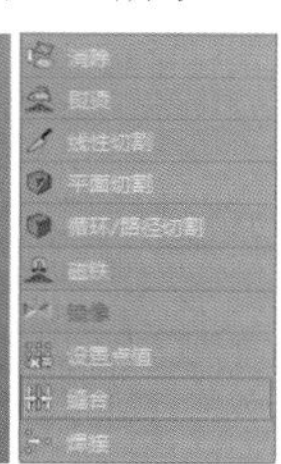

图2-336

10 在“多边形”模式下，按快捷键Ctrl+A全选所有的面，使用“挤压”工具向外挤压出一定厚度，洗面奶瓶盖制作完毕，如图2-337所示。

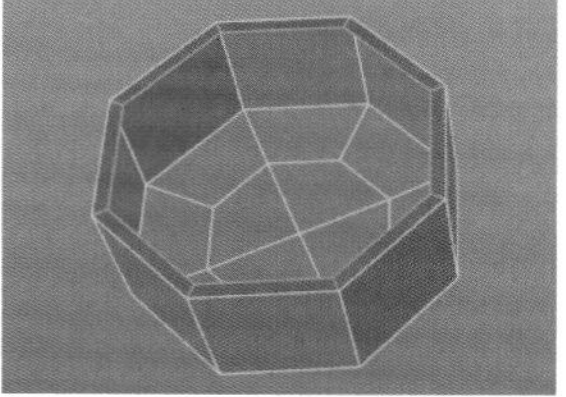

图2-337

11 选中洗面奶瓶身和瓶盖，按快捷键Alt+A打组，添加“细分曲面”生成器并将其作为打组后的对象的父级，如图2-338所示。

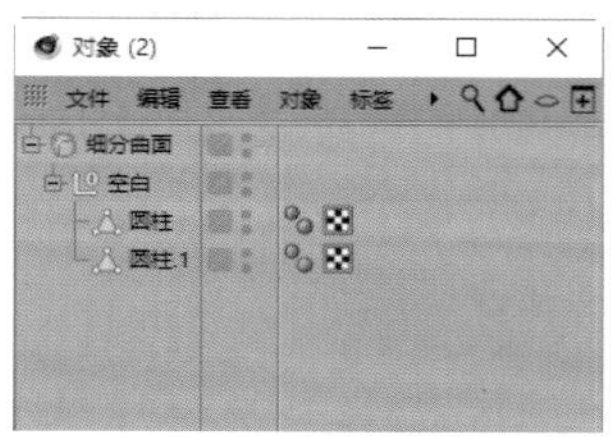

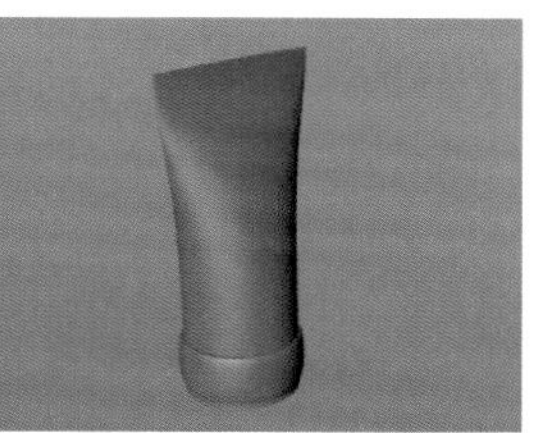

图2-338

12 在“边”模式下，使用“线性切割”工具对瓶盖进行布线，使其边缘过渡更加硬朗。这样，洗面奶包装模型就制作好了，如图2-339所示。

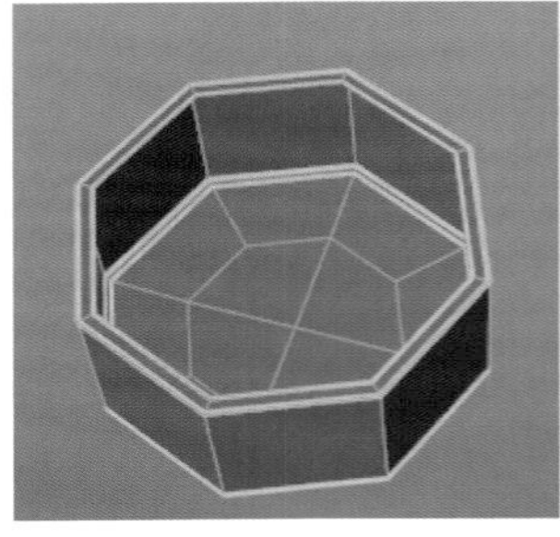
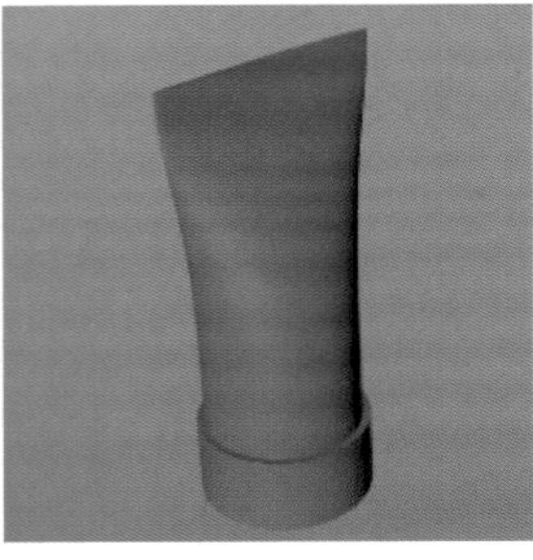

图2-339

实例：制作包装撕纸效果

场景位置	场景文件 >CH02> 制作包装撕纸效果 .c4d
实例位置	实例文件 >CH02> 制作包装撕纸效果 .c4d
视频名称	制作包装撕纸效果
技术掌握	“扭曲”变形器的使用方法

撕纸效果可以作为产品包装的一种展示效果。这里仅介绍撕纸效果的制作方法，包装袋模型的创建在后面的相关章节中会详细介绍，如图2-340所示。

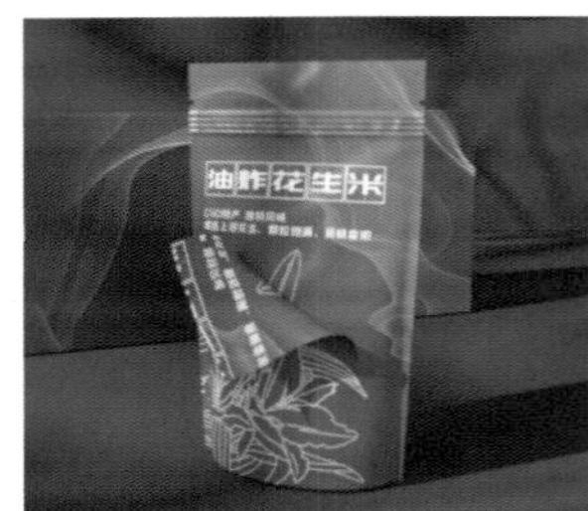

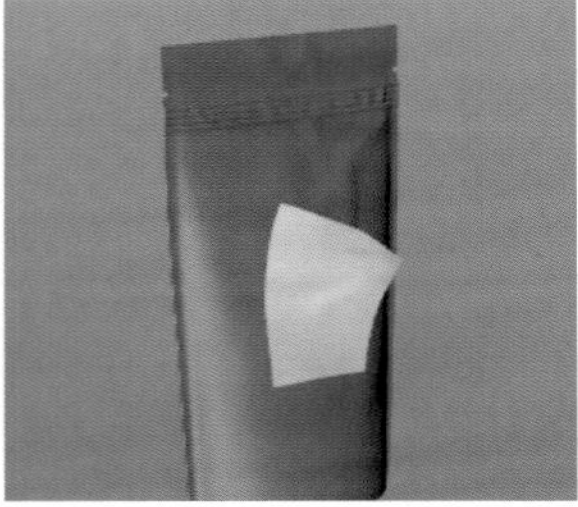

图2-340

01 按快捷键Ctrl+O打开“制作包装撕纸效果.c4d”场景文件，然后在“多边形”模式下选中需要制作撕纸效果的一些面，如图2-341所示。

02 使用“分裂”工具把选中的面复制一份，将其作为撕纸效果使用的面，如图2-342所示。

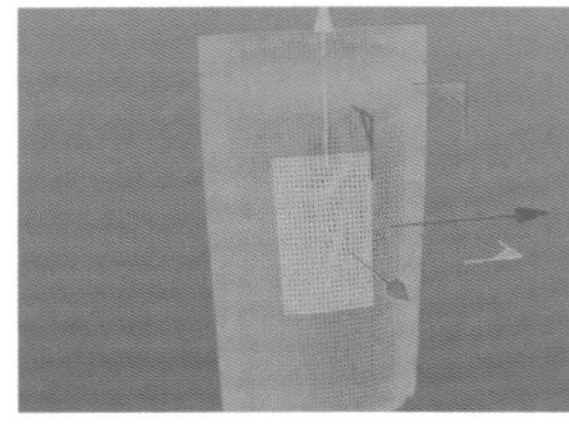

图2-341

图2-342

03 对复制出来的面添加“扭曲”变形器，单击“匹配到父级”按钮，调整变形器的“尺寸”，设置“强度”为99°，对变形器进行旋转，制作撕纸时的弯曲效果，如图2-343所示。

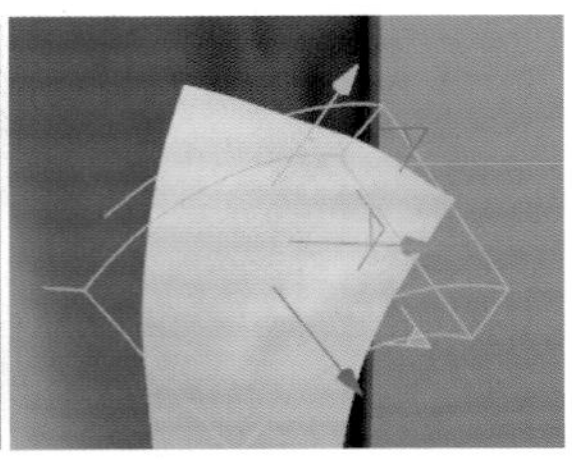

图2-343

实例：制作艺术字效果

场景位置	场景文件 >CH02> 制作艺术字效果 .ai
实例位置	实例文件 >CH02> 制作艺术字效果 .c4d
视频名称	制作艺术字效果
技术掌握	在 Cinema 4D 中导入 Illustrator 矢量文件的方法

Cinema 4D可以导入外部的Illustrator矢量文件，配合Cinema 4D的“挤压”工具可以制作三维模型，如图2-344所示。

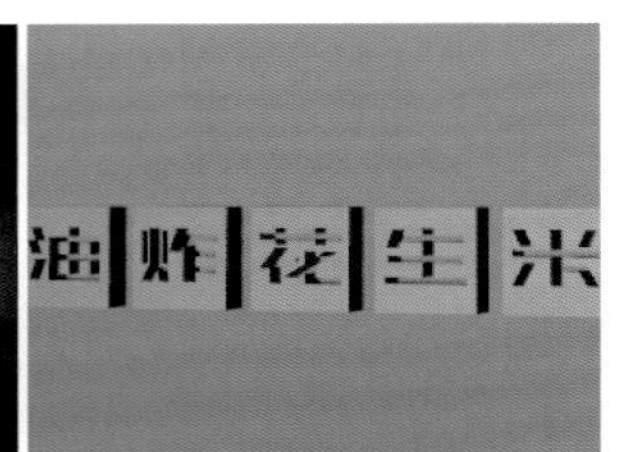

图2-344

01 在“对象”面板中执行“文件>合并对象”菜单命令，选择制作好的Illustrator矢量文件并导入，如图2-345所示。

图2-345

02 将“挤压”工具作为导入的样条的父级，勾选“属性”面板中的“层级”选项，设置“移动”为8cm，挤压出厚度，如图2-346所示。

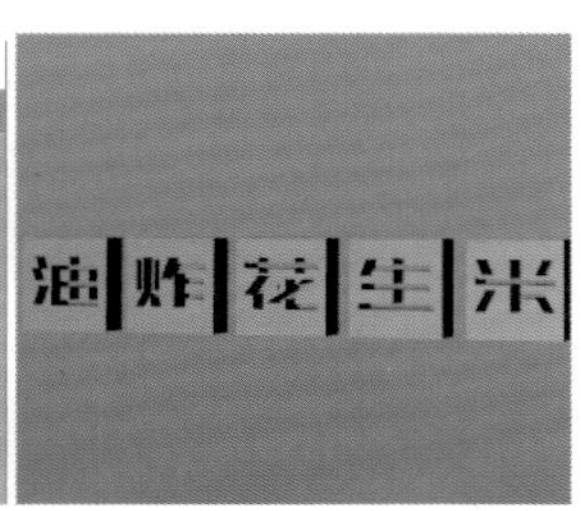

图2-346

第3章 灯光技术

灯光在渲染中起到非常关键的作用，它不仅可以照亮渲染环境，还可以用来烘托氛围，产生冷暖对比，增强作品的质感。本章将为读者介绍产品包装中用到的各种Octane Render灯光的详细参数，以及使用方法和技巧。

3.1 Octane Render的灯光

Octane Render的灯光虽然并不多，但在渲染作品的质感时是很重要的工具之一，它可以对场景起到照明的作用，影响材质效果。

3.1.1 Octane区域光

Octane区域光是Octane Render中主要的照明工具，它不仅可以用来照亮场景，还可以用来制作一些特殊效果，如自定义阴影形状。

在“Octane Render”面板中执行“对象>Octane区域光”菜单命令，如图3-1所示。

选中对象管理器里创建的“OctaneLihgt”对象右侧的“灯光”标签，可以看到Octane区域光的属性参数，包含“灯光设置”和“可视”两个主要选项卡，如图3-2所示。

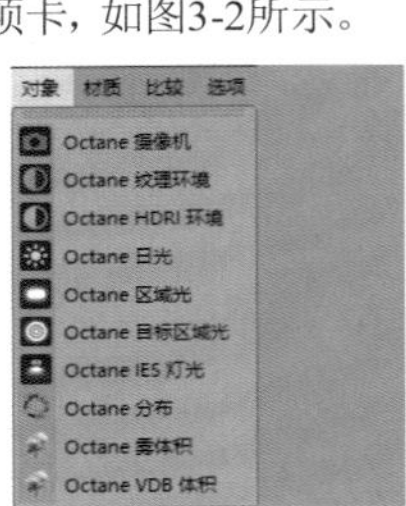

图3-1

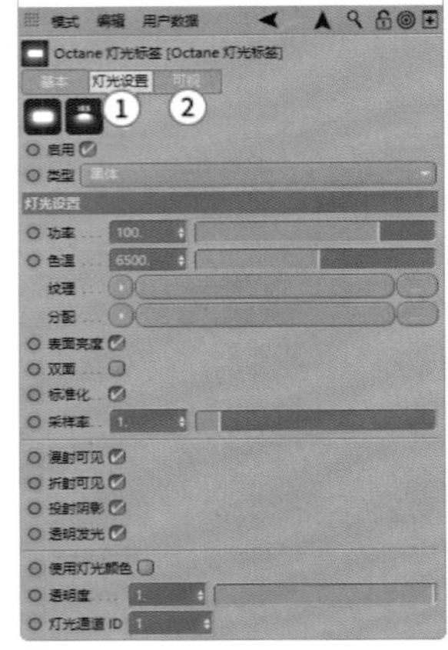

图3-2

①**灯光设置**：设置Octane区域光效果的重要选项卡。

❖ 类型：包括“黑体”和“纹理”两种，其中较常使用的是“黑体”类型。

❖ 功率：用来设置灯光的亮度，设置数值越大，灯光越亮。图3-3所示为“功率”数值为15和20时的效果区别。

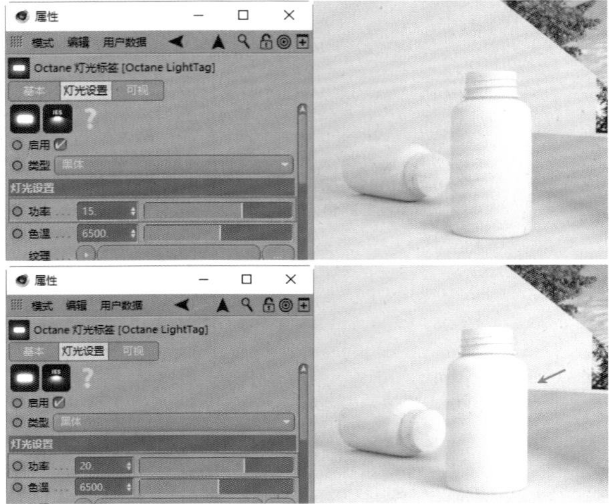

图3-3

❖ 色温：拖曳右侧的滑块可改变灯光的色温，滑块左侧是暖色，滑块右侧是冷色。图3-4所示为“色温”数值为500和12000时的效果区别。

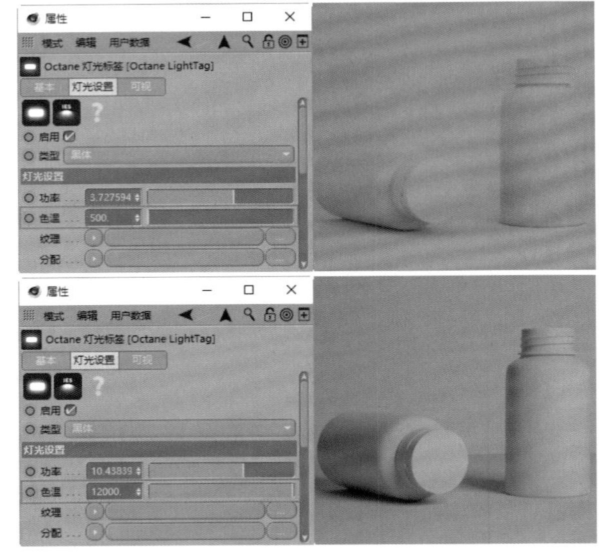

图3-4

❖ 纹理：在右侧选项中载入“RGB颜色”节点，可以控制灯光的颜色，如图3-5所示。

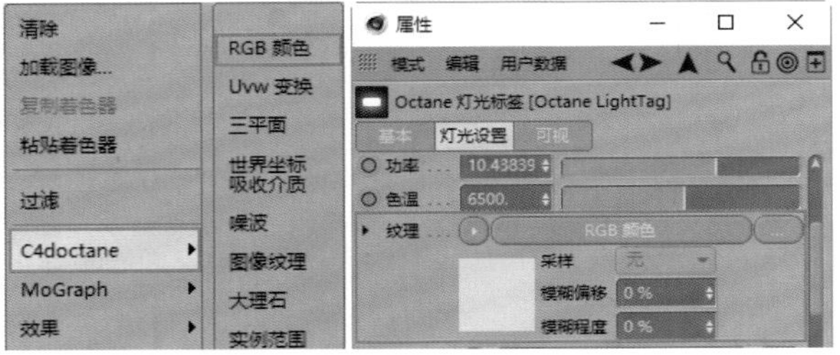

图3-5

❖ 分配：在右侧选项中载入一张黑白图片，可以自定义灯光的投影形状，如图3-6所示。

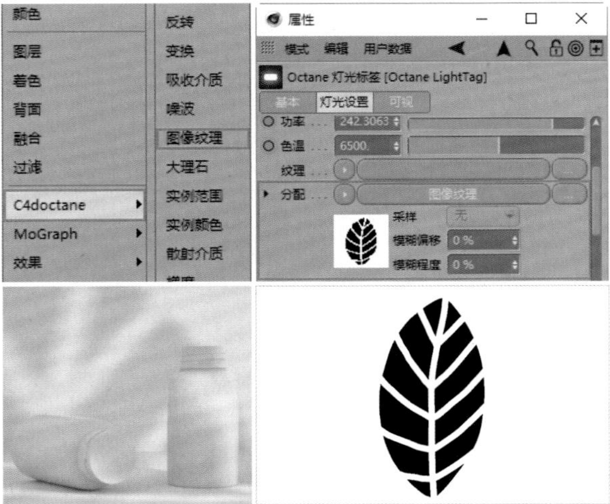

图3-6

提示

Octane区域光中的“纹理”选项和“分配”选项对初学者来说很容易混淆。它们都可以使用自定义的纹理图像，但“分配”选项更适合使用纹理来控制灯光投影，“纹理”选项更适合使用颜色来控制灯光。

❖ 表面亮度：设置灯光亮度是否会受到灯光尺寸大小的影响。勾选该选项，改变灯光的尺寸大小会影响灯光的亮度；取消勾选该选项，改变灯光的尺寸大小不会影响灯光的亮度，同时灯光尺寸越小，投影越实，如图3-7所示。

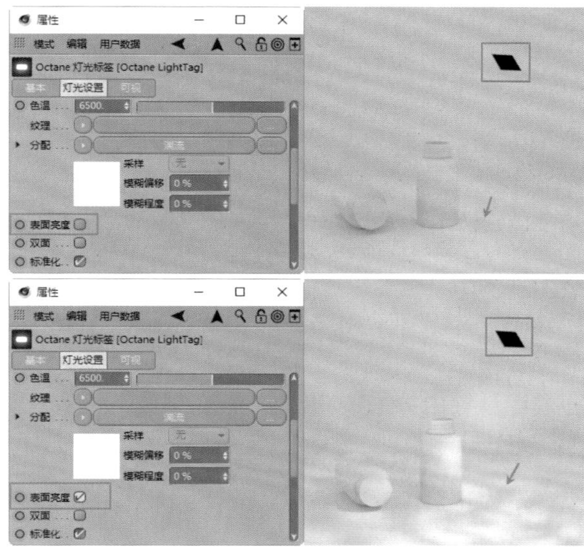

图3-7

❖ 双面：设置灯光是否双面发光。默认是取消勾选状态，此时灯光只在z轴方向单面发光，勾选该选项时灯光为双面发光，如图3-8所示。

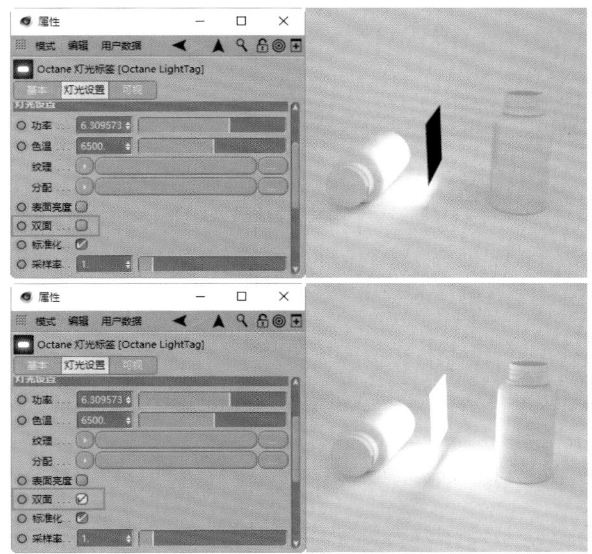

图3-8

❖ 采样率：设置灯光的渲染质量，设置数值越高，灯光渲染效果越精细。图3-9所示为设置“采样率”为4时的渲染效果。

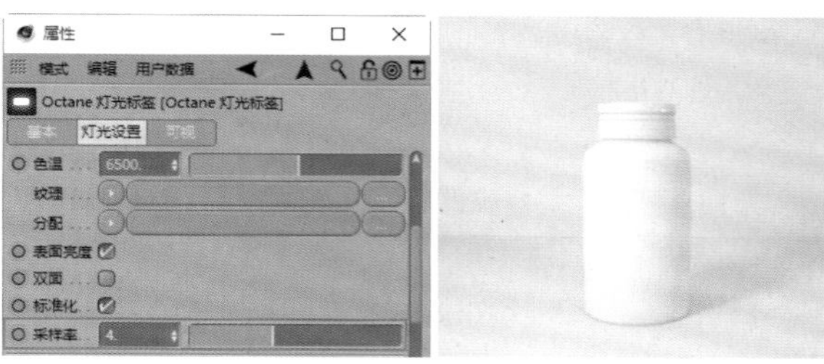

图3-9

❖ 漫射可见：设置是否开启灯光漫射效果。勾选该选项，灯光会照亮周围物体；取消勾选该选项，灯光不会照亮周围物体，如图3-10所示。

图3-10

❖ 折射可见：设置灯光能否被物体折射。勾选该选项，则周围物体会折射灯光；取消勾选该选项，则周围物体不会折射灯光，如图3-11所示。

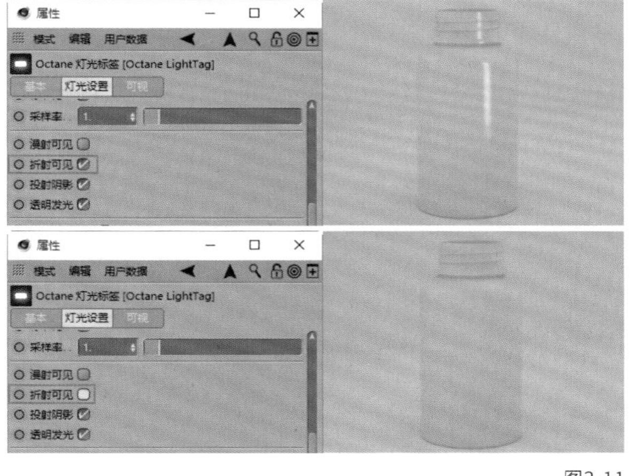

图3-11

提示

Octane区域光除了可以用来照亮物体对象，还可以用来当作反光板使用，也可用来在物体表面制作高光反射效果。当取消勾选“漫射可见”和“投射阴影”选项，勾选“折射可见”选项时，Octane区域光在场景中就是一块反光板。

❖ 投射阴影：设置灯光是否投射阴影。勾选该选项，灯光会投射阴影；取消勾选该选项，灯光不会投射阴影，如图3-12所示。

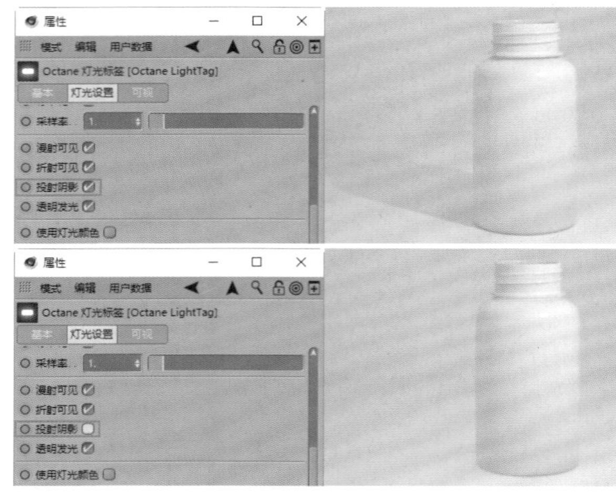

图3-12

❖ 透明发光：和“透明度”选项配合使用，用来设置当“透明度”为0时，灯光是否发光。勾选该选项，“透明度”为0时，灯光会发光；取消勾选该选项，“透明度”为0时，灯光不会发光，如图3-13所示。

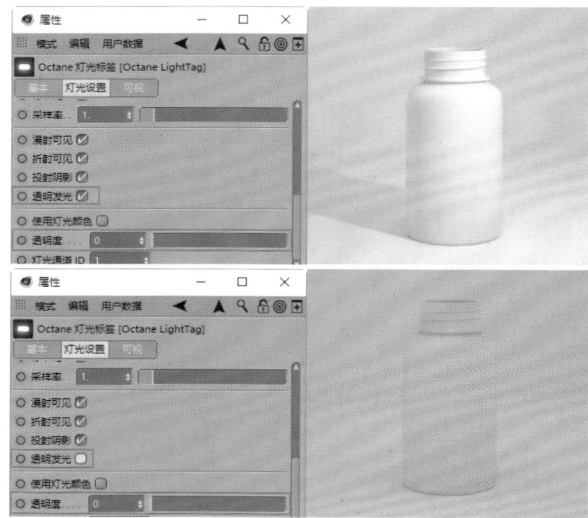

图3-13

❖ 使用灯光颜色：勾选该选项后，灯光的颜色是通过“OctaneLight”的“属性”面板中的“颜色”来设置的，如图3-14所示。

图3-14

提示

“使用灯光颜色”这个选项在使用Octane Render时是基本不用的，使用“纹理”选项来控制灯光的颜色更为灵活。

❖ 透明度：用来设置灯光对象是否渲染可见。“透明度”数值为1时，灯光对象在渲染时可见；数值为0时，不可见，如图3-15所示。

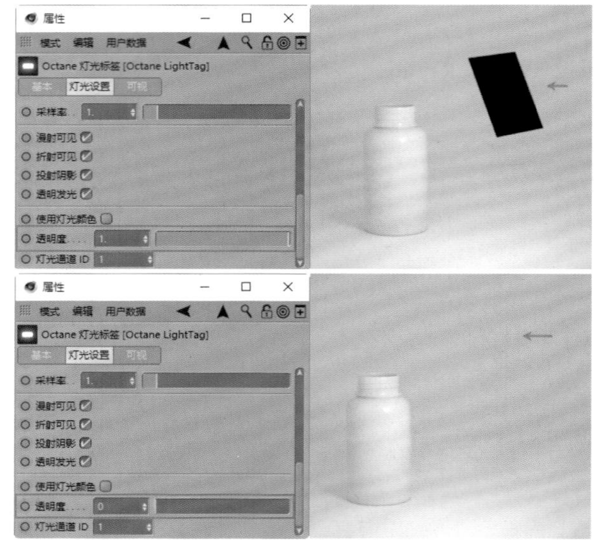

图3-15

❖ 灯光通道ID：用来设置分层渲染时的灯光ID数。

②**可视：**主要用来设置灯光和阴影的渲染可见性。

❖ 摄像机可见性：设置灯光是否渲染可见。勾选该选项，灯光会被渲染；取消勾选该选项，灯光不会被渲染，如图3-16所示。

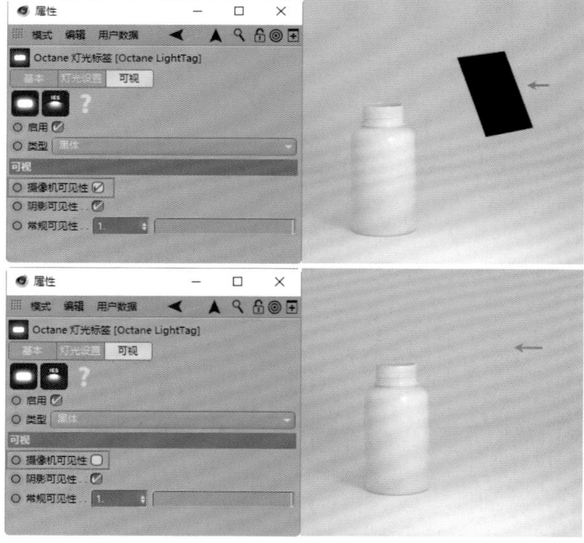

图3-16

❖ 阴影可见性：灯光在照亮场景的同时，其自身也会产生投影。勾选该选项，灯光自身的阴影会被渲染；取消勾选该选项，灯光自身的阴影不会被渲染，如图3-17所示。

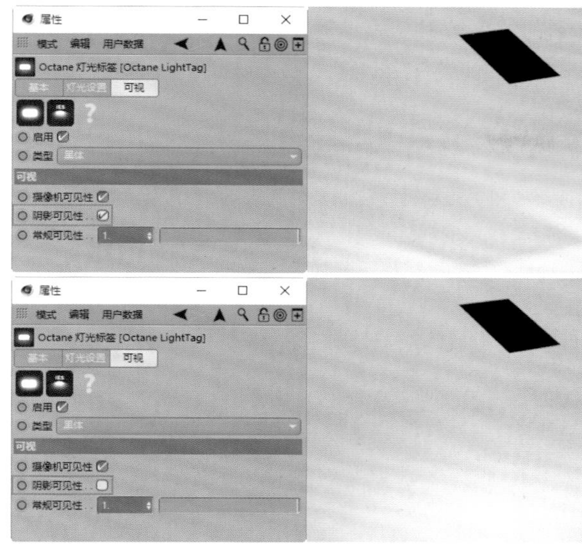

图3-17

❖ 常规可见性：该选项数值为0时，灯光本身及灯光自身的投影均不会被渲染。它相当于是“摄像机可见性”和“阴影可见性”的总开关。

3.1.2 Octane日光

Octane日光用来模拟真实的物理天空中的太阳光。

在“Octane Render”面板中执行“对象>Octane日光”菜单命令，如图3-18所示。

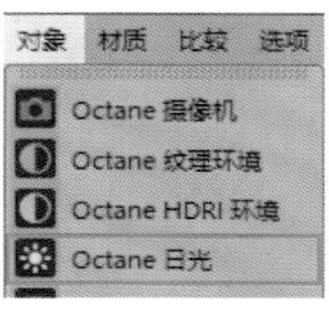

图3-18

“Octane日光”默认沿着z轴方向照射，在场景中是以白色线显示的，如图3-19所示。

选中对象管理器里创建的“OctaneDayLight”对象右侧的“Octane日光”标签，可以看到Octane日光的属性参数，包含“主要”和“中”两个重要选项卡，如图3-20所示。

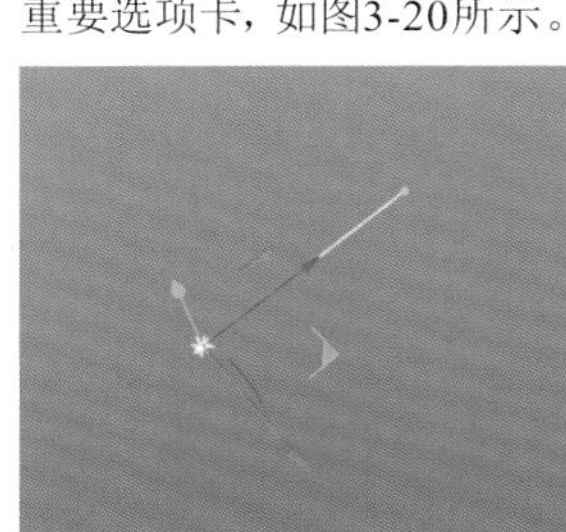

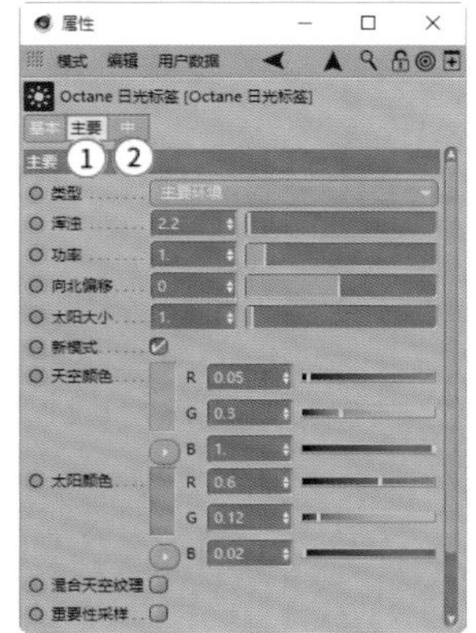

图3-19 图3-20

①**主要：**可以设置Octane日光的亮度、大气浑浊程度及颜色等属性。

❖ 浑浊：设置大气的浑浊程度，默认数值为2.2。图3-21所示为设置“浑浊”为2.2和6时的效果区别。

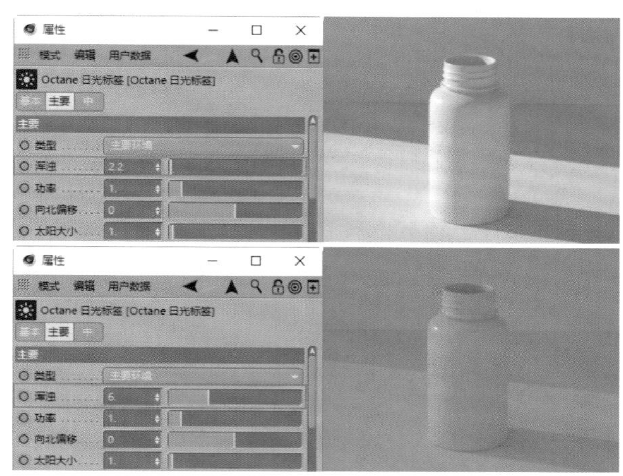

图3-21

❖ 功率：设置Octane日光的亮度，默认数值为1，如图3-22所示。

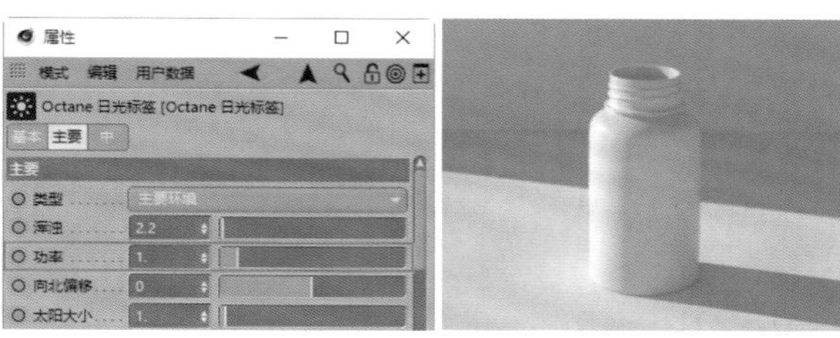

图3-22

❖ 向北偏移：设置太阳的偏移位置，如图3-23所示。

图3-23

❖ 太阳大小：设置太阳的大小。设置数值越小，太阳越小，阴影越实；设置数值越大，太阳越大，阴影越虚，如图3-24所示。

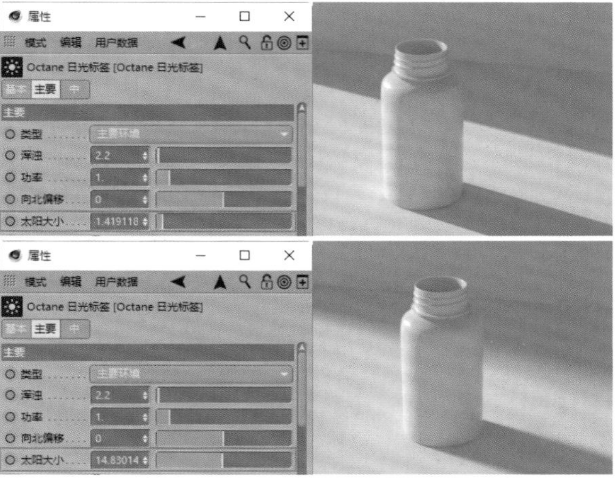

图3-24

❖ 天空颜色：设置天空的颜色。

❖ 太阳颜色：设置太阳光的颜色。

❖ 混合天空纹理：勾选该选项，Octane日光将混合Octane HDRI环境；取消勾选该选项，Octane HDRI环境将不起作用，如图3-25所示。

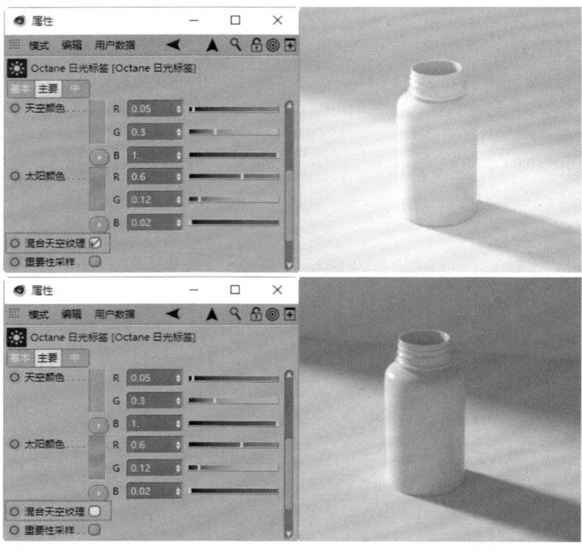

图3-25

提示

可以使用Octane HDRI环境作为渲染场景的照明工具，勾选“混合天空纹理”选项，可结合Octane日光特性制作场景中的投影效果。

②**中：** 主要用来设置“雾”效果。

❖ 添加雾：单击该按钮后，将在下方“中”选项里添加“散射介质”按钮，单击该按钮后可以在打开的界面中设置雾的相关属性参数，如图3-26所示。

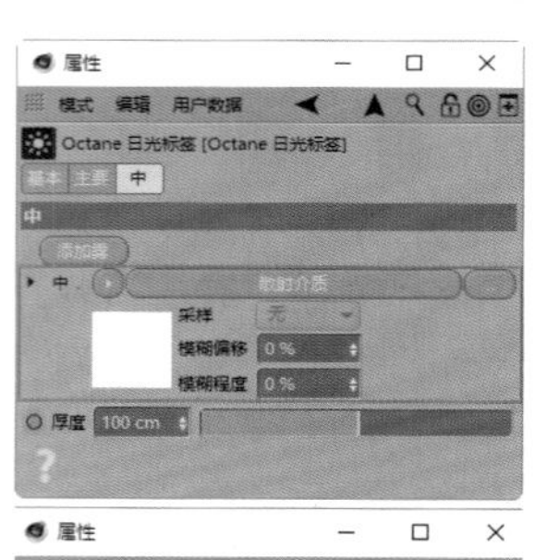

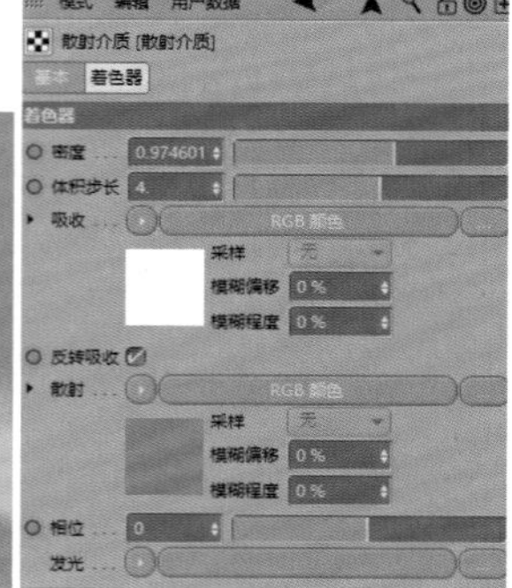

图3-26

❖ 厚度：用来设置场景中雾的浓度。设置数值越大，场景中雾越浓，光的穿透性就越弱。

3.1.3 Octane HDRI环境

Octane HDRI环境用来设置场景中的渲染环境，HDRI环境可以理解为场景被一张360°的贴图环绕，场景中的物体对象会受这张环境贴图的照明影响。

在“Octane Render”面板中执行“对象>Octane HDRI环境”菜单命令，如图3-27所示。

选中对象管理器里创建的“OctaneSky”对象右侧的“环境”标签，可以看到Octane HDRI环境的属性参数，包含“主要”和“中”两个重要选项卡，如图3-28所示。

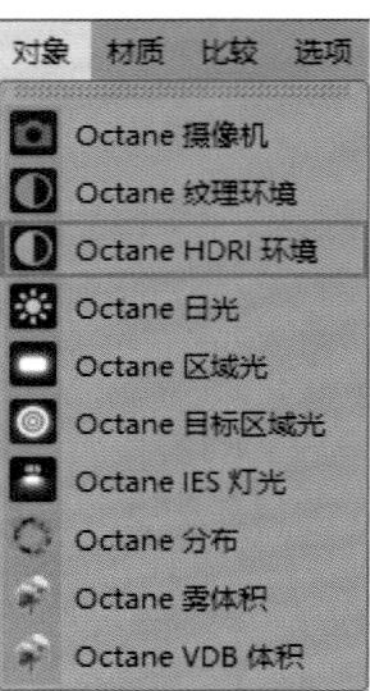

图3-27

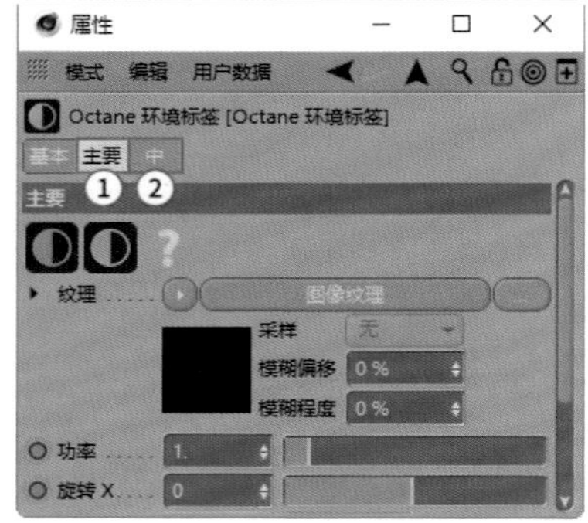

图3-28

①**主要：** 用来设置环境贴图的位置、亮度等属性参数。

❖ 纹理：用来设置环境贴图，单击“图像纹理”按钮，在打开的界面中载入HDR环境贴图，如图3-29所示。

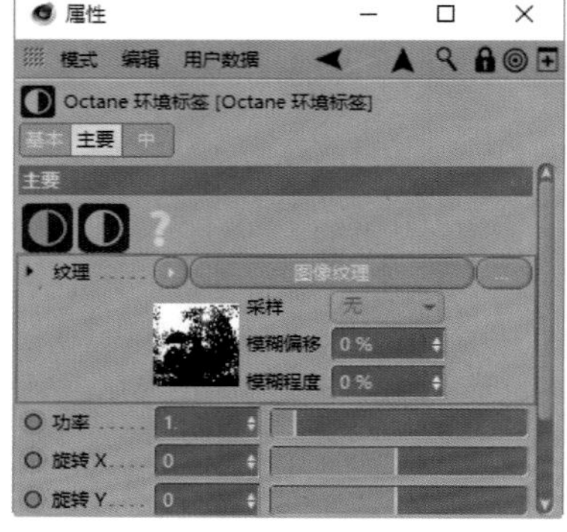

图3-29

❖ 功率：用来设置环境贴图的亮度，默认数值为1。图3-30所示为“功率”数值为2时的效果。

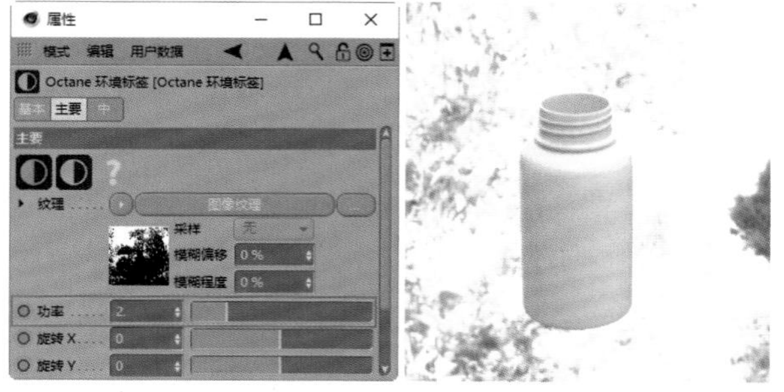

图3-30

❖ 旋转X/旋转Y：设置环境贴图在x轴和y轴方向上的旋转数值，如图3-31所示。

图3-31

❖ 类型：包含“主要环境”和“可见环境”两个选项。“主要环境”选项的作用是照亮场景，影响场景中的物体对象亮度和它的材质效果；同时下方的“AO环境纹理”可以用来设置场景中物体的环境吸收效果，如图3-32所示。“可见环境”选项的作用是不会照亮场景中的物体对象；同时下方“环境可见”可以用来设置环境贴图的作用范围，包含“背板”“反射”“折射”3个选项，如图3-33所示。

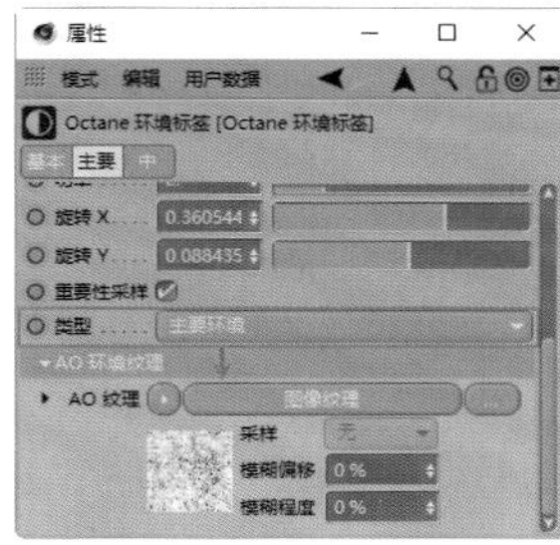

图3-32

图3-33

②**中：**和Octane Render中Octane日光的“中”选项卡相同，这里就不赘述了。

实例：小场景布光练习

场景位置	场景文件 >CH03> 小场景布光练习 .c4d
实例位置	实例文件 >CH03> 小场景布光练习 .c4d
视频名称	小场景布光练习
技术掌握	场景布光的基本技巧与方法

对场景中的物体进行打光时应当灵活，针对不同场景的构成选择较适合的光源照射角度，以能够体现场景中物体的质感为准则。本实例讲解如何使用Octane Render中的灯光为场景中的物体进行冷暖对比打光，如图3-34所示。

01 按快捷键Ctrl+O打开“小场景布光练习.c4d”场景文件，如图3-35所示。

图3-34

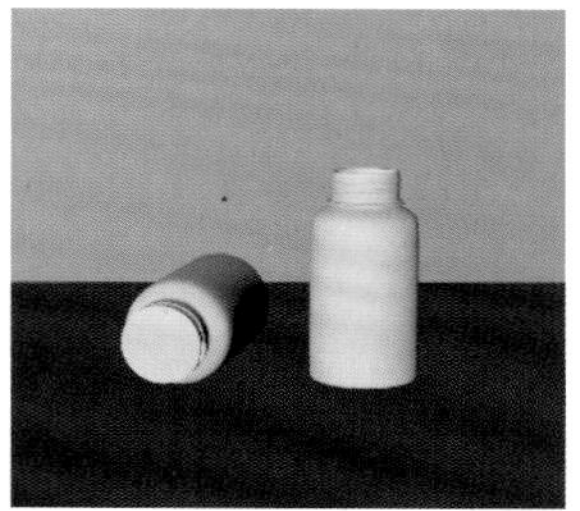

图3-35

02 在“Octane Render”面板中执行“对象>Octane HDRI环境”菜单命令，创建HDRI环境，并载入tex文件夹中的环境贴图文件，如图3-36所示。

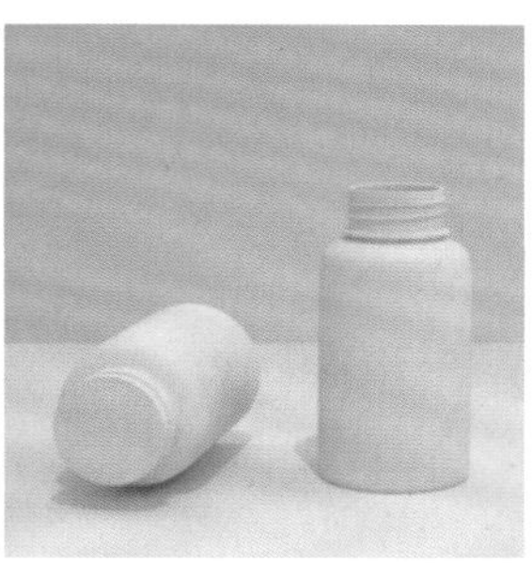

图3-36

03 在“Octane Render”面板中执行“对象>Octane区域光”菜单命令，创建Octane区域光，拖曳Octane区域光到场景物体对象的左上方，取消勾选“表面亮度”选项并设置灯光的亮度，设置“功率”数值为73左右、灯光颜色为暖色，如图3-37所示。

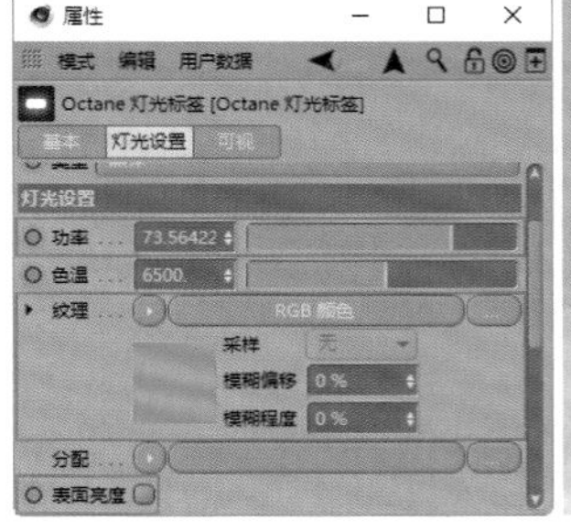
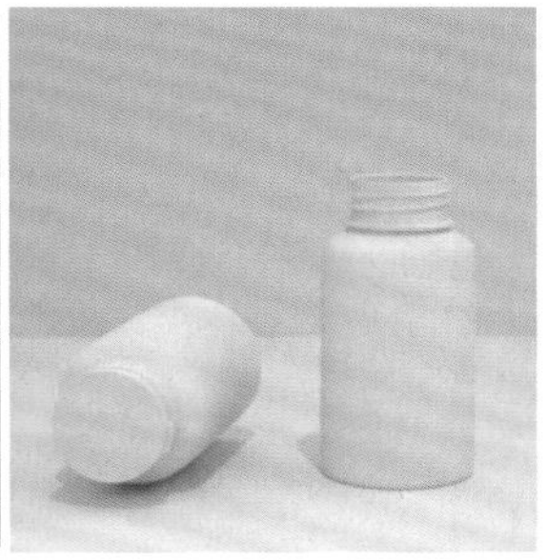

图3-37

04 复制一份Octane区域光，然后将其拖曳到场景物体对象的右上方，设置灯光颜色为冷色，如图3-38所示。

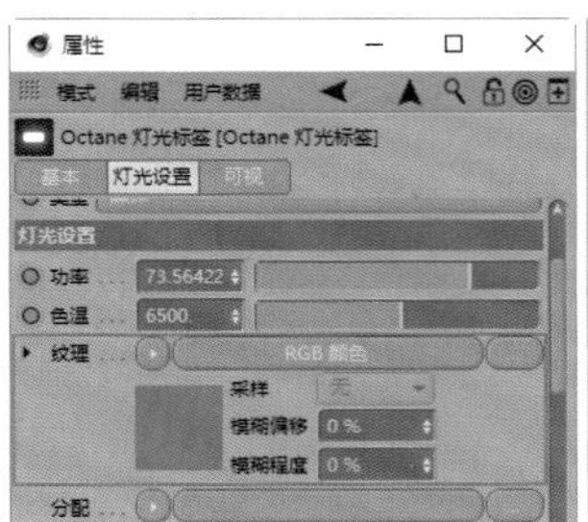
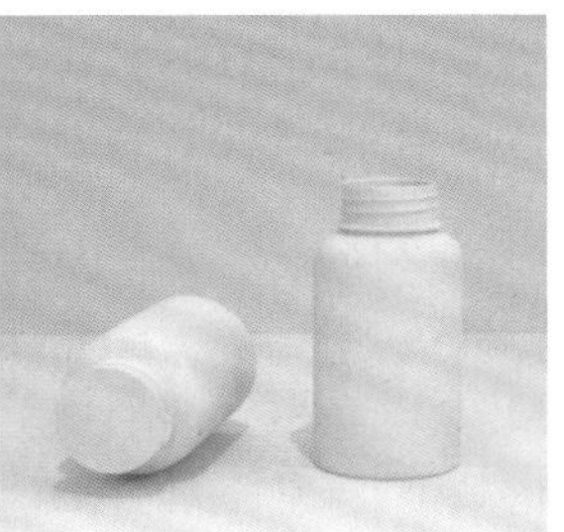

图3-38

技术专题：使用 Octane 区域光为物体创建高光效果

在渲染产品包装时，在包装表面创建高光是一种很容易突出产品效果的渲染方法。我们可以使用“Octane区域光”来制作包装高光效果。

在“Octane区域光”中，灵活调整“功率”的数值大小，这里设置“功率”数值为4左右。在“纹理”选项中载入“渐变”节点，设置渐变为黑白颜色。取消勾选“表面亮度”选项，并取消勾选“漫射可见”和“投射阴影”选项，设置“透明度”为0。经过以上设置，“Octane区域光”就可以当作发光板使用并为物体对象添加了高光效果，如图3-39所示。

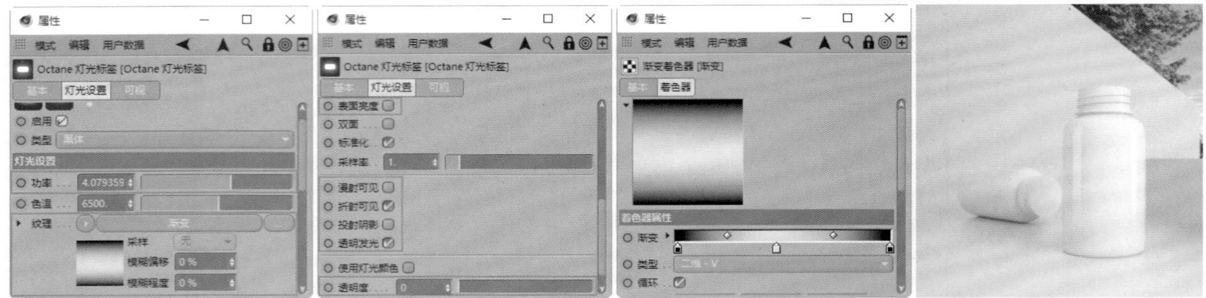

图3-39

3.2 HDRI环境

我们不仅可以使用Octane Render自带的灯光进行打光，还可以借助专业的第三方软件来对产品进行更精准的打光。本节将介绍一款第三方打光软件HDR Light Studio，它可以配合Octane Render来为产品打光。

3.2.1 HDR Light Studio

HDR Light Studio是一款专业的HDR制作软件，能够帮助用户快速设计、创建并调整照明范围和反射效果。它的界面简洁，操作便捷，效果清晰；只需拖曳鼠标指针就可以指定灯光的照射区域和位置。而且其自带的渲染器能够和Octane Render完美结合，实时查看打光效果，如图3-40所示。

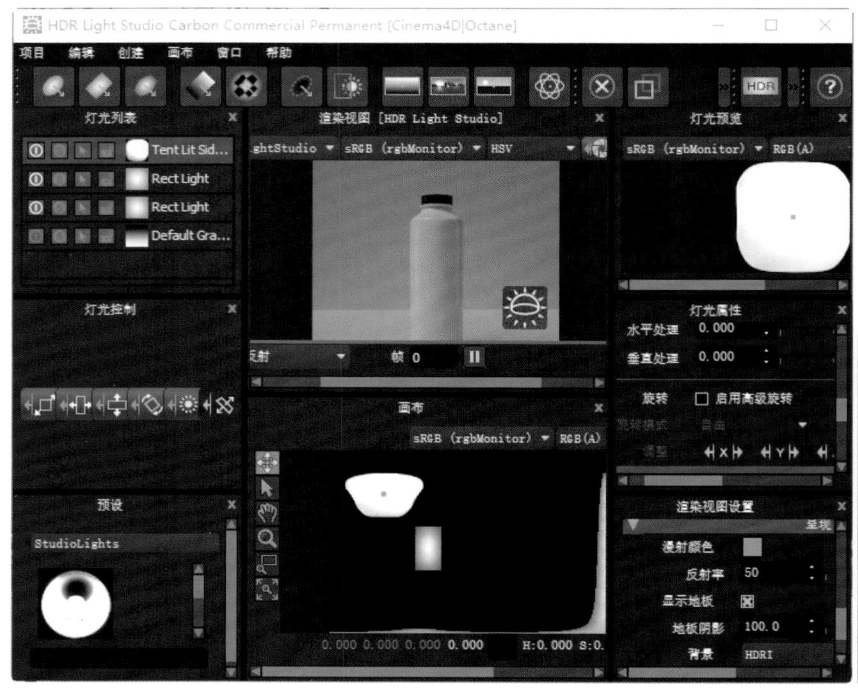

图3-40

HDR Light Studio的界面结构比较清晰，该软件主要通过内置灯光对产品模型进行打光，如图3-41所示。

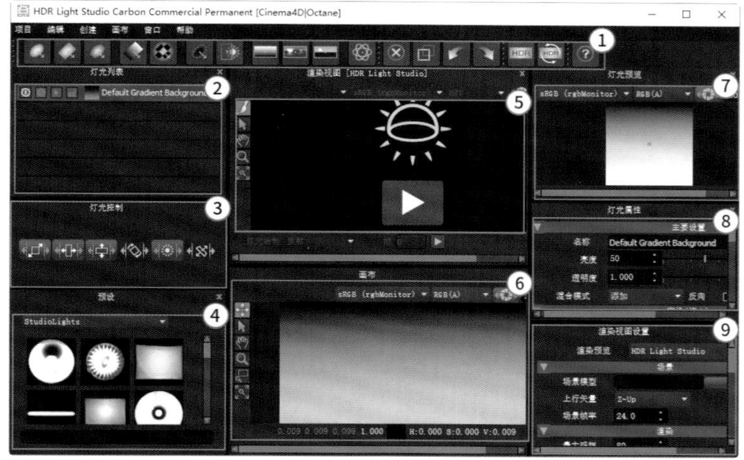

图3-41

①快捷工具栏：集合了该软件常用的功能按钮，方便用户进行快捷操作；包含各种内置灯光、渲染输出按钮等。

②灯光列表：软件中创建的所有灯光都会显示在这里，可以对它们进行隐藏、删除等单独操作。

③灯光控制：这里显示的是控制灯光的按钮，可以对灯光进行移动、缩放、旋转等操作。

④预设：这里显示的是软件预设的不同类型的灯光，可以直接拖曳到场景中使用。

⑤渲染视图：HDR Light Studio的渲染面板，在这里可以使用鼠标指针对灯光进行移动，精准地确定灯光的照射位置。单击“渲染视图”面板中的“播放”按钮，可以启动渲染视图，如图3-42所示。

图3-42

⑥画布：这里显示的是灯光在HDR图像中的具体位置和形状，也是最终导出的HDR图像的效果。

⑦灯光预览：这里显示的是选中灯光的预览区域，移动中间的红色点可以改变灯光的水平和垂直数值，以及灯光的黑白渐变关系，如图3-43所示。

图3-43

⑧**灯光属性：**用来设置灯光的亮度、照射角度和颜色等信息，如图3-44所示。

⑨**渲染视图设置：**用来设置软件渲染配置参数，如图3-45所示。

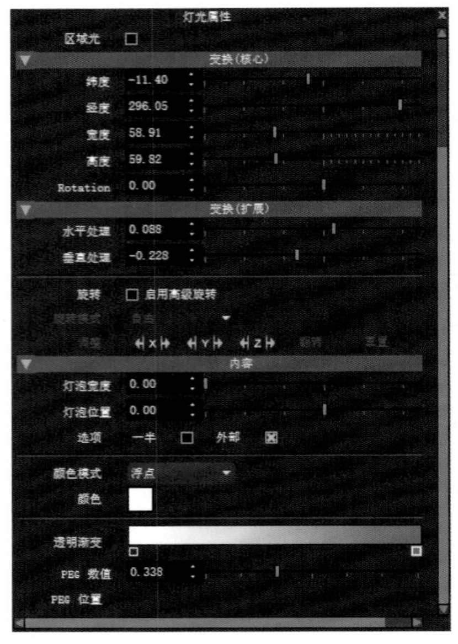

图3-44

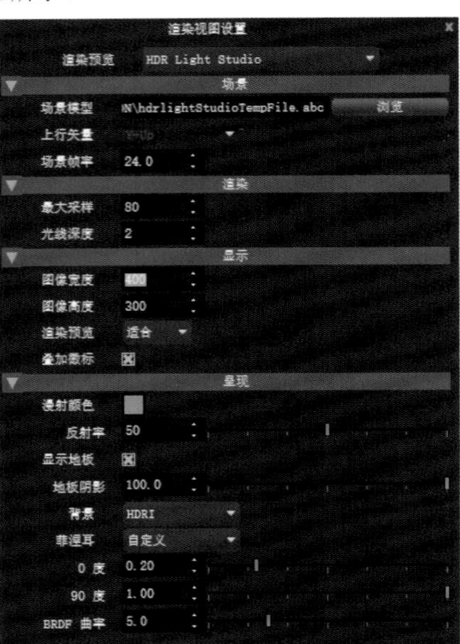

图3-45

3.2.2 HDR Light Studio与Octane Render的配合使用

HDR Light Studio作为Cinema 4D的第三方插件，可以配合Octane Render使用，在HDR Light Studio中的操作可以在Octane Render中得到实时反馈，操作流程如下。

执行“插件>HDRLightStudioC4D Connection”菜单命令，打开“HDRLightStudioC4D”面板，如图3-46所示。

选择“渲染器”为“Octane”，单击“添加预设节点”按钮添加预设节点，添加“HDRLightStudio.Octane”节点，单击“启动”按钮启动，启动HDR Light Studio，如图3-47所示。

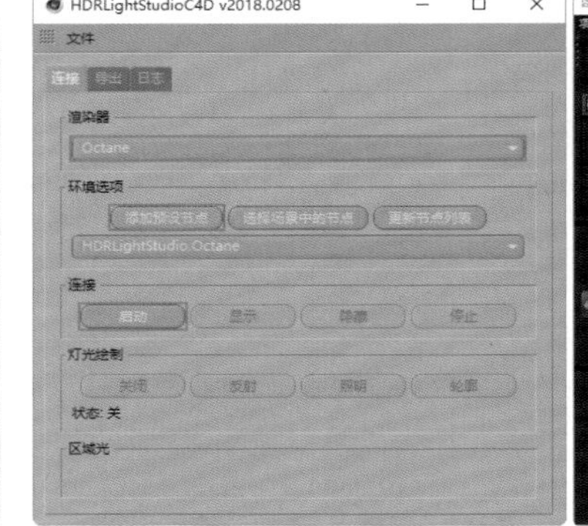

图3-46

图3-47

实例：为一个红酒瓶打光

场景位置	场景文件 >CH03> 为一个红酒瓶打光 .c4d
实例位置	实例文件 >CH03> 为一个红酒瓶打光 .c4d
视频名称	为一个红酒瓶打光
技术掌握	用 HDR Light Studio 打光的方法

使用Octane Render与HDR Light Studio为产品打光，可以快速地创建HDR环境贴图，调整光照效果。本实例将通过为红酒瓶打光来讲解HDR Light Studio的使用方法。

01 按快捷键Ctrl+O打开“为一个红酒瓶打光.c4d”场景文件，如图3-48和图3-49所示。

02 执行“插件>HDRLightStudioC4D Connection”菜单命令，打开“HDRLightStudioC4D”面板，如图3-50所示。

图3-48

图3-49

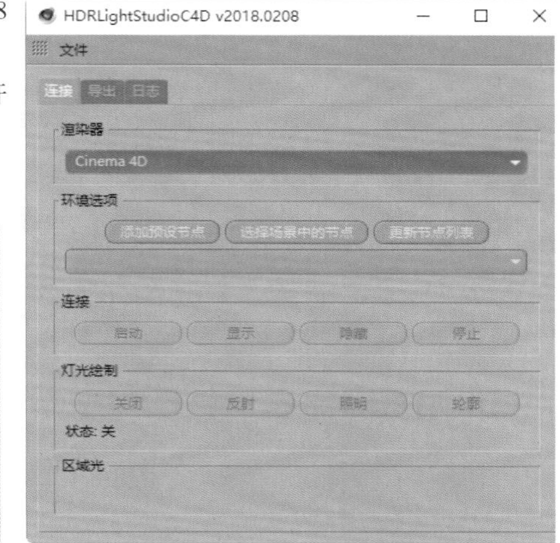

图3-50

03 选择“渲染器”为“Octane”，单击“添加预设节点”按钮，添加“HDRLightStudio.Octane”节点，单击“启动”按钮，启动HDR Light Studio，如图3-51所示。

04 在HDR Light Studio的“渲染视图”面板中单击“播放”按钮，启动渲染视图，如图3-52所示。

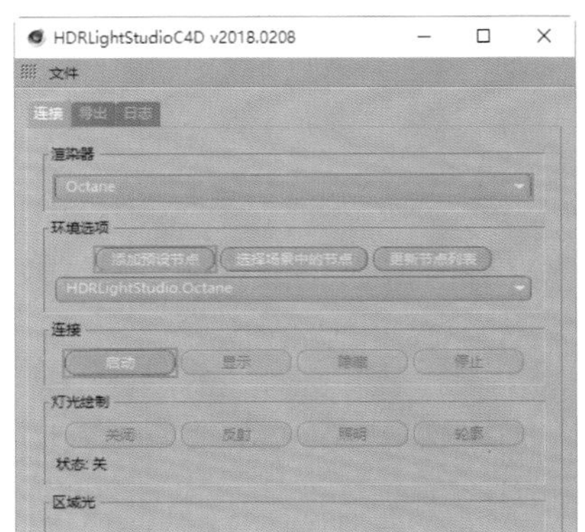

图3-51

图3-52

05 单击快捷工具栏中的“Rect Light”（矩形灯光）添加一盏灯光，在“渲染视图”面板中使用鼠标指针将矩形灯光移动到合适的照射位置，如图3-53所示。

06 在“灯光属性”中设置灯光的具体参数，如“亮度”“纬度”“经度”“宽度”“高度”。设置“亮度”为125、“纬度”为-9.52、“经度”为271.18、“宽度”为21左右、“高度”为19左右。通过这些数值的设置，调整灯光在场景中的具体打光位置，如图3-54所示。

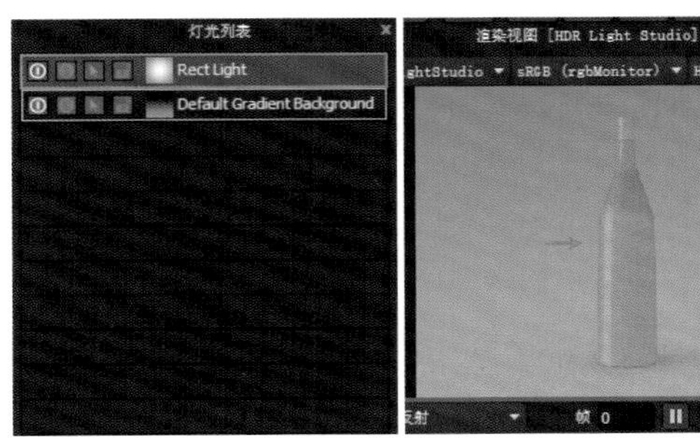

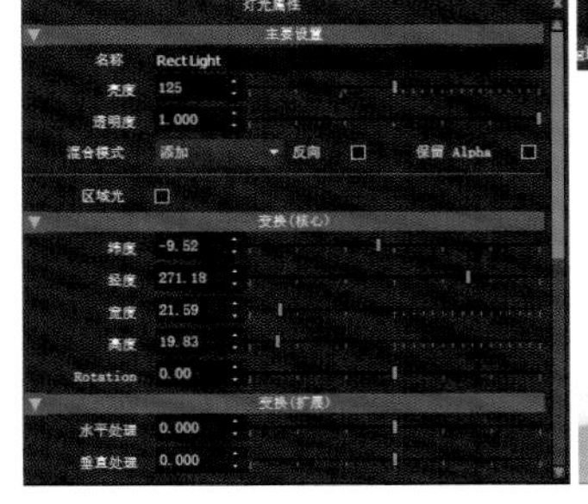

图3-53

图3-54

提示

操作中的具体参数设置没有一个绝对的值，因此书中的参数设置仅供参考，读者要灵活使用，避免生搬硬套。

07 通过上述的方法，设置其他灯光的打光效果，如图3-55所示。

图3-55

技术专题：使用 HDR Light Studio 创建自定义 HDR 贴图

HDR Light Studio除了可以为产品打光之外，还可以自定义一张HDR贴图，导出后在Cinema 4D中使用。

在软件中单击“Picture Background”(图片背景)，指定一张外部图片作为场景的背景，然后添加自定义的灯光，调整灯光的位置，单击“渲染HDR图像”按钮，设置分辨率及保存文件的路径，即可输出自定义的HDR图像，如图3-56所示。

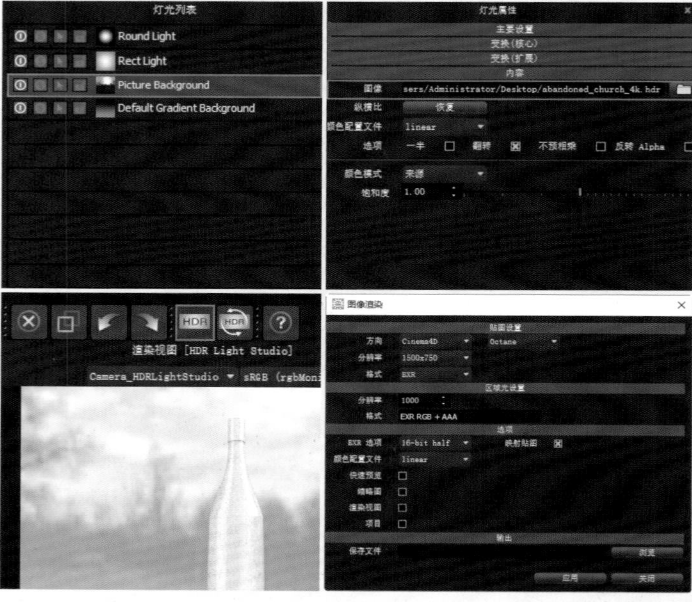

图3-56

注意，导入外部图像时，路径必须是英文路径，不能出现中文字符，否则会显示出错。

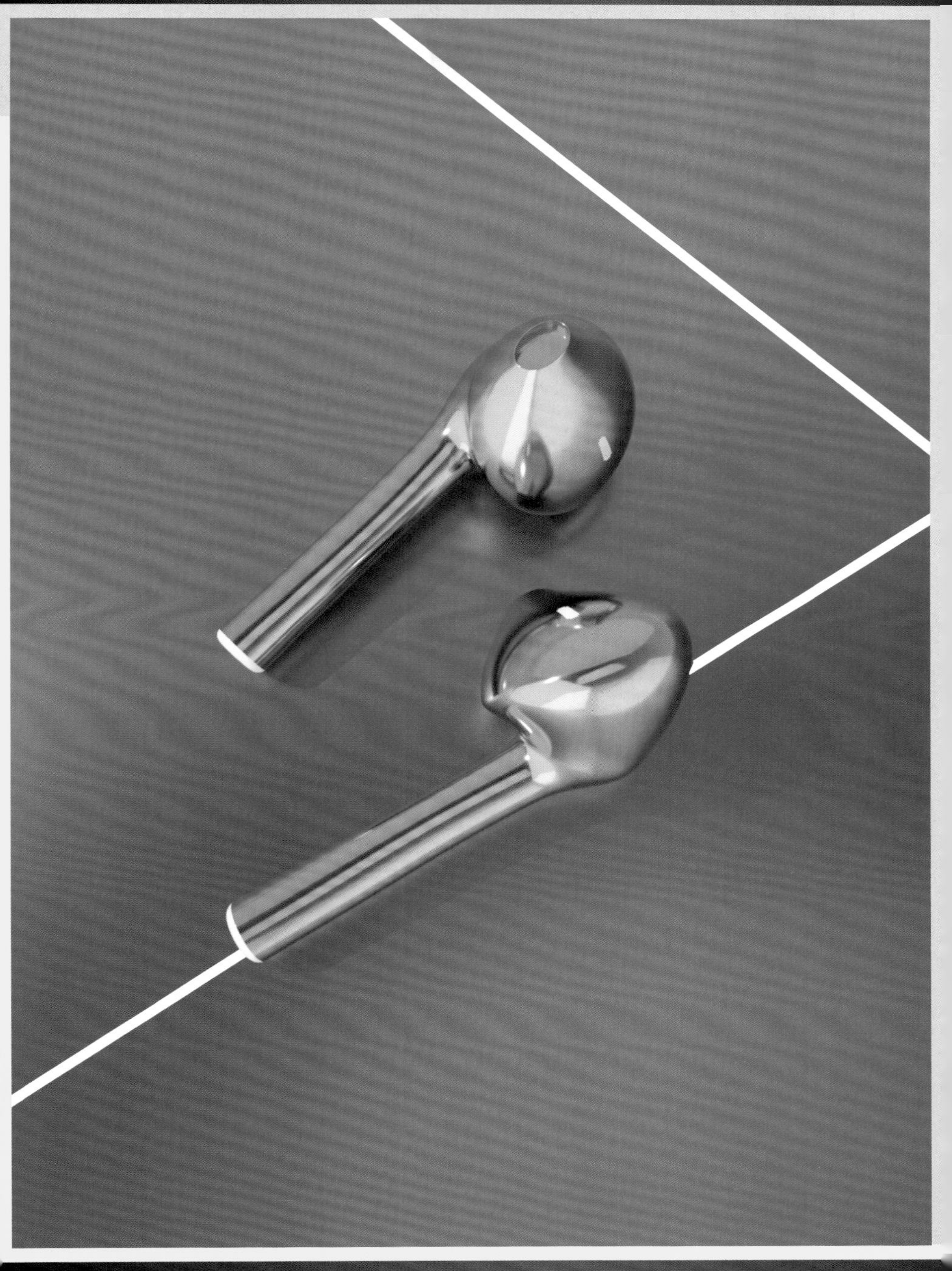

通过前面的学习，读者了解了建模的方法和在场景中为物体对象打光的技巧，但是仅这些是
不能渲染出好的作品的。在现实生活中，不同的物体表面有不同的材质属性，如茶杯的玻璃
材质、螺丝的金属材质等。本章将为读者详细剖析Octane Render中的各种材质，以及节点
的参数和使用方法。

4.1 Octane Render四大材质

材质是Octane Render的重要知识之一，本节将阐述Octane Render主要材质的通道和参数。

Octane Render主要包括4种材质，分别是“Octane漫射材质”“Octane光泽材质”“Octane透明材质”“Octane混合材质”。

4.1.1 Octane漫射材质

相对于其他类型的材质，Octane漫射材质是一种简单的材质。

在“Octane Render”面板中执行“材质>Octane漫射材质”菜单命令，如图4-1所示。

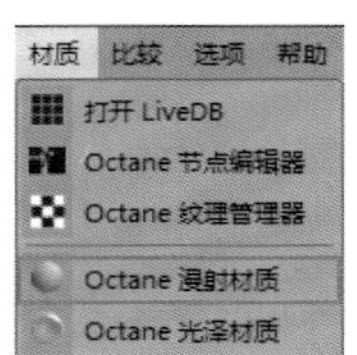

图4-1

创建材质后，“材质管理器”面板中会生成一个名为“OctDiffuse”的Octane漫射材质，双击打开“材质编辑器”面板，如图4-2所示。

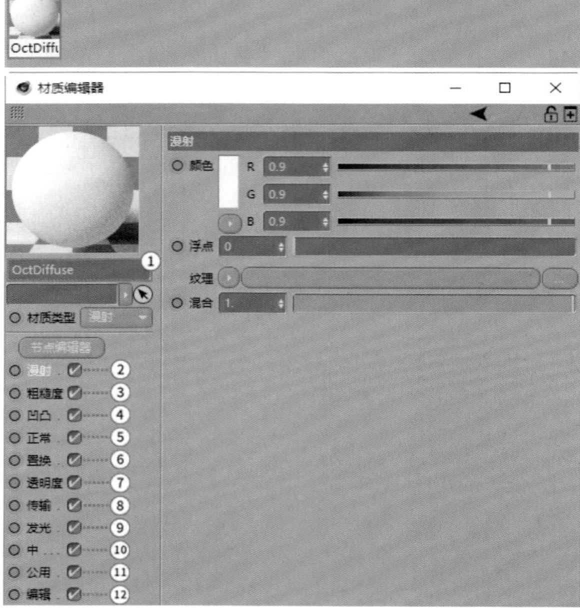

图4-2

①**名称：**可以更改当前材质的名称。

②**漫射：**用来调节材质的颜色，可以设置颜色的数值，也可以用程序纹理或图像纹理影响Octane漫射材质表面颜色，如图4-3所示。

图4-3

❖ 颜色：设置漫射的颜色，如图4-4所示。

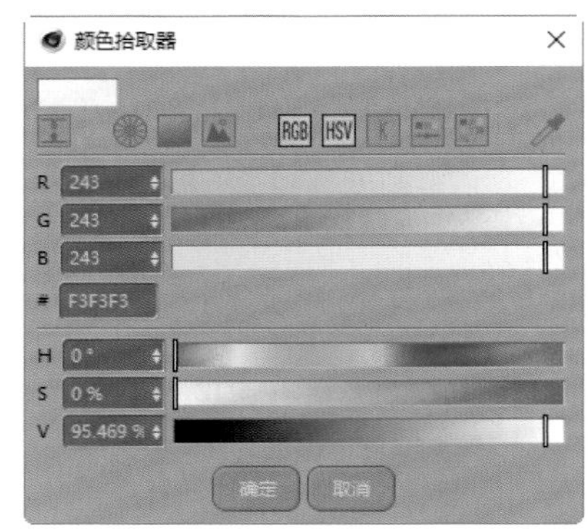

图4-4

❖ 浮点：该选项是一个数值范围为0~1的灰度值，如果“颜色”是黑色，那么浮点值为0时材质颜色为黑色，浮点值为1时材质颜色是白色，如图4-5所示；如果“颜色”不是黑色，则“浮点”选项无效。

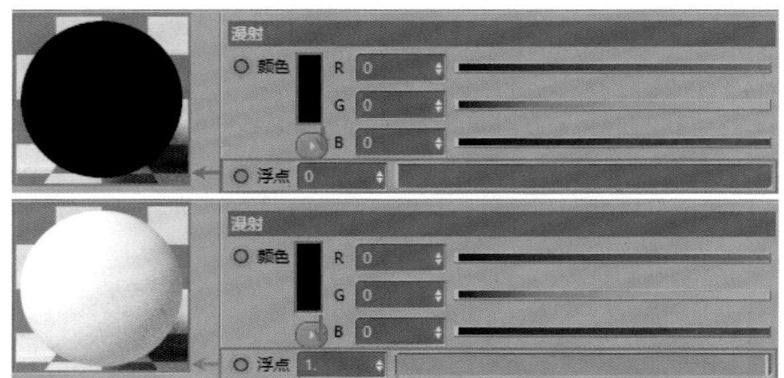

图4-5

❖ 纹理：用来自定义“漫射”通道的纹理，纹理可以是程序纹理或图像纹理，如图4-6所示。

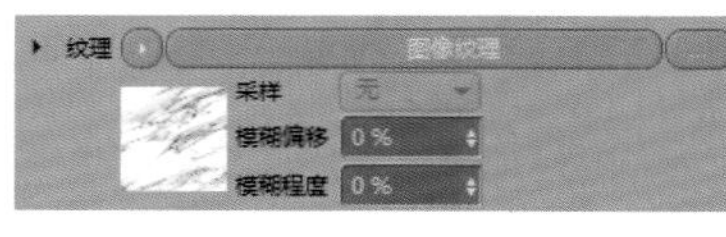

图4-6

❖ 混合：用来混合“颜色”和“纹理”，数值范围为0~1。图4-7所示为设置“混合”为0.6左右时的效果。

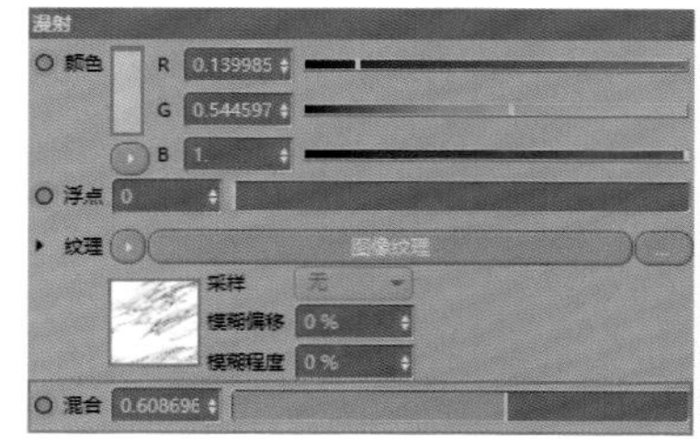

图4-7

③**粗糙度：**通过设置“浮点”数值来控制高光的分布，用来影响材质表面的粗糙程度。该选项设置在“Octane光泽材质”中的效果更为明显。图4-8所示为在“粗糙度”中设置“浮点”为0和1时的效果区别。

图4-8

④凹凸：用来模拟材质表面凹凸的效果。“凹凸”通道需要载入黑白贴图，通过贴图来模拟凹凸的细节，实际上这种凹凸效果是一种假凹凸，物体对象的多边形结构并没有发生任何变化，当视图角度与物体对象表面平行时，可以看到物体边缘并没有凹凸效果，如图4-9所示。

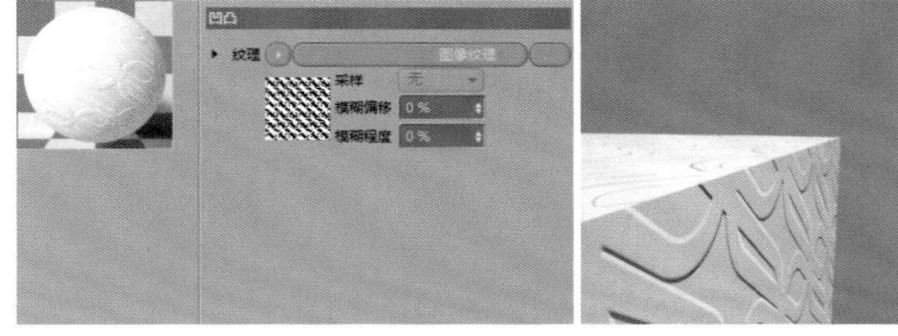

图4-9

⑤正常（法线）：通过法线贴图模拟材质表面凹凸的效果。法线贴图同凹凸贴图一样，不会改变物体对象的多边形结构，如图4-10所示。

图4-10

⑥置换：与“凹凸”和“法线”通道不同，“置换”通道通过黑白图像来制作物体表面真实的凹凸效果，如图4-11所示。

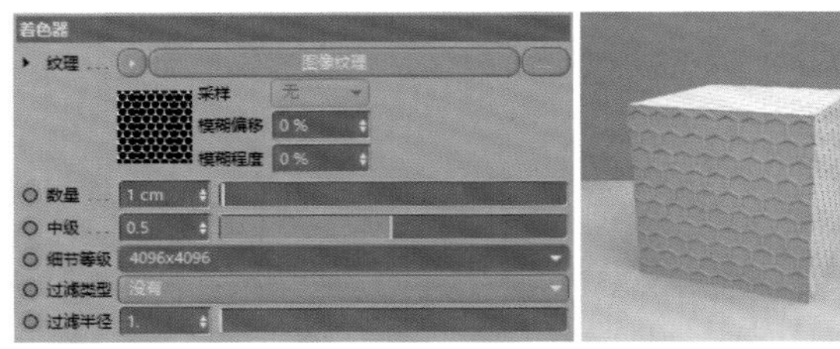

图4-11

❖ 数量：控制置换的强度，设置数值越大，置换强度越大。图4-12所示为设置“数量”为4cm时的效果。

图4-12

❖ 中级：控制置换贴图的位移中心点。例如，当数值为0.5时，50%的灰度值是置换的起点，这时立方体边缘的置换效果较为贴合，当数值为0时，立方体边缘会出现更多破面，如图4-13所示。这里的数值并不是固定的，需要根据具体的模型适当调整数值以达到理想的效果。

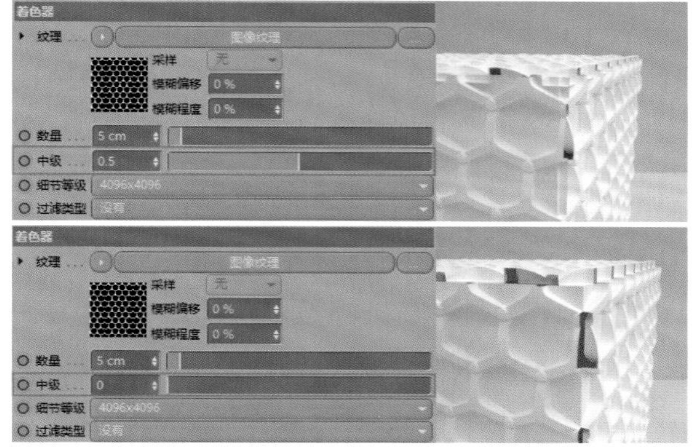

图4-13

❖ 细节等级：用来设置贴图的分辨率，设置的分辨率越高，置换效果越好。

❖ 过滤类型/过滤半径：设置抗锯齿效果，调整贴图的平滑程度和边缘的模糊程度。

⑦透明度：设置材质的透明程度，白色为不透明区域，黑色为透明区域，如图4-14所示。

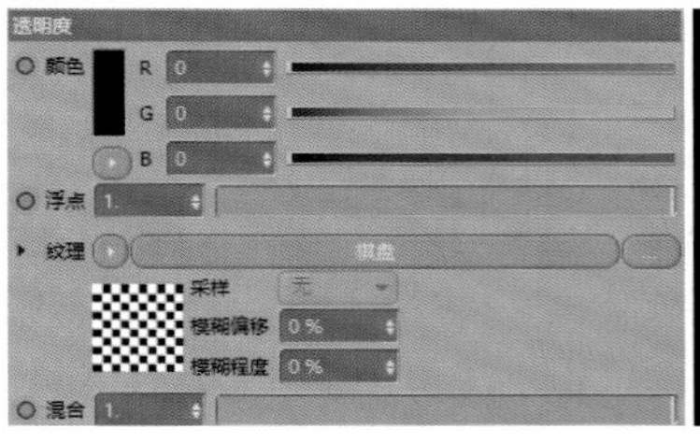

图4-14

⑧传输：可以用来制作半透光的效果和模拟SSS材质（注意这里只是模拟，并不能制作真实的SSS材质）。“传输”通道可以使用黑白颜色控制材质的透光程度，黑色为不透光，白色为透光，如图4-15所示。

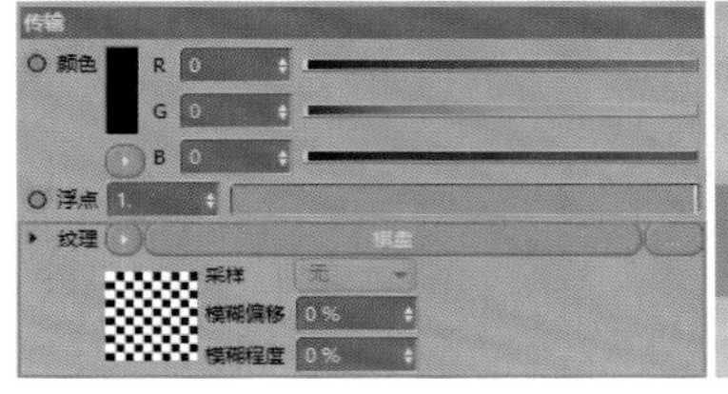

图4-15

⑨**发光：**设置材质的发光效果，可以通过该通道把物体对象当作场景中的光源使用。这里的参数和之前介绍的“Octane区域光”一样，因此不赘述，如图4-16所示。

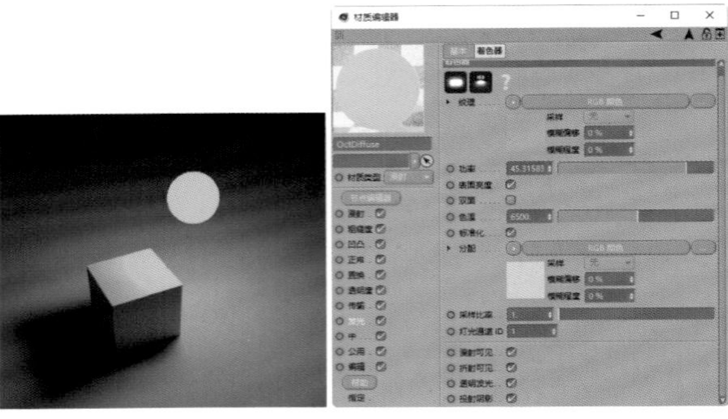

图4-16

⑩**中（介质）：**用来制作SSS材质。使用该通道时，需要取消勾选“漫射”选项，“传输”通道中的颜色设置为非黑色，如果颜色为黑色，则需要设置“浮点”为1，如图4-17所示。

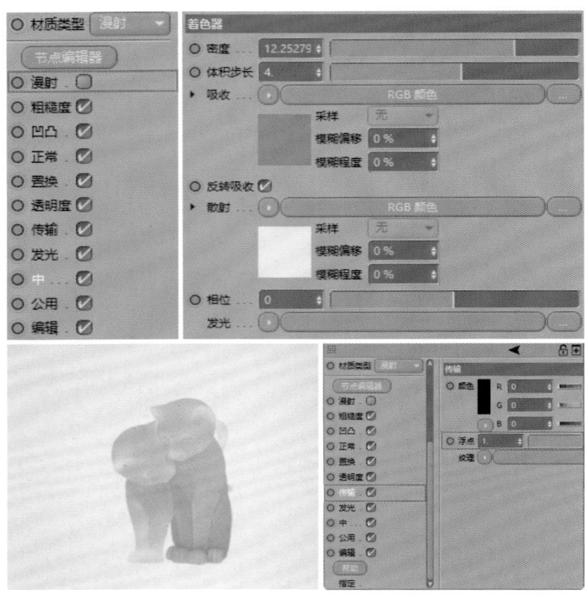

图4-17

⑪**公用：**包含一些特殊参数。这里比较实用的是“蒙版”选项，如图4-18所示。

图4-18

技术专题：制作实景合成阴影效果

创建一个平面对象，勾选“漫射材质”的“公用”通道中的“蒙版”选项，把这个“漫射材质”赋予平面对象；添加“Octane HDRI环境”，载入一张草地纹理贴图，此时场景中模型的投影会和环境中的草地纹理贴图完美地融合在一起，如图4-19所示。

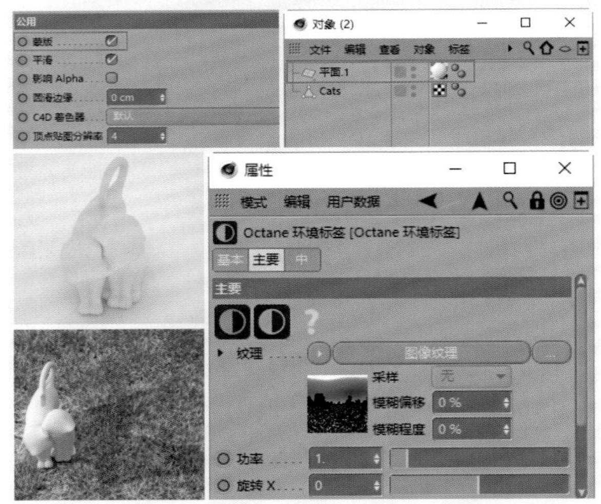

图4-19

⑫**编辑：**用来设置材质动画预览效果和贴图的分辨率，如图4-20所示。

图4-20

4.1.2 Octane光泽材质

Octane光泽材质是一种表面有强反射能力的材质，可以用来制作金属材质等。

在“Octane Render”面板中执行“材质>Octane光泽材质”菜单命令，如图4-21所示。

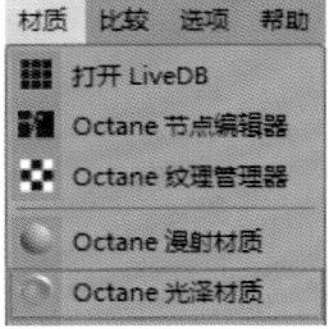

图4-21

创建材质后，“材质管理器”面板中会生成一个名称为“OctGlossy”的Octane光泽材质，双击打开“材质编辑器”面板，如图4-22所示。

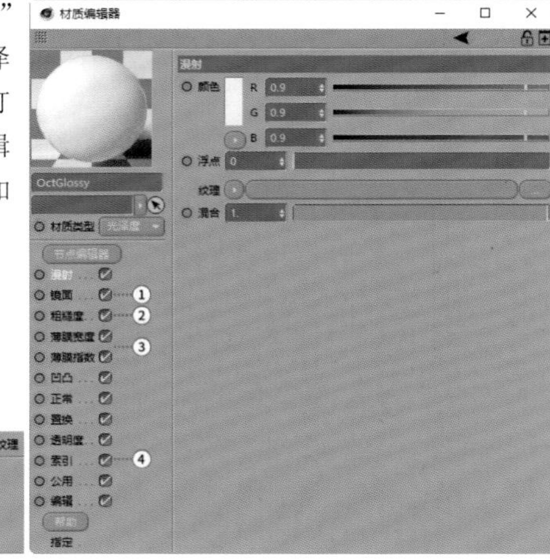

图4-22

①**镜面：**设置高光的颜色，如图4-23所示。

图4-23

②**粗糙度：**用来影响材质表面的粗糙程度，如调节金属材质表面的粗糙程度。设置数值越大，磨砂金属的效果越明显，如图4-24所示。

图4-24

③**薄膜宽度/薄膜指数：**这两个通道会影响材质表面光谱颜色的变化，如图4-25所示。

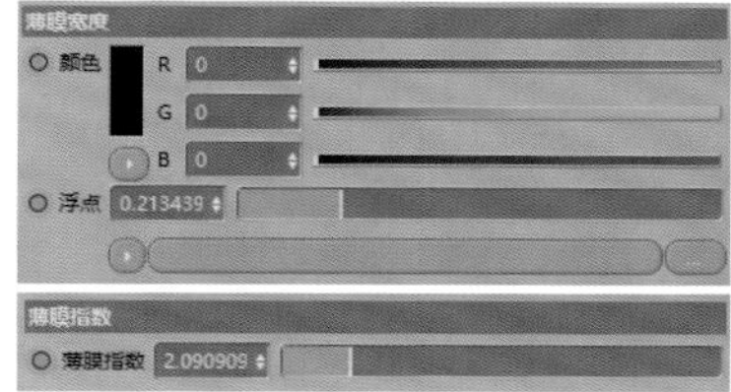

图4-25

④**索引：**该通道经常与"粗糙度"通道配合使用，用来设置材质的反射强度。设置"索引"为1时是镜面反射，反射强度最强；"索引"数值最大可设置为8，如图4-26所示。

图4-26

4.1.3 Octane透明材质

Octane透明材质可以用来制作玻璃材质和SSS材质。

在"Octane Render"面板中执行"材质＞Octane透明材质"菜单命令，如图4-27所示。

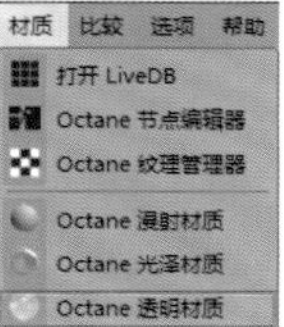

图4-27

创建材质后，"材质管理器"面板中会生成一个名称为"OctSpecular"的Octane透明材质，双击打开"材质编辑器"面板，如图4-28所示。

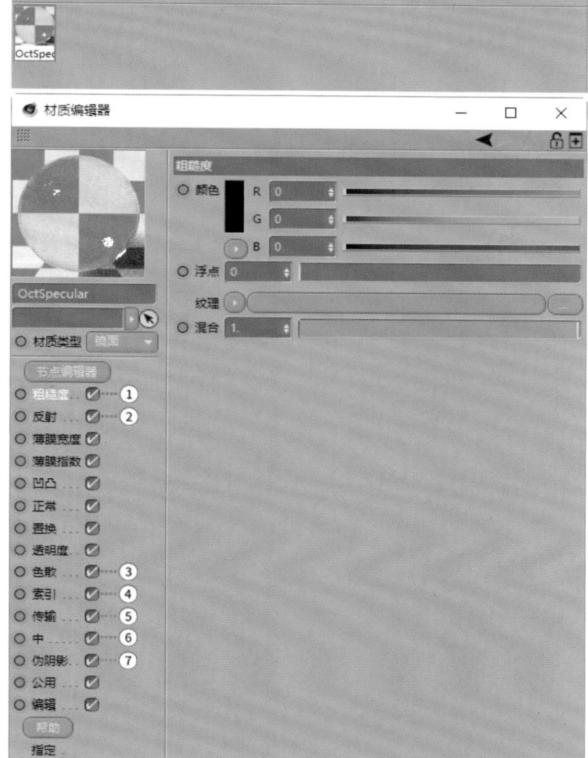

图4-28

①**粗糙度：**设置透明材质表面的粗糙程度，可以制作出磨砂玻璃效果，如图4-29所示。

图4-29

②**反射：**设置透明材质高光的颜色，如图4-30所示。

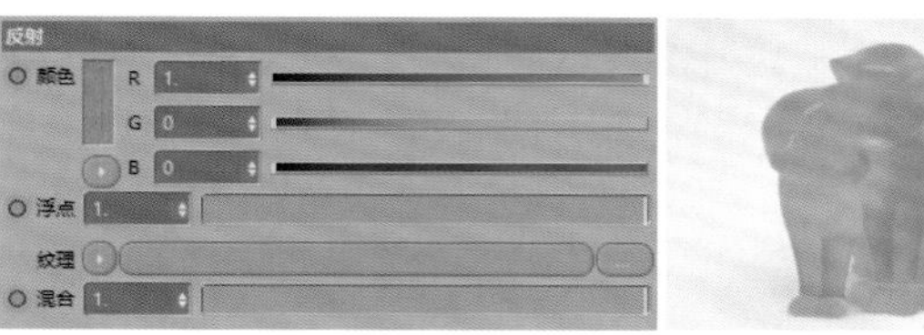

图4-30

③**色散：**最大值为0.1，用来设置透明材质的色散效果，如图4-31所示。

④**索引：**设置透明材质的反射率。图4-32所示为设置"索引"为1.6时的效果。

图4-31

图4-32

⑤**传输：**设置透明材质的颜色，如图4-33所示。

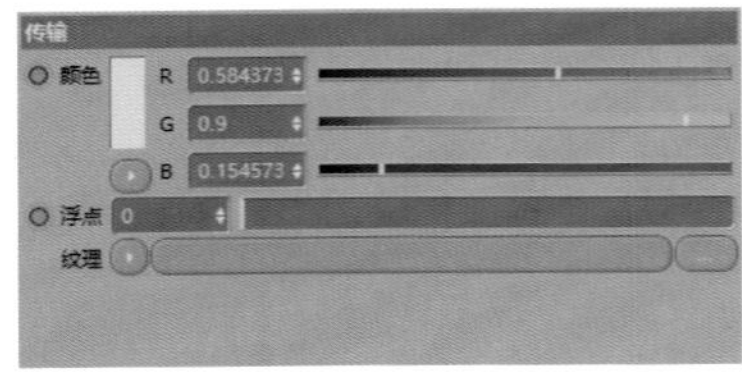

图4-33

⑥**中（介质）：**用来设置SSS材质。相比Octane漫射材质，在Octane透明材质中调节SSS材质效果更明显，如图4-34所示。

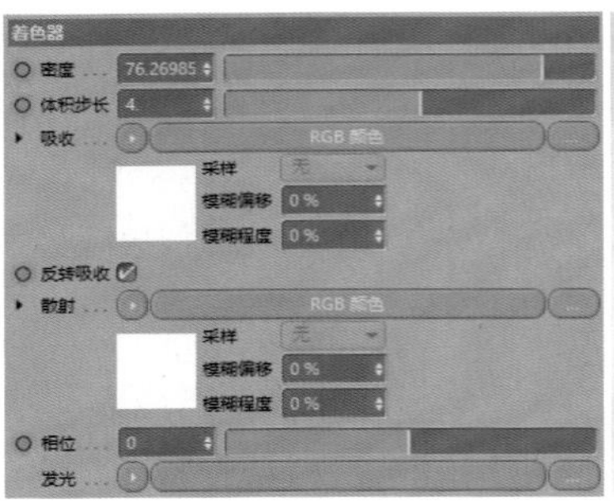

图4-34

⑦**伪阴影：**勾选该选项后，透明材质会更加通透，如图4-35所示。

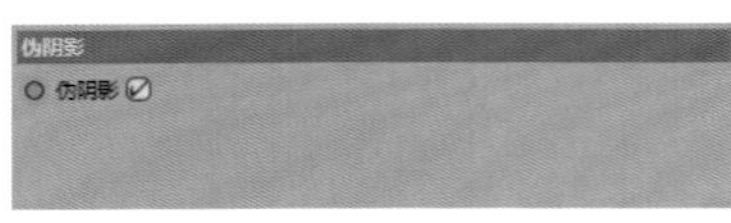

图4-35

4.1.4 Octane混合材质

Octane混合材质可以对两种不同的材质进行混合，得到混合后的材质效果。

在“Octane Render”面板中执行“材质>Octane混合材质”菜单命令，如图4-36所示。

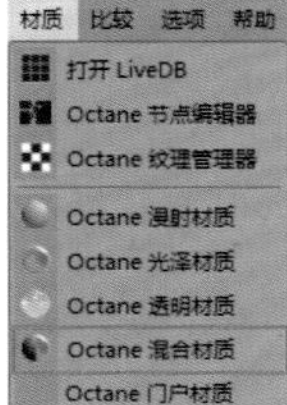

图4-36

创建材质后，“材质管理器”面板中会生成一个名称为“OctMix”的Octane混合材质，双击打开“材质编辑器”面板，如图4-37所示。

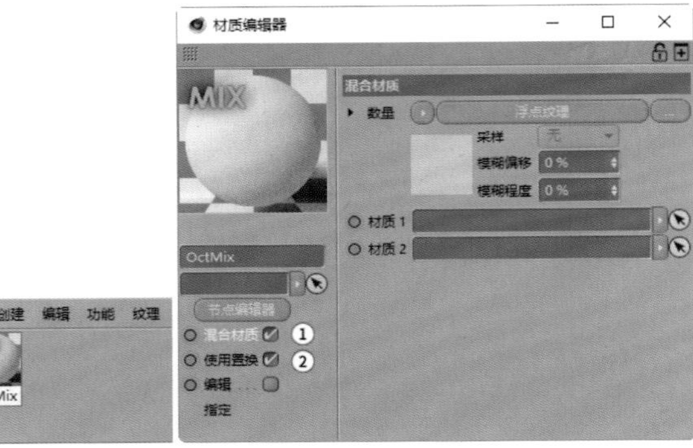

图4-37

①**混合材质：**混合材质不能单独使用，它需要把两种不同的材质分别拖曳至“材质1”和“材质2”右侧的空白区域，并通过“数量”调整混合效果。“数量”可以使用“浮点纹理”进行调节，也可以自定义一张黑白贴图。例如，将“反射材质”拖曳至“材质1”右侧空白区域，将“透明材质”拖曳至“材质2”右侧空白区域，如图4-38所示。

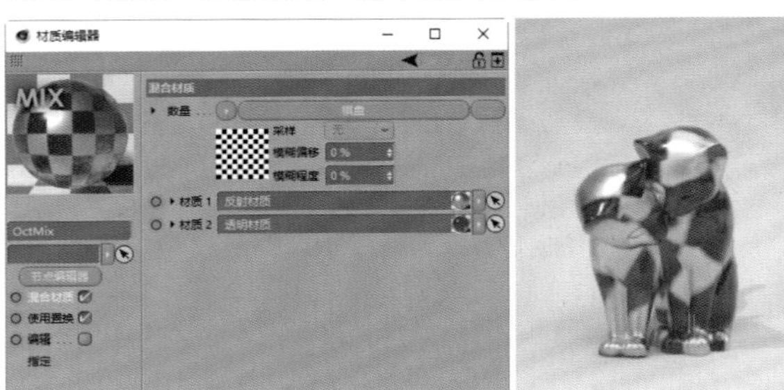

图4-38

②**使用置换：**用来设置混合材质的置换效果，如图4-39所示。

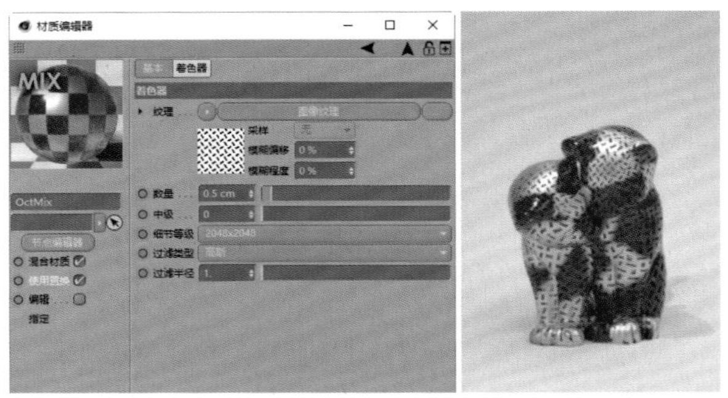

图4-39

技术专题：如何正确贴图

使用Octane Render材质进行贴图的时候，不应该直接加载纹理，而应该先增加Octane Render的专用节点“图像纹理”，这样做的好处是会有更多的参数可用于调整纹理图片的效果，如投射方式、图片比例等。

这里以在“漫射”通道贴图举例，先单击“纹理”右侧的三角按钮▶，加载“图像纹理”节点，然后单击“图像纹理”，再加载一张纹理图片，如图4-40所示。对于使用这种方法加载的纹理图片，用户可以调整它的强度、类型等参数。

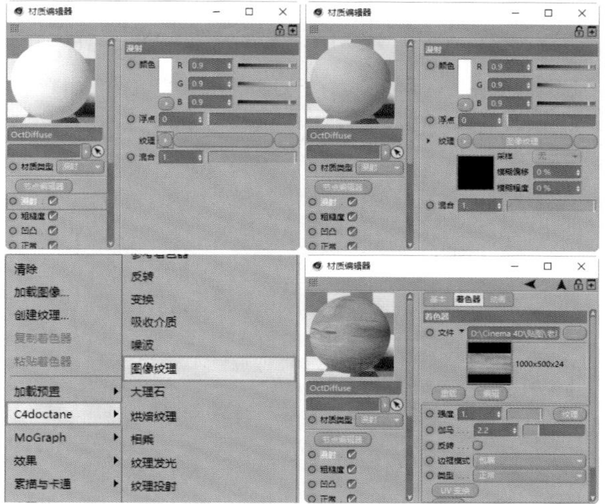

图4-40

4.2 Octane Render常用节点

Octane Render材质提供了节点调节的方式，用这种方式进行材质编辑更加直观和方便。本节介绍Octane Render材质中使用频率较高的几个节点的使用方法。

节点有两种打开方法。

第1种： 在“Octane Render”面板中执行“材质>Octane节点编辑器”菜单命令，如图4-41所示。

第2种： 双击材质，打开任意一个Octane Render“材质编辑器”面板，再单击“节点编辑器”按钮 节点编辑器 ，如图4-42所示。

图4-41 图4-42

打开“Octane节点编辑器”面板后，可以看见里面的节点是按照颜色分类的，上方显示的是颜色和主要类别，下方左侧显示的是各种节点，如图4-43所示。

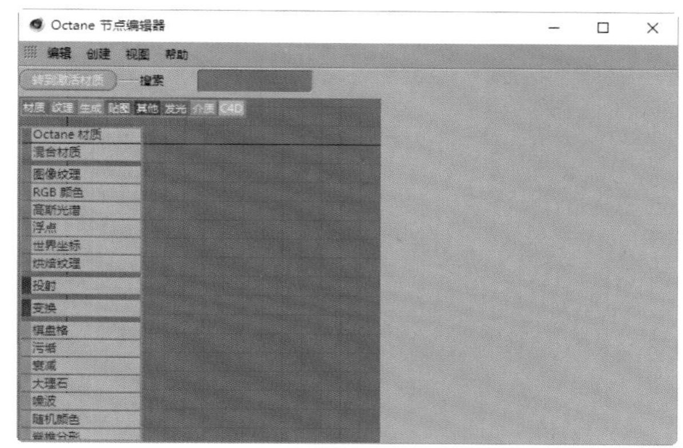

图4-43

节点需要连接才会生效。这里以“RGB颜色”为例，拖曳“RGB颜色”节点到右侧空白区域，在节点右上方黄色圆点区域处按住鼠标左键，移动鼠标指针到材质球“漫射”通道左侧的灰色圆上，松开鼠标左键，即可完成节点的连接操作，如图4-44所示。这时可以通过调节“RGB颜色”的属性来改变材质的颜色。

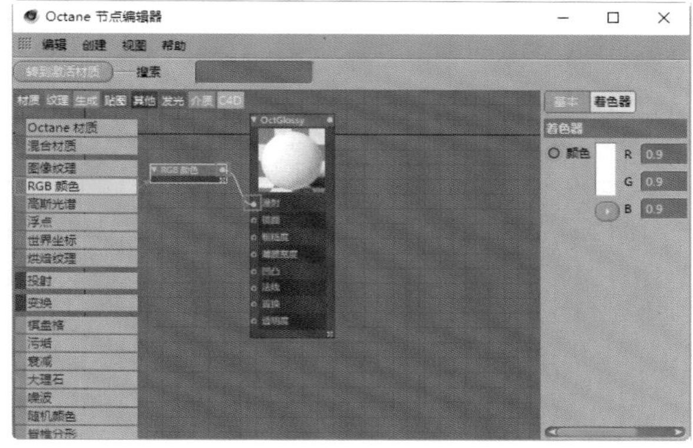

图4-44

4.2.1 图像纹理

“图像纹理”节点是用来对物体对象贴图的节点。拖曳“图像纹理”节点到右侧的空白区域，即可激活该节点，如图4-45所示。

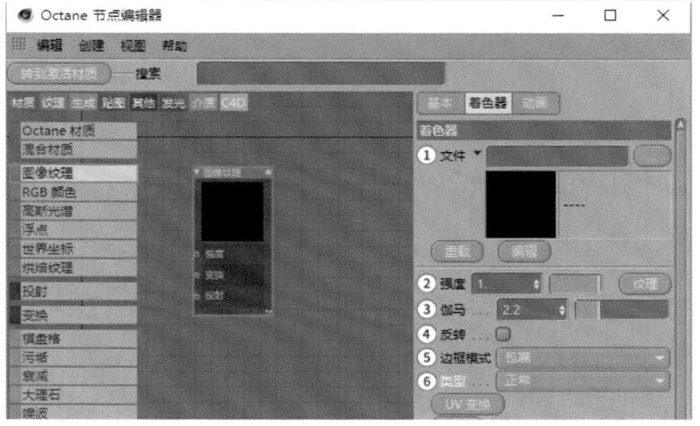

图4-45

①**文件：** 用来载入贴图文件。“图像纹理”节点主要通过该选项来设置物体对象的表面纹理贴图，如图4-46所示。

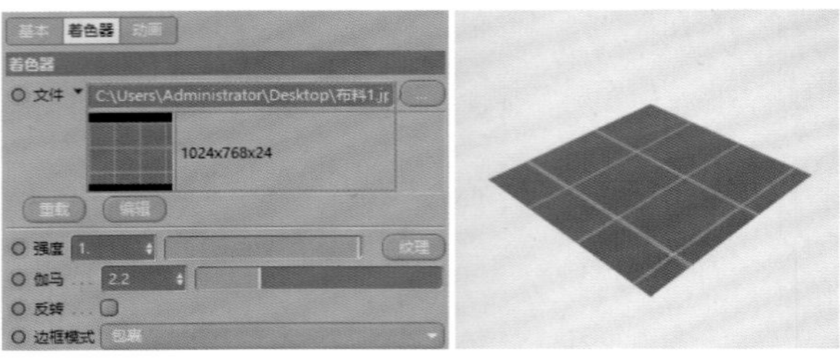

图4-46

②**强度：** 调节纹理贴图的亮度，数值范围为1~100，默认数值为1，设置数值越大，纹理越亮，如图4-47所示。

图4-47

③**伽马：** 设置纹理贴图的灰度值，数值范围为0.1~8，默认为2.2。图4-48所示为设置“伽马”为0.1时的效果。

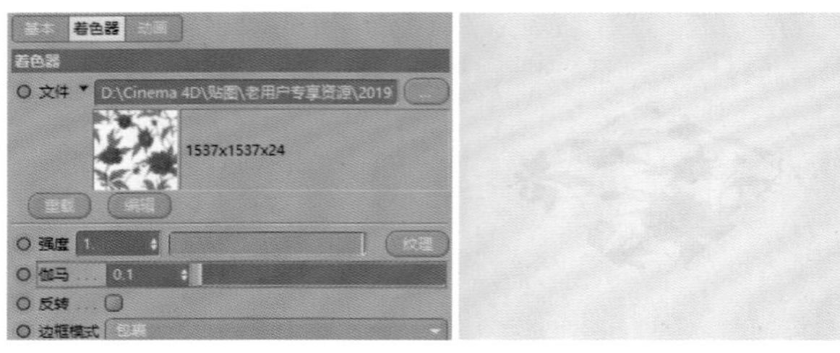

图4-48

④**反转：** 勾选该选项后，会反转纹理贴图的颜色信息，如图4-49所示。

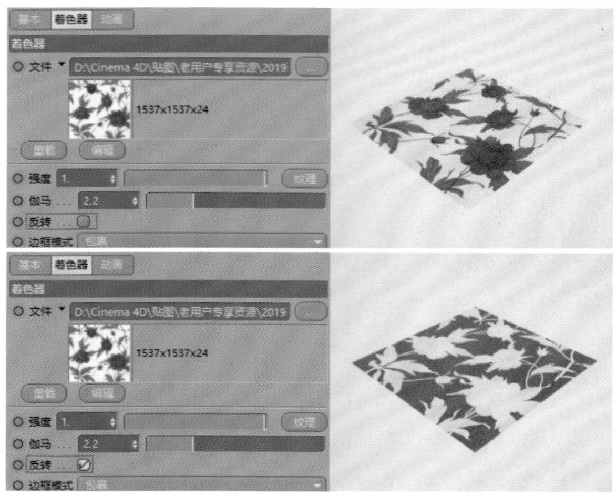

图4-49

⑤**边框模式：** 用来设置纹理贴图的投射方式，包括“包裹”“黑色”“白色”“修剪值”“镜像”，如图4-50所示。

图4-50

❖ 包裹：纹理贴图以连续的方式铺满物体对象表面，如图4-51所示。

❖ 黑色：当纹理贴图不能全部覆盖物体对象表面时，剩余部分会用黑色填充，如图4-52所示。

图4-51

图4-52

❖ 白色：当纹理贴图不能全部覆盖物体对象表面时，剩余部分会用白色填充，如图4-53所示。

❖ 修剪值：当纹理贴图不能全部覆盖物体对象表面时，剩余部分会以拉伸的方式填充，如图4-54所示。

图4-53

图4-54

❖ 镜像：当纹理贴图不能全部覆盖物体对象表面时，剩余部分会以镜像的方式填充，如图4-55所示。

图4-55

⑥**类型：** 包括“正常”“浮点”“Alpha”，可以改变纹理贴图的显示模式。

❖ 正常：正常显示图片，如图4-56所示。

❖ 浮点：把图片转换为黑白图片显示，如图4-57所示。

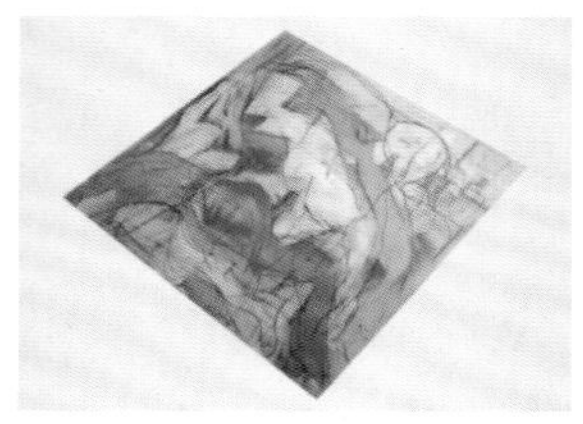

图4-56

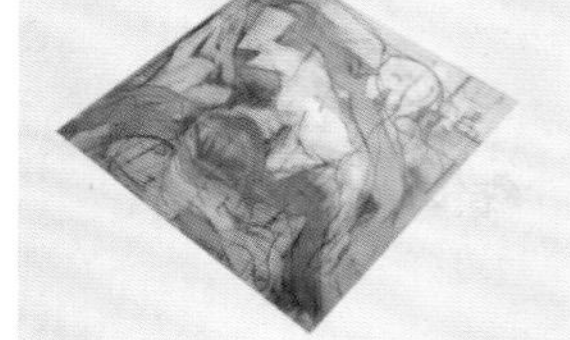

图4-57

❖ Alpha：主要用在材质的“透明度”通道，使用一张黑白图片制作透明纹理效果，黑色为透明区域，白色为不透明区域，如图4-58所示。

图4-58

4.2.2 投射

“投射”节点用来调整纹理贴图UV属性，它需要连接到对应的“投射”节点上，最常使用的纹理投射类型是“盒子”。

拖曳“投射”节点到右侧的空白区域，即可激活该节点，节点名称为“纹理投射”。它不仅可以调整纹理贴图的UV属性，还可以更改纹理贴图在x轴、y轴和z轴上的旋转、缩放和偏移属性，如图4-59所示。

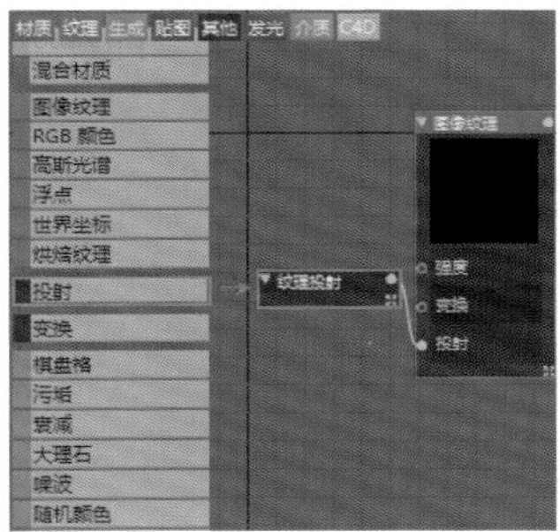

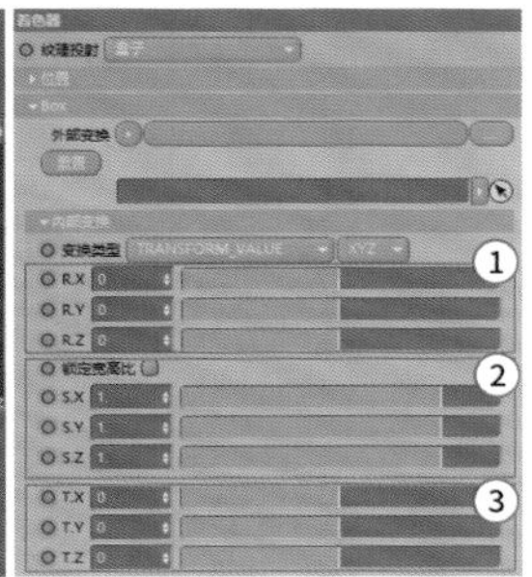

图4-59

①R.X/R.Y/R.Z：调整纹理贴图在x轴、y轴和z轴上的旋转数值，范围为-360~360，如图4-60所示。

②S.X/S.Y/S.Z：调整纹理贴图在x轴、y轴和z轴上的缩放数值，勾选“锁定宽高比”选项可使其等比缩放。图4-61所示的“S.X/S.Y/S.Z”数值分别为0.5、1和3。

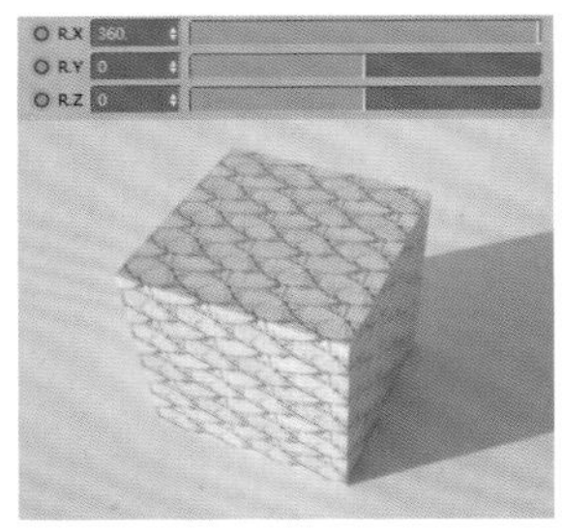

图4-60

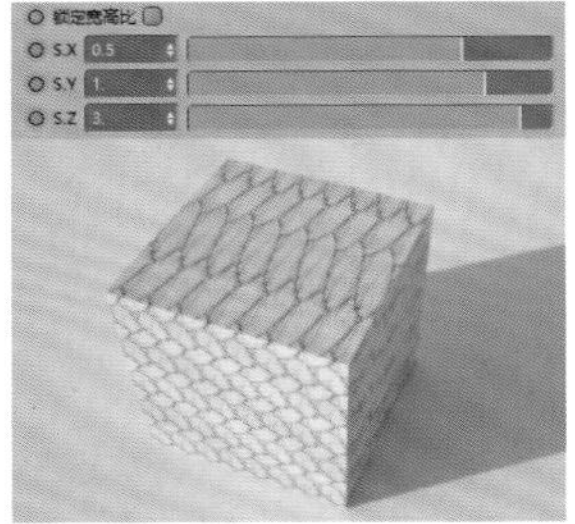

图4-61

③T.X/T.Y/T.Z：调整纹理贴图在x轴、y轴和z轴上的偏移数值。图4-62所示为设置“T.X”为0.5时的效果。

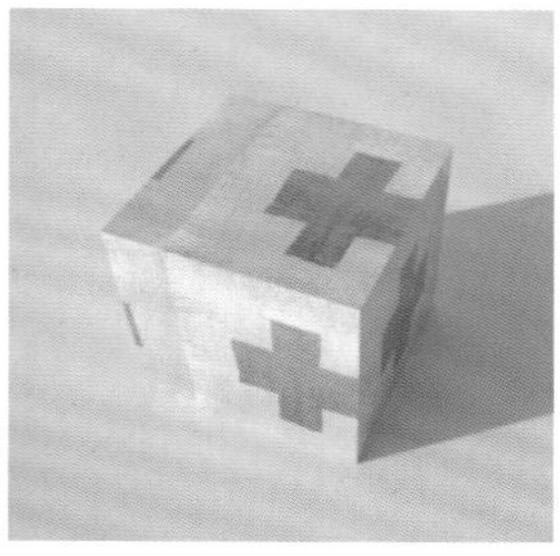

图4-62

4.2.3 变换

“变换”节点用来调整纹理贴图在x轴、y轴和z轴上的旋转、缩放和偏移属性。它的属性和“投射”节点的类似，这里不赘述，如图4-63所示。

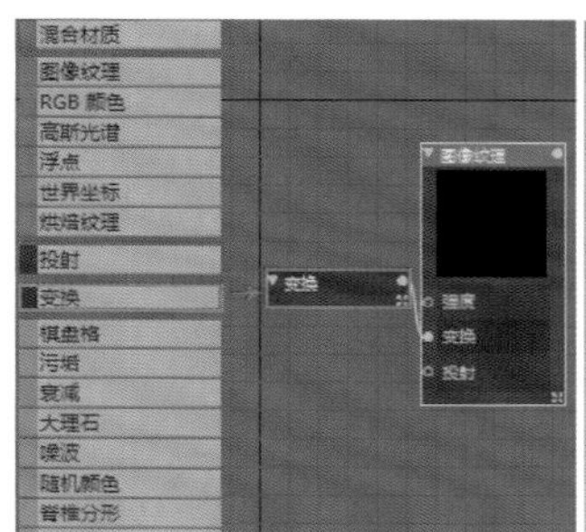

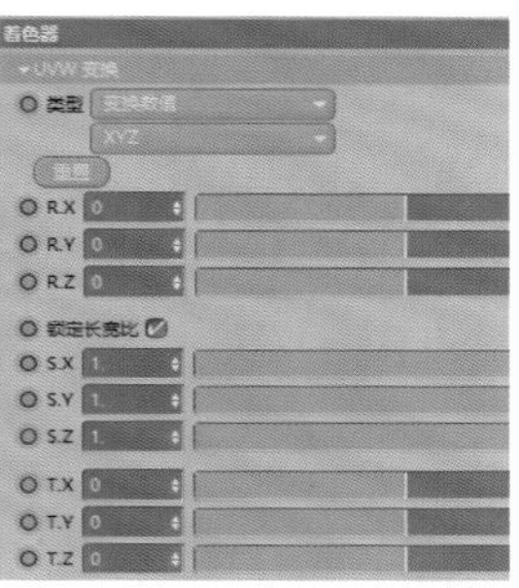

图4-63

4.2.4 噪波

“噪波”是一种可以使物体对象表面产生凹凸效果的节点，拖曳“噪波”节点到右侧的空白区域并连接到材质球的“凹凸”通道，即可激活该节点。

“噪波”包括“柏林”“湍流”“循环”“碎片”4种类型，不同类型的噪波只是波纹形状不同，它们的属性参数都是相同的，如图4-64所示。

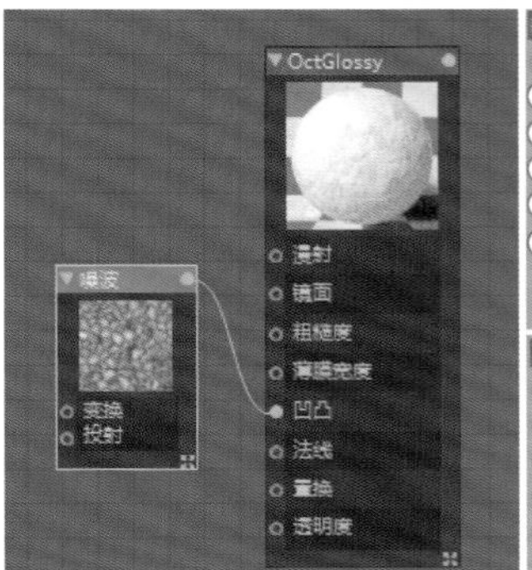

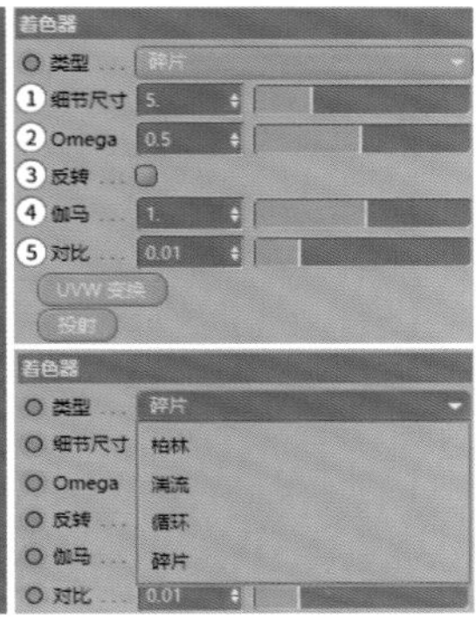

图4-64

①细节尺寸：调节噪波波纹的精细程度，默认数值为1。设置数值越大，波纹细节越多，过渡越平滑。图4-65

所示为设置“细节尺寸”为1和16时的效果区别。

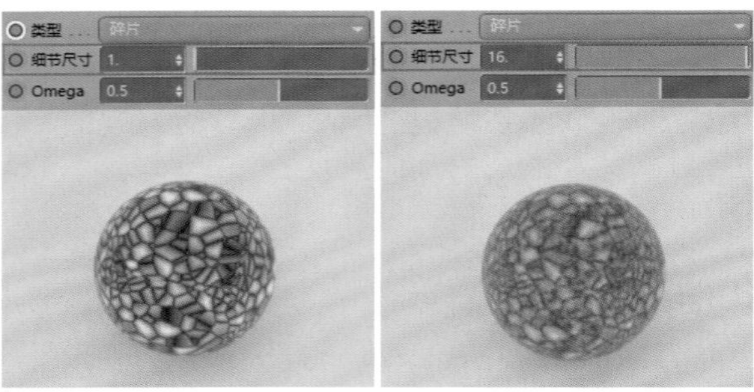

图4-65

②**Omega：**该数值会影响“细节尺寸”的效果，当该选项数值为0，“细节尺寸”数值不为1时，波纹效果显示为“细节尺寸”数值是1时的状态。数值越大，波纹效果越模糊，如图4-66所示。

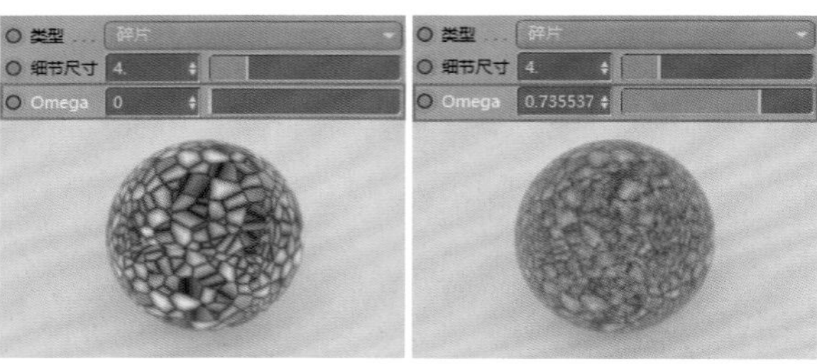

图4-66

③**反转：**勾选该选项后，将对黑白颜色信息进行反转显示，如图4-67所示。

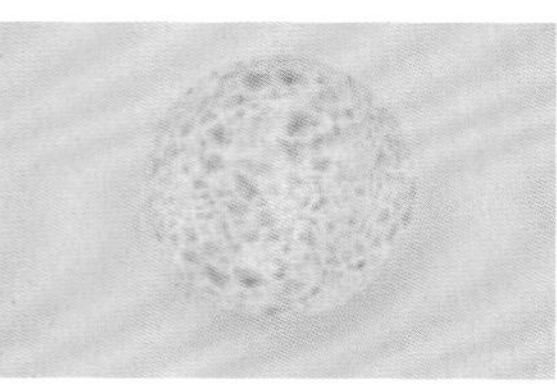

图4-67

④**伽马：**设置噪波的黑白过渡，数值为0.01时显示为白色，数值为100时显示为黑色，如图4-68所示。

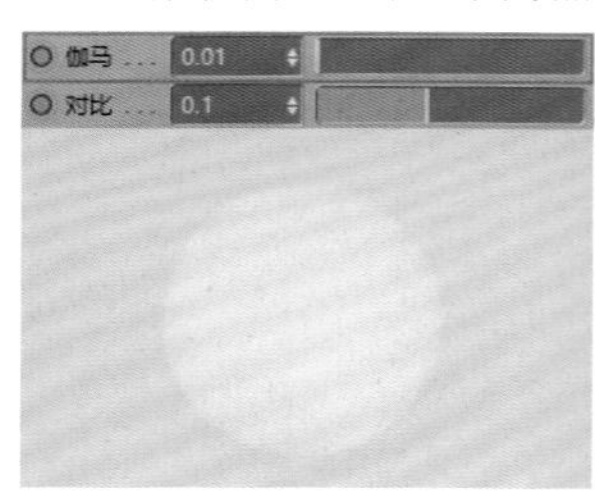

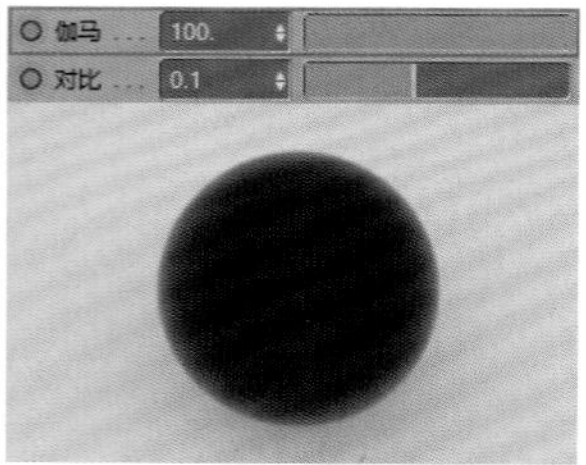

图4-68

⑤**对比：**用来设置噪波黑白颜色的对比强度。设置数值越大，对比越明显，如图4-69所示。

图4-69

4.2.5 颜色校正

“颜色校正”是用来改变纹理贴图颜色信息的节点。它一般需要连接到“图像纹理”节点使用，如图4-70所示。

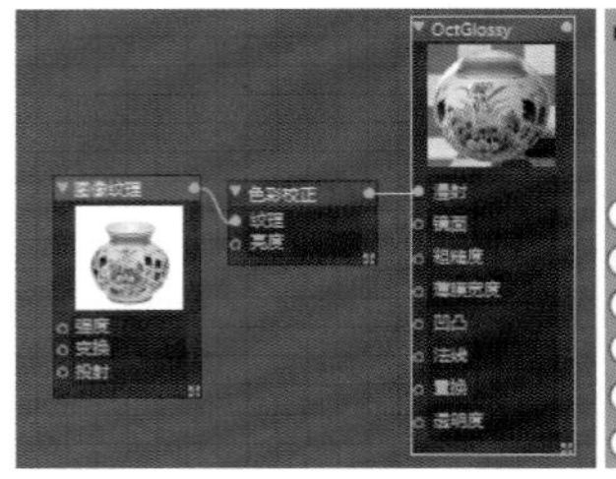

图4-70

①**亮度：**设置纹理贴图的亮度值。

②**反转：**对纹理贴图颜色进行反转显示。

③**色相：**改变纹理贴图的色相，如图4-71所示。

④**饱和度：**设置纹理贴图的饱和度，如图4-72所示。

图4-71

图4-72

⑤**伽马：**设置纹理贴图的黑白过渡，设置数值为0.01时显示为白色，设置数值为100时显示为黑色。

⑥**对比：**用来设置纹理贴图颜色的对比强度。设置数值越大，对比越明显，如图4-73所示。

图4-73

4.2.6 置换

“置换”节点是使用黑白纹理贴图对物体对象进行置换的节点，该节点需要连接到材质球的“置换”通道，如图4-74所示。

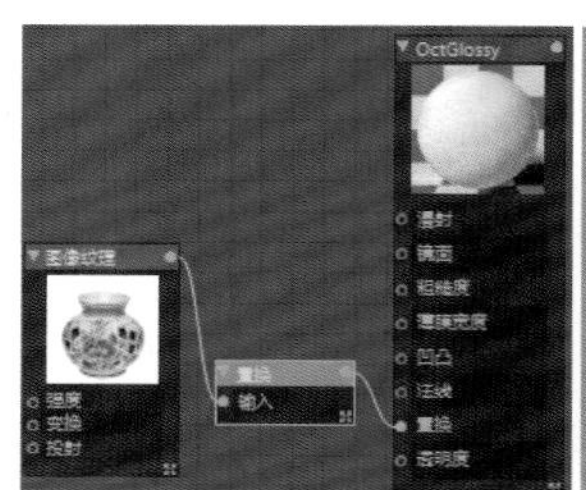

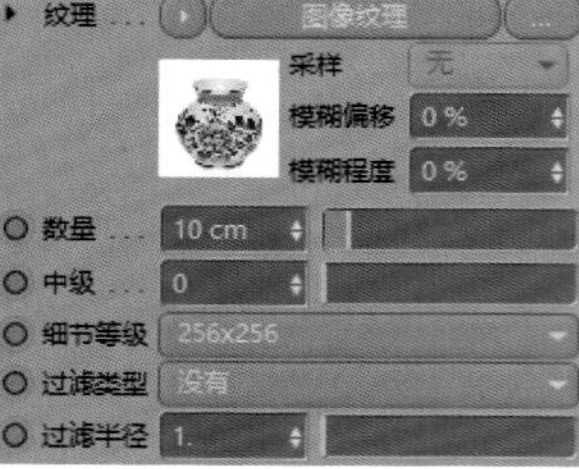

图4-74

“置换”节点的属性参数在4.1.1小节中已详细介绍过，这里不赘述。

提示

使用纹理制作置换效果时，纹理贴图不允许直接连接到“置换”通道，需要以“置换”节点作为中间载体连接纹理贴图和“置换”通道，连接后置换效果才能起作用。

4.2.7 黑体发光

“黑体发光”节点可以使用颜色制作物体对象的发光效果，该节点需要连接到材质的“发光”通道，如图4-75所示。

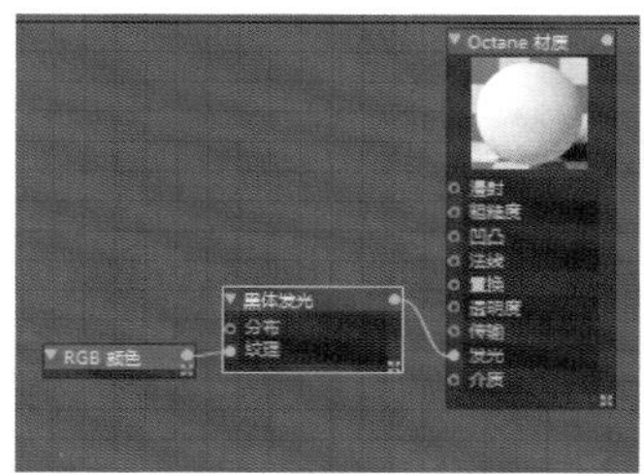

图4-75

“黑体发光”节点主要通过“RGB颜色”制作物体对象的颜色发光效果，此节点的参数与Octane区域光属性一致，可参考3.1.1小节的内容，如图4-76所示。

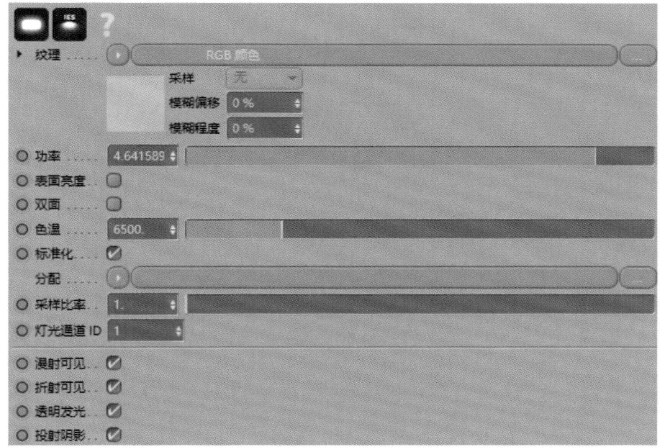

图4-76

4.2.8 纹理发光

“纹理发光”节点也是制作发光效果的节点，该节点也需要连接到材质的“发光”通道，如图4-77所示。

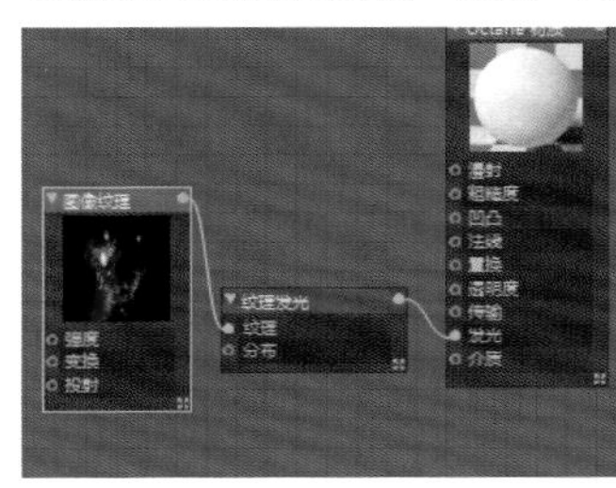

图4-77

“纹理发光”节点的属性参数与Octane区域光属性一致，在3.1.1小节中有详细的介绍，这里不赘述，如图4-78所示。

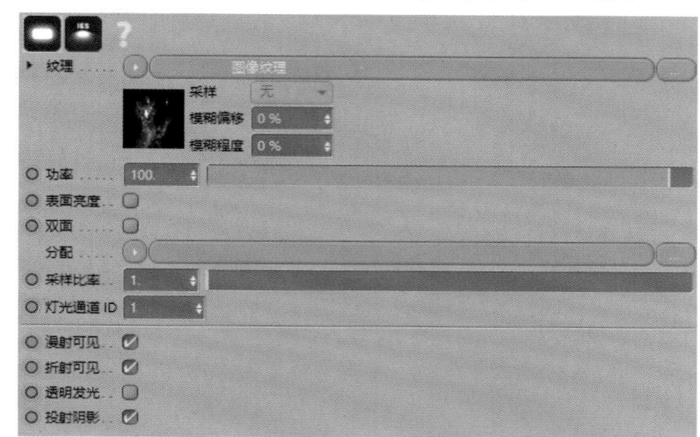

图4-78

提示

“纹理发光”和“黑体发光”的区别在于“纹理发光”更适合使用纹理贴图控制物体对象的发光效果，“黑体发光”更适合使用颜色控制物体对象的发光效果。

4.2.9 吸收介质

“吸收介质”节点可以用来制作SSS材质，它是材质的“中（介质）”通道，所以需要连接到材质的“介质”通道，如图4-79所示。

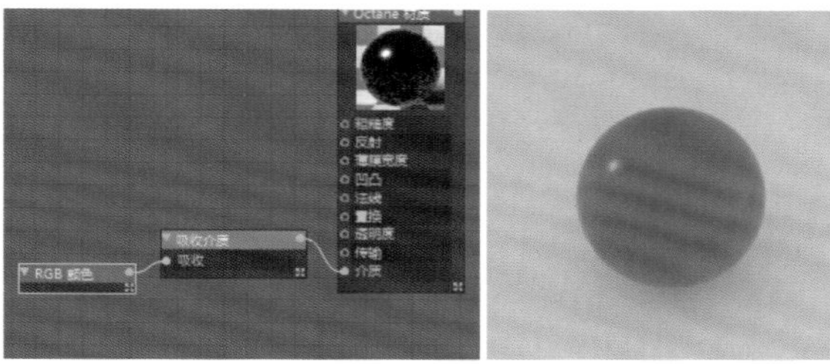

图4-79

介质的使用方法在4.1.1小节中已经介绍过，这里只介绍一下它的主要属性参数，如图4-80所示。

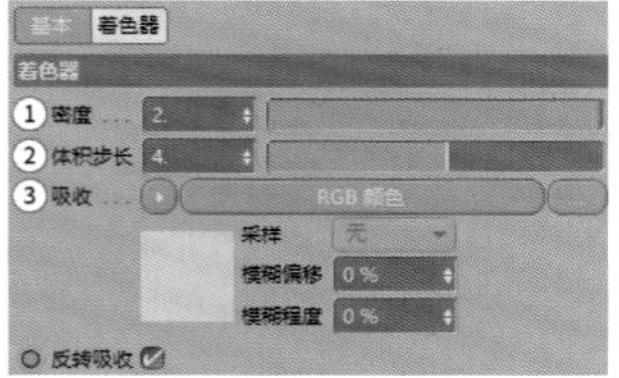

图4-80

①**密度：**设置介质的通透性。设置数值越小，光穿透的强度越大，物体对象越通透，如图4-81所示。

图4-81

②**体积步长：**影响光的穿透性。这个属性在渲染"VDB雾"的时候效果最明显，图4-82所示为"体积步长"设置为4和10时的不同效果。

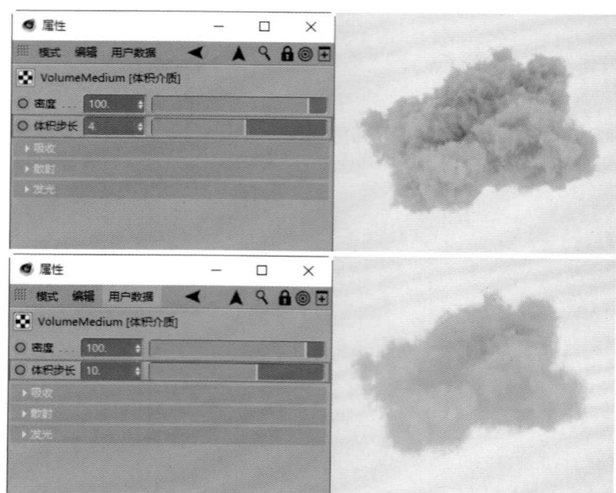

图4-82

③**吸收：**设置介质吸收的颜色，如图4-83所示。

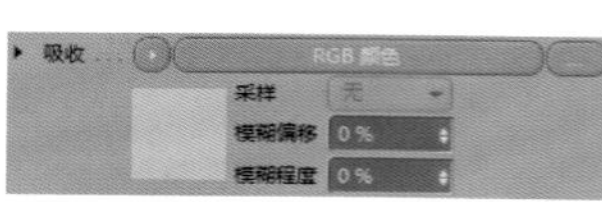

图4-83

4.2.10 散射介质

相对"吸收介质"而言，"散射介质"的使用频率更高一些，它在制作SSS材质时更容易调节出效果。"散射介质"也需要连接到材质的"介质"通道，如图4-84所示。

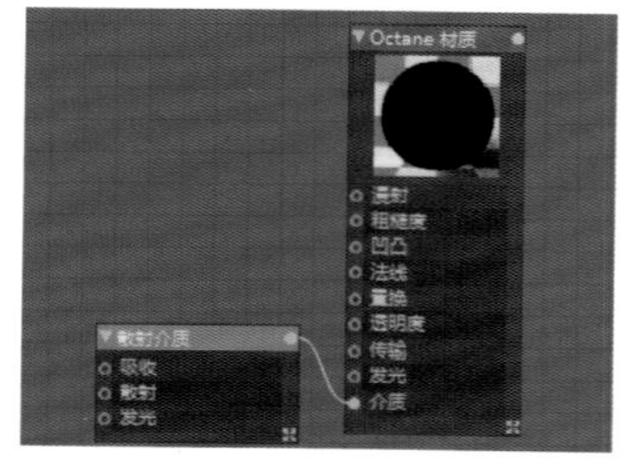

图4-84

"散射介质"的主要属性参数有"散射""相位""发光"，如图4-85所示。

图4-85

①**散射：**使用"RGB颜色"影响物体表面的吸收颜色，如图4-86所示。

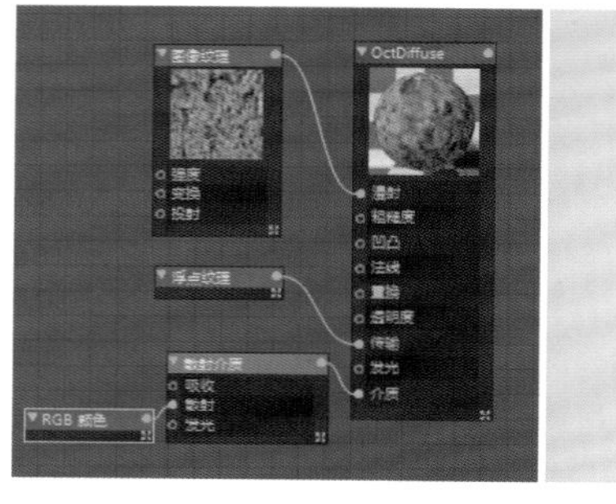

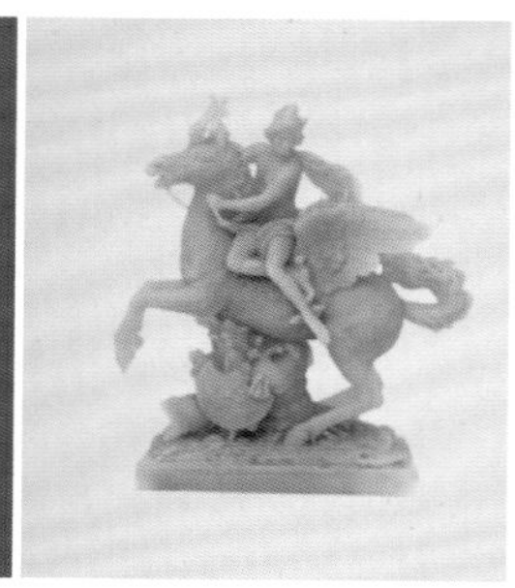

图4-86

②**相位：**用来影响"散射介质"颜色的变化，数值范围为-1~1，如图4-87所示。

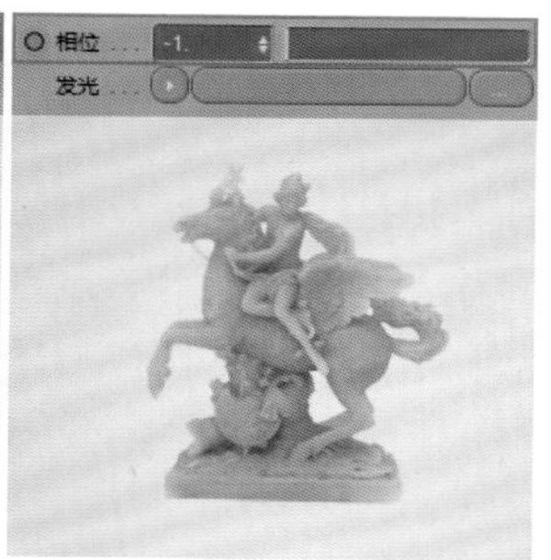

图4-87

③**发光：**连接"黑体发光"节点，用来设置介质的发光效果，如图4-88所示。

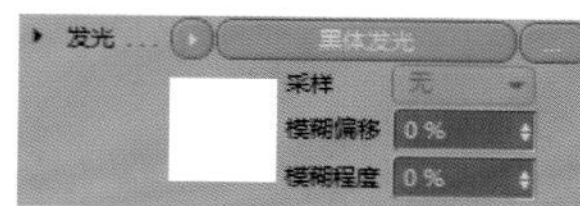

图4-88

技术专题：如何完整保存工程项目

在保存项目的时候，使用简单的保存方式只能保存项目的模型和材质环境等元素，但是如果更改了贴图的位置，贴图信息就会失效。

为了保存完整的工程项目，方便协同操作，可以执行"文件 > 保存工程（包含资源）"菜单命令，如图4-89所示。这种保存方法可以完整地保存项目的全部信息，包括纹理贴图。

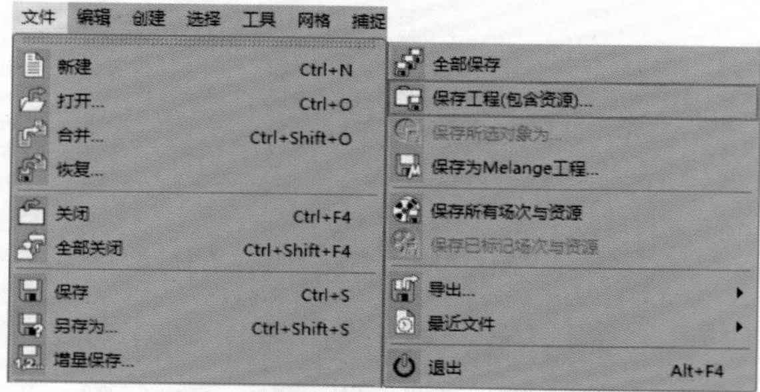

图4-89

“置换”节点的属性参数在4.1.1小节中已详细介绍过，这里不赘述。

提示

使用纹理制作置换效果时，纹理贴图不允许直接连接到“置换”通道，需要以“置换”节点作为中间载体连接纹理贴图和“置换”通道，连接后置换效果才能起作用。

4.2.7 黑体发光

“黑体发光”节点可以使用颜色制作物体对象的发光效果，该节点需要连接到材质的“发光”通道，如图4-75所示。

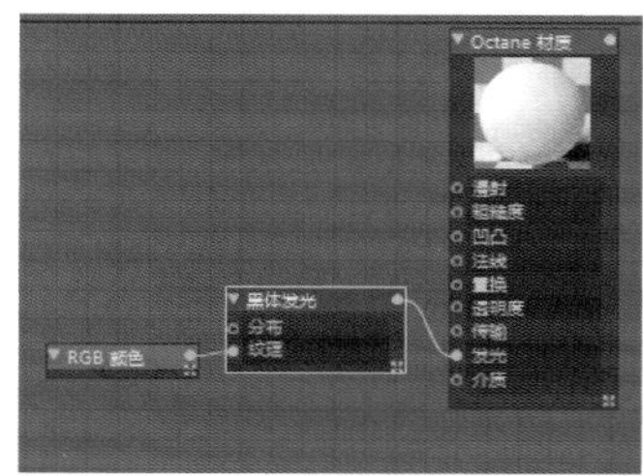

图4-75

“黑体发光”节点主要通过“RGB颜色”制作物体对象的颜色发光效果，此节点的参数与Octane区域光属性一致，可参考3.1.1小节的内容，如图4-76所示。

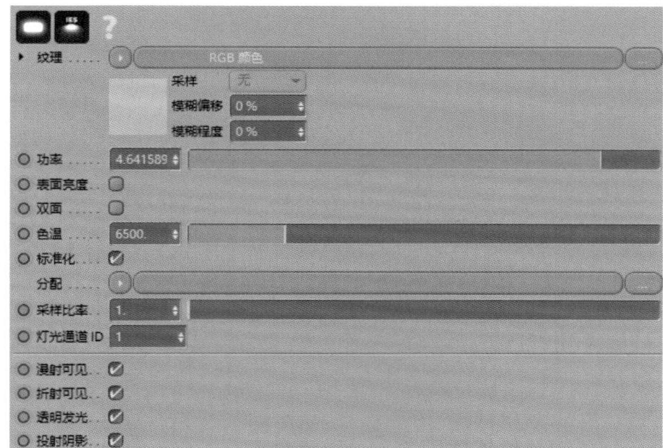

图4-76

4.2.8 纹理发光

“纹理发光”节点也是制作发光效果的节点，该节点也需要连接到材质的“发光”通道，如图4-77所示。

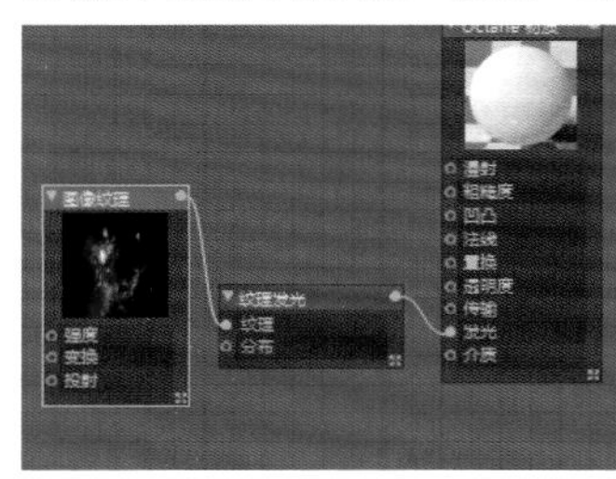

图4-77

“纹理发光”节点的属性参数与Octane区域光属性一致，在3.1.1小节中有详细的介绍，这里不赘述，如图4-78所示。

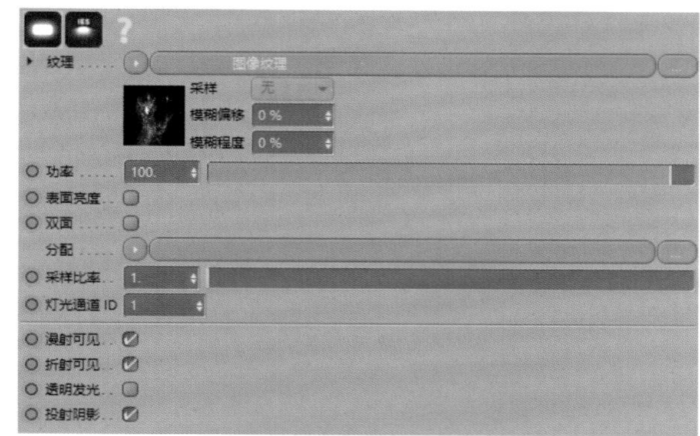

图4-78

提示

“纹理发光”和“黑体发光”的区别在于“纹理发光”更适合使用纹理贴图控制物体对象的发光效果，“黑体发光”更适合使用颜色控制物体对象的发光效果。

4.2.9 吸收介质

“吸收介质”节点可以用来制作SSS材质，它是材质的“中（介质）”通道，所以需要连接到材质的“介质”通道，如图4-79所示。

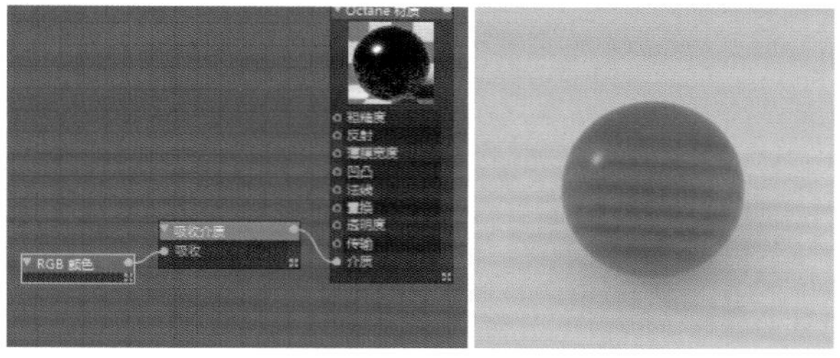

图4-79

介质的使用方法在4.1.1小节中已经介绍过，这里只介绍一下它的主要属性参数，如图4-80所示。

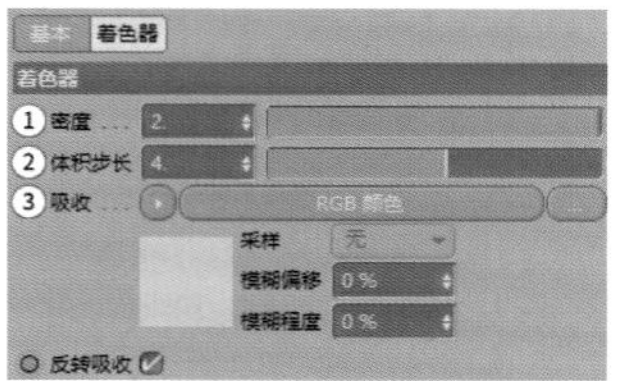

图4-80

①**密度：** 设置介质的通透性。设置数值越小，光穿透的强度越大，物体对象越通透，如图4-81所示。

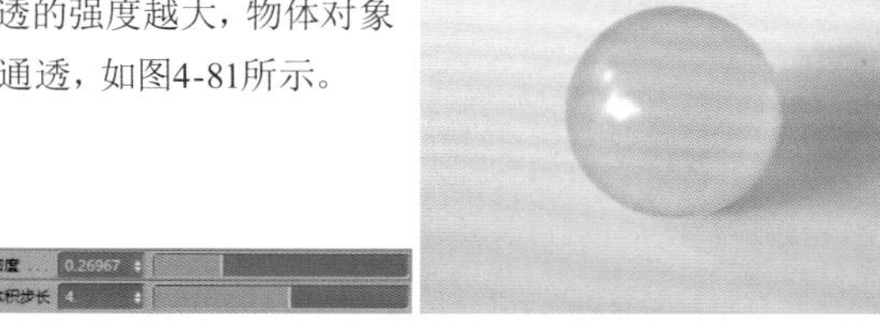

图4-81

②**体积步长：**影响光的穿透性。这个属性在渲染“VDB雾”的时候效果最明显，图4-82所示为“体积步长”设置为4和10时的不同效果。

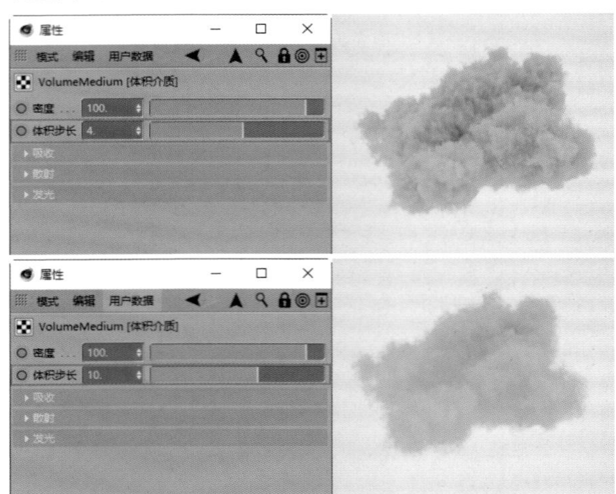

图4-82

③**吸收：**设置介质吸收的颜色，如图4-83所示。

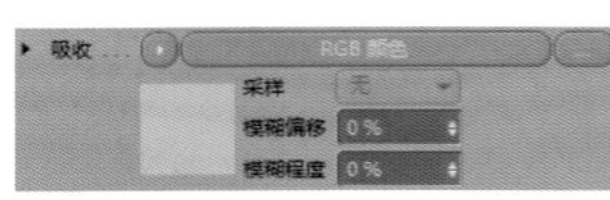

图4-83

4.2.10 散射介质

相对“吸收介质”而言，“散射介质”的使用频率更高一些，它在制作SSS材质时更容易调节出效果。“散射介质”也需要连接到材质的“介质”通道，如图4-84所示。

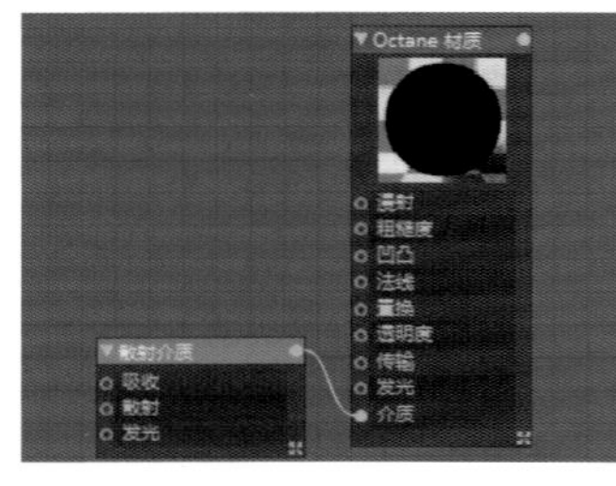

图4-84

“散射介质”的主要属性参数有“散射”“相位”“发光”，如图4-85所示。

图4-85

①**散射：**使用“RGB颜色”影响物体表面的吸收颜色，如图4-86所示。

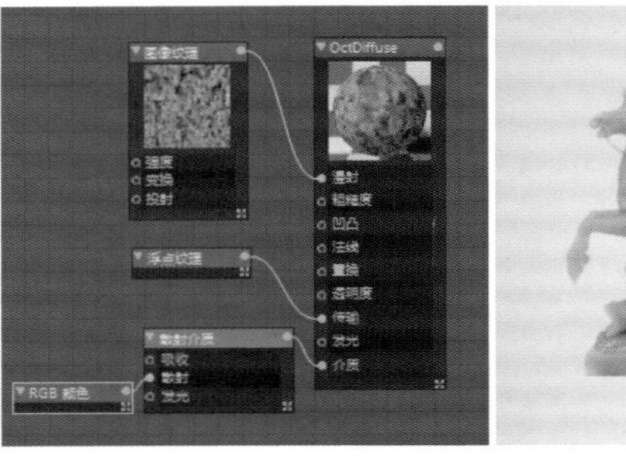

图4-86

②**相位：**用来影响“散射介质”颜色的变化，数值范围为-1~1，如图4-87所示。

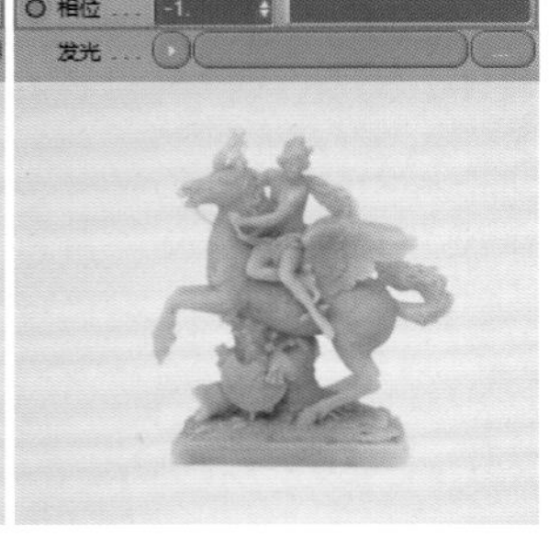

图4-87

③**发光：**连接“黑体发光”节点，用来设置介质的发光效果，如图4-88所示。

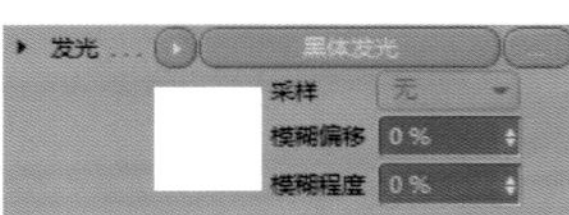

图4-88

技术专题：如何完整保存工程项目

在保存项目的时候，使用简单的保存方式只能保存项目的模型和材质环境等元素，但是如果更改了贴图的位置，贴图信息就会失效。

为了保存完整的工程项目，方便协同操作，可以执行“文件 > 保存工程（包含资源）”菜单命令，如图4-89所示。这种保存方法可以完整地保存项目的全部信息，包括纹理贴图。

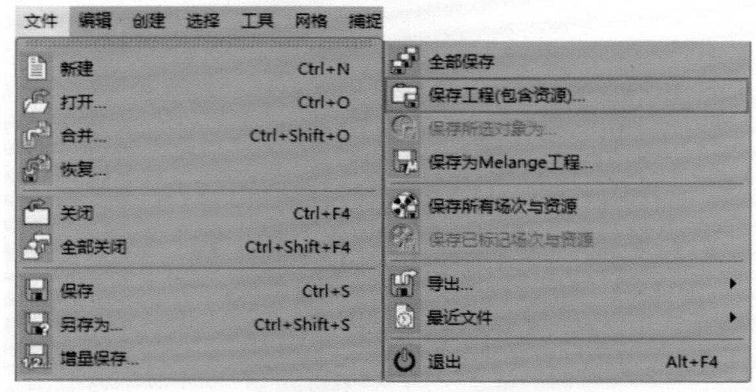

图4-89

4.3 产品包装常见材质效果及制作方法

本节将通过具体的实例介绍在制作产品包装时经常用到的一些材质的制作思路。

4.3.1 玻璃

玻璃材质在产品包装中是出现频率较高的一种材质类型，主要用来模拟饮料瓶、酒杯等效果。玻璃材质可以使用Octane Render的“Octane透明材质”来调节。

实例：制作高脚酒杯材质

场景位置	场景文件 >CH04> 制作高脚酒杯材质 .c4d
实例位置	实例文件 >CH04> 制作高脚酒杯材质 .c4d
视频名称	制作高脚酒杯材质
技术掌握	玻璃材质的调节方法

高脚酒杯是一种透光性很强的玻璃材质，玻璃材质会受到周围不同环境的影响，从而产生不同的反射效果。因此在调节玻璃材质的时候，除了需要注意打光的位置外，还要注意场景环境应尽量避免曝光过强和不使用过于复杂的环境贴图，如图4-90所示。

01 按快捷键Ctrl+O打开“制作高脚酒杯材质.c4d”场景文件，如图4-91所示。

图4-90

图4-91

02 在“Octane Render”面板中执行“对象>Octane HDRI环境”菜单命令，并加载tex文件夹中的环境贴图，进行环境配置，如图4-92所示。

图4-92

提示

玻璃材质效果会受到周围环境的影响而产生不同的反射效果，所以要尽量选择过渡均匀、元素干净的环境纹理贴图。同时也可以通过调节Octane HDRI环境的“功率”和x轴、y轴的轴向来控制纹理的照射亮度和角度。

03 使用“反射材质”并赋给“桌子”对象，在“漫射”通道和“凹凸”通道中加载tex文件夹中的木纹纹理，在“粗糙度”中设置“浮点”为0.3左右，设置“索引”为1.2左右，如图4-93所示。

图4-93

04 使用“透明材质”并赋给“高脚酒杯”对象，在“粗糙度”中设置“浮点”为0.008左右，设置“索引”为1.52，勾选“伪阴影”选项，如图4-94所示。

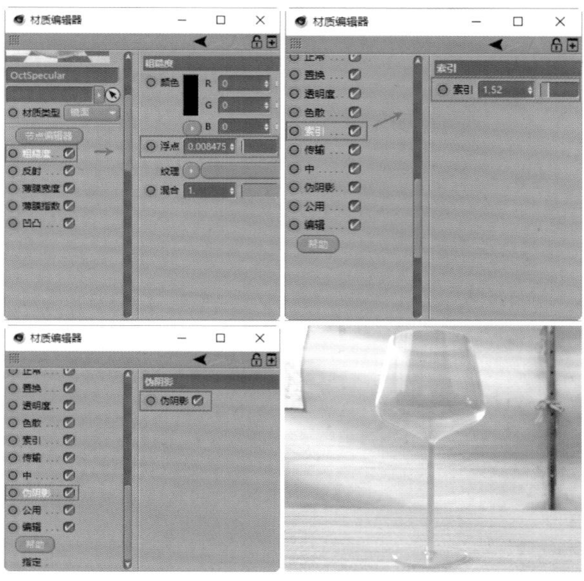

图4-94

05 使用“Octane区域光”为高脚酒杯补光，如图4-95所示。

图4-95

4.3.2 液体

液体材质可以使用Octane Render的“Octane透明材质”来调节，主要用来模拟饮料、酒等效果。

实例：制作茶水材质

场景位置	场景文件 >CH04> 制作茶水材质 .c4d
实例位置	实例文件 >CH04> 制作茶水材质 .c4d
视频名称	制作茶水材质
技术掌握	液体材质的调节方法

液体材质有其独特的表现方式，其在半透光材质的基础上具有细微的波纹和杂质效果，可以使用“凹凸”节点来调节液体的效果，如图4-96所示。本实例只介绍茶水材质的制作过程，场景中其他物体对象的材质将会在后面的“商业案例实战”中详细讲解。

01 按快捷键Ctrl+O打开“制作茶水材质.c4d”场景文件，如图4-97所示。

图4-96

图4-97

02 在“Octane Render”面板中执行“对象>Octane HDRI环境”菜单命令，并加载tex文件夹中的环境贴图，进行环境配置，如图4-98所示。

图4-98

03 使用“Octane区域光”对场景中的物体对象进行补光，如图4-99所示。

图4-99

04 使用“透明材质”并赋给需要制作茶水材质的对象，在“粗糙度”中设置“浮点”为0.005左右，设置“索引”为1.236左右，勾选“伪阴影”选项，如图4-100所示。

图4-100

05 在透明材质的“传输”通道中更改茶水的“颜色”为粉红色，如图4-101所示。

图4-101

06 打开“Octane节点编辑器”，添加“噪波”节点，选择“类型”为“湍流”，连接到透明材质的“凹凸”通道，并为“噪波”添加“纹理投射”节点，设置投射的宽高比“S.X”为3.23，制作出液体的波纹质感，如图4-102所示。

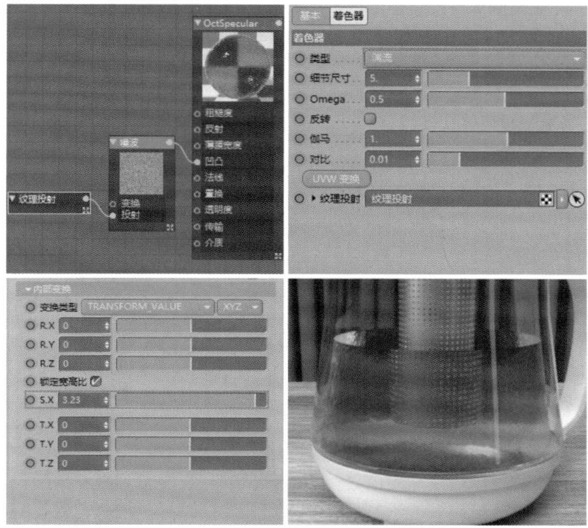

图4-102

提示

不同材质的折射率不同，如玻璃材质和水材质的折射率就是不同的。材质折射率的设置可以通过对“索引”通道的设置来实现，玻璃的折射率一般在1.5左右，水的折射率一般在1.33左右。

4.3.3 金属

金属材质同样是包装制作中使用频率较高的一种包装材质类型，主要用来模拟易拉罐、耳机、充电宝等效果，可以使用Octane Render的“Octane光泽材质”等来进行调节。

实例：制作易拉罐材质

场景位置	场景文件 >CH04> 制作易拉罐材质 .c4d
实例位置	实例文件 >CH04> 制作易拉罐材质 .c4d
视频名称	制作易拉罐材质
技术掌握	金属材质的调节方法

易拉罐材质属于强反射的材质，反射的细节和质量依赖于环境贴图和光源的照射角度，不同的环境贴图制作的金属材质是完全不同的。本实例讲解白色金属材质的调节方法，如图4-103所示。

01 按快捷键Ctrl+O打开“制作易拉罐材质.c4d”场景文件，如图4-104所示。

图4-103

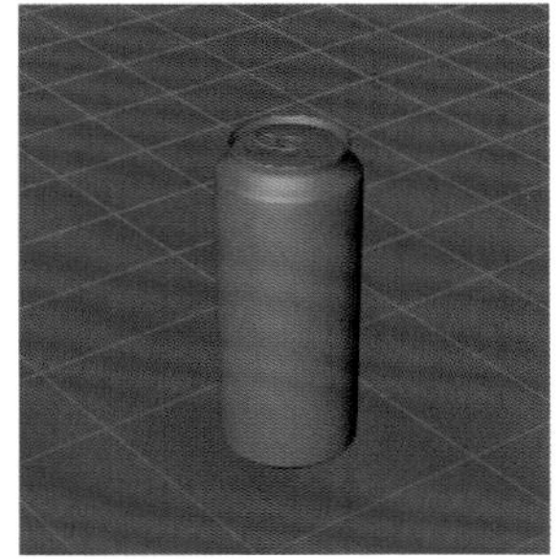

图4-104

02 在“Octane Render”面板中执行“对象＞Octane HDRI环境”菜单命令，并加载tex文件夹中的环境贴图，进行环境配置，如图4-105所示。

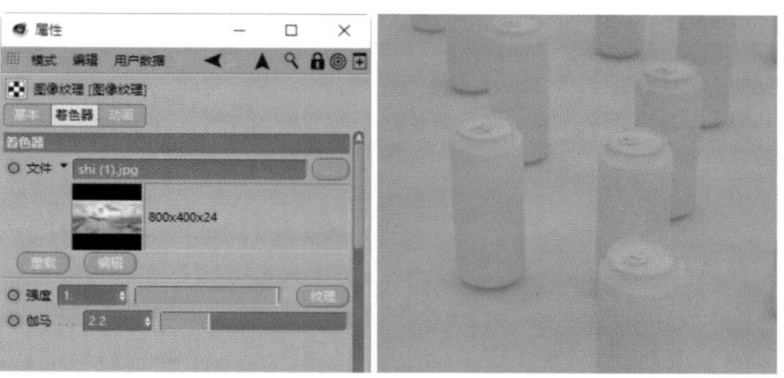

图4-105

03 使用“Octane日光”，勾选“混合天空纹理”选项，对场景中的物体对象进行补光，如图4-106所示。

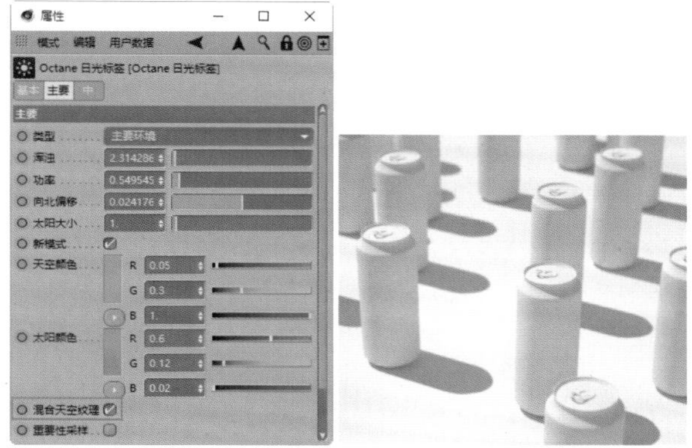

图4-106

04 使用“Octane漫射材质”，设置“漫射”通道的“颜色”为粉色，复制一份“Octane漫射材质”，设置其“漫射”通道的“颜色”为蓝色，并把这两个材质分别赋给场景中的“平面”对象，如图4-107所示。

图4-107

05 使用“Octane光泽材质”，取消勾选“漫射”通道，在“粗糙度”中设置“浮点”为0.3左右，设置“索引”为1，制作易拉罐顶部的金属材质，如图4-108所示。

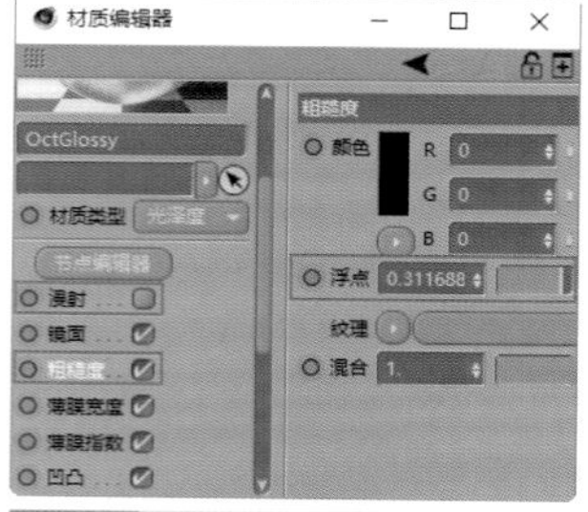

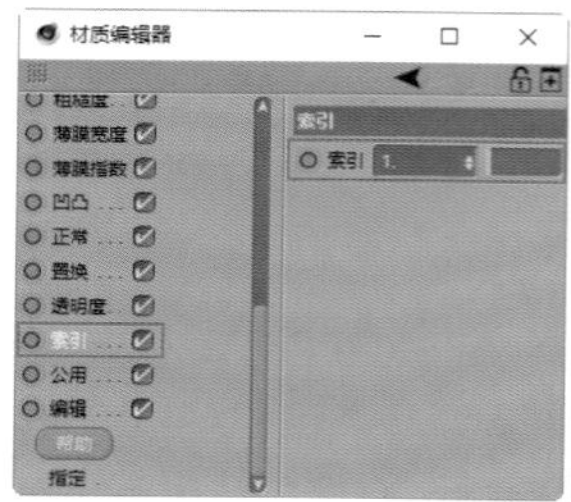

图4-108

提示

改变金属材质的颜色可以通过设置“镜面”通道中的“颜色”来实现。

06 使用“Octane光泽材质”，在“粗糙度”中设置“浮点”为0.35左右，设置“索引”为1.8，如图4-109所示。

图4-109

07 打开“Octane节点编辑器”，使用“图像纹理”节点为上一步“Octane光泽材质”的“漫射”通道添加纹理贴图，制作易拉罐的纹理质感，如图4-110所示。

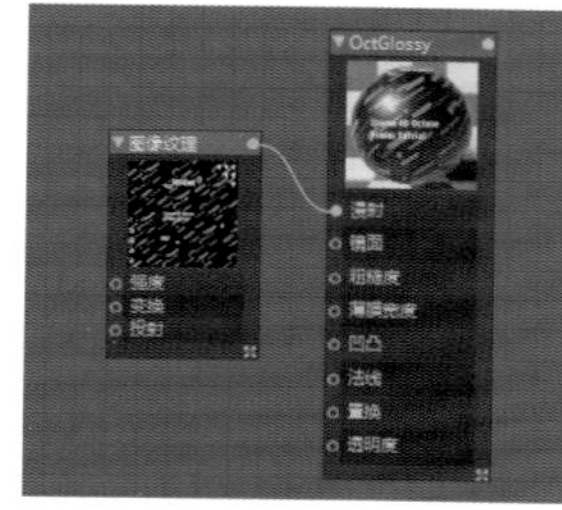

图4-110

4.3.4 塑料

塑料材质是产品包装中经常会使用到的材质类型，常用来模拟塑料包装袋、矿泉水瓶、塑料餐盒等效果，可以使用Octane Render的“Octane混合材质”来调节。

实例：制作透明包装袋材质

场景位置	场景文件 >CH04> 制作透明包装袋材质 .c4d
实例位置	实例文件 >CH04> 制作透明包装袋材质 .c4d
视频名称	制作透明包装袋材质
技术掌握	塑料材质的调节方法

塑料材质除了具有反射和折射属性外，还具备透光性，但是它的透光性不如玻璃那么好。同时要注意的是，如果想渲染出比较好的塑料材质效果，需要配合合适的环境贴图。本实例通过制作包装袋来讲解如何制作塑料材质效果，如图4-111所示。

01 按快捷键Ctrl+O打开“制作透明包装袋材质.c4d”场景文件，如图4-112所示。

图4-111

图4-112

02 在“Octane Render”面板中执行“对象>Octane HDRI环境”菜单命令，并加载tex文件夹中的环境贴图，进行环境配置，如图4-113所示。

图4-113

03 使用“Octane漫射材质”，设置“漫射”通道的“颜色”为蓝色，并赋给“平面”，作为场景背景使用，如图4-114所示。

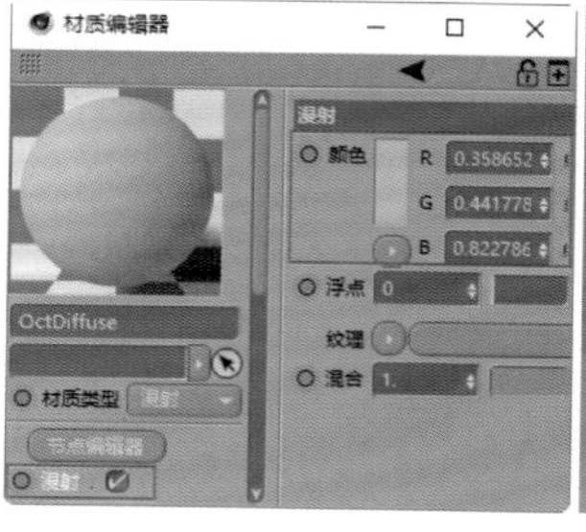

图4-114

04 使用“Octane透明材质”，设置“粗糙度”中的“浮点”为0.008，设置“索引”为1.575，勾选“伪阴影”选项，如图4-115所示。

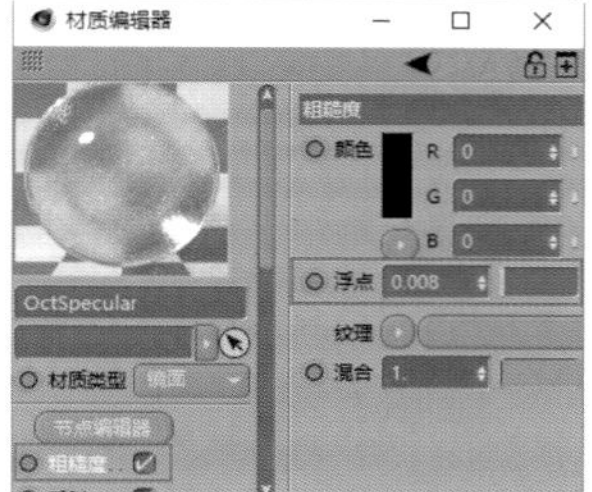

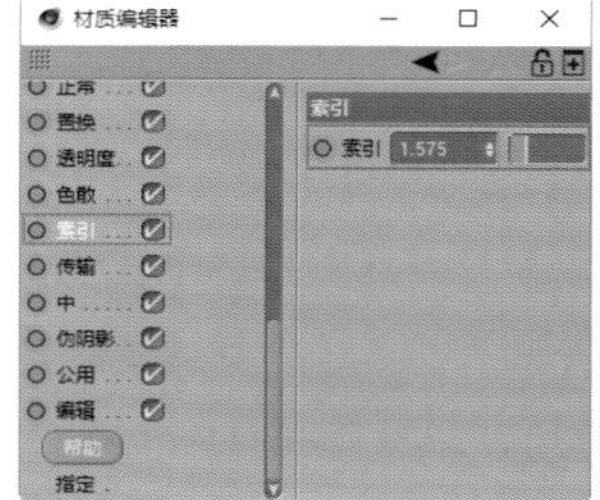

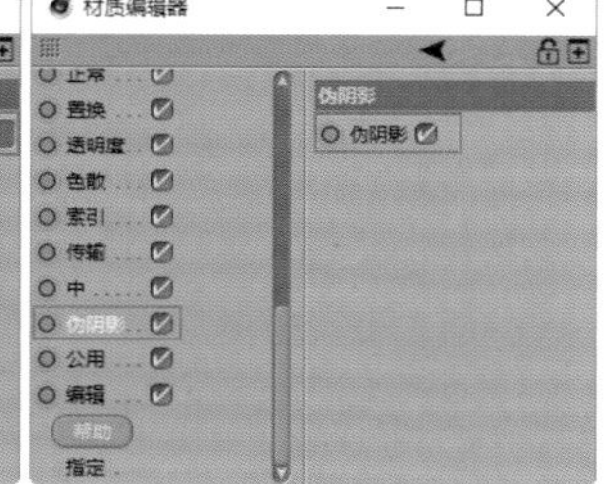

图4-115

05 使用“Octane光泽材质”，设置“粗糙度”中的“浮点”为0.09左右，设置“索引”为1.2左右，如图4-116所示。

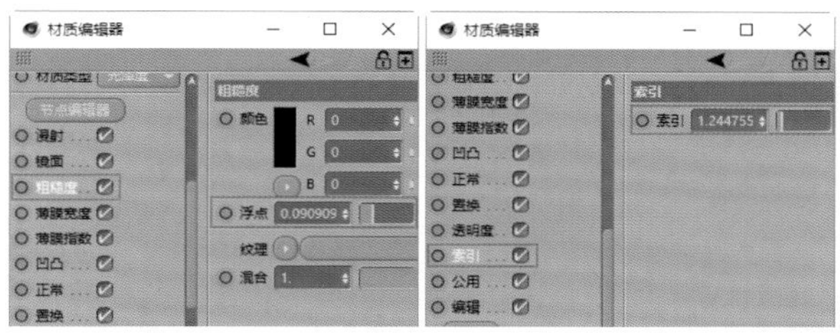

图4-116

06 使用“Octane混合材质”，把之前创建的“Octane透明材质”和“Octane光泽材质”分别拖曳至“混合材质”的“材质1”和“材质2”右侧的空白区域，把“Octane混合材质”赋给“包装袋”对象，调节“浮点纹理”的数值控制透明塑料的质感，如图4-117所示。

图4-117

4.3.5 布料

在包装设计中，布料材质除了可以用来制作手提袋、包装袋等产品外包装外，还可以用来丰富场景元素，如桌布，是一种经常使用到的弱反射材质，可以使用Octane Render的“Octane光泽材质”配合纹理贴图来调节。

实例：制作麻布手提袋材质

场景位置	场景文件 >CH04> 制作麻布手提袋材质 .c4d
实例位置	实例文件 >CH04> 制作麻布手提袋材质 .c4d
视频名称	制作麻布手提袋材质
技术掌握	布料材质的调节方法

本实例讲解如何制作麻布手提袋材质。在调整布料这种弱反射材质时需要控制好材质的粗糙度和反射率，同时布料材质的效果可以借助贴图来完成，如图4-118所示。

01 按快捷键Ctrl+O打开“制作麻布手提袋材质.c4d”场景文件，如图4-119所示。

图4-118

图4-119

02 在“Octane Render”面板中执行“对象>Octane HDRI环境”菜单命令，并加载tex文件夹中的环境贴图，进行环境配置，如图4-120所示。

图4-120

03 使用“Octane光泽材质”并赋给“平面”，作为场景背景使用，如图4-121所示。

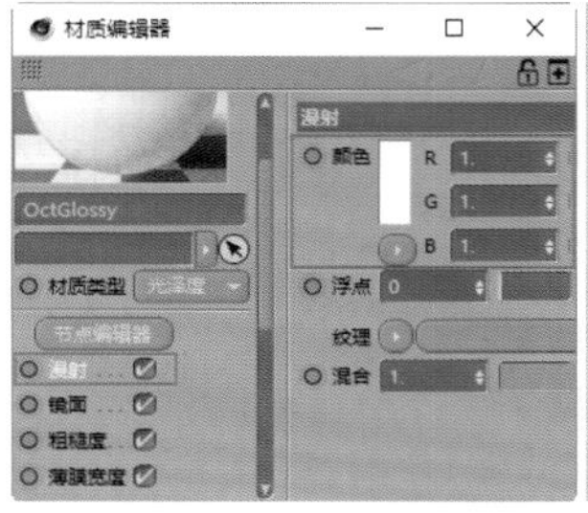

图4-121

04 使用“Octane光泽材质”并赋给“手提袋”对象，打开“Octane节点编辑器”，使用“图像纹理”节点，加载tex文件夹中的“布麻_COLOR”贴图并连接到“漫射”通道，添加布料纹理贴图。复制两个“图像纹理”节点，分别加载tex文件夹中的“布麻_NRM”和“布麻_SPEC”贴图，同时分别连接到“粗糙度”通道和“法线”通道，如图4-122所示。

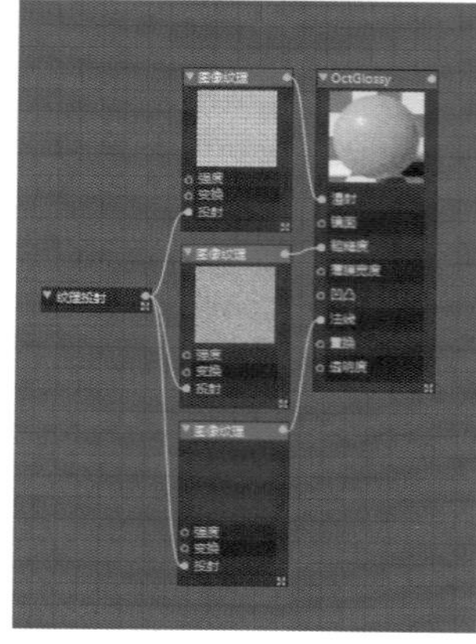

图4-122

4.3.6 卡通

卡通材质对品牌形象搭建、宣传来说是非常重要的载体，可以使用“Octane漫射材质”来调节。

实例：制作卡通角色材质

场景位置	场景文件 >CH04> 制作卡通角色材质 .c4d
实例位置	实例文件 >CH04> 制作卡通角色材质 .c4d
视频名称	制作卡通角色材质
技术掌握	卡通材质的调节方法

卡通材质的调节可以灵活一些，因为不同的卡通形象的材质不同。卡通形象的材质调节重点是配色，一个优秀的卡通形象必然有它的鲜明特点，如图4-123所示。

01 按快捷键Ctrl+O打开“制作卡通角色材质.c4d”场景文件，如图4-124所示。

图4-123

图4-124

02 使用“Octane区域光”，并将其移动到“卡通”对象的右上方，为场景打光，如图4-125所示。

图4-125

03 使用“Octane漫射材质”，设置“漫射”通道的“颜色”为橙色，并将该材质赋给卡通形象的“外套”对象，如图4-126所示。

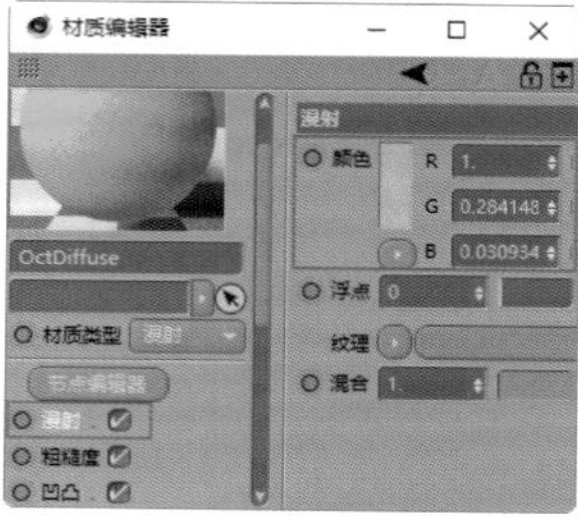

图4-126

04 参考步骤03的方法，继续使用“Octane漫射材质”，设置“漫射”通道的不同颜色，并分别赋给卡通形象的其他部位，如图4-127所示。

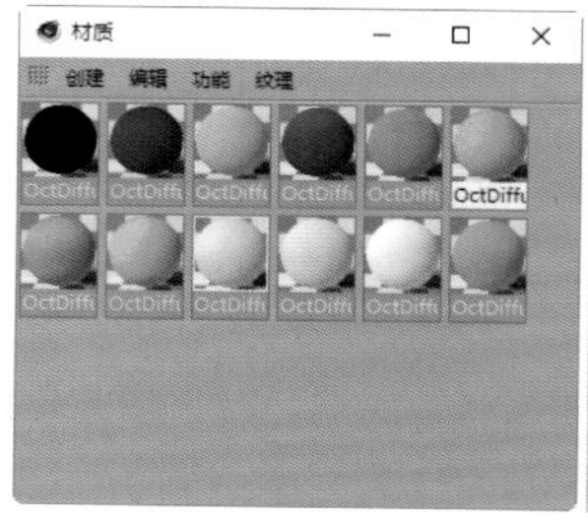

图4-127

4.3.7 炫酷

炫酷材质可以使用Octane Render的“Octane光泽材质”来调节，并且使用辅助打光软件HDR Light Studio配合Octane Render材质，可以制作出炫酷的多彩效果。

实例：制作多彩耳机材质

场景位置	场景文件 >CH04> 制作多彩耳机材质 .c4d
实例位置	实例文件 >CH04> 制作多彩耳机材质 .c4d
视频名称	制作多彩耳机材质
技术掌握	多彩炫酷材质的调节方法

本实例讲解如何配合辅助打光软件制作耳机的多种色彩反射效果。制作多种色彩反射效果主要需要考虑色彩的搭配和光源的照射角度，本实例使用了对比较强的配色，如图4-128所示。

01 按快捷键Ctrl+O打开“制作多彩耳机材质.c4d”场景文件，如图4-129所示。

图4-128

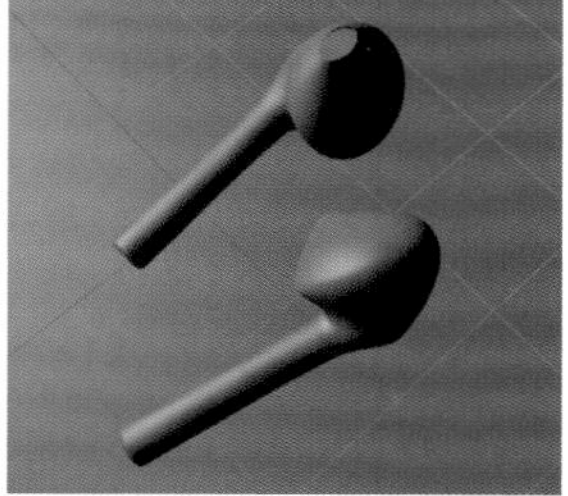

图4-129

02 使用“Octane光泽材质”，在“粗糙度”中设置“浮点”为0.05左右，设置“索引”为1.7左右，设置“漫射”通道的“颜色”为黑色，将该材质赋给“地板”对象，如图4-130所示。

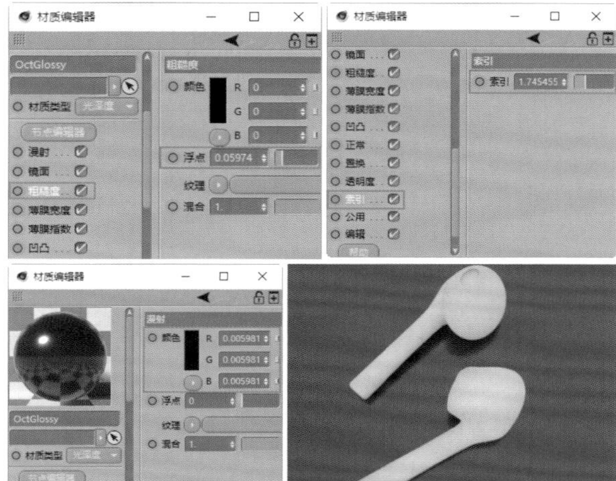

图4-130

03 使用“Octane光泽材质”，取消勾选“漫射”通道，在“粗糙度”中设置“浮点”为0.03左右，设置“索引”为3.34左右，将该材质赋给“耳机”对象，如图4-131所示。

图4-131

04 执行“插件>HDRLightStudioC4D Connection”菜单命令，打开辅助打光软件HDR Light Studio，在“渲染器”一栏中选择“Octane”，单击“添加预设节点”按钮 添加渲染预设节点，单击“启动”按钮 启动该软件，如图4-132所示。

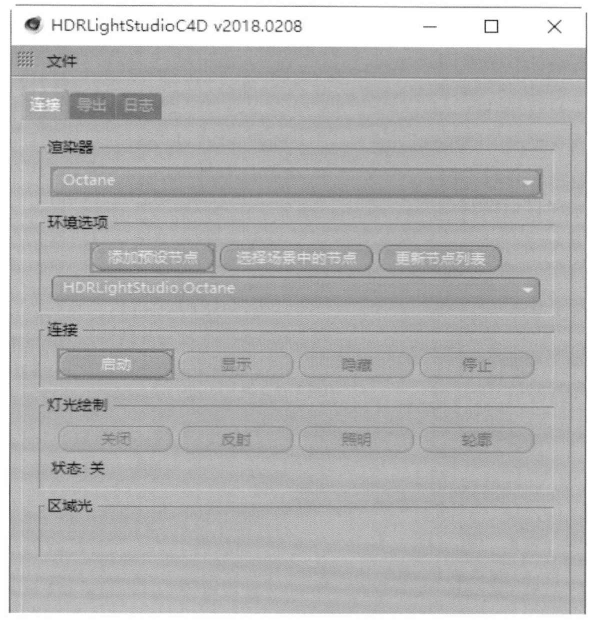

图4-132

05 使用“矩形灯光”，在“渲染器”面板中拖曳灯光到合适的打光位置，设置“矩形灯光”的亮度为600、“颜色”为蓝色，如图4-133所示。

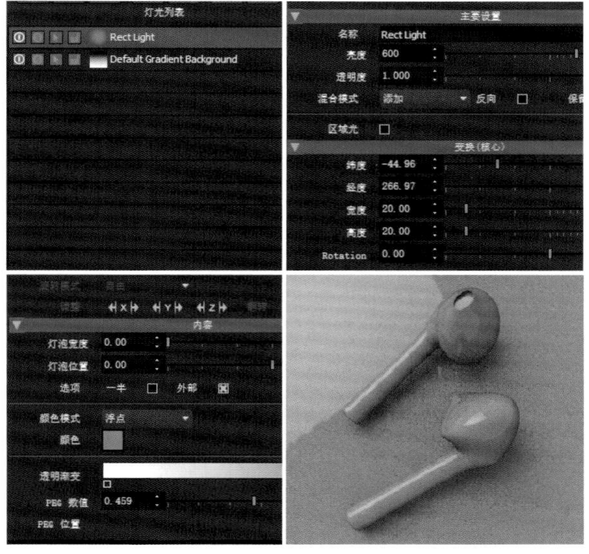

图4-133

06 使用“矩形灯光”，在“渲染器”面板中拖曳灯光到合适的打光位置，设置“矩形灯光”的“亮度”为600、“颜色”为紫色，如图4-134所示。

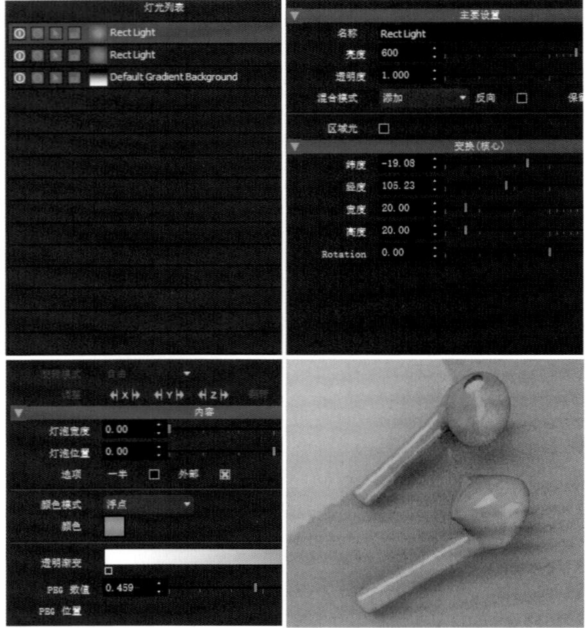

图4-134

07 使用"矩形灯光"，使用相同的方法设置其他颜色的打光效果，如图4-135所示。

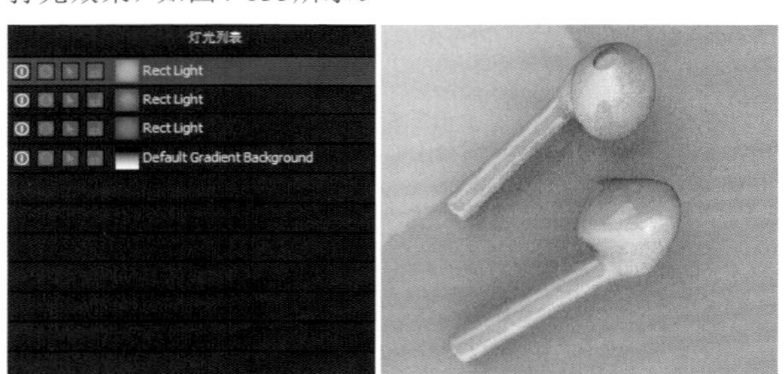

图4-135

08 导出制作的HDR贴图，回到Cinema 4D界面，使用"Octane区域光"为场景补光，如图4-136所示。

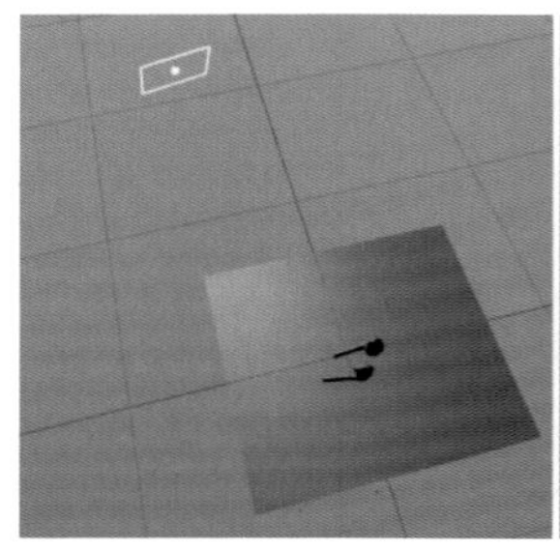

图4-136

4.3.8 SSS材质

SSS材质主要用来制作半透光效果的材质或物体表面效果，如人物皮肤、玉石等效果，可以使用Octane Render的"Octane混合材质"来调节。

实例：制作香皂材质

场景位置	场景文件 >CH04> 制作香皂材质 .c4d
实例位置	实例文件 >CH04> 制作香皂材质 .c4d
视频名称	制作香皂材质
技术掌握	SSS 材质的调节方法

SSS材质多用来表现化妆品类产品的效果，如本实例中的香皂材质。SSS材质主要需要使用"Octane透明材质"的"介质"通道来调节。有时针对不同产品的渲染效果也需要配合其他材质来制作混合的材质效果，如图4-137所示。本实例仅讲解SSS材质的调节方法，场景中其他元素的材质效果的制作将在视频中为读者介绍。

01 按快捷键Ctrl+O打开"制作香皂材质.c4d"场景文件，如图4-138所示。

图4-137

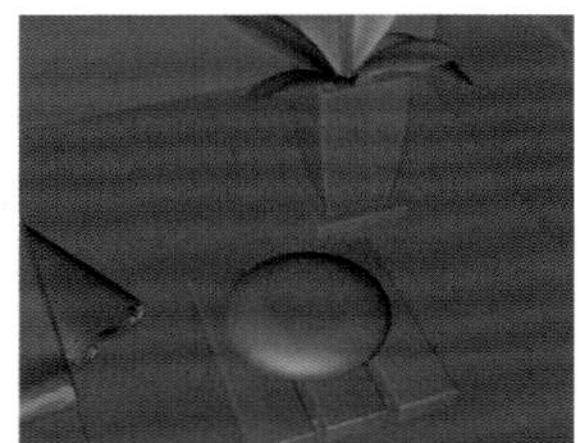

图4-138

02 在"Octane Render"面板中执行"对象>Octane HDRI环境"菜单命令，并加载tex文件夹中的环境贴图，进行环境配置，如图4-139所示。

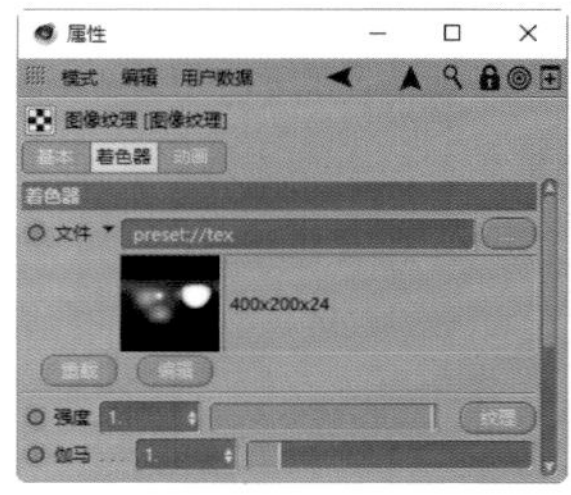

图4-139

03 使用"Octane区域光"，对场景中的物体对象进行补光，制作光影效果，如图4-140所示。

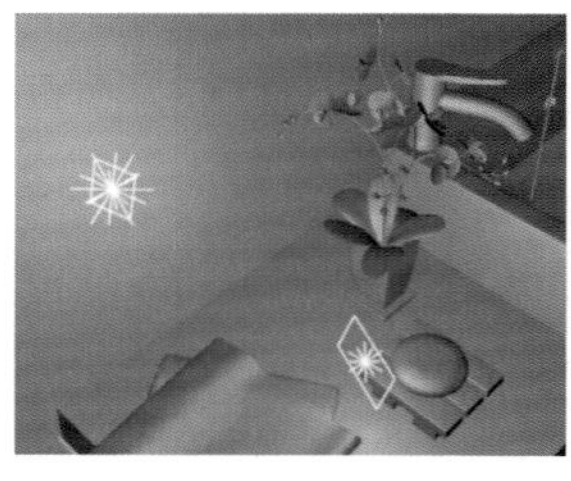

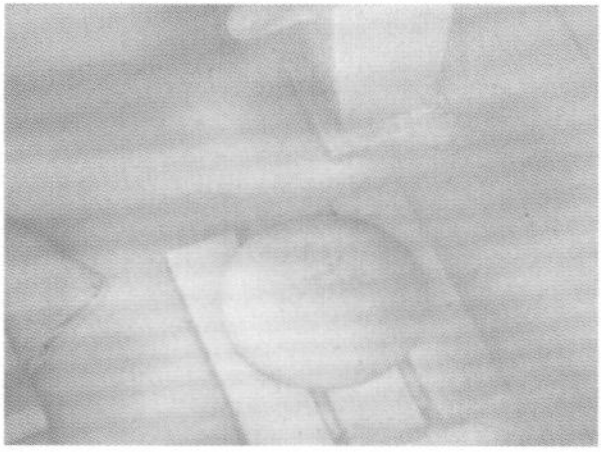

图4-140

04 使用"Octane透明材质"，打开"Octane节点编辑器"，使用"散射介质"节点，连接材质的"介质"通道；使用两个"RGB颜色"节点分别连接到"散射介质"的"吸收"和"散射"通道，设置两个"RGB颜色"节点的"颜色"为白色，设置"传输"通道的"颜色"为肉粉色，如图4-141所示。

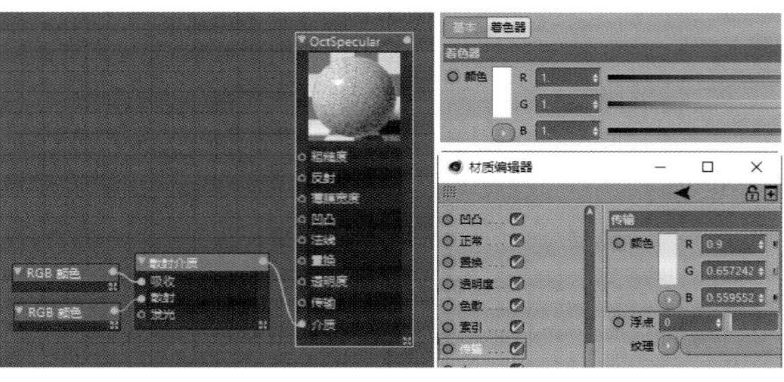

图4-141

05 使用“Octane光泽材质”，调整“漫射”通道的“颜色”为肉粉色，在“粗糙度”中设置“浮点”为0.1左右，如图4-142所示。

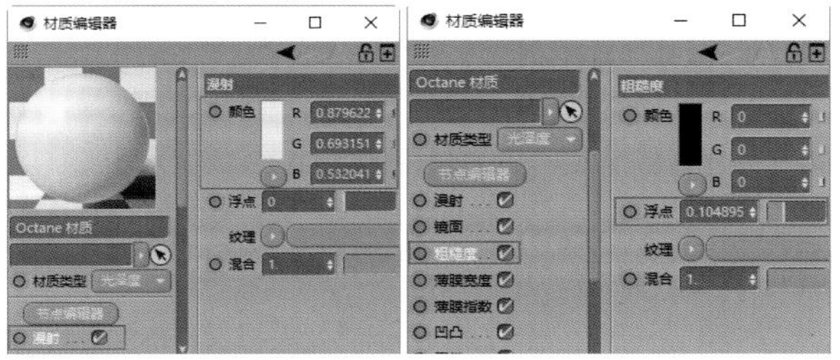

图4-142

06 使用“Octane混合材质”，把之前创建的“Octane透明材质”和“Octane光泽材质”分别拖曳至“混合材质”的“材质1”和“材质2”右侧空白区域，把“Octane混合材质”赋给“香皂”对象，如图4-143所示。

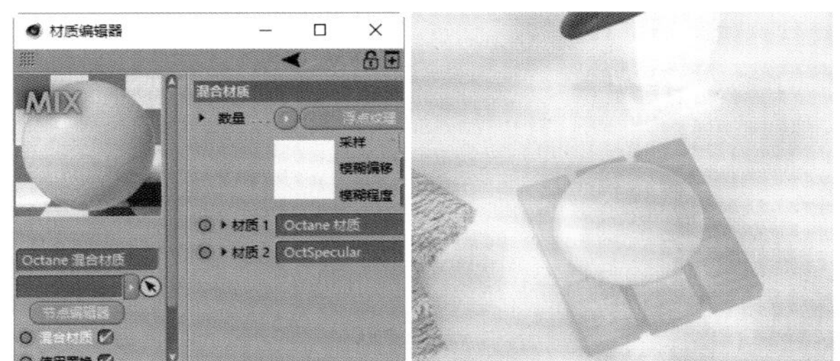

图4-143

4.3.9 皮革

皮革材质主要用来模拟沙发、耳机等材质效果，可以使用Octane Render的“Octane光泽材质”配合纹理贴图来调节。

实例：制作皮质钢笔套材质

场景位置	场景文件 >CH04> 制作皮质钢笔套材质 .c4d
实例位置	实例文件 >CH04> 制作皮质钢笔套材质 .c4d
视频名称	制作皮质钢笔套材质
技术掌握	皮革材质的调节方法

材质中的“凹凸”和“法线”通道可用来模拟物体表面的纹理凹凸细节。本实例讲解皮革材质纹理细节的制作方法，如图4-144所示。

01 按快捷键Ctrl+O打开“制作皮质钢笔套材质.c4d”场景文件，如图4-145所示。

图4-144

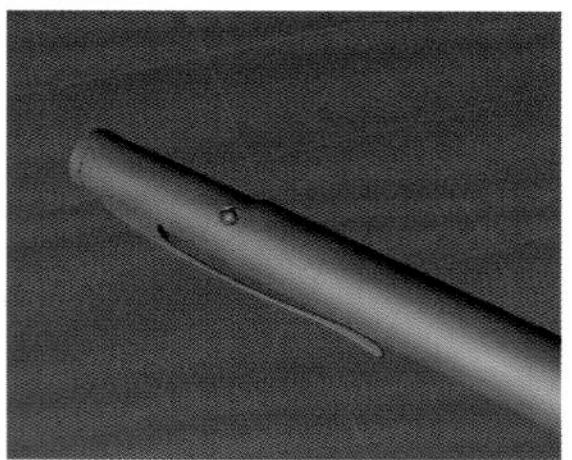

图4-145

02 在“Octane Render”面板中执行“对象>Octane HDRI环境”菜单命令，并加载tex文件夹中的环境贴图，进行环境配置，如图4-146所示。

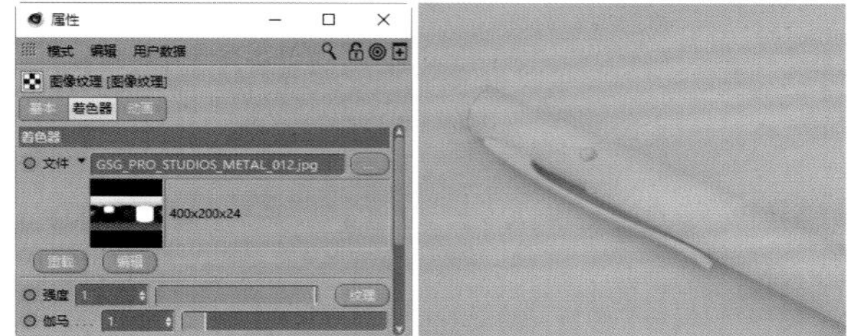

图4-146

03 使用“Octane区域光”，对场景中的物体对象进行补光，如图4-147所示。

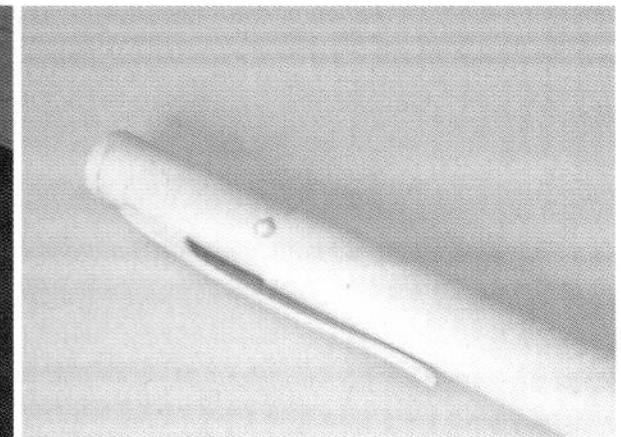

图4-147

04 使用“Octane光泽材质”，取消勾选“漫射”通道，在“粗糙度”中设置“浮点”为0.14左右，设置“索引”为1.78左右，制作钢笔笔身的黑色金属材质效果，如图4-148所示。

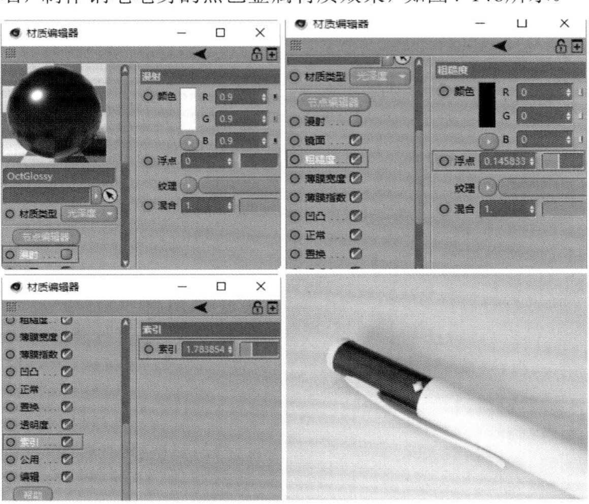

图4-148

05 使用“Octane光泽材质”，取消勾选“漫射”通道，设置“镜面”通道的“颜色”为黄色，在“粗糙度”中设置“浮点”为0.78左右，设置“索引”为1，制作钢笔的金色材质效果，如图4-149所示。

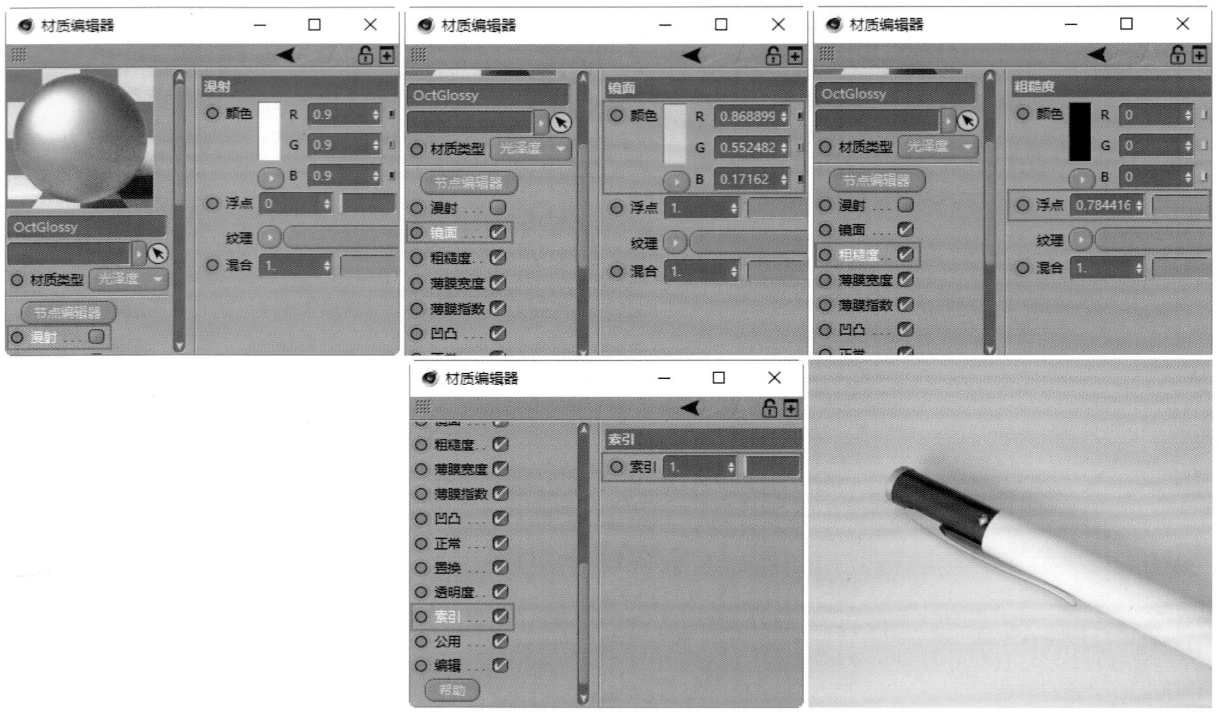

图4-149

06 使用“Octane光泽材质”，打开“Octane节点编辑器”，使用“图像纹理”节点分别连接材质的“漫射”通道、“粗糙度”通道和“法线”通道，并分别对其添加tex文件夹中的“皮革_COLOR”“皮革_SPEC”“皮革_NRM”贴图，使用“法线”通道贴图可以模拟皮革表面的凹凸细节，如图4-150所示。

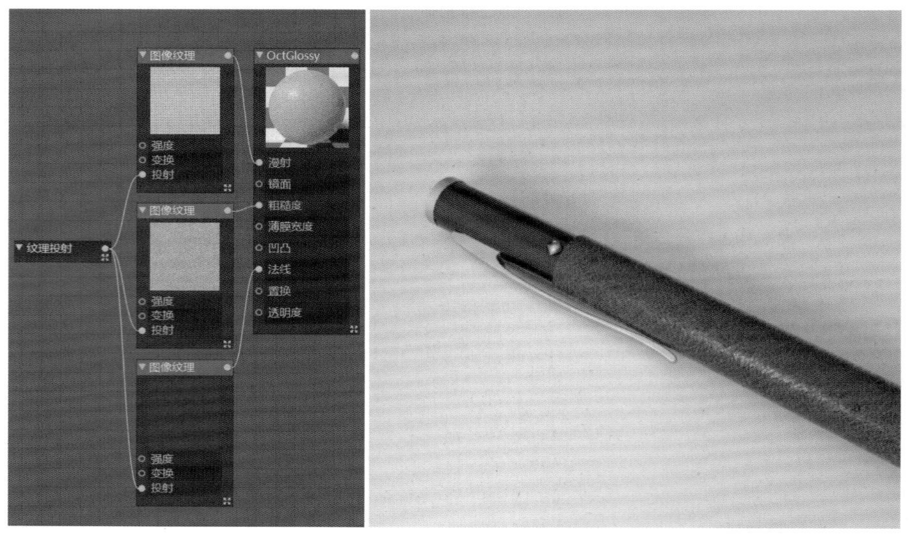

图4-150

第5章 商业案例实战——食品类

本章将对曲奇饼干包装、花生豆包装和八宝粥包装3个案例进行讲解，不仅会介绍食品包装的建模方法，而且会为读者讲解在制作食品模型时的辅助工具——“雕刻”工具的使用方法，以及变形器在产品建模时的实际用途。

5.1 曲奇饼干包装渲染案例

场景位置	场景文件 >CH05> 曲奇饼干包装渲染场景 .c4d
实例位置	实例文件 >CH05> 曲奇饼干包装渲染案例 .c4d
视频名称	曲奇饼干包装渲染案例
技术掌握	曲奇饼干模型及材质的调节方法、包装盒的布线技巧

本案例重点为读者讲解“雕刻”工具在塑造产品模型细节时的作用，以及包装盒的布线技巧。在渲染食品包装时，注意突出产品主体，其他元素仅起到点缀和烘托产品氛围的作用，应避免喧宾夺主。制作好的案例效果如图5-1所示。

图5-1

5.1.1 曲奇饼干建模

曲奇饼干的建模可以使用球体为基础模型，用“雕刻”工具制作曲奇饼干上的烘焙细节。曲奇饼干的模型效果如图5-2所示。

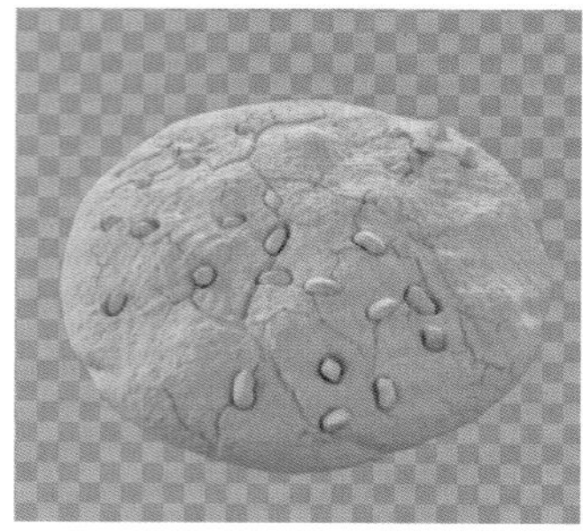

图5-2

01 创建一个球体对象，修改对象名称为“曲奇饼干”。创建一个“融解”变形器，将其作为“曲奇饼干”的子级，设置“融解”变形器的“半径”为100cm、“垂直随机”和“半径随机”均为100%、“融解尺寸”为400%、“噪波缩放”为0.1%，使对象下半部分变平，如图5-3所示。

图5-3

02 全选“曲奇饼干”和“融解”，单击鼠标右键并执行“连接对象+删除”命令，将它们合并成一个新的多边形对象“曲奇饼干.1”，如图5-4所示。

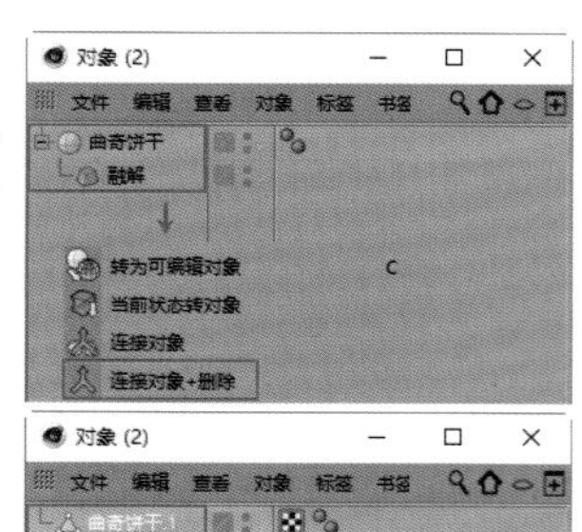

图5-4

03 使用“缩放”工具沿着y轴对“曲奇饼干.1”进行压缩，使其更扁一些，如图5-5所示。

04 使用“细分曲面”生成器增加“曲奇饼干.1”的面数，如图5-6所示。

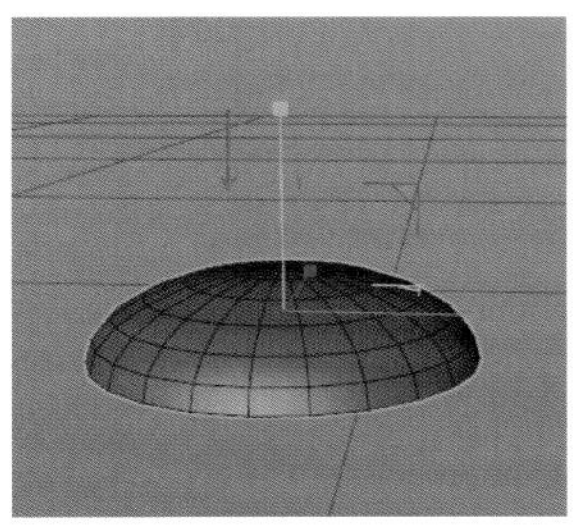

图5-5

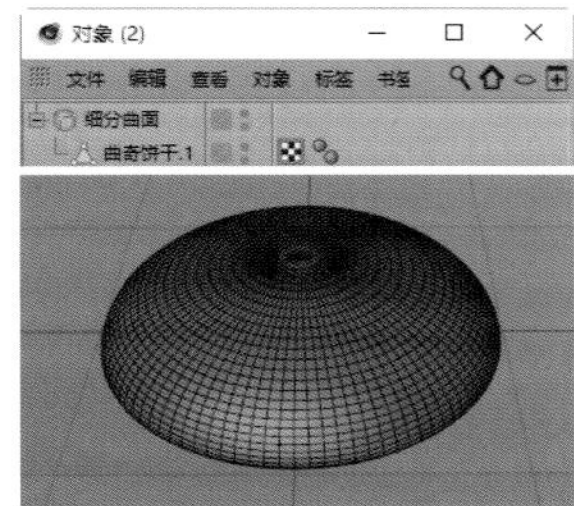

图5-6

05 全选“曲奇饼干.1”和“细分曲面”，单击鼠标右键并执行“连接对象+删除”命令，将它们合并成一个新的多边形对象，并修改对象名称为“曲奇饼干”，如图5-7所示。

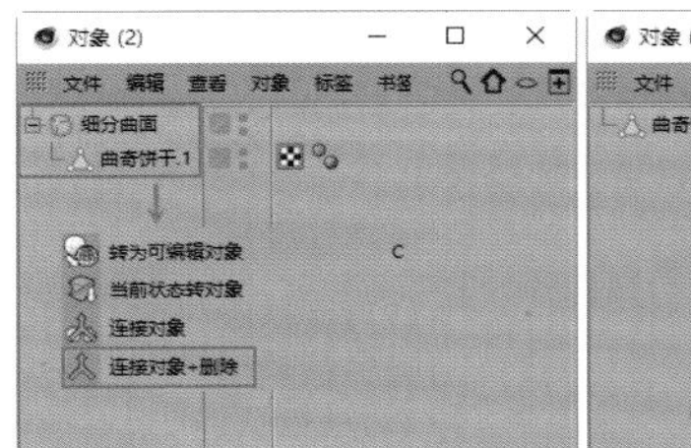

图5-7

06 在进行雕刻前先执行“雕刻>细分”菜单命令，对“曲奇饼干”进行雕刻细分。当完成了雕刻细分后，在“曲奇饼干”对象右侧会生成“雕刻”标签。如果细分数不够多，可以再次执行“雕刻>细分”菜单命令增加其细分数，如图5-8所示。

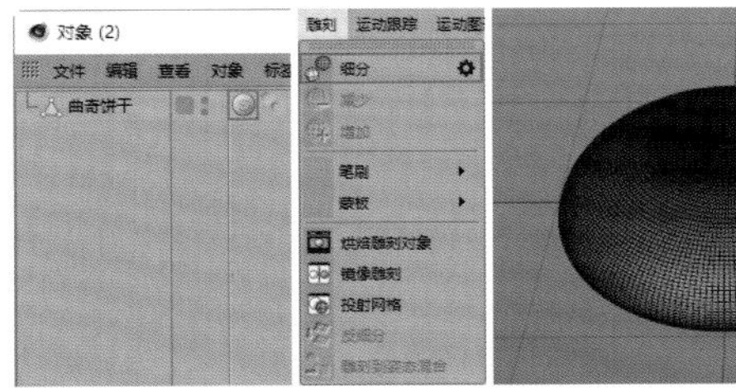

图5-8

提示

使用雕刻功能前需要保证被雕刻的物体对象有足够多的面数，这样才可以在物体表面雕刻出更多的细节。

07 执行“雕刻>笔刷”菜单命令，打开雕刻笔刷工具栏，其中包括很多笔刷，这里主要使用的笔刷为“抓取”“平滑”“蜡雕”，如图5-9所示。

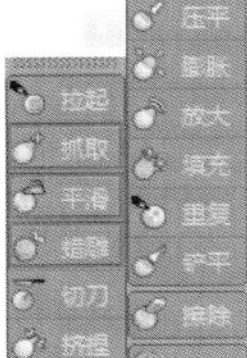

图5-9

08 使用“抓取”笔刷对“曲奇饼干”的外形进行调整，在“属性”面板中（或滚动鼠标滚轮调整）调整笔刷的“尺寸”大小。因为饼干的外形本身就是不规则的，所以这里调整外形时没有限制，可以根据自己的想法随意调整，如图5-10所示。

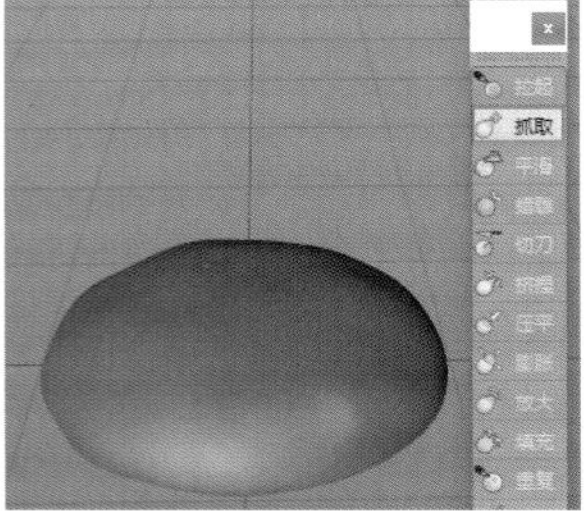

图5-10

09 在调整饼干外形时，可以配合“平滑”和“蜡雕”笔刷对其进行塑形，当然也可以使用其他的笔刷工具（任何一个笔刷工具都可对物体对象进行雕刻塑形，应灵活使用），如图5-11所示。

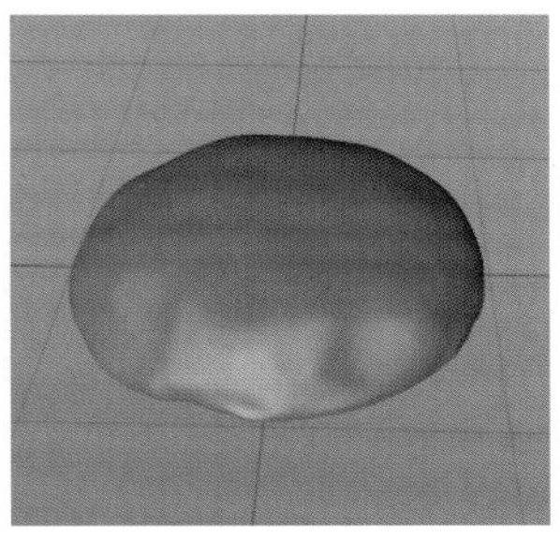

图5-11

10 使用“拉起”笔刷，在其属性中载入“笔刷预置”，“雕刻”工具默认有很多预置的笔刷图案，可以选择其中比较适合的纹理调节“曲奇饼干”表面烘焙细节，如添加“裂纹”“凹凸”等细节效果，如图5-12所示。

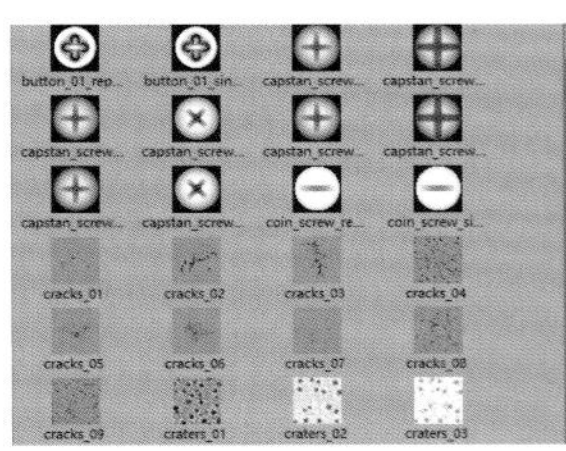

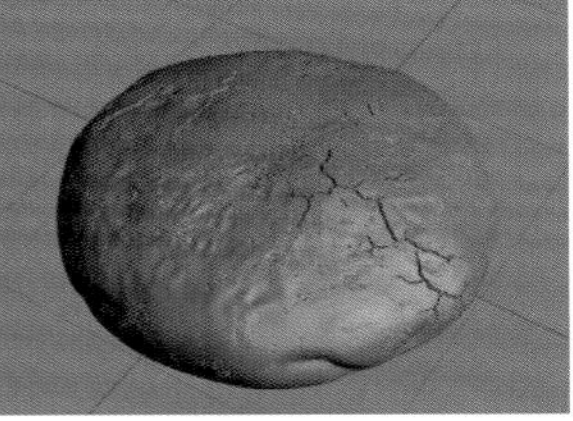

图5-12

11 创建一个球体对象，修改对象名称为“巧克力碎”，并创建一个“FFD”变形器作为“巧克力碎”的子级，设置“FFD”变形器的“水平网点”“垂直网点”“纵深网点”均为5，如图5-13所示。

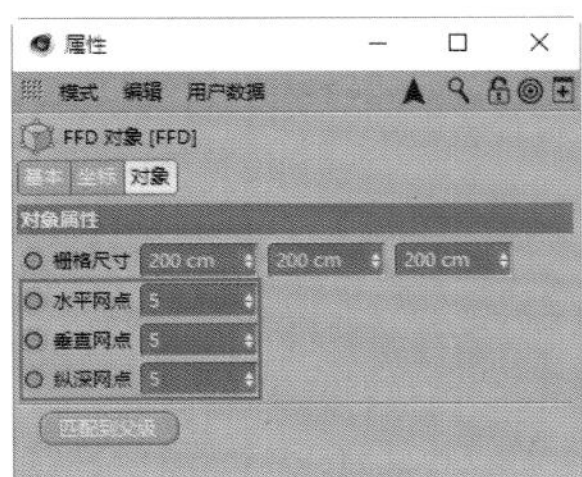

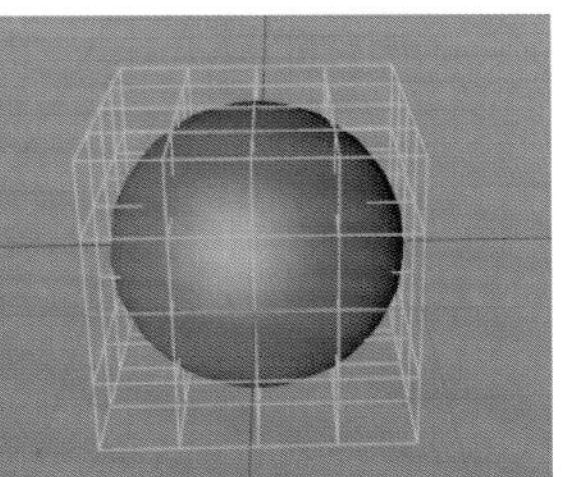

图5-13

12 切换到"点"模式，改变"FFD"变形器点的位置调整"巧克力碎"的外形。"巧克力碎"的外形是不规则的，可以根据自己的想法调整，如图5-14所示。

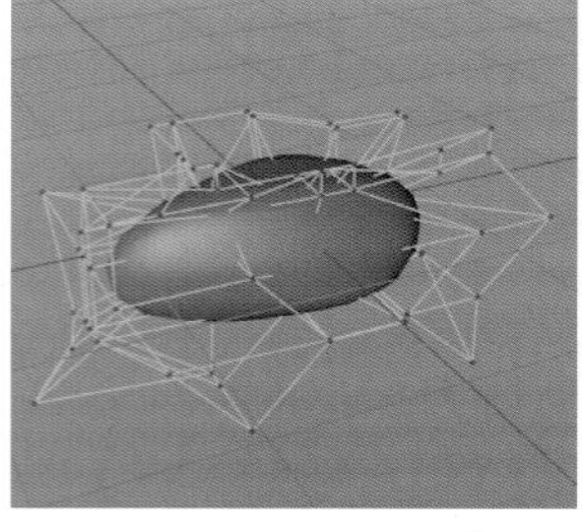

图5-14

13 全选"巧克力碎"和"FFD"，单击鼠标右键并执行"连接对象+删除"命令，将它们合并成一个新的多边形对象"巧克力碎.1"，如图5-15所示。

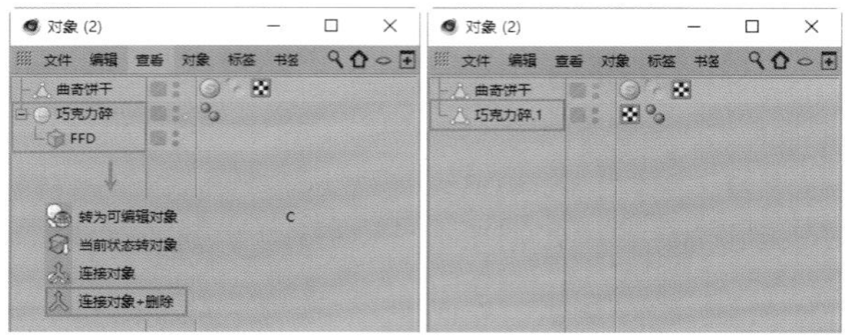

图5-15

14 执行"雕刻>细分"菜单命令，对"巧克力碎.1"进行雕刻细分，当完成了雕刻细分后，在"巧克力碎.1"对象右侧会生成"雕刻"标签，如果细分数不够多，可以再次执行"雕刻>细分"菜单命令增加其细分数，如图5-16所示。

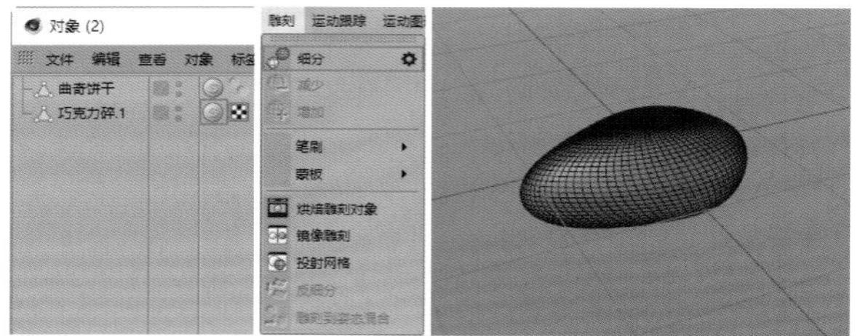

图5-16

15 执行"雕刻>笔刷"菜单命令，打开雕刻笔刷工具栏，使用笔刷对"巧克力碎.1"的外形进行调整，如图5-17所示。

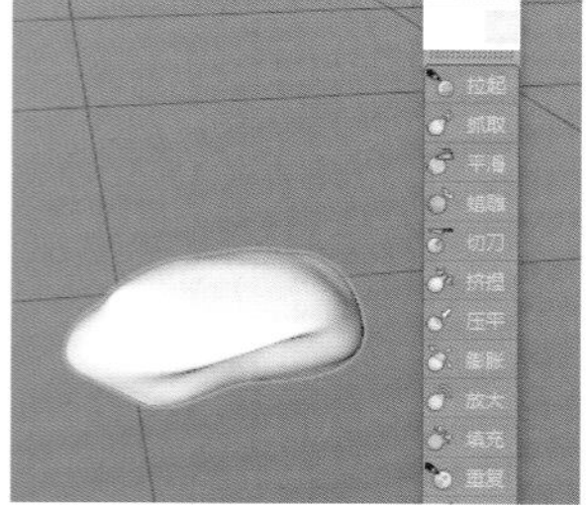

图5-17

16 为"巧克力碎.1"添加"克隆"工具，设置"模式"为"对象"，把"曲奇饼干"对象拖曳到"克隆"属性中"对象"右侧的空白区域，可以配合"推散"效果器和"随机"效果器调整"巧克力碎.1"的随机分布效果，如图5-18所示。

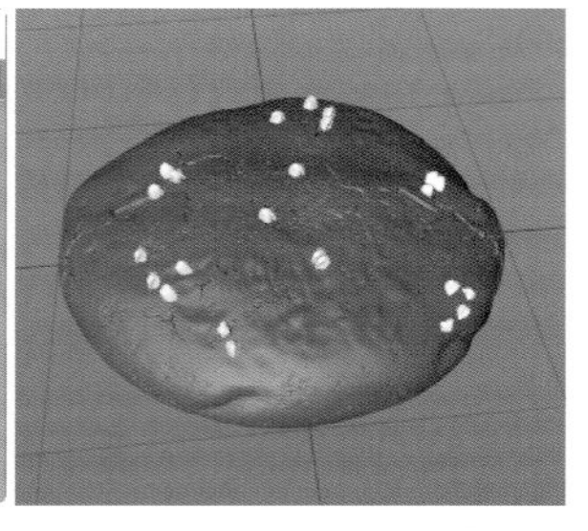

图5-18

17 为了使效果更真实，为"曲奇饼干"添加"碰撞"变形器，在"碰撞器"选项卡中使用"巧克力碎.1"，设置"碰撞"变形器"对象"选项卡中的"距离"为4cm，制作巧克力碎和饼干之间的凹陷效果，如图5-19所示。

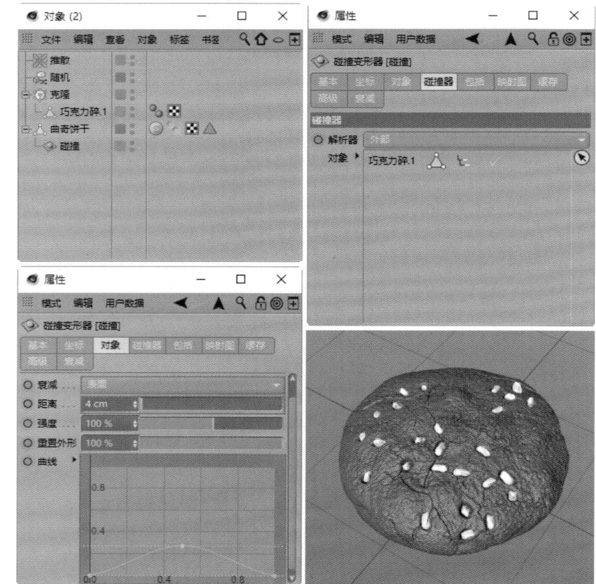

图5-19

提示

在使用"雕刻"工具时，按住Shift键使用"雕刻"工具可以平滑雕刻表面，按住Ctrl键则会产生相反的效果。

5.1.2 包装盒建模

包装盒是产品展示的重要载体，本小节将介绍常用的包装盒建模布线的方法。包装盒的模型效果如图5-20所示。

图5-20

01 创建一个立方体对象，设置其“尺寸.X”为200cm、“尺寸.Y”为500cm、“尺寸.Z”为100cm，x轴、y轴、z轴的分段数为2，将其立方体转为可编辑对象，如图5-21所示。

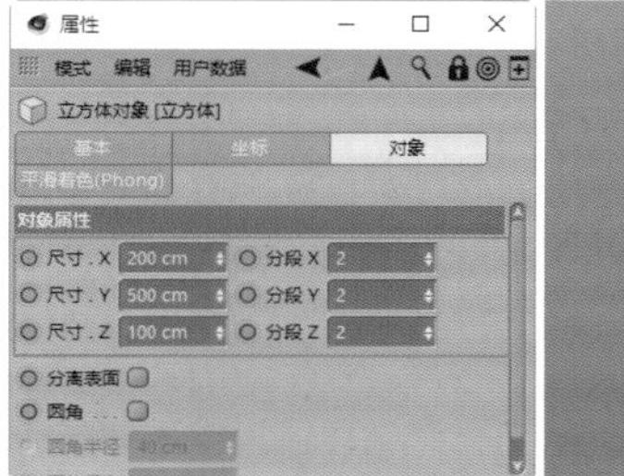
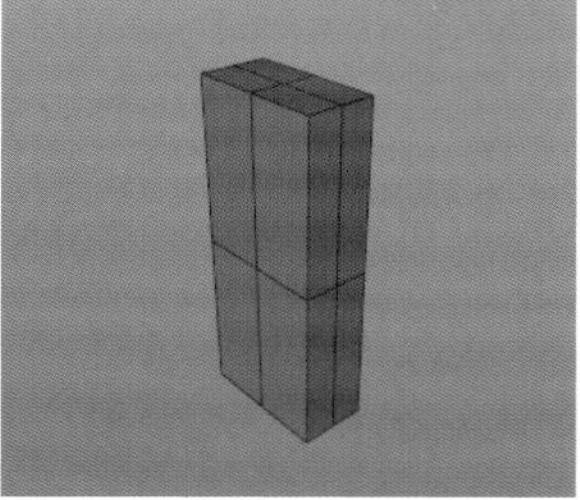

图5-21

02 切换到“多边形”模式，选中立方体1/4的面，使用快捷键U+I反选面，按Delete键删除选中的面，如图5-22所示。

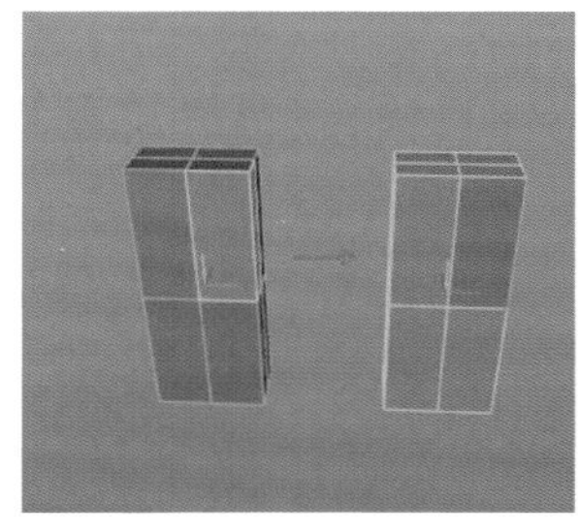

图5-22

03 使用“对称”工具改变其“镜像平面”的轴向，恢复立方体外形结构。因为之前保留的是立方体1/4的面，所以需要使用3个“对称”工具，如图5-23所示。

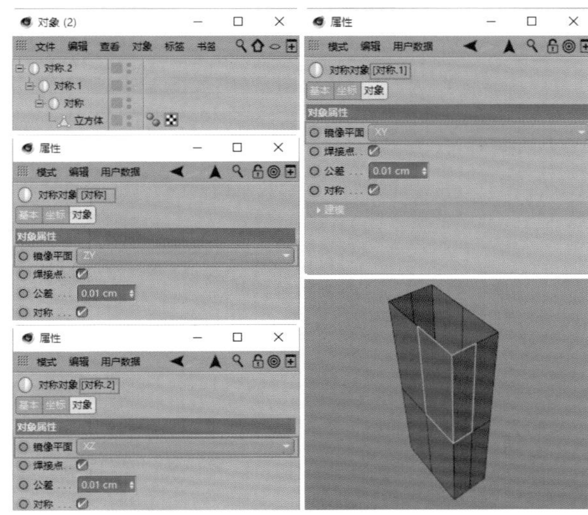

图5-23

04 因为使用了“对称”工具，所以只需要对保留的面进行操作即可，其余部分会镜像进行相同的操作。切换到“边”模式，选中顶部一侧的边，按住Ctrl键的同时向内拖曳，制作盒子封口区域的造型，如图5-24所示。

05 选中顶部另一侧的边，按住Ctrl键的同时向内拖曳，制作盒子封口区域的造型。为了避免新生成的两个面相互重叠，可以调整这两个面的上下距离，如图5-25所示。

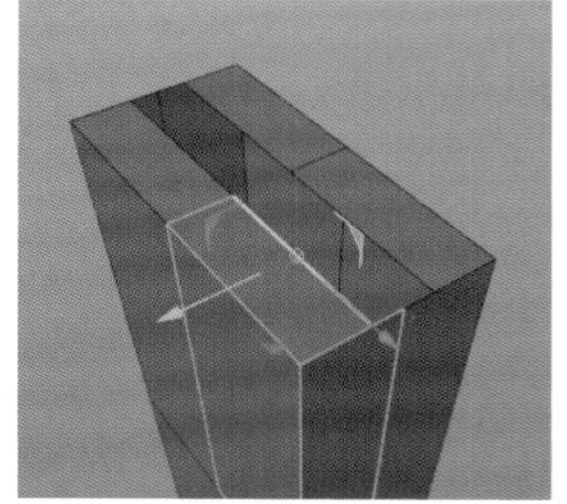

图5-24

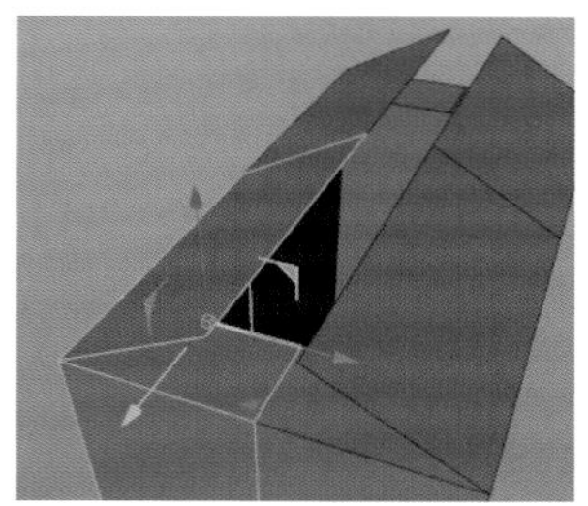

图5-25

06 分别选中新生成的两个多边形面最外侧的边，向内收缩，调整盒子顶部的结构，如图5-26所示。

图5-26

07 使用“循环/路径切割”工具切出3条新的结构线，并把盒子外角处相交的面删除，用来制作盒子折叠后产生的缝隙效果，如图5-27所示。

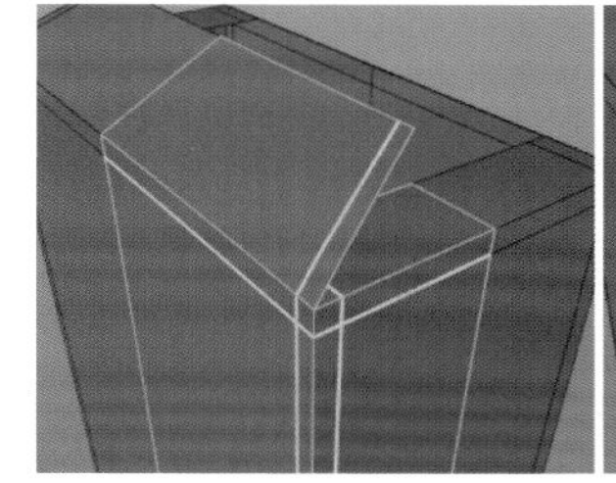
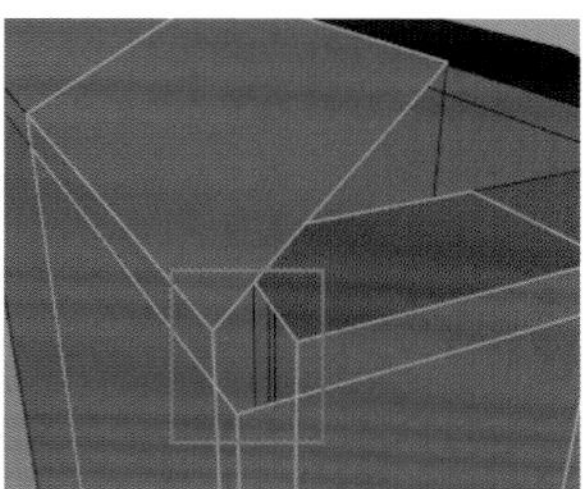

图5-27

08 使用“循环/路径切割”工具沿着盒子外角边缘切出3条新的结构线，如图5-28所示。

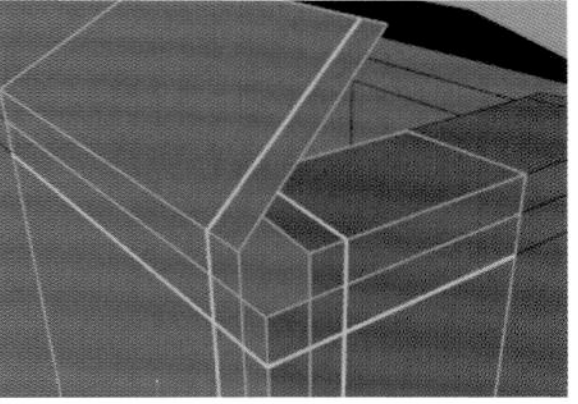

图5-28

09 切换到“点”模式，使用“线性切割”工具对两侧的正方形进行布线处理，使用这样的布线结构，在后面加入“细分”后盒子边缘的过渡会非常美观，如图5-29所示。

图5-29

提示

三条线结构的布线在制作产品包装模型时是经常用到的处理方式，这种布线方法也叫作“借边”布线，常用在模型边角或转折的结构上。

10 选中图5-30所示的4条边，使用快捷键M+N将它们删除。

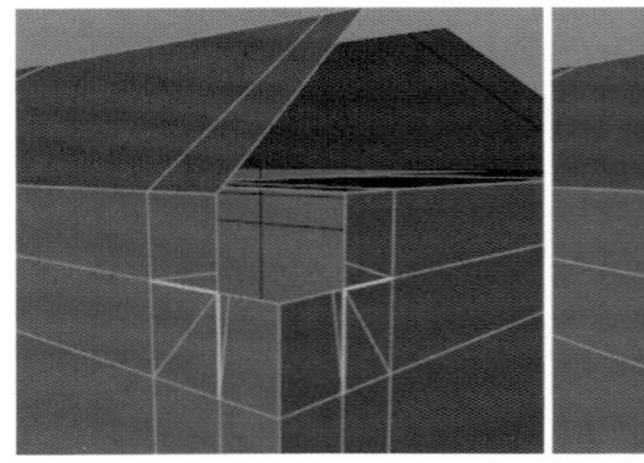
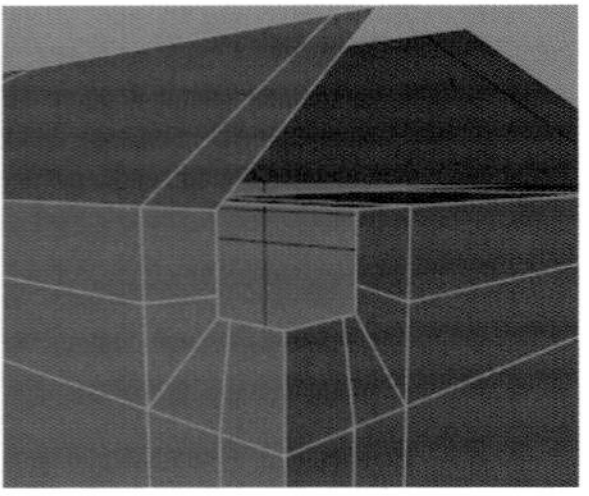

图5-30

11 选中盒子两侧边缘的边，使用“倒角”工具对其进行倒角处理，设置“细分”为1，如图5-31所示。

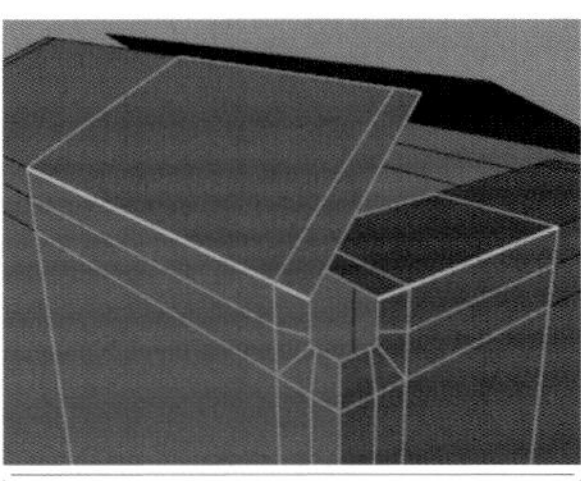
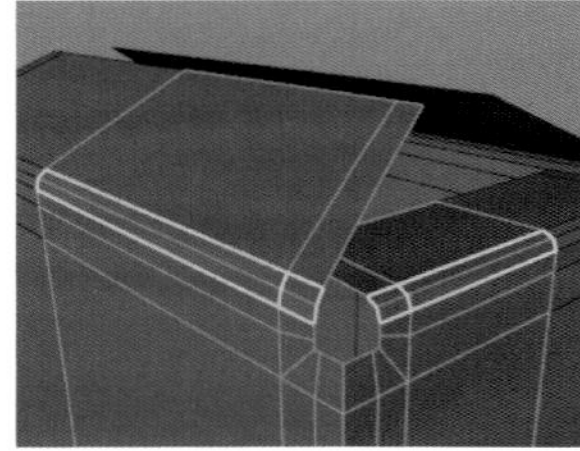

图5-31

12 切换到“多边形”模式，按快捷键Ctrl+A全选所有的面，单击鼠标右键，选择“挤压”选项，勾选“创建封顶”选项，向外挤压出一定的厚度，如图5-32所示。

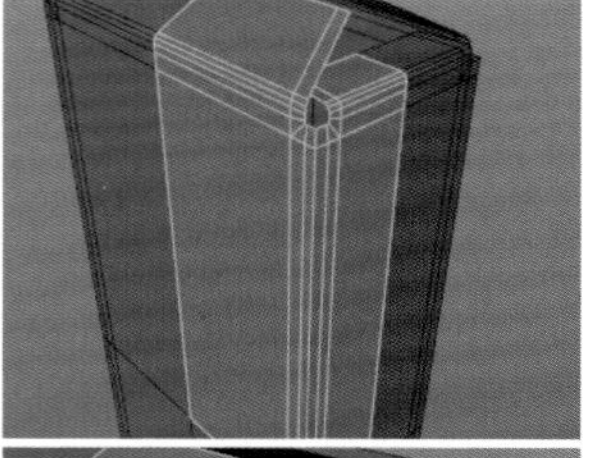
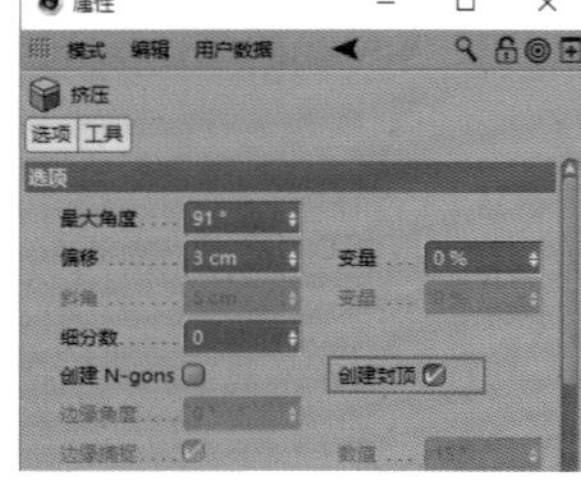

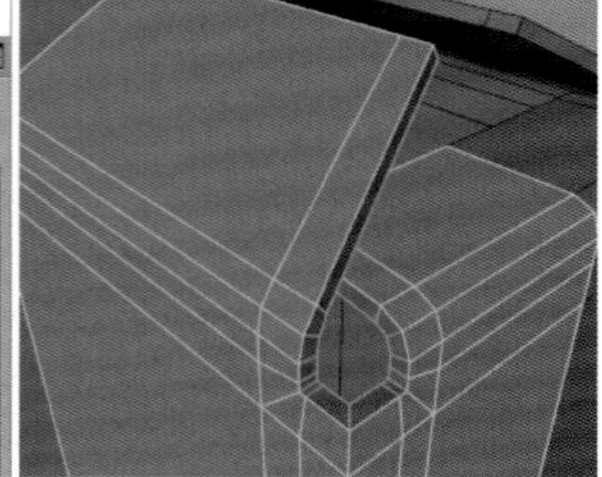

图5-32

13 为盒子添加“细分曲面”生成器，此时盒子有些地方会变得过度圆滑，可以使用“循环/路径切割”工具进行布线和卡边，如图5-33所示。

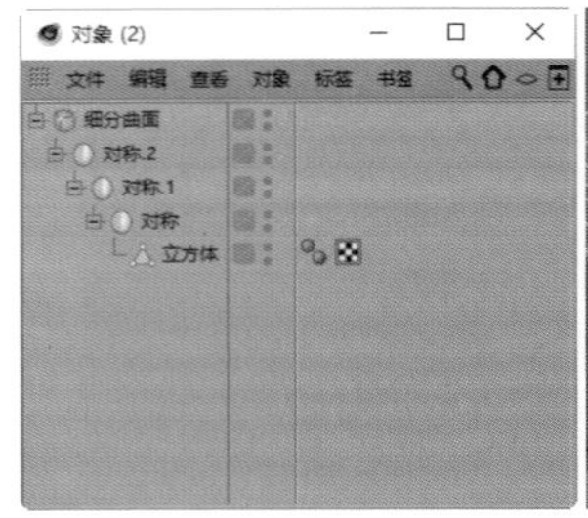

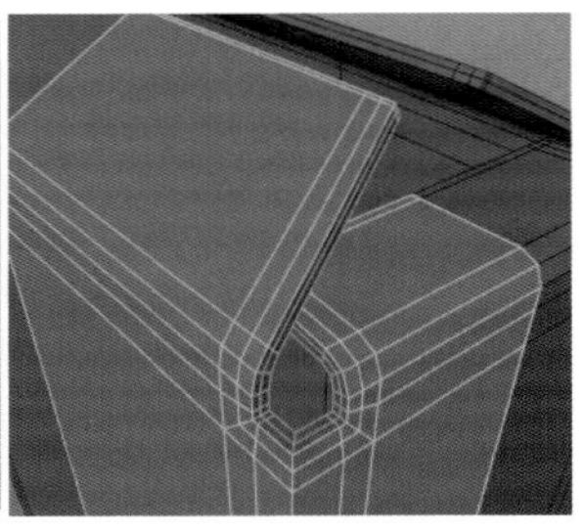

图5-33

14 调整盒子顶部的结构，完成盒子的建模工作，如图5-34所示。

图5-34

技术专题：对称工具的轴向调整

在制作产品包装模型时，如果物体对象没有在默认的全局坐标轴上，那么使用“对称”工具时经常会出现没有对称效果或对称物体之间产生很大空隙的问题。

出现这个问题的原因是“对称”工具的轴向没有在物体对象对称的边缘上，解决这个问题的快捷方式就是：选中需要对称的对象，在按住Alt键的同时单击“对称”工具，这时“对称”工具的轴向就会在被选择的物体对象上。这样操作就不会出现对象不对称或对称物体之间有空隙的问题了，如图5-35所示。

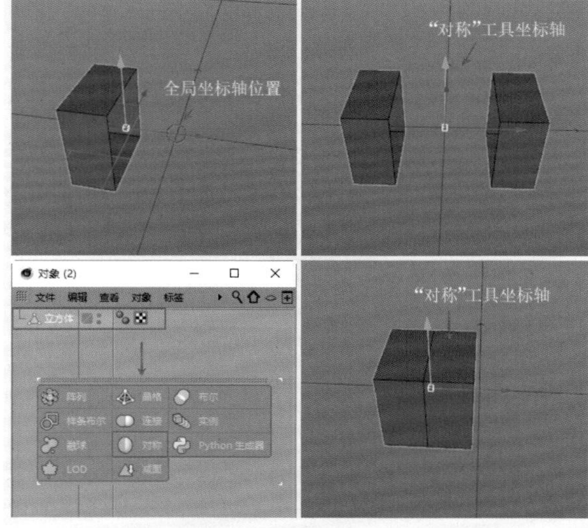

图5-35

5.1.3 包装UV拆分及贴图

在对产品包装进行贴图时，有时会遇到包装结构比较复杂的情况，为了得到较好的贴图效果，使纹理贴图完美匹配到模型上，就需要对包装进行UV拆分，如图5-36所示。

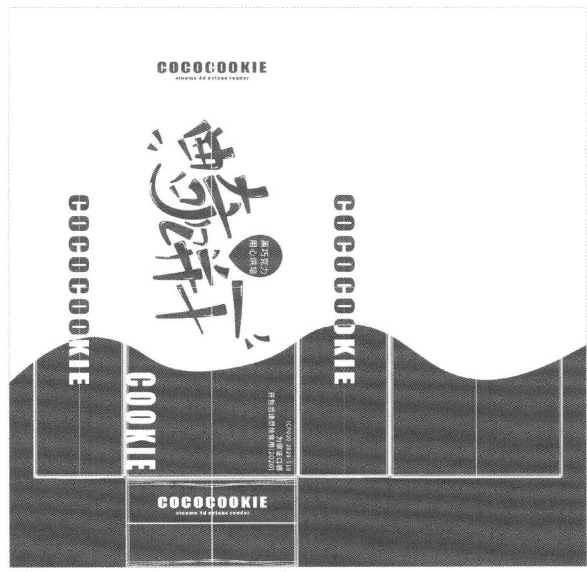

图5-36

01 单击Cinema 4D右上方的“界面”菜单，在下拉菜单中执行“BP – UV Edit”命令，切换到UV编辑界面，如图5-37所示。

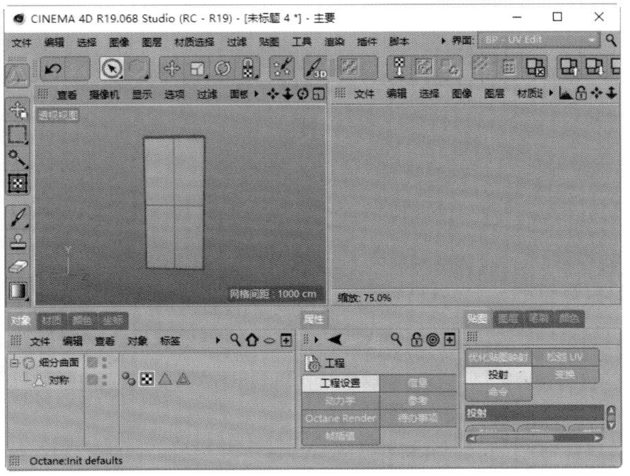

图5-37

02 在UV编辑界面右下方的“贴图”选项卡中选择“投射”选项卡，单击“方形”按钮，上方UV编辑面板中会显示盒子的UV形状，如图5-38所示。

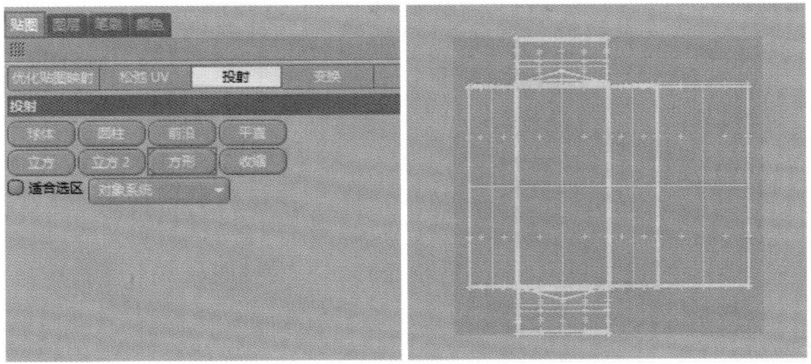

图5-38

03 在UV编辑面板中执行“文件>新建纹理”菜单命令，在弹出的面板中设置纹理的“宽度”和“高度”均为2048像素、“分辨率”为72像素/英寸（dpi），如图5-39所示。

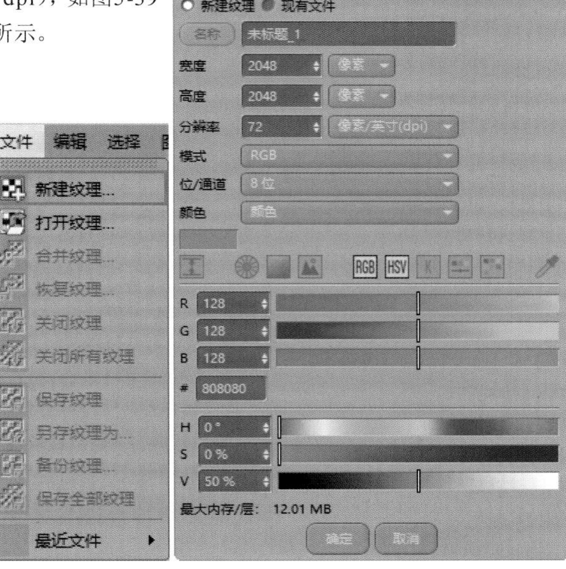

图5-39

04 切换到UV编辑界面右下方的“图层”选项卡，单击下方的“新建图层”按钮，新建一个空白图层，如图5-40所示。

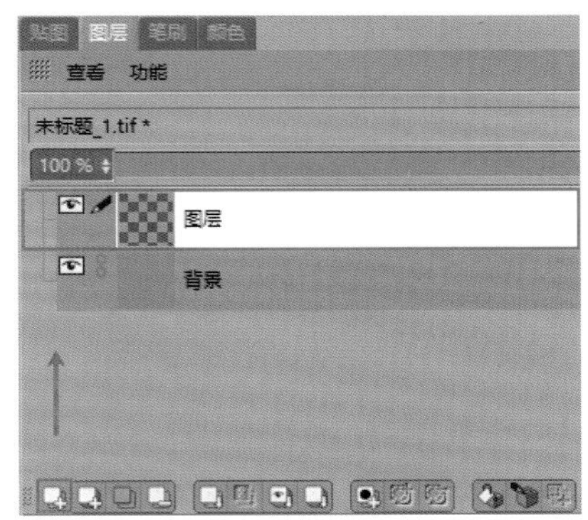

图5-40

05 在UV编辑面板中执行“图层>描边多边形”菜单命令，对盒子的UV进行描边，如图5-41所示。

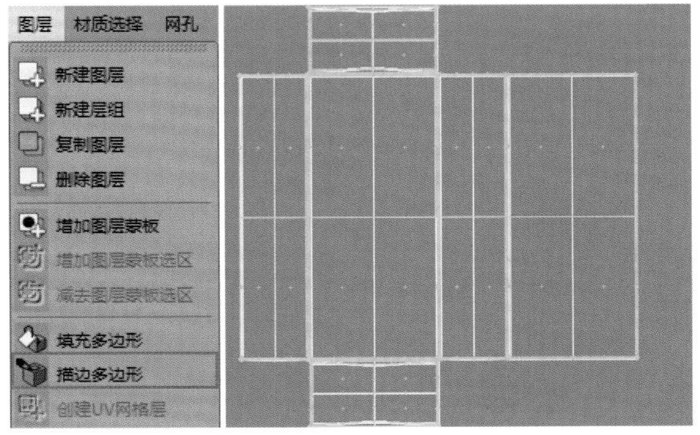

图5-41

06 在UV编辑面板中执行"文件>另存纹理为"菜单命令，在弹出的面板中设置纹理的文件格式为"PSD(*.psd)"，单击"确定"按钮，如图5-42所示，在弹出的面板中设置纹理保存路径。

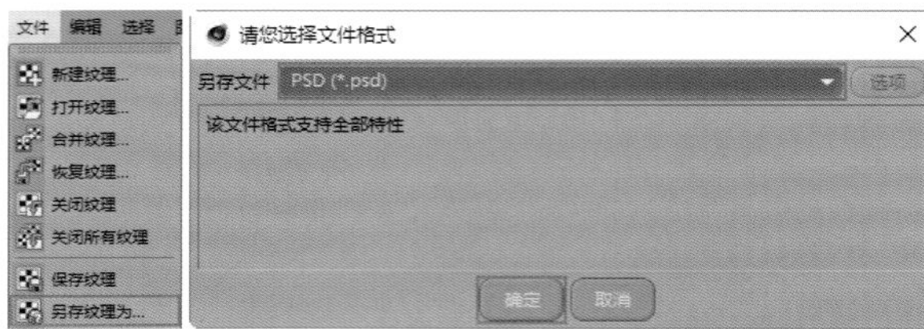

图5-42

07 在Photoshop中打开刚制作的UV贴图文件，白色的线框图层即是贴图的区域，盒子的纹理需要在这个白色线框内设计制作，如图5-43所示。

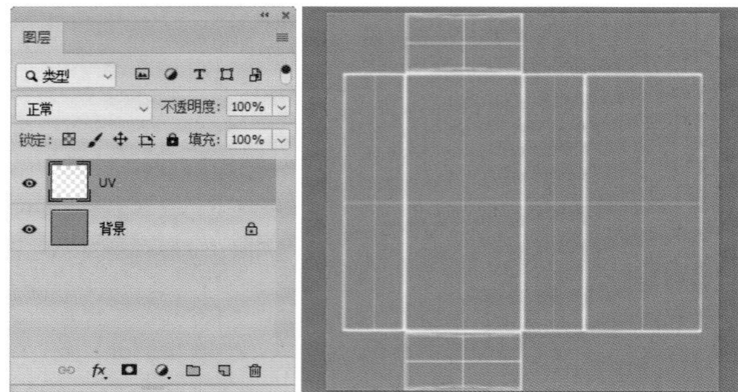

图5-43

08 在Photoshop中的设计过程不是本书的重点，这里就不介绍了。读者需要注意的是要把设计的主要内容放置于UV白色线框内，如图5-44所示。

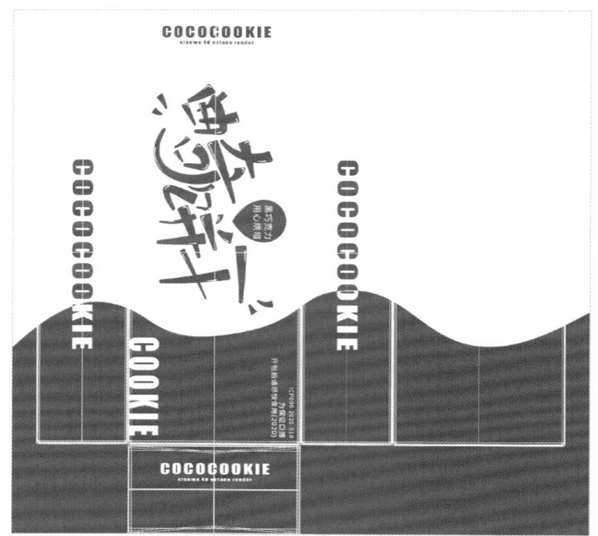

图5-44

5.1.4 布景搭建

在正式渲染之前需要先把产品的展示场景搭建出来，曲奇饼干的场景模型效果如图5-45所示。

图5-45

01 创建两个平面对象，调整方向，制作场景的背景板，如图5-46所示。

02 创建一个圆柱对象，把提供的桌布素材导入场景，放置在圆柱体上，如图5-47所示。

图5-46

图5-47

03 把之前制作的"包装盒"和"曲奇饼干"对象放置到"桌布"上方，并摆放好它们的位置，如图5-48所示。

图5-48

04 使用"公式"样条创建一个公式对象，设置"Tmin"为-30、"Tmax"为30、"采样"为186、"平面"为XZ，并使用"挤压"工具制作出高度，作为场景中后方的渲染元素，如图5-49所示。

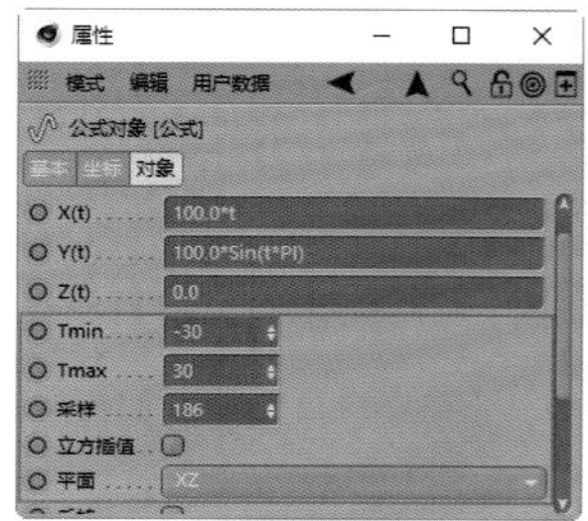

图5-49

05 把树叶素材导入场景中，并放置到“曲奇”包装后方，如图5-50所示。

图5-50

5.1.5 配置场景环境与材质

配置好的场景环境与材质效果如图5-51所示。

图5-51

01 在“Octane Render”面板中执行“对象>Octane HDRI环境”菜单命令，并加载tex文件夹中的环境贴图，进行环境配置，如图5-52所示。

图5-52

02 使用“Octane区域光”对场景中的物体对象进行补光，如图5-53所示。

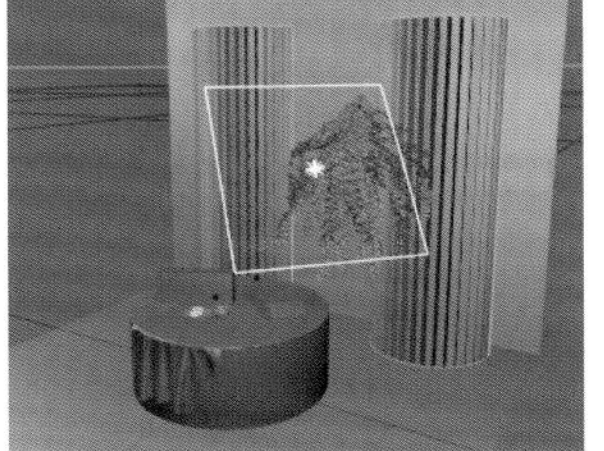

图5-53

03 使用“Octane漫射材质”，把材质赋给背景板。打开“Octane节点编辑器”，使用“图像纹理”节点连接材质的“漫射”通道，对其添加tex文件夹中的“水泥”纹理贴图，如图5-54所示。

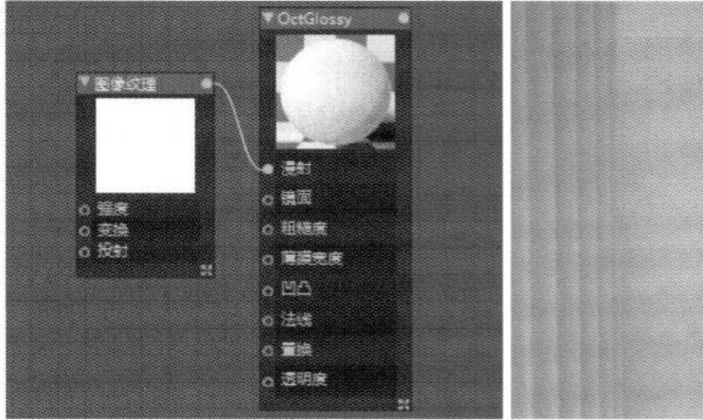

图5-54

04 使用“Octane光泽材质”，调整“漫射”通道的“颜色”为棕色，在“粗糙度”中设置“浮点”为0.09左右，设置“索引”为1.45左右，把材质赋给“巧克力碎.1”，如图5-55所示。

图5-55

05 使用“Octane光泽材质”，调整“漫射”通道的“颜色”为棕色，在“粗糙度”中设置“浮点”为0.09左右，设置“索引”为1.73左右。打开“Octane节点编辑器”，使用“图像纹理”节点连接材质的“凹凸”通道，对其添加tex文件夹中的纹理贴图，把该材质赋给“曲奇饼干”对象，如图5-56所示。

图5-56

06 使用"Octane光泽材质"，在"粗糙度"中设置"浮点"为0.059左右，打开"Octane节点编辑器"，使用"图像纹理"节点，分别连接材质的"漫射"通道和"凹凸"通道，分别对其添加tex文件夹中的纹理贴图，把该材质赋给"包装盒"对象，如图5-57所示。

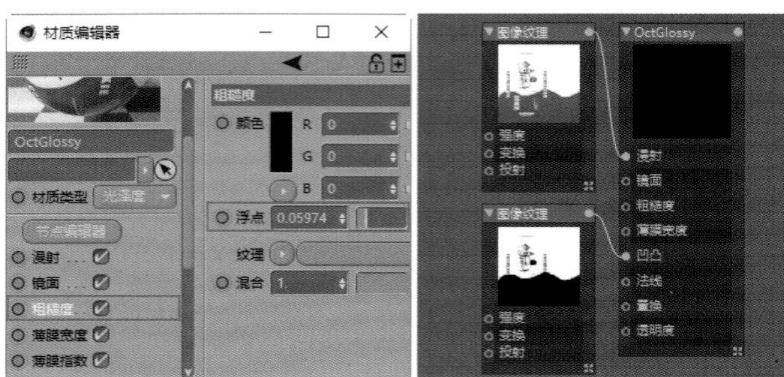

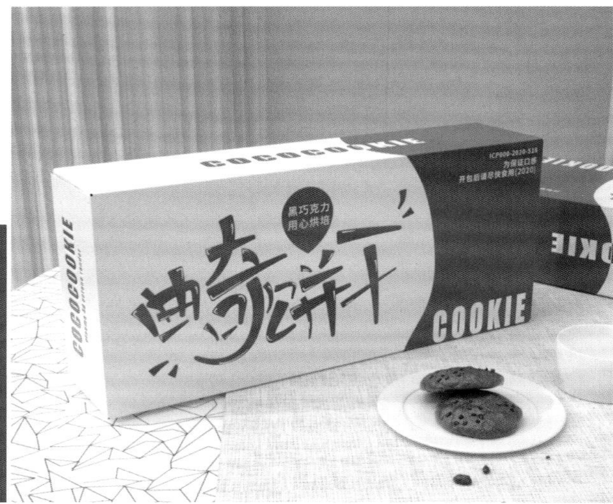

图5-57

技术专题：精确打光技巧

在为场景中的物体对象打光时，如果我们手动调整灯光照射角度会非常不方便，其实可以通过Cinema 4D中的一个标签来精准控制灯光的照射角度。

这个标签就是"目标"标签，在"Octane 区域光"上单击鼠标右键，执行"CINEMA 4D标签>目标"命令，为其添加"目标"标签，把需要打光的物体拖曳到"目标"标签"属性"面板中"目标对象"选项右侧的空白区域，如图5-58所示，这时无论怎样移动灯光，灯光始终都会照射这个"目标对象"。

图5-58

5.1.6 渲染效果展示

渲染好的更多效果如图5-59所示。

图5-59

5.2 花生豆包装渲染案例

场景位置	场景文件 >CH05> 花生豆包装渲染场景 .c4d
实例位置	实例文件 >CH05> 花生豆包装渲染案例 .c4d
视频名称	花生豆包装渲染案例
技术掌握	花生豆模型及材质的调节方法、包装袋模型的制作技巧

在制作产品包装项目时，除了包装模型，产品主体的模型也是需要精细制作的，如本案例中的花生豆模型。

本案例将为读者介绍常见包装袋模型的制作方法，如包装袋开口处结构的布线技巧和包装袋褶皱效果的模拟方法、花生豆模型的制作方法，以及UV拆分和材质的调节等内容。

花生豆的造型是不规则的，可以用“FFD”变形器在不改变物体原本结构的情况下调整其外形，方便后期随时调整。在材质方面，需要体现花生被烘焙过后的外表颜色，可以使用“Octane混合材质”，通过贴图和颜色的混合调节花生的烘焙材质。

这个案例的设计风格使用了中国风，通过自定义灯光的投射阴影来烘托整体氛围。场景中的元素，如花瓶使用了“衰减节点”的菲涅尔效果来制作。

制作好的零食花生豆产品包装渲染效果如图5-60所示。

图5-60

5.3 八宝粥包装渲染案例

场景位置	场景文件 >CH05> 八宝粥包装渲染场景 .c4d
实例位置	实例文件 >CH05> 八宝粥包装渲染案例 .c4d
视频名称	八宝粥包装渲染案例
技术掌握	易拉罐模型的制作方法

本案例将为读者介绍易拉罐模型的制作方法，易拉罐模型的制作难点在于顶部结构及拉环。

在学习产品建模的过程中，读者应灵活使用建模工具。例如，这里的易拉罐顶部结构就可以使用“线性切割”工具制作，再用手动布线的方式制作拉环区域的结构。因为易拉罐的结构是比较硬的，所以读者在建模过程中还要留意转折区域的倒角布线，这样添加细分曲面后，易拉罐的整体造型才会更加美观。

在材质方面，本案例使用贴图体现产品及场景元素的质感。例如，场景中的树枝和果实的纹理贴图，现实中这些物体表面是自带凹凸细节的，所以读者在贴图时应考虑在“凹凸”或“法线”通道贴图。

灯光方面本例沿用了自定义投影形状的打光方式，这种打光方式在产品包装渲染中是很常用也是非常能表现产品渲染氛围的。

制作好的八宝粥产品包装渲染效果如图5-61所示。

图5-61

第6章 商业案例实战——饮品类

本章将对果汁包装、红酒包装和咖啡包装3个包装案例进行讲解。通过本章案例的学习，读者可以掌握常用的几种饮品包装模型的建模方法、不同饮品包装材质的调节技巧，以及饮料类产品包装渲染时的打光方法。

6.1 果汁包装渲染案例

场景位置	场景文件 >CH06> 果汁包装渲染场景 .c4d
实例位置	实例文件 >CH06> 果汁包装渲染案例 .c4d
视频名称	果汁包装渲染案例
技术掌握	饮料瓶模型及材质的调节方法、包装盒的布线技巧

本节将为读者介绍果汁饮料从瓶身建模、UV拆分贴图到场景搭建和渲染的整体流程。本案例中的饮料瓶建模难点是瓶口的螺纹造型，本节将会讲解一般瓶口螺纹结构的通用建模法。本案例中的饮料是塑料瓶包装，所以在制作饮料瓶材质时需要调节出材质的塑料质感。材质的质感除了可通过参数进行设置，场景中的光源也会起到很大的作用。制作好的案例效果如图6-1所示。

图6-1

6.1.1 果汁饮料瓶建模

饮料瓶是一种常用的饮品包装，它的外形接近圆柱体，建模难点在于瓶口螺纹的制作。饮料瓶的模型效果如图6-2所示。

图6-2

01 创建一个圆柱体对象，在“属性”面板中设置“高度分段”为4、“旋转分段”为12，如图6-3所示。

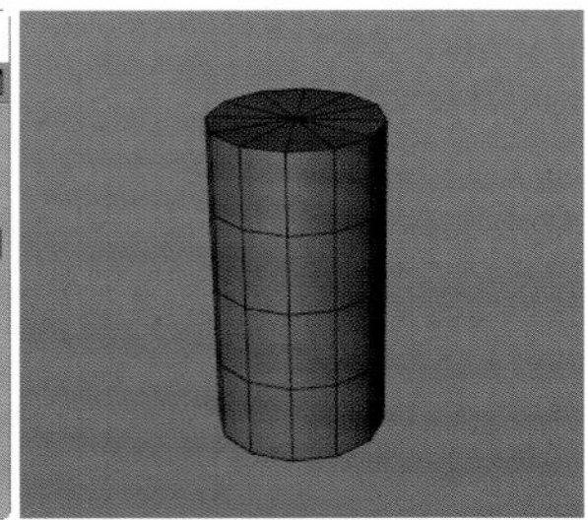

图6-3

02 把圆柱体对象转为可编辑对象，切换到“多边形”模式，删除顶部的面，如图6-4所示。

图6-4

03 切换到“正视图”模式，根据瓶身的结构调整圆柱体的外形。在“点”模式下选中瓶身上方的两排点，使用“缩放”工具向内收缩。在“多边形”模式下，选中底部的面，按住Ctrl键向下拖曳，复制出一圈面，如图6-5所示。

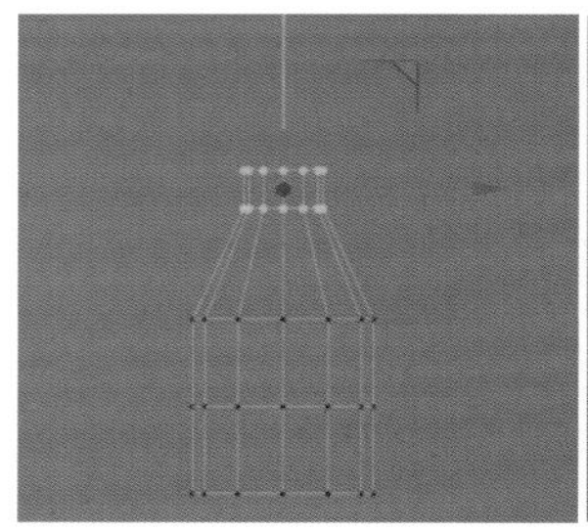

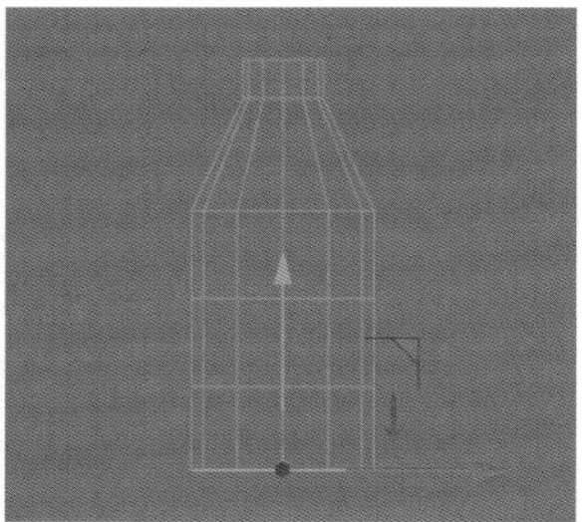

图6-5

04 使用“循环/路径切割”工具在接近瓶口的区域切出一条循环边，并调整新边的宽度，如图6-6所示。

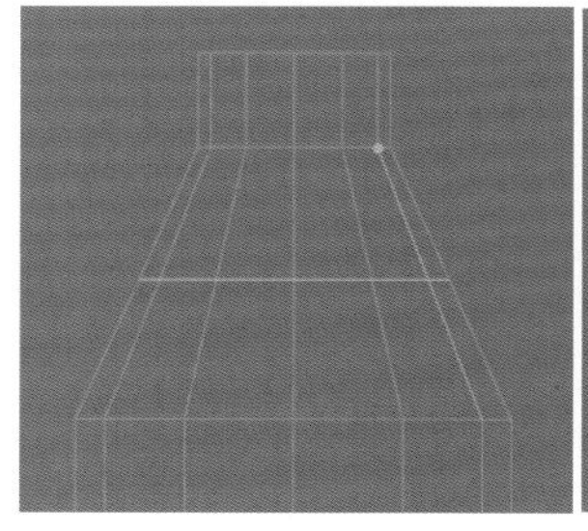

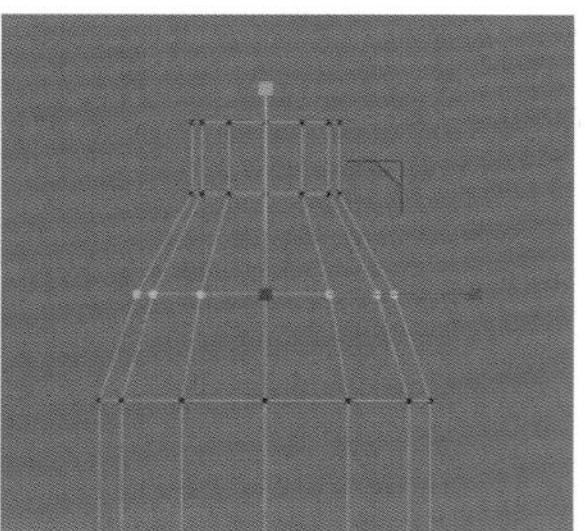

图6-6

05 选中底部的一条循环边，为其添加“倒角”变形器，设置“偏移”为3cm、“细分”为1，如图6-7所示。

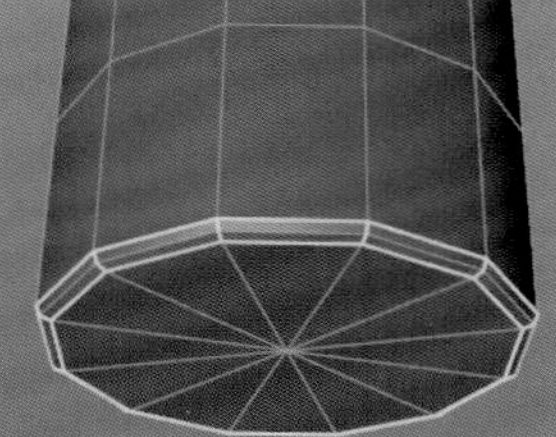

图6-7

06 选中底部的面，使用“内部挤压”工具向内挤压，并沿着y轴向上移动新挤压出的这些面，如图6-8所示。

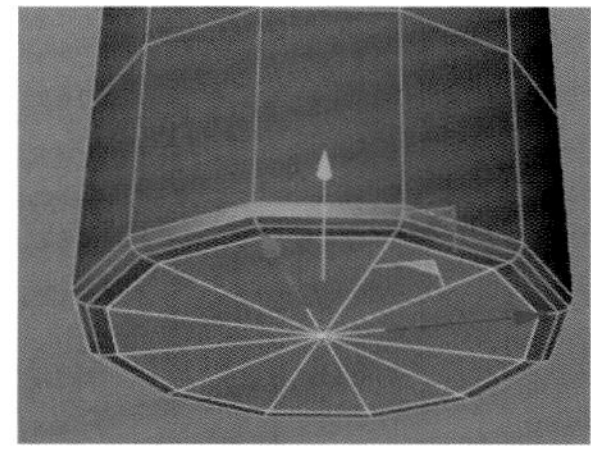
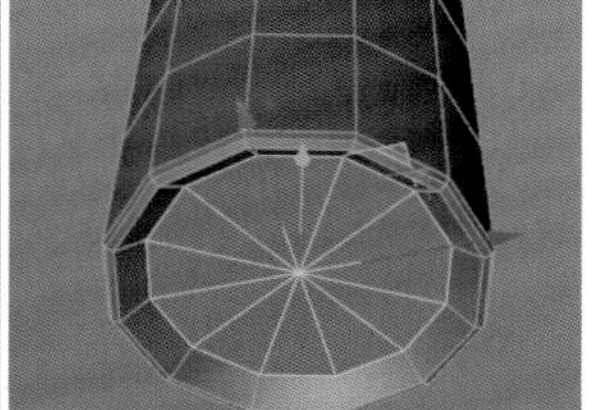

图6-8

07 选中底部中间的点，对其进行倒角处理，设置“偏移”为16cm、“细分”为0，如图6-9所示。

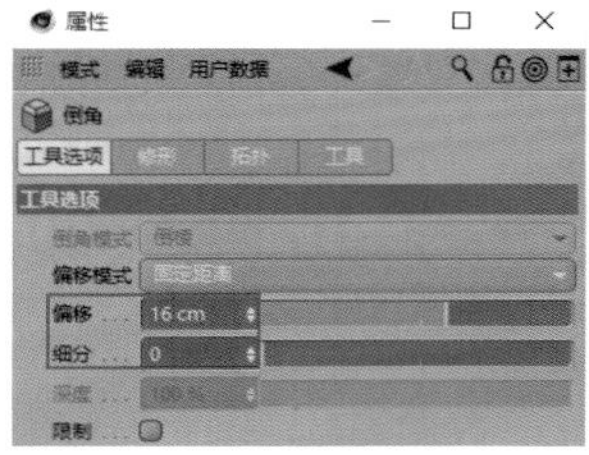

图6-9

08 制作瓶身上部凹陷的造型，间隔选中需要凹陷的面，使用“内部挤压”工具将这些面向内挤压，接着使用“缩放”工具进行缩放。使用“细分曲面”生成器为瓶身添加细分曲面，完成瓶身模型的制作，如图6-10所示。

图6-10

09 选中瓶口区域的循环边，单击鼠标右键并执行“分裂”命令，使用分裂出来的面制作瓶盖，如图6-11所示。

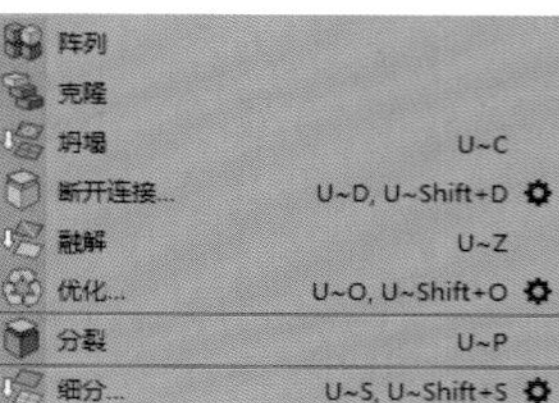

图6-11

10 单击鼠标右键并执行“封闭多边形孔洞”命令，封闭瓶盖顶部的面，使用“倒角”变形器对瓶盖边缘的边进行布线操作，如图6-12所示。

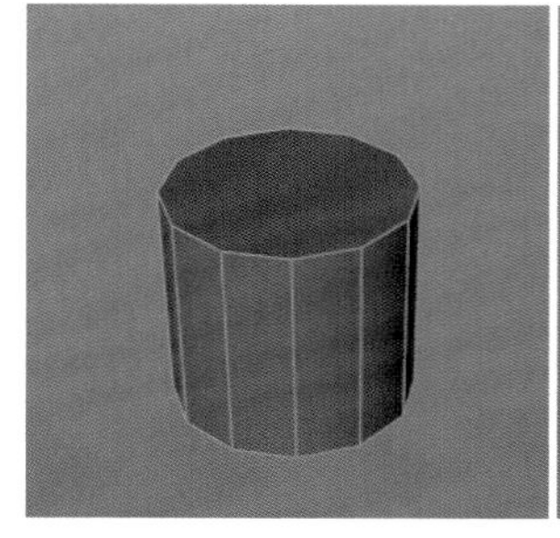
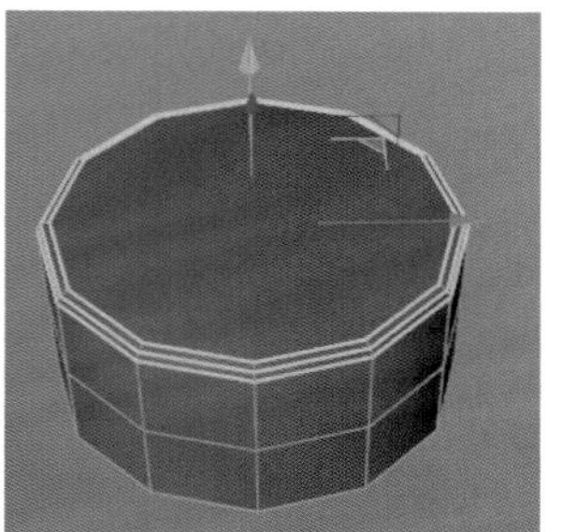

图6-12

11 使用“螺旋”样条工具调整属性参数，设置“起始半径”和“终点半径”均为50cm、“结束角度”为1080°、“高度”为60cm、“细分数”为36，其他设置保持默认，如图6-13所示。

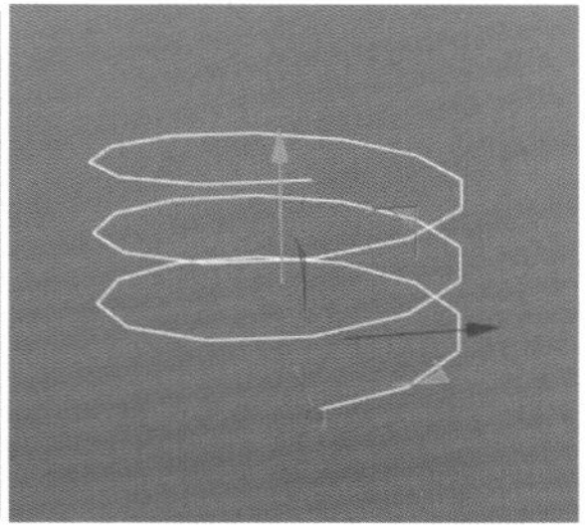

图6-13

12 使用“挤压”工具对“螺旋”样条沿着y轴进行挤压，设置“移动”为（0cm，20cm，0cm），如图6-14所示。

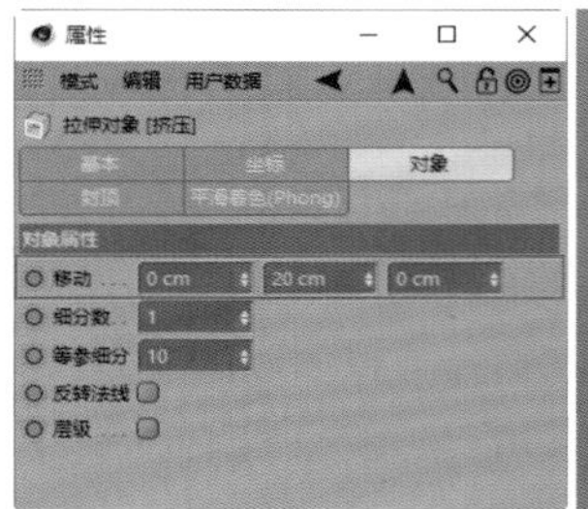

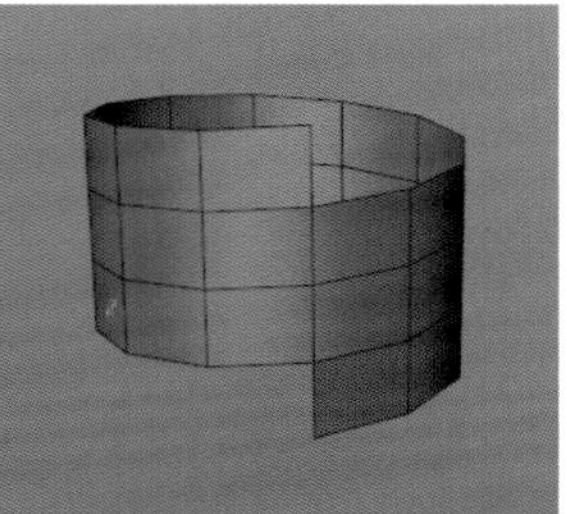

图6-14

13 全选“挤压”和“螺旋”，单击鼠标右键并执行“连接对象+删除”命令，将它们合并成一个新的多边形对象，并命名为“螺旋”，如图6-15所示。

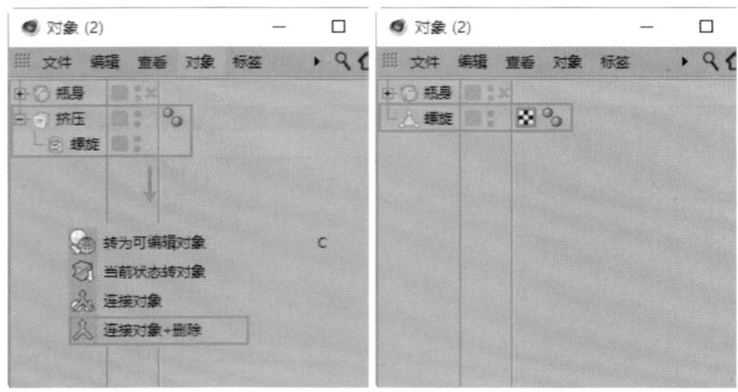

图6-15

14 使用“多边形画笔”工具连接上下的缺口区域，如图6-16所示。

图6-16

提示

在使用“多边形画笔”工具时，按住Ctrl键可以创建新的面，按住Shift键可以在边上创建新的点。

15 切换到“边”模式，选中上方的一圈循环边，在“坐标管理器”面板中设置尺寸“Y”为0cm，把选中的边压平，如图6-17所示。

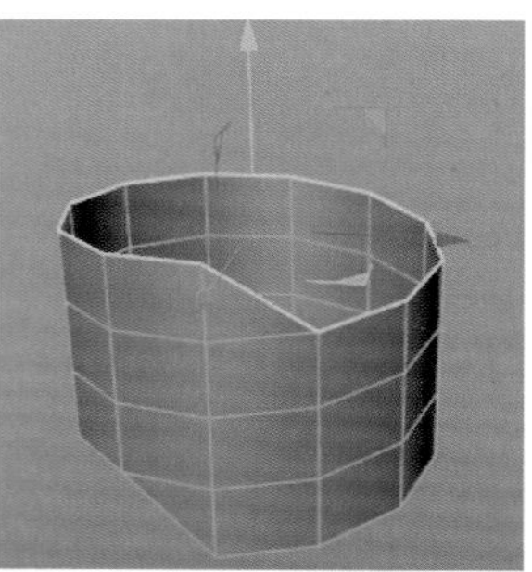
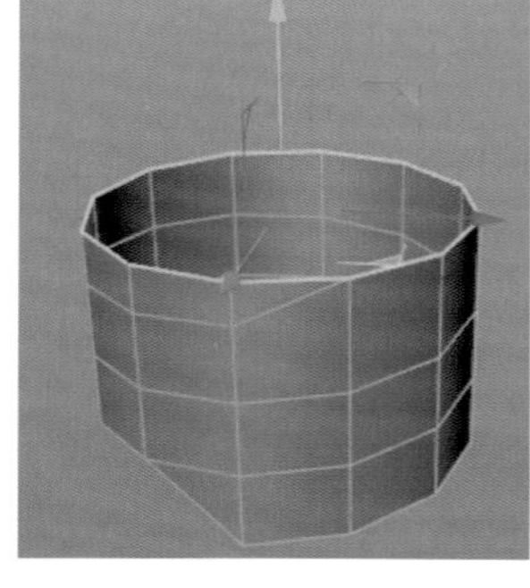

图6-17

16 使用相同的方法对“螺旋”对象底部的一圈循环边进行压平操作，如图6-18所示。

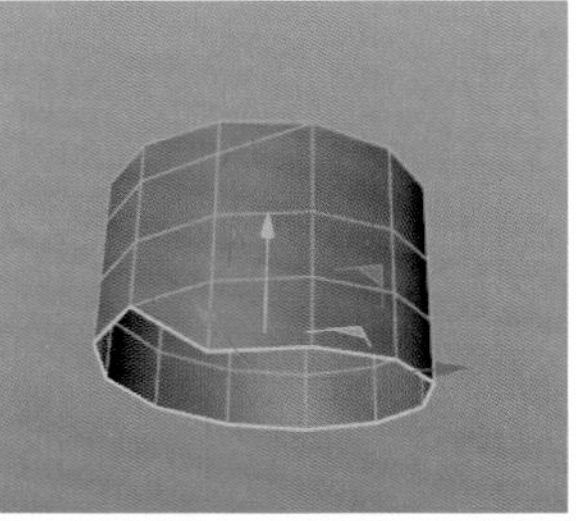
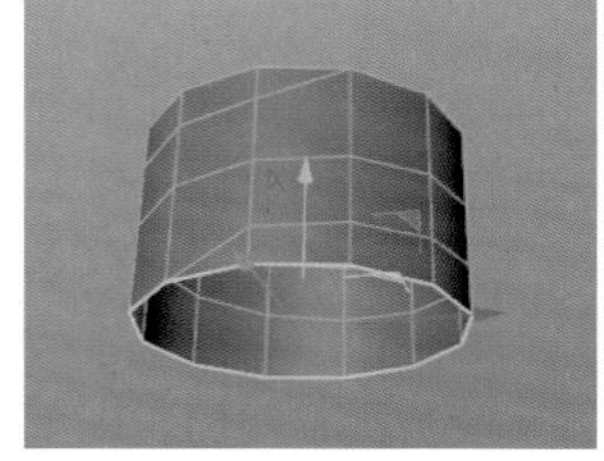

图6-18

17 选中“螺旋”中间的循环线，对其进行倒角处理，设置“偏移”为4cm、“细分”为0，如图6-19所示。

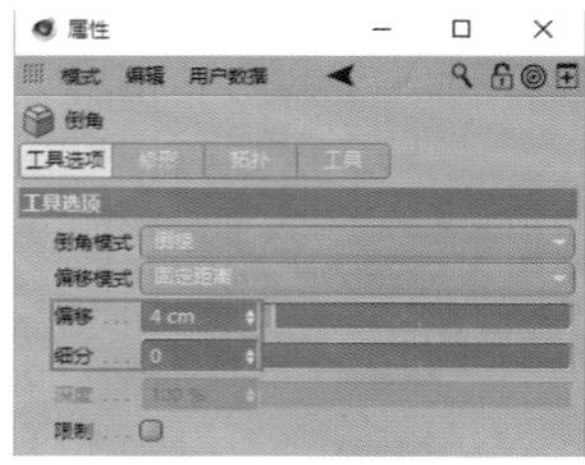

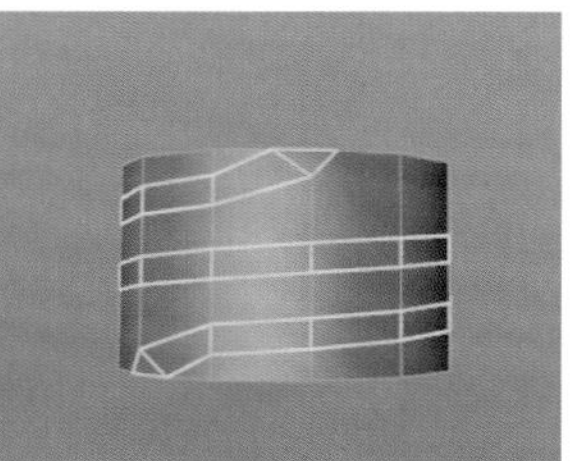

图6-19

18 在“点”模式下，单击鼠标右键，选择“焊接”工具对上下两个部分因为倒角产生的三角面上的点进行焊接，如图6-20所示。

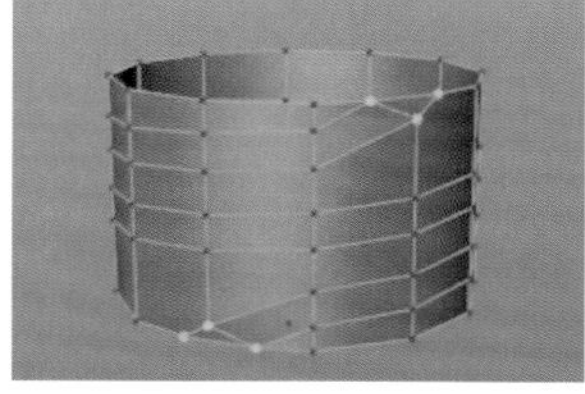
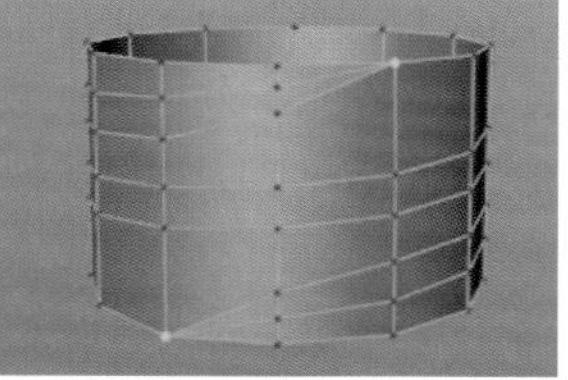

图6-20

19 在“多边形”模式下，选中中间倒角后生成的循环面，使用“内部挤压”工具将它们向内挤压，并使用“挤压”工具向上挤压这些面，如图6-21所示。

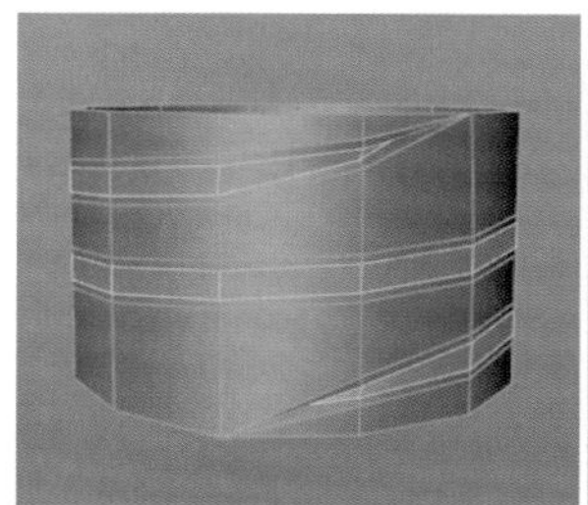
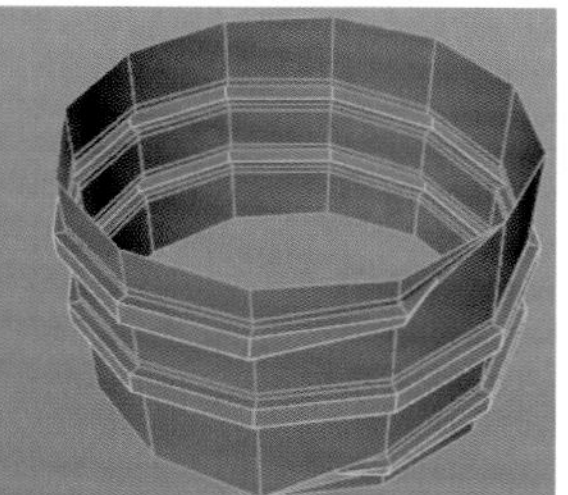

图6-21

20 在“点”模式下，对挤压出来的面上的点进行焊接整理，选中图示的3个点，使用“焊接”工具把它们合并在一起，如图6-22所示。

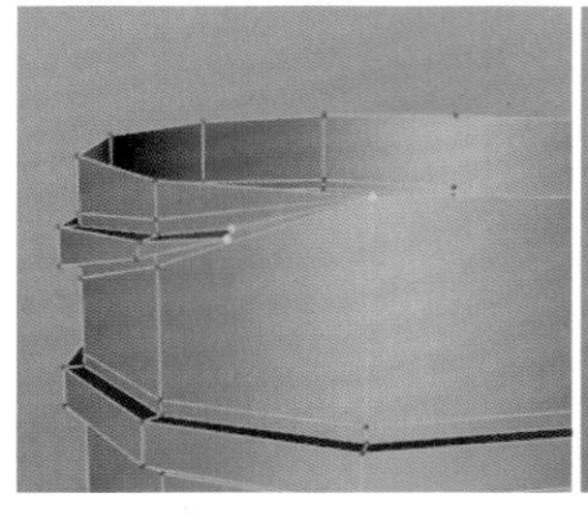
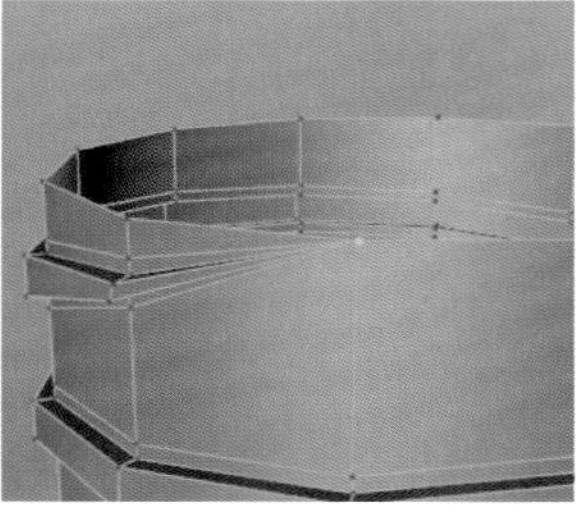

图6-22

21 选中“瓶身”和“螺旋”，单击鼠标右键并执行“连接对象+删除”命令，把它们合并成一个多边形对象，并将对象改名为“瓶身”，如图6-23所示。

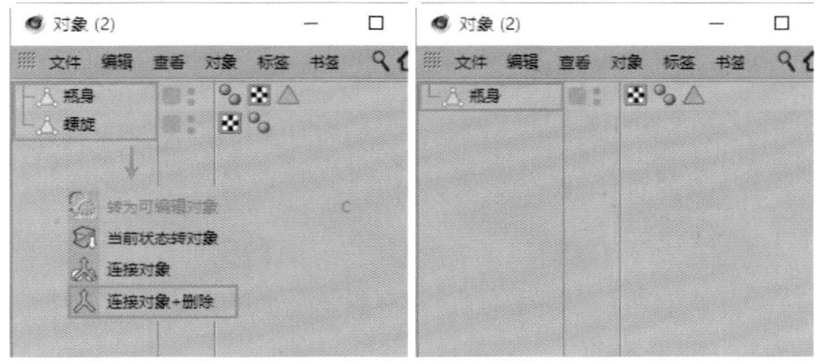

图6-23

22 选中瓶身需要连接的两条边，使用“缝合”工具把这两条边缝合在一起，如图6-24所示。

图6-24

提示

按住Shift键的同时使用“缝合”工具，可以创建新的面。按住Ctrl键的同时使用“缝合”工具，可以合并缝合面。

23 到这里，饮料瓶的建模工作就完成了，如图6-25所示。

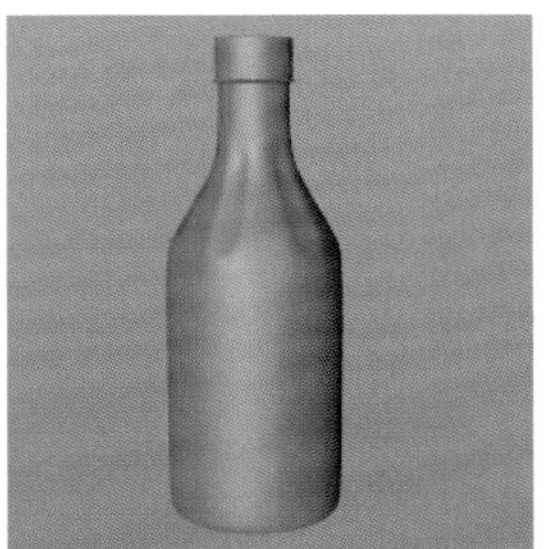

图6-25

6.1.2 果汁外包装建模

果汁的包装分为盒子和饮料瓶底托两个部分。果汁外包装模型效果如图6-26所示。

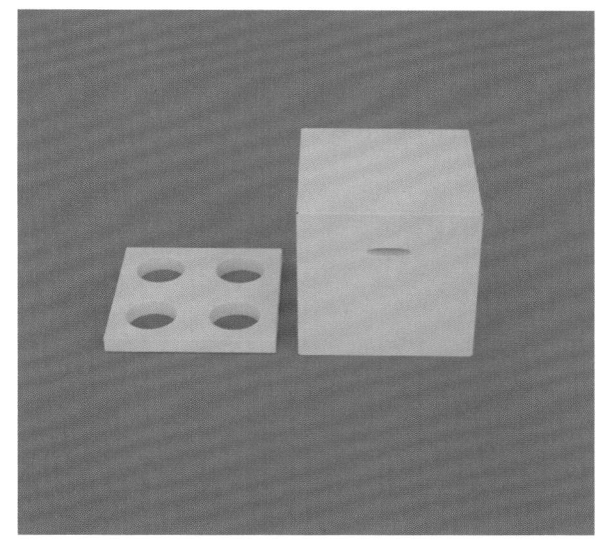

图6-26

01 创建一个平面对象，在“属性”面板中设置“宽度分段”和“高度分段”均为4，如图6-27所示。

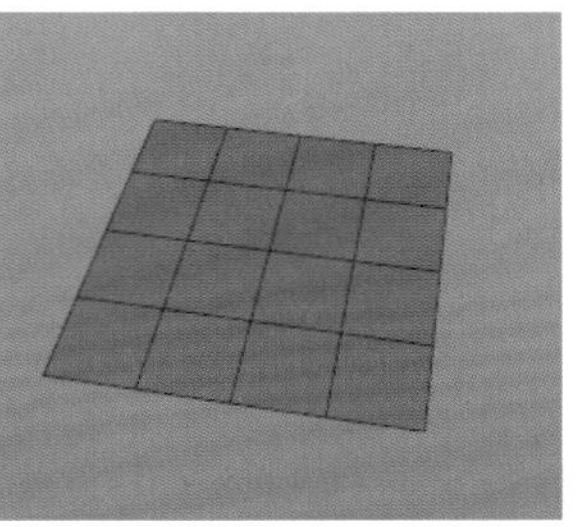

图6-27

02 把“平面”对象改名为“底托”，并转为可编辑对象，如图6-28所示。

图6-28

03 在“点”模式下，选中“底托”上的4个点，对其进行倒角，设置“细分”为1、“深度”为-100%，如图6-29所示。

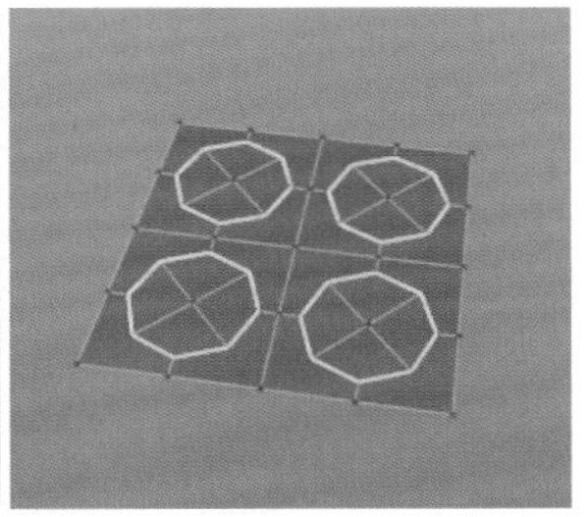

图6-29

04 在“多边形”模式下，选中倒角后生成的面，使用“内部挤压”工具将它们向内挤压，并使用“挤压”工具向下挤压这些面，挤压的同时可以为这些面添加保护边，如图6-30所示。

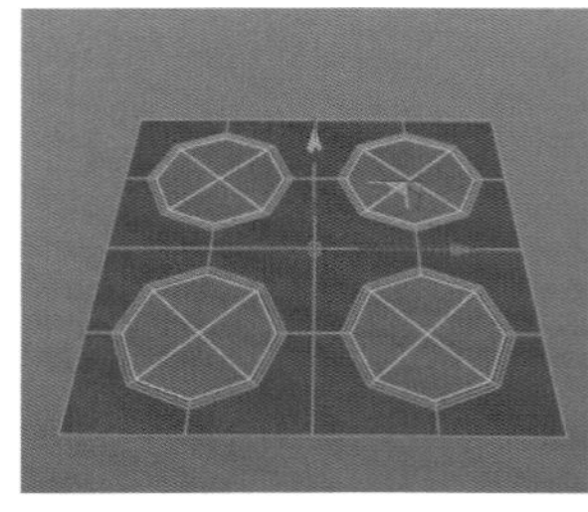
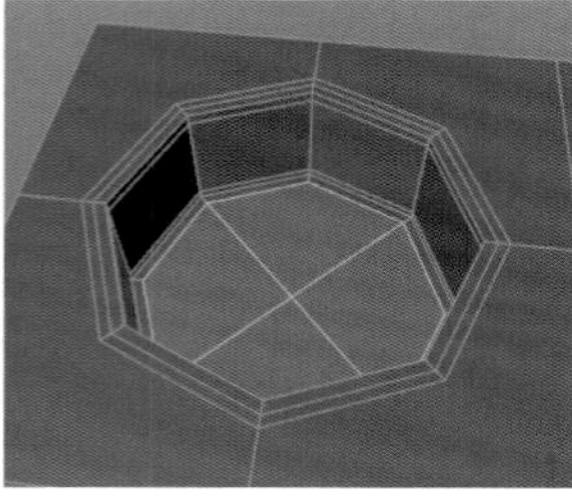

图6-30

05 在“边”模式下，全选外侧的一圈边，沿着y轴向下拖曳，做出“底托”的厚度，如图6-31所示。

06 为“底托”添加“细分曲面”，为边缘添加保护线，使“底托”边缘的过渡硬朗一些，如图6-32所示。

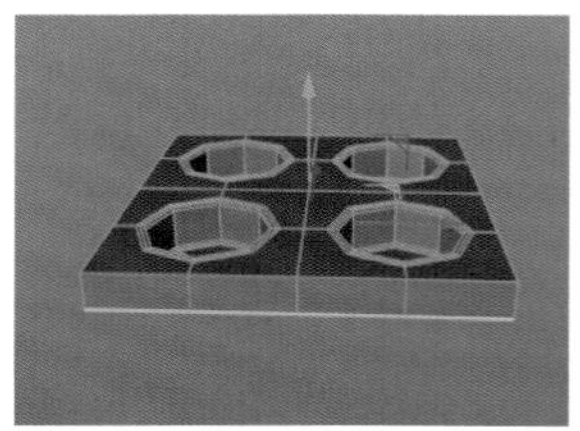

图6-31

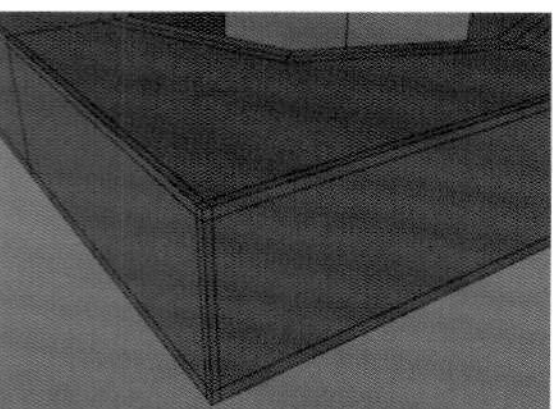

图6-32

提示

沿着某个坐标轴方向进行移动的同时按住Ctrl键可以创建出新的面，上边制作“底托”厚度时就使用了这个小技巧。

07 创建一个立方体对象，在“属性”面板中设置立方体的“尺寸.X”“尺寸.Y”“尺寸.Z”均为405cm，x轴、y轴、z轴的分段数均为2，并将对象改名为“盒子”，如图6-33所示。

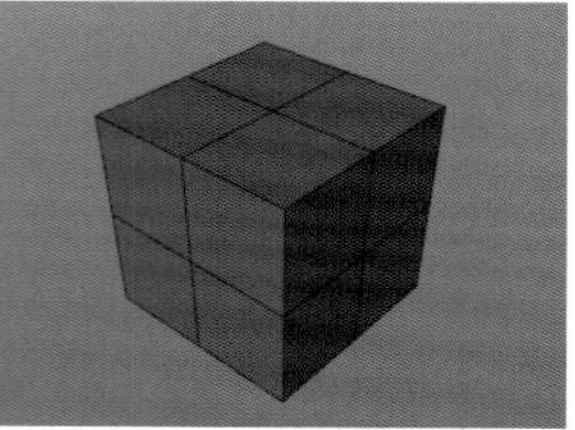

图6-33

08 把盒子转为可编辑对象，在“多边形”模式下，只保留其1/4的面，将其他的面删除，如图6-34所示。

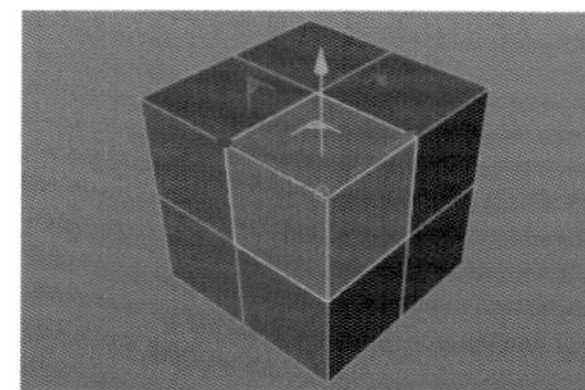

图6-34

09 使用“对称”工具还原盒子的原始形状，使用“对称”工具后，只需调整保留面的结构即可，如图6-35所示。

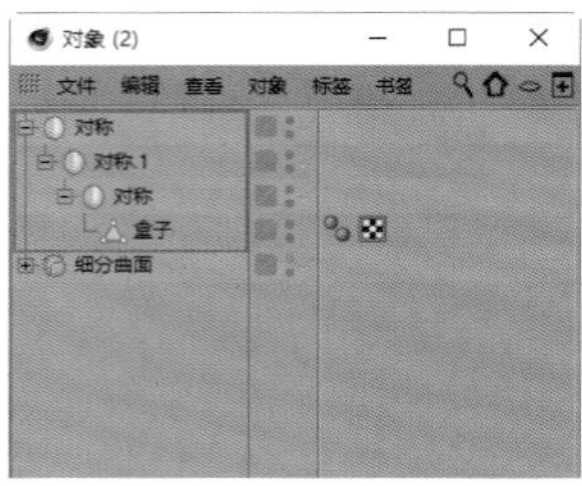

图6-35

10 使用“循环/路径切割”工具在盒子边角区域切出3条线，并删除生成的立方体面，如图6-36所示。

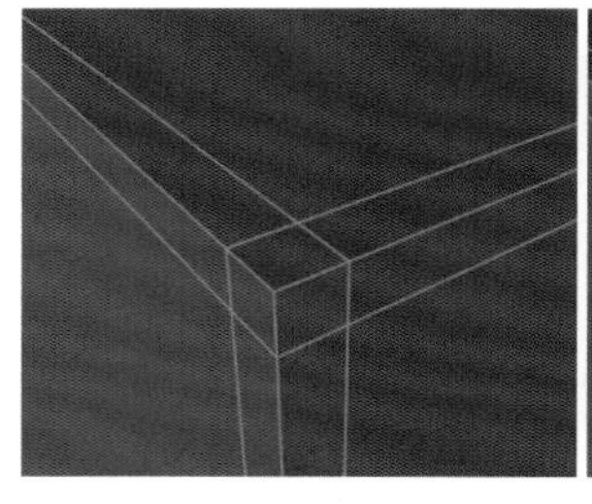
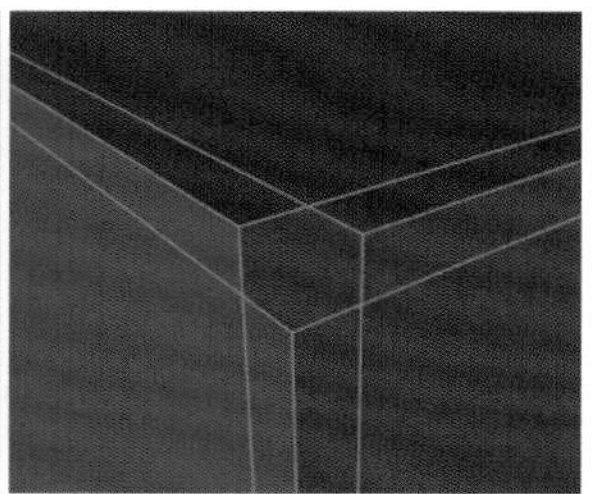

图6-36

11 使用“循环/路径切割”工具沿着盒子外角边缘切出3条新的结构线，如图6-37所示。

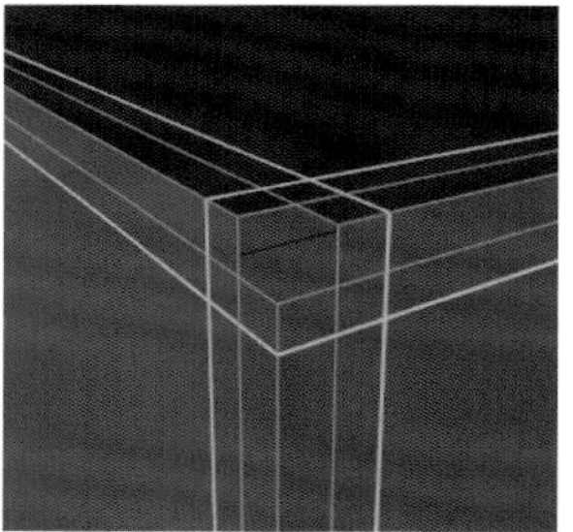

图6-37

12 切换到“点”模式，使用“线性切割”工具对两侧的正方形结构进行布线处理。使用这样的布线结构方式，在后面添加细分曲面后盒子的边缘过渡会非常自然和美观，如图6-38所示。

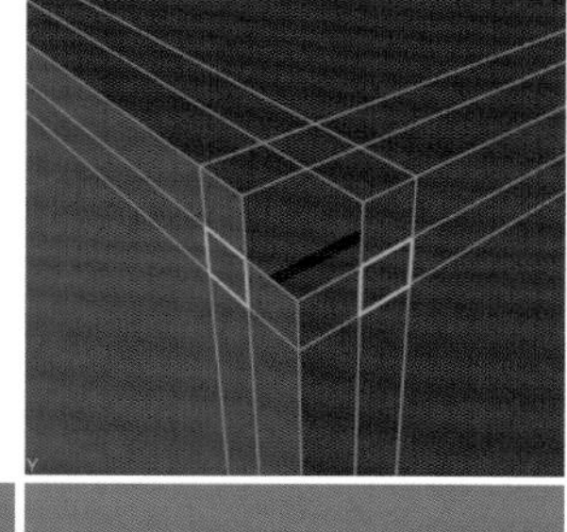

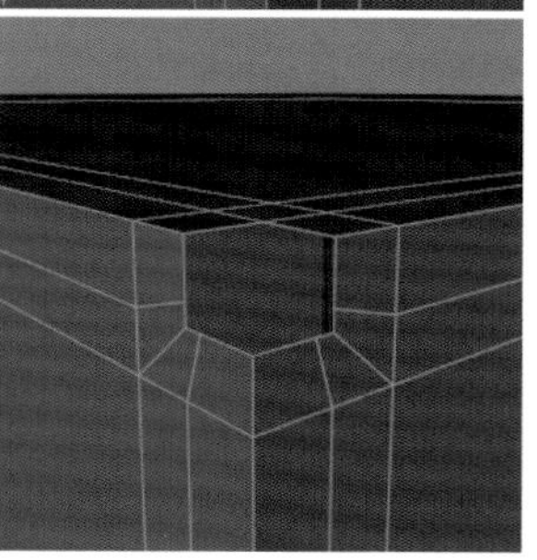

图6-38

13 选中盒子两侧边缘的边，使用“倒角”工具对其进行倒角处理，设置“细分”为1，如图6-39所示。

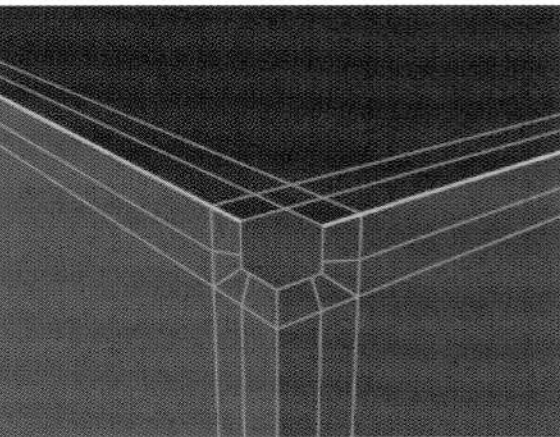

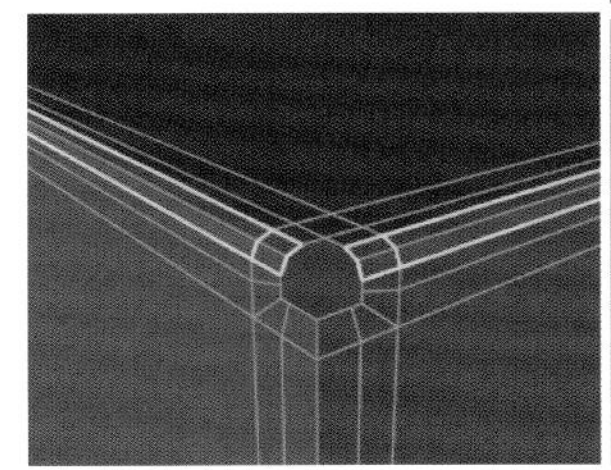

图6-39

14 切换到“多边形”模式，按快捷键Ctrl+A全选所有的面，使用“挤压”工具，勾选“创建封顶”选项，向外挤压出一定的厚度，如图6-40所示。

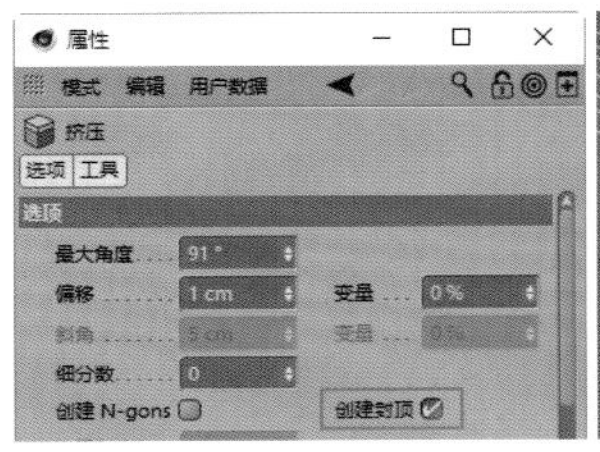

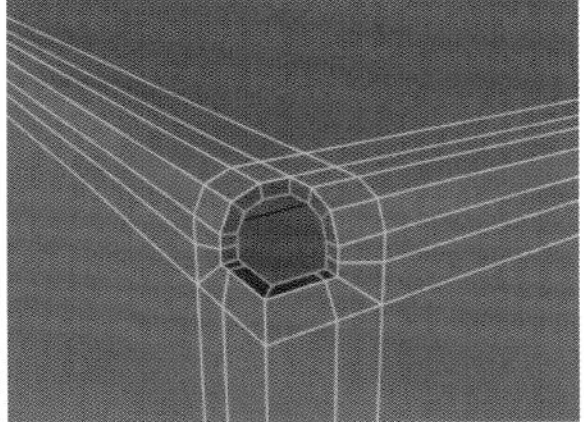

图6-40

15 使用“细分曲面”生成器为盒子添加细分曲面，此时盒子有些地方会变得过度圆滑，可以使用“循环/路径切割”工具进行布线和卡边，如图6-41所示。

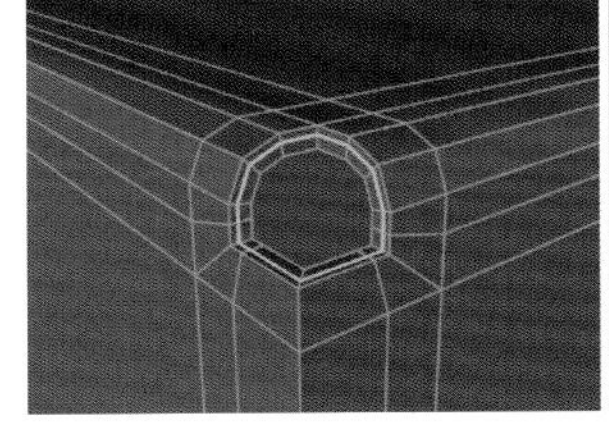

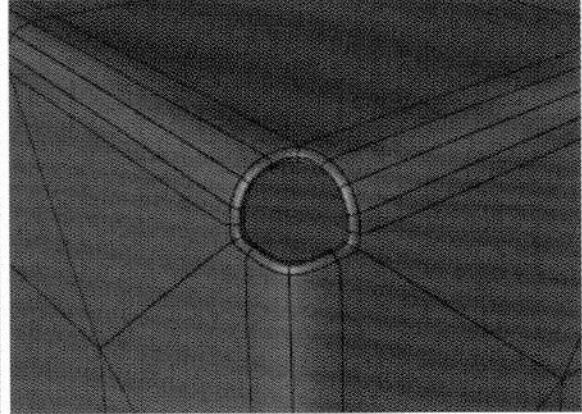

图6-41

16 全选“对称”工具和盒子对象，单击鼠标右键并执行“连接对象+删除”命令，将它们合并为一个对象，并将对象改名为“盒子”，如图6-42所示。

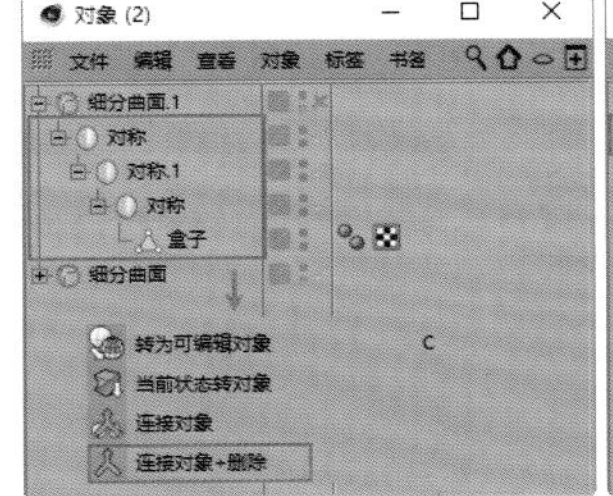

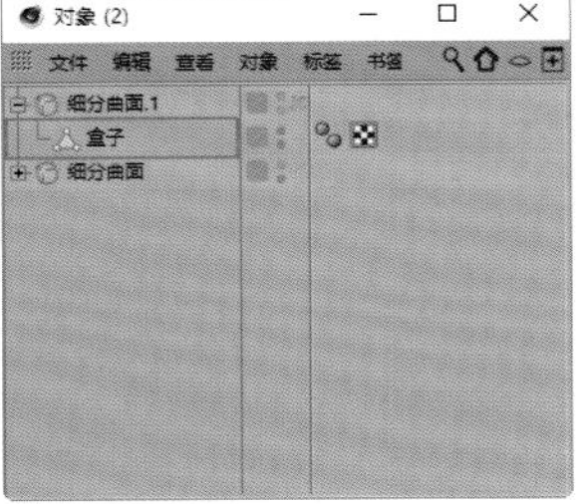

图6-42

17 选中两侧对应的面，使用“内部挤压”工具向内挤压，将这两侧挤压的面用来制作盒子的镂空部分，如图6-43所示。

18 调整挤压面的大小，如图6-44所示。

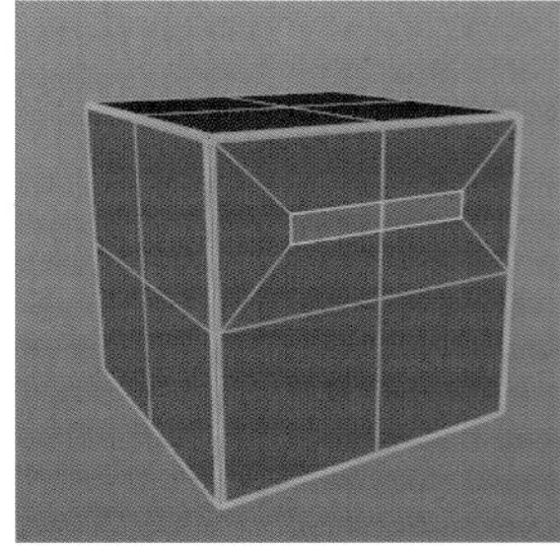

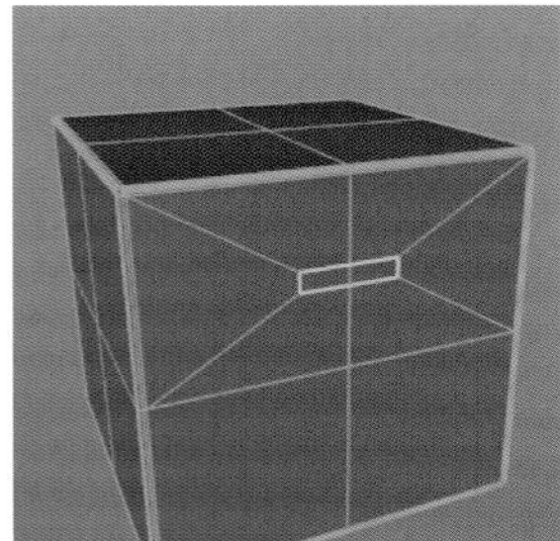

图6-43 图6-44

19 在“多边形”模式下，选中并删除新生成的挤压面后，选中其循环边，沿着z轴向内挤压出厚度，如图6-45所示。

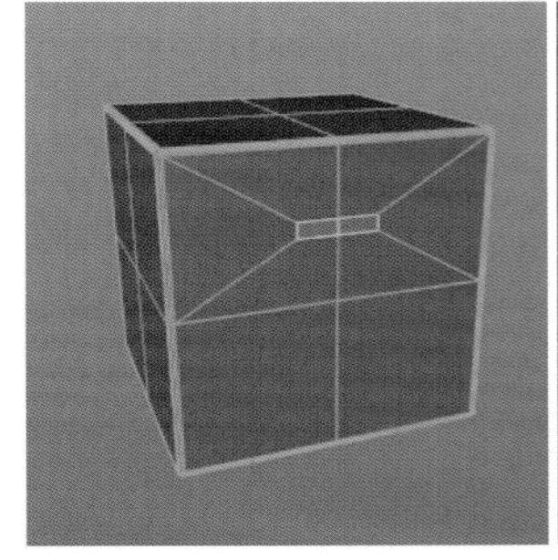

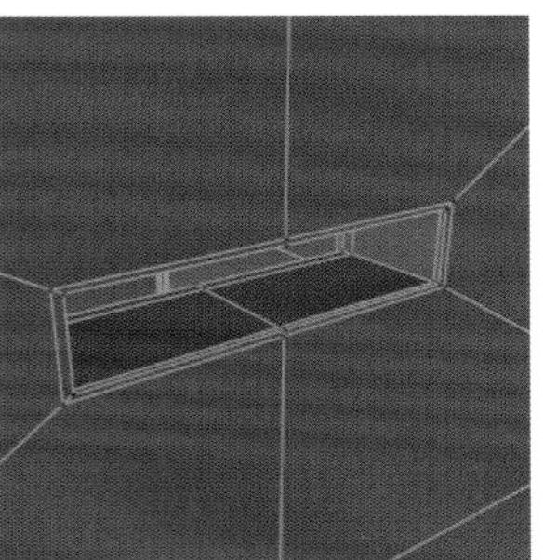

图6-45

20 使用“循环/路径切割”工具在盒子中间区域切出两条新的循环边，用来制作盒子上的分割区域，如图6-46所示。

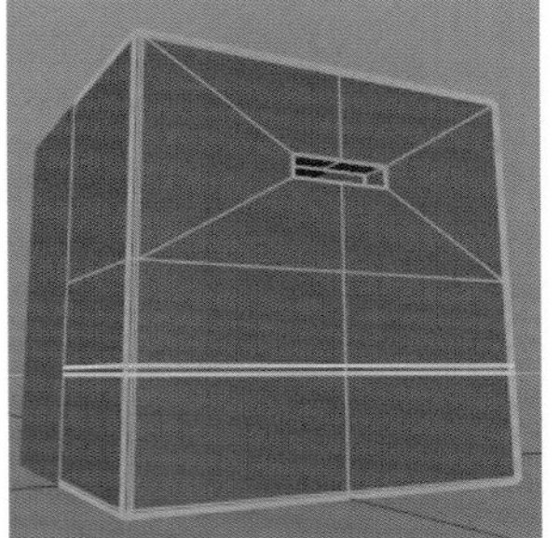

图6-46

21 在“多边形”模式下，选中切割后新生成的面，使用“内部挤压”工具，在“属性”面板中设置“最大角度”为91°，将这些面向内挤压，如图6-47所示。

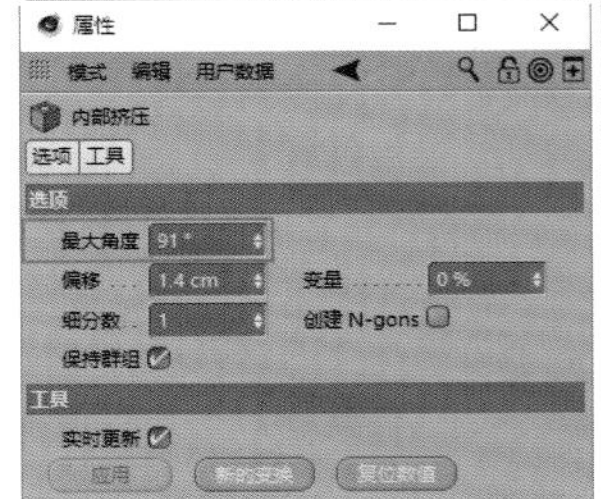

图6-47

22 在“多边形”模式下，选中图示的面，使用“挤压”工具，取消勾选“创建封顶”选项，将这些面向内挤压，如图6-48所示。

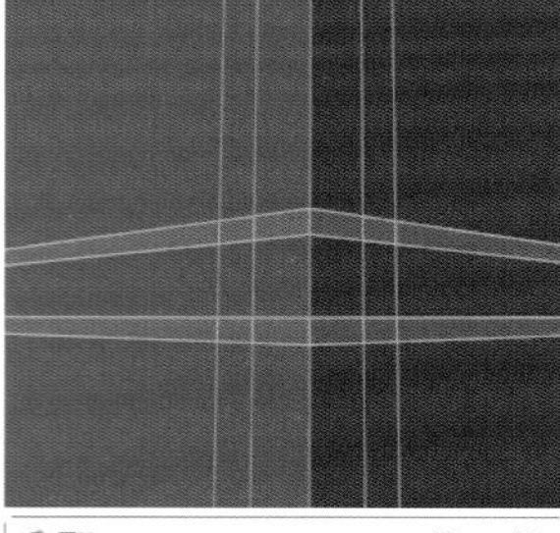

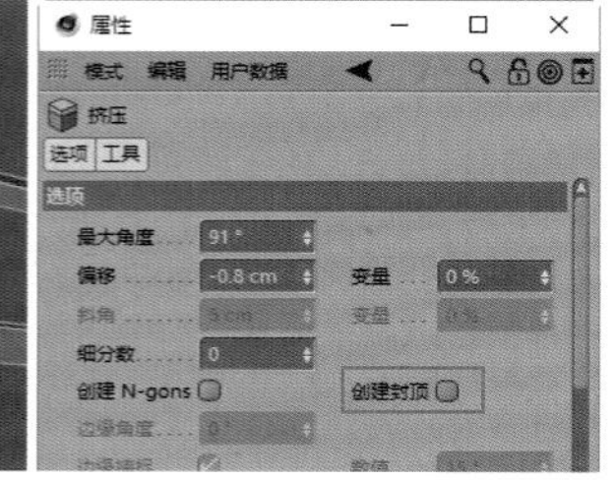

图6-48

23 在“边”模式下，选中挤压后生成的所有边，对其进行倒角处理，设置“偏移”为1cm、“细分”为1，制作保护线，如图6-49所示。到这里，外包装盒的建模工作就完成了，如图6-50所示。

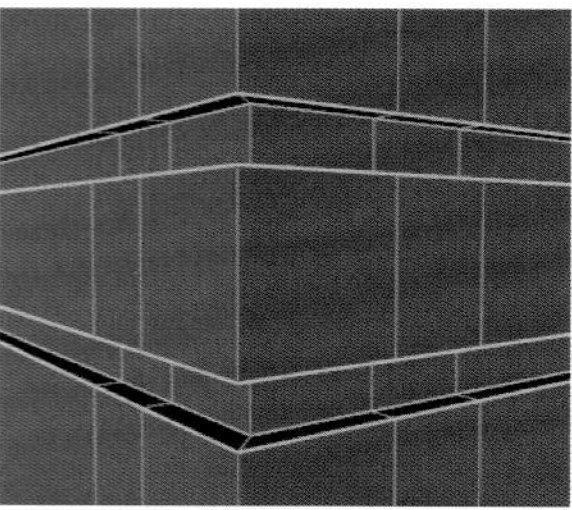

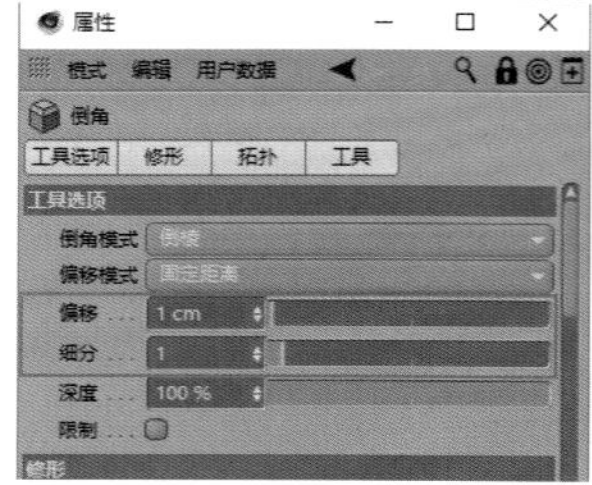

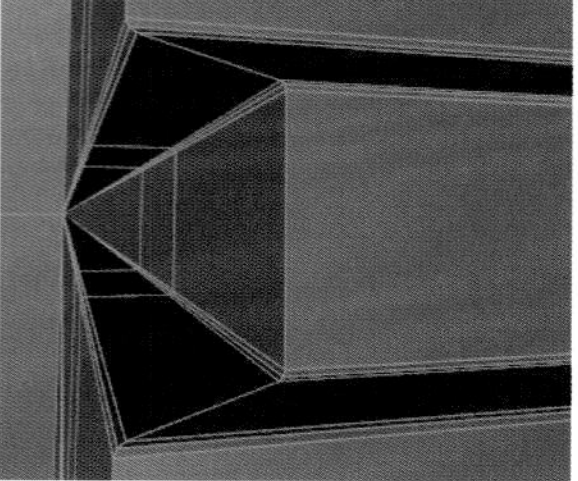

图6-49

图6-50

6.1.3 包装UV拆分及贴图

本案例的UV拆分包括饮料瓶UV拆分和外包装UV拆分两个部分。这个案例中饮料瓶的瓶盖不需要特殊的贴图，只需要对饮料瓶的瓶身进行UV拆分就可以了。包装UV拆分及贴图效果如图6-51所示。

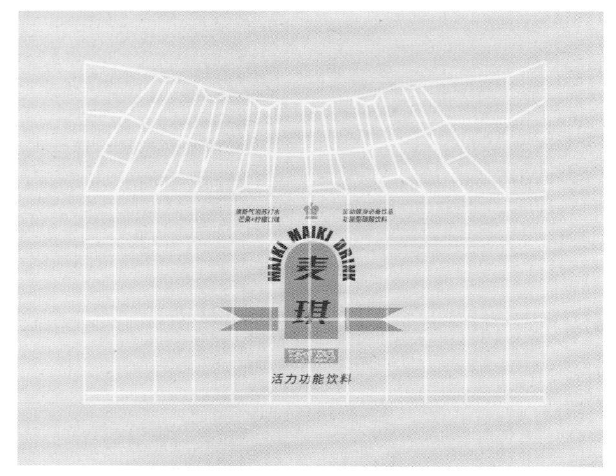

图6-51

01 首先，拆分饮料瓶。单击Cinema 4D右上方的“界面”菜单，在下拉菜单中执行“BP – UV Edit”命令，切换到UV编辑界面，如图6-52所示。

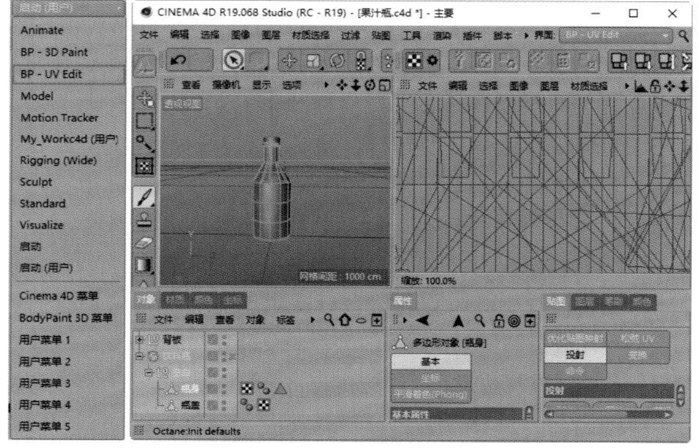

图6-52

02 在左侧面板中选中需要展开UV的面，如图6-53所示。

图6-53

03 在UV编辑界面右下方的“贴图”选项卡中选择“投射”选项卡，单击“圆柱”按钮，上方UV编辑面板中会显示选中面的UV形状，如图6-54所示。

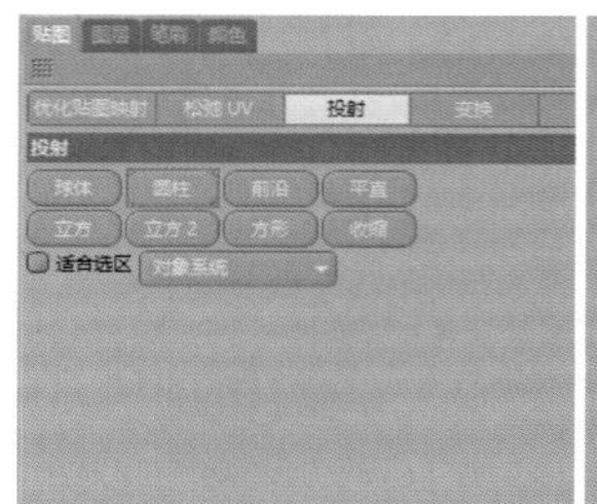

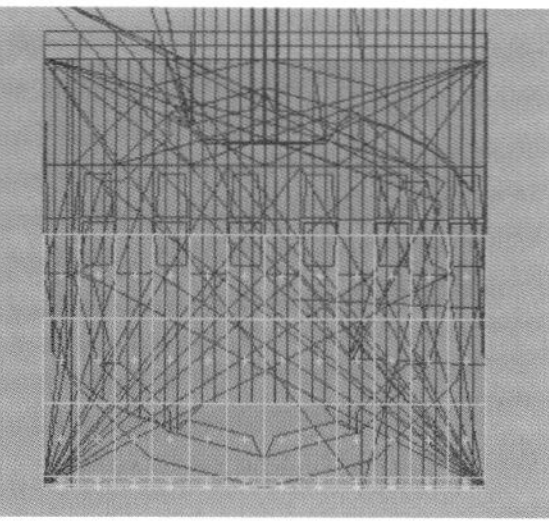

图6-54

04 因为只需要对贴图部分展开UV，其他地方是不需要的，所以需要对UV做一下调整。在左侧面板使用快捷键U+I对选中面进行反选，选中不需要展开UV的所有面，在“UV多边形”模式下，使用“缩放”工具，单击并拖曳鼠标指针调整这些UV的大小，如图6-55所示。

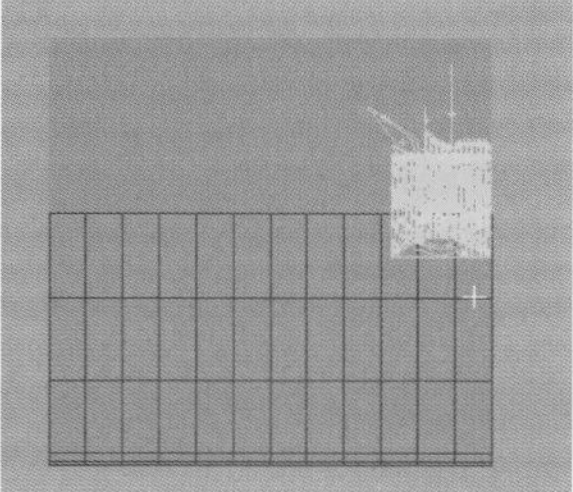

图6-55

05 使用“移动”工具，把上一步选中的面的UV移动到空白区域，注意不要和贴图区域的UV重合，如图6-56所示。

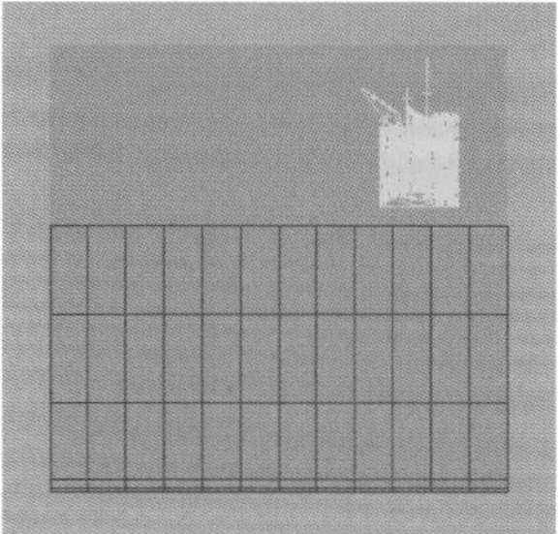

图6-56

06 在UV编辑面板中执行“文件>新建纹理”菜单命令，在弹出的面板中设置纹理的“宽度”和“高度”均为2048像素、“分辨率”为72像素/英寸（dpi），如图6-57所示。

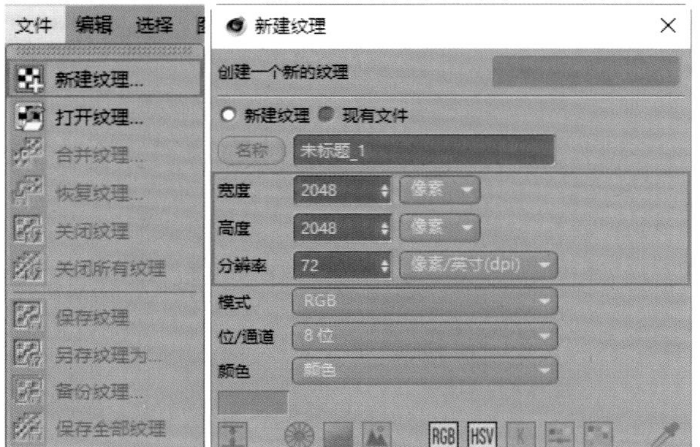

图6-57

07 切换到UV编辑界面右下方的“图层”选项卡，单击下方的“新建图层”按钮，新建一个空白图层，如图6-58所示。

图6-58

08 在UV编辑面板中执行“图层>描边多边形”菜单命令，对UV进行描边，如图6-59所示。

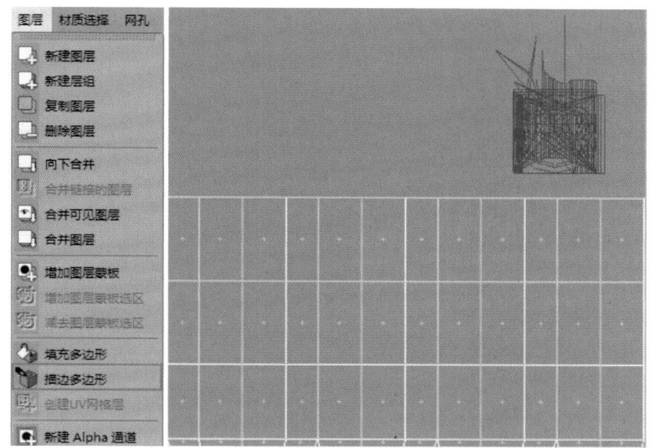

图6-59

09 在UV编辑面板中执行“文件>另存纹理为”菜单命令，在弹出的面板中设置“另存文件”为“PSD(*.psd)”格式，单击“确定”按钮，如图6-60所示，在弹出的面板中设置纹理保存路径。

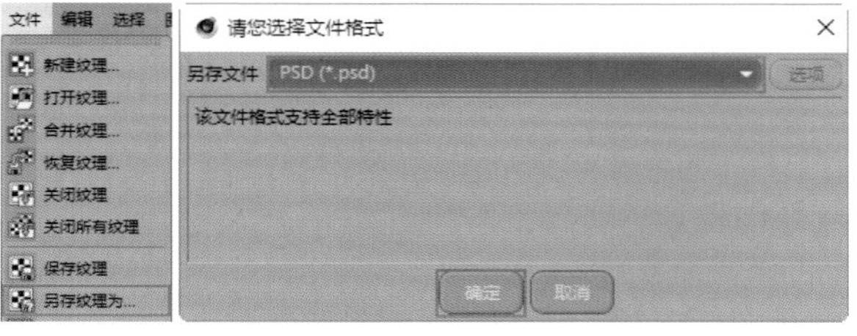

图6-60

10 在Photoshop中打开刚才制作的UV贴图文件，白色的线框图层即是贴图的区域，瓶身的纹理需要在这个白色线框内设计制作，如图6-61所示。

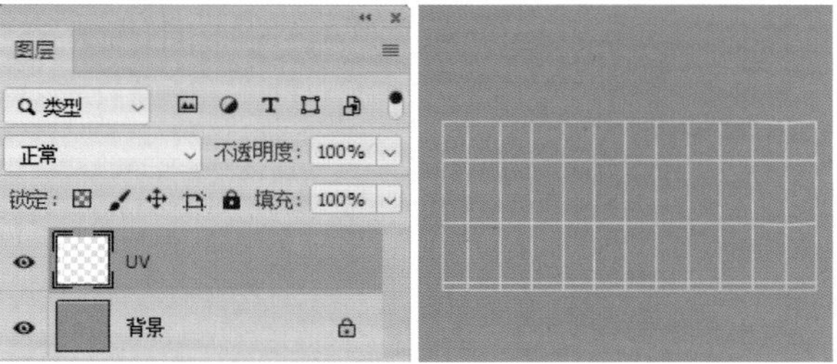

图6-61

11 在Photoshop中的设计过程不是本书的重点，这里就不介绍了。读者需要注意的是要把设计的主要内容放置于UV白色线框内，如图6-62所示。

图6-62

12 其次，拆分外包装盒。切换到UV编辑界面，全选外包装的所有面，在UV编辑界面右下方的"贴图"选项卡中选择"投射"选项卡，单击"立方2"按钮立方 2，上方UV编辑面板中会显示选中面的UV形状，如图6-63所示。

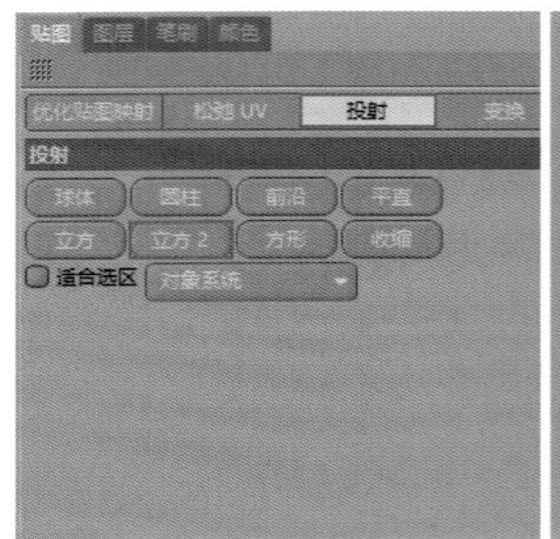

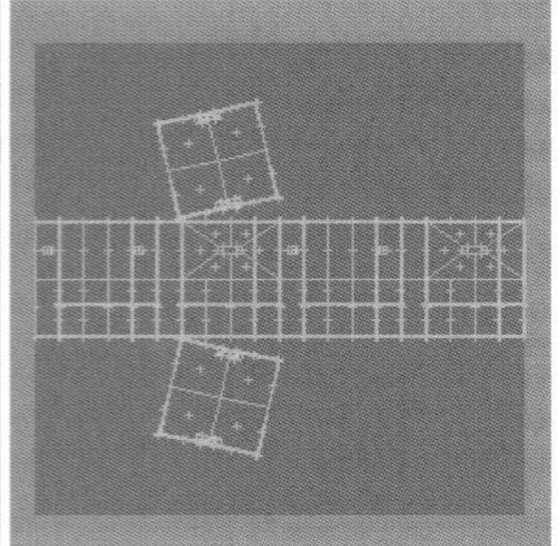

图6-63

13 在UV编辑面板中执行"文件>新建纹理"菜单命令，在弹出的面板中设置纹理的"宽度"和"高度"均为2048像素、"分辨率"为72像素/英寸（dpi），如图6-64所示。

图6-64

14 切换到UV编辑界面右下方的"图层"选项卡，单击下方的"新建图层"按钮，新建一个空白图层，如图6-65所示。

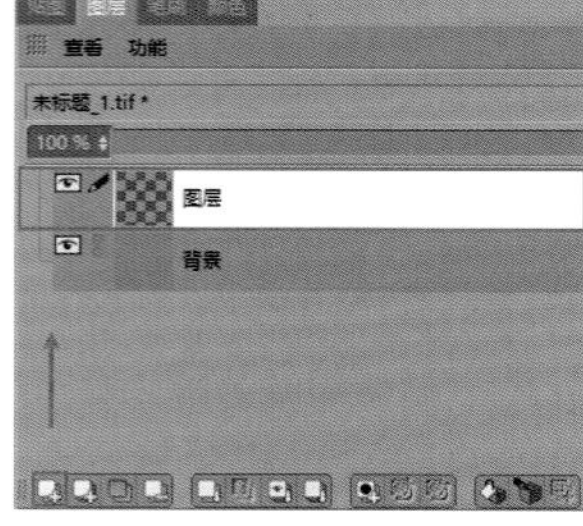

图6-65

15 在UV编辑面板中执行"图层>描边多边形"菜单命令，对UV进行描边，如图6-66所示。

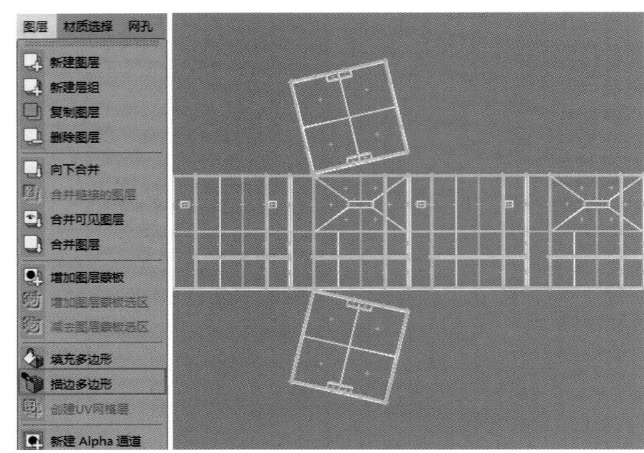

图6-66

16 在UV编辑面板中执行"文件>另存纹理为"菜单命令，在弹出的面板中设置"另存文件"为"PSD(*.psd)"格式，单击"确定"按钮确定，如图6-67所示，在弹出的面板中设置纹理保存路径。

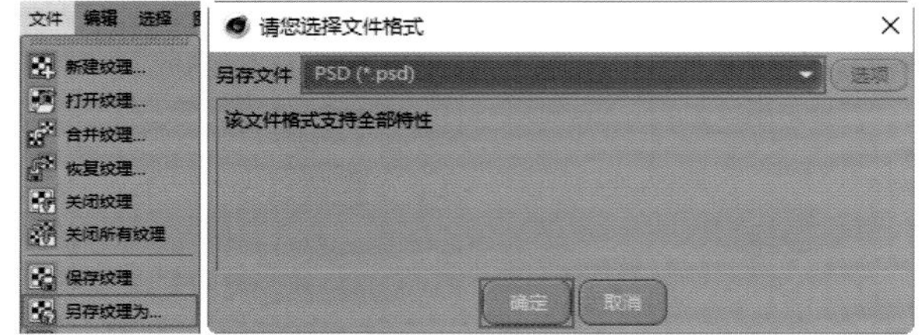

图6-67

17 在Photoshop中打开刚才制作的UV贴图文件，白色的线框图层即是贴图的区域，纹理需要在这个白色线框内设计制作，如图6-68所示。

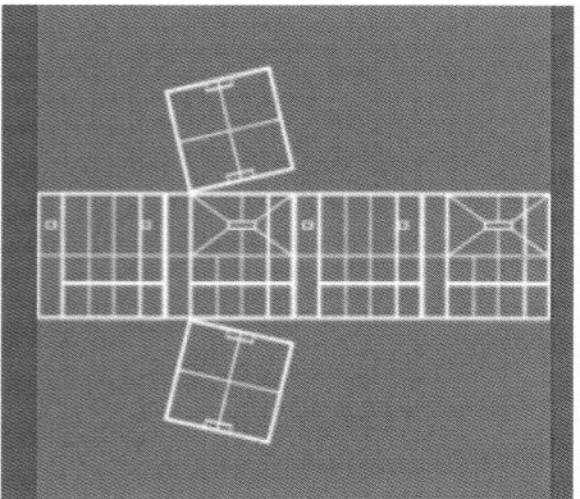

图6-68

18 在Photoshop中的设计过程不是本书的重点，这里就不介绍了。读者需要注意的是要把设计的主要内容放置于UV白色线框内，如图6-69所示。

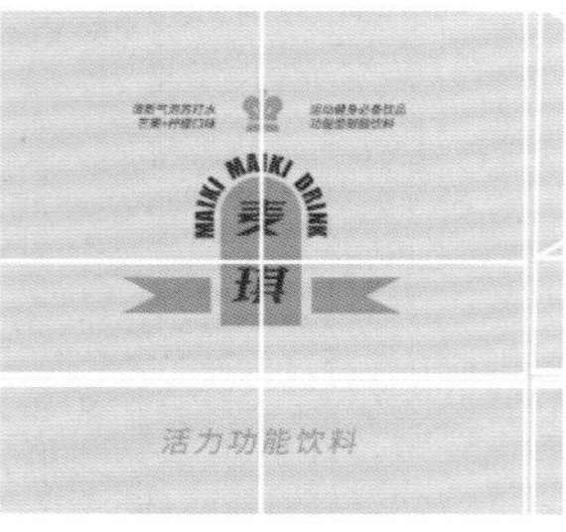

图6-69

技术专题：调整UV点的方法

有些模型在展开UV后，UV上的点是有弧度的，有时这些带弧度的UV点并不适合或会影响到后期贴图的制作。这时，我们就需要去调整点的位置，把带弧度的点调整为直线。

切换到“UV点”模式，选中需要调整的点，在右下方“变换”选项卡中设置x轴缩放或y轴缩放的数值为0，就可以调整这些带弧度的点，如图6-70所示。

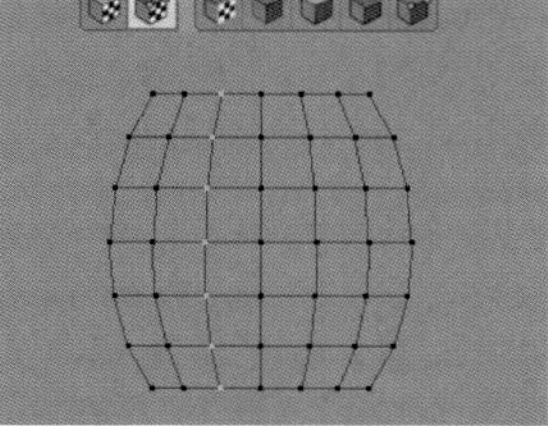

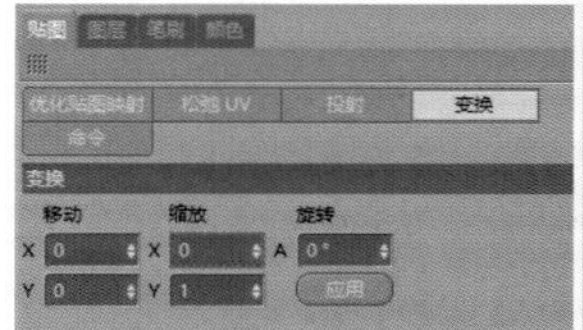

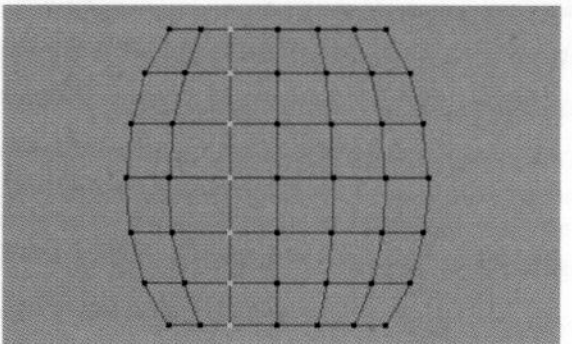

图6-70

6.1.4 布景搭建

在正式渲染之前需要把产品的展示场景搭建出来，果汁包装的场景模型效果如图6-71所示。

图6-71

01 创建两个平面对象，调整方向，制作场景的背景板，如图6-72所示。

02 创建一个立方体对象，调整立方体的“尺寸.X”为20cm、“尺寸.Y”为870cm、“尺寸.Z”为1712cm，如图6-73所示。

图6-72

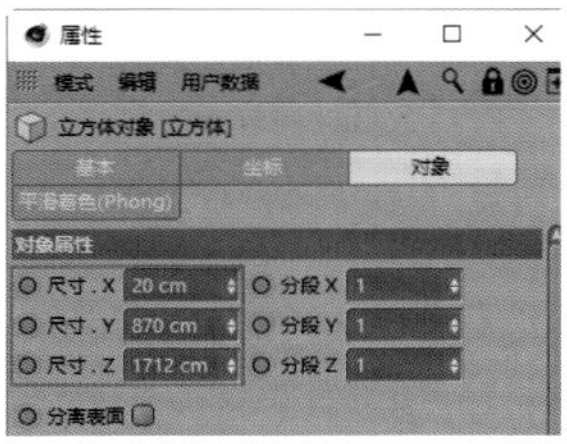

图6-73

03 使用“挤压”工具对自定义的矩形样条进行挤压，并使用“布尔”工具对其和上一步的立方体执行布尔运算，制作场景中门洞的效果，如图6-74所示。

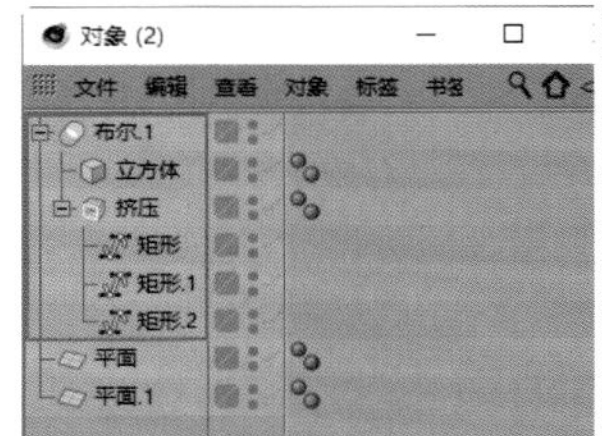

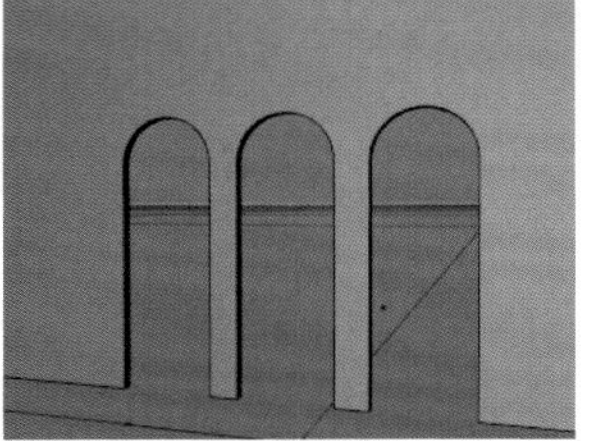

图6-74

04 使用自定义的矩形样条对其进行挤压，制作放置饮料瓶的展台模型，如图6-75所示。

05 把之前制作的饮料瓶放置到展台上，导入案例文件中的自行车模型，并摆放好它们的位置，如图6-76所示。

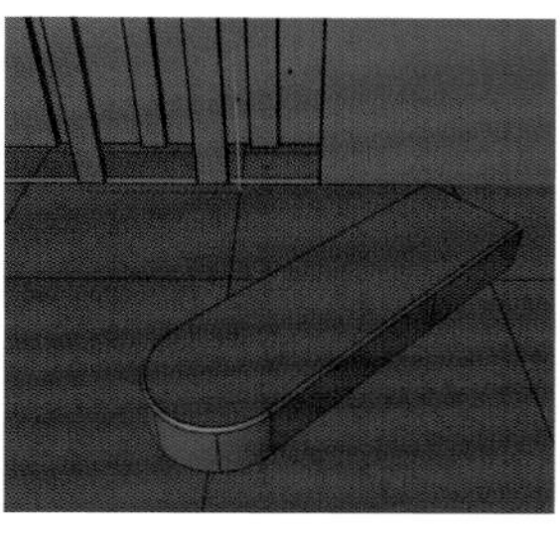

图6-75

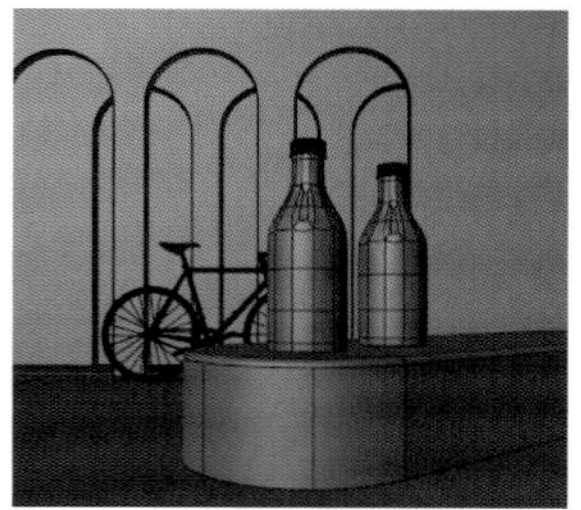

图6-76

技术专题：布尔工具的使用原理

利用“布尔”工具制作物体相减效果时，需要注意物体对象的上下排列顺序，“布尔”工具的工作原理是下方的物体减去上方的物体。

这里以一个球体对象和一个立方体对象为例。把“球体”和“立方体”作为“布尔”工具的子级，当“球体”放置在“立方体”下方时，是球体对象减去立方体对象表面；当“立方体”放置在“球体”下方时，是立方体对象减去球体对象表面，如图6-77所示。

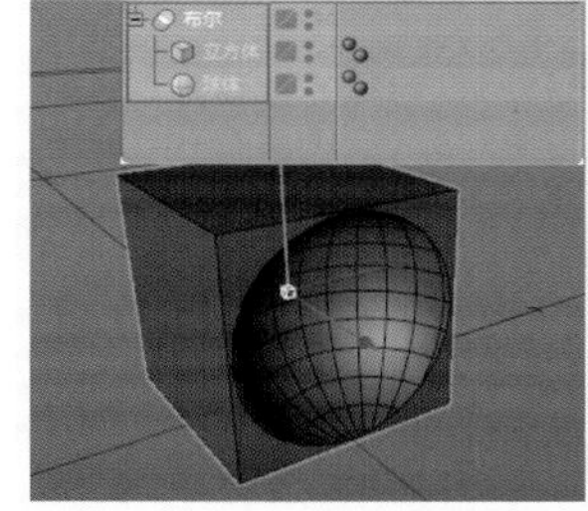

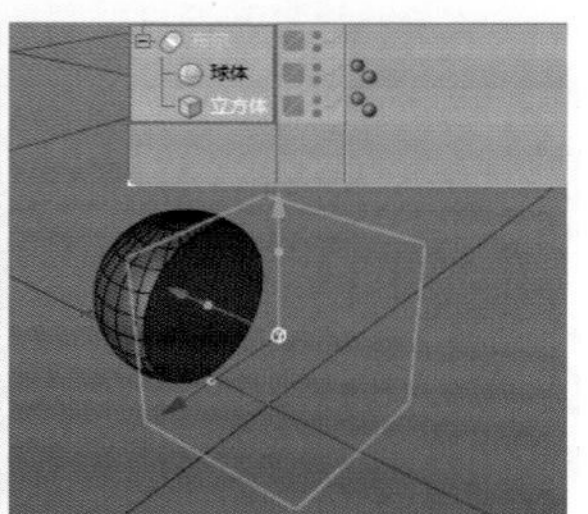

图6-77

6.1.5 配置场景环境与材质

配置好的场景环境与材质效果如图6-78所示。

图6-78

01 在“Octane Render”面板中执行“对象>Octane HDRI环境”菜单命令，并加载tex文件夹中的环境贴图，进行环境配置，如图6-79所示。

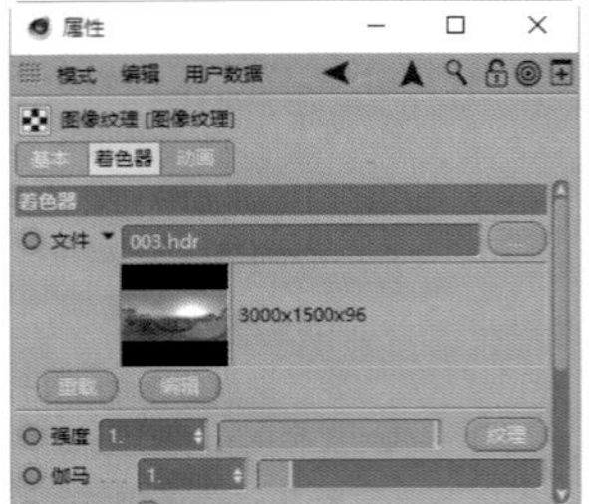

图6-79

02 只使用环境光进行照明的场景是偏暗的，所以还需要使用两个“Octane 区域光”为场景中的物体对象补光，制作饮料瓶上的高光效果，如图6-80所示。

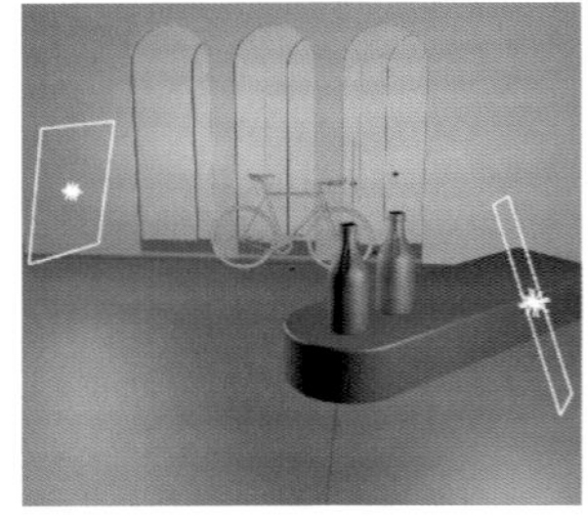

图6-80

03 使用“Octane日光”制作场景中的光线效果，并勾选“属性”面板中的“混合天空纹理”选项。场景中的光线效果是在日光照射的角度上方放置了两个平面对象，用来影响光线照射下来的形状，如图6-81所示。

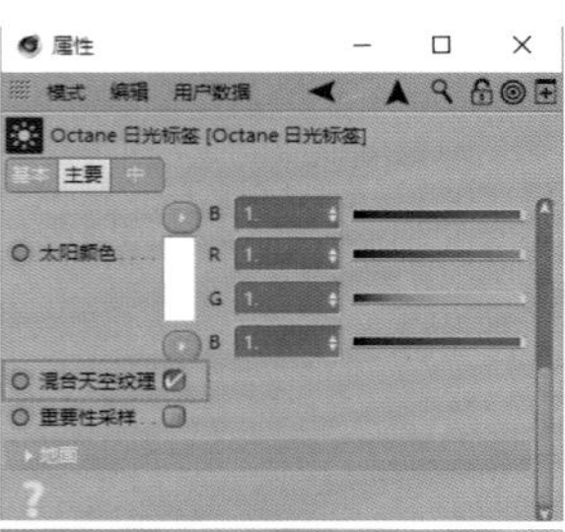

图6-81

04 使用“Octane光泽材质”，调整“漫射”通道的“颜色”为肉粉色，在“粗糙度”中设置“浮点”为0.27左右，并使用“图像纹理”节点对“凹凸”通道进行贴图，制作场景中元素的纹理凹凸效果，如图6-82所示。把该材质分别赋给背景板、展台和门洞对象。

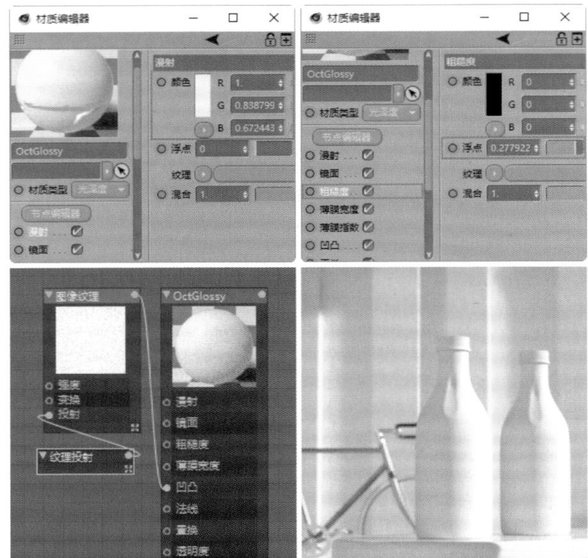

图6-82

05 使用“Octane光泽材质”，打开“Octane节点编辑器”，使用“图像纹理”节点连接材质的“漫射”通道，对其添加tex文件夹中的“瓶身.psd”纹理贴图，并把该材质赋给瓶身对象，如图6-83所示。

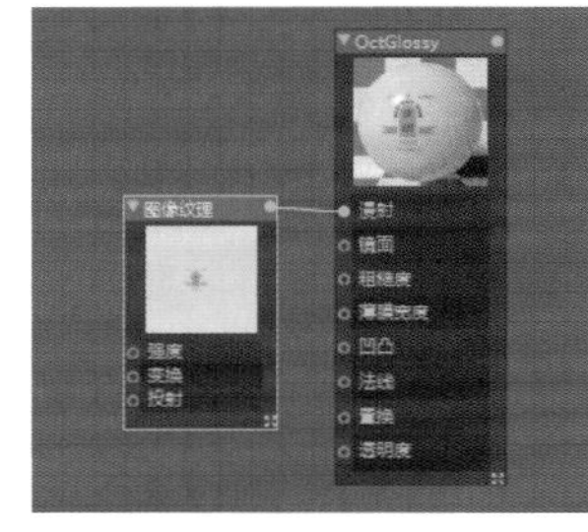

图6-83

06 使用“Octane光泽材质”，设置“漫射”通道的“颜色”为棕色，在“粗糙度”中设置“浮点”为0.046左右，并把该材质赋给瓶盖对象，如图6-84所示。

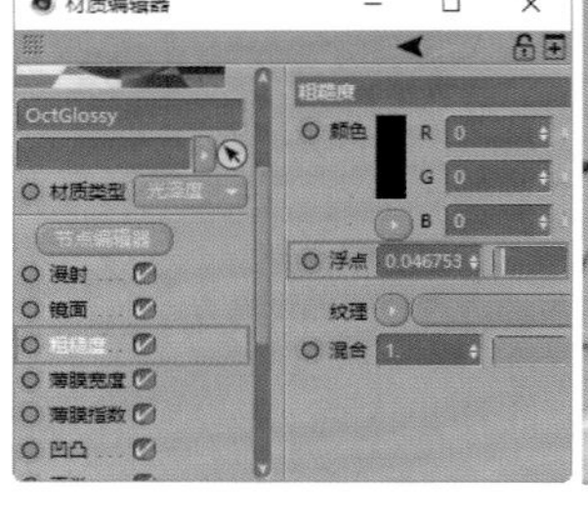

图6-84

6.1.6 渲染效果展示

渲染好的更多效果如图6-85所示。

图6-85

6.2 红酒包装渲染案例

场景位置	场景文件 >CH06> 红酒包装渲染场景 .c4d
实例位置	实例文件 >CH06> 红酒包装渲染案例 .c4d
视频名称	红酒包装渲染案例
技术掌握	酒瓶模型及材质的调节方法、包装盒模型的制作技巧

此案例除了酒瓶及包装的模型建模讲解之外，更重要的是介绍如何烘托渲染场景的氛围。在渲染产品包装时，我们可以借助一些辅助元素，如这个案例中就借助了石头和手表模型等元素来达到点缀场景、烘托氛围的效果。

同时，这个案例将会为读者介绍酒瓶及包装盒模型的制作方法，以及它们的UV拆分和材质的调节等内容。

此外，在酒瓶瓶身的UV贴图讲解过程中，将为读者介绍如何使用纹理模式调整贴图在物体表面的位置，以及在红酒包装盒上制作硬边挖洞效果的方法。

制作好的红酒产品包装渲染效果如图6-86所示。

图6-86

6.3 咖啡包装渲染案例

场景位置	场景文件 >CH06> 咖啡豆包装渲染场景 .c4d
实例位置	实例文件 >CH06> 咖啡包装渲染案例 .c4d
视频名称	咖啡包装渲染案例
技术掌握	咖啡豆和包装袋建模的方法、渲染环境的制作技巧

此案例将会介绍咖啡豆及包装袋的建模方法，以及它们的UV拆分和材质的调节等内容。

咖啡包装袋是比较特殊的包装，它的侧边结构和顶部卷曲的结构在制作时需要合理地布线，可以以一个立方体对象为基础，设置少量的细分数，逐步调整包装袋结构，最后通过添加“细分曲面”生成器来显示模型的细节。

咖啡豆模型可以使用胶囊对象为初始模型，配合“FFD”变形器和“雕刻”工具塑形。

在UV拆分时由于包装袋模型的特殊性，需要设置好UV展开时的切割线，这也是在UV拆分时经常用到的自定义拆分区域的方法。

制作好的咖啡产品包装渲染效果如图6-87所示。

图6-87

第7章 商业案例实战——化妆品类

本章将对洁面乳包装、护肤霜包装和香水包装3个案例进行讲解。通过本章案例的学习，读者可以掌握不同化妆品瓶子的建模方法、包装材质的调节，以及渲染打光方法。

7.1 洁面乳包装渲染案例

场景位置	场景文件 >CH07> 洁面乳包装渲染场景 .c4d
实例位置	实例文件 >CH07> 洁面乳包装渲染案例 .c4d
视频名称	洁面乳包装渲染案例
技术掌握	洁面乳瓶子模型制作及材质的调节方法

本案例旨在为读者提供在产品建模时布线的练习。这个案例的产品模型制作难点是瓶口区域，瓶口区域是一个转折的结构，所以在布线时需要合理地添加保护线，这样在后期使用细分曲面时洁面乳瓶子的结构才会好看。制作好的案例效果如图7-1所示。

图7-1

7.1.1 洁面乳瓶子建模

洁面乳瓶子模型制作的难点在于瓶口处布线结构的制作。洁面乳瓶子模型效果如图7-2所示。

图7-2

01 制作洁面乳瓶口模型的结构。创建一个圆柱体对象，在“属性”面板中设置“高度”为60cm、“旋转分段”为12，取消勾选“封顶”选项，如图7-3所示。

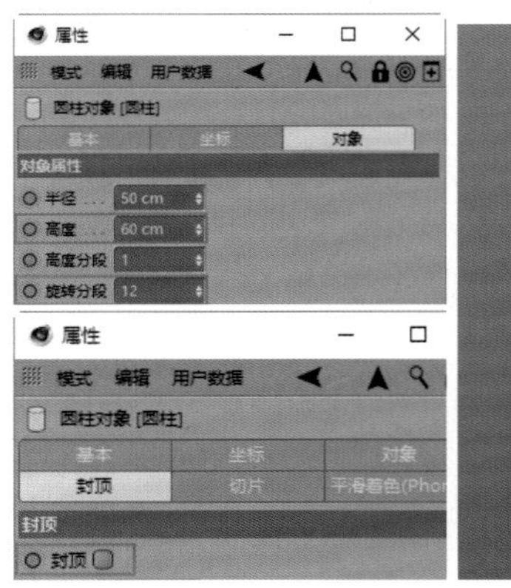

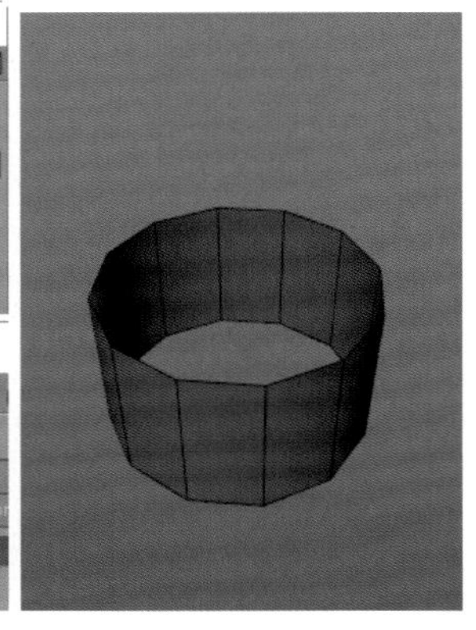

图7-3

02 把圆柱体对象转为可编辑对象，使用“循环/路径切割”工具在靠近顶部的地方切出一条循环边，如图7-4所示。

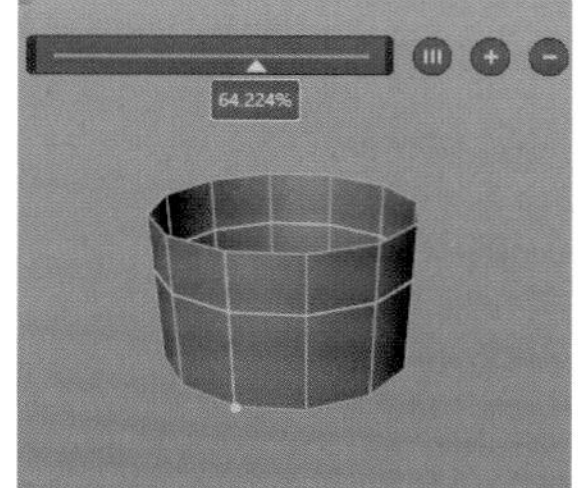

图7-4

03 切换到“多边形”模式，选中顶部的两个面，按住Ctrl键并沿着z轴向外拖曳复制出两个新的面，制作洁面乳瓶口的造型，如图7-5所示。

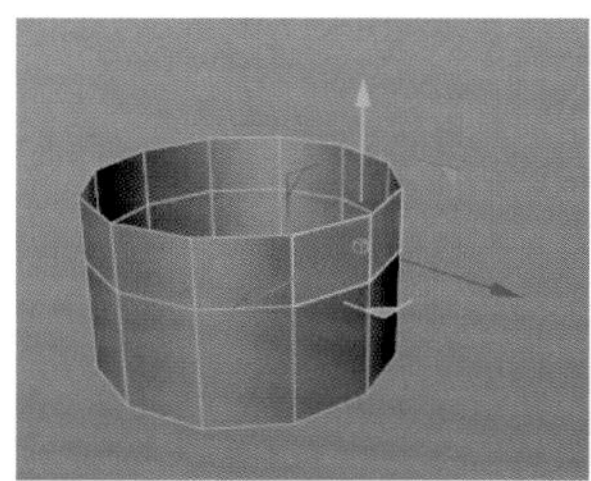

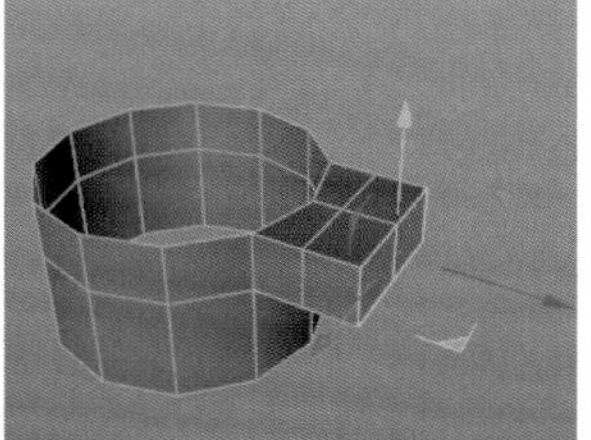

图7-5

04 在“多边形”模式下，使用“封闭多边形孔洞”工具缝合顶部的面，并使用“线性切割”工具对缝合的面进行布线，如图7-6所示。

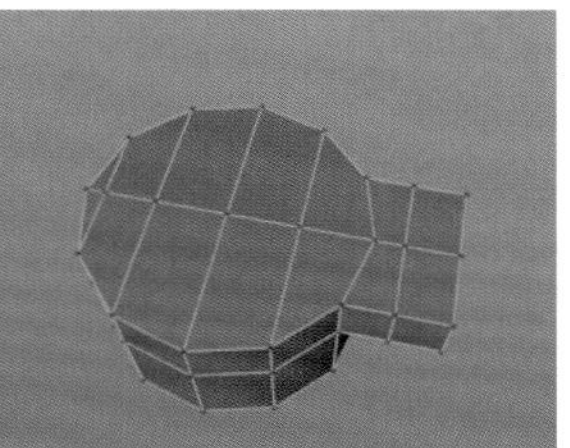

图7-6

提示

建模时四边面是模型最理想的布线结构，可以避免在添加了细分曲面后模型表面发生凸起或结构的变形。另外四边面也是较容易制作循环面的结构，这些循环面使在拆分UV和调整模型时更方便。

05 切换到“右视图”模式，在“点”模式下调整顶部点的结构，使顶部区域呈现坡状趋势，如图7-7所示。

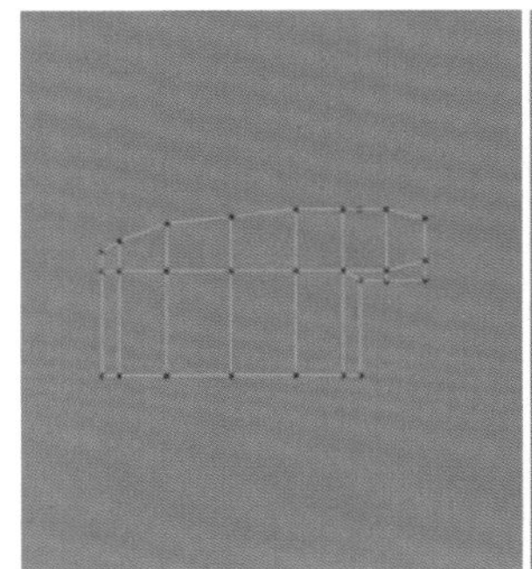

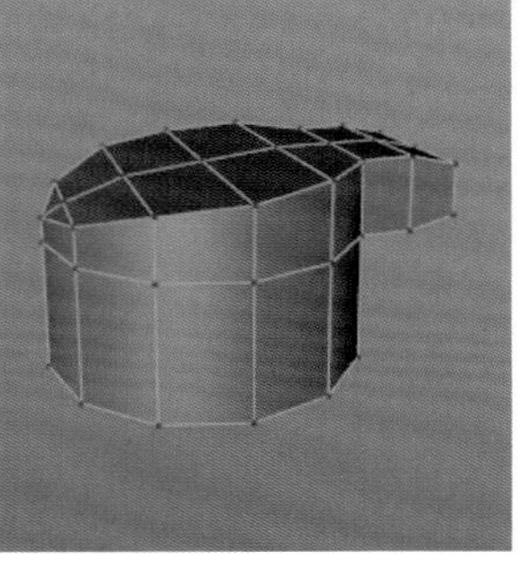

图7-7

06 在“多边形”模式下，选中瓶口区域的两个面，并删除这些面，如图7-8所示。

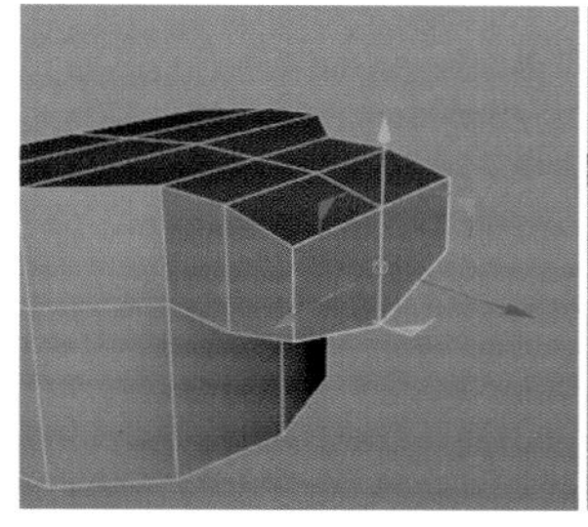

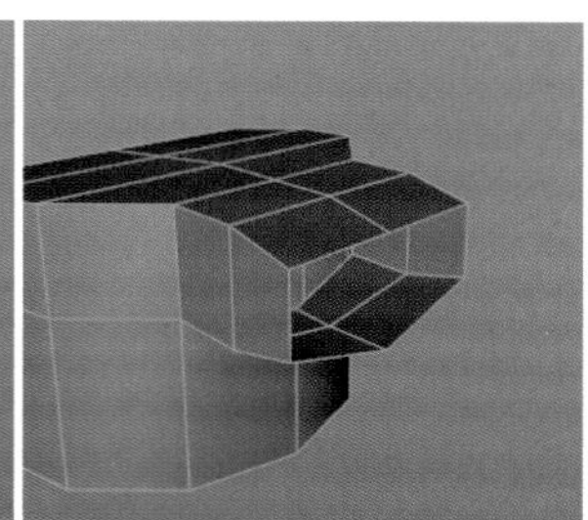

图7-8

07 切换到“边”模式，选中顶部的循环边，对其执行“倒角”操作，设置“偏移”为1.1cm、“细分”为1，如图7-9所示。

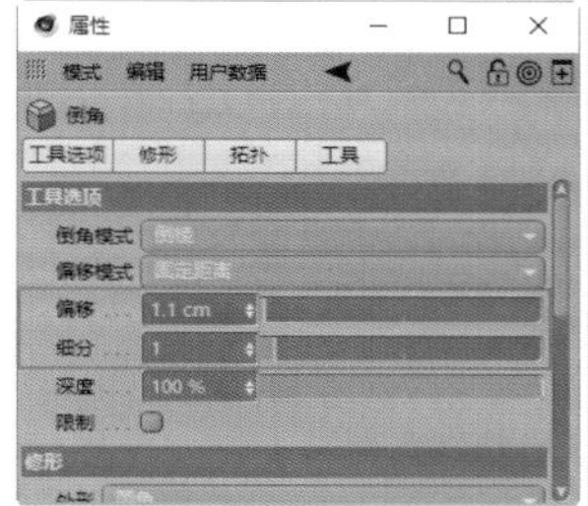

图7-9

08 使用“循环/路径切割”工具在开口区域切出一条循环边，如图7-10所示。

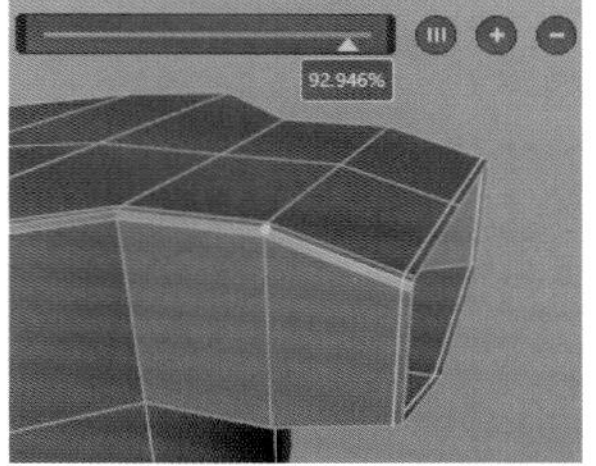

图7-10

09 在“边”模式下，选中开口处最外侧的循环边，沿着z轴向外挤压，并缩小其在y轴上的高度，如图7-11所示。

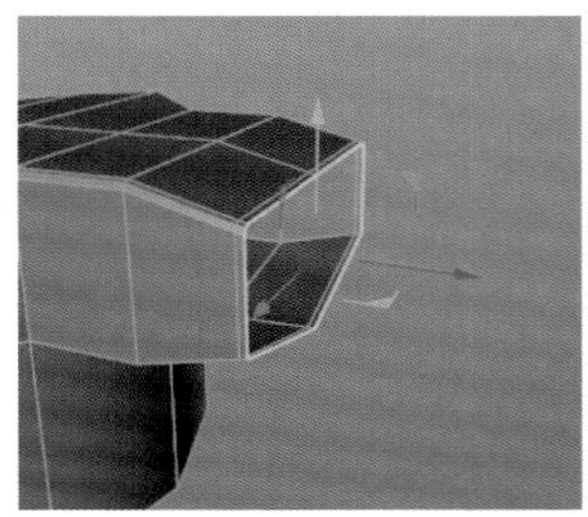

图7-11

10 在保持开口处循环边选中的情况下，按住Ctrl键使用“缩放”工具向内收缩，为瓶口区域创建出厚度，如图7-12所示。

11 使用同样的方法沿着z轴向内挤压出厚度，如图7-13所示。

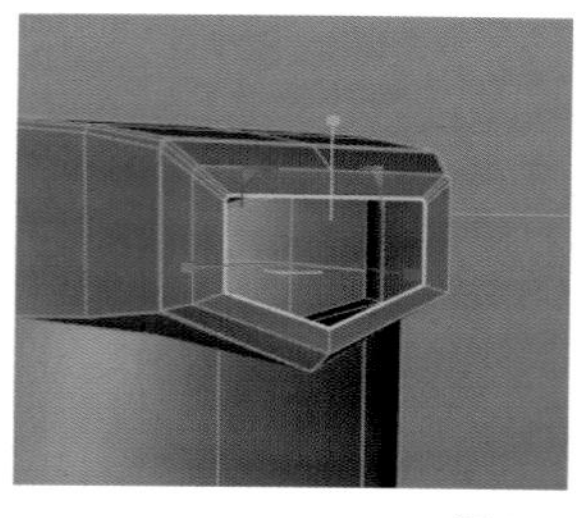

图7-12

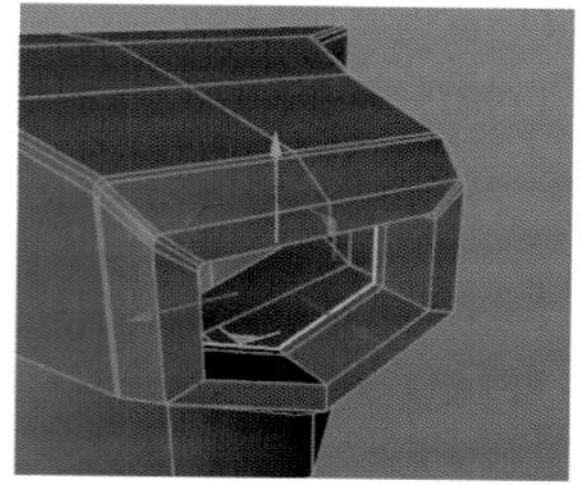

图7-13

12 使用“循环/路径切割”工具为瓶口区域创建保护线，目的是避免加入细分曲面后，这个区域过于圆滑，如图7-14所示。

13 使用“细分曲面”生成器添加细分曲面后，瓶口转折的区域过于圆滑，所以需要对转折的区域进行重新布线，如图7-15所示。

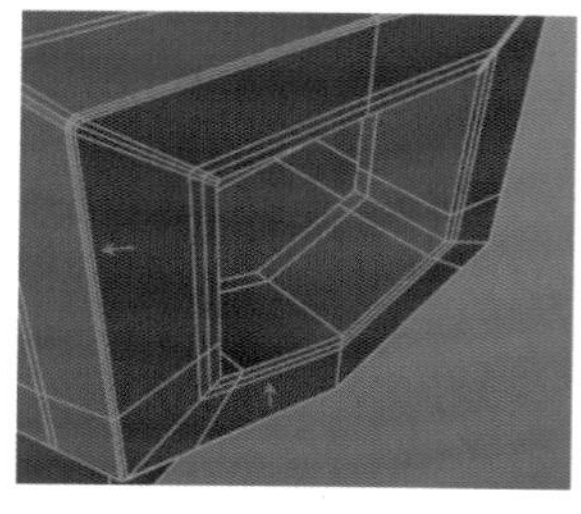

图7-14

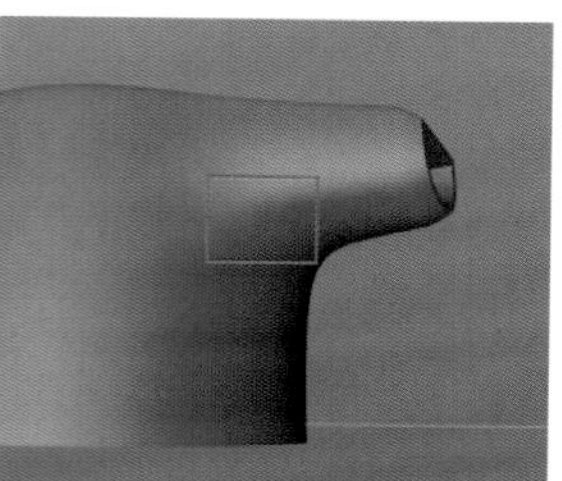

图7-15

14 使用“循环/路径切割”工具在转折区域下方切出一条新的循环边，在“点”模式下，使用“线性切割”工具对其进行图7-16所示的布线操作（这里的布线方法可以参考之前相关内容介绍过的包装盒布线的方法）。

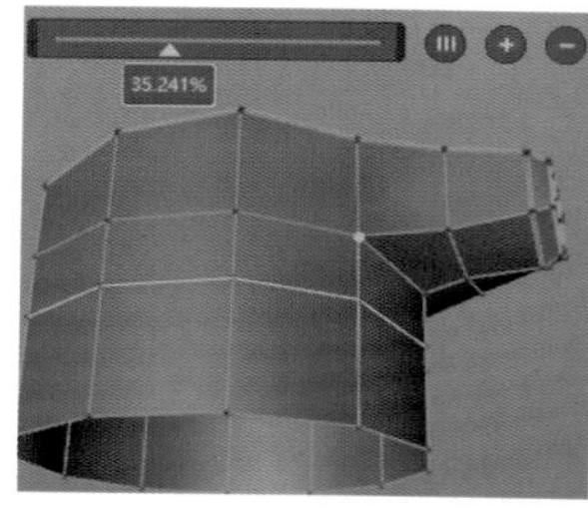

图7-16

15 使用“细分曲面”生成器，完成洁面乳顶部瓶口模型结构的制作，如图7-17所示。

16 制作洁面乳瓶身的模型结构。选中刚才制作的模型底部的循环边，按住Ctrl键的同时使用“缩放”工具向外挤压出新的面，如图7-18所示。

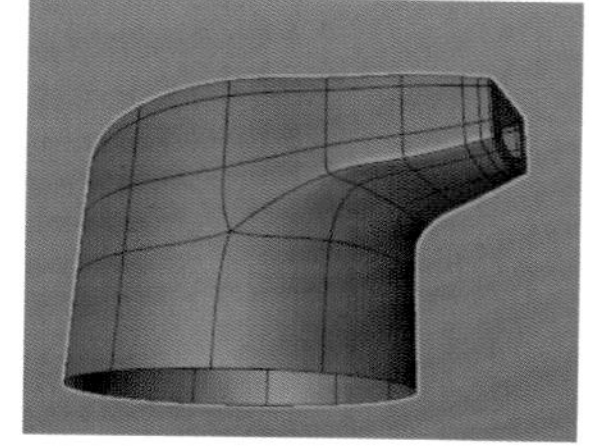

图7-17

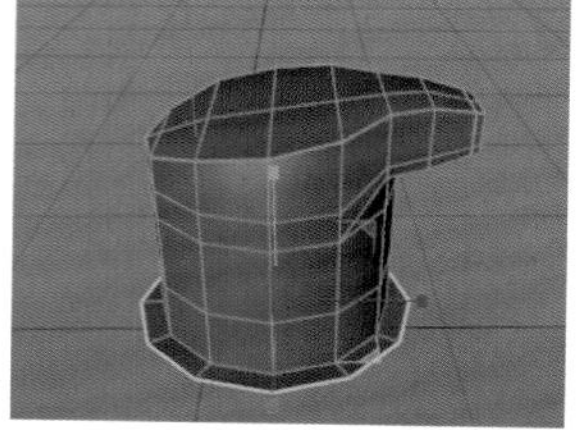

图7-18

17 在按住Ctrl键的同时，沿着y轴向下挤压出新的面，并配合“缩放”工具调整其外形，如图7-19所示。

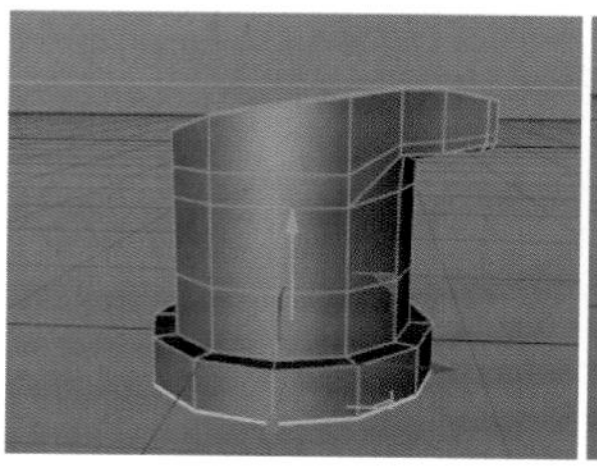

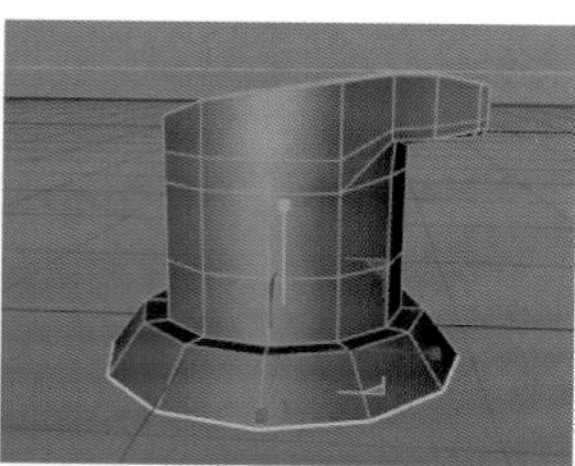

图7-19

18 使用相同的方法继续向下创建更多的面，制作洁面乳瓶身上半部分的造型结构，如图7-20所示。

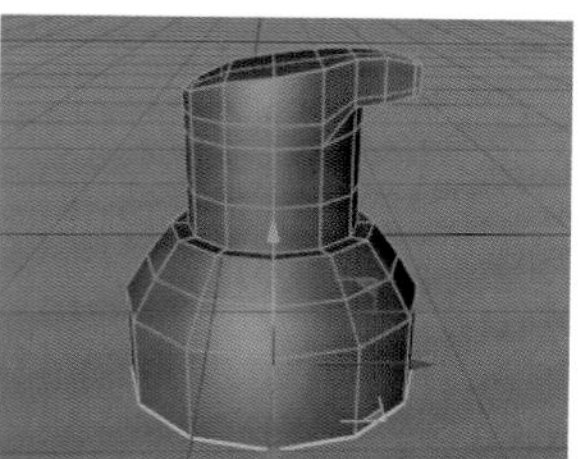

图7-20

19 选中转折区域的两条边，使用“倒角”工具对其进行倒角操作，添加保护线，设置“偏移”为1.5cm、“细分”为1，如图7-21所示。

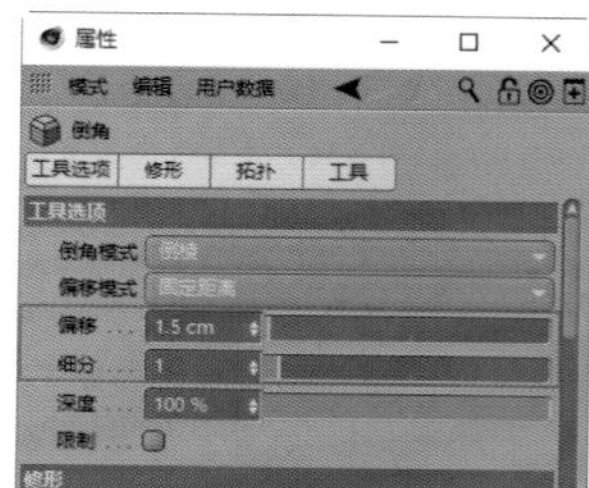

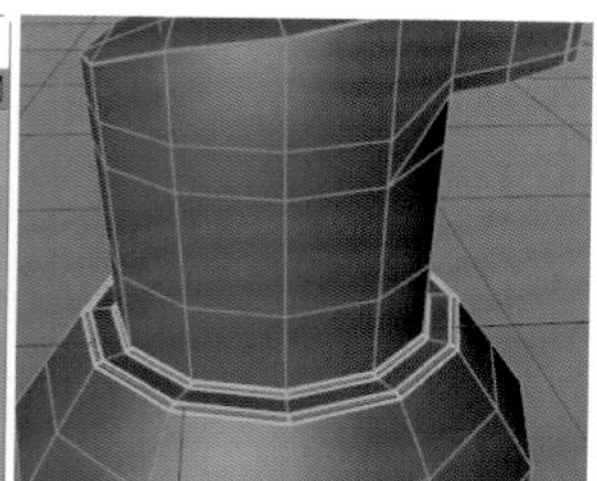

图7-21

20 选中模型底部的循环边，按住Ctrl键的同时使用“缩放”工具向外挤压出新的面，用来制作洁面乳瓶下半部分的造型，如图7-22所示。

21 使用相同的方法继续向下挤压，制作洁面乳瓶身下半部分的造型结构，如图7-23所示。

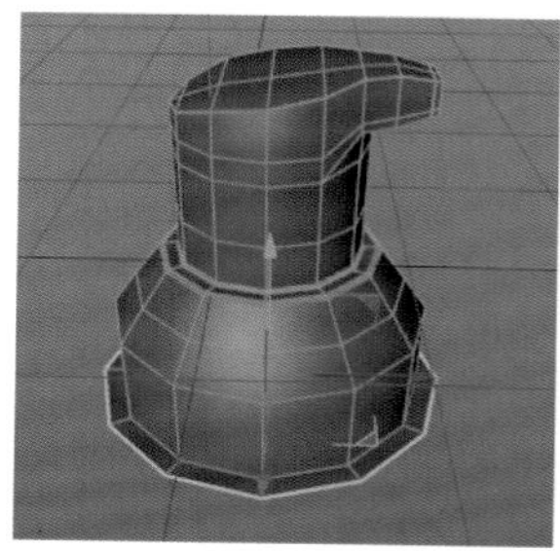

图7-22

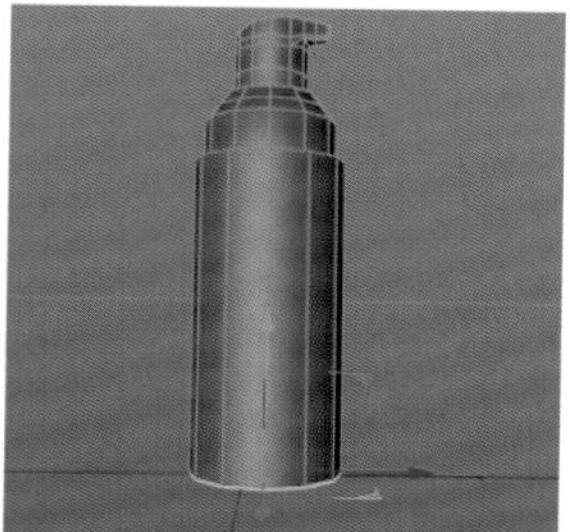

图7-23

22 选中转折区域的两条边，使用“倒角”工具对其进行倒角操作，添加保护线，设置“偏移”为1.5cm、“细分”为1，如图7-24所示。

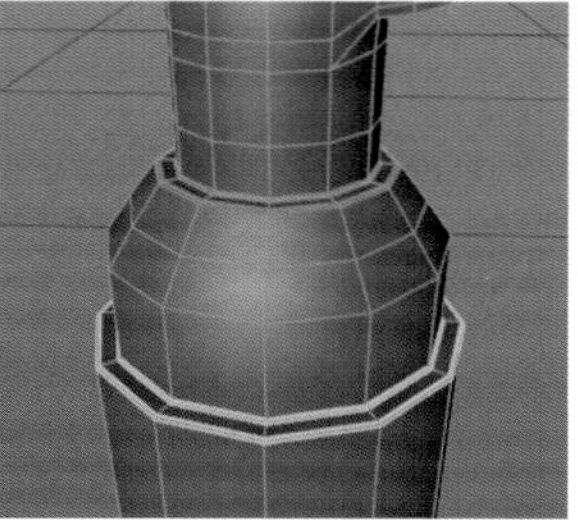

图7-24

23 在瓶身最上方的区域使用“循环/路径切割”工具切出两条循环边，然后在“多边形”模式下选中新生成的循环面，使用“挤压”工具向内挤压，制作瓶身上凹陷的造型结构，并对挤压后的边添加倒角，设置“偏移”为1cm、“细分”为1，如图7-25所示。

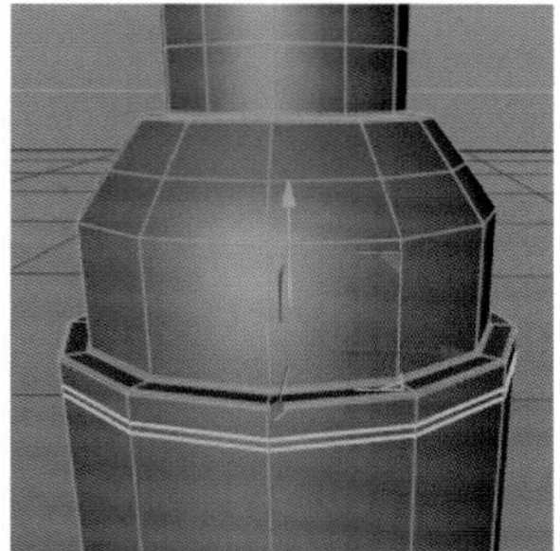

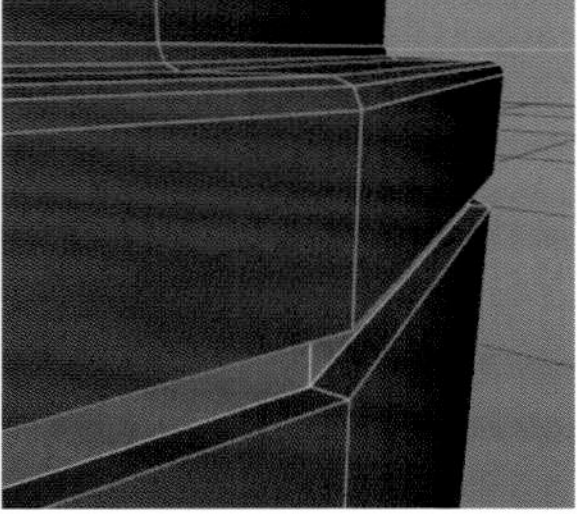

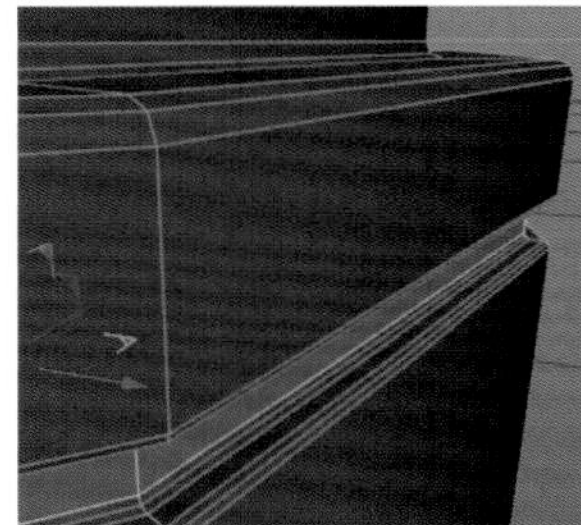

图7-25

24 制作洁面乳瓶盖的模型。创建一个圆柱体对象，在“属性”面板中设置“旋转分段”为12、“高度”为60cm，然后将圆柱体放置到洁面乳瓶子的顶部区域作为瓶盖，如图7-26所示。

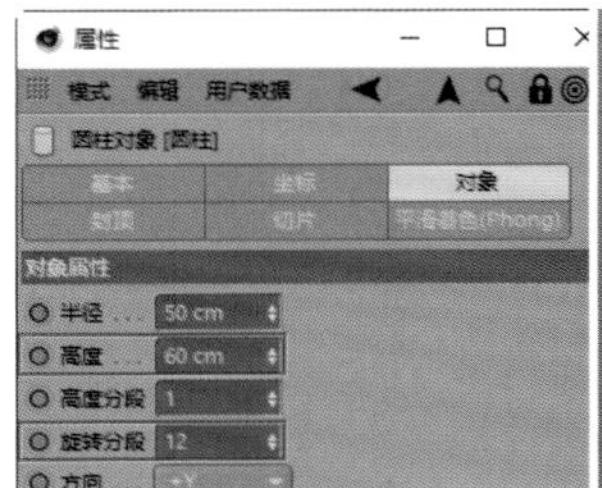

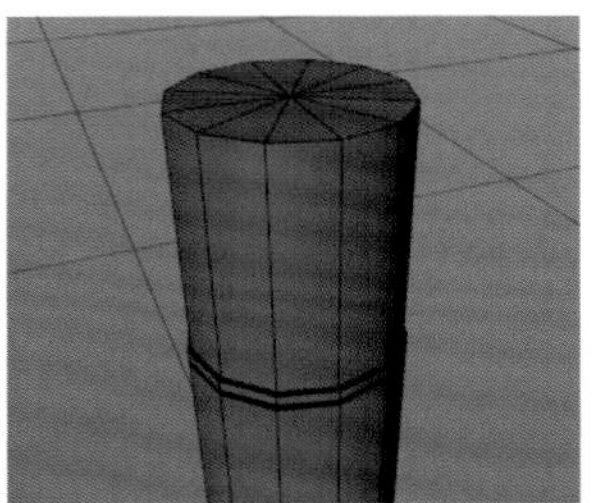

图7-26

25 把瓶盖转为可编辑对象，在“多边形”模式下删除底部的面。切换到“点”模式，选中顶部的一圈点，使用“缩放”工具向内收缩，如图7-27所示。

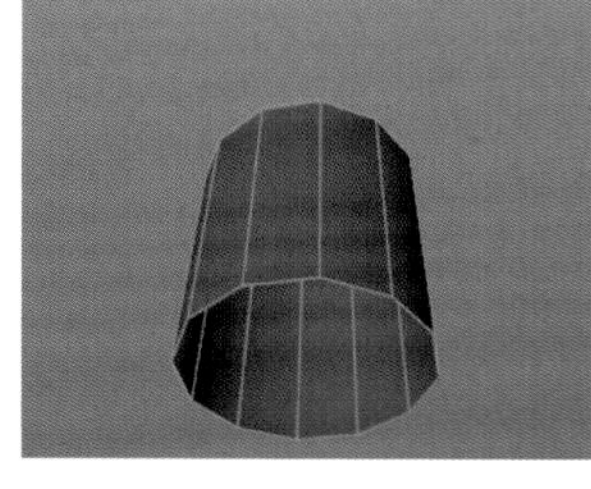

图7-27

26 使用“细分曲面”生成器为瓶盖添加细分曲面，并对瓶盖的转折区域添加保护线，调整瓶盖的转折结构，如图7-28所示。

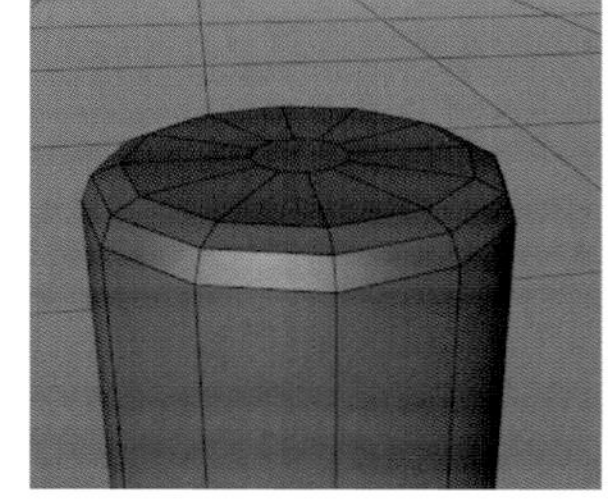

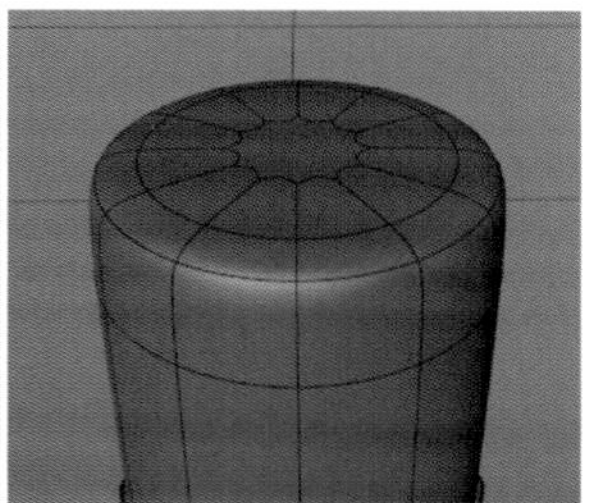

图7-28

7.1.2 包装建模

洁面乳包装盒的建模方法和“5.1 曲奇饼干包装渲染案例”中的制作方法类似。包装盒建模完成的效果如图7-29所示。

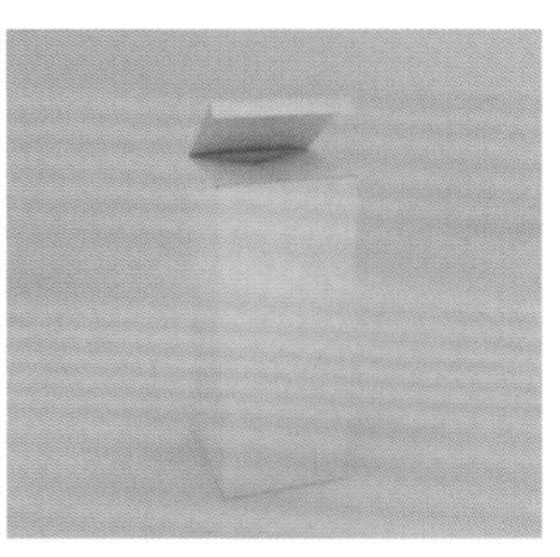

图7-29

01 创建一个立方体对象，调整立方体的“尺寸. X”为275cm、“尺寸. Y”为695cm、“尺寸. Z”为275cm，x轴、y轴、z轴的分段数均为2，并把立方体转为可编辑对象，如图7-30所示。

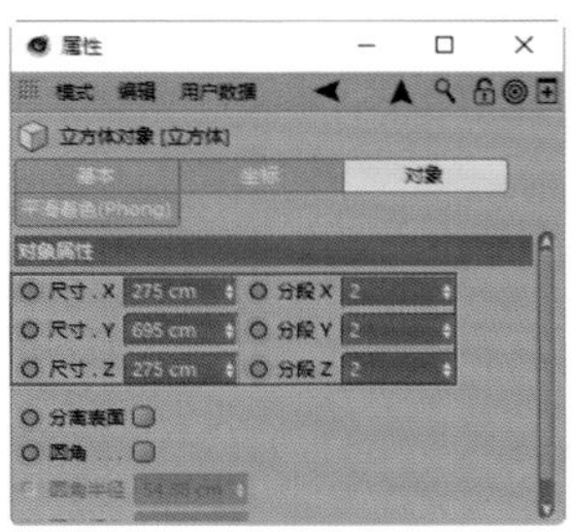

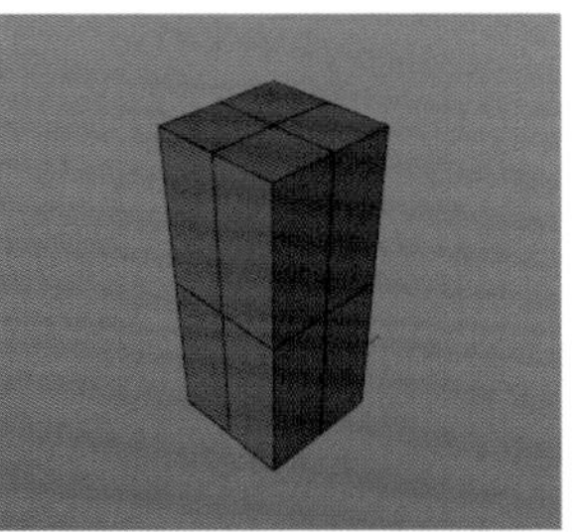

图7-30

02 切换到“多边形”模式，选中立方体2/4的面，使用快捷键U+I反选面，按Delete键删除选中的面，如图7-31所示。

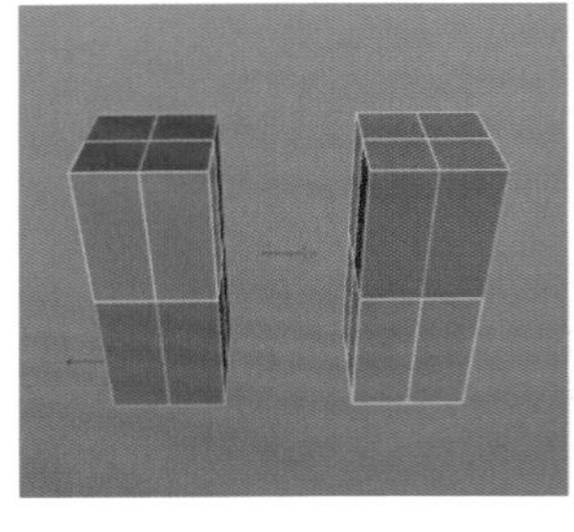
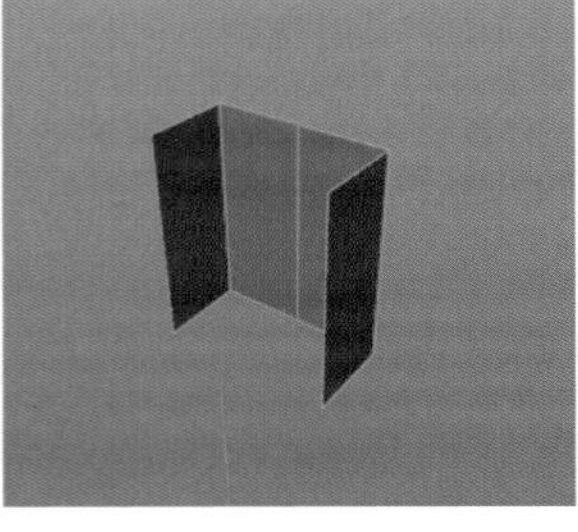

图7-31

03 使用“对称”工具，改变其“镜像平面”的轴向，恢复立方体外形结构。因为之前保留的是立方体2/4的面，所以需要使用两个“对称”工具，如图7-32所示。

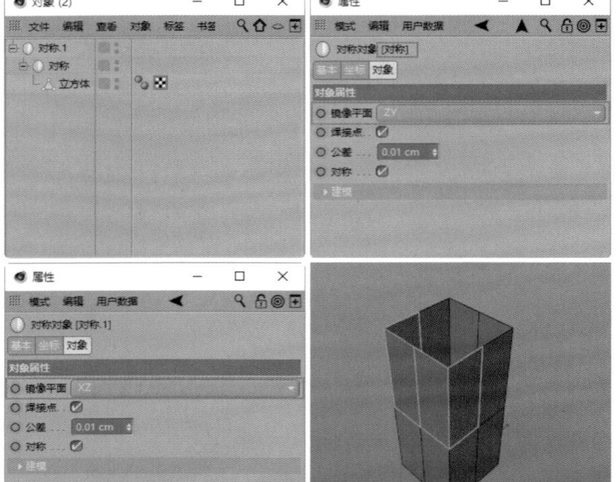

图7-32

04 因为使用了“对称”工具，所以只需要对保留的面进行操作即可，其余部分会进行相同的操作。切换到“边”模式，选中顶部一侧的边，按住Ctrl键的同时向内拖曳，制作盒子封口区域的造型，如图7-33所示。

图7-33

05 选中顶部另一侧的边，按住Ctrl键的同时向内拖曳，制作盒子封口区域的造型。为了避免新生成的两个面相互重叠，可以调整这两个面的上下距离，如图7-34所示。

图7-34

06 使用“循环/路径切割”工具，切出两条新的结构线，并把盒子外角处相交的面删除，用来制作盒子折叠后产生的缝隙效果，如图7-35所示。

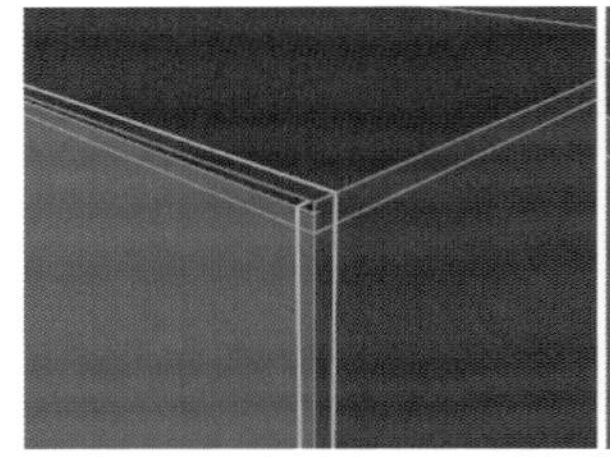
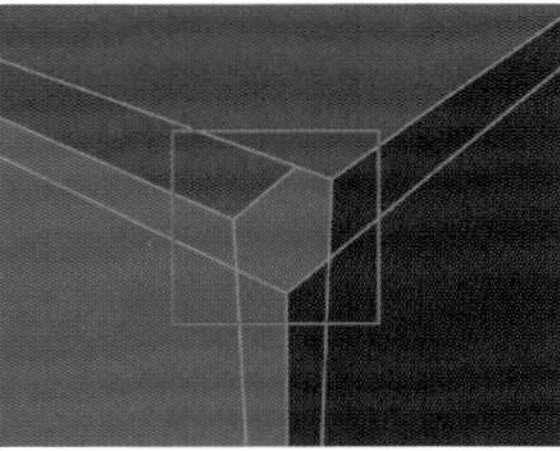

图7-35

07 使用“循环/路径切割”工具，沿着盒子外角边缘切出3条新的结构线，如图7-36所示。

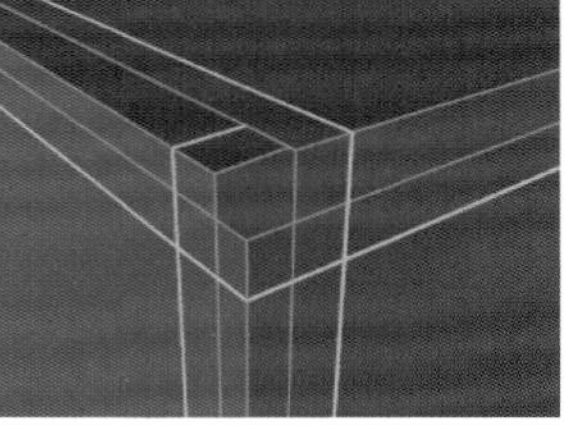

图7-36

08 切换到“点”模式，使用“线性切割”工具对两侧的正方形结构进行布线处理，使用这样的布线结构，在后面加入“细分”后盒子的边缘过渡会十分美观，如图7-37所示。

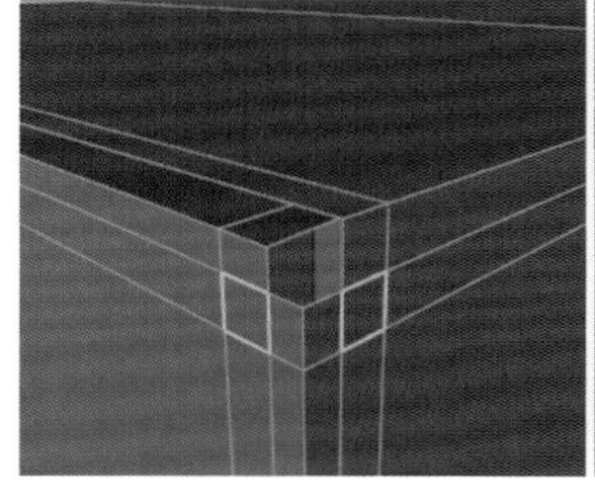
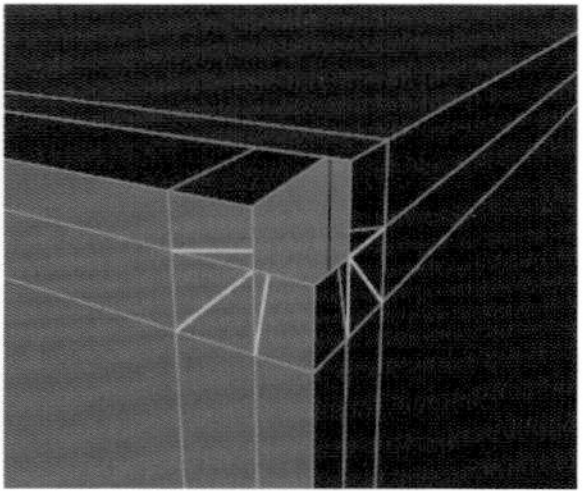

图7-37

09 选中图7-38所示的4条边，使用快捷键M+N将它们删除。

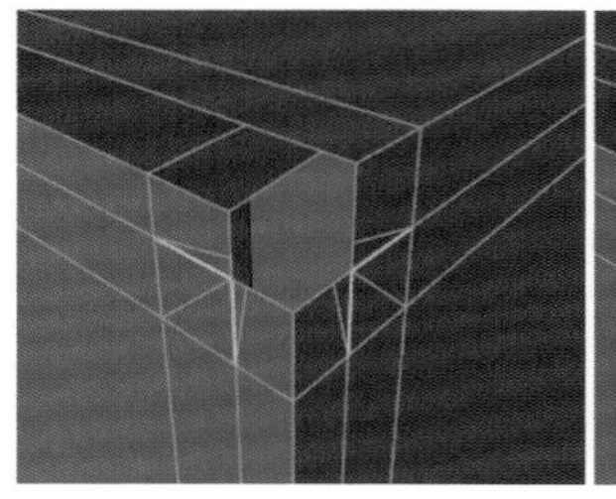
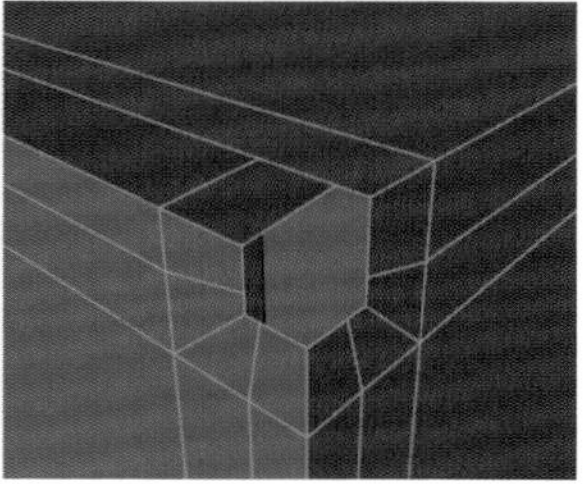

图7-38

10 选中盒子侧边上的3条直角边，使用“倒角”工具对其进行倒角处理，设置“细分”为1，如图7-39所示。

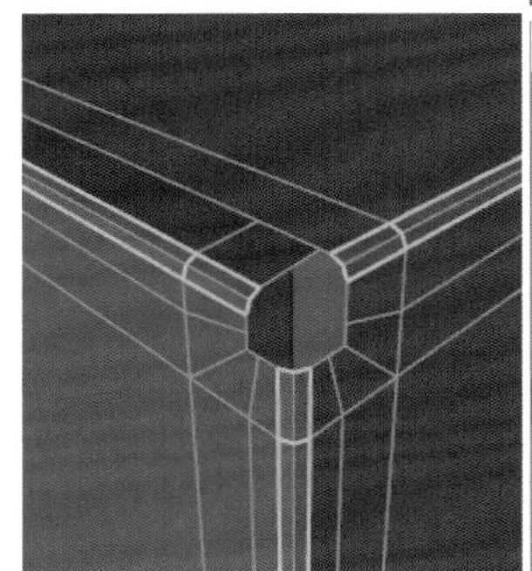

图7-39

11 到这里，洁面乳包装盒的模型基本结构就做好了。为了使拆分UV更加方便，可以先不对包装盒的面挤压厚度。待拆分UV后，可以参考5.1 节中的方法对其进行细分和厚度的制作，如图7-40所示。

图7-40

7.1.3 包装UV拆分及贴图

本案例的UV拆分包括洁面乳瓶UV拆分和包装盒UV拆分两个部分。UV拆分及贴图效果如图7-41所示。

图7-41

01 在这个案例中洁面乳瓶的贴图区域集中在瓶身上，所以只需要对瓶身进行UV拆分就可以了。单击Cinema 4D右上方的“界面”菜单，在下拉菜单中执行“BP – UV Edit”命令，切换到UV编辑界面，如图7-42所示。

图7-42

02 在左侧窗口上方快捷工具栏中单击激活“多边形”按钮，选中需要展开UV的面，如图7-43所示。

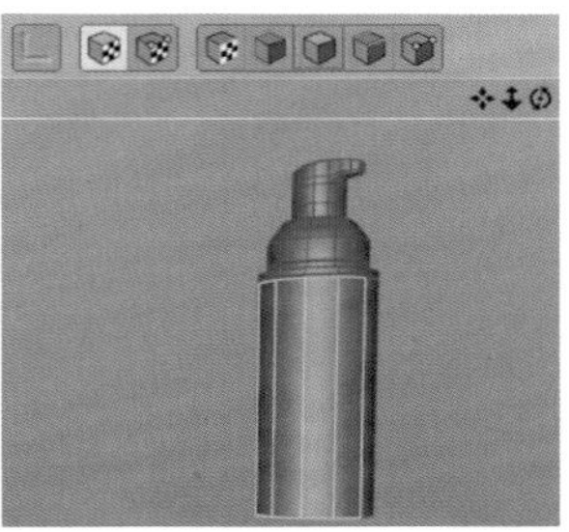

图7-43

03 在UV编辑界面右下方的“贴图”选项卡中选择“投射”选项卡，单击“圆柱”按钮，上方UV编辑面板中会显示选中面的UV形状，如图7-44所示。

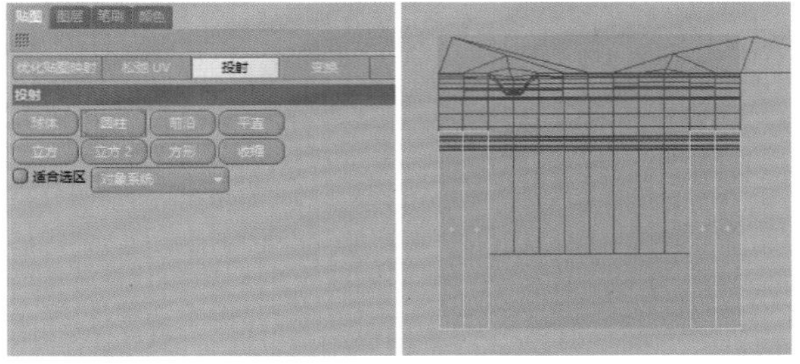

图7-44

04 在UV编辑界面右下方的“松弛UV”选项卡中单击“应用”按钮，松弛UV并重新进行排列，如图7-45所示。

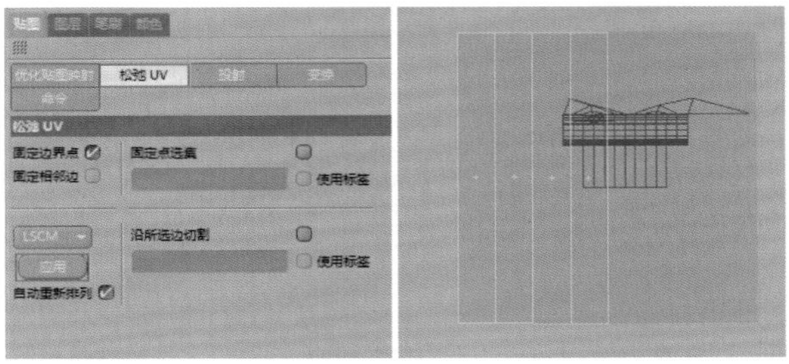

图7-45

05 因为只需要对贴图部分展开UV，其他地方是不需要的，所以需要对UV做一下调整。在左侧面板中使用快捷键U+I对选中面进行反选，选中不需要展开UV的所有面，在“UV多边形”模式下，使用“缩放”工具，单击并拖曳鼠标指针调整这些UV的大小，如图7-46所示。

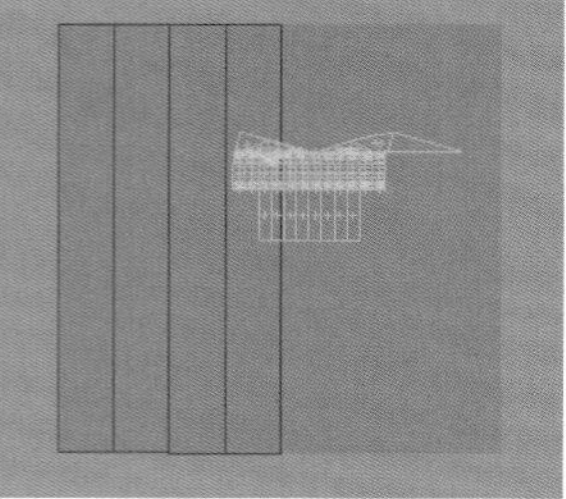

图7-46

06 使用“移动”工具，把上一步选中的面的UV移动到空白区域，确保其不和贴图的UV重合，如图7-47所示。

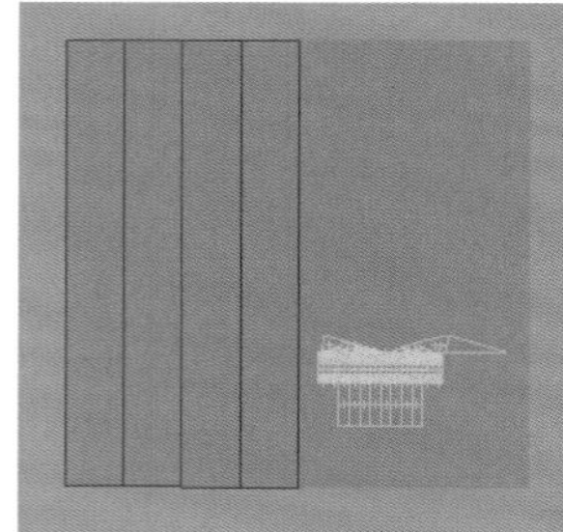

图7-47

07 在UV编辑面板中执行“文件>新建纹理”菜单命令，在弹出的面板中设置纹理的“宽度”和“高度”均为2048像素、“分辨率”为72像素/英寸（dpi），如图7-48所示。

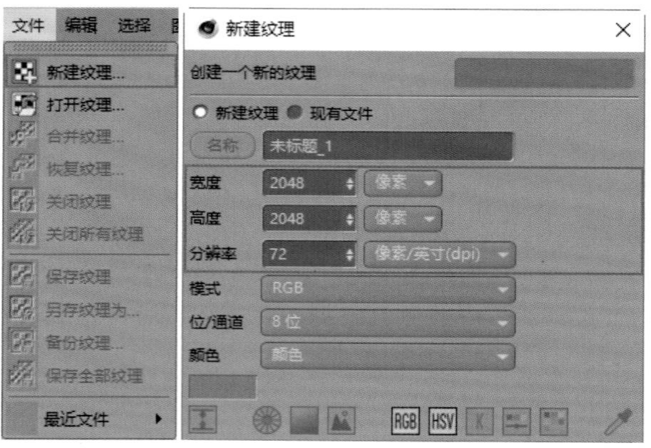

图7-48

08 切换到UV编辑界面右下方的“图层”选项卡，单击下方的“新建图层”按钮，新建一个空白图层，如图7-49所示。

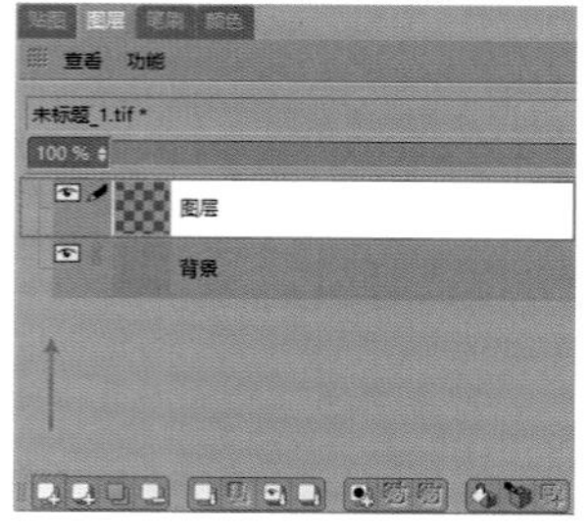

图7-49

09 在UV编辑面板中执行“图层>描边多边形”菜单命令，对UV进行描边，如图7-50所示。

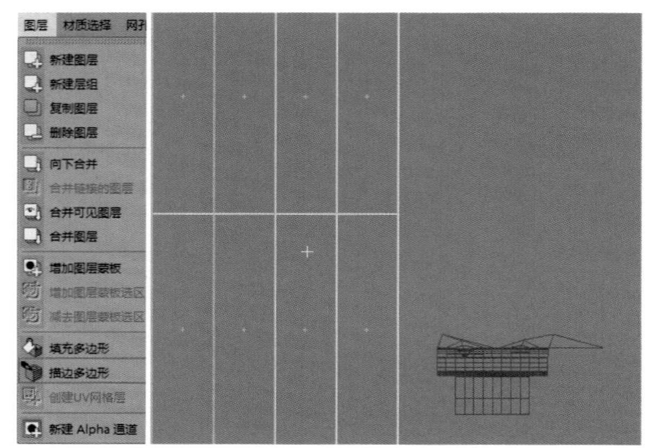

图7-50

提示

除了可以使用“描边多边形”绘制UV区域，还可以使用“填充多边形”来绘制UV区域。这两种模式的区别是一个是描边颜色，另一个是填充颜色。同时，在后期使用“描边多边形”绘制贴图时，可以更加清晰地看清UV的布线结构。

10 在UV编辑面板中执行“文件>另存纹理为”菜单命令，在弹出的面板中设置“另存文件”为“PSD(*.psd)”格式，单击“确定”按钮，如图7-51所示，在弹出的面板中设置纹理保存路径。

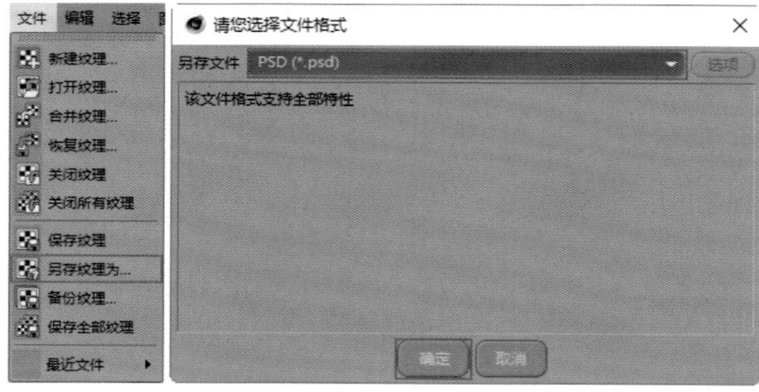

图7-51

11 在Photoshop中打开刚才制作的UV贴图文件，白色的线框图层即是贴图的区域，瓶身的纹理需要在这个白色线框内设计制作，如图7-52所示。

图7-52

12 在Photoshop中的设计过程不是本书的重点，这里就不介绍了。读者需要注意的是要把设计的主要内容放置于UV白色线框内，如图7-53所示。

图7-53

13 拆分包装盒UV。切换到UV编辑界面，选中包装需要展开UV的面，在UV编辑界面右下方的“贴图”选项卡中选择“投射”选项卡，单击“方形”按钮，上方UV编辑面板中会显示选中面的UV形状，如图7-54所示。

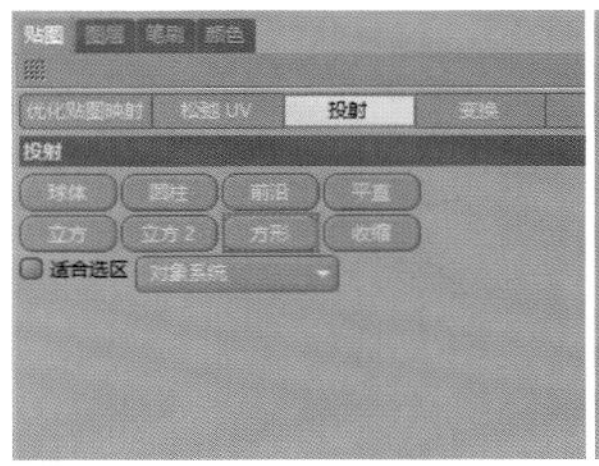
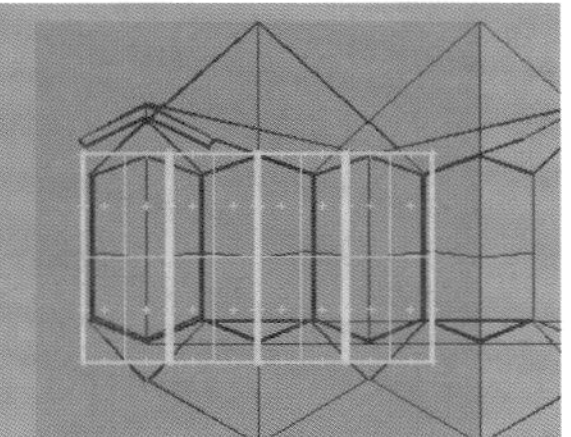

图7-54

14 在UV编辑界面右下方的“松弛UV”选项卡中单击“应用”按钮，松弛UV并重新进行排列，如图7-55所示。

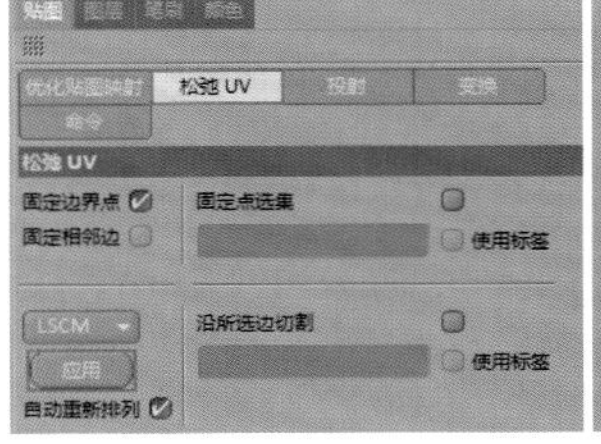
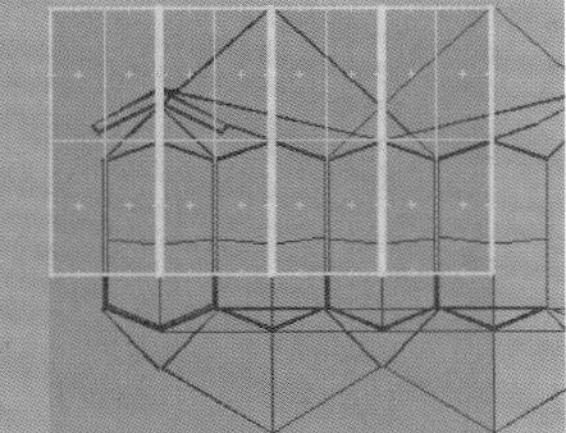

图7-55

15 因为只需要对贴图部分展开UV，其他地方是不需要的，所以需要对UV做一下调整。在左侧面板中使用快捷键U+I对选中面进行反选，选中不需要展开UV的所有面，在“UV多边形”模式下使用“缩放”工具调整这些UV的大小，如图7-56所示。

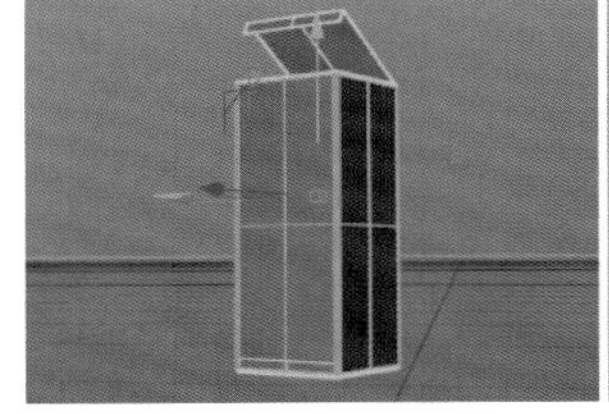
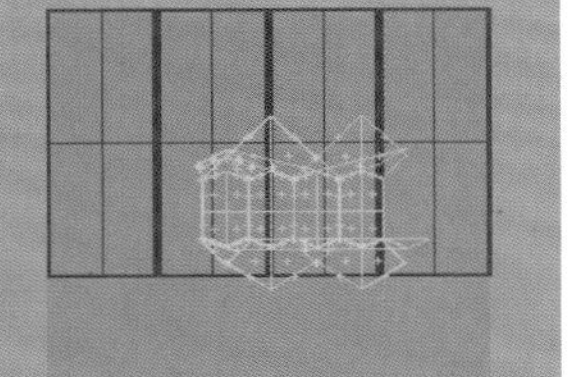

图7-56

提示

针对右侧UV展示区域，在“UV多边形”模式下，同样可以使用快捷键U+I来快速反选UV。

16 使用“移动”工具把它们移动到空白区域，确保其不和贴图的UV重合，如图7-57所示。

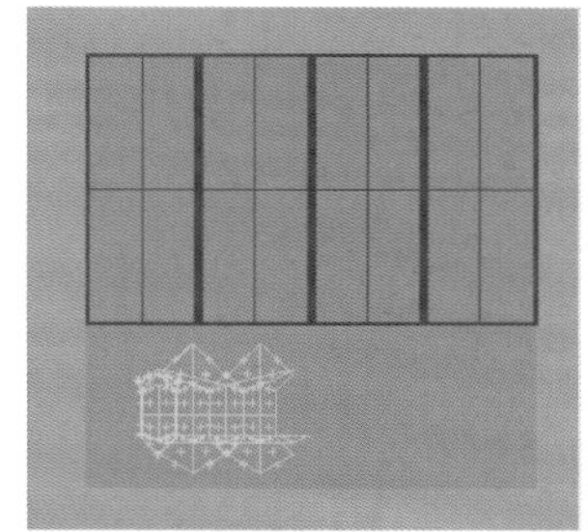

图7-57

17 在UV编辑面板中执行“文件>新建纹理”菜单命令，在弹出的面板中设置纹理的“宽度”和“高度”均为2048像素、“分辨率”为72像素/英寸（dpi），如图7-58所示。

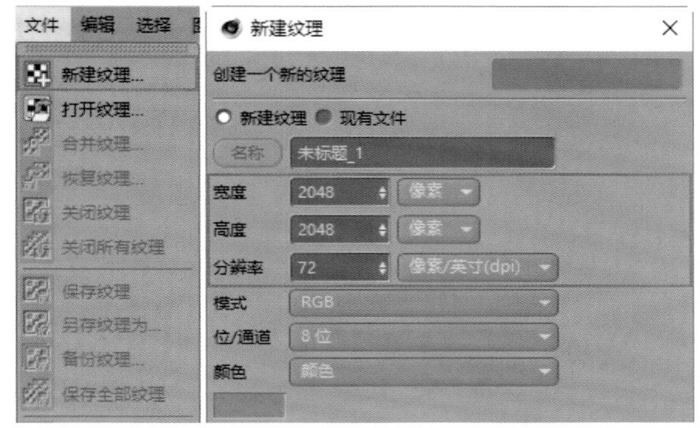

图7-58

18 切换到UV编辑界面右下方的“图层”选项卡，单击下方的“新建图层”按钮，新建一个空白图层，如图7-59所示。

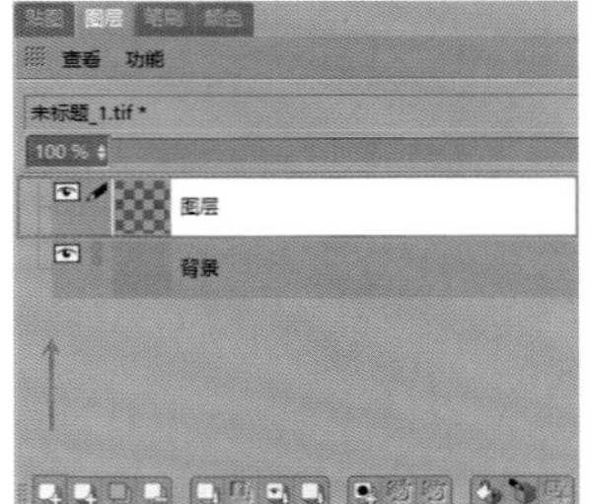

图7-59

19 在UV编辑面板中执行“图层>描边多边形”菜单命令，对UV进行描边，如图7-60所示。

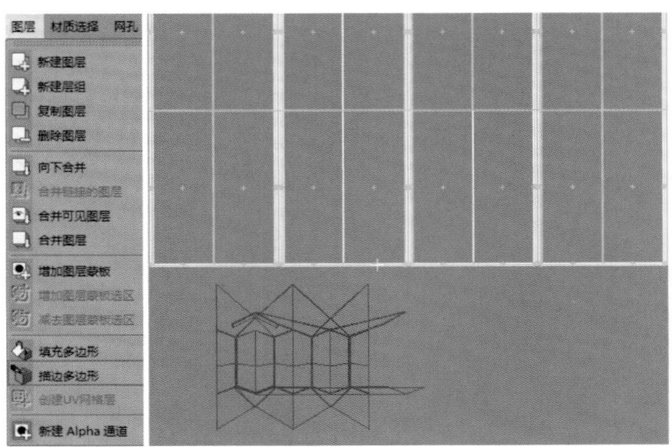

图7-60

20 在UV编辑面板中执行“文件>另存纹理为”菜单命令，在弹出的面板中设置“另存文件”为“PSD(*.psd)”格式，单击“确定”按钮，如图7-61所示，在弹出的面板中设置纹理保存路径。

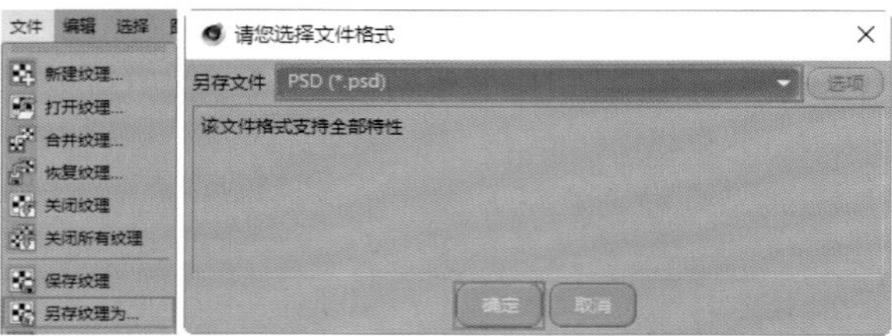

图7-61

21 在Photoshop中打开刚才制作的UV贴图文件，白色的线框图层即是贴图的区域，纹理需要在这个白色线框内设计制作，如图7-62所示。

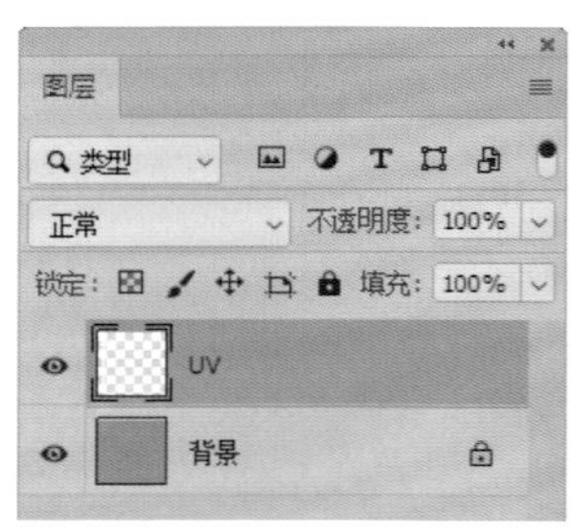

图7-62

22 在Photoshop中的设计过程不是本书的重点，这里就不介绍了。读者需要注意的是要把设计的主要内容放置于UV白色线框内，如图7-63所示。

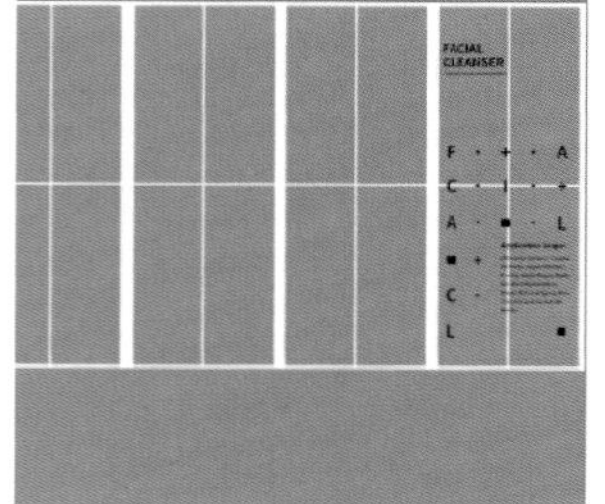

图7-63

7.1.4 布景搭建

在正式渲染之前，我们需要把产品的展示场景搭建出来。搭建好的洁面乳包装场景的模型效果如图7-64所示。

01 创建一个平面对象，调整方向，制作场景的背景板，如图7-65所示。

图7-64

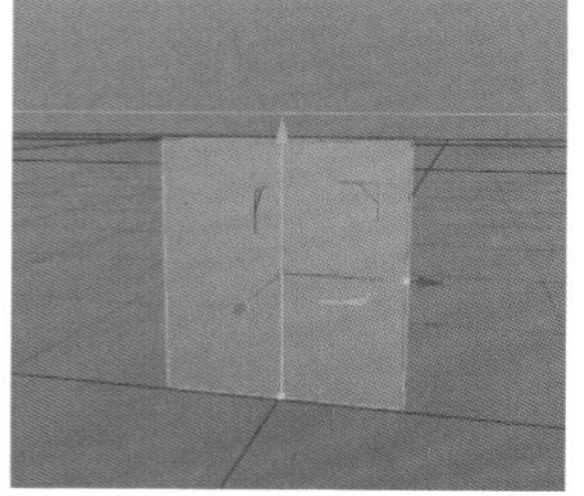

图7-65

02 创建一个矩形样条对象并把它转为可编辑对象，对其左上方的点和右下方的点进行“倒角”处理，制作边缘圆滑效果，如图7-66所示。

03 为刚才创建的样条对象添加“挤压”工具，挤压出厚度，场景中放置洁面乳的造型台制作完成，如图7-67所示。

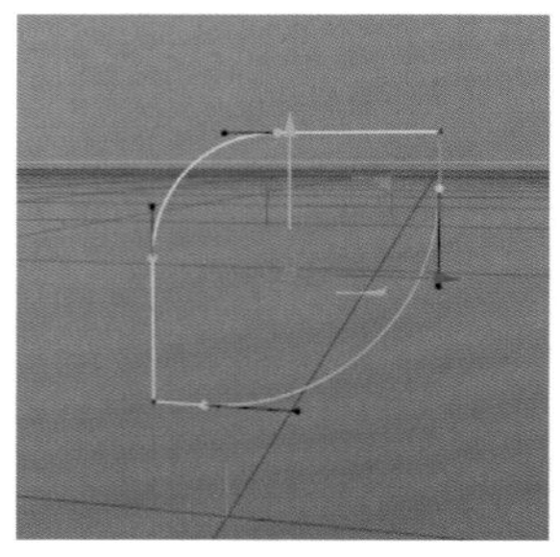

图7-66

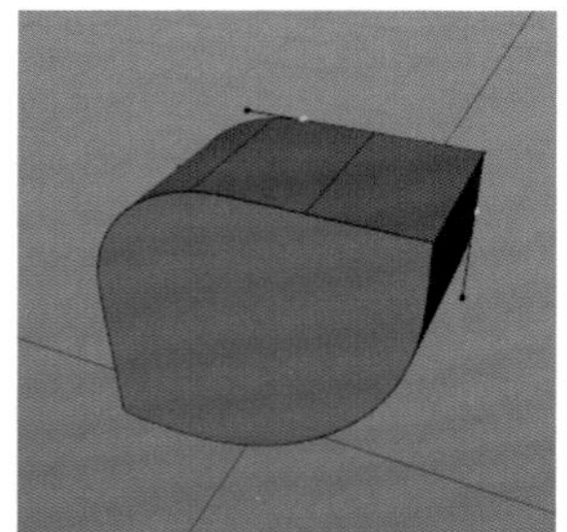

图7-67

04 把之前制作的洁面乳和包装放置到造型台的上方，导入本案例提供的树叶模型，摆放好它们的位置，如图7-68所示。

图7-68

技术专题：自定义投影形状

使用“Octane区域光”自定义投影形状在产品包装渲染中是经常使用的技术手法。单击“OctaneLihgt”对象右侧的“灯光”标签，在“属性”面板中的“分配”选项右侧中载入一张黑白纹理，可以自定义灯光的投影形状，同时可以通过“UV变换”和“投射”来控制黑白纹理的大小和UV形状，如图7-69所示。

图7-69

7.1.5 配置场景环境与材质

配置好的场景环境与材质效果如图7-70所示。

图7-70

01 在“Octane Render”面板中执行“对象>Octane HDRI环境”菜单命令，并加载tex文件夹中的环境贴图，进行环境配置，如图7-71所示。

图7-71

02 只使用环境光进行照明的场景是偏暗的，所以还需要使用“Octane区域光”为场景中的物体对象补光，如图7-72所示。

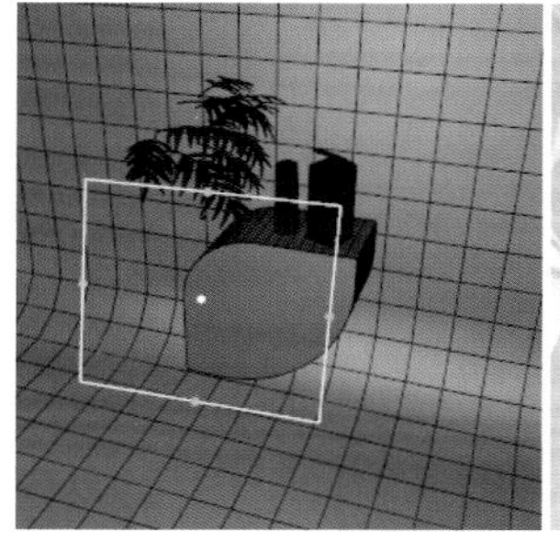

图7-72

03 使用“Octane光泽材质”，在“粗糙度”中设置“浮点”为0.103左右。打开“Octane节点编辑器”，使用“图像纹理”节点连接材质的“漫射”通道，对其添加tex文件夹中的“纹理.jpg”纹理贴图；对“图像纹理”添加“投射”节点，选择“纹理投射”为“盒子”，并把该材质赋给背景板和放置洁面乳的造型台对象，如图7-73所示。

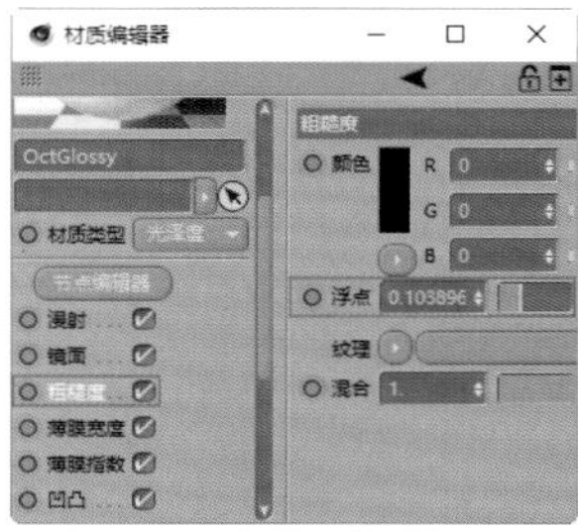

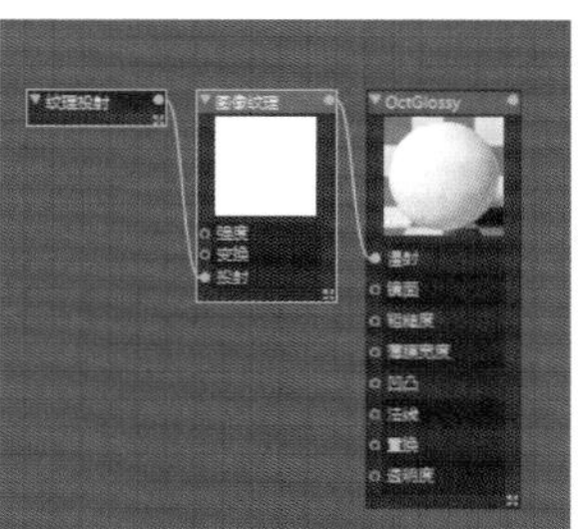

图7-73

04 使用“Octane光泽材质”，打开“Octane节点编辑器”，使用“图像纹理”节点连接材质的“漫射”通道和“凹凸”通道，对其添加tex文件夹中的“盒子UV.psd”纹理贴图；复制一个“图像纹理”节点并连接到材质的“透明度”通道，对其添加tex文件夹中的“盒子UV_黑白.jpg”纹理贴图，并把该材质赋给包装盒对象，如图7-74所示。

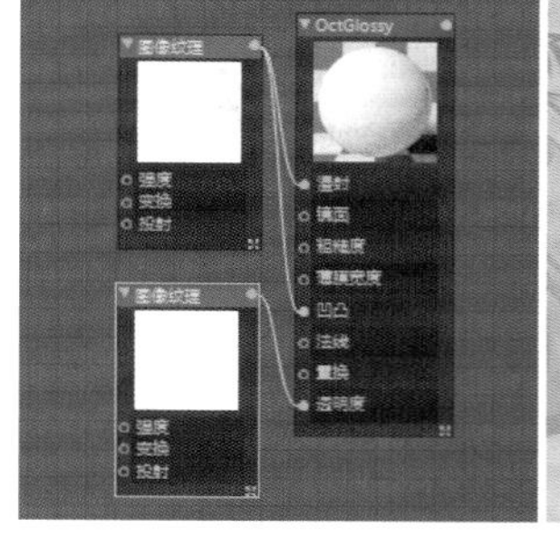

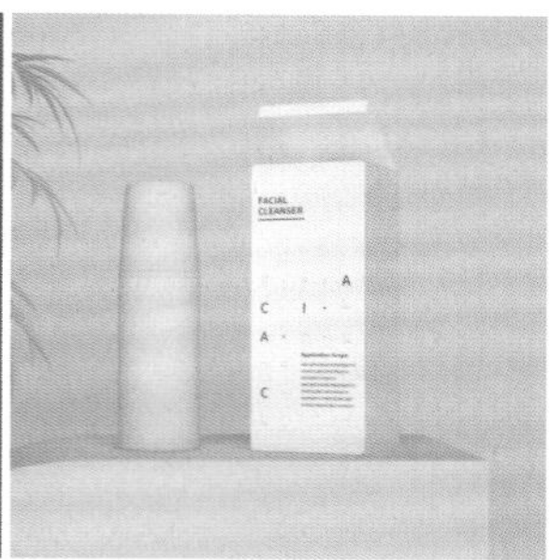

图7-74

05 使用“Octane光泽材质”，取消勾选“漫射”通道，设置“索引”为1，“镜面”通道的“颜色”为黄色，在“粗糙度”中设置“浮点”为0.277左右，把该材质赋给“包装盒”对象，并放到上一步贴图材质的前面，制作包装盒镂空区域的金色材质效果，如图7-75所示。

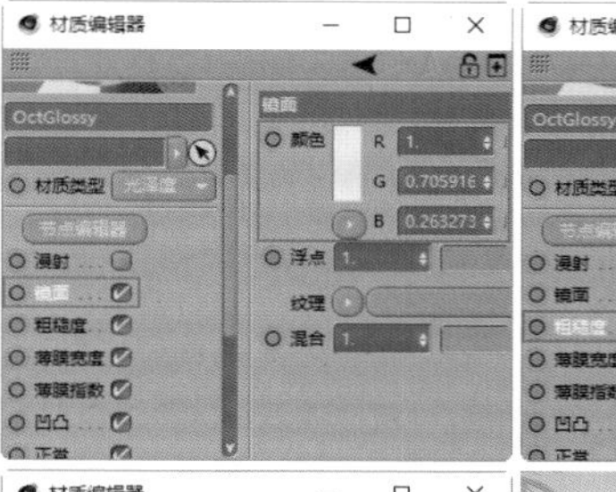

图7-75

06 把上一步创建的金色材质赋给洁面乳的瓶身对象，如图7-76所示。

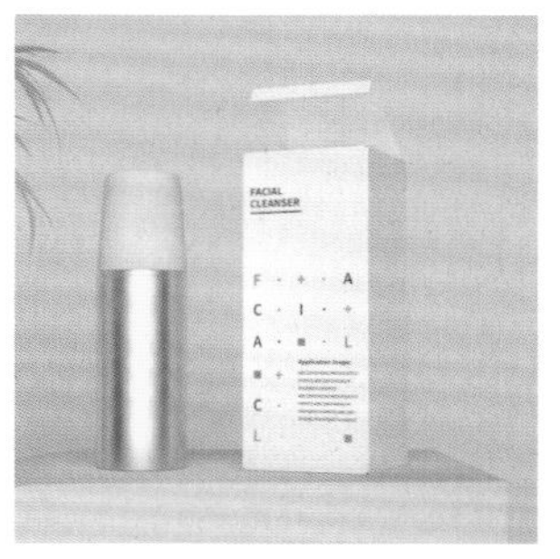

图7-76

07 使用“Octane光泽材质”，打开“Octane节点编辑器”，使用“图像纹理”节点连接材质的“漫射”通道，对其添加tex文件夹中的“瓶子UV.psd”纹理贴图；复制一个“图像纹理”节点并连接到材质的“透明度”通道，对其添加tex文件夹中的“瓶子UV_黑白.jpg”纹理贴图，并把该材质赋给洁面乳的瓶身对象，如图7-77所示。

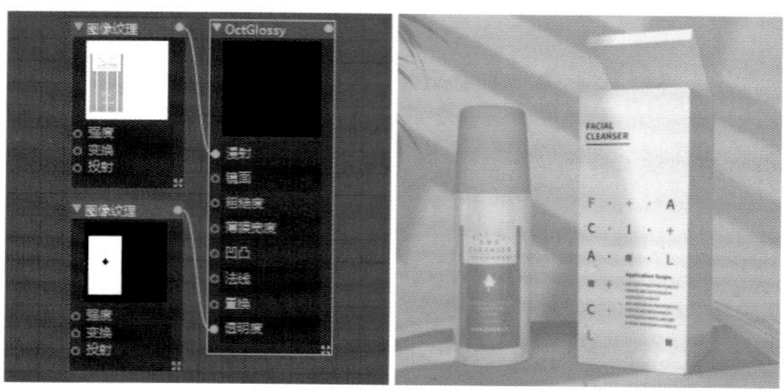

图7-77

08 使用“Octane透明材质”，在“粗糙度”中设置“浮点”为0.002左右，设置“索引”为1.575，勾选“伪阴影”选项，并把该材质赋给洁面乳的瓶盖对象，如图7-78所示。

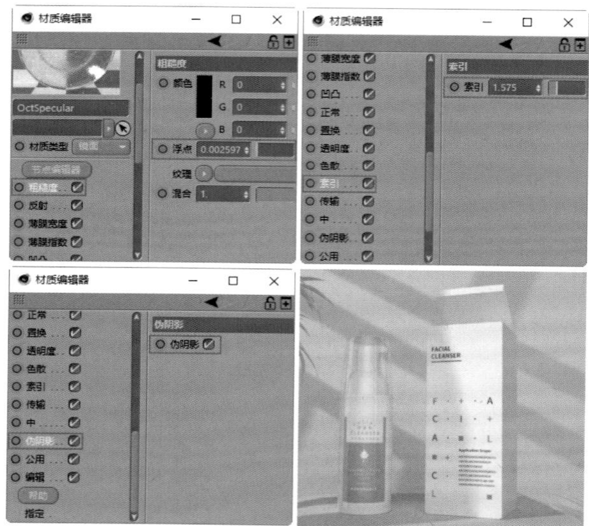

图7-78

09 使用“Octane区域光”，取消勾选“属性”面板中的“漫射可见”选项，使用该区域光为洁面乳制作高光，如图7-79所示。

图7-79

10 使用“Octane区域光”，取消勾选“属性”面板中的“折射可见”选项和“表面亮度”选项，缩小该区域光的大小，将其放到树叶模型的后面，制作场景中树叶阴影的效果，如图7-80所示。

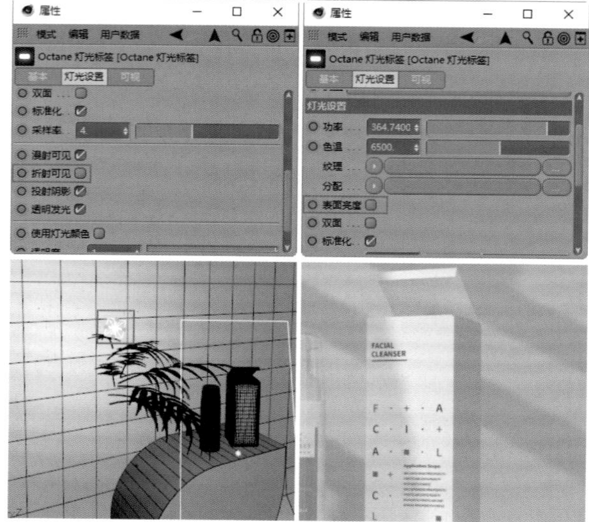

图7-80

11 把“树叶”材质赋给树叶模型对象，如图7-81所示。

图7-81

技术专题：透明贴图使用方法

在制作产品包装的贴图时，会经常遇到需要制作透明的贴图效果，如在原有材质上制作Logo贴图效果时需要用到透明贴图。

在Octane Render材质中制作透明贴图时需要把黑白纹理连接到“透明度”通道，“透明度”通道的使用原理是黑白纹理中黑色的区域为透明区域，白色的区域为不透明区域，如图7-82所示。

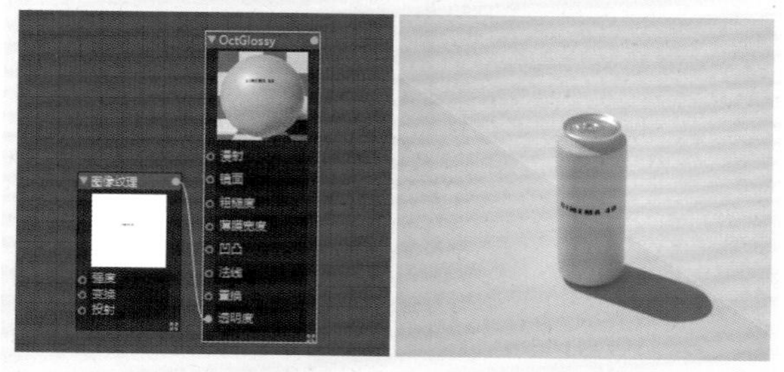

图7-82

7.1.6 渲染效果展示

渲染好的更多效果如图7-83所示。

图7-83

7.2 护肤霜包装渲染案例

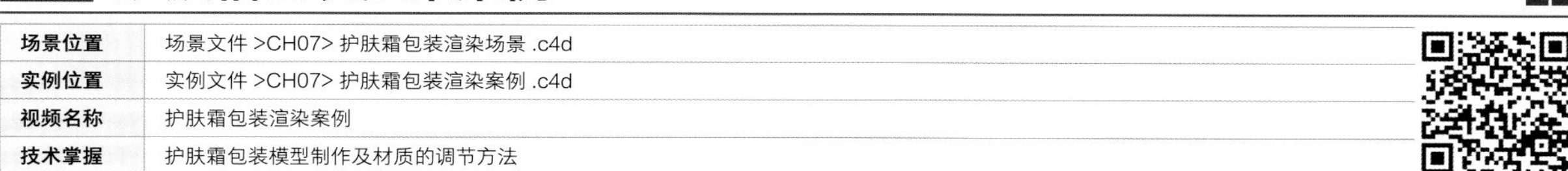

场景位置	场景文件 >CH07> 护肤霜包装渲染场景 .c4d
实例位置	实例文件 >CH07> 护肤霜包装渲染案例 .c4d
视频名称	护肤霜包装渲染案例
技术掌握	护肤霜包装模型制作及材质的调节方法

本案例将介绍化妆品瓶子模型上螺纹的制作方法、借助内置模型进行合理布线的方法，以及布料褶皱和材质中“衰减材质”的调整技巧。

“衰减”节点在调整玻璃材质时是经常用到的一个材质节点，它可以让玻璃材质产生菲涅尔效果，并且可以调节玻璃材质表面的渐变颜色。这种效果在制作化妆品包装时使用频率很高。

本案例还会讲解IES灯光在产品渲染中的使用方法。

制作好的护肤霜产品包装渲染效果如图7-84所示。

图7-84

7.3 香水包装渲染案例

场景位置	场景文件 >CH07> 香水包装渲染场景 .c4d
实例位置	实例文件 >CH07> 香水包装渲染案例 .c4d
视频名称	香水包装渲染案例
技术掌握	香水瓶模型制作及玻璃材质的调节方法

本案例将给读者介绍在圆柱体上挖洞的技巧、透明材质的调整方法，以及拆分UV后贴图扭曲的处理办法。

透明材质的渲染效果对光有非常强的依赖性，在不同的环境光下玻璃的通透性会有不同的差别，本案例将通过香水瓶为读者演示如何使用透明材质配合光线制作通透材质的效果。

制作好的香水产品包装渲染效果如图7-85所示。

图7-85

第8章 商业案例实战——电子类

本章将对耳机包装、音箱包装和充电宝包装3个案例进行讲解。通过本章案例的学习，读者可以掌握自定义多彩光照效果的方法、在曲面结构上挖洞布线的方法、电子产品包装材质的调节方法，以及渲染打光方法。

8.1 耳机包装渲染案例

场景位置	场景文件 >CH08> 耳机包装渲染场景 .c4d
实例位置	实例文件 >CH08> 耳机包装渲染案例 .c4d
视频名称	耳机包装渲染案例
技术掌握	耳机和耳机充电盒模型制作及材质的调节方法

本案例将为读者介绍耳机包装渲染的过程。通过本案例，读者将学习到如何在曲面结构上制作挖洞效果，以及如何自定义贴图来制作多彩的环境光照效果。耳机包装渲染好的效果如图8-1所示。

图8-1

8.1.1 耳机建模

耳机的模型效果如图8-2所示。

图8-2

01 创建一个胶囊对象，在“属性”面板中设置“高度分段”和“封顶分段”均为4、“旋转分段”为12，然后复制一份“胶囊”对象备用，如图8-3所示。

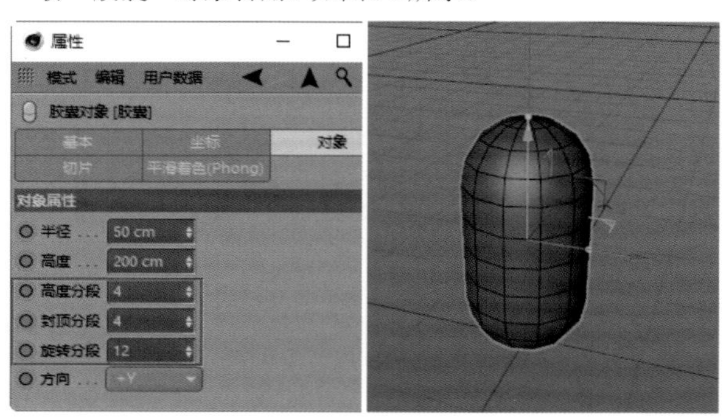

图8-3

02 把胶囊对象转为可编辑对象，在“点”模式下，选中其下半部分的点，并按Delete键将其删除，如图8-4所示。

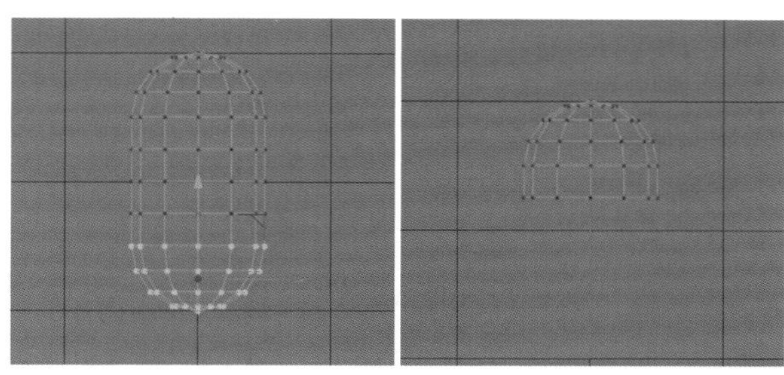

图8-4

提示

使用“选择”工具时，可以取消勾选“属性”面板中的“仅选择可见元素”选项，方便把背面看不见的点同时选中。

03 切换到“边”模式，选中底部的循环边，在按住Ctrl键的同时使用“缩放”工具向内挤压，如图8-5所示。

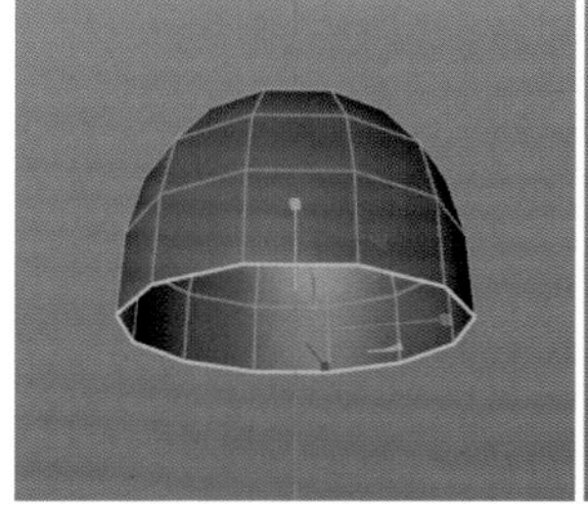
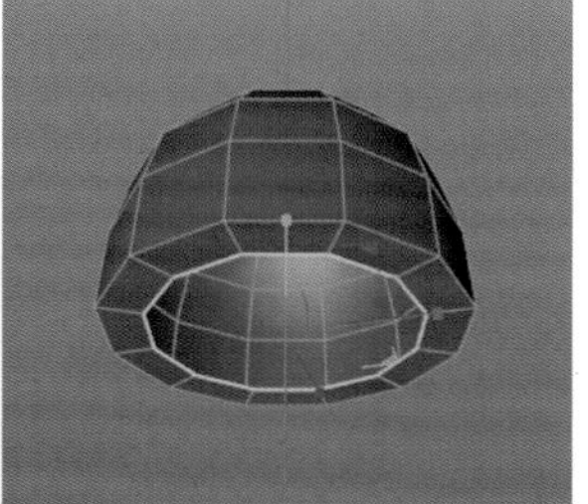

图8-5

04 在“边”模式下，选中胶囊底部转折区域的边，使用“循环/路径切割”工具对其进行倒角布线，如图8-6所示。

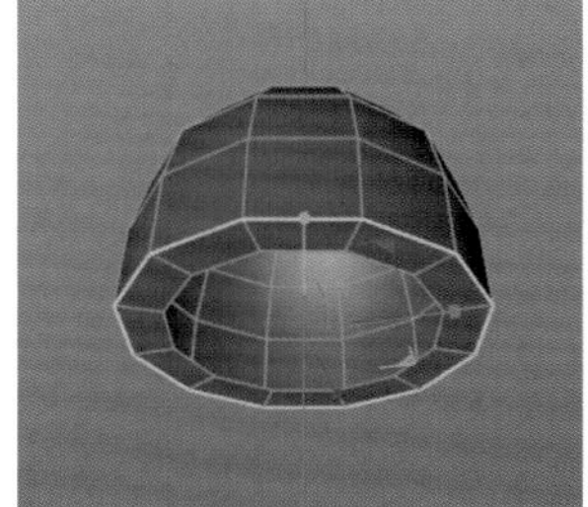
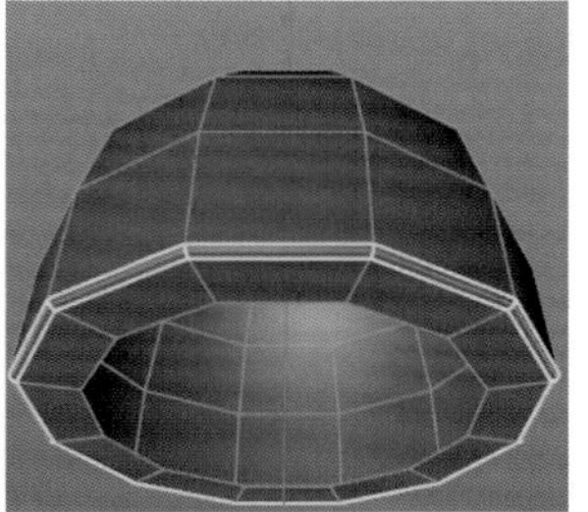

图8-6

05 使用步骤01复制的胶囊对象，同样将其转为可编辑对象，在“点”模式下，删除顶部区域的点，并将该对象改名为“耳机塞”，用这个胶囊来制作“耳机塞”结构，如图8-7所示。

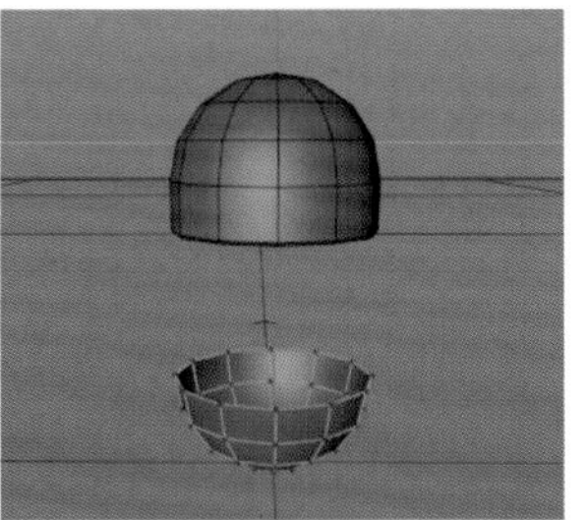

图8-7

06 选中耳机塞，使用“缩放”工具将其缩小一些，如图8-8所示。

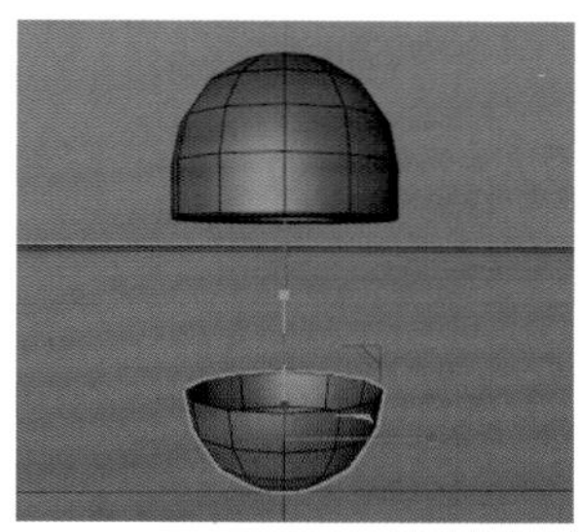

图8-8

07 切换到“边”模式，选中顶部的循环线，在按住Ctrl键的同时使用“缩放”工具向内挤压，如图8-9所示。

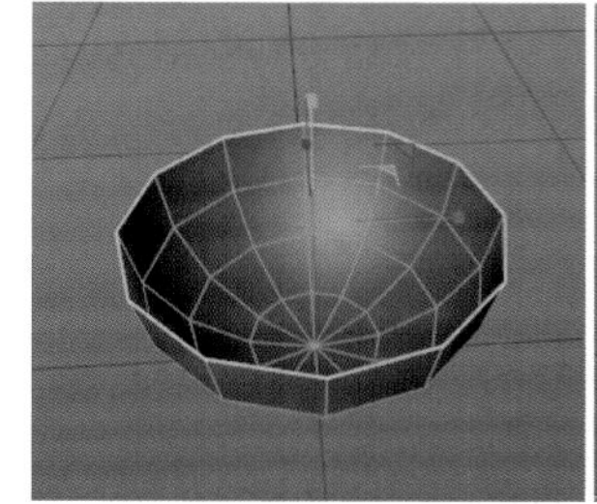
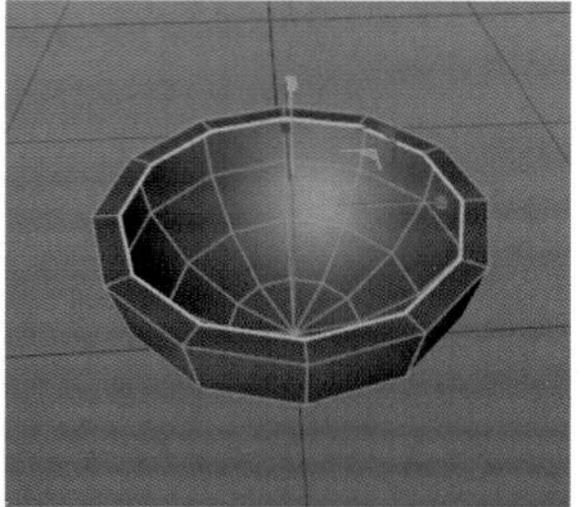

图8-9

08 在“边”模式下，在按住Ctrl键的同时沿着y轴向下挤压，制作出耳机塞的厚度，并使用“缩放”工具，单击并拖曳鼠标指针向内收缩，调整大小，使其贴合“耳机塞”的布线走向，如图8-10所示。

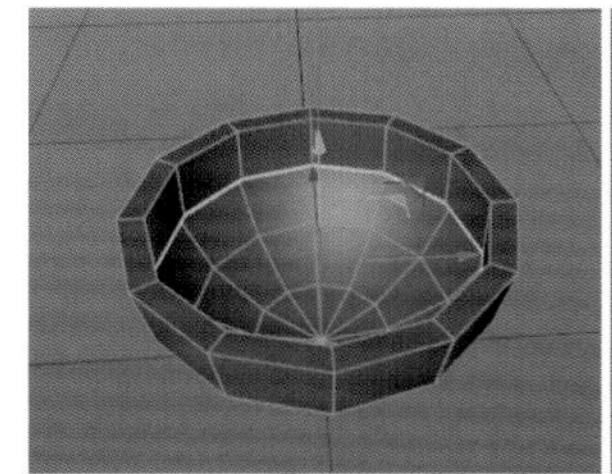
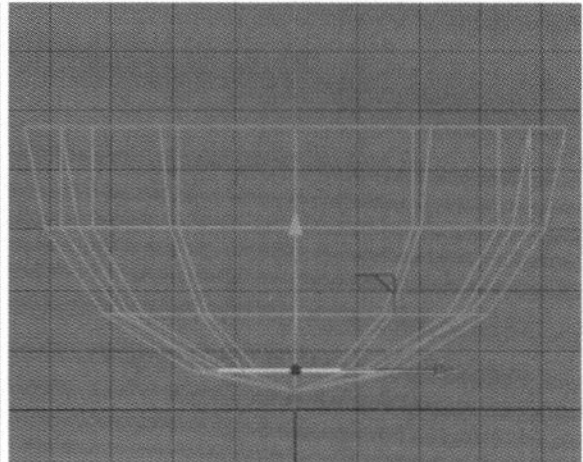

图8-10

提示

在制作产品模型时，可以通过不同的视图调整模型的结构，这样做可以避免在同一个视图中制作的模型发生变形。

09 在“边”模式下，在按住Ctrl键的同时沿着y轴向上移动制作出耳机塞和耳机上半部分连接的区域，如图8-11所示。

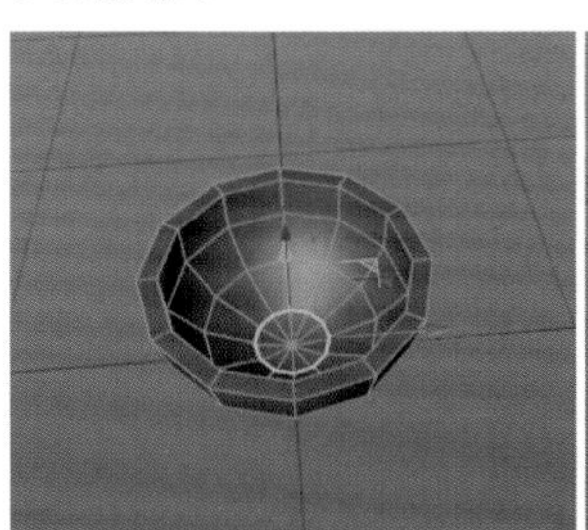
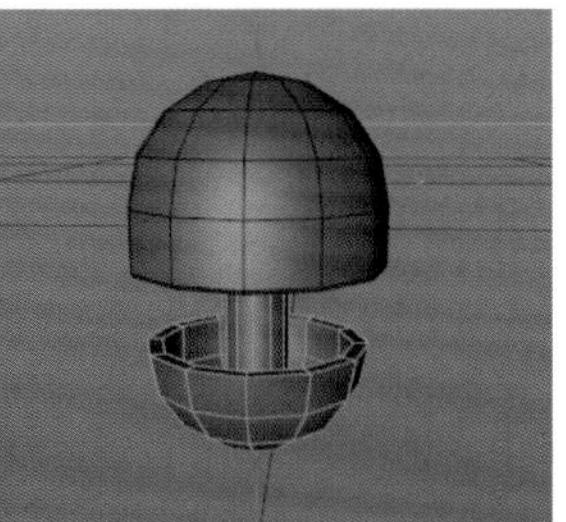

图8-11

10 使用Ctrl键配合“缩放”工具向内挤压，制作出耳机塞连接区域的厚度，如图8-12所示。

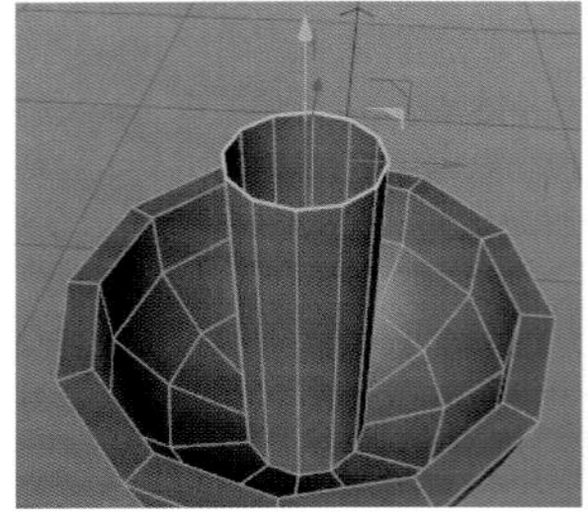
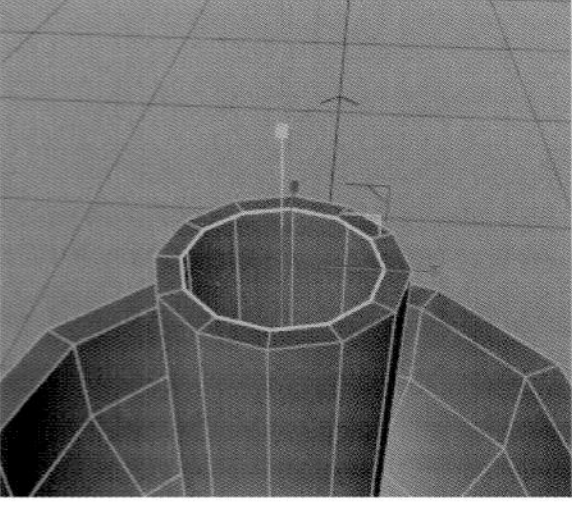

图8-12

11 使用同样的方法，沿着y轴向下挤压出厚度，如图8-13所示。

12 使用“循环/路径切割”工具为耳机塞连接部分创建保护线，避免加入“细分曲面”后，耳机塞的结构过于圆滑，如图8-14所示。

图8-13

图8-14

13 选中耳机模型上半部分的点，使用“缩放”工具，按住Shift键沿着y轴向下移动这些点，使它们在y轴上平行，如图8-15所示。

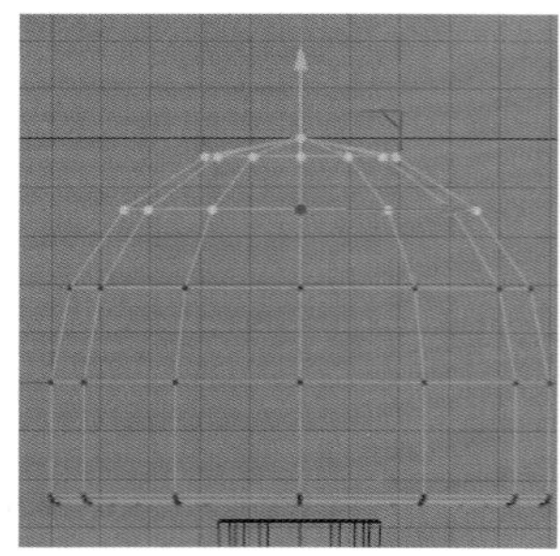

图8-15

14 为创建的耳机塞和上半部分的模型添加“细分曲面”，观察目前的效果，如图8-16所示。

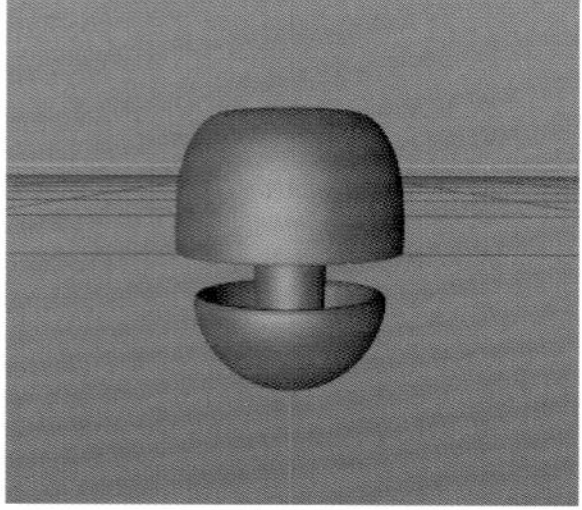

图8-16

15 细化耳机连接部分的模型结构。创建一个管道对象，设置“外部半径”为37cm 、“旋转分段”为12、“高度”为20cm，使其与耳机上半部分镂空区域吻合，如图8-17所示。

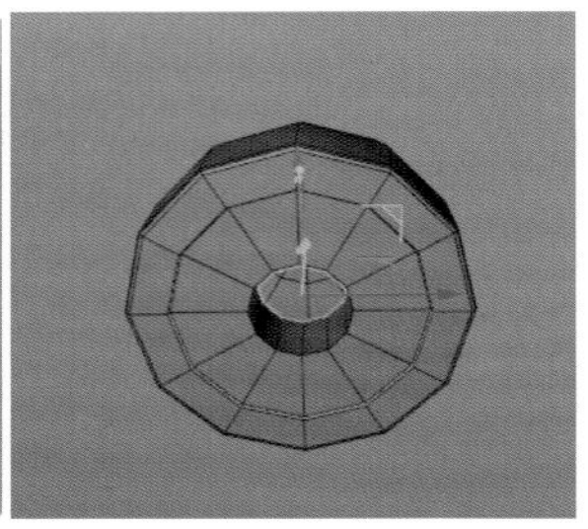

图8-17

16 把管道对象转为可编辑对象，在“边”模式下，选中转折的边，对其进行倒角处理，添加保护线，设置“偏移”为1cm、“细分”为1，如图8-18所示。

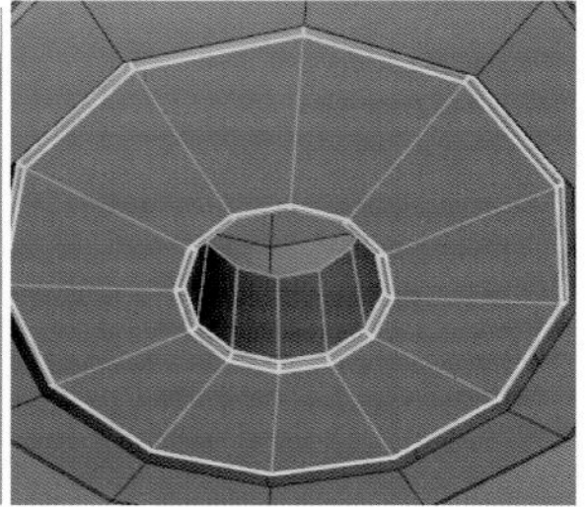

图8-18

17 创建一个圆柱对象，设置“半径”和“高度”均为13cm、“旋转分段”为12，作为连接耳机上下两个部分的组件，如图8-19所示。

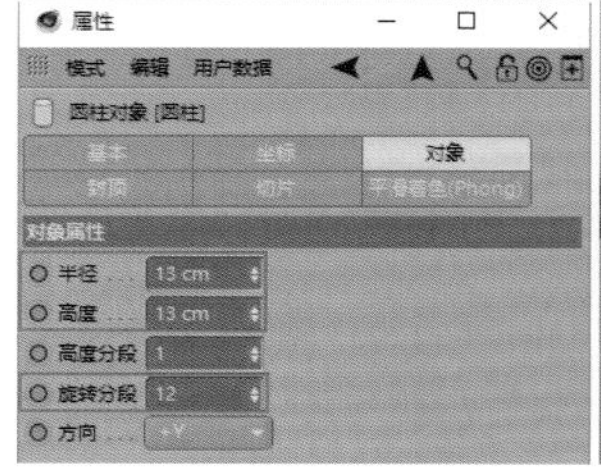

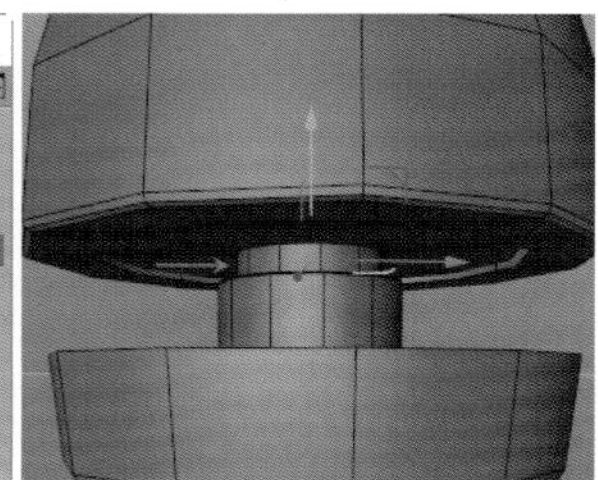

图8-19

18 把圆柱对象转为可编辑对象，在“边”模式下，选中转折的边，对其进行倒角处理，添加保护线，设置“偏移”为1cm、“细分”为1，如图8-20所示。

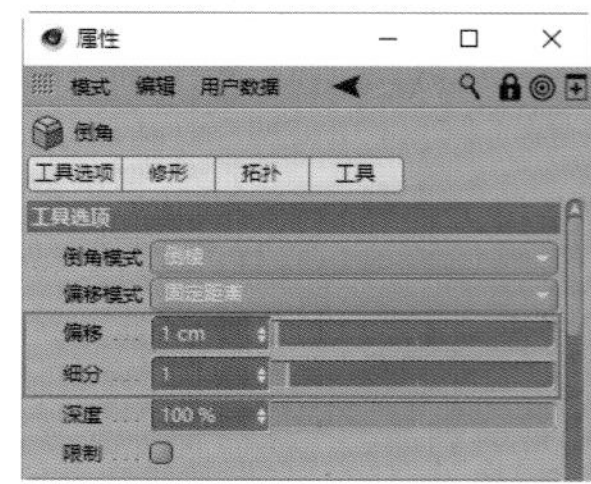

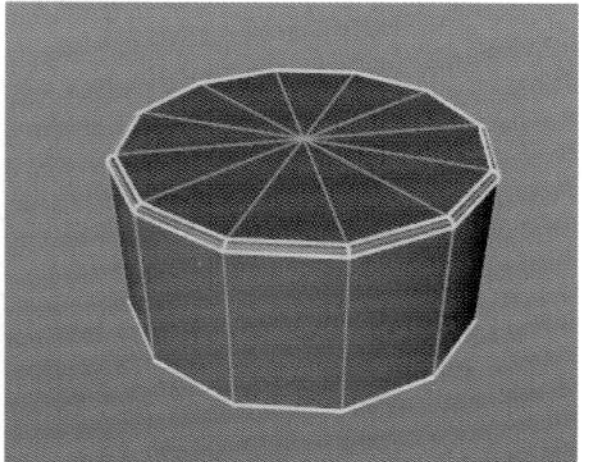

图8-20

19 为“圆柱”和“管道”添加“细分曲面”生成器，观察一下目前的耳机模型，如图8-21所示。

图8-21

20 在“边”模式下，选中耳机上半部分的一条循环线，对其进行倒角处理并向内挤压，制作出凹陷造型，设置“偏移”为1cm、“细分”为1，如图8-22所示。

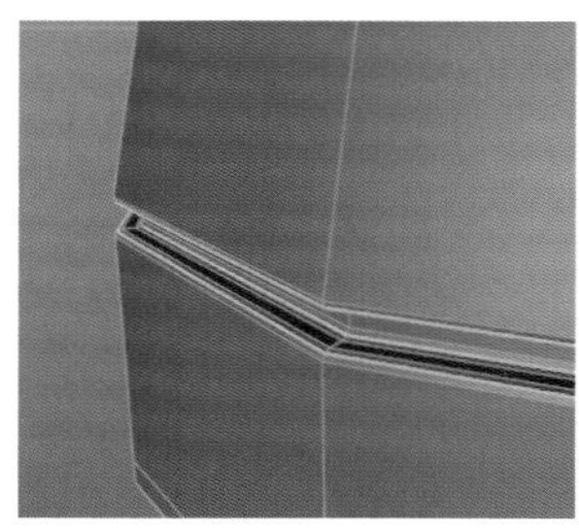

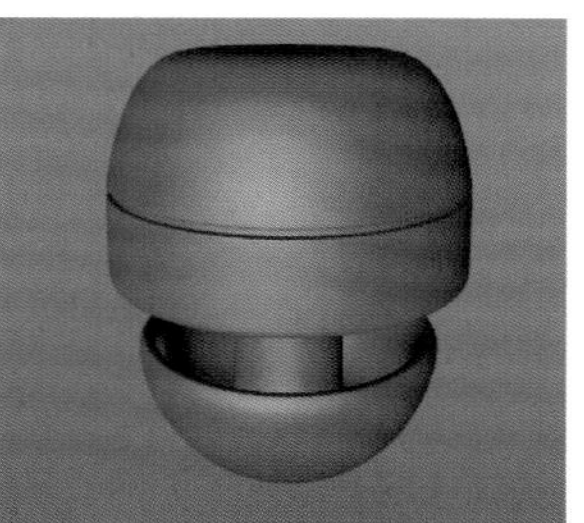

图8-22

21 制作耳机上信号指示灯的造型。设置耳机上半部分造型“细分曲面”的“编辑器细分”和“渲染器细分”为2。选中“细分曲面”和耳机模型，单击鼠标右键并执行“连接对象”命令，把它们合并成一个新的多边形对象，如图8-23所示。

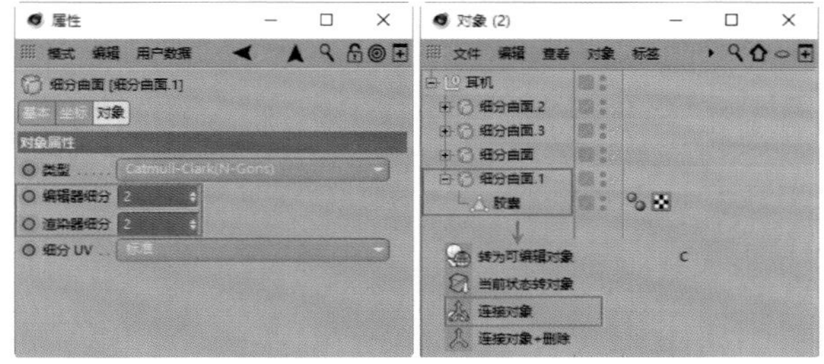

图8-23

22 在“多边形”模式下，选中需要制作指示灯造型的面，使用“内部挤压”工具向内挤压，并使用“挤压”工具向下挤压这些面，如图8-24所示。

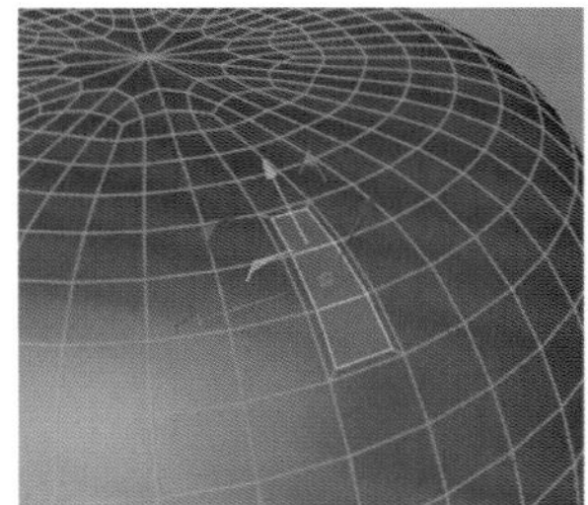

图8-24

23 对其添加“细分曲面”生成器，完成耳机模型的创建工作，如图8-25所示。

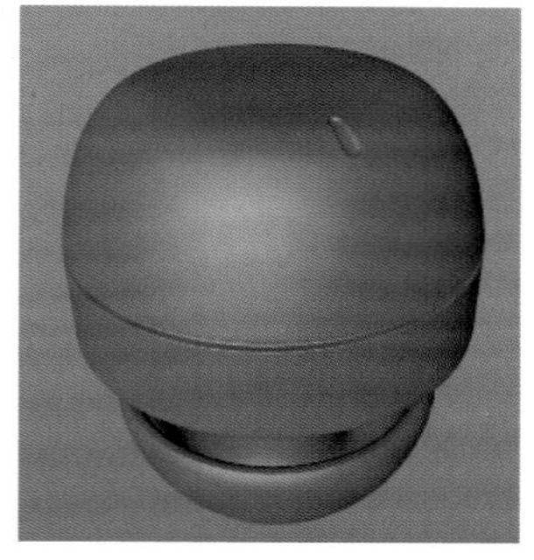

图8-25

8.1.2 耳机充电盒建模

充电盒的建模思路是产品包装中常用的建模思路。本案例的模型制作过程可以复用到其他类似产品包装的建模工作中。耳机充电盒模型效果如图8-26所示。

图8-26

01 创建一个管道对象，根据耳机模型调整管道的“内部半径”为50cm、“外部半径”为70cm、“旋转分段”为12、“高度”为30cm，如图8-27所示。

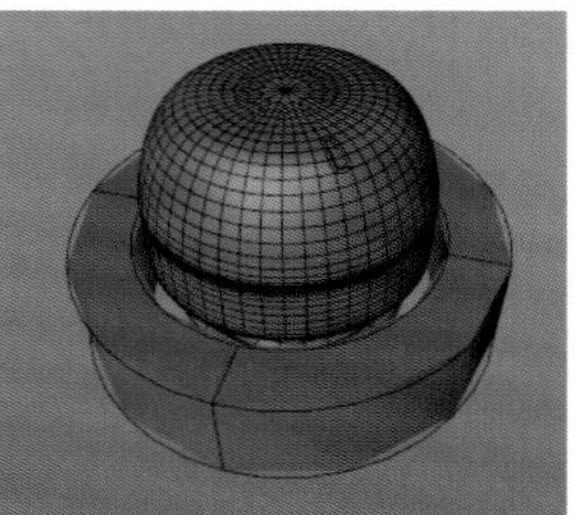

图8-27

02 把“管道”对象转为可编辑对象，并将该对象改名为“充电盒”，切换到“多边形”模式，只保留上边的一圈面，将其余面全部删除，如图8-28所示。

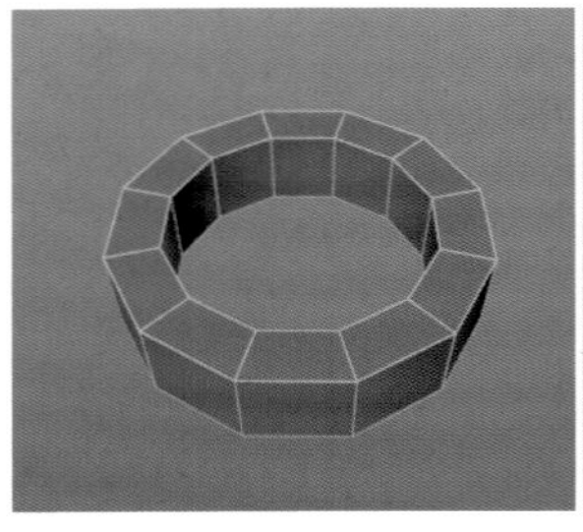
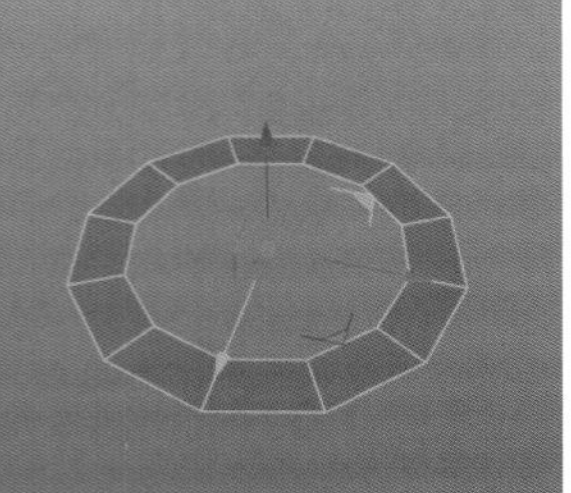

图8-28

提示

有些产品模型结构可以使用Cinema 4D中默认的物体对象作为初始模型来制作，使用这种方法可以节省很多工作时间。

03 复制一份充电盒，对这两个充电盒对象执行“连接对象+删除”命令，将它们合并为一个多边形对象，并使用“缝合”工具把相邻的点缝合在一起，如图8-29所示。

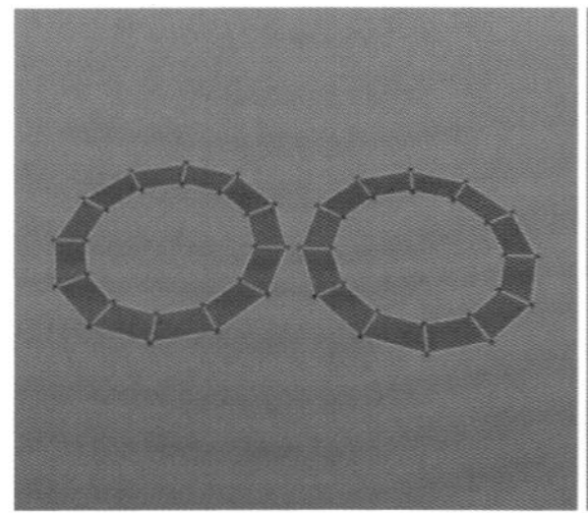
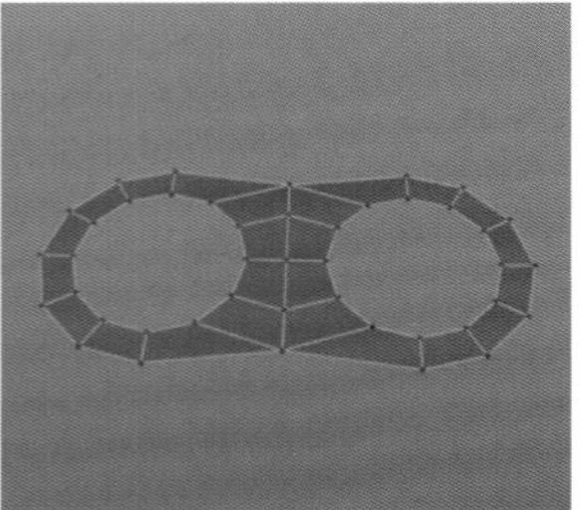

图8-29

04 调整充电盒的外形，使中间两侧的点和两边的相邻点对齐，将其复制一份并改名为“充电盒.2”，如图8-30所示。

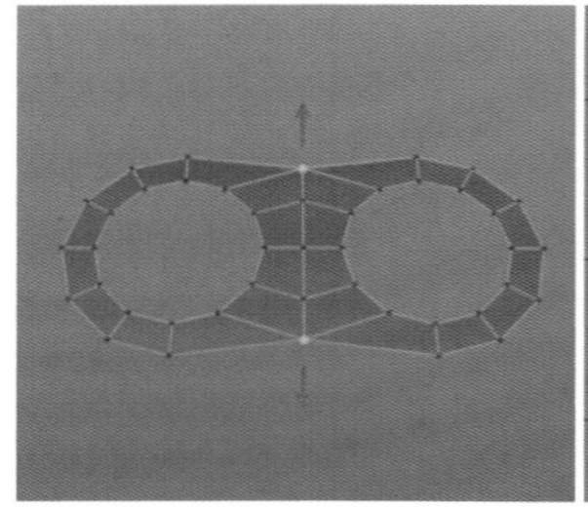
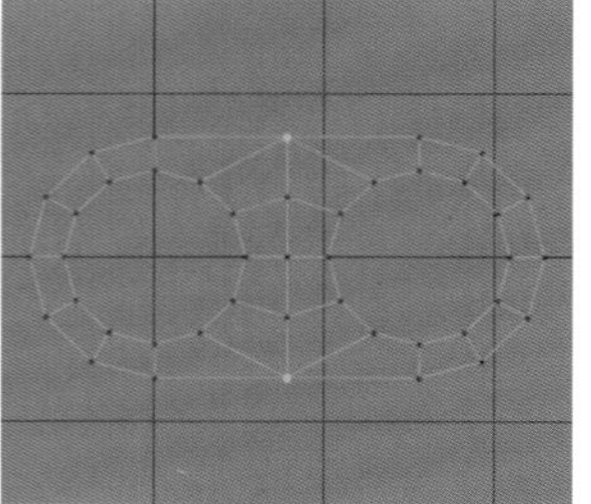

图8-30

05 在“多边形”模式下，全选充电盒所有的面，使用“挤压”工具，勾选“属性”面板中的“创建封顶”选项，根据“耳机”的高度向上挤压这些面，如图8-31所示。

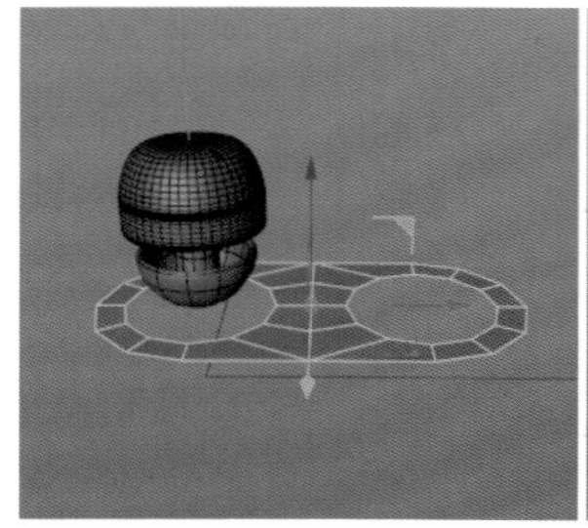
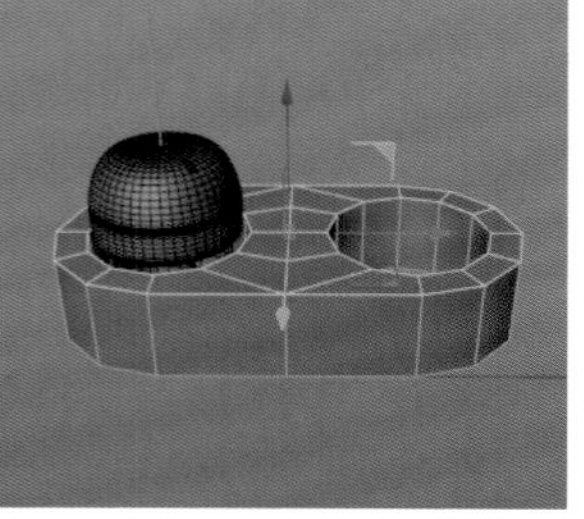

图8-31

06 选中挤压后底部的循环边，按住Ctrl键并沿着y轴向下挤压出新的面，如图8-32所示。

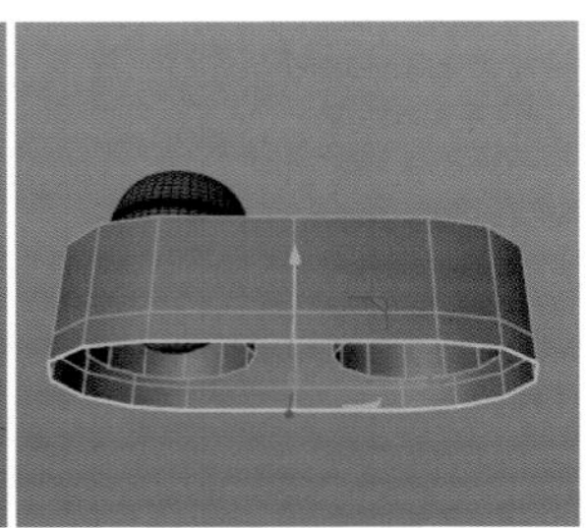

图8-32

07 使用“封闭多边形孔洞”工具封闭底部镂空的面，并使用“线性切割”工具对封闭后的面进行布线。布线的原则是尽量保持四边面，避免出现三角面，如图8-33所示。

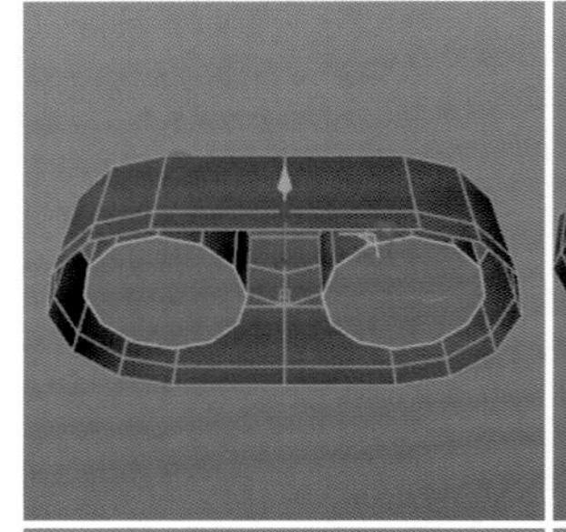
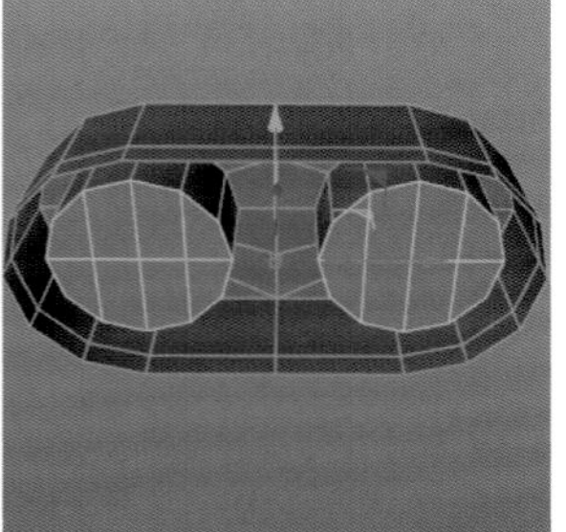
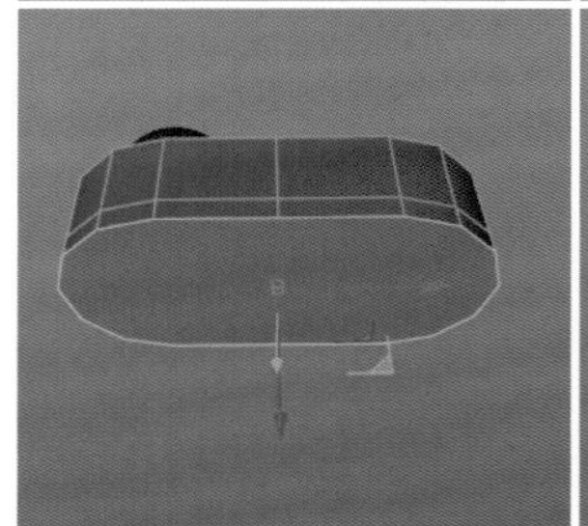
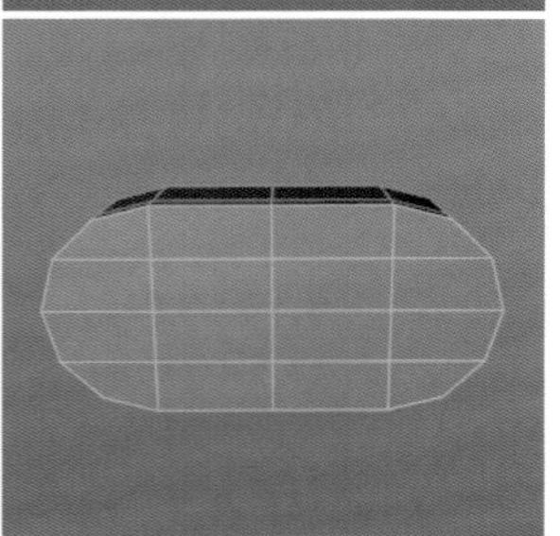

图8-33

08 对充电盒的边缘进行倒角处理，加入“细分曲面”后观察模型的结构是否正确，如图8-34所示。

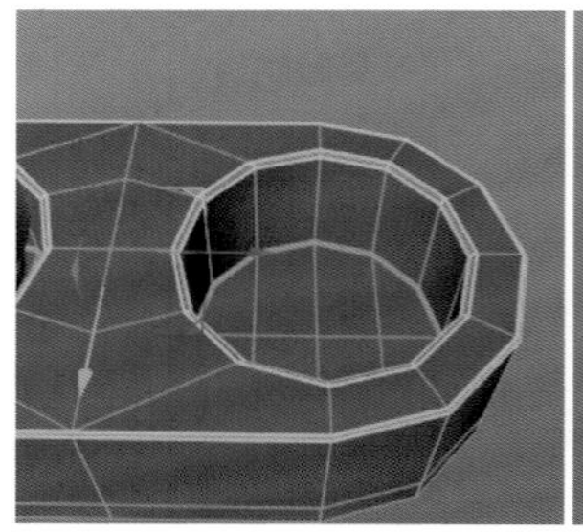
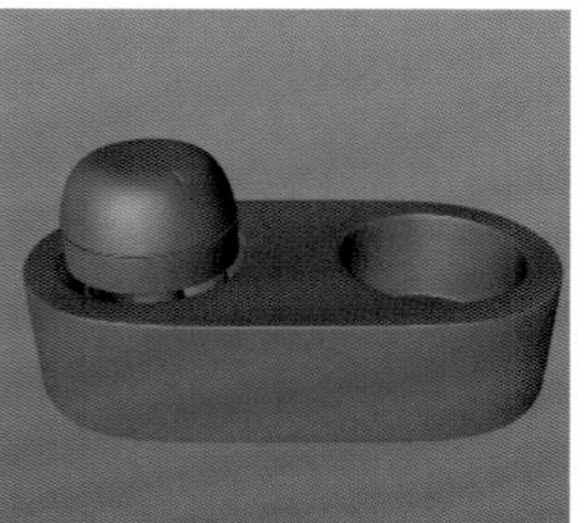

图8-34

09 使用之前复制的“充电盒.2”，在“多边形”模式下全选所有的面，使用“挤压”工具，勾选“属性”面板中的“创建封顶”选项，并向下进行挤压，如图8-35所示。

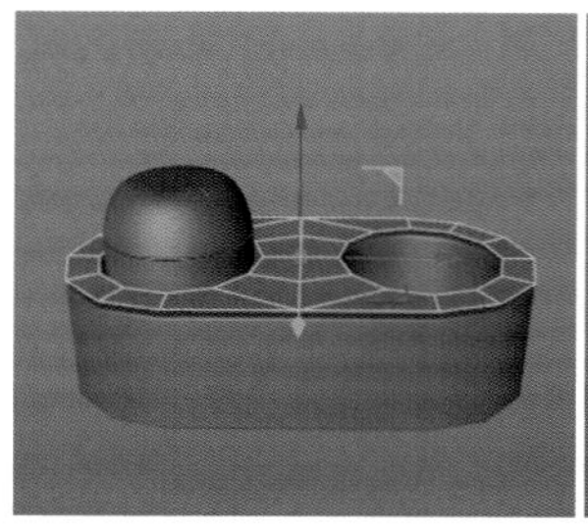
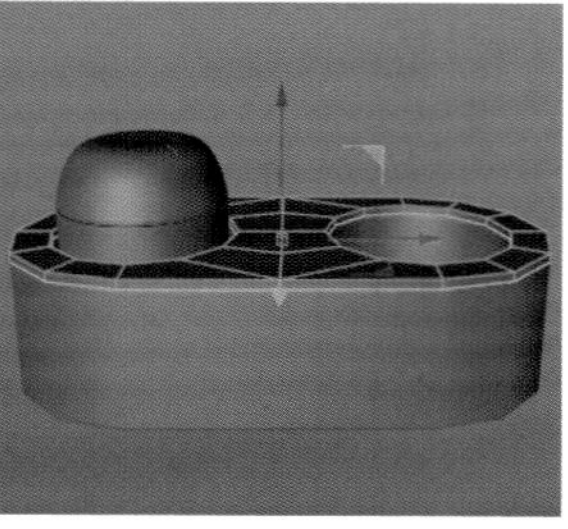

图8-35

10 为“充电盒.2”添加“细分曲面”，并对其边缘进行倒角处理，如图8-36所示。

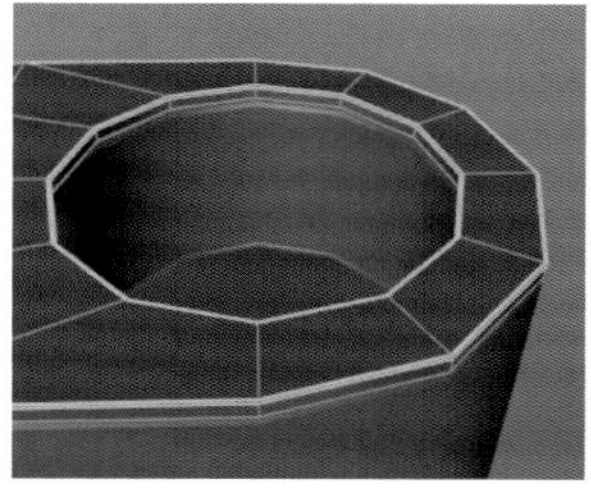

图8-36

11 复制一份充电盒并将其旋转180°，作为耳机充电盒的顶部盖子，如图8-37所示。

12 创建一个立方体对象并调整其大小，放到耳机充电盒后方，作为耳机盒上下两个部分的连接区域，如图8-38所示。

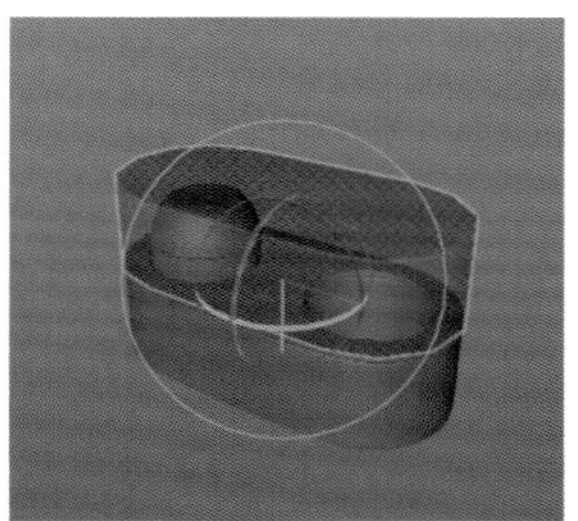

图8-37

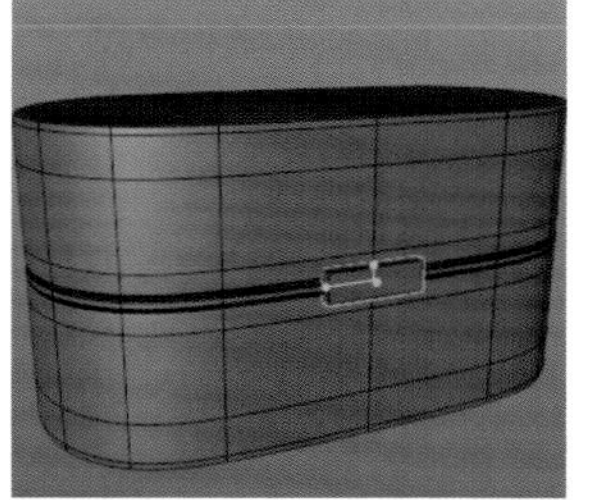

图8-38

13 复制两份上一步创建的立方体并放到耳机充电盒盖的前方，作为盒盖前方的垫片，如图8-39所示。

14 使用“循环/路径切割”工具在充电盒底部区域切出图8-40所示的线。

图8-39

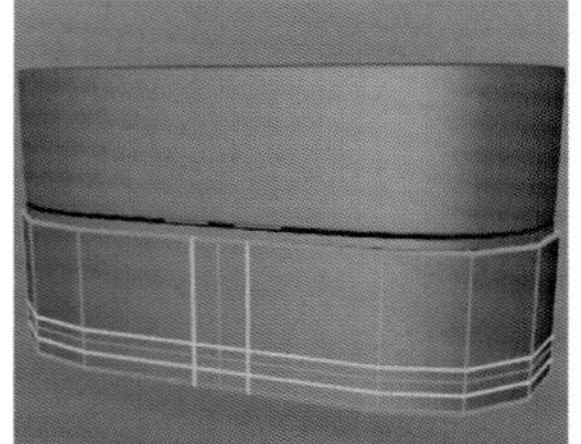

图8-40

15 在“多边形”模式下，选中切割后生成的中间的4个面，使用“内部挤压”工具进行挤压，将这个区域用来制作充电口，如图8-41所示。

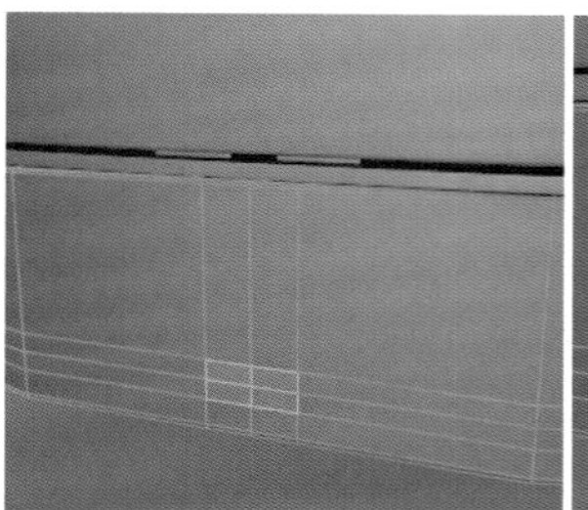
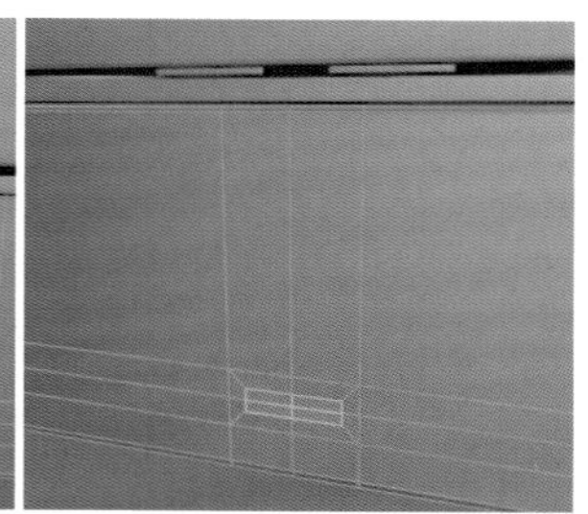

图8-41

16 使用“挤压”工具向内挤压，如图8-42所示。

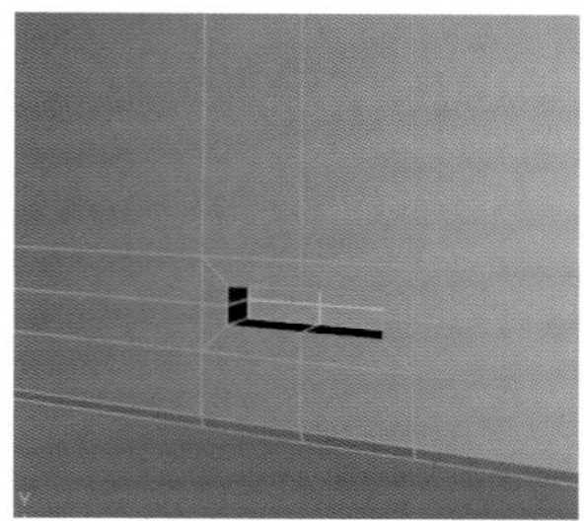

图8-42

17 使用“倒角”工具为刚才制作的充电口区域添加保护线，设置“偏移”为1cm、“细分”为1，如图8-43所示。

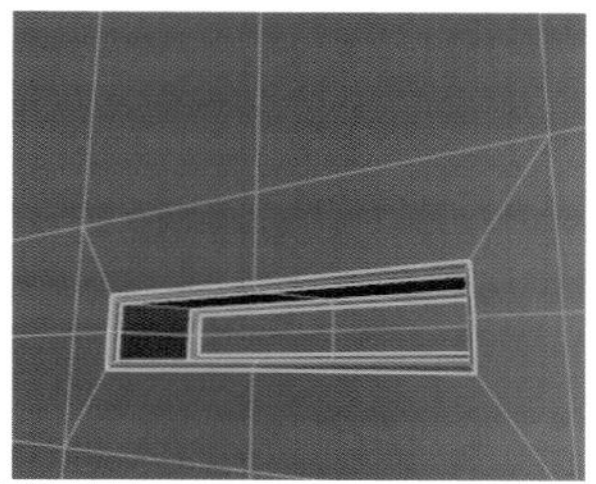
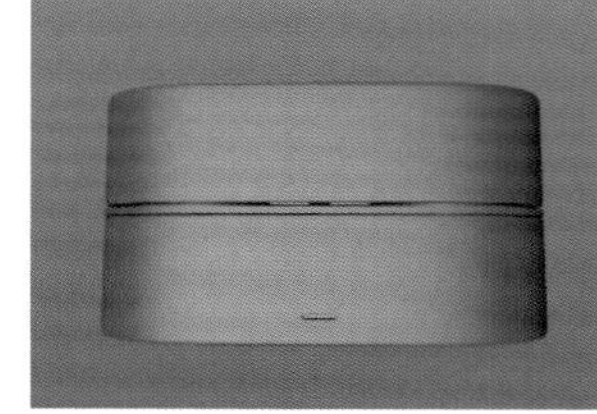
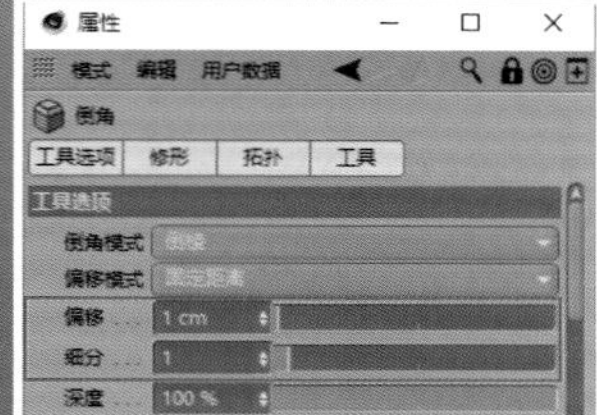

图8-43

8.1.3 耳机包装盒建模

耳机的包装盒模型效果如图8-44所示。

图8-44

01 创建一个立方体对象，根据充电盒的大小设置立方体的“尺寸.X”为320cm、“尺寸.Y”为100cm、“尺寸.Z”为180cm，x轴、y轴、z轴的分段数均为2，如图8-45所示。

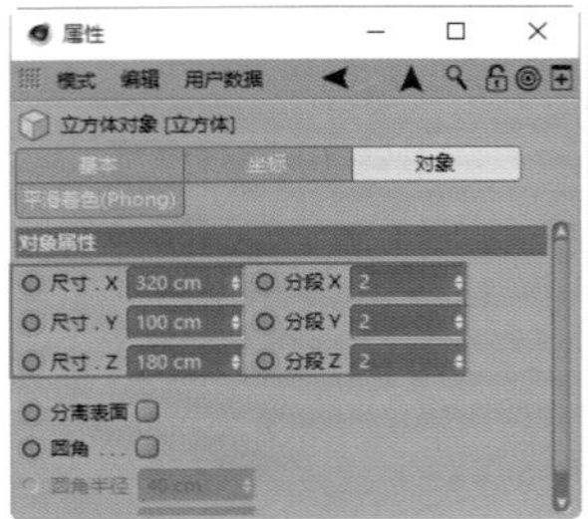

图8-45

02 把立方体对象转为可编辑对象，切换到“多边形”模式，选中立方体1/4的面，使用快捷键U+I反选面，按Delete键删除选中的面，如图8-46所示。

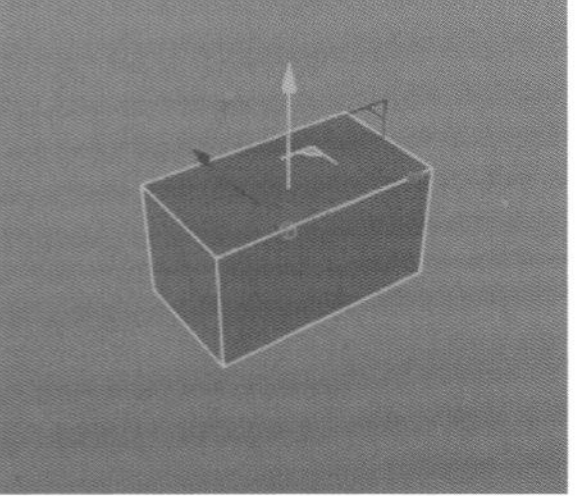

图8-46

03 使用“对称”工具，改变其“镜像平面”的轴向，恢复立方体上半部分的外形结构，并将该对象改名为“盒盖”，如图8-47所示。

图8-47

04 制作盒子4个角的折叠效果，制作方法在前面几个案例中都有过讲解，这里就不再赘述了，如图8-48所示。

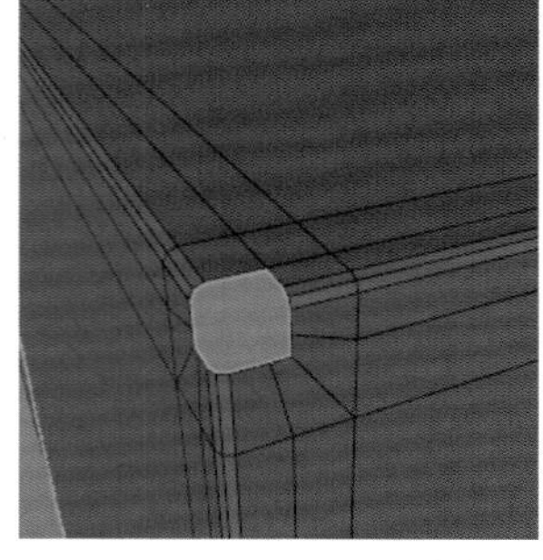

图8-48

05 复制一份盒盖，并命名为“盒盖.1”，然后旋转180°，如图8-49所示。

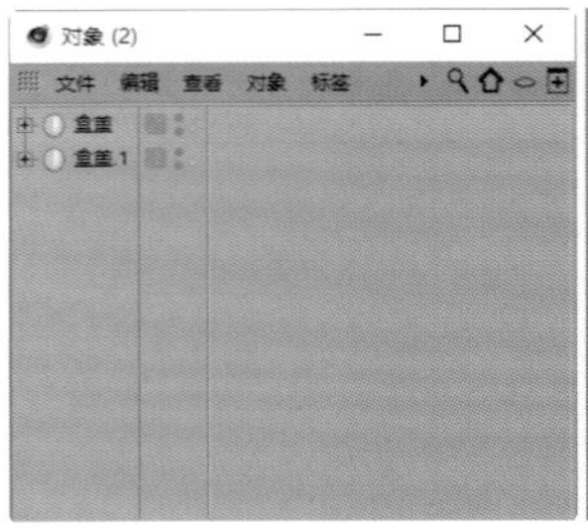

图8-49

06 在“边”模式下，选中“盒盖.1”最上边的边，在按住Ctrl键的同时使用“缩放”工具向内缩放两次，如图8-50所示。

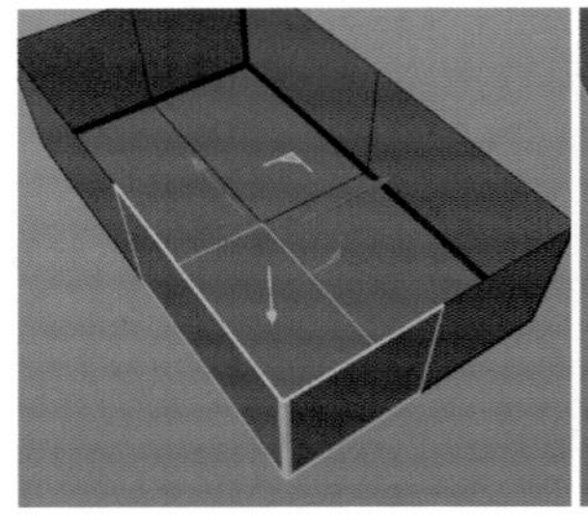

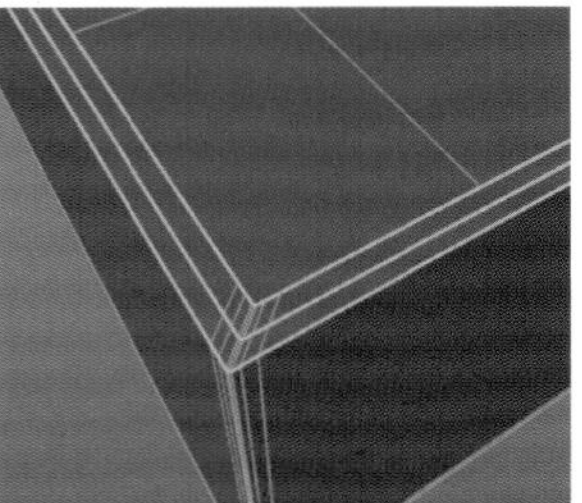

图8-50

07 在“多边形”模式下，选中内侧的面，使用“挤压”工具向上进行挤压，如图8-51所示。

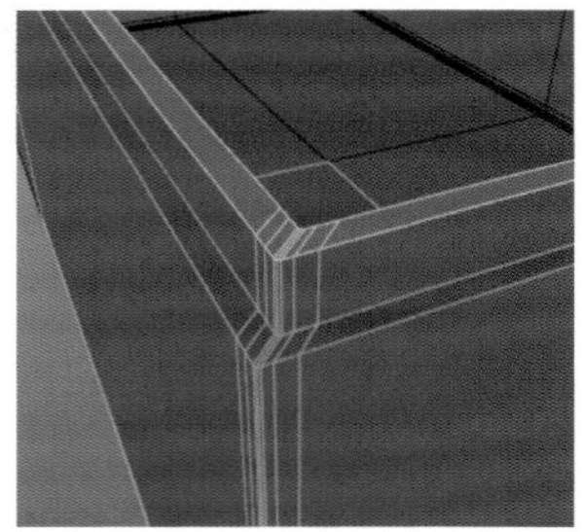

图8-51

08 选中之前制作的充电盒底部的面，单击鼠标右键并执行“分裂”命令，保留分裂后新生成的多边形对象“充电盒.1”，如图8-52所示。

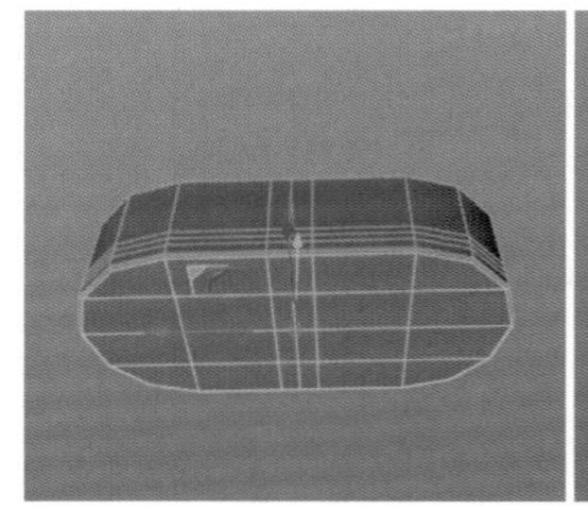

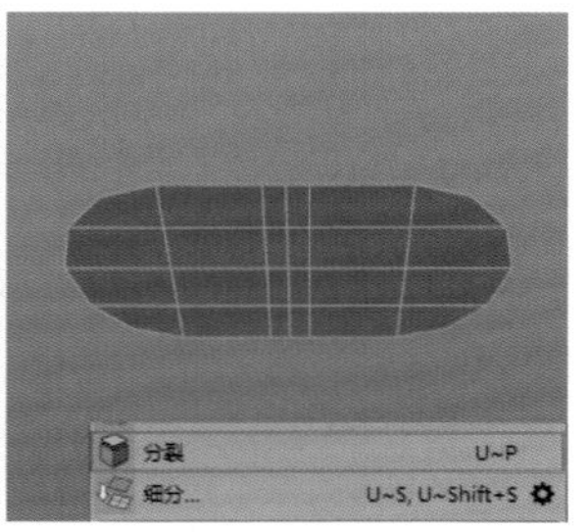

图8-52

09 使用分裂出来的“充电盒.1”制作盒子内部放置耳机的造型。在“边”模式下，选中最外侧的一圈边，向外挤压出新的面，然后在“点”模式下，依次选中上、下、左、右的点，分别设置坐标管理器中x轴和z轴上的尺寸为0cm，如图8-53所示。

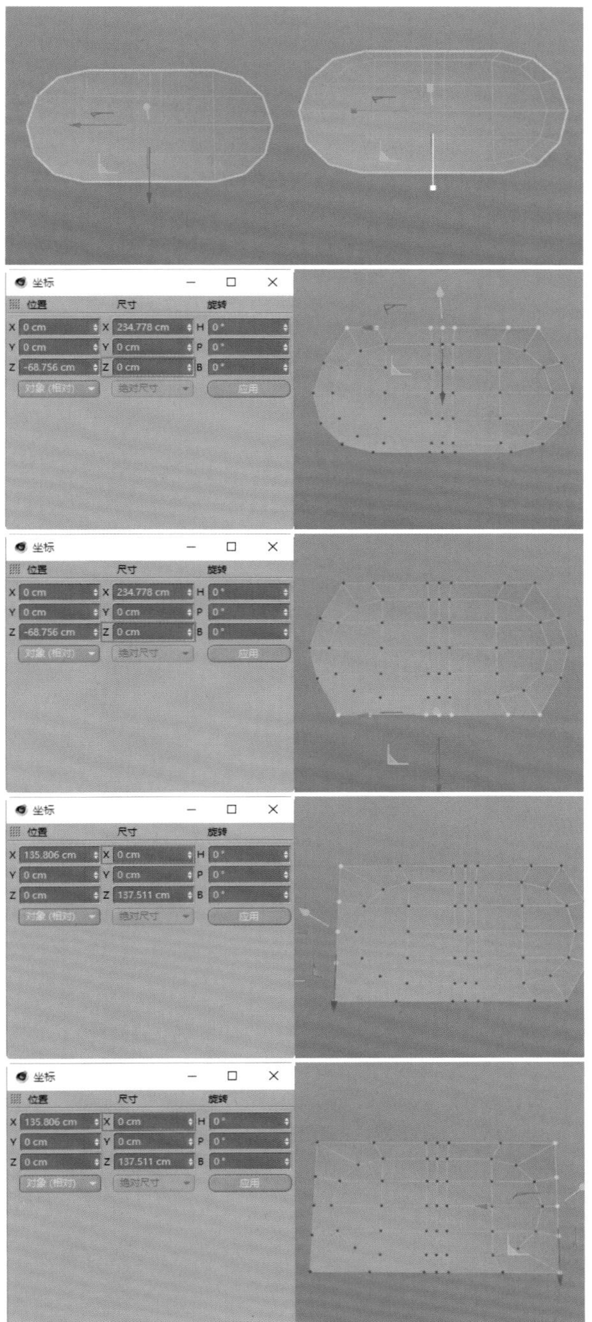

图8-53

10 根据包装盒的大小调整“充电盒.1”外侧点的距离，如图8-54所示。

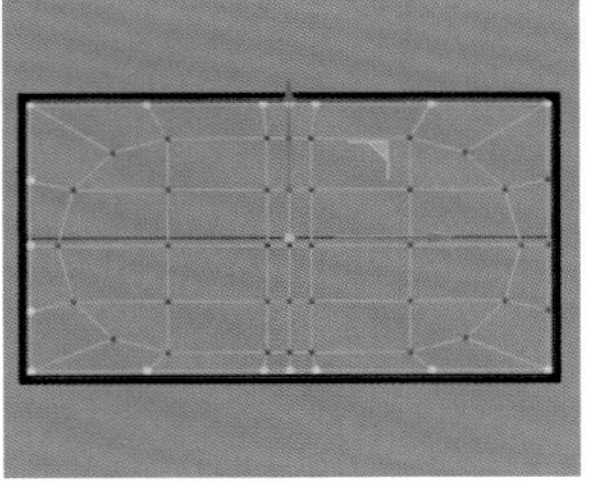

图8-54

11 在“多边形”模式下，选中外侧的面，使用“挤压”工具向上挤压出高度，如图8-55所示。

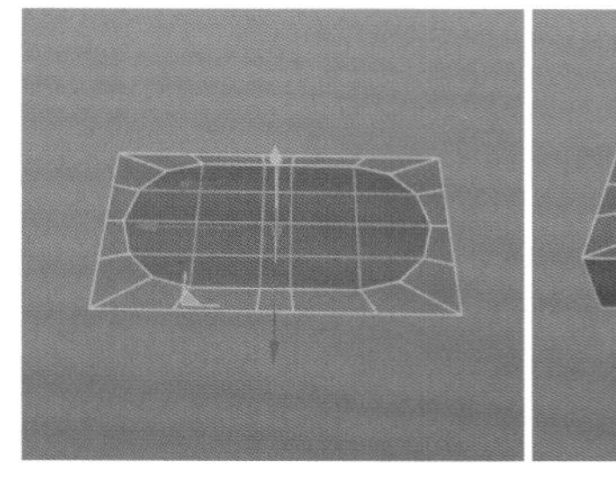

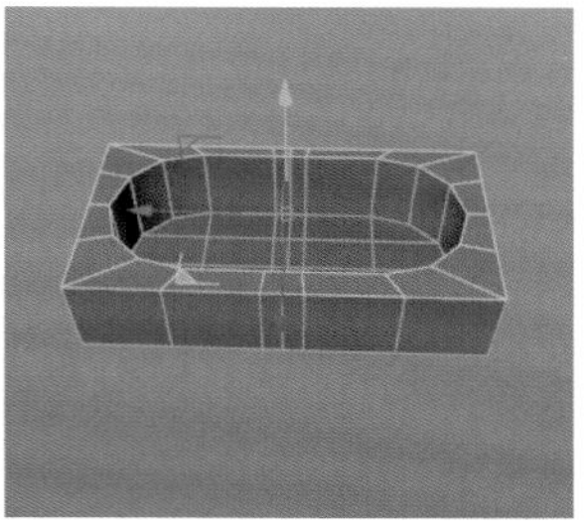

图8-55

12 将“倒角”变形器作为“充电盒.1”的子级，添加“细分曲面”，完成包装盒的建模工作，如图8-56所示。

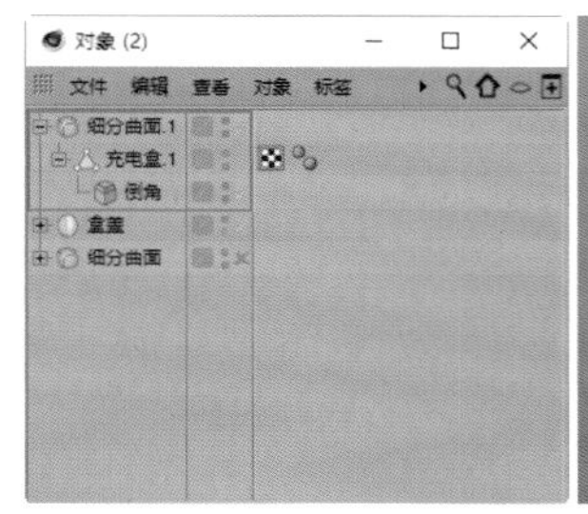

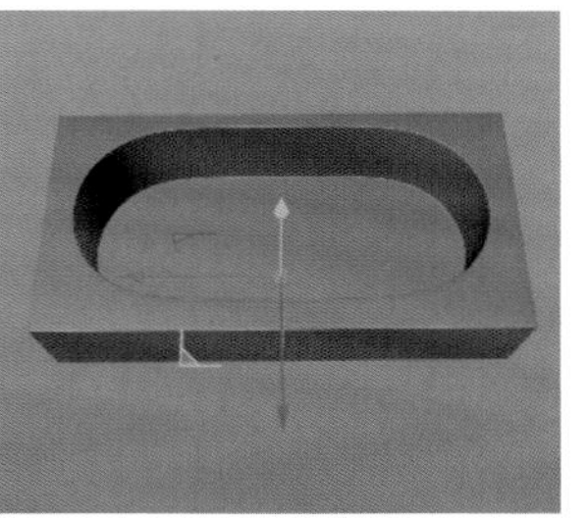

图8-56

技术专题：如何在曲面硬边挖洞

在模型的曲面上制作挖洞效果，加入细分曲面后两边很容易发生变形，原本的直角会变成圆角。这时需要通过布线来解决。

可以先对挖洞后生成的边添加“倒角”变形器，把物体对象和“倒角”变形器转为一个物体后，使用之前介绍过的“借边”布线的方法，再通过布线来制作曲面硬边的挖洞效果，如图8-57所示。

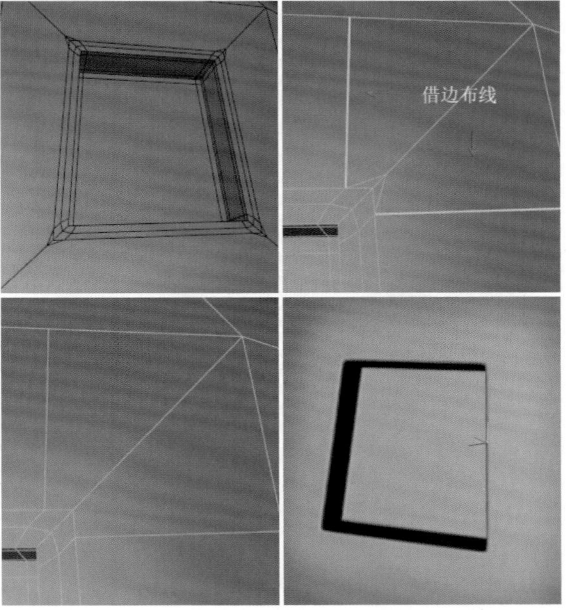

图8-57

8.1.4 包装UV拆分及贴图

这个案例的UV拆分主要包括耳机充电盒UV拆分和包装盒UV拆分两个部分，如图8-58所示。

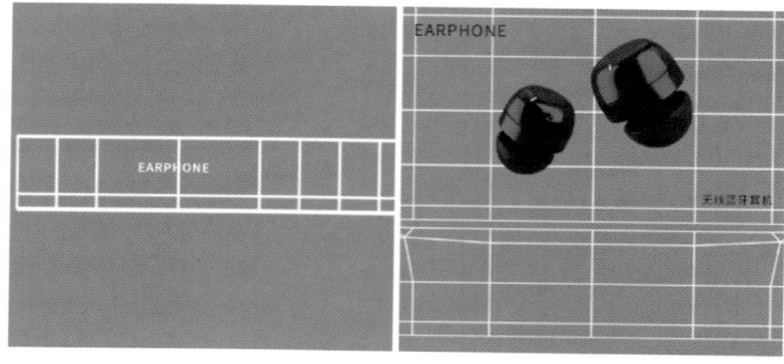

图8-58

01 拆分耳机充电盒UV。在这个案例中充电盒的贴图只有前方的Logo部分，所以只需要对贴图区域进行UV拆分就可以了。单击Cinema 4D右上方的"界面"菜单，在下拉菜单中执行"BP – UV Edit"命令，切换到UV编辑界面，如图8-59所示。

图8-59

02 在左上方快捷工具栏中单击"多边形"按钮，选中需要展开UV的面，如图8-60所示。

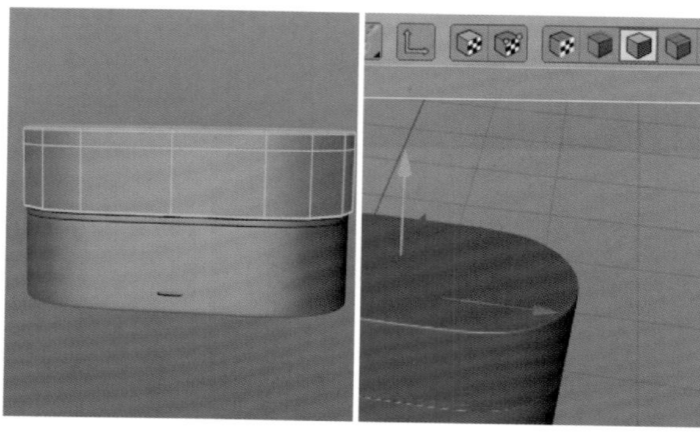

图8-60

03 在UV编辑界面右下方的"贴图"选项卡中选择"投射"选项卡，单击"圆柱"按钮，上方UV编辑面板中会显示选中面的UV形状，如图8-61所示。

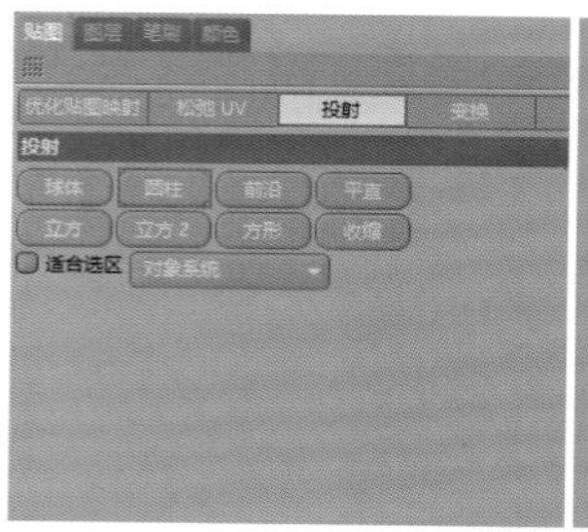

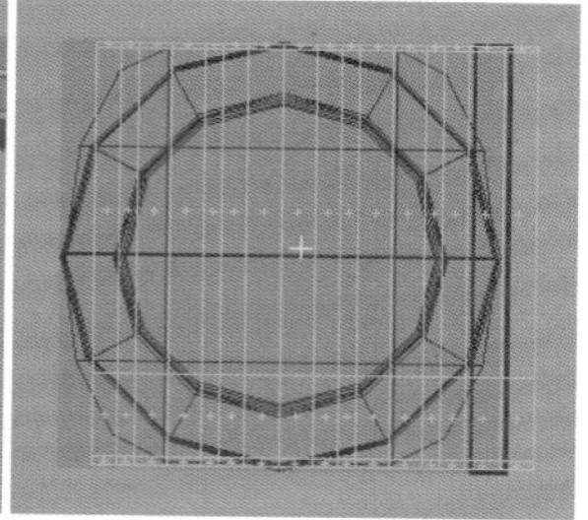

图8-61

04 在UV编辑界面右下方的"松弛UV"选项卡中单击"应用"按钮，松弛UV并重新进行排列，如图8-62所示。

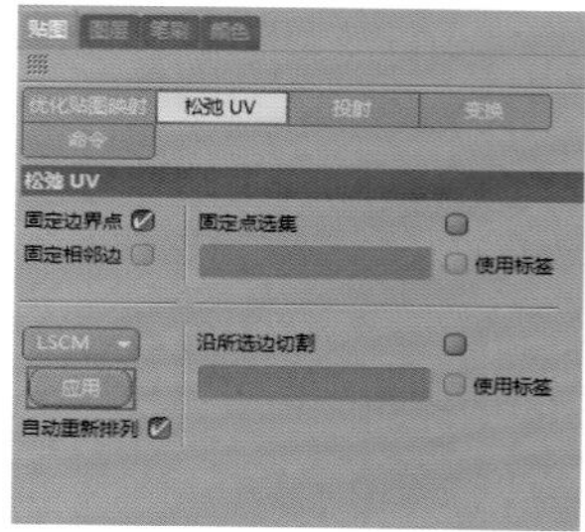

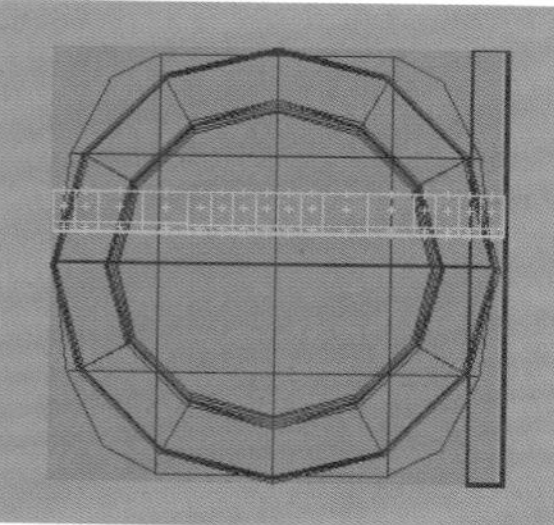

图8-62

05 因为只需要对贴图部分展开UV，其他地方是不需要的，所以需要对UV做一下调整。在左侧面板中使用快捷键U+I对选中面进行反选，选中不需要展开UV的所有面，在"UV多边形"模式下，使用"缩放"工具，单击并拖曳鼠标指针调整这些UV的大小，如图8-63所示。

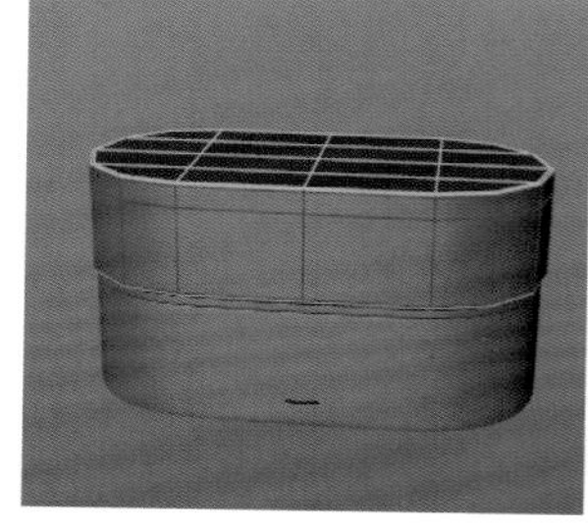
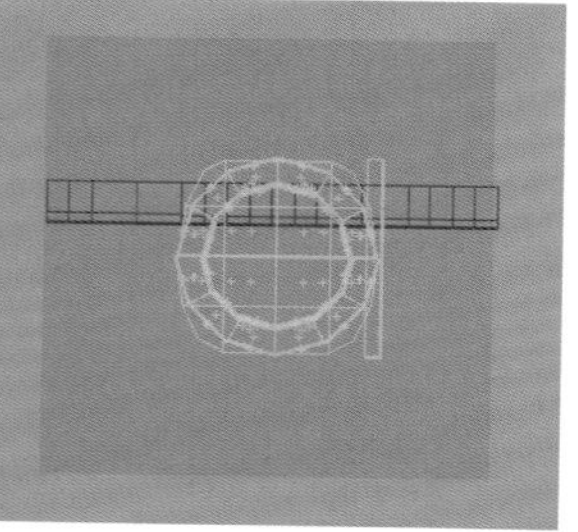

图8-63

06 使用"移动"工具，把上一步选中的面的UV移动到空白区域，确保其不和贴图的UV重合，如图8-64所示。

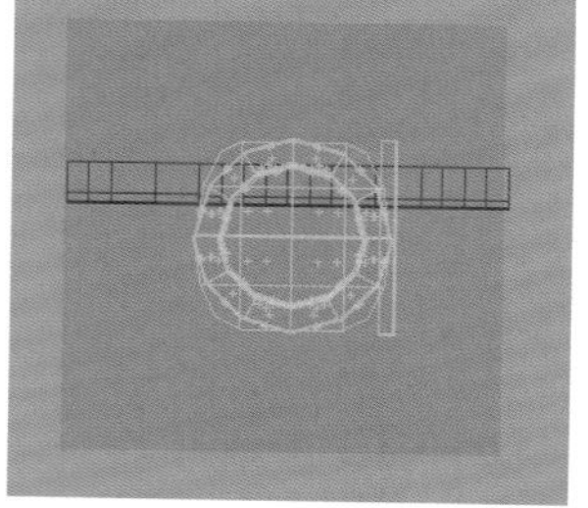

图8-64

07 在UV编辑面板中执行"文件>新建纹理"菜单命令，在弹出的面板中设置纹理的"宽度"和"高度"均为2048像素、"分辨率"为72像素/英寸（dpi），如图8-65所示。

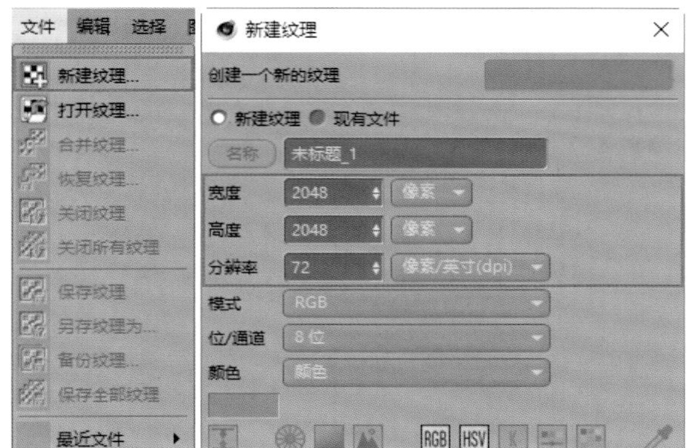

图8-65

08 切换到UV编辑界面右下方的“图层”选项卡，单击下方的“新建图层”按钮，新建一个空白图层，如图8-66所示。

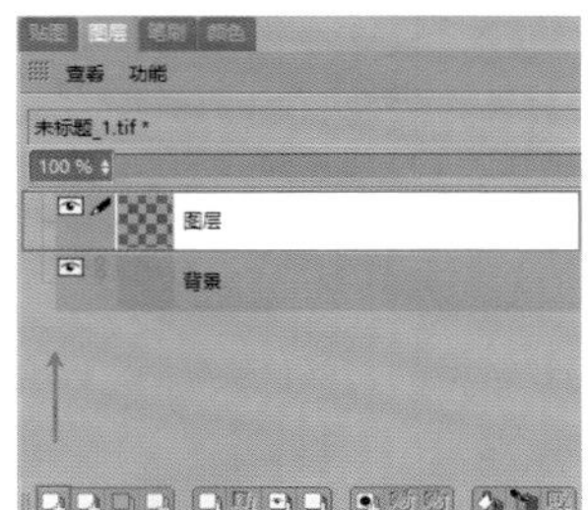

图8-66

09 在UV编辑面板中执行“图层＞描边多边形”菜单命令，对UV进行描边，如图8-67所示。

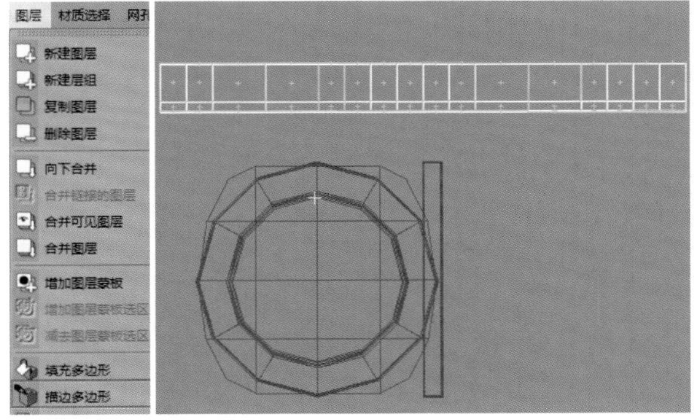

图8-67

10 在UV编辑面板中执行“文件＞另存纹理为”菜单命令，在弹出的面板中设置“另存文件”为“PSD(*.psd)”格式，单击“确定”按钮，如图8-68所示，在弹出的面板中设置纹理保存路径。

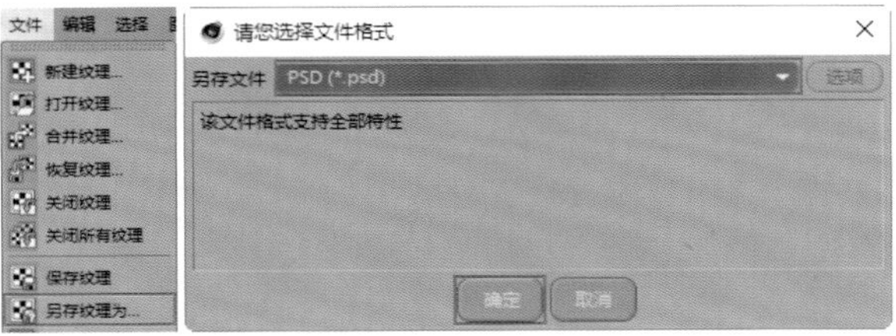

图8-68

11 在Photoshop中打开刚才制作的UV贴图文件，白色的线框图层即是贴图的区域，瓶身的纹理需要在这个白色线框内设计制作，如图8-69所示。

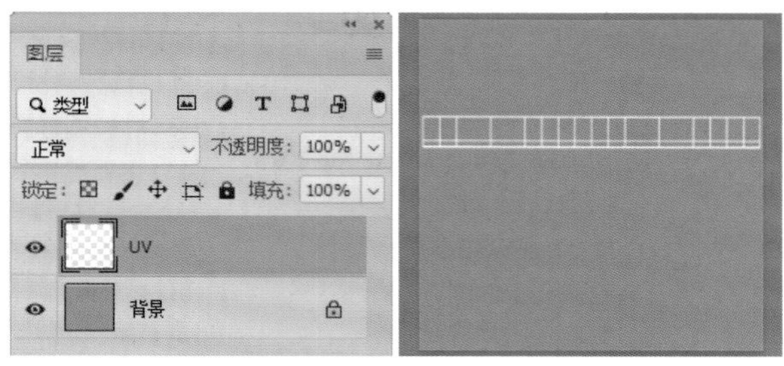

图8-69

12 在Photoshop中的设计过程不是本书的重点，这里就不介绍了。读者需要注意的是要把设计的主要内容放置于UV白色线框内，如图8-70所示。

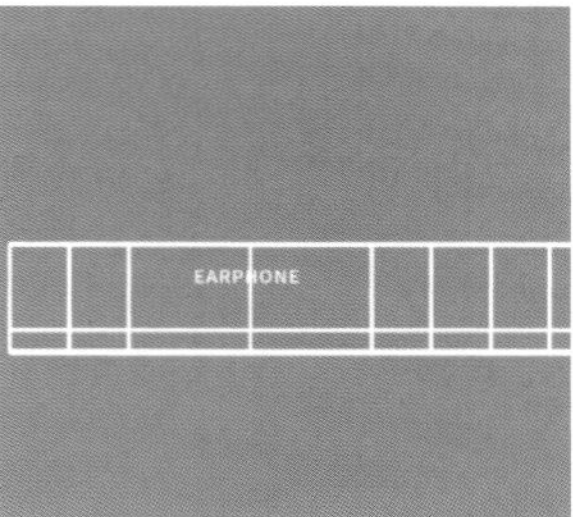

图8-70

13 拆分包装盒UV。切换到UV编辑界面，选中盒盖顶部需要展开UV的面，在UV编辑界面右下方的“贴图”选项卡中选择“投射”，单击“方形”按钮，在上方UV编辑面板中会显示选中面的UV形状，如图8-71所示。

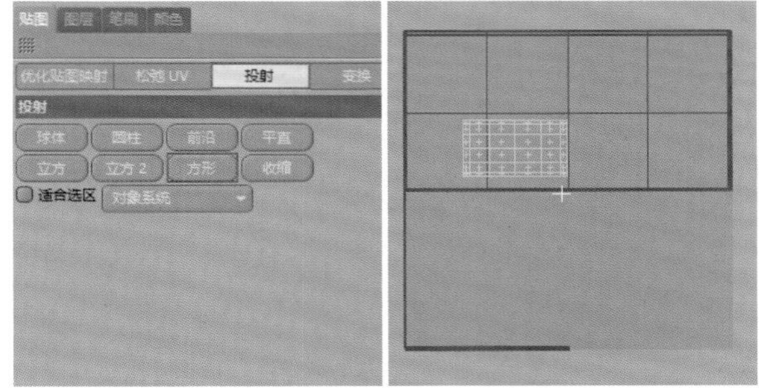

图8-71

14 在UV编辑界面右下方的“松弛UV”选项卡中单击“应用”按钮，松弛UV并重新进行排列，如图8-72所示。

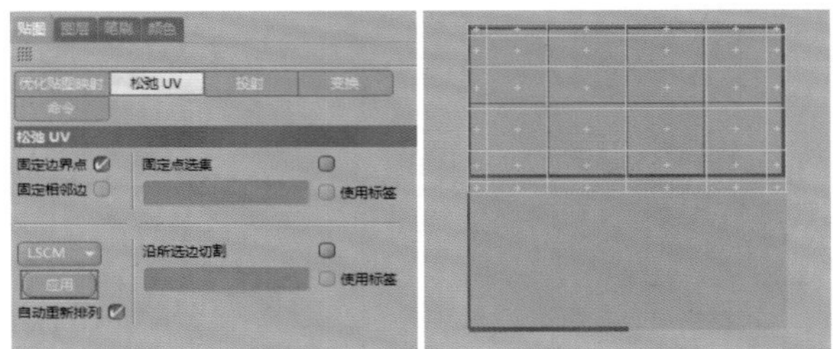

图8-72

15 因为只需要对贴图部分展开UV，其他地方是不需要的，所以需要对UV做一下调整。在左侧面板中使用快捷键U+I对选中面进行反选，选中不需要展开UV的所有面，在“UV多边形”模式下，使用“缩放”工具，单击并拖曳鼠标指针调整这些UV的大小，如图8-73所示。

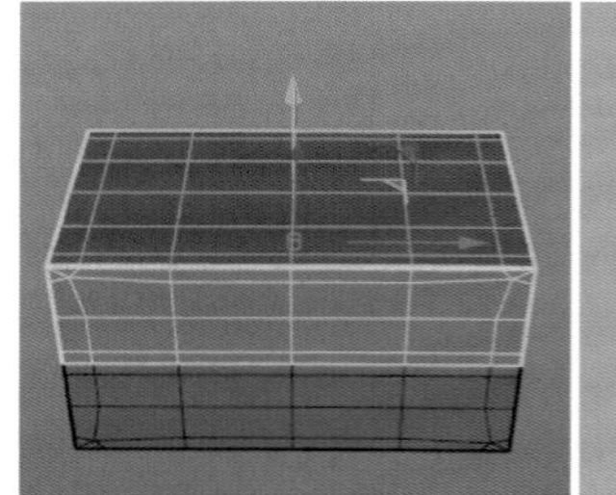
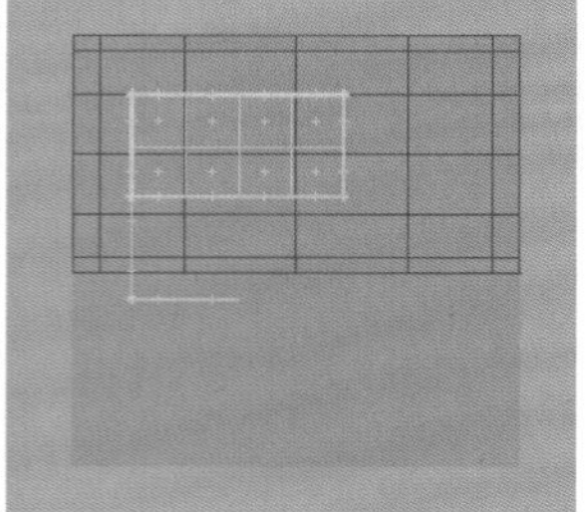

图8-73

16 使用“移动”工具，把上一步选中的面的UV移动到空白区域，确保其不和贴图的UV重合，如图8-74所示。

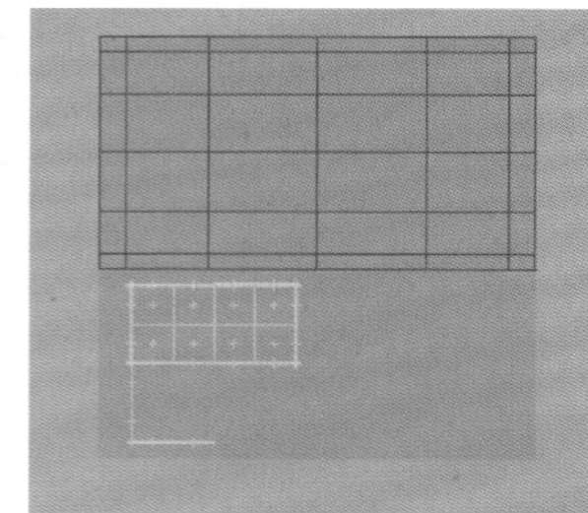

图8-74

17 在UV编辑面板中执行“文件>新建纹理”菜单命令，在弹出的面板中设置纹理的“宽度”和“高度”均为2048像素、“分辨率”为72像素/英寸（dpi），如图8-75所示。

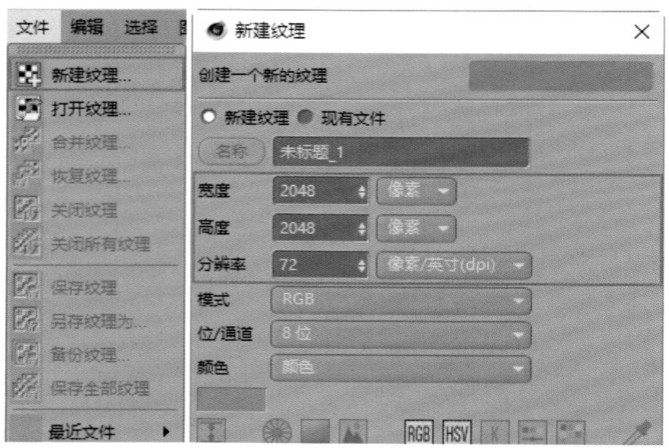

图8-75

18 切换到UV编辑界面右下方的“图层”选项卡，单击下方的“新建图层”按钮，新建一个空白图层，如图8-76所示。

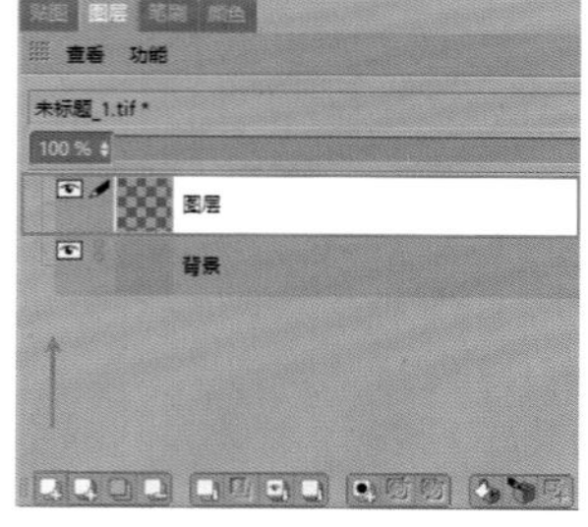

图8-76

19 在UV编辑面板中执行“图层>描边多边形”菜单命令，对UV进行描边，如图8-77所示。

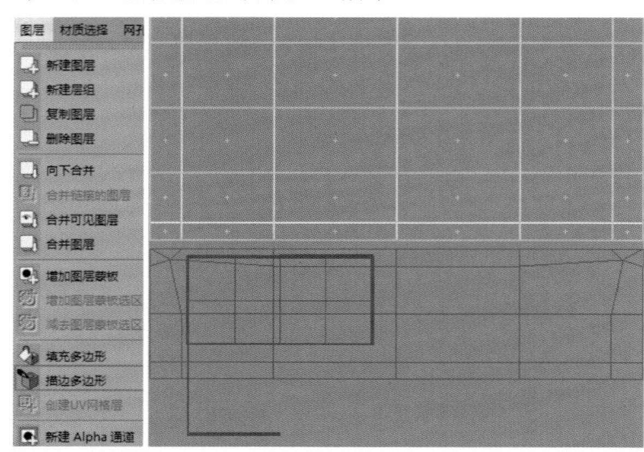

图8-77

20 在UV编辑面板中执行“文件>另存纹理为”菜单命令，在弹出的面板中设置“另存文件”为“PSD(*.psd)”格式，单击“确定”按钮，如图8-78所示，在弹出的面板中设置纹理保存路径。

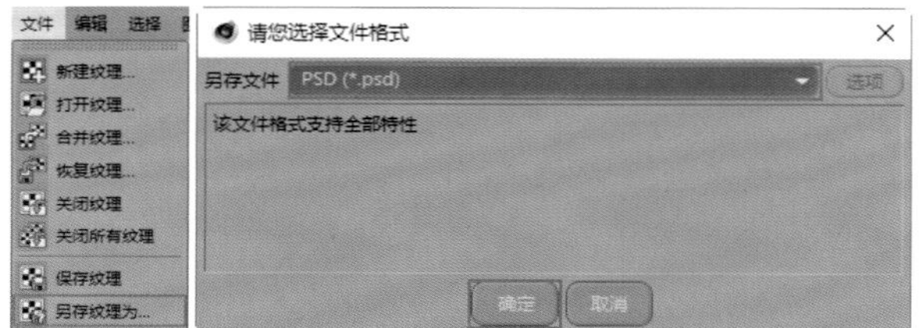

图8-78

21 在Photoshop中打开刚才制作的UV贴图文件，白色的线框图层即是贴图的区域，纹理需要在这个白色线框内设计制作，如图8-79所示。

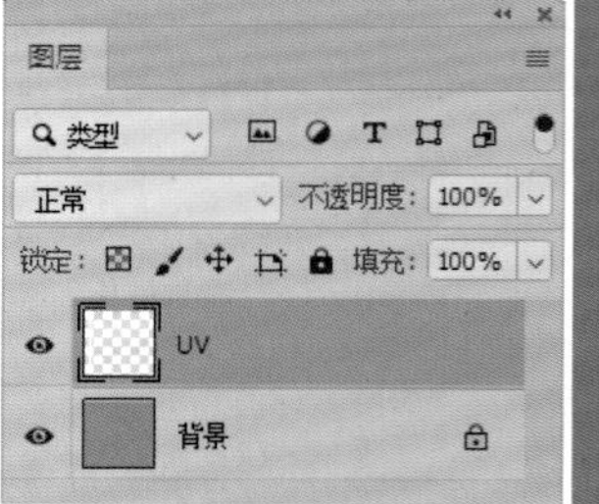

图8-79

22 在Photoshop中的设计过程不是本书的重点，这里就不介绍了。读者需要注意的是要把设计的主要内容放置于UV白色线框内，如图8-80所示。

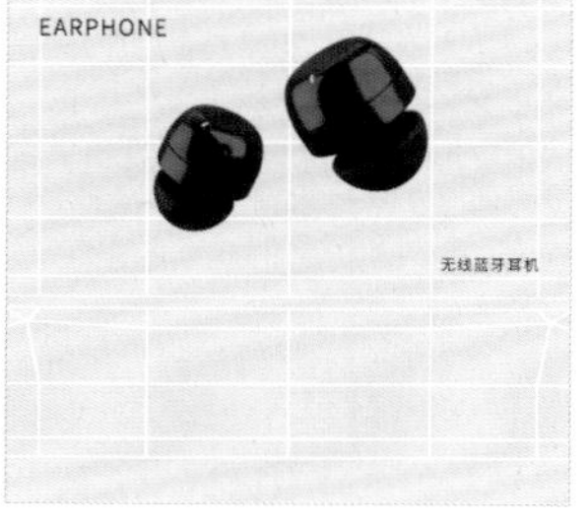

图8-80

8.1.5 布景搭建

在正式渲染之前需要把产品的展示场景搭建出来，耳机包装场景的模型效果如图8-81所示。

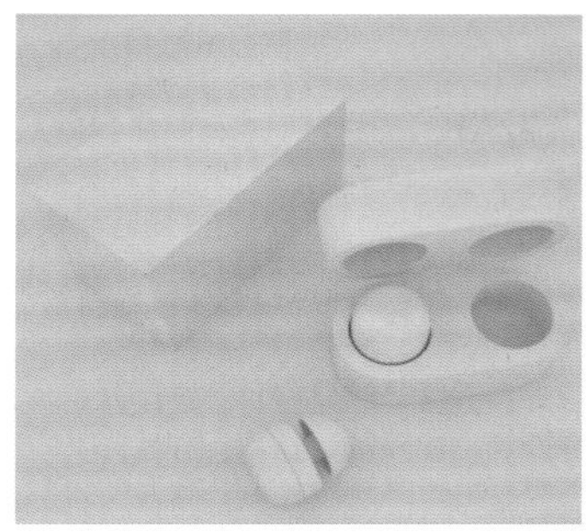

图8-81

01 创建一个平面对象，调整其大小，制作场景的地板，如图8-82所示。

02 把之前制作的耳机和包装盒模型放置到地板的上方，摆放好它们的渲染位置，如图8-83所示。

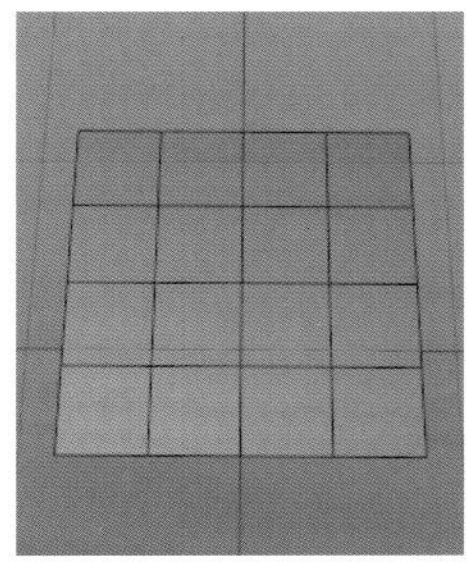

图8-82

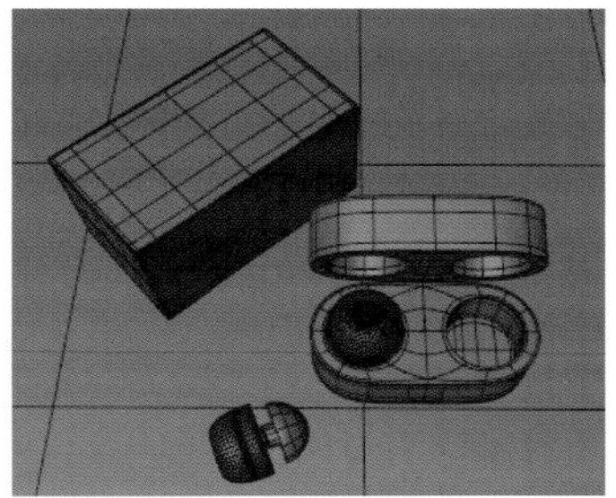

图8-83

8.1.6 配置场景环境与材质

配置好的场景环境与材质效果如图8-84所示。

图8-84

01 在“Octane Render”面板中执行“对象>Octane HDRI环境”菜单命令，并加载tex文件夹中的环境贴图，进行环境配置，如图8-85所示。

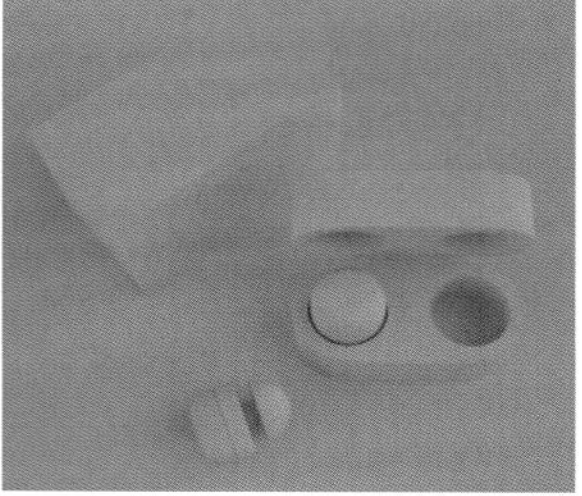

图8-85

02 使用“Octane光泽材质”，在“粗糙度”中设置“浮点”为0.17左右，设置“索引”为1.4，设置“漫射”通道的“颜色”为黑色，把该材质赋给“地板”，如图8-86所示。

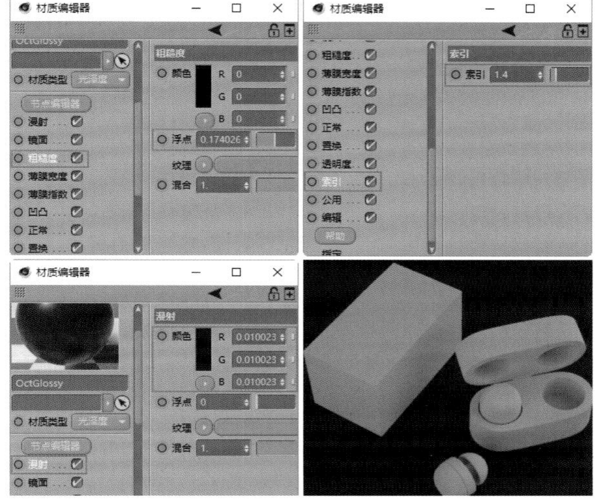

图8-86

03 使用“Octane光泽材质”，打开“Octane节点编辑器”，使用“图像纹理”节点连接材质的“漫射”通道和“凹凸”通道，对其添加tex文件夹中的“盒顶UV.psd”纹理贴图，并把该材质赋给盒盖对象，如图8-87所示。

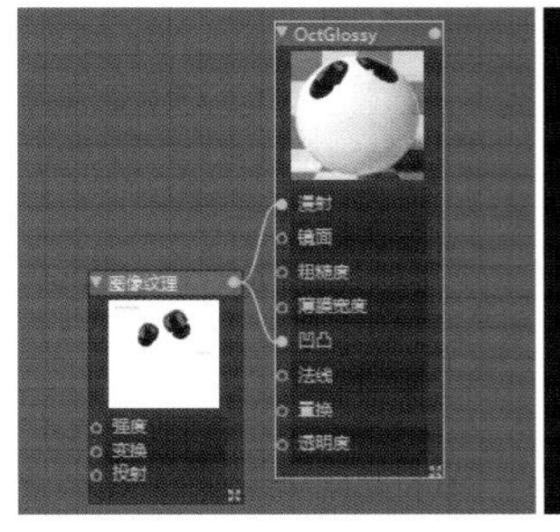

图8-87

04 使用“Octane光泽材质”，在“粗糙度”中设置“浮点”为0.27左右，设置“索引”为1，把该材质赋给充电盒的盖子对象。打开“Octane节点编辑器”，使用两个“图像纹理”节点并分别连接“凹凸”和“透明度”通道，对其添加tex文件夹中的“充电盒UV.psd”纹理贴图，制作充电盒上方Logo文字的材质效果，如图8-88所示。

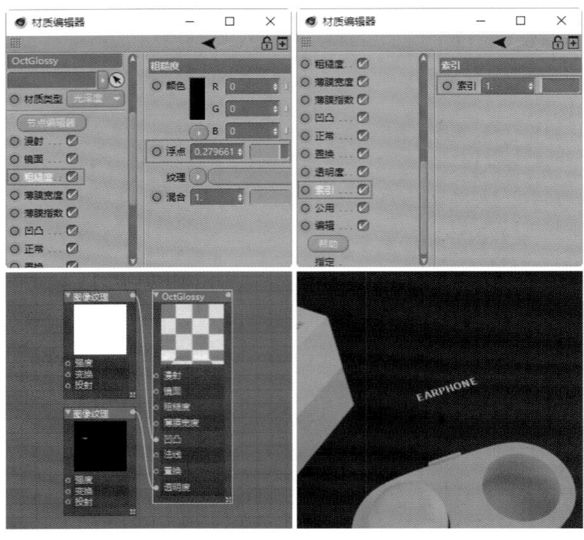

图8-88

05 使用“Octane光泽材质”，设置“漫射”通道的“颜色”为黑色，在“粗糙度”中设置“浮点”为0.05左右，把该材质赋给充电盒的盖子对象，并放到上一步制作的Logo文字材质前方，如图8-89所示。

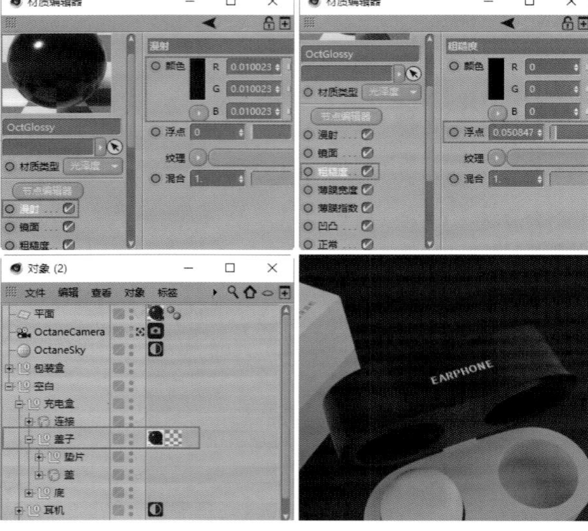

图8-89

06 把上一步制作的黑色反射材质赋给充电盒的其他对象，如图8-90所示。

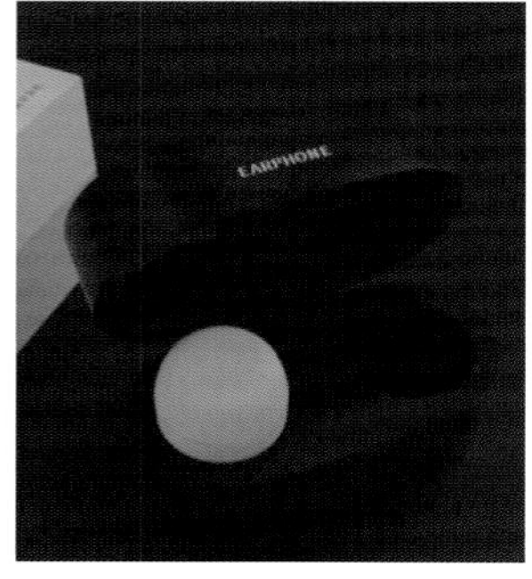

图8-90

07 制作耳机的材质。使用“Octane光泽材质”，在“粗糙度”中设置“浮点”为0.06左右，设置“索引”为1.4，设置“漫射”通道的“颜色”为黑色，把该材质赋给耳机的上半部分，如图8-91所示。

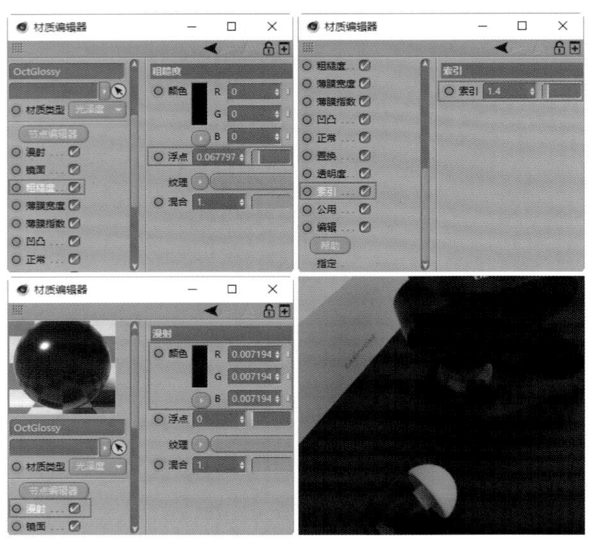

图8-91

08 使用“Octane透明材质”，在“粗糙度”中设置“浮点”为0.15左右，勾选“伪阴影”选项。打开“Octane节点编辑器”，添加“散射介质”节点，连接到材质的“介质”通道。设置“散射介质”节点的“密度”为15左右，设置“吸收”颜色为浅灰色、“散射”的颜色为深灰色，把该材质赋给耳机的耳塞对象，如图8-92所示。

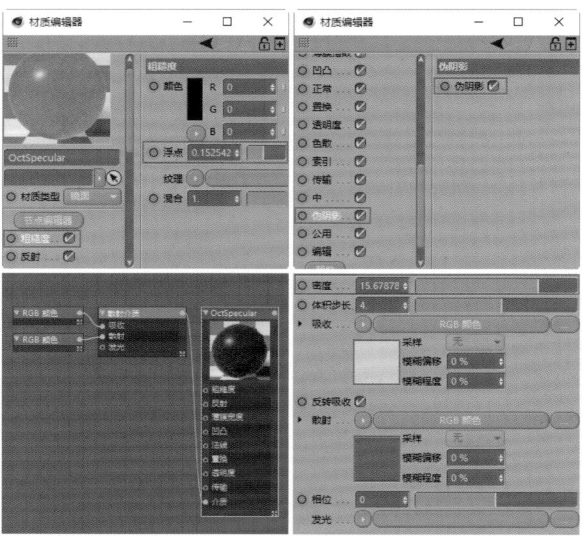

图8-92

09 使用“Octane漫射材质”，在“发光”通道添加“黑体发光”，设置发光的“颜色”为蓝色，“功率”数值为2左右，把该材质赋给耳机的指示灯，制作发光效果，如图8-93所示。

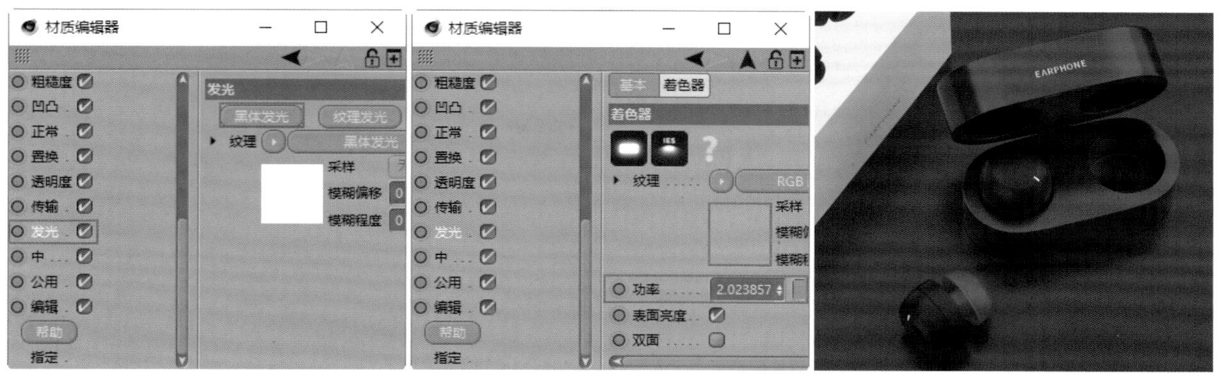

图8-93

10 使用“Octane区域光”，为“属性”面板中的“分配”选项添加“纹理贴图”节点，对其添加tex文件夹中的“彩色1.jpg”纹理贴图，设置灯光的“功率”数值为26，为耳机场景添加彩色的照明，如图8-94所示。

图8-94

技术专题：物体发光颜色的设置

在制作物体发光效果时，经常会遇到设置的发光颜色随着发光强度的变大而变白，失去本来颜色的情况。

这是因为当发光强度过大时发光区域发生了曝光，所以发光的强度要根据渲染环境合理设置，避免亮度过大。

同时可以通过取消勾选“漫射”通道的方法来避免这些问题。当取消勾选了“漫射”通道后，发光的颜色会更接近设置的颜色，如图8-95所示。

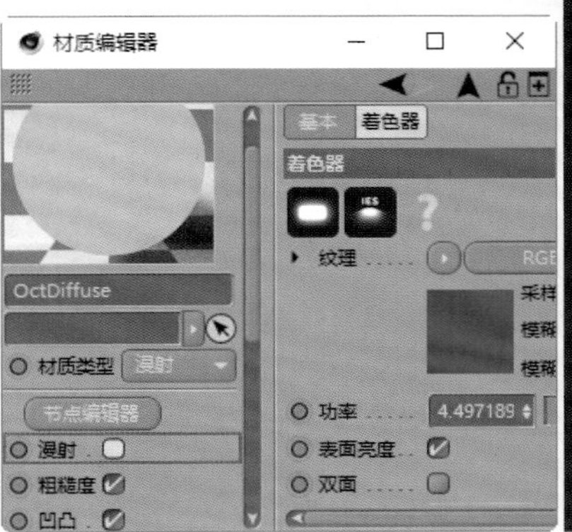

图8-95

8.1.7 渲染效果展示

更多的渲染效果如图8-96所示。

图8-96

8.2 音箱包装渲染案例

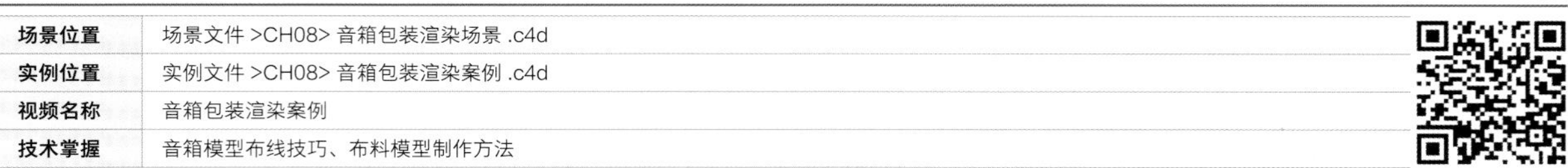

场景位置	场景文件 >CH08> 音箱包装渲染场景 .c4d
实例位置	实例文件 >CH08> 音箱包装渲染案例 .c4d
视频名称	音箱包装渲染案例
技术掌握	音箱模型布线技巧、布料模型制作方法

本案例的音箱模型结构分为上、中、下3个部分，如何使这3个部分衔接区域的布线曲率相同，以及如何制作音箱顶部的凹陷发光造型是这个案例的重要知识点。另外本案例也将介绍布料窗帘的制作方法。

本案例的音箱一般适合在家庭中使用，所以在场景搭建时可以使用室内场景来烘托音箱产品渲染氛围。

制作好的音箱产品包装渲染效果如图8-97所示。

图8-97

8.3 充电宝包装渲染案例

场景位置	场景文件 >CH08> 充电宝包装渲染场景 .c4d
实例位置	实例文件 >CH08> 充电宝包装渲染案例 .c4d
视频名称	充电宝包装渲染案例
技术掌握	充电宝模型布线技巧、材质的调节方法

在产品建模中，我们经常会遇到需要制作硬边挖洞效果等模型细节的情况，本案例将通过充电宝模型讲解制作硬边挖洞效果的布线方法。

本案例将通过黑白贴图在Octane Render中的使用技巧讲解材质的调节方法，此外还会介绍材质分层整理的方法。

制作好的充电宝产品包装渲染效果如图8-98所示。

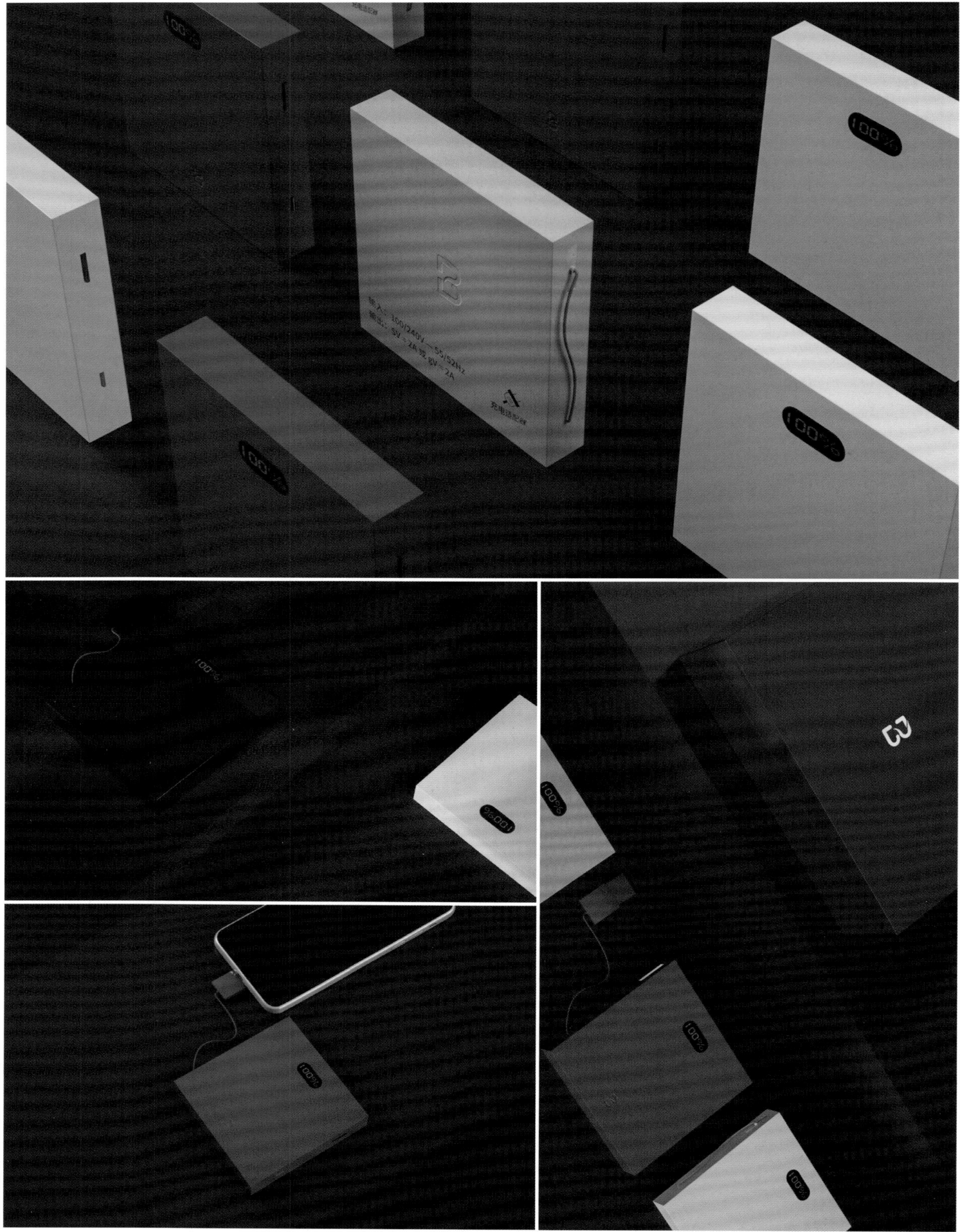

图8-98

第9章 商业案例实战——家电类

本章将通过3个案例为读者讲解家电类产品包装渲染的流程。家电类产品在模型结构上相对之前案例的模型会稍微复杂一些，本章精选了3款有代表性的家电产品来为读者剖析如何处理较复杂模型的结构，其中涉及产品的UV拆分、贴图，以及布局搭建场景、渲染氛围等知识。

9.1 养生壶包装渲染案例

场景位置	场景文件 >CH09> 养生壶包装渲染场景 .c4d
实例位置	实例文件 >CH09> 养生壶包装渲染案例 .c4d
视频名称	养生壶包装渲染案例
技术掌握	养生壶模型的制作及材质的调节方法

本案例讲解的是养生壶产品包装的渲染方法和过程。在产品建模时为了更好地把控物体的结构，需要在Cinema 4D中置入参考图片。这个案例结构相对简单，只需要在正视图中置入养生壶的侧面参考图片即可。

模型的制作难点在于结构的把控。养生壶的模型细节比较多，读者在建模时要从全局出发，结合整体结构对模型进行调整。通过本案例的学习，读者可以培养在建模时对空间布局和模型结构的把控意识。材质方面的重点是调节通透的玻璃材质，具体体现在对环境贴图的选择和灯光照射角度的处理上。在产品包装中，玻璃材质是会经常用到的一种材质。不同的环境和灯光下产生的玻璃效果会有很大的不同。

制作好的养生壶产品包装效果如图9-1所示。

图9-1

9.1.1 养生壶建模

本案例中的养生壶主体模型大致可以分为4个部分，即壶底、壶身、壶把手和壶盖。下面依次讲解建模方法。养生壶模型效果如图9-2所示。

图9-2

01 壶底建模。养生壶的壶底是一个圆形，并无其他复杂的结构，可以使用“旋转”生成器来进行制作。参考图中养生壶的壶底，使用“画笔”工具画出一侧的轮廓样条，如图9-3所示。

图9-3

02 使用“旋转”生成器把刚才画的轮廓样条生成为物体对象，如图9-4所示，并将该对象改名为“壶底”。

图9-4

03 把上一步生成的壶底转为可编辑对象，然后选中其中的一部分面，沿着y轴向上拖曳这些选中的面，使其形成凹陷的结构。继续选中底部最内侧的两圈面，同样沿着y轴向上拖曳，如图9-5所示。

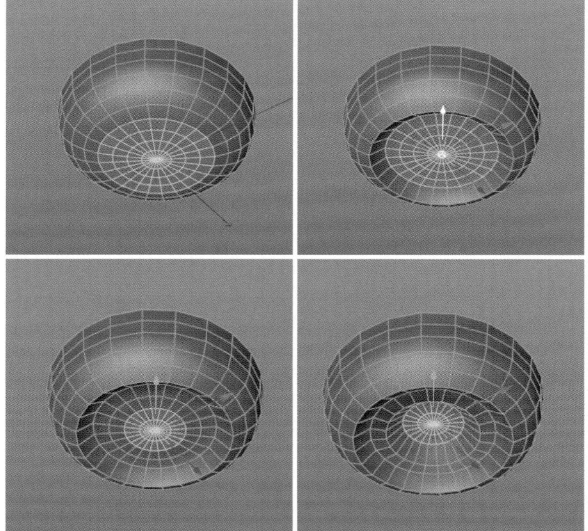

图9-5

04 选中底部最内侧的两圈面，使用“挤压”工具沿着y轴向上挤压，这个地方后面将用来放置养生壶的通电装置，如图9-6所示。

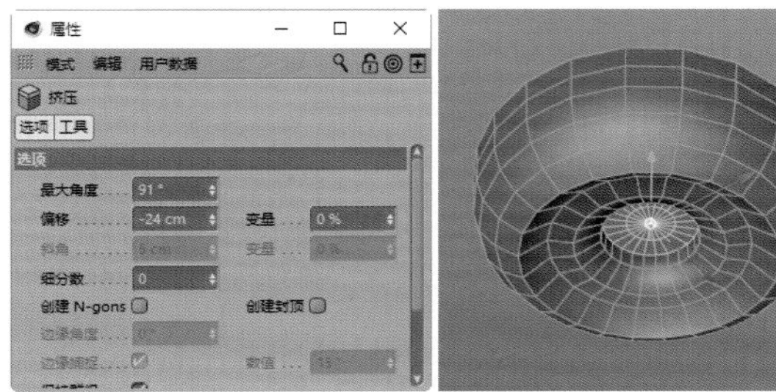

图9-6

05 到这一步，细心的读者应该能够观察到目前底部存在很多三角面。而我们在建模时应当尽量避免出现三角面，因为在使用“细分曲面”生成器的时候，三角面会使模型结构产生不平滑的效果，如图9-7所示。接下来，将介绍一种手动重新拓扑本案例里这种三角面的方法。选中需要重新拓扑的三角面并删除它们，如图9-8所示。

图9-7

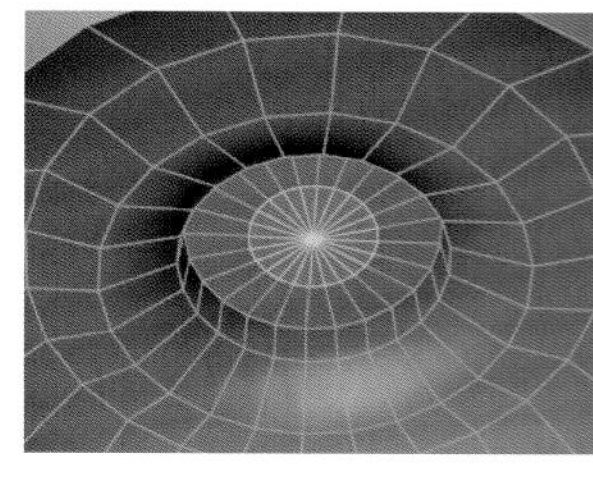

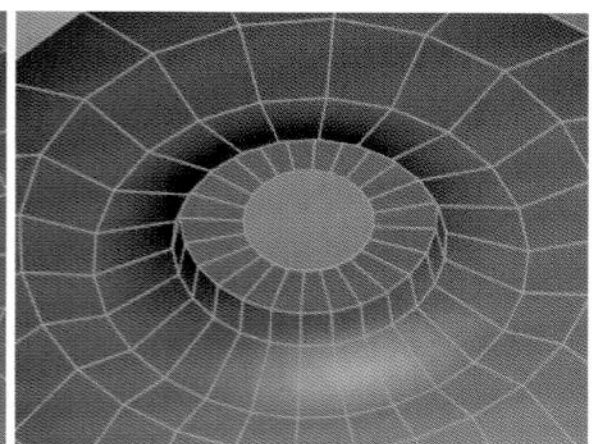

图9-8

提示

在重新拓扑前，需要把模型上的三角面删除掉，可以全选所有的三角面，然后按Delete键删除；也可以选中这些三角面的中心点，按Delete键删除这些点的同时，相连的三角面也会被同时删除。

06 在“多边形”模式下，单击鼠标右键，使用“封闭多边形孔洞”工具封闭刚才删除了三角面的区域，如图9-9所示。

07 在“点”模式下，单击鼠标右键，使用“线性切割”工具划出十字线，注意十字线交叉生成的中心点一定要在面的中心位置，如图9-10所示。

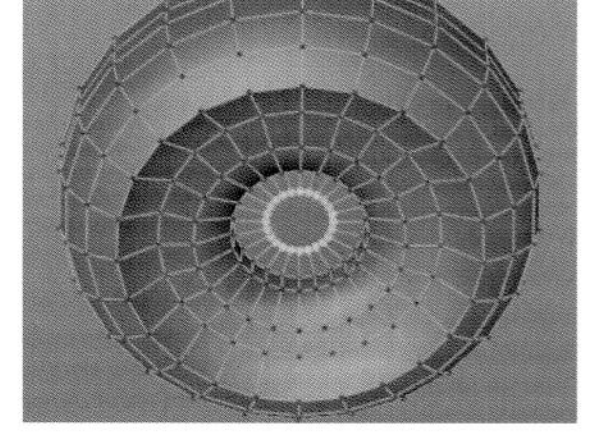

图9-9

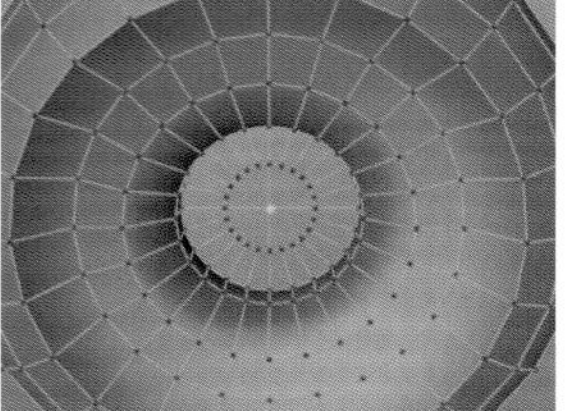

图9-10

08 在“点”模式下，选中上一步生成的中心点，使用“倒角”工具进行倒角，设置“深度”为-100%。这里要注意的是，倒角后生成的点的数量要与外侧一圈边上点的数量相同，这里设置“细分”为5，如图9-11所示。

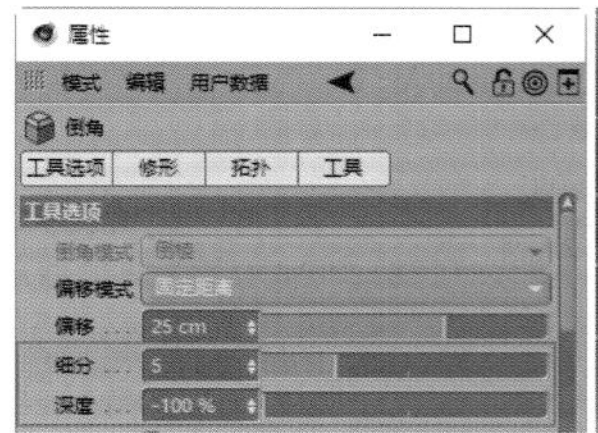

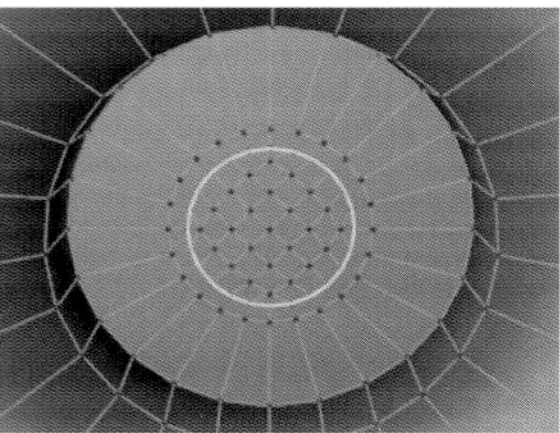

图9-11

提示

当将倒角的“深度”设置为-100%后，“细分”数不仅用来控制倒角模型表面的细分数，还会影响倒角后边缘生成的点的数量。

09 在"多边形"模式下，删除选中的4个面，如图9-12所示。

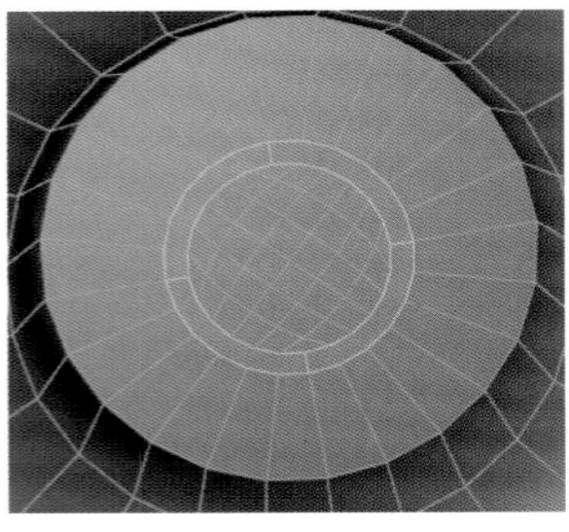

图9-12

10 在"边"模式下，选中相邻的两圈边，使用"缝合"工具将这些边缝合在一起。到这里，手动修改三角面的工作就完成了，如图9-13所示。

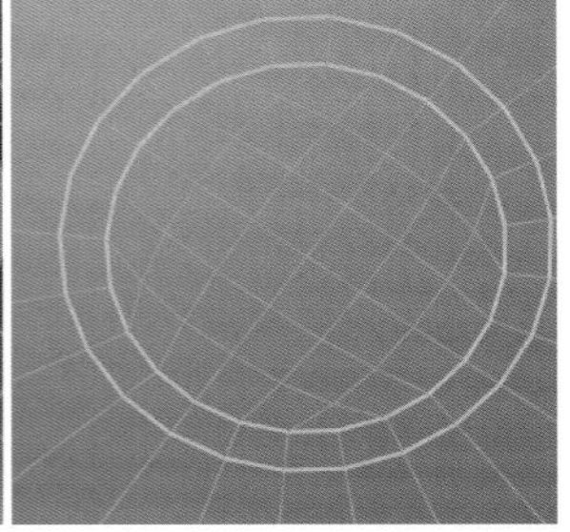

图9-13

11 为壶底添加细分曲面，并在凹陷转折的地方使用"循环/路径切割"工具添加保护线，使这些转折更加硬朗，如图9-14所示。

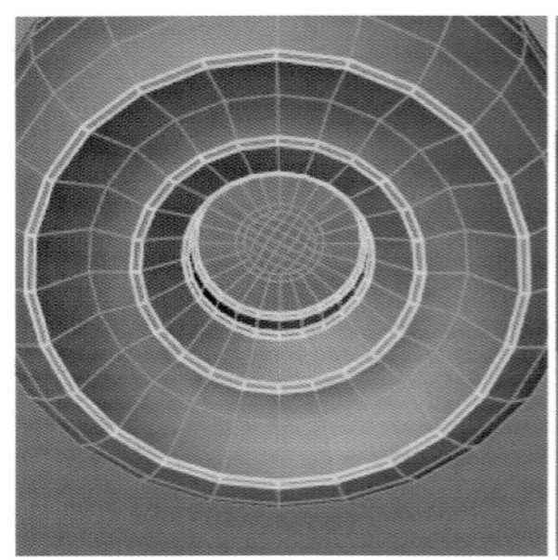

图9-14

12 制作养生壶壶底的通电装置部分。创建一个管道对象，设置"内部半径"为8cm、"外部半径"为10cm、"旋转分段"为53、"高度"为13cm，如图9-15所示。

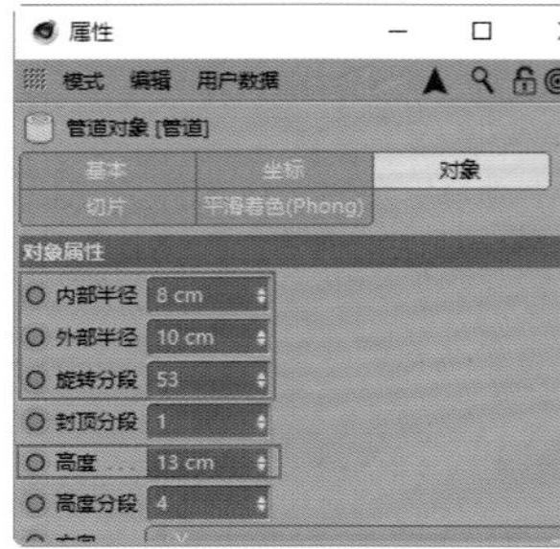

图9-15

13 把调整好的管道转为可编辑对象，然后放置在壶底的最下方，如图9-16所示。

图9-16

14 复制出6份管道，依次缩放它们的大小，缩放时记得取消*y*轴向的缩放，最后的调整效果如图9-17所示。

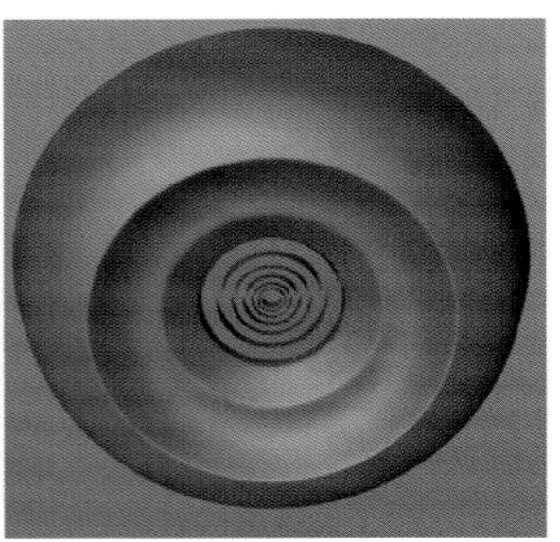

图9-17

15 完善壶底的结构细节，选中壶底的面，用来制作挖空效果和养生壶底部的支脚部分，如图9-18所示。

16 单击鼠标右键并执行"分裂"命令，把选中的面分裂出来，如图9-19所示。

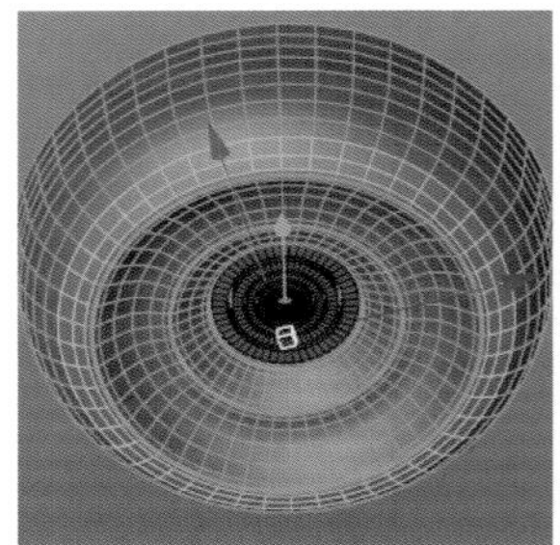

图9-18

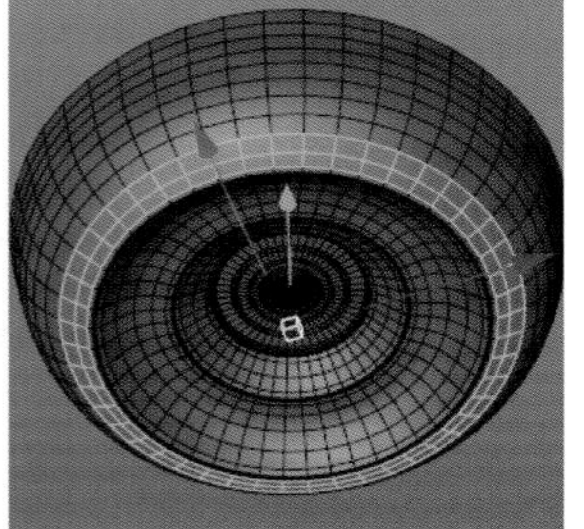

图9-19

17 切换到"顶视图"模式，选中需要挖空的面，使用"内部挤压"工具向内挤压选中的面，然后按Delete键删除刚才选中的面，如图9-20所示。

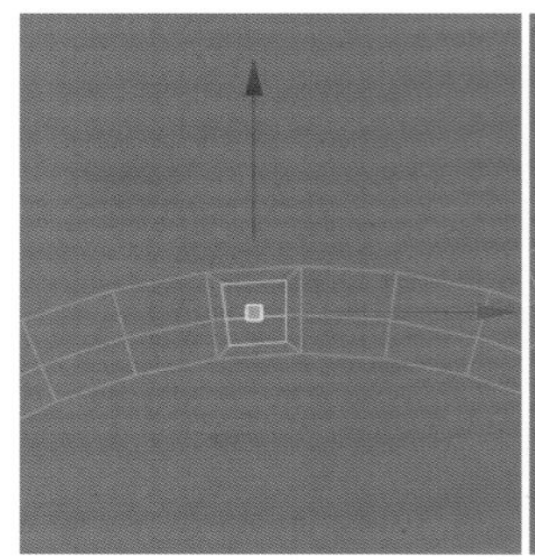
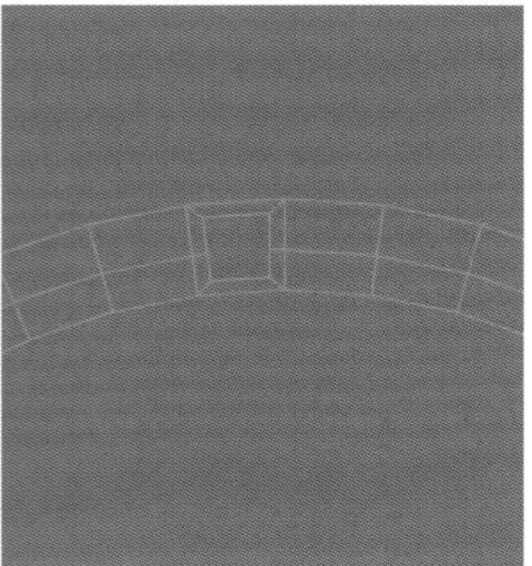

图9-20

18 重复上一步的操作，制作其他需要挖空的地方，如图9-21所示。

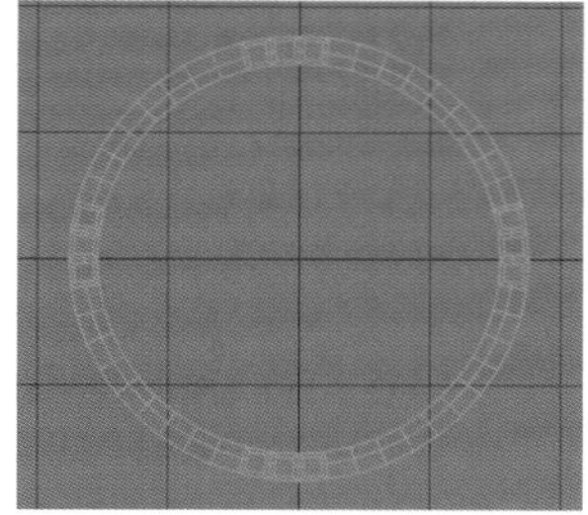

图9-21

19 切换到“顶视图”模式，创建一个矩形样条，将其转为可编辑对象，根据壶底圆盘的形状调整“矩形”样条的位置和角度。选中“矩形”样条上的所有点，单击鼠标右键并执行“倒角”命令，调整矩形的弧度，使其变为圆角矩形，设置倒角的“半径”为20cm，如图9-22所示。

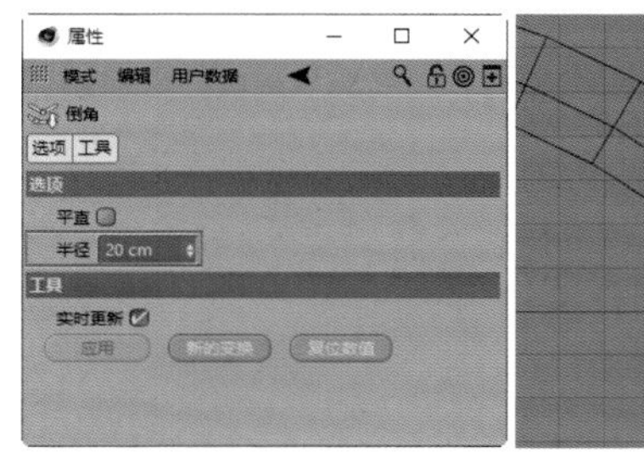

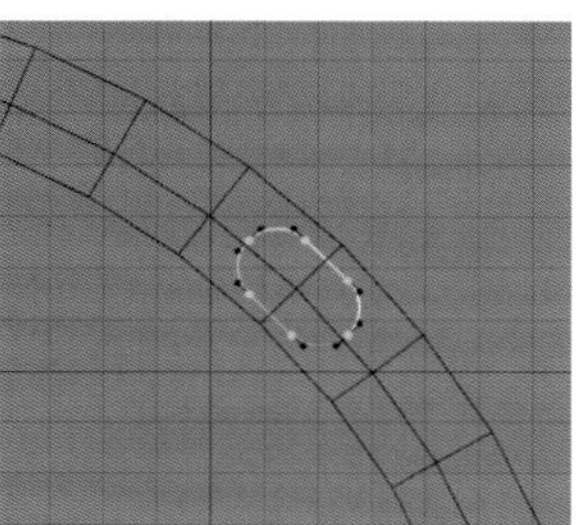

图9-22

20 将圆角矩形复制4份，并分别移动到壶底圆盘的4个对角边的位置，单击鼠标右键并执行“网格>样条>投射样条”命令，使用“投射样条”工具使样条附着在参照物体上且按照参照物体的曲线结构变形，如图9-23所示。

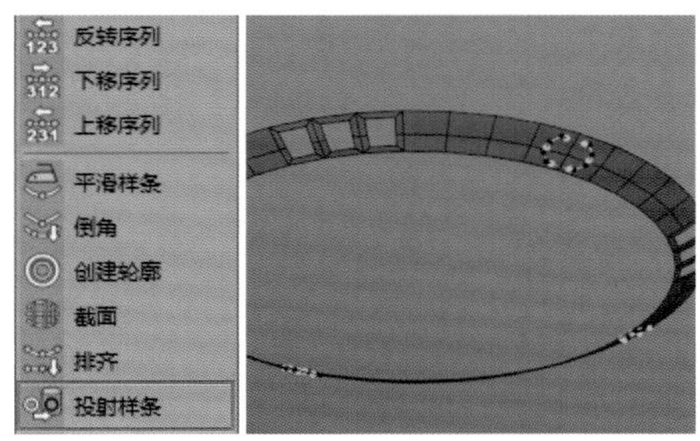

图9-23

21 为上一步制作的圆角矩形添加“挤压”变形器，挤压出厚度，壶底支脚到这里就制作完成了，如图9-24所示。

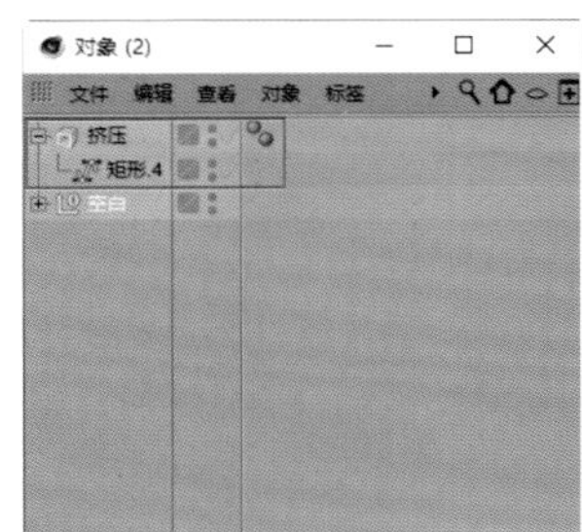

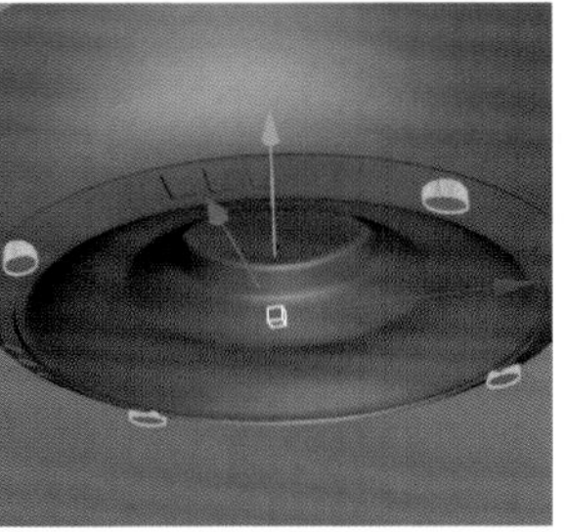

图9-24

22 按快捷键Ctrl+A全选壶底圆盘所有的面，使用“挤压”工具挤压出厚度。到这里，养生壶壶底的建模工作就全部完成了，如图9-25所示。

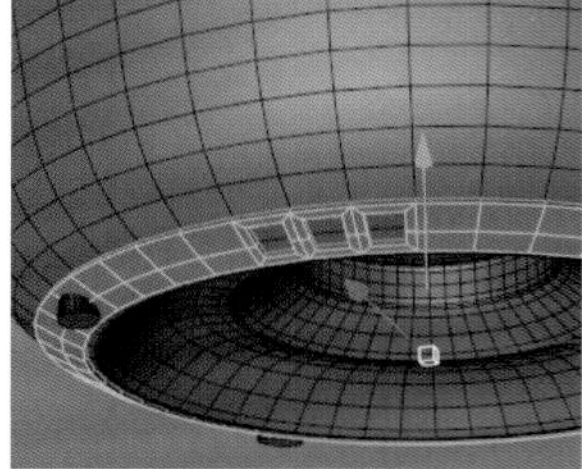

图9-25

23 制作养生壶的壶身。养生壶的壶身没有复杂的结构，因此可以使用“旋转”生成器来完成。首先观察参考图中养生壶的壶身，使用“样条画笔”工具画出一侧的轮廓样条，如图9-26所示。

图9-26

24 使用“旋转”工具把刚才画的轮廓样条生成为物体对象，并将该对象命名为“壶身”，将其转为可编辑对象；在“点”模式下，选中其一侧最上方的一个点，向外拖曳该点，制作壶嘴的造型，如图9-27所示。

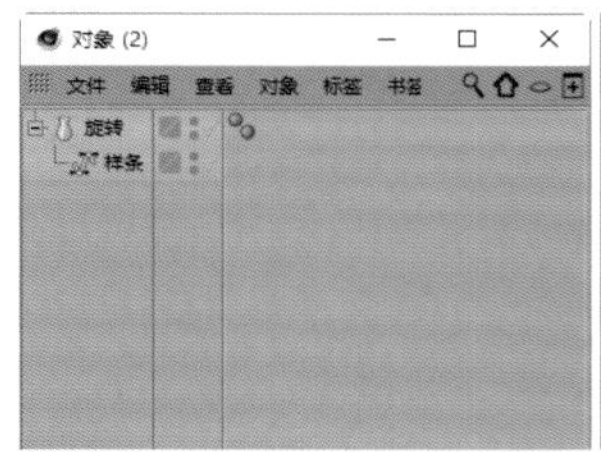

图9-27

25 进行壶把手建模。养生壶的壶把手可以使用多边形建模的方式来制作，这里需要注意的关键点是壶把手要按照壶身外侧的结构曲率来布线。先在“正视图”模式下创建一个平面对象，设置“宽度”和“高度”数值均为28cm，“宽度分段”和“高度分段”均为1，“方向”为+Z，之后将其转为可编辑对象，根据参考图片调整平面的大小，如图9-28所示。

图9-28

26 使用“多边形画笔”工具绘制养生壶的把手，绘制时注意壶身的曲线走向，绘制好后的样子是一个平面形状，继续把这个平面挤压出厚度，如图9-29所示。

27 在“多边形”模式下，全选刚才制作的平面造型，使用“挤压”工具把这个平面挤压出厚度，注意勾选“创建封顶”选项，并将平面对象改名为“壶把手”，如图9-30所示。

图9-29

图9-30

28 为壶把手添加一个“细分曲面”，在关键的转折部分使用“循环/路径切割”工具添加保护线，如图9-31所示。

图9-31

29 壶把手有一个凹陷的造型，在“多边形”模式下选中需要制作凹陷的面，单击鼠标右键，选择“内部挤压”工具将其向内挤压，设置“最大角度”为91°、“偏移”为2cm、“细分数”为1，如图9-32所示。

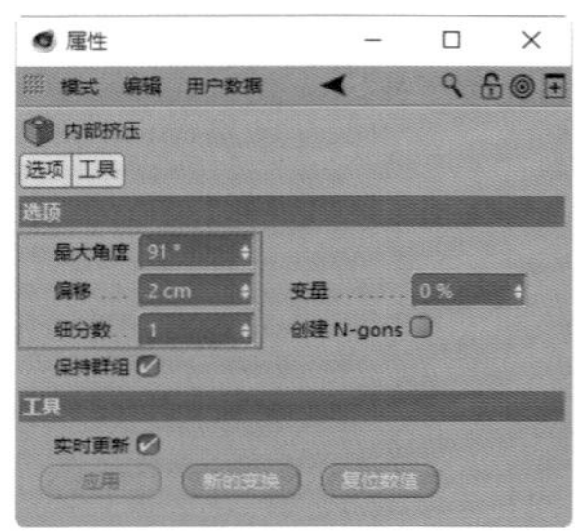

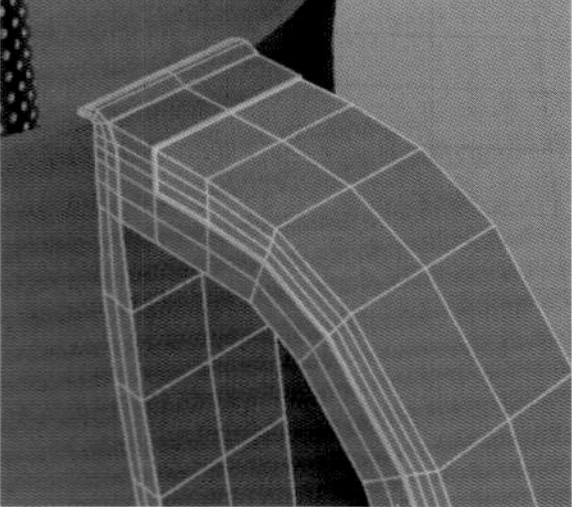

图9-32

30 在转折部分使用“循环/路径切割”工具添加保护线，如图9-33所示。

31 进行壶盖建模。养生壶壶盖的大致形状可以使用“旋转”工具制作，细节部分使用“布尔”工具和“FFD”变形器制作。根据参考图中养生壶的壶盖，使用“样条画笔”工具画出一侧的轮廓样条，如图9-34所示。

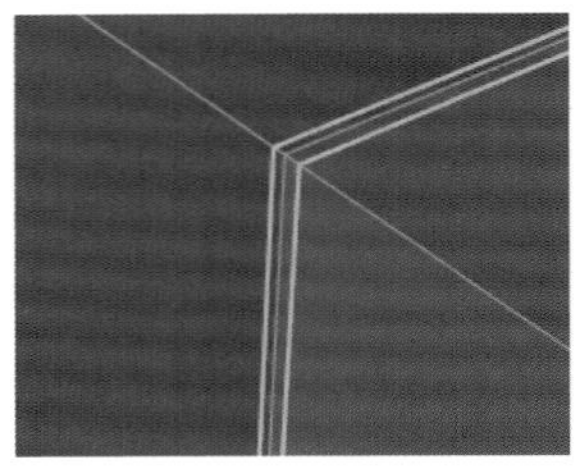

图9-33

图9-34

32 使用“旋转”工具把刚才画的轮廓样条生成为物体对象，并命名为“壶盖”，如图9-35所示。

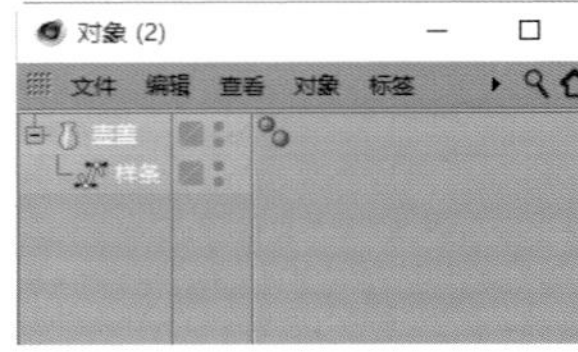

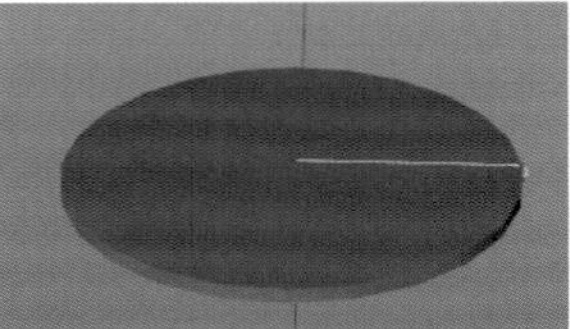

图9-35

33 把壶盖转为可编辑对象，使用同壶底的方法优化壶盖上的三角面为四边面，如图9-36所示。

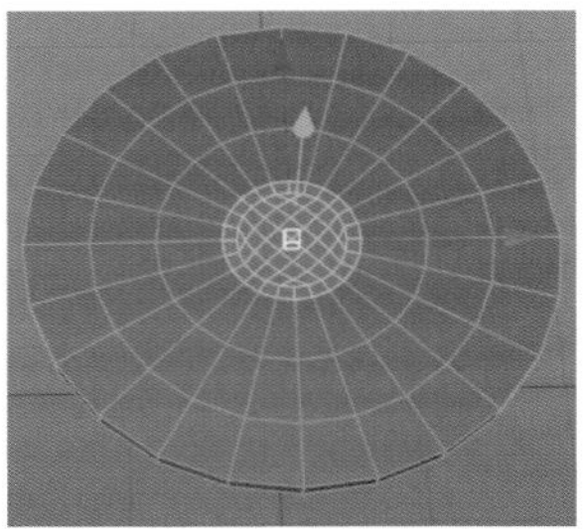

图9-36

34 制作壶盖上方的造型，选中壶盖上方的面，使用“内部挤压”工具向内进行挤压，设置“偏移”为4cm，如图9-37所示。

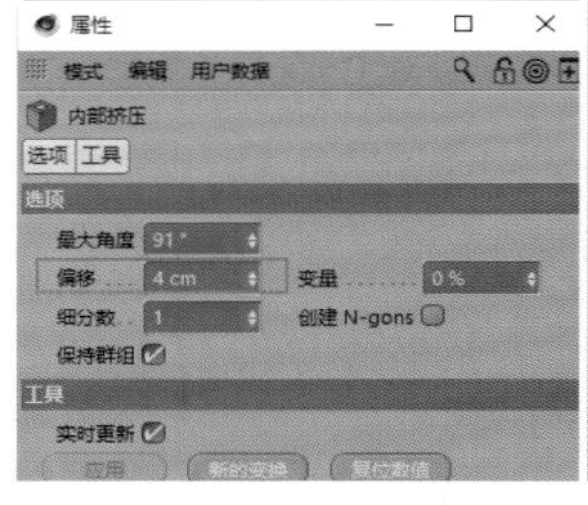

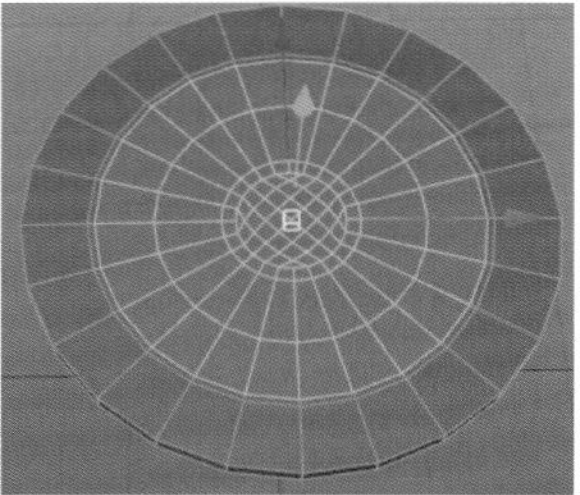

图9-37

35 选中内部挤压后出现的中间的一圈面，单击鼠标右键，选择“挤压”工具向下挤压，做出壶盖上方的凹槽部分，同样在转折的地方添加保护线，如图9-38所示。

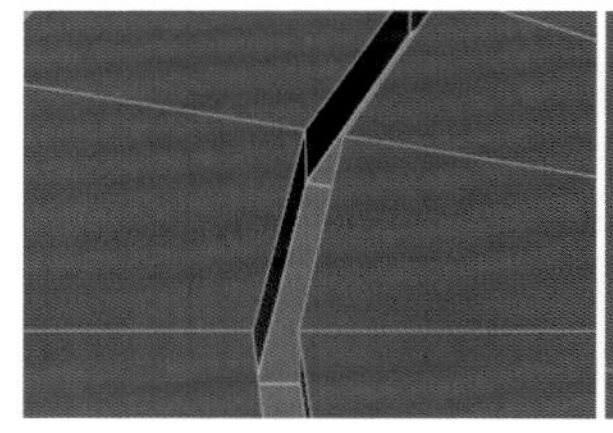

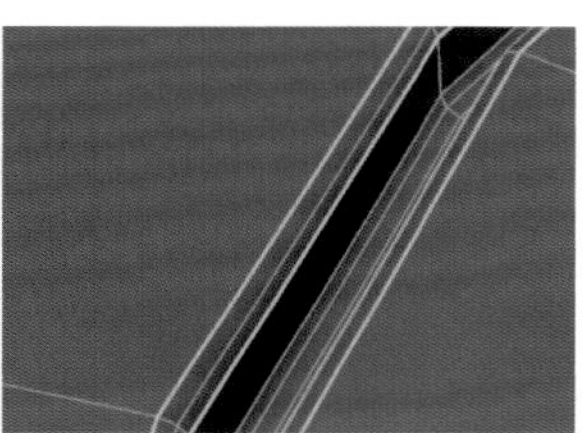

图9-38

36 在“多边形”模式下，选中中间的面，单击鼠标右键，选择“挤压”工具向上挤压出壶盖的把手造型，设置“最大角度”为91°、“偏移”为30cm、“细分数”为0，如图9-39所示。

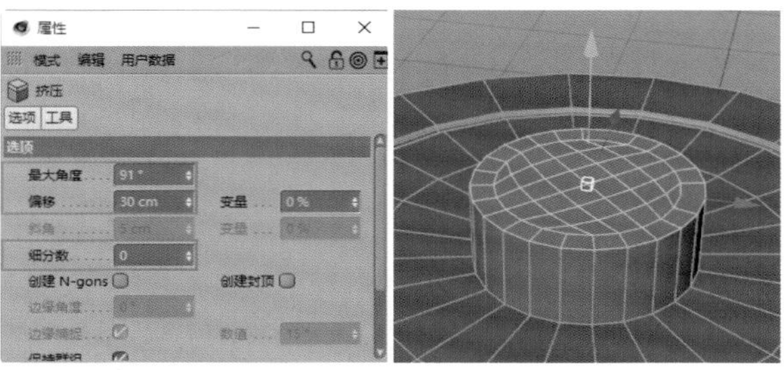

图9-39

37 制作壶盖出气口的造型。首先创建一个矩形样条，并将其转为可编辑对象，然后选中其上方的两个点，将它们对齐并进行“倒角”处理，设置倒角的“半径”为6cm，如图9-40所示。

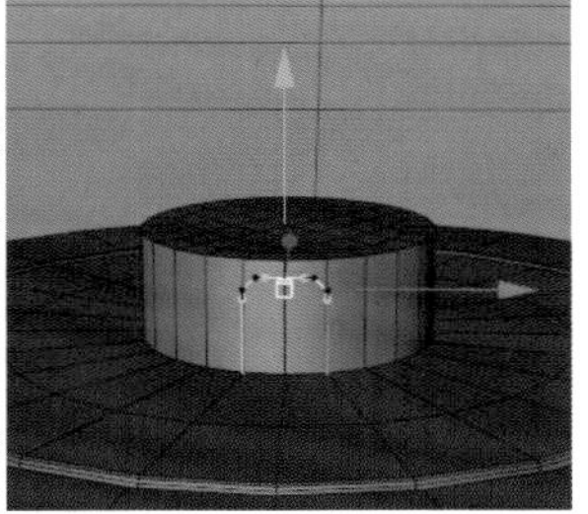

图9-40

38 使用“挤压”工具对上一步创建的圆角矩形进行挤压，设置“移动”为（0cm，0cm，20cm），确保其能和壶盖重合即可，如图9-41所示。

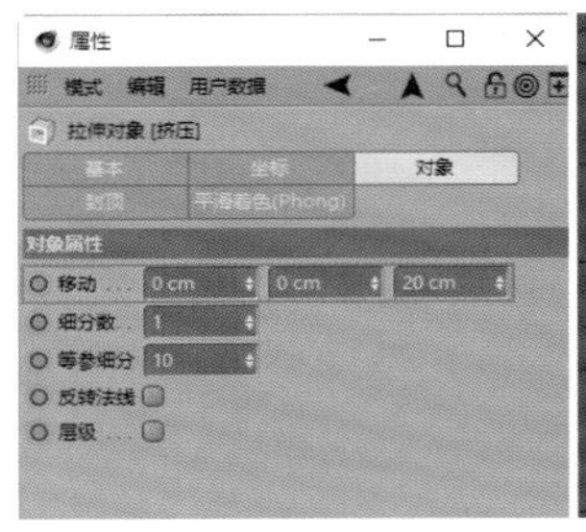

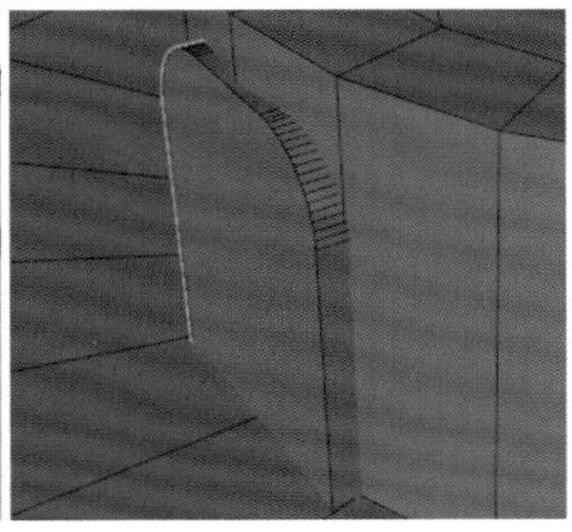

图9-41

39 使用“布尔”工具，对壶盖和刚刚创建的挤压对象进行布尔运算，如图9-42所示。

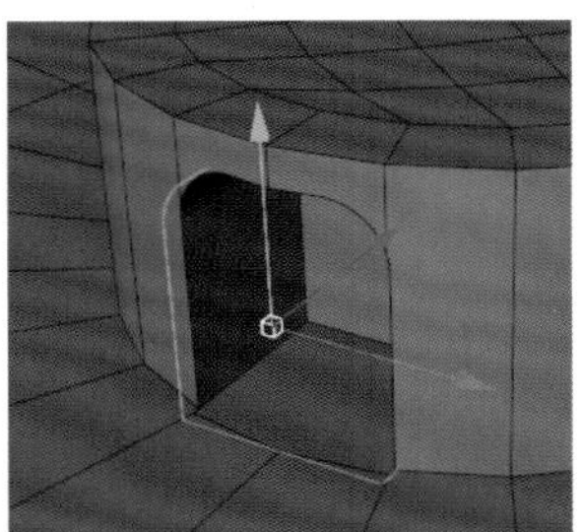

图9-42

40 复制一份挤压对象，然后更改挤压的“移动”为（0cm，0cm，2cm），使用“缩放”工具，单击并拖曳鼠标指针，缩小复制得到的这个挤压对象，如图9-43所示。

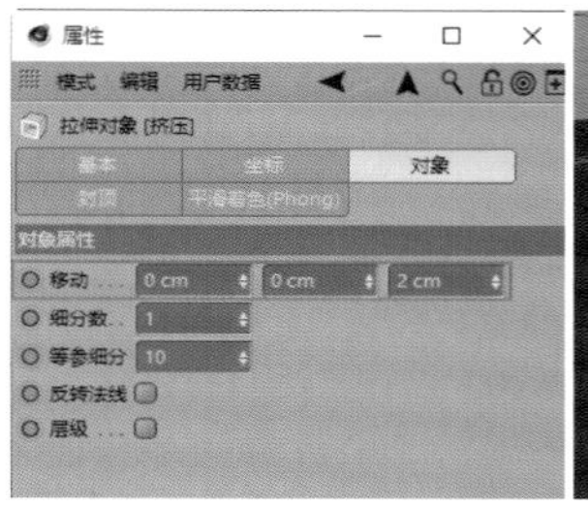

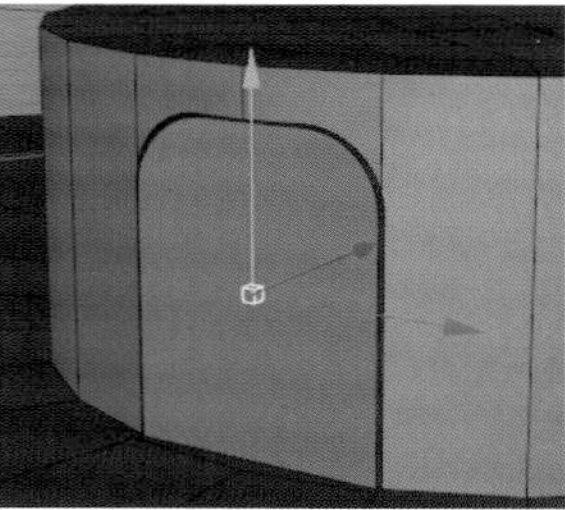

图9-43

41 把上一步复制得到的挤压对象转为可编辑对象，为其添加“FFD”变形器，单击“匹配到父级”按钮，在“点”模式下调整出气口的造型，如图9-44所示。

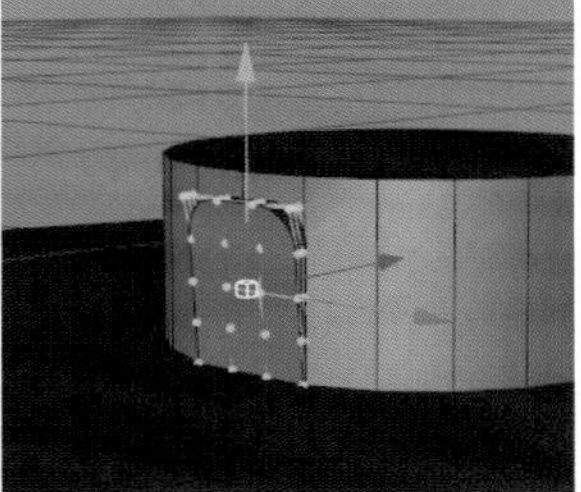

图9-44

42 在壶盖的最上方参照之前介绍过的方法再创建一个凹陷的缝隙造型出来。到这里，养生壶主体的建模部分就全部完成了，如图9-45所示。

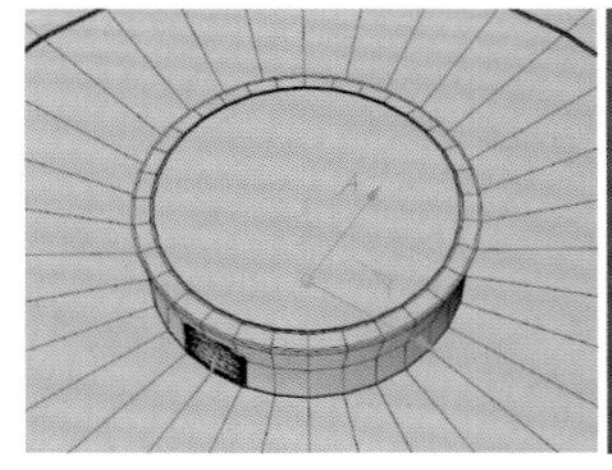

图9-45

9.1.2 电子操作盘建模

电子操作盘模型效果如图9-46所示。

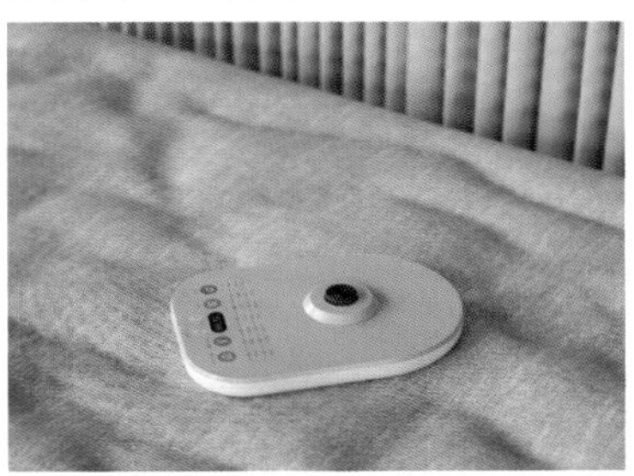

图9-46

01 创建一个矩形样条，设置“宽度”为600cm、“高度”为800cm，将其转为可编辑对象，作为托盘，如图9-47所示。

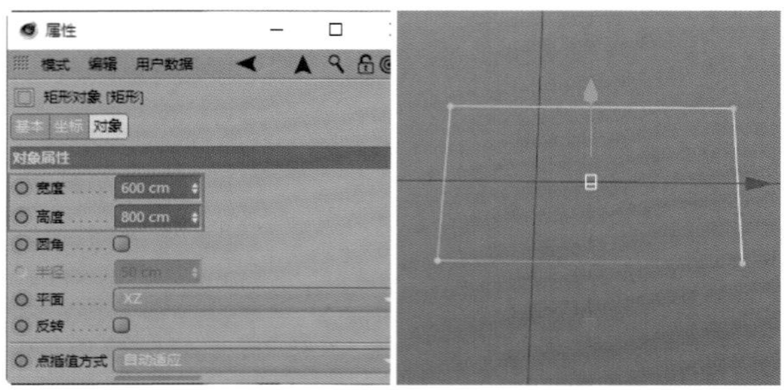

图9-47

02 分别选中左侧两个顶点和右侧两个顶点，然后单击鼠标右键，选择“倒角”选项，设置矩形样条倒角的“半径”分别为80cm和220cm，如图9-48所示。

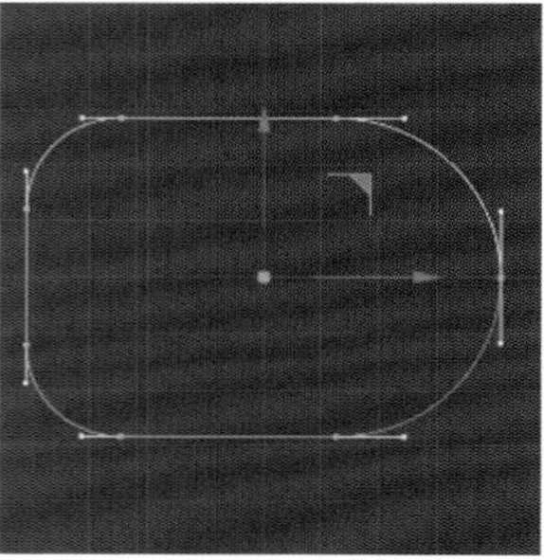

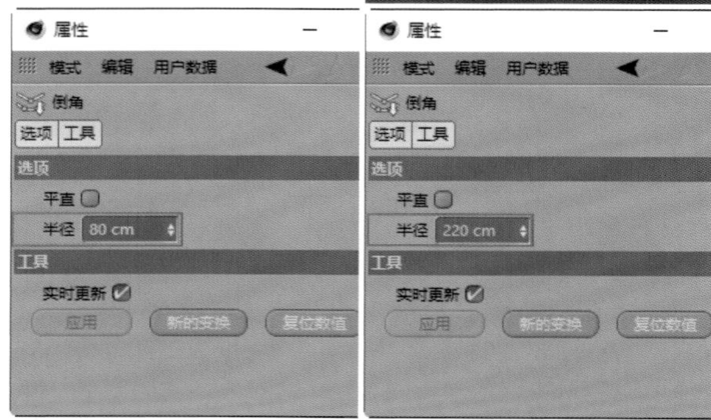

图9-48

03 使用“挤压”工具，沿着y轴对“矩形”样条进行挤压，设置“移动”为（0cm，40cm，0cm），如图9-49所示。

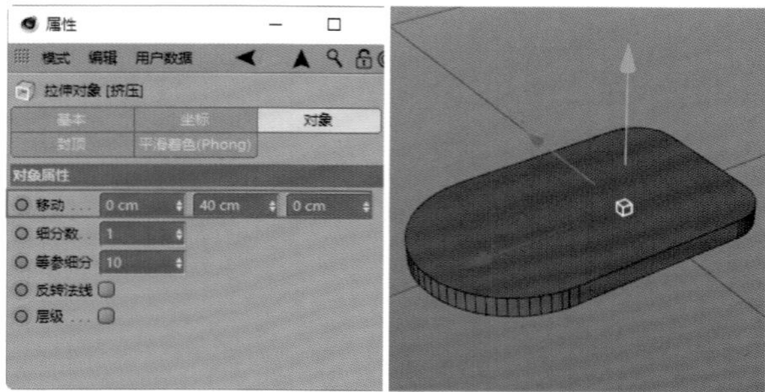

图9-49

04 选中挤压对象和矩形样条，单击鼠标右键并执行“连接对象+删除”命令，分别对上下两条边进行倒角处理，并分别设置“偏移”为16cm和8cm，如图9-50所示。

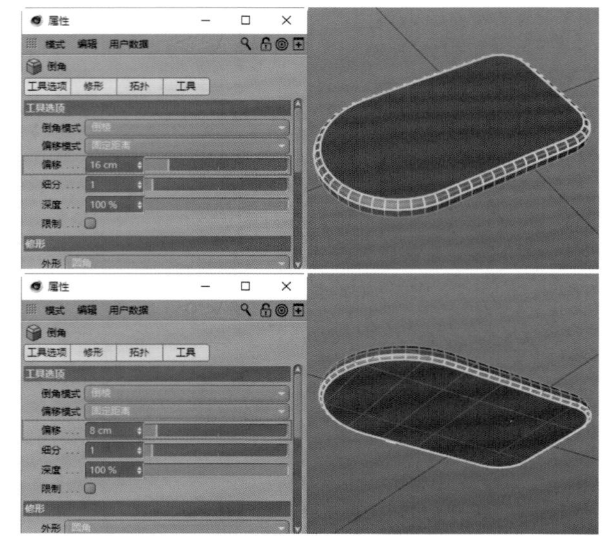

图9-50

05 切换到“多边形”模式，选中最上方的面，沿着y轴向上移动一些距离，如图9-51所示。

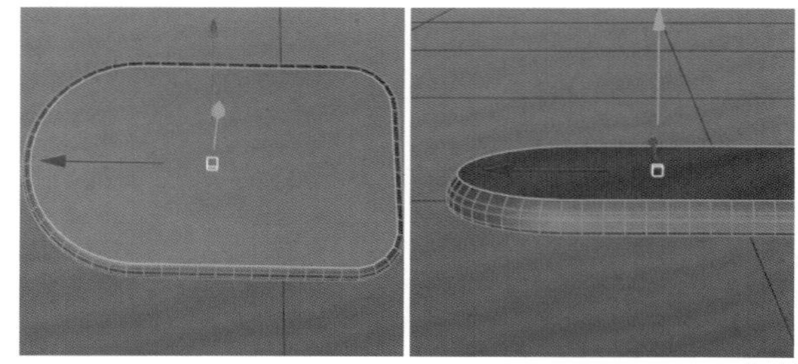

图9-51

06 在“线”模式下，选中一圈边，使用“倒角”工具对其进行倒角，设置“偏移”为1cm、“细分”为0，如图9-52所示。

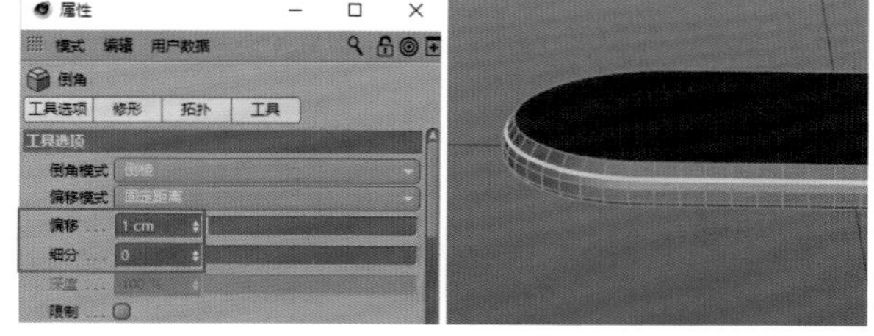

图9-52

07 选中上一步倒角后生成的面，单击鼠标右键，选择“挤压”工具向内挤压出一定距离，如图9-53所示。

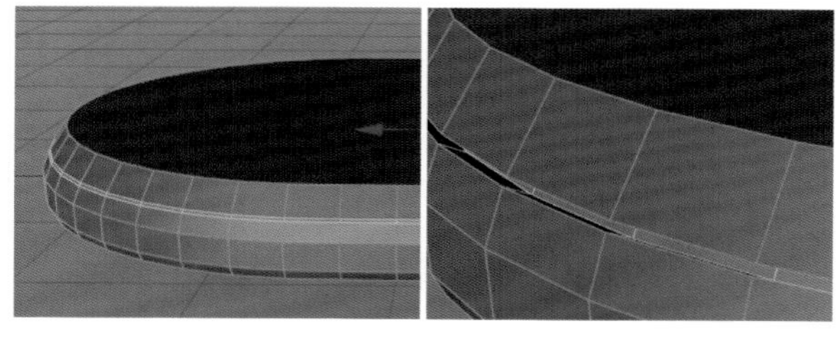

图9-53

08 创建一个“细分曲面”生成器，将其作为托盘的父级，使用“循环/路径切割”工具在凹陷区域创建保护线，使转折部分更加硬朗，如图9-54所示。

09 制作托盘底部细节。创建一个“矩形”样条并将其转为可编辑对象，单击鼠标右键，选择“倒角”工具对其进行倒角处理，如图9-55所示。

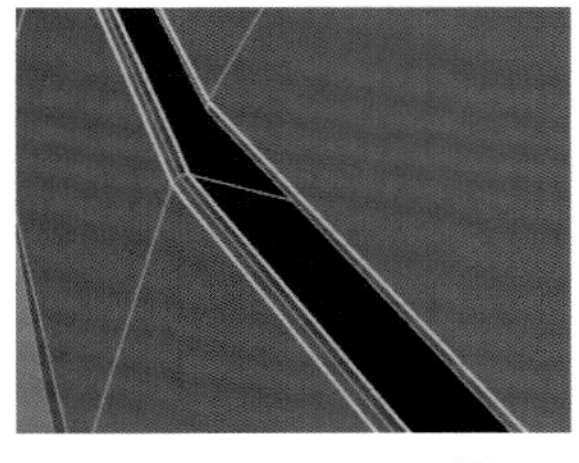

图9-54

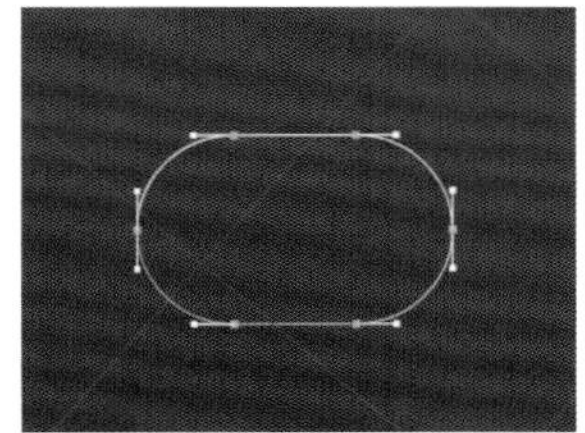

图9-55

10 使用“挤压”工具对“矩形”样条进行挤压，在*y*轴的“属性”面板中设置“移动”为（0cm，20cm，0cm）；使用“克隆”工具将其克隆出4份，设置“模式”为“网格排列”、“数量”为（2，1，2），制作底部胶垫的效果，如图9-56所示。

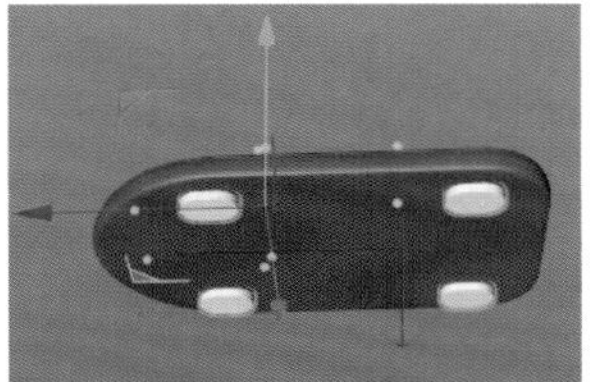

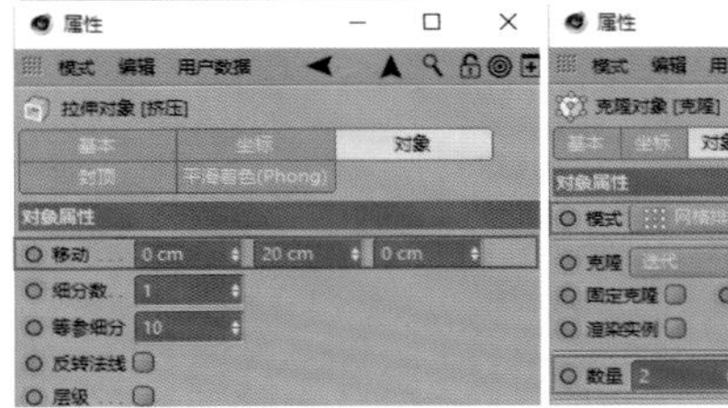

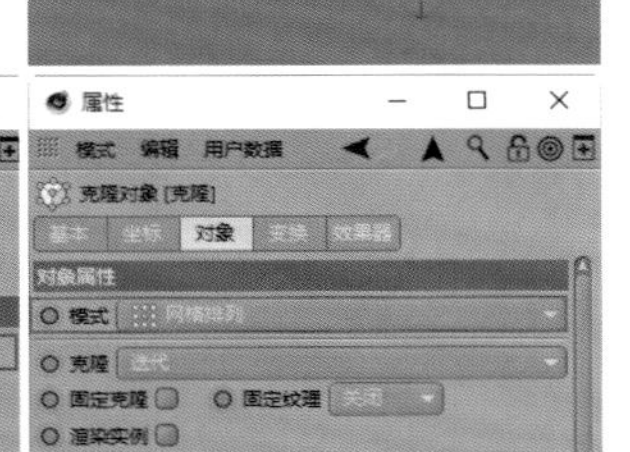

图9-56

提示

这里使用的“克隆”工具可以复制物体对象，在制作多份属性相同的模型时是很方便的一个工具。

11 使用圆柱制作托盘顶部的通电装置部分，设置圆柱的“半径”为70cm、“高度”为45cm、“旋转分段”为36，圆角“半径”大小为8cm，如图9-57所示。

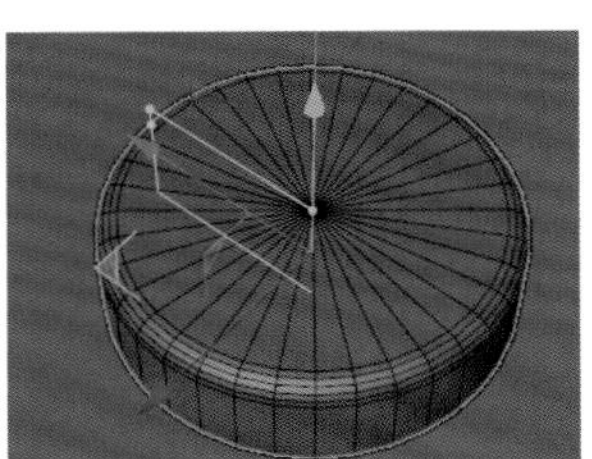

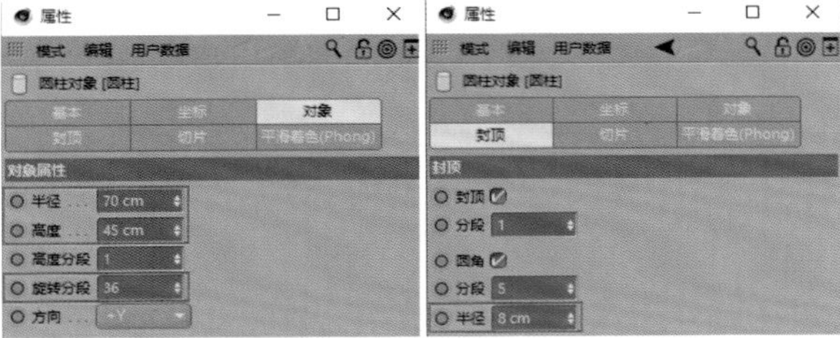

图9-57

12 把圆柱转为可编辑对象，使用“循环/路径切割”工具在其顶部切割出一圈循环边，如图9-58所示。

13 在“多边形”模式下，选中新切割出的面，向下挤压，使该面向下凹陷，如图9-59所示。

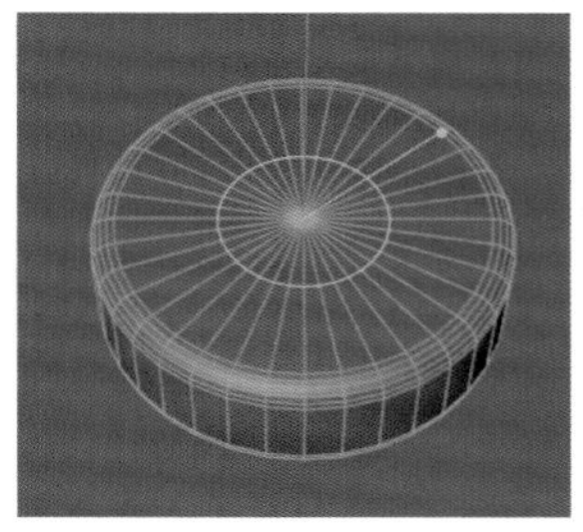

图9-58

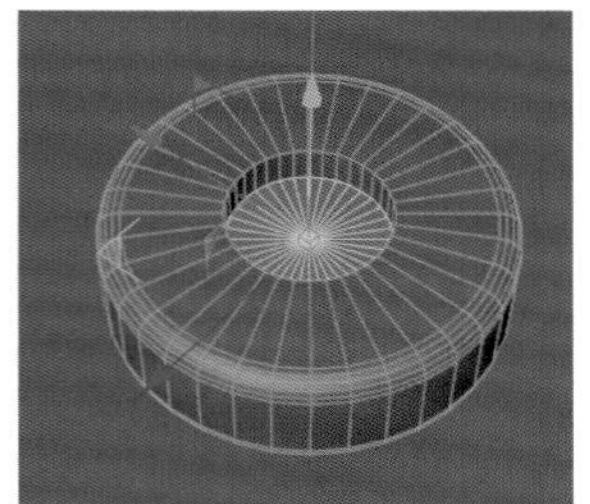

图9-59

14 使用“缩放”工具调整圆柱的外形，做出上方小、下方大的造型，如图9-60所示。

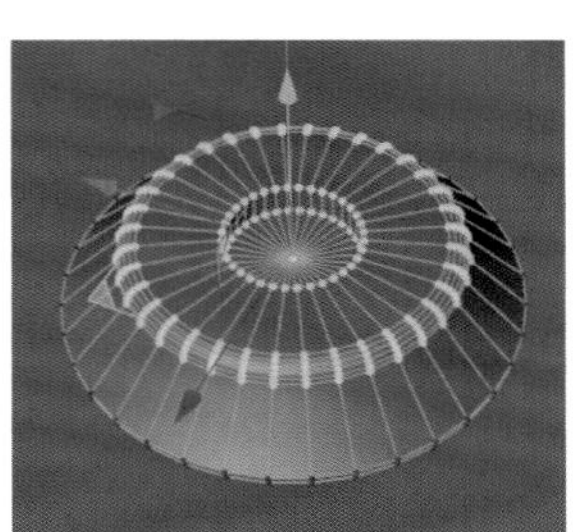

图9-60

15 通电装置内部造型可以使用管道来制作。创建一个管道对象，设置“内部半径”为2cm、“外部半径”为3cm、“高度”为10cm，并复制出多份后，分别调整它们的半径和高度，如图9-61所示。到这里，电子操作盘的建模部分就完成了，如图9-62所示。

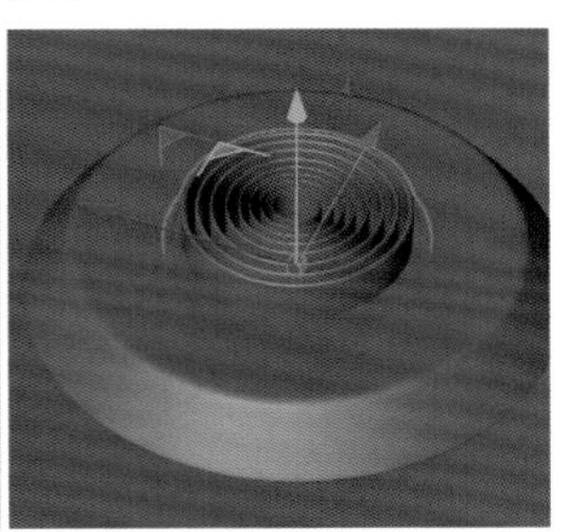

图9-61

图9-62

技术专题：用螺旋样条制作养生壶通电装置结构

针对上述的通电装置结构，也可以使用“螺旋”样条与“挤压”工具来制作。

首先创建一个螺旋样条，设置“起始半径”为60cm、“终点半径”为10cm、“结束角度”为2178°、“高度”为13cm、“细分数”为100，然后使用“挤压”工具将螺旋样条沿着y轴进行挤压，在“属性”面板中设置“移动”为(0cm,8cm,0cm)，如图9-63所示。

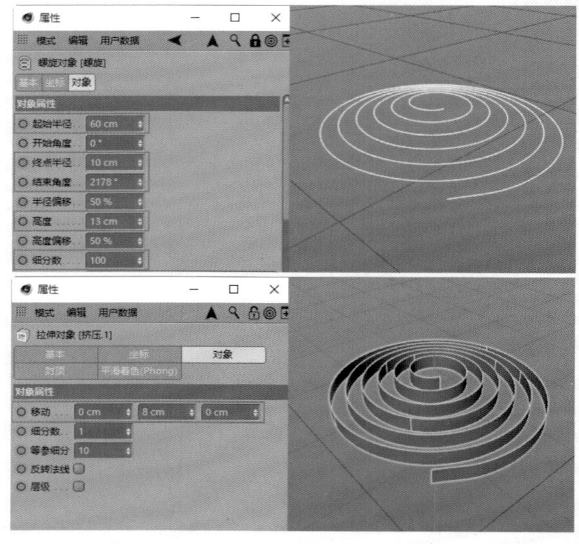

图9-63

9.1.3 UV拆分及贴图

托盘上的电子按键可以使用UV贴图的方法制作。这里讲解如何运用Cinema 4D自带的UV系统对托盘进行UV拆分，并将生成的UV文件导入Photoshop进行贴图制作。养生壶托盘展开的UV贴图和材质制作效果如图9-64所示。

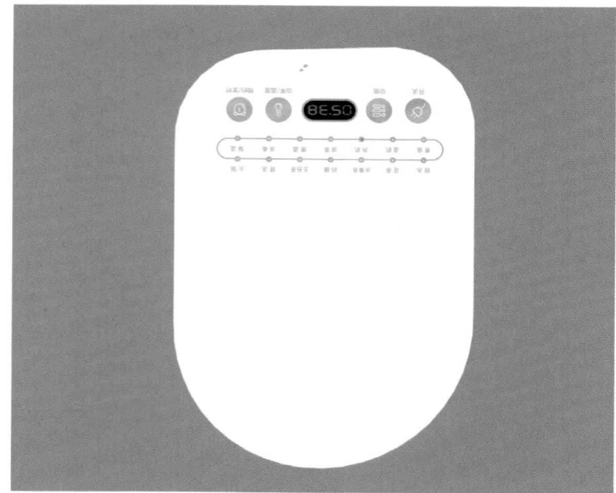

图9-64

01 单击Cinema 4D右上方的“界面”菜单，在下拉菜单中执行“BP – UV Edit”命令，切换到UV编辑界面，如图9-65所示。

图9-65

02 在“透视图”模式下，选中托盘需要展开UV的面，在UV界面右下方“贴图”选项卡中选择“投射”选项卡，单击“前沿”按钮，在纹理UV编辑器面板中会生成选中面的UV信息，如图9-66所示。

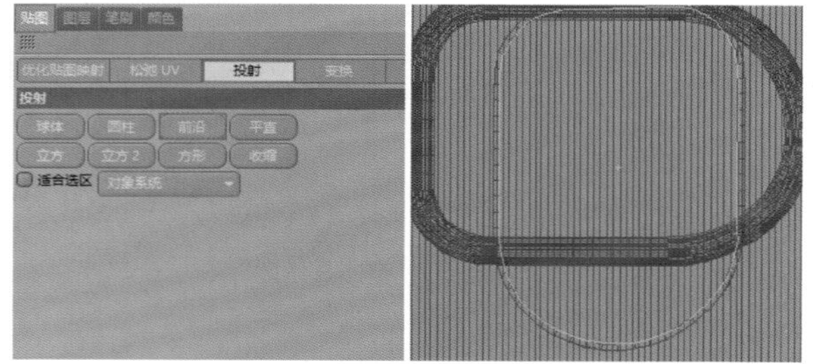

图9-66

03 在UV编辑面板中执行“文件>新建纹理”菜单命令，在弹出的面板中设置纹理的“宽度”和“高度”均为2048像素、“分辨率”为72像素/英寸（dpi），如图9-67所示。

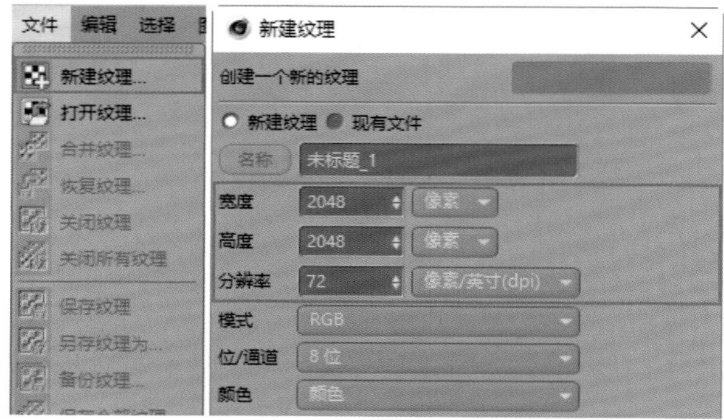

图9-67

04 切换到UV编辑界面右下方的“图层”选项卡，单击下方的“新建图层”按钮，新建一个空白图层，如图9-68所示。

图9-68

05 在UV编辑面板中执行“图层>描边多边形”菜单命令，对UV进行描边，如图9-69所示。

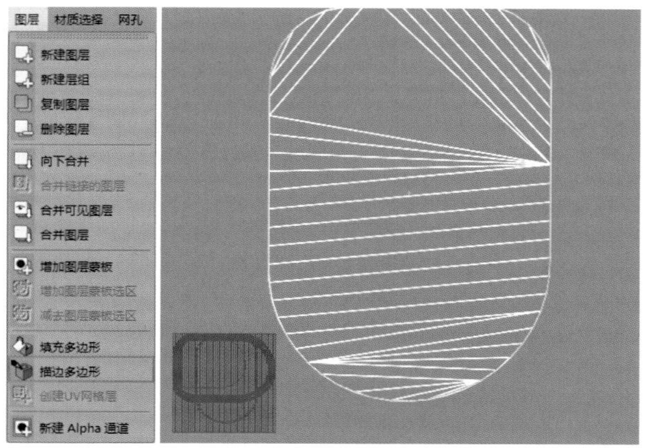

图9-69

06 在UV编辑面板中执行“文件>另存纹理为”菜单命令，在弹出的面板中设置“另存文件”为“PSD(*.psd)”格式，单击“确定”按钮，如图9-70所示，在弹出的面板中设置纹理保存路径。

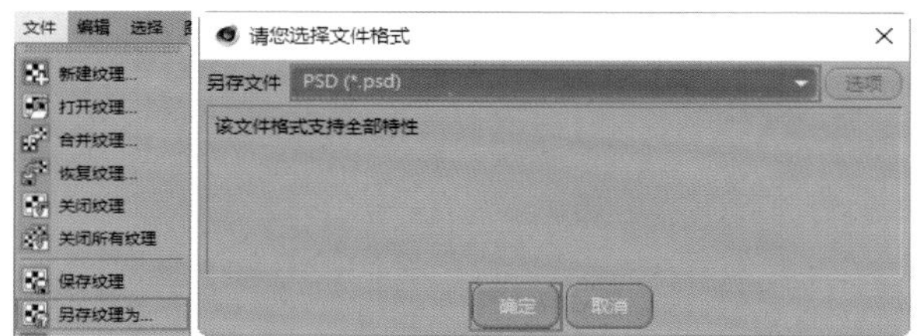

图9-70

07 在Photoshop中打开刚才制作的UV文件，绘制托盘上的电子按钮效果，如图9-71所示。

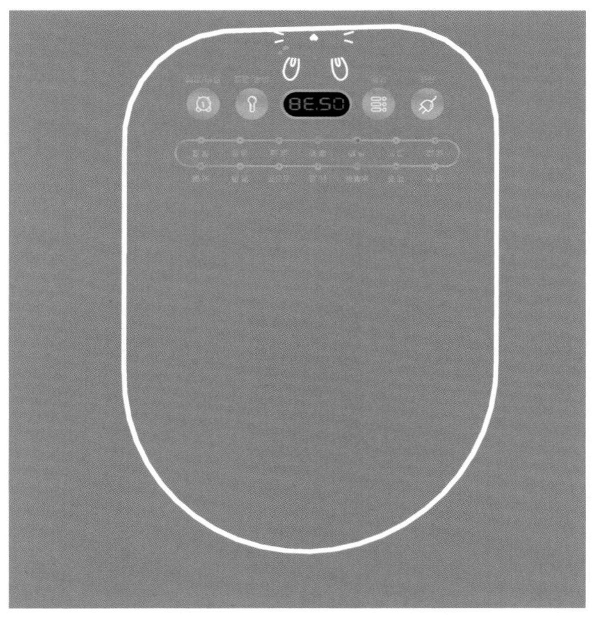

图9-71

9.1.4 布景搭建

本案例主要使用窗帘作为背景元素。窗帘的制作方法有很多种，这里介绍一种比较简单的方法。养生壶展示场景的搭建效果如图9-72所示。

图9-72

01 使用“样条画笔”工具，切换到“顶视图”模式，绘制一条波浪线，如图9-73所示。

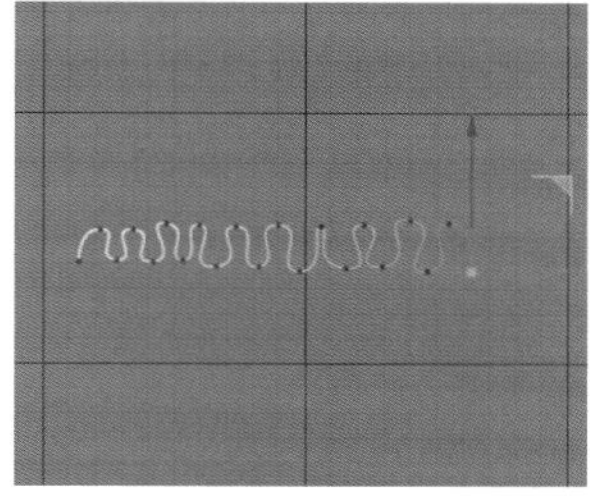

图9-73

02 创建一个“挤压”生成器，沿着y轴挤压刚才绘制的样条，在“属性”面板中设置“移动”为（0cm，1500cm，0cm），制作窗帘效果，如图9-74所示。

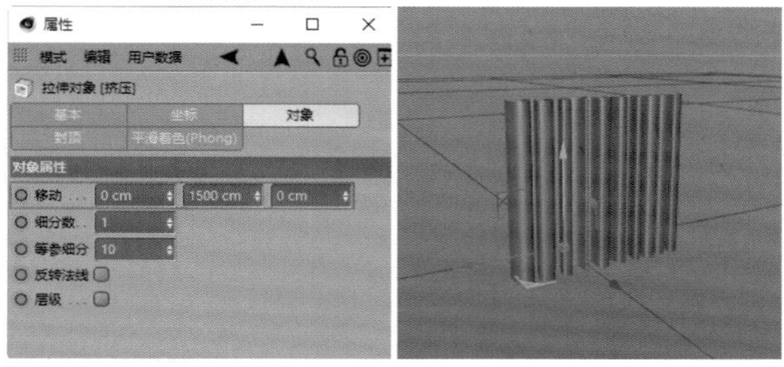

图9-74

03 进行布料褶皱建模，在Cinema 4D制作布料褶皱效果的方法不止一种，这里介绍一种可控性比较强的方法，需要用到“动力学”标签中的“布料”和“布料绑带”。创建一个立方体和一个平面对象，调整立方体的“尺寸.X”为900cm、“尺寸.Y”为200cm、“尺寸.Z”为500cm，x轴、y轴、z轴上的分段数均为1；设置平面对象的“宽度”为900cm、“高度”为500cm，并把平面摆放到立方体上方，将它们转为可编辑对象，如图9-75所示。

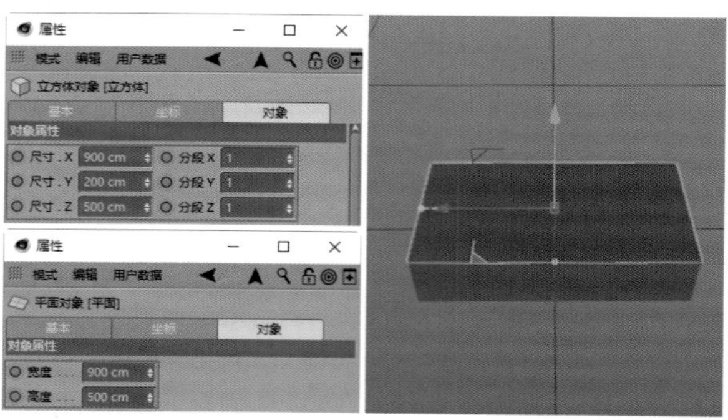

图9-75

04 在“对象”面板里的平面对象上单击鼠标右键，为平面创建“布料”和“布料绑带”两个标签，如图9-76所示。

05 在“点”模式下，执行“选择>路径选择”菜单命令，在平面上随意选中一些点和最外侧的一圈点，如图9-77所示。

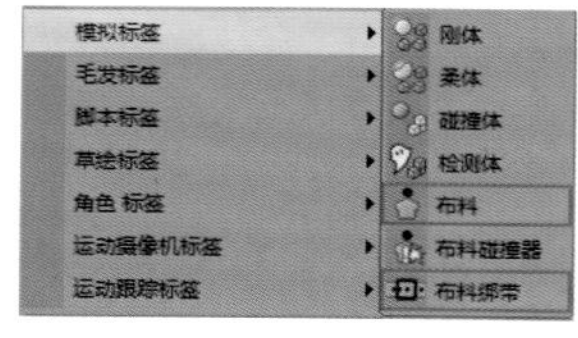

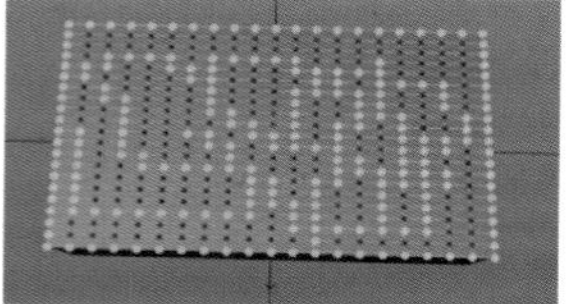

图9-76　　图9-77

06 选中“布料绑带”标签，把平面对象拖曳到“属性”面板中的“绑定至”右侧空白区域，并单击“设置”按钮，之前选中的点会以黄绿色显示，如图9-78所示。

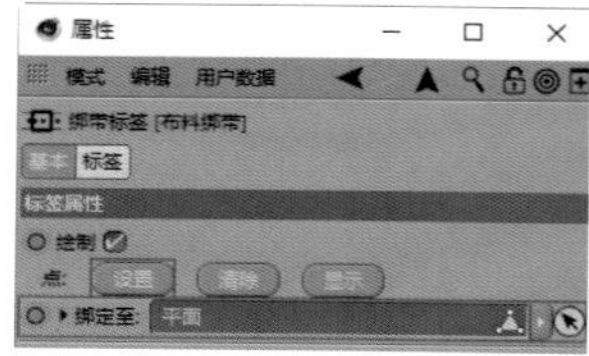

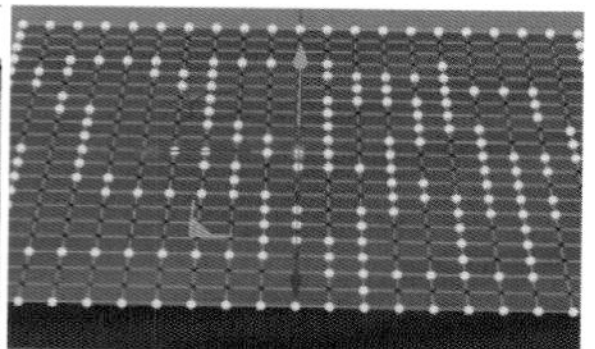

图9-78

07 在“布料”标签的“属性”面板中设置“重力”为0、“风力方向.Y”为1cm、“风力强度”为0.5、“风力黏滞”为0%、“硬度”为50%,“弯曲”“橡皮”“反弹”“摩擦”均为25%，如图9-79所示。这时播放动画，就会看到布料褶皱效果。

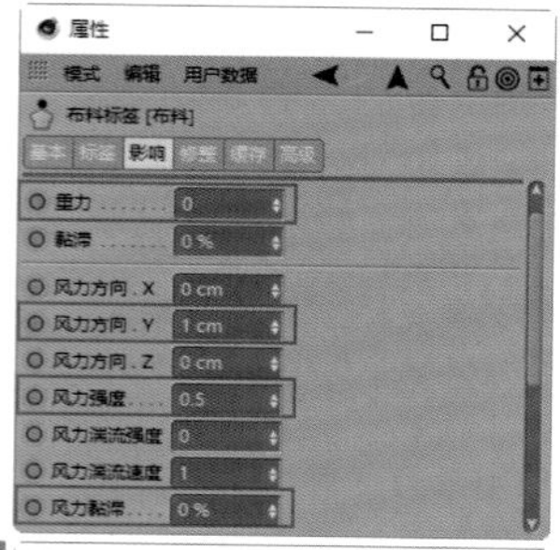

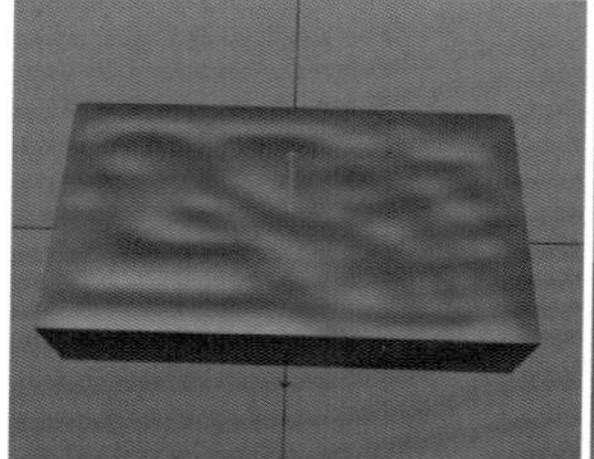

图9-79

08 把制作的养生壶模型、资源中的果篮模型和托盘模型放置到刚才制作的平面上方，在模型上单击鼠标右键，为其添加“布料碰撞器”标签，如图9-80所示。到这里，展示场景就已经搭建好了，接下来就是制作渲染环境和材质了。

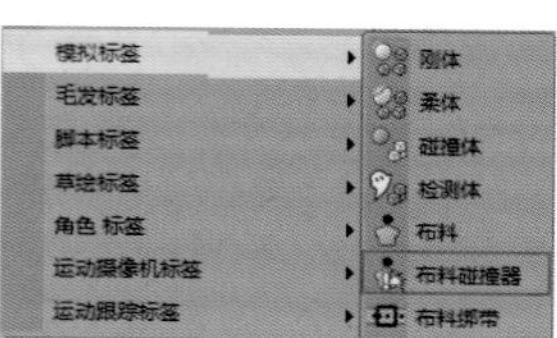

图9-80

技术专题：另一种制作布料褶皱的方法

使用“平滑”变形器可以轻松地制作出布料褶皱效果。

创建一个平面对象，设置“宽度分段”和“高度分段”均为50，并把平面转为可编辑对象，把“平滑”变形器作为它的子级，将“平滑”变形器的“类型”设置为“松弛”，单击“初始化”按钮后，设置“迭代”数值为50,“硬度”为0%。通过以上设置就可以使用“磁铁”工具在平面上绘制出布料褶皱效果了，如图9-81所示。

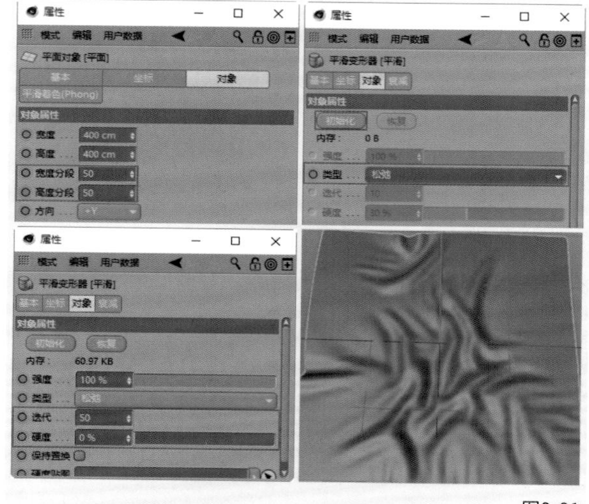

图9-81

9.1.5 配置场景环境与材质

配置好的场景环境与材质效果如图9-82所示。

图9-82

01 创建一个“Octane摄像机” ，在视图中找到满意的渲染视角，设置“摄像机”对象的“焦距”为80，如图9-83所示。

02 创建“Octane HDRI环境” ，在环境标签中载入一张HDR环境贴图，如图9-84所示。

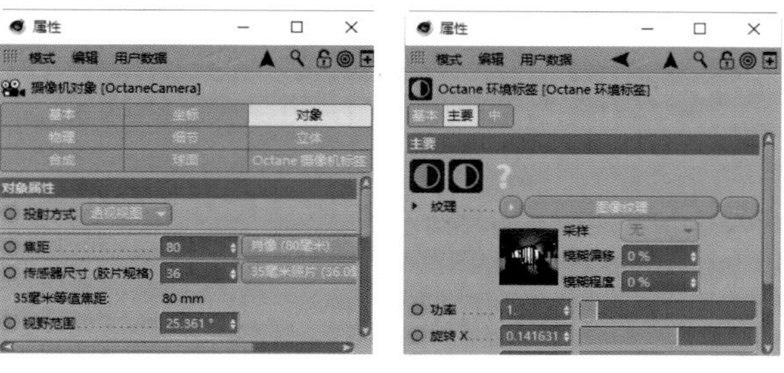

图9-83　　图9-84

03 创建养生壶不同组件的材质，设置壶身材质为“Octane透明材质”，在“粗糙度”中设置“浮点”为0.0002，设置“索引”为1.517，勾选“伪阴影”选项，如图9-85所示。

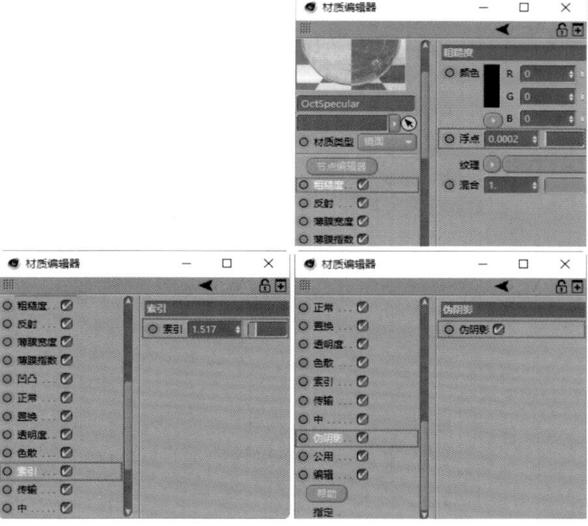

图9-85

04 为养生壶电子盘创建“Octane光泽材质”，切换到“Octane节点编辑器”面板，把在Photoshop中制作的贴图分别连接到“漫射”和“透明度”通道，设置“透明度”通道的贴图“类型”为Alpha，如图9-86所示。

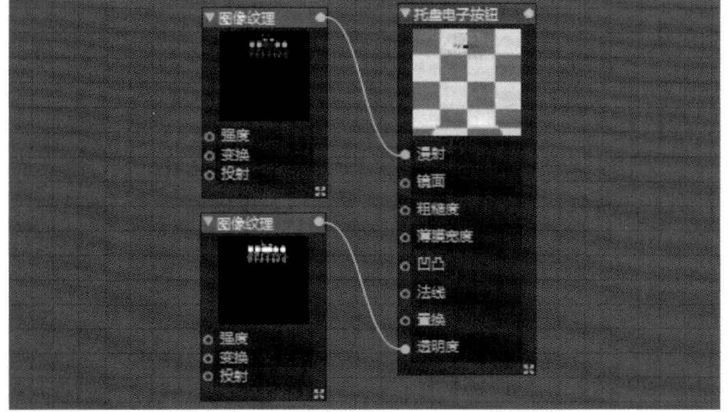

图9-86

05 为养生壶粉色部分创建“Octane光泽材质”，设置“漫射”通道的“颜色”为粉色，设置“粗糙度”中的“浮点”为0.08左右，“索引”为1.4375，如图9-87所示。

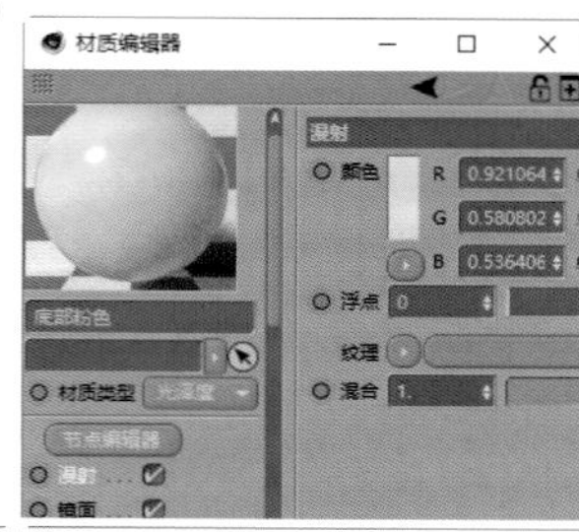

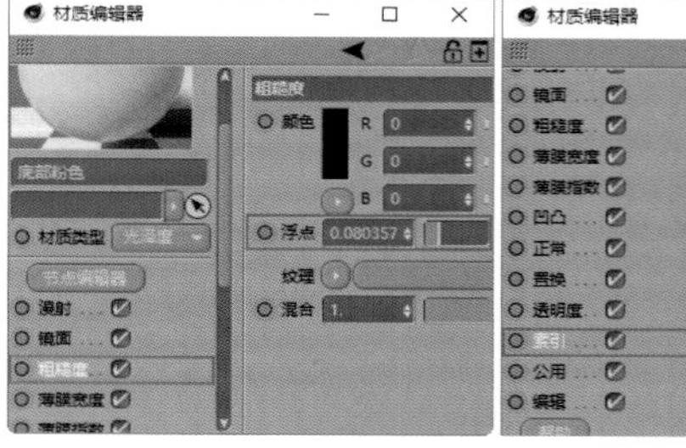

图9-87

06 为养生壶金属部分创建“Octane光泽材质”，取消勾选“漫射”通道，设置“索引”为1，在“粗糙度”中设置“浮点”为0.15左右，如图9-88所示。

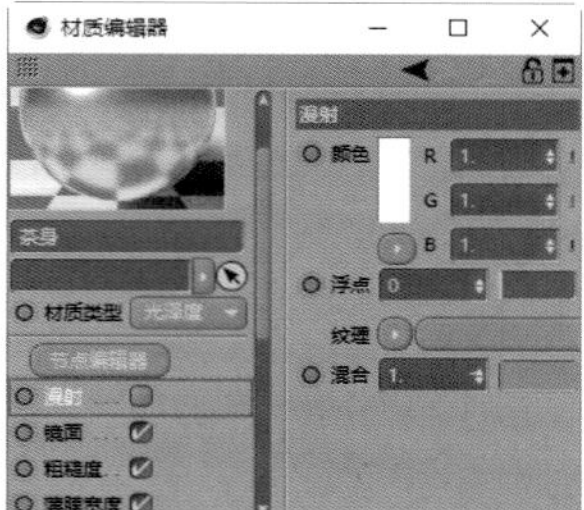

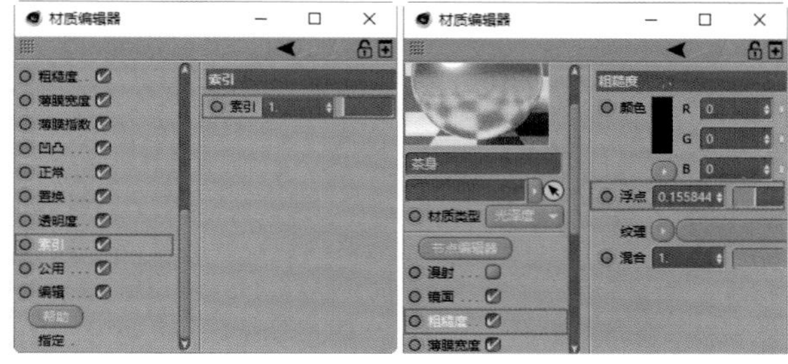

图9-88

07 设置养生壶白色部分为“Octane光泽材质”，在“粗糙度”中设置“浮点”为0.15左右，设置“索引”为1.23左右，如图9-89所示。

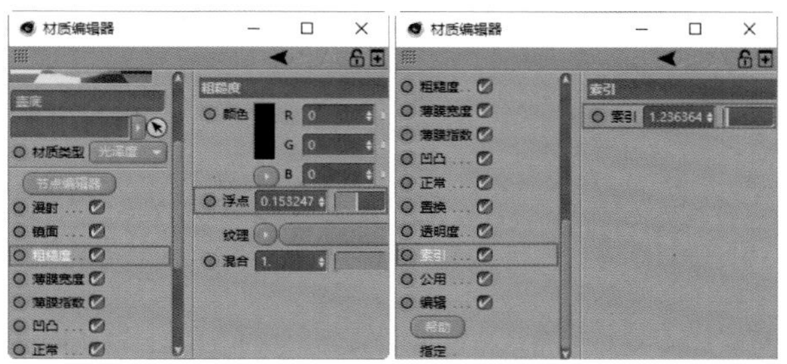

图9-89

08 为养生壶黑色通电装置创建“Octane光泽材质”，在“粗糙度”中设置“浮点”为0.007左右，“索引”为默认数值1.3，如图9-90所示。

09 为布料材质创建“Octane光泽材质”，切换到“Octane节点编辑器”面板，创建“图像纹理”节点，把贴图连接到“漫射”通道，通过创建“变换”节点来调节纹理的大小，如图9-91所示。

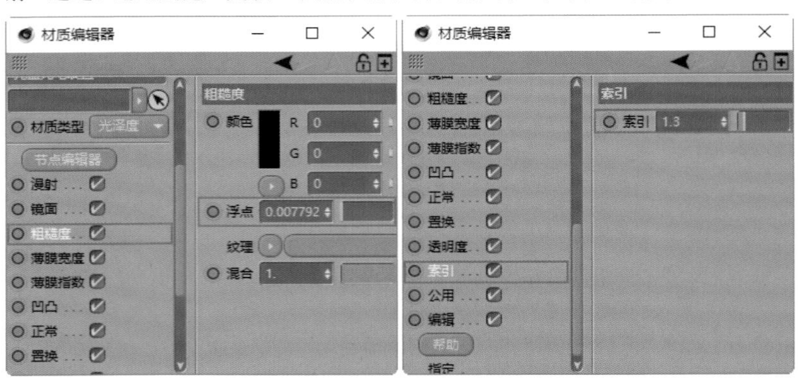

图9-90

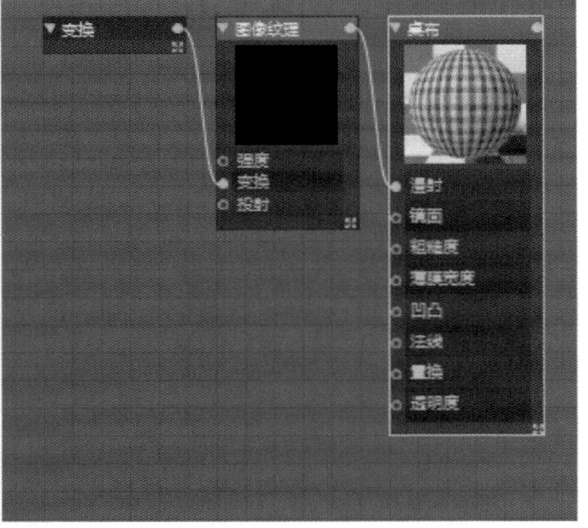

图9-91

9.1.6 渲染效果展示

更多渲染好的效果如图9-92所示。

图9-92

9.2 加湿器包装渲染案例

场景位置	场景文件 >CH09> 加湿器包装渲染场景 .c4d
实例位置	实例文件 >CH09> 加湿器包装渲染案例 .c4d
视频名称	加湿器包装渲染案例
技术掌握	加湿器模型布线技巧、材质及渲染环境的制作方法

本案例将介绍加湿器模型的制作方法、UV贴图，材质和渲染环境的调节方法，以及在Photoshop中自定义烟雾笔刷的技巧。

本案例的目的是培养读者建模时合理布线的意识。本案例模型的制作难点是加湿器中间的水槽显示屏，在曲面上制作直角硬边挖洞效果是这个案例的重点。

制作好的加湿器产品包装渲染效果如图9-93所示。

图9-93

9.3 剃须刀包装渲染案例

场景位置	场景文件 >CH09> 剃须刀包装渲染场景 .c4d
实例位置	实例文件 >CH09> 剃须刀包装渲染案例 .c4d
视频名称	剃须刀包装渲染案例
技术掌握	剃须刀模型布线技巧、材质及渲染环境的制作方法

本案例介绍剃须刀模型的制作方法、UV贴图，以及材质和渲染环境的调节方法。

剃须刀刀头的建模是本案例的难点，在建模前读者需要思考是否需要借助Cinema 4D自带的模型作为初始模型来进行刀头的模型制作，如从一个圆盘开始通过布线来实现刀头3个圆的结构。

在制作剃须刀材质时，要注意打光的角度，剃须刀产品表面的光线是体现其质感的关键。

制作好的剃须刀产品包装渲染效果如图9-94所示。

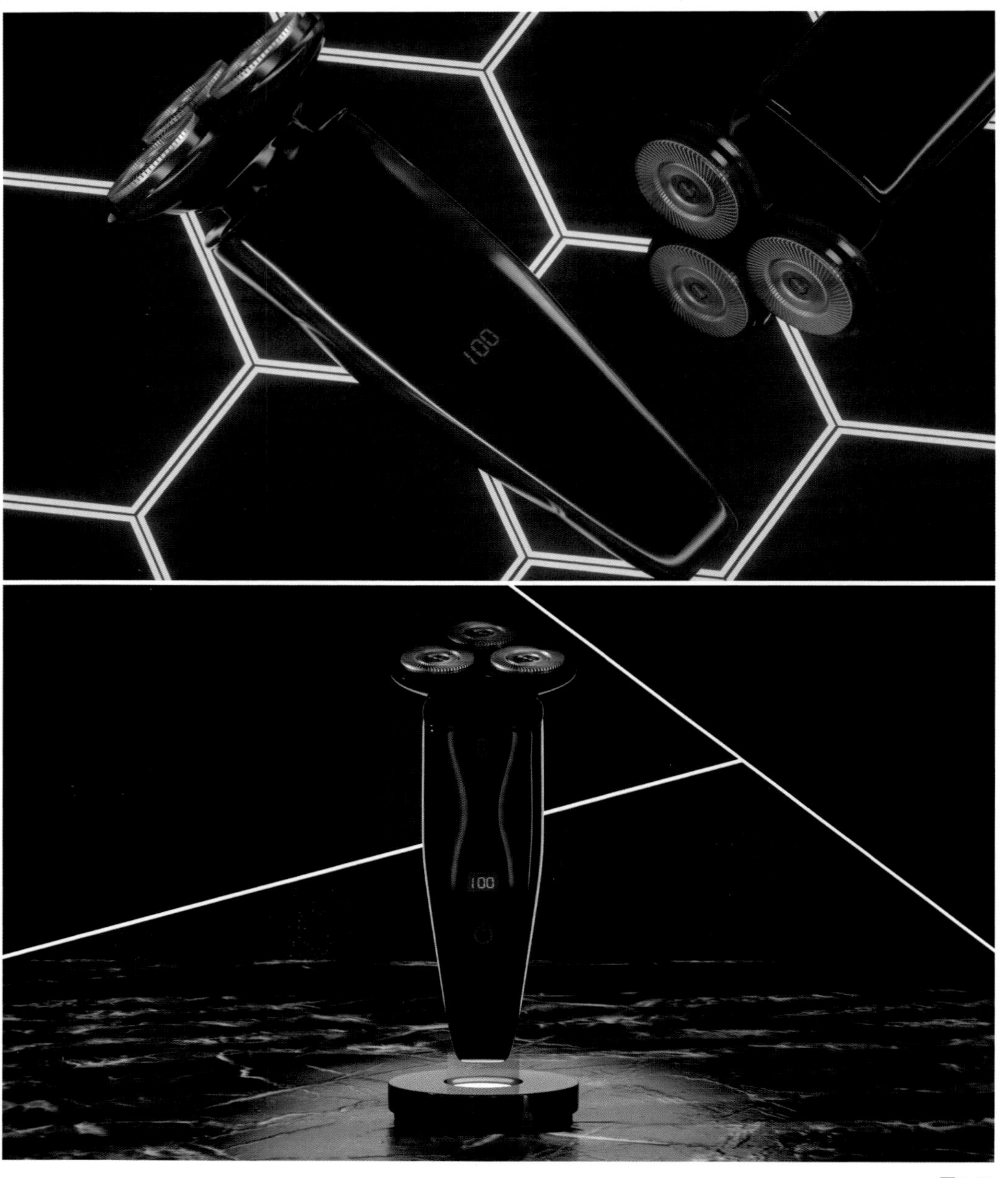

图9-94

本章将对3款不同材质和风格的文体类产品的建模和场景渲染进行讲解，每个产品都有其单独的知识点需要掌握，如铅笔笔尖的制作方法、网球绒毛的制作方法等。

10.1 铅笔包装渲染案例

场景位置	场景文件 >CH10> 铅笔包装渲染场景 .c4d
实例位置	实例文件 >CH10> 铅笔包装渲染案例 .c4d
视频名称	铅笔包装渲染案例
技术掌握	铅笔模型的制作及材质的调节方法

本案例的重点是铅笔笔尖模型的制作方法，铅笔笔尖的波浪形模型结构可以通过布尔运算实现。

在材质方面，本案例主要为读者讲解金属强反射材质和铅笔笔芯材质的调节方法，以及如何使用纹理模式调整贴图尺寸使其贴合模型表面。

制作好的铅笔产品包装效果如图10-1所示。

图10-1

10.1.1 铅笔建模

铅笔的模型看似简单，但有很多细节需要在建模时耐心调整。制作好的铅笔模型效果如图10-2所示。

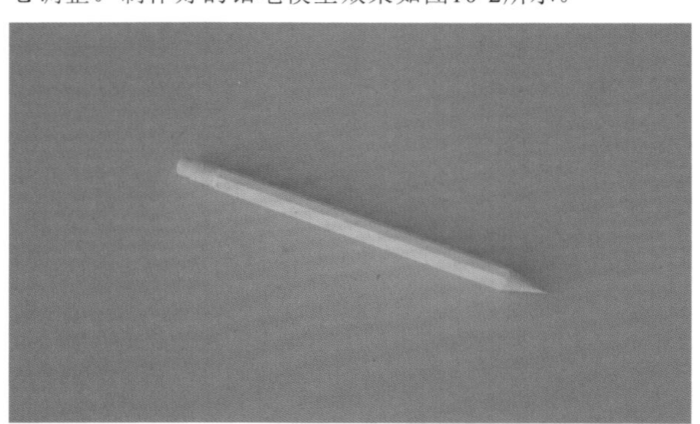

图10-2

01 创建一个圆锥对象和立方体对象，使用“布尔”工具对这两个物体对象执行布尔运算操作，选择“布尔类型”为“A减B”，如图10-3所示。

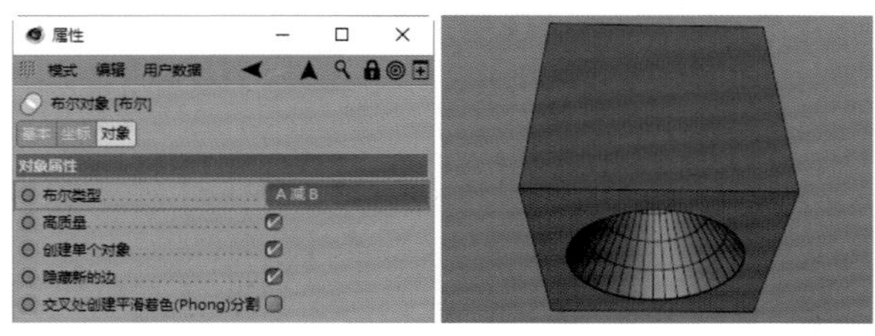

图10-3

02 创建一个圆柱对象，设置“旋转分段”为8，使用“布尔”工具对圆柱对象和上一步创建的对象进行布尔运算，同样选择“布尔类型”为“A减B”，如图10-4所示。

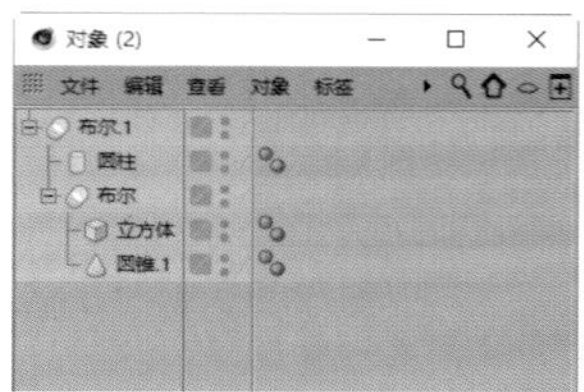

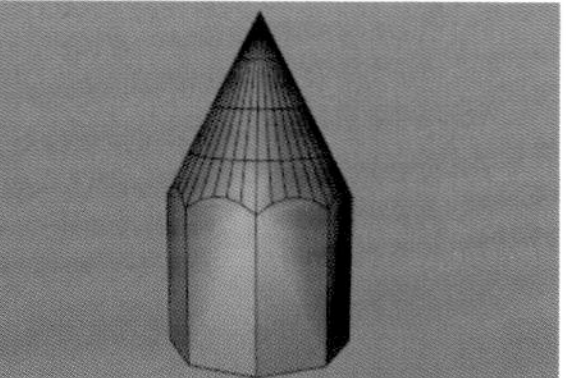

图10-4

提示

这里之所以使用“布尔”工具，是因为在3个不同模型之间进行布尔运算后，可以生成铅笔笔头上的弧线结构。

03 全选场景中所有的物体对象，在“对象”面板中单击鼠标右键并执行“连接对象”命令，把这些物体对象合并成一个新的物体对象，并将新的对象改名为“铅笔”，如图10-5所示。

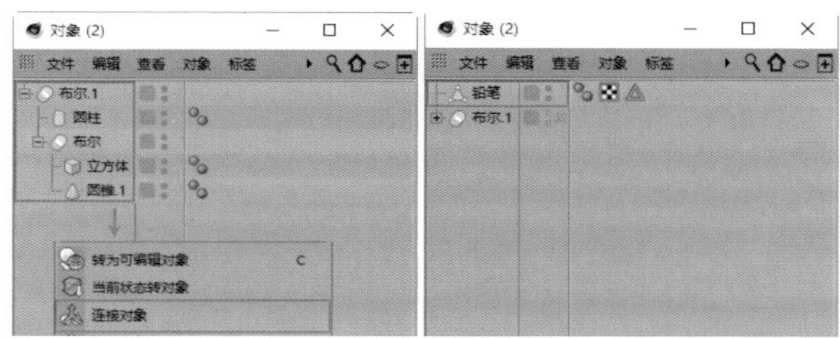

图10-5

04 在“多边形”模式下，选中“铅笔”底部的面，并按Delete键将其删除，如图10-6所示。

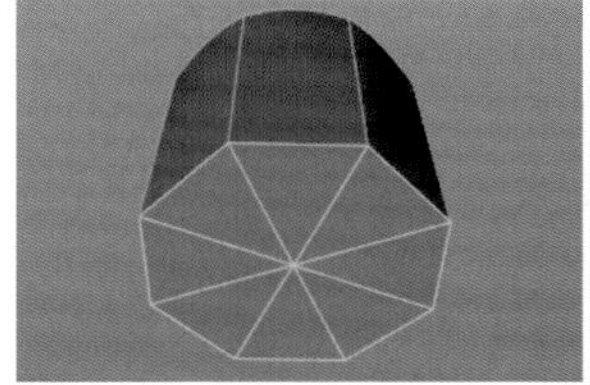
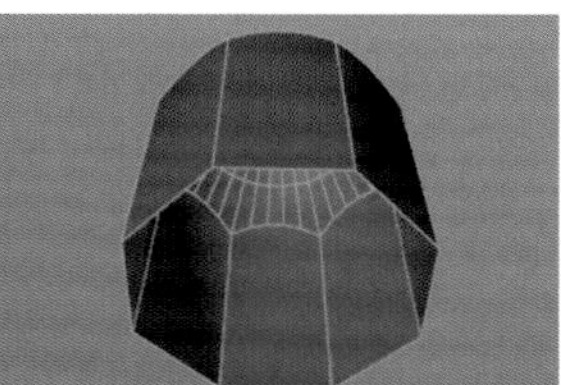

图10-6

05 在“边”模式下，切换到“正视图”模式，使用“线性切割”工具，取消勾选“仅可见”选项，对“铅笔”进行布线，如图10-7所示。

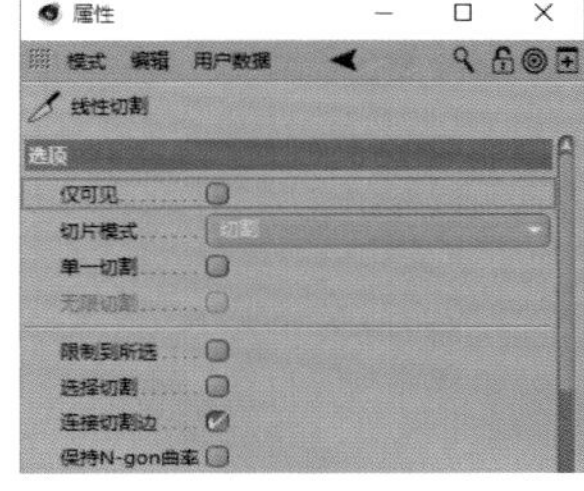

图10-7

提示

取消勾选“线性切割”工具中的“仅可见”选项后，在视图中对可见区域进行切线操作时，物体背面看不见的部分也会被同时切割，这样可以提高工作效率。

06 选中“铅笔”对象，使用“缩放”工具沿着y轴对铅笔进行缩放，调整铅笔外形，如图10-8所示。

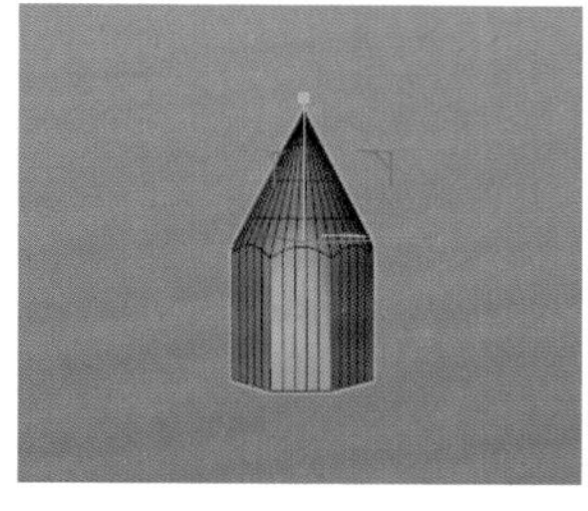
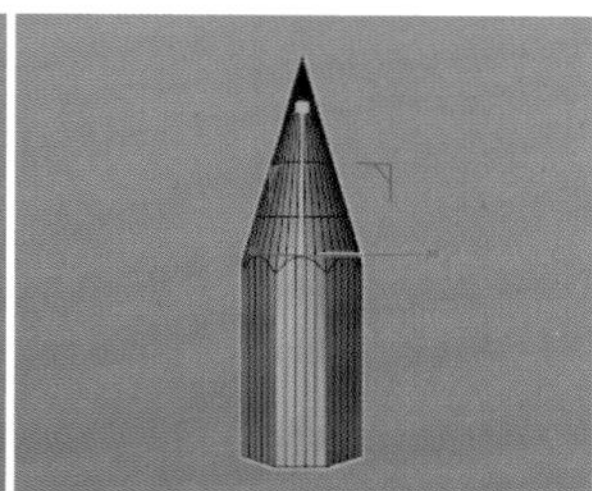

图10-8

07 切换到“边”模式，选中铅笔上的波浪线和直角处的线，对其进行倒角处理，如图10-9所示。

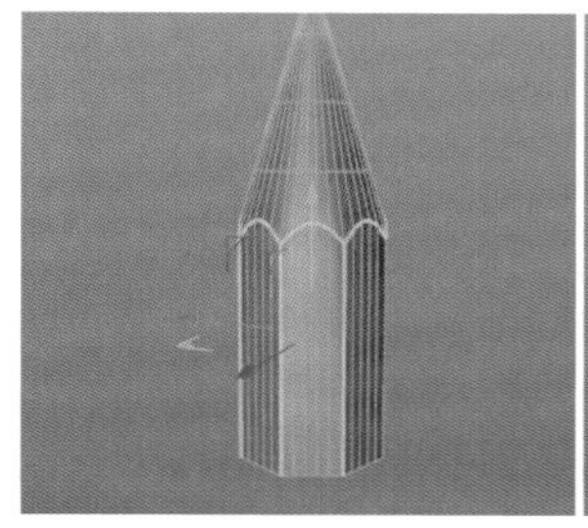
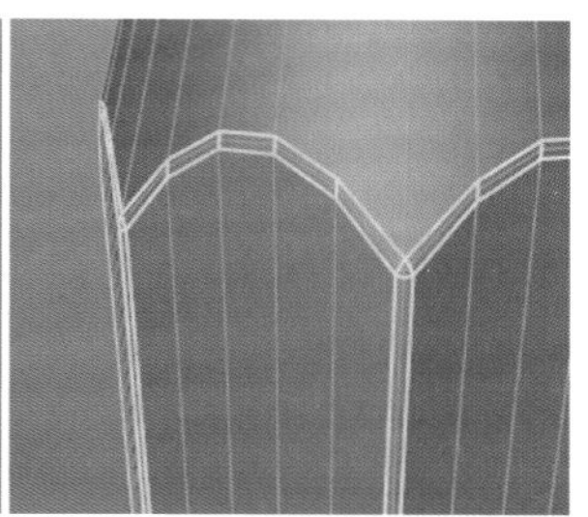

图10-9

08 在“多边形”模式下，选中铅笔顶部的一圈循环面，使用“缩放”工具向内收缩，制作出铅笔笔芯外形，如图10-10所示。

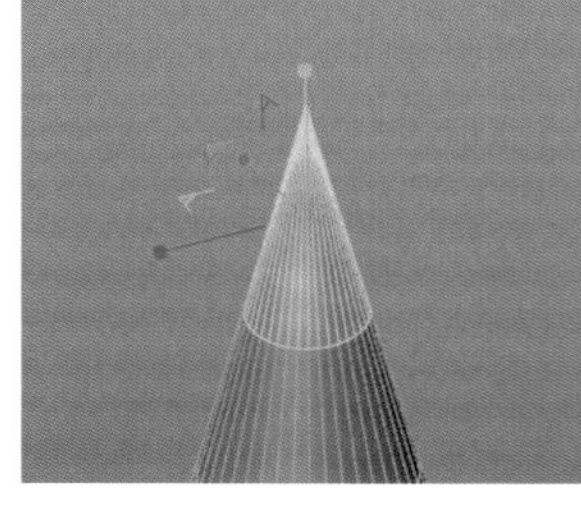
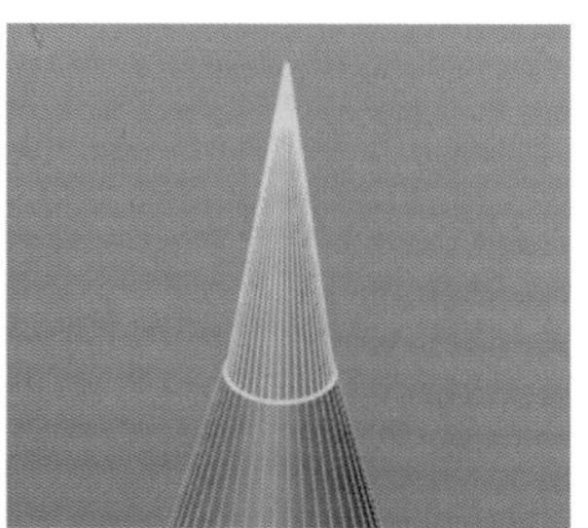

图10-10

09 在“边”模式下，选中铅笔底部的线，沿着y轴向下移动，制作出铅笔笔杆的长度，如图10-11所示。

10 使用“循环/路径切割”工具在铅笔笔杆上切出3条循环线，如图10-12所示。

图10-11

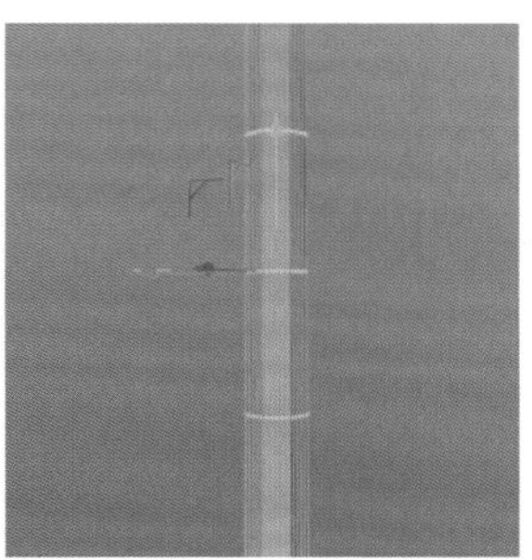

图10-12

11 在"边"模式下，选中底部的一圈线，使用"缩放"工具向内收缩，如图10-13所示。

12 创建一个圆柱对象，调整其大小并放置于铅笔尾部，用来制作笔尾的造型，如图10-14所示。

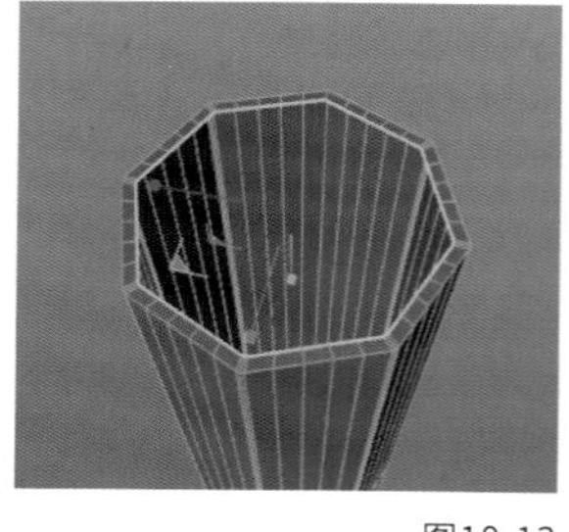

图10-13

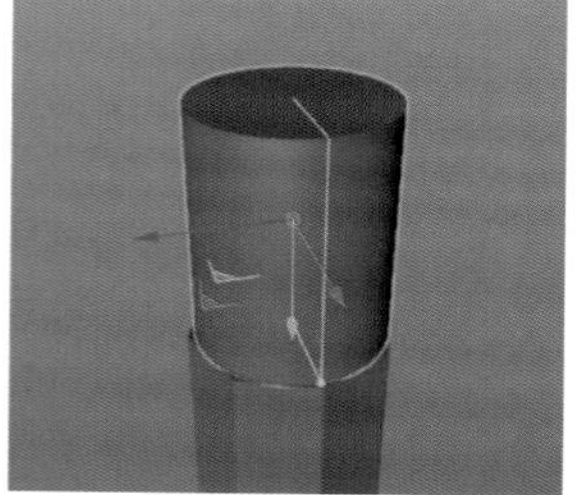

图10-14

13 在圆柱对象的"属性"面板中设置"高度分段"为4，并把"圆柱"对象转为可编辑对象，如图10-15所示。

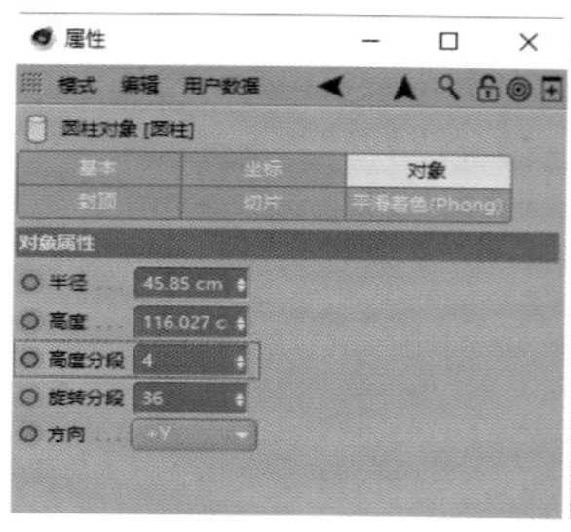

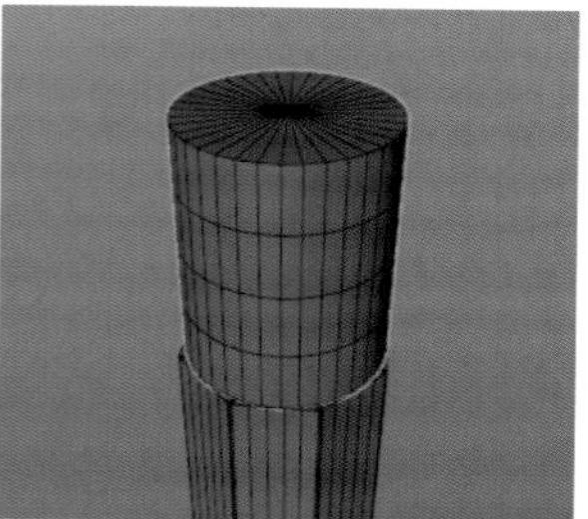

图10-15

14 在"边"模式下，选中中间的3条线并进行倒角处理，选中倒角后生成的线，配合"缩放"工具向内收缩，制作上方的凹陷造型，如图10-16所示。

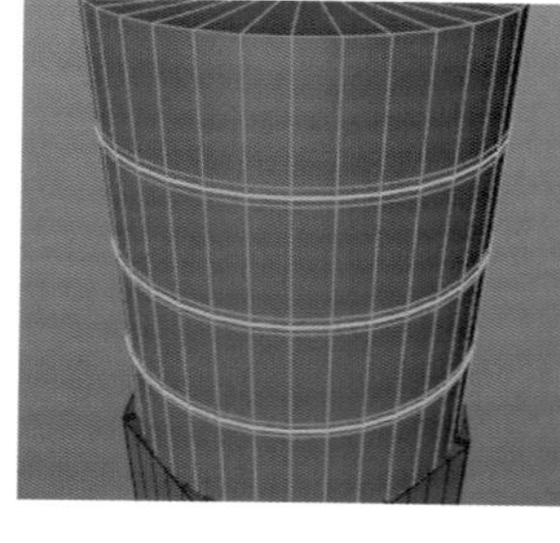

图10-16

15 创建一个圆柱对象，勾选"属性"面板中的"圆角"选项，把圆柱对象放置于铅笔尾部，完成铅笔模型的制作，如图10-17所示。

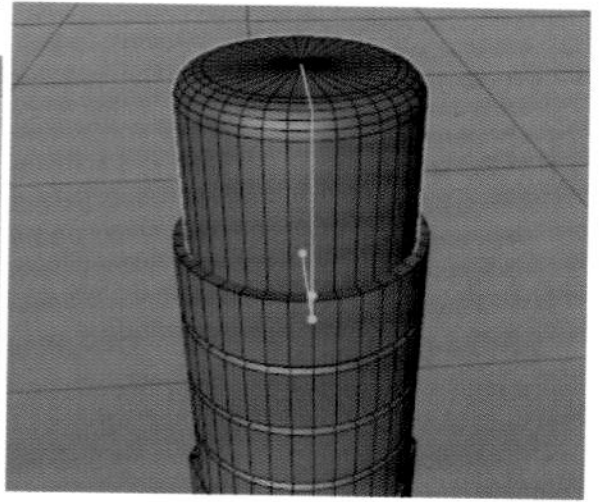

图10-17

10.1.2 铅笔包装盒建模

铅笔包装盒的造型重点是4个角处压痕造型的制作，包装盒的模型效果如图10-18所示。

图10-18

01 创建一个立方体对象，设置x轴、y轴、z轴的分段数均为2，勾选"属性"面板中的"圆角"选项，设置"圆角半径"为2cm、"圆角细分"为3，并复制一个立方体备用，如图10-19所示。

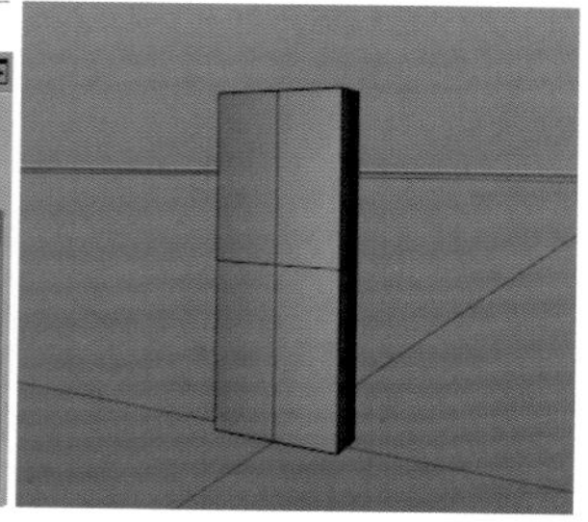

图10-19

02 在"多边形"模式下，选中并删除其一侧的两个面，制作铅笔盒开口区域，并将其改名为"盒子外部"，如图10-20所示。

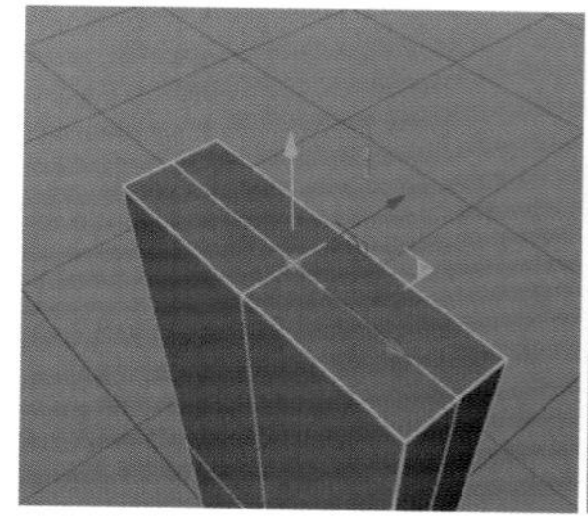

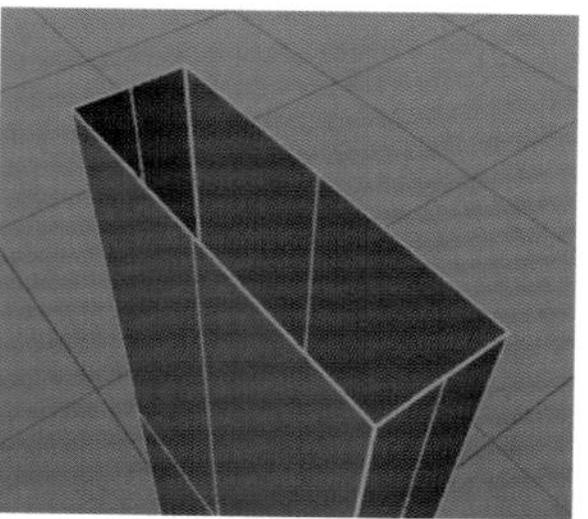

图10-20

03 选中刚才复制的立方体，将其改名为"盒子内部"，选中并删除其顶部的两个面，如图10-21所示。

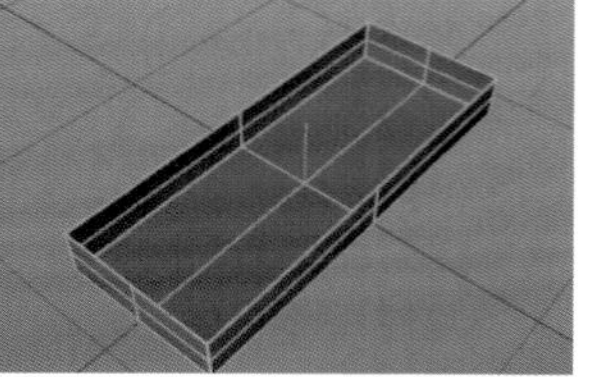

图10-21

04 在“多边形”模式下全选所有面，使用“挤压”工具，勾选“创建封顶”选项，设置“偏移”为-49cm，向内挤压出厚度，如图10-22所示。

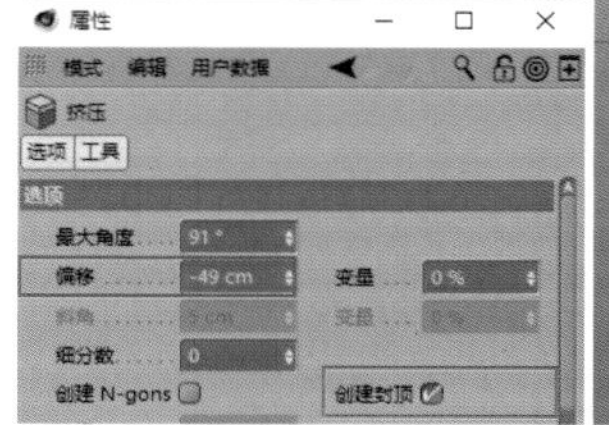

图10-22

05 在“边”模式下，选中盒子内部对象4个角处的边，对这些边进行倒角处理，设置“偏移”为3cm、“细分”为3，如图10-23所示。

图10-23

06 在“边”模式下，选中内外上下4条直角边并对它们进行倒角处理，设置“偏移”为2cm、“细分”为1，如图10-24所示。

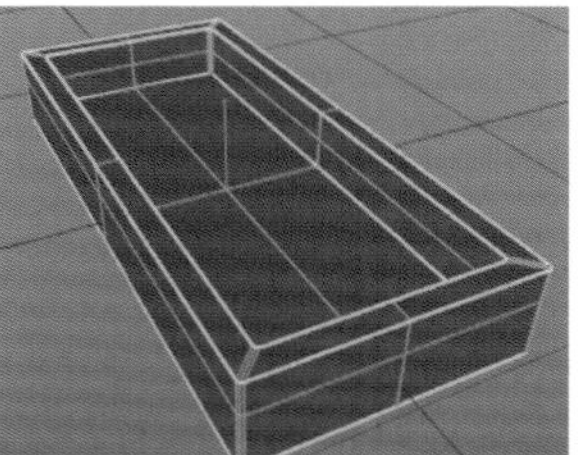
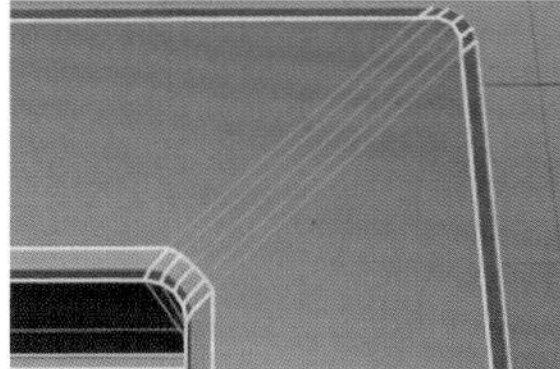

图10-24

07 选中布线后4个角中间的线，使用“缩放”工具向内进行收缩，制作盒子4个角向内凹陷的造型，如图10-25所示。

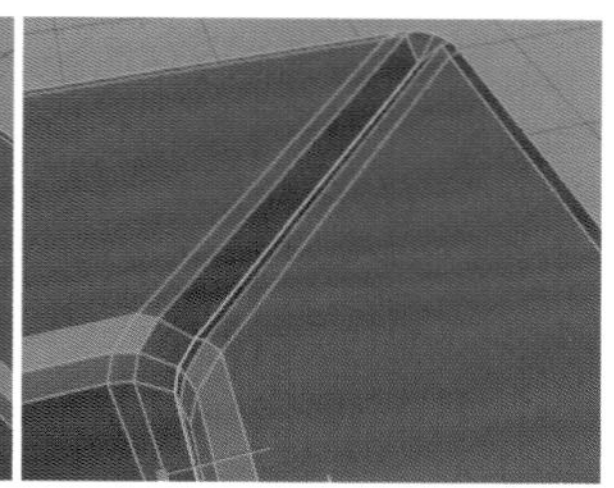

图10-25

提示

因为之前制作了倒角，中间线的旁边都有距离很近的保护线，所以对其进行缩放后，其坐标位置会发生变化。使用这种方法，加入“细分曲面”后，模型表面会产生折痕效果。

08 分别为盒子外部和盒子内部添加“细分曲面”。调整它们的大小及比例关系，完成铅笔包装盒模型的制作，如图10-26所示。

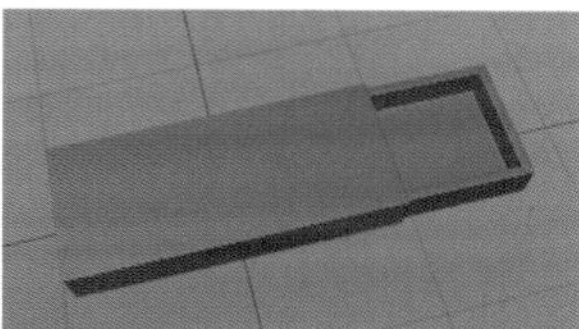

图10-26

10.1.3 UV拆分及贴图

本案例主要包括铅笔UV拆分和包装盒UV拆分两个部分。UV拆分及贴图效果如图10-27所示。

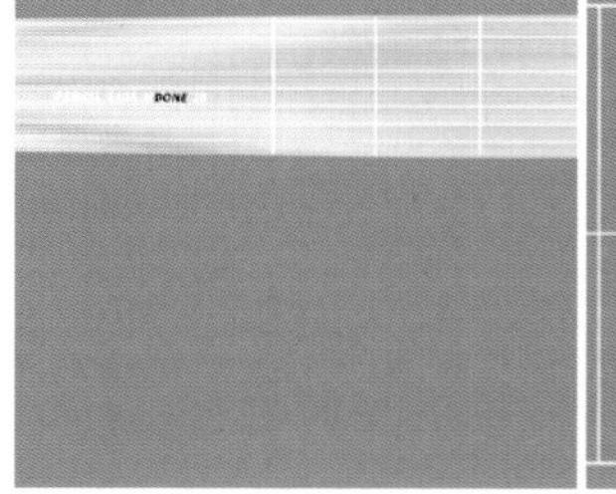

图10-27

01 首先来说一下铅笔UV的拆分方法，在这个案例中，铅笔的贴图只有前方的部分，所以只需要对贴图区域进行UV拆分就可以了。单击Cinema 4D右上方的“界面”菜单，在下拉菜单中执行“BP – UV Edit”命令，切换到UV编辑界面，如图10-28所示。

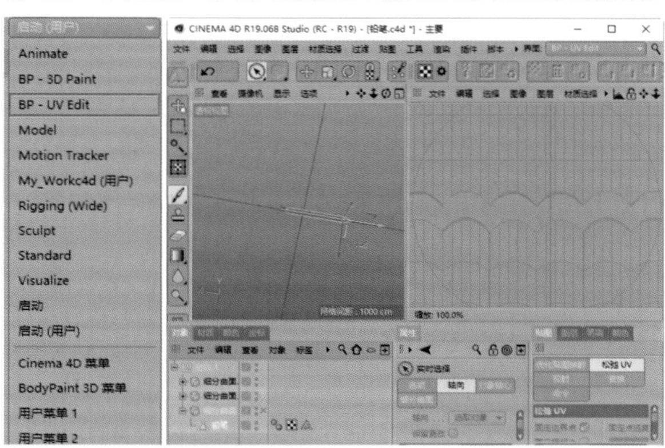

图10-28

02 在左侧面板上方快捷工具栏中单击“多边形”按钮，选中需要展开UV的面，如图10-29所示。

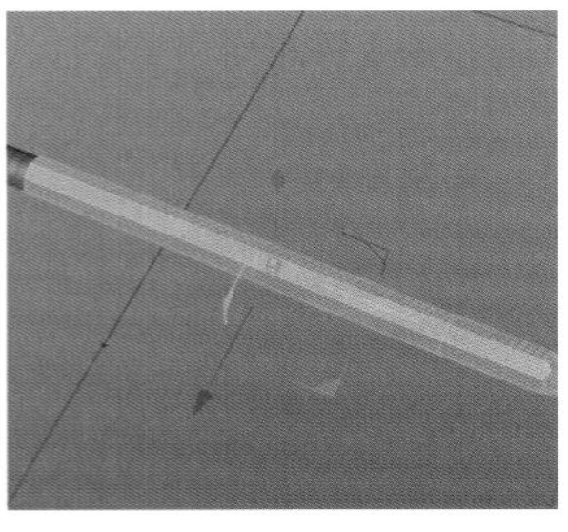

图10-29

03 在UV编辑界面右下方“贴图”选项卡的“投射”选项卡中单击“圆柱”按钮，上方UV编辑面板中会显示选中面的UV形状，如图10-30所示。

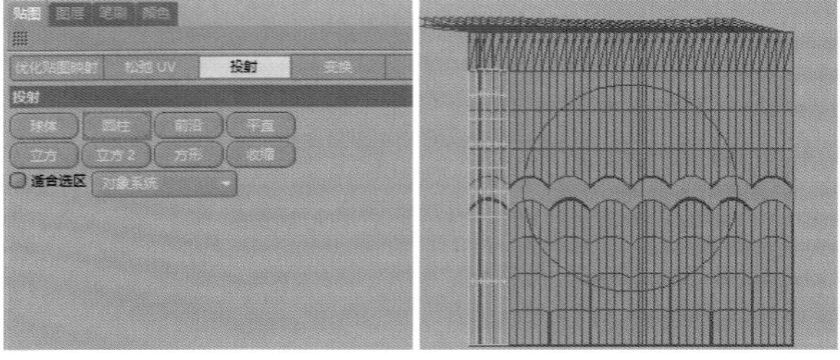

图10-30

04 在UV编辑界面右下方的“松弛UV”选项卡中单击“应用”按钮，松弛UV并重新进行排列，如图10-31所示。

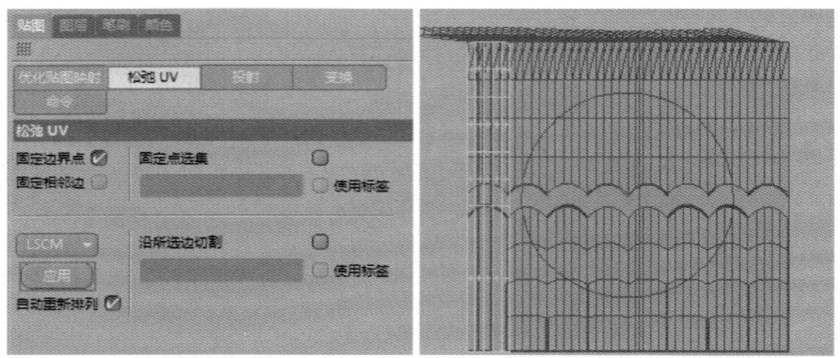

图10-31

05 因为只需要对贴图部分展开UV，其他地方是不需要的，所以只需要对UV做一下调整。在左侧面板中使用快捷键U+I对选中面进行反选，选中不需要展开UV的所有面，在“UV多边形”模式下，使用“缩放”工具，单击并拖曳鼠标指针调整这些UV的大小，如图10-32所示。

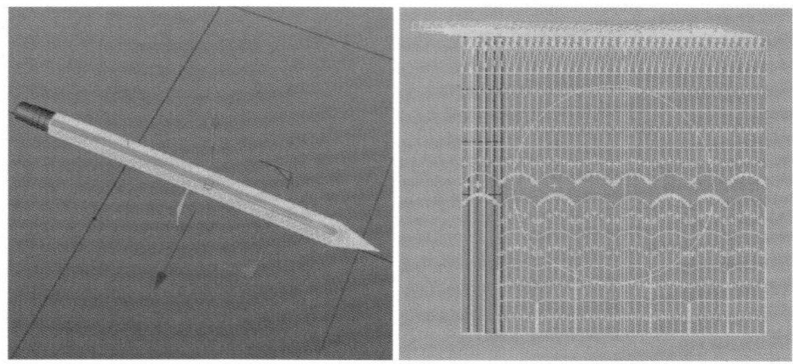

图10-32

06 使用“移动”工具，把上一步选中的面的UV移动到空白区域，确保其不和贴图的UV重合，如图10-33所示。

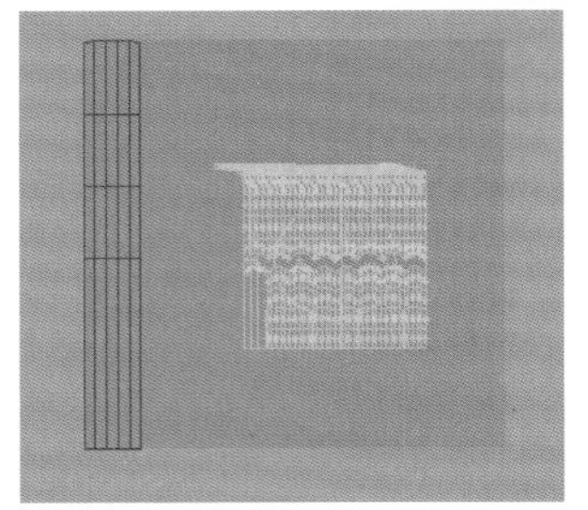

图10-33

07 在UV编辑面板中执行“文件＞新建纹理”菜单命令，在弹出的面板中设置纹理的“宽度”和“高度”均为2048像素、“分辨率”为72像素/英寸（dpi），如图10-34所示。

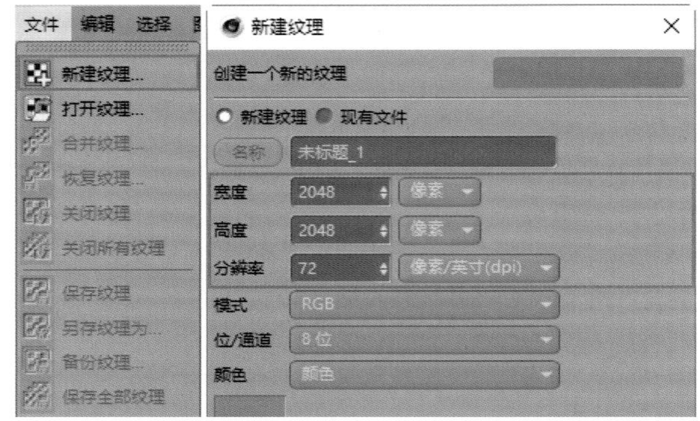

图10-34

08 切换到UV编辑界面右下方的“图层”选项卡，单击下方的“新建图层”按钮，新建一个空白图层，如图10-35所示。

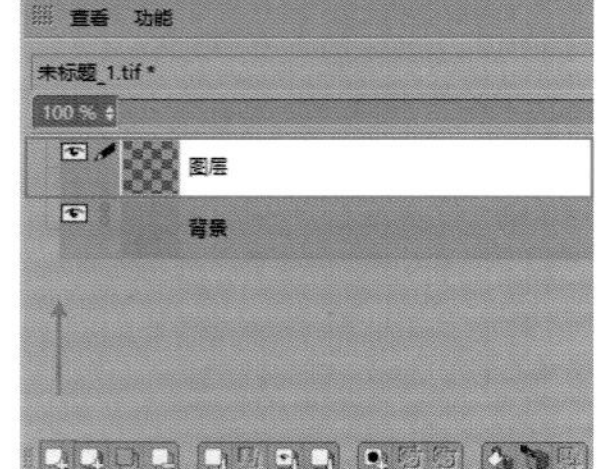

图10-35

09 在UV编辑面板中执行“图层＞描边多边形”菜单命令，对UV进行描边，如图10-36所示。

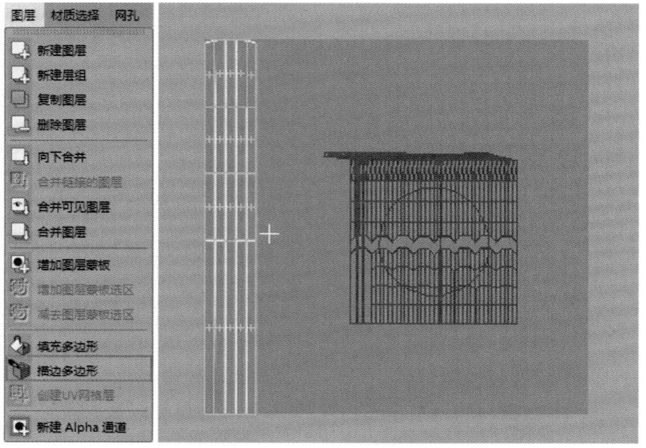

图10-36

10 在UV编辑面板中执行“文件>另存纹理为”菜单命令，在弹出的面板中设置“另存文件”为“PSD(*.psd)”格式，单击“确定”按钮，如图10-37所示，在弹出的面板中设置纹理保存路径。

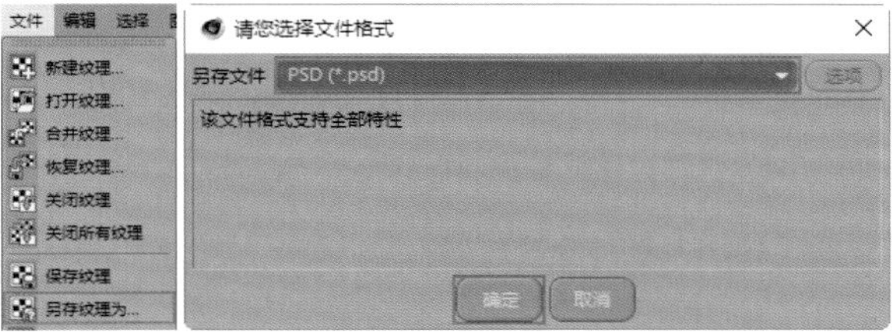

图10-37

11 在Photoshop中打开刚才制作的UV贴图文件，白色的线框图层即是贴图的区域，瓶身的纹理需要在这个白色线框内设计制作，如图10-38所示。

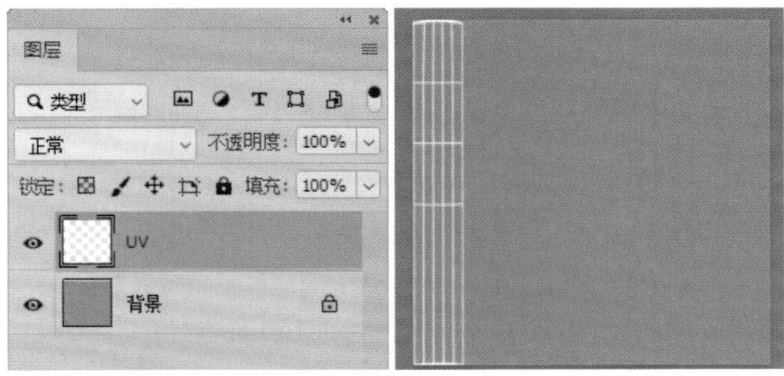

图10-38

12 在Photoshop中的设计过程不是本书的重点，这里就不赘述了。读者需要注意的是要把设计的主要内容放置于UV白色线框内，如图10-39所示。

图10-39

13 其次拆分包装盒UV。切换到UV编辑界面，按快捷键Ctrl+A全选包装盒所有的面。在UV编辑界面右下方的“贴图”选项卡中选择“投射”选项卡，单击“方形”按钮，上方UV编辑面板中会显示选中面的UV形状，如图10-40所示。

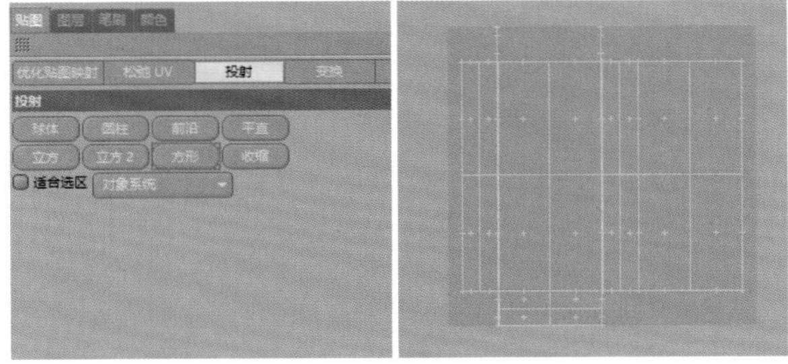

图10-40

14 在UV编辑界面右下方的“松弛UV”选项卡中单击“应用”按钮，松弛UV并重新进行排列，如图10-41所示。

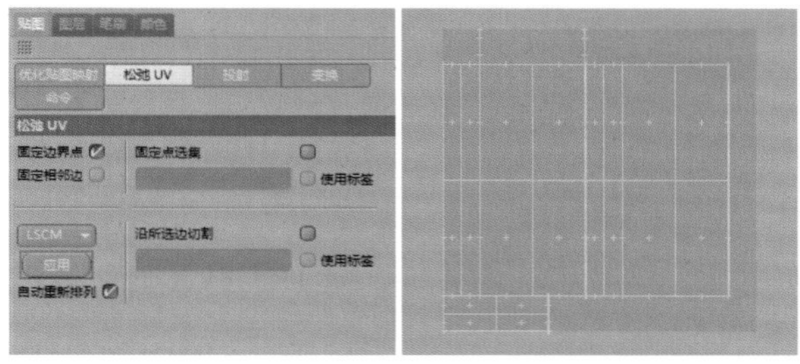

图10-41

15 在UV编辑面板中执行“文件>新建纹理”菜单命令，在弹出的面板中设置纹理的“宽度”和“高度”均为2048像素、“分辨率”为72像素/英寸(dpi)，如图10-42所示。

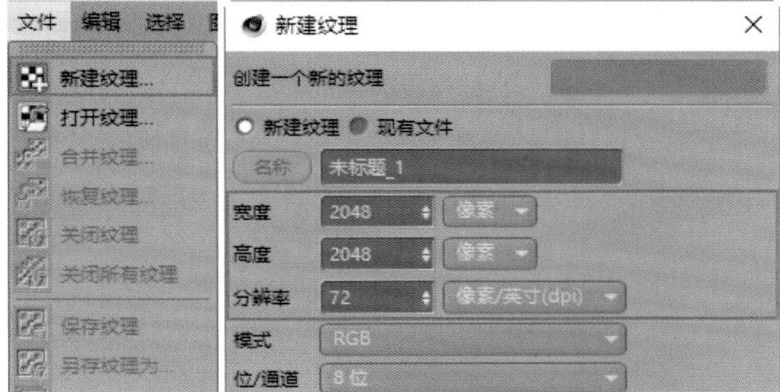

图10-42

16 切换到UV编辑界面右下方的“图层”选项卡，单击下方的“新建图层”按钮，新建一个空白图层，如图10-43所示。

图10-43

17 在UV编辑面板中执行“图层>描边多边形”菜单命令，对UV进行描边，如图10-44所示。

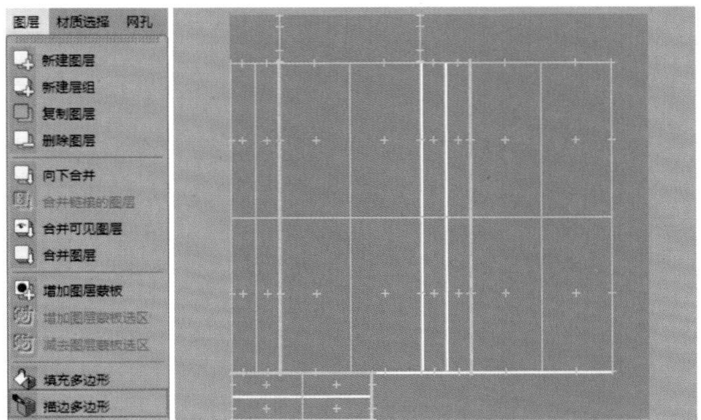

图10-44

18 在UV编辑面板中执行"文件>另存纹理为"菜单命令，在弹出的面板中设置"另存文件"为"PSD(*.psd)"格式，单击"确定"按钮，如图10-45所示，在弹出的面板中设置纹理保存路径。

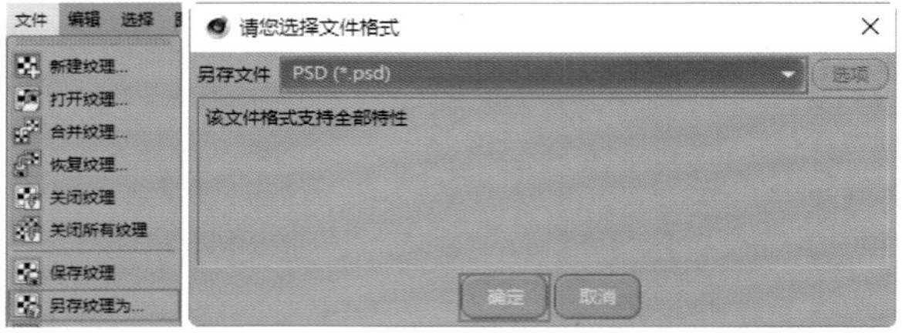

图10-45

19 在Photoshop中打开刚才制作的UV贴图文件，白色的线框图层即是贴图的区域，纹理需要在这个白色线框内设计制作，如图10-46所示。

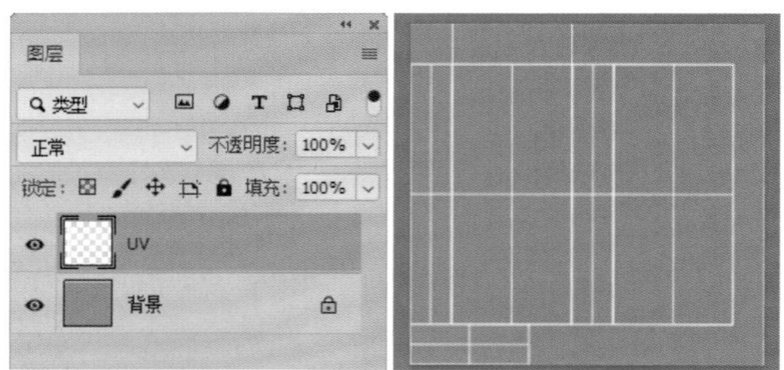

图10-46

20 在Photoshop中的设计过程不是本书的重点，这里就不赘述了。读者需要注意的是要把设计的主要内容放置于UV白色线框内，如图10-47所示。

图10-47

技术专题：UV拆分技巧

UV拆分在制作模型贴图时是非常重要的步骤，对于一个模型我们可以通过选中切割边来制作UV。

以一个立方体对象为例，选中制作UV时需要切割的边，全选立方体所有的面，在UV编辑界面右下方"贴图"选项卡的"投射"选项卡中单击"前沿"按钮，上方UV编辑面板中会显示选中面的UV形状，在UV编辑界面右下方的"松弛UV"选项卡中勾选"固定相邻边"选项和"沿所选边切割"选项，单击"应用"按钮，松弛UV并重新进行排列，如图10-48所示。

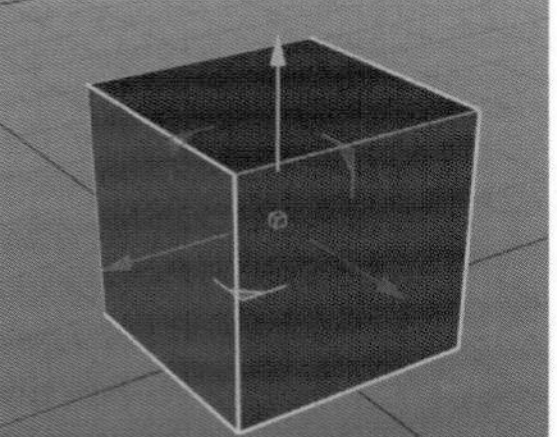

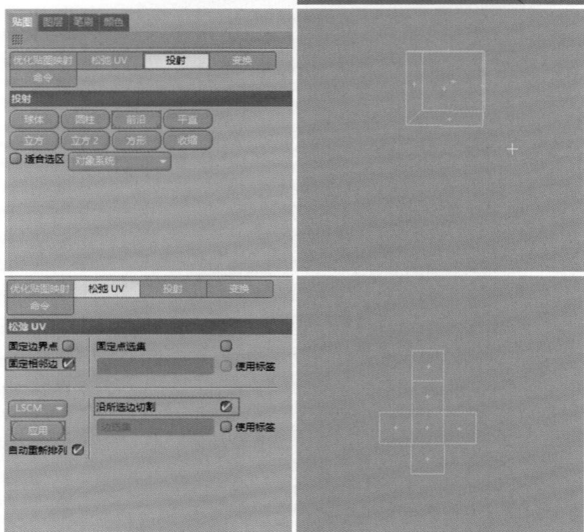

图10-48

10.1.4 布景搭建

铅笔包装场景的模型效果如图10-49所示。

图10-49

01 创建一个立方体对象，调整其大小，设置x轴和z轴的分段数均为2，作为场景的地板，如图10-50所示。

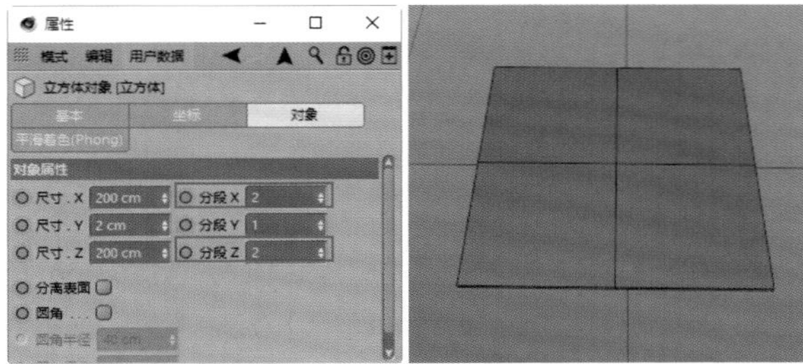

图10-50

02 把立方体对象转为可编辑对象，选中中间的边并进行倒角处理，选中倒角后生成的面并向下挤压，制作凹陷效果，如图10-51所示。

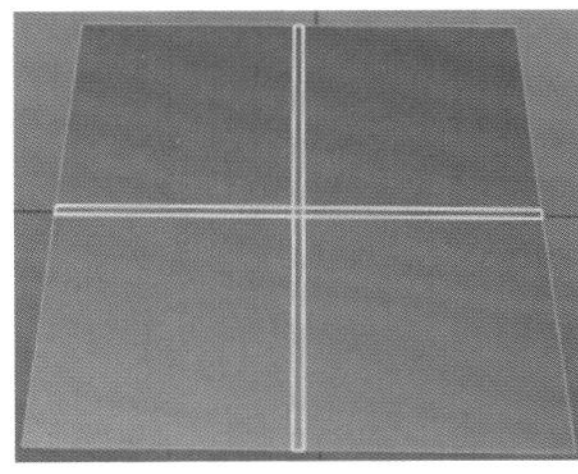

图10-51

03 把包装盒和铅笔模型放置于立方体上方，搭建渲染场景，如图10-52所示。

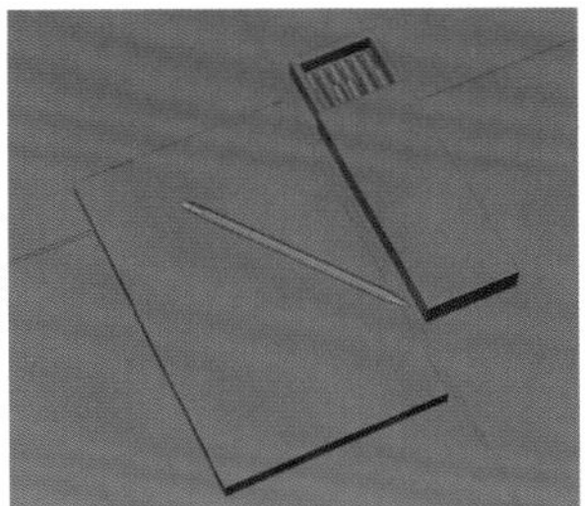

图10-52

10.1.5 配置场景环境与材质

配置好的场景环境与材质效果如图10-53所示。

图10-53

01 在“Octane Render”面板中执行“对象＞Octane HDRI环境”菜单命令，并加载tex文件夹中的环境贴图，进行环境配置，如图10-54所示。

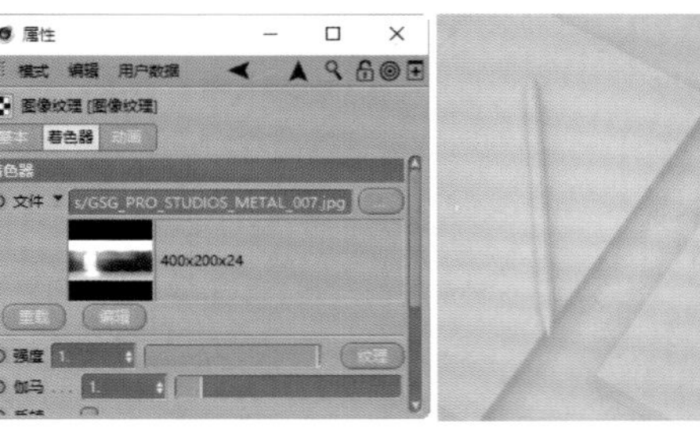

图10-54

02 使用“Octane光泽材质”，在“粗糙度”中设置“浮点”为0.2左右，设置“索引”为1.05，使用“图像纹理”节点连接材质的“漫射”通道，添加tex文件夹中的“zhihe.jpg”纹理贴图，把该材质赋给盒子内部对象，如图10-55所示。

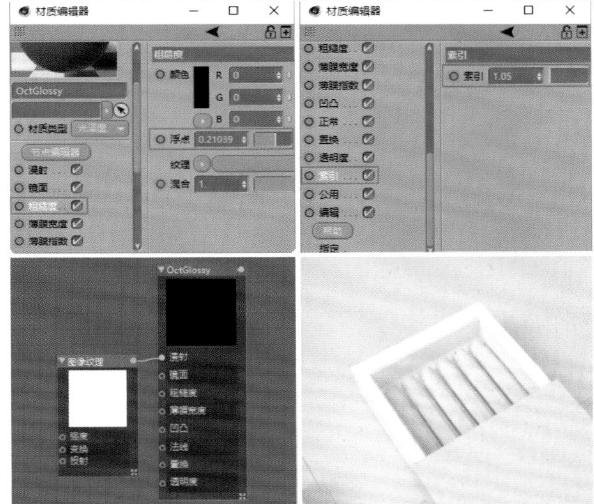

图10-55

03 使用“Octane光泽材质”，打开“Octane节点编辑器”，使用“图像纹理”节点连接材质的“漫射”通道，对“漫射”通道的“图像纹理”节点添加tex文件夹中的“包装盒UV.psd”纹理贴图，并把该材质赋给盒子外部对象，观察实时渲染效果，如图10-56所示。

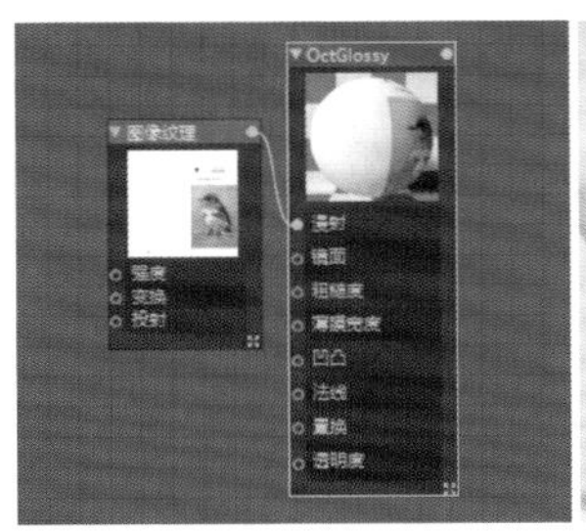

图10-56

04 使用“Octane光泽材质”，把该材质赋给立方体对象，打开“Octane节点编辑器”，使用“图像纹理”节点，连接“漫射”通道，对其添加tex文件夹中的“木纹1.jpg”纹理贴图，制作地板效果，如图10-57所示。

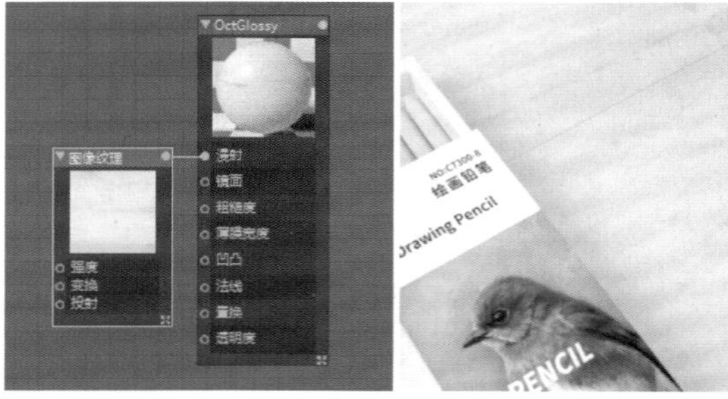

图10-57

05 使用“Octane光泽材质”，把该材质赋给书对象，打开“Octane节点编辑器”，使用“图像纹理”节点连接“漫射”通道，对其添加tex文件夹中的“书皮.jpg”纹理贴图，制作书皮效果，如图10-58所示。

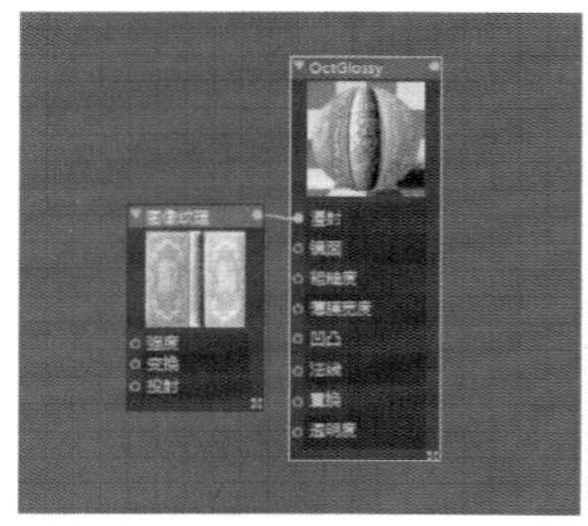

图10-58

06 使用“Octane光泽材质”，设置“漫射”通道的“颜色”为蓝色，在“粗糙度”中设置“浮点”为0.088左右，把该材质赋给铅笔对象，作为笔杆的颜色，如图10-59所示。

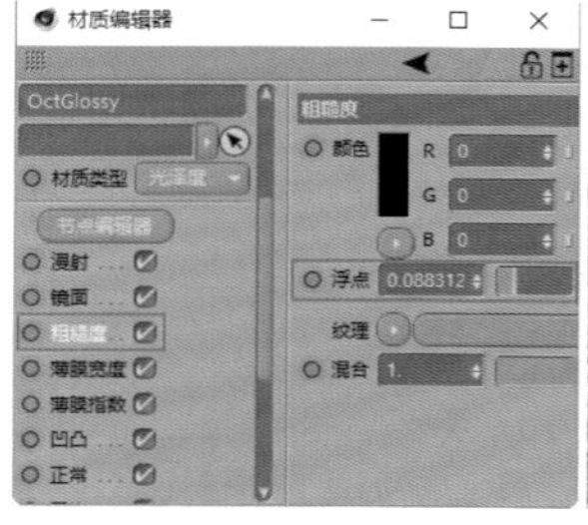

图10-59

07 使用“Octane光泽材质”，打开“Octane节点编辑器”，使用“图像纹理”节点，分别连接材质的“凹凸”通道和“透明度”通道，对其添加tex文件夹中的“铅笔UV_黑白.jpg”纹理贴图，并放到上一步制作的铅笔颜色材质的左侧，制作铅笔上的文字图案效果，如图10-60所示。

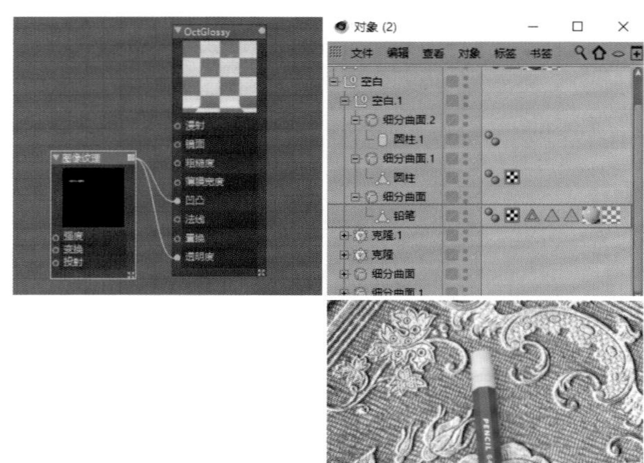

图10-60

08 使用“Octane光泽材质”，打开“Octane节点编辑器”，添加“图像纹理”节点并连接到材质的“漫射”通道，对其添加tex文件夹中的“木纹2.jpg”纹理贴图；添加“纹理投射”节点并连接到“图像纹理”节点的“投射”通道，设置“纹理投射”方式为“盒子”，把该材质赋给铅笔对象；把“多边形选集”标签拖曳到材质“属性”面板中“选集”右侧的空白区域，制作铅笔前端的木纹材质效果，如图10-61所示。

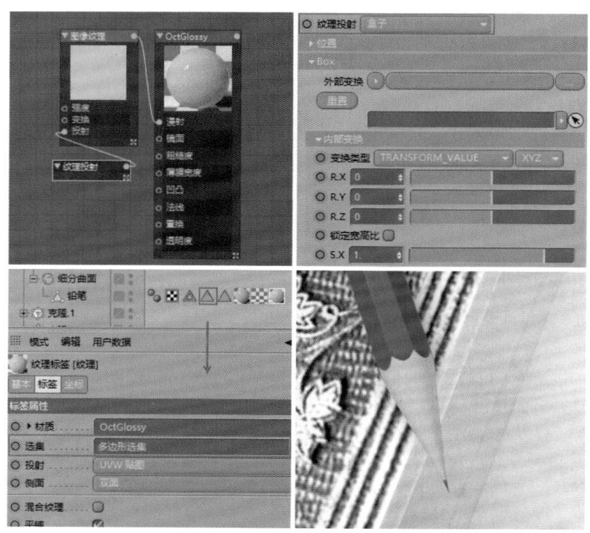

图10-61

09 使用“Octane光泽材质”，设置“颜色”为黑色，把该材质赋给铅笔对象，然后把“多边形选集.1”标签拖曳到材质“属性”面板中“选集”右侧的空白区域，制作铅笔的笔芯材质效果，如图10-62所示。

10 使用“Octane光泽材质”，在“粗糙度”中设置“浮点”为0.05左右，把该材质赋给橡皮对象，制作铅笔尾部的橡皮擦材质效果，如图10-63所示。

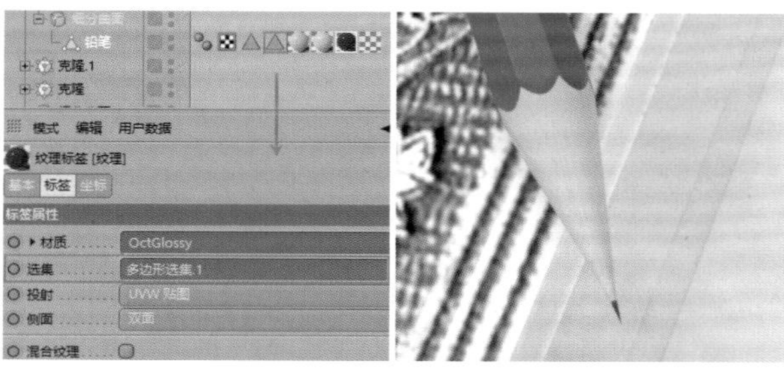

图10-62

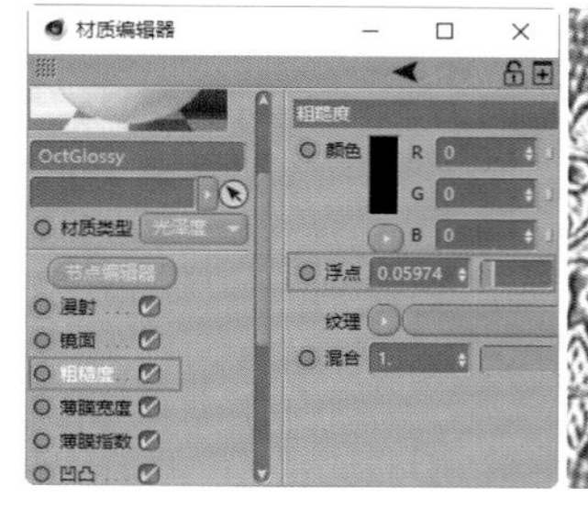

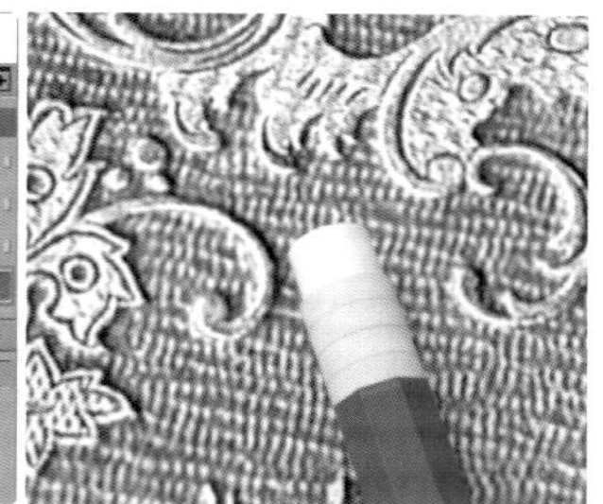

图10-63

11 使用“Octane光泽材质”，取消勾选“漫射”通道，设置“镜面”通道的“颜色”为黄色，在“粗糙度”中设置“浮点”为0.21左右，设置“索引”为1，把该材质赋给橡皮擦和铅笔的连接部分，制作铅笔尾部的金色材质效果，如图10-64所示。

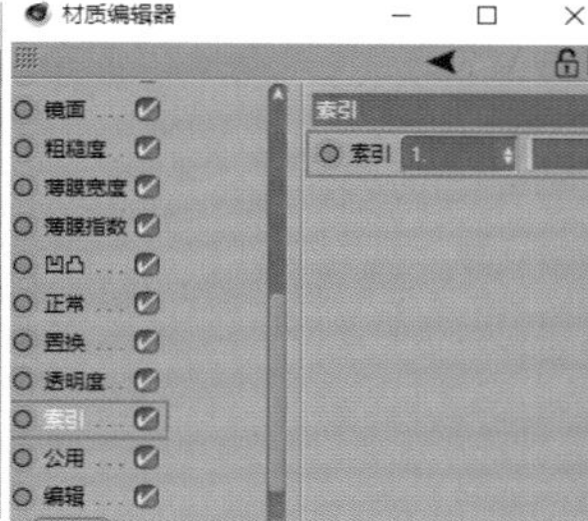

图10-64

技术专题：材质的顺序

材质的顺序会影响物体对象的材质渲染结果。当一个物体对象上有多种材质时，下方的材质会覆盖上方的材质，如果下方材质中有透明效果，则透明材质贴图中的黑色部分会显示为上方的材质效果，如图10-65所示。

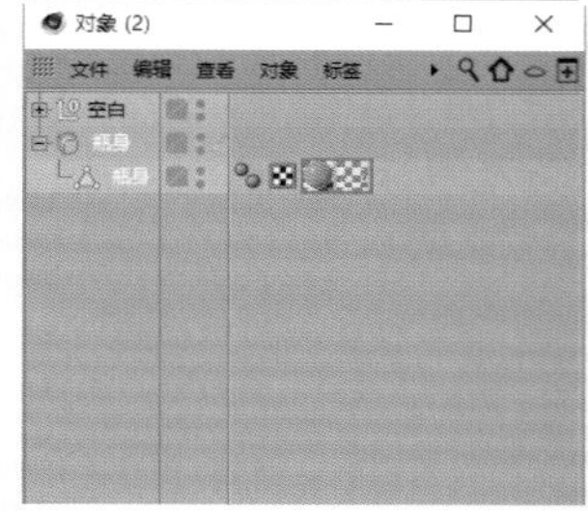

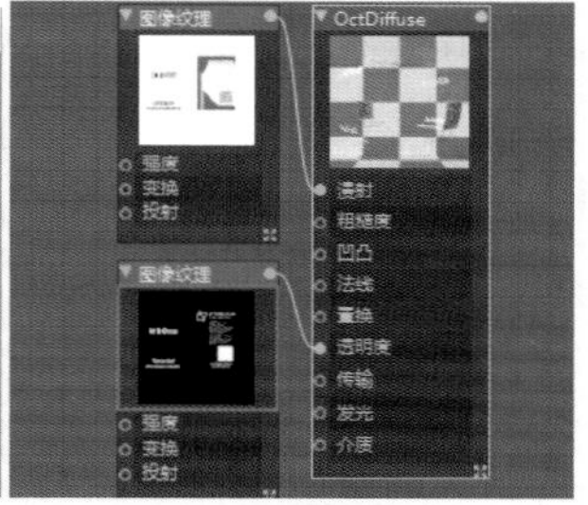

图10-65

10.1.6 渲染效果展示

更多渲染好的效果如图10-66所示。

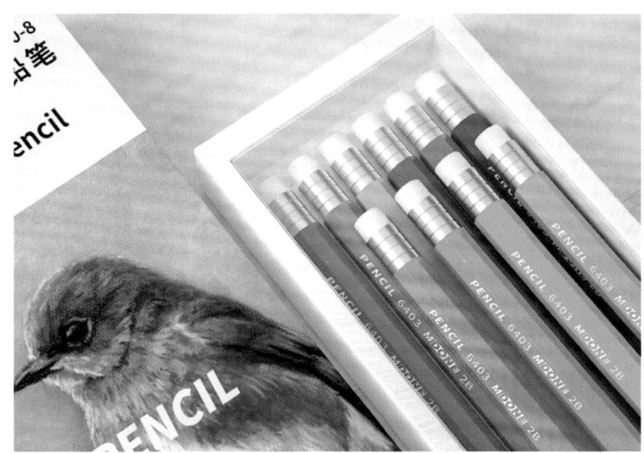

图10-66

10.2 网球包装渲染案例

场景位置	场景文件 >CH10> 网球包装渲染场景 .c4d
实例位置	实例文件 >CH10> 网球包装渲染案例 .c4d
视频名称	网球包装渲染案例
技术掌握	网球模型制作方法、毛发制作技巧及材质的调节方法

本案例介绍网球模型、网球表面绒毛效果的制作技巧，以及材质和渲染环境的调节方法。

网球模型的制作难点是如何通过合理布线制作网球接缝区域的造型，网球的绒毛效果使用了Cinema 4D中的“毛发”系统。“毛发”系统是Cinema 4D非常强大的功能之一，本案例将带领读者一起熟悉“毛发”系统的使用方法。

制作好的网球产品包装效果如图10-67所示。

图10-67

10.3 滑板包装渲染案例

场景位置	场景文件 >CH10> 滑板包装渲染场景 .c4d
实例位置	实例文件 >CH10> 滑板包装渲染案例 .c4d
视频名称	滑板包装渲染案例
技术掌握	滑板模型制作方法、展开 UV 贴图及材质的调节方法

本案例介绍滑板模型的制作、展开UV贴图的技巧，以及材质和渲染环境的调节方法。

滑板模型的制作难点是滑轮上的结构，上面有很多的细节。通过本案例，读者可以加强对建模布线的练习。

制作好的滑板产品包装效果如图10-68所示。

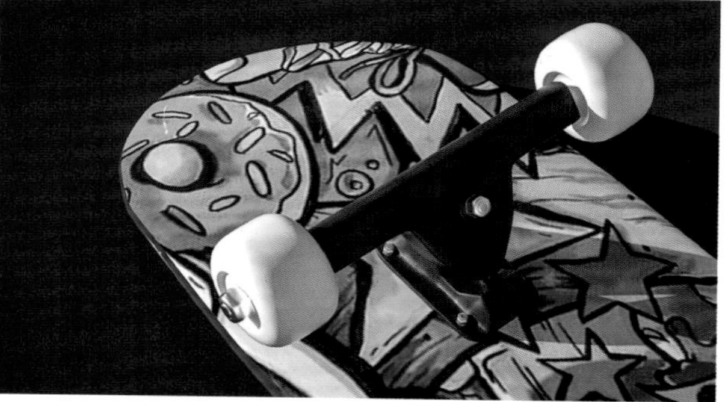

图10-68

第11章 商业案例实战——农副产品类

本章讲解茶叶包装、牛奶包装和鸡蛋包装3个案例的建模、材质渲染过程。其中茶叶的建模用到了之前为读者介绍过的Cinema 4D中的变形器。在建模工作中灵活使用这些工具，对制作一些特殊造型有很大的帮助。

11.1 茶叶包装渲染案例

场景位置	场景文件 >CH11> 茶叶包装渲染场景 .c4d
实例位置	实例文件 >CH11> 茶叶包装渲染案例 .c4d
视频名称	茶叶包装渲染案例
技术掌握	茶叶模型的制作及包装材质的调节方法

在实际生活中，我们见到的茶叶包装有很多种类型，有袋装的也有罐装的，有塑料材质的也有金属材质的。本案例的包装在颜色上使用了黑金搭配，黑金搭配被誉为“奢华界”的黄金搭配，一直被视为极具高级感的配色方案之一。

本案例的建模知识是茶叶模型的制作方法，使用到了“锥化”变形器、“扭曲”变形器和“置换”变形器。变形器是Cinema 4D中比较重要的工具，在平常工作中使用频率很高，合理运用变形器有助于建模工作的高效开展。

制作好的茶叶产品包装效果如图11-1所示。

图11-1

11.1.1 茶叶罐和茶叶袋建模

本案例的茶叶内包装分为茶叶罐和茶叶袋两个部分。茶叶罐和茶叶袋模型效果如图11-2所示。

图11-2

01 进行茶叶罐建模。创建一个圆柱对象，设置“高度”为250cm，并将该对象转为可编辑对象，如图11-3所示。

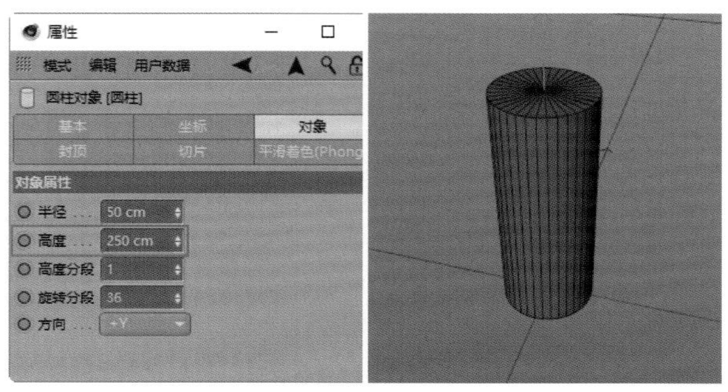

图11-3

02 在“边”模式下，使用“循环/路径切割”工具在靠近顶部的地方切出一条循环边，用来分割茶叶罐身和盖子，如图11-4所示。

图11-4

03 在“多边形”模式下，使用“循环选择”工具选中顶部的面，单击鼠标右键并执行“分裂”命令，把分裂出来的新多边形改名为“盖子”，如图11-5所示。

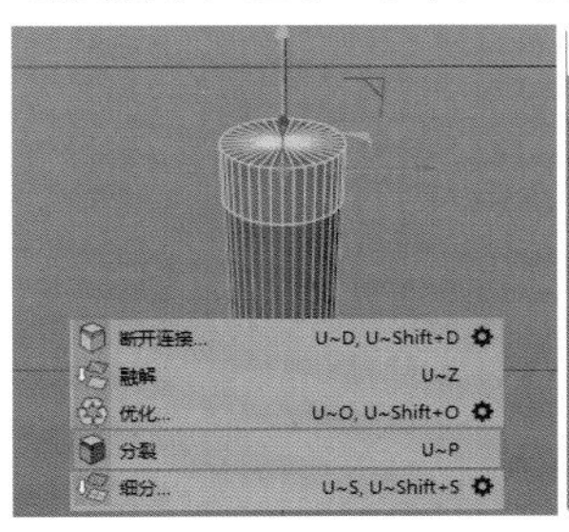

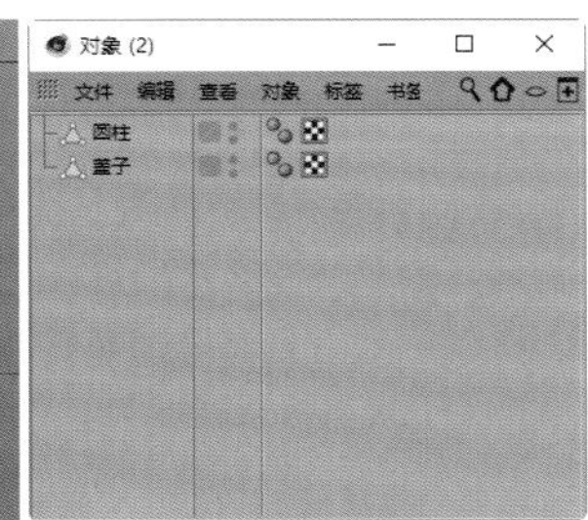

图11-5

04 在“多边形”模式下，选中原来的圆柱对象上方多余的面，然后按Delete键删除，并将剩余对象改名为“茶叶罐”，如图11-6所示。

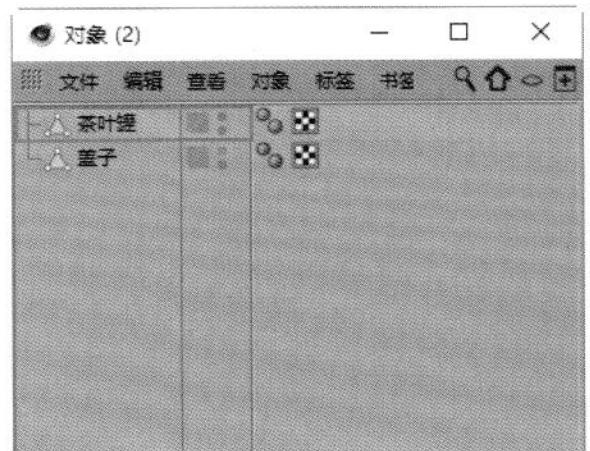

图11-6

05 在“边”模式下，分别对茶叶罐和盖子进行倒角处理，设置“偏移”为1cm、“细分”为1，如图11-7所示。

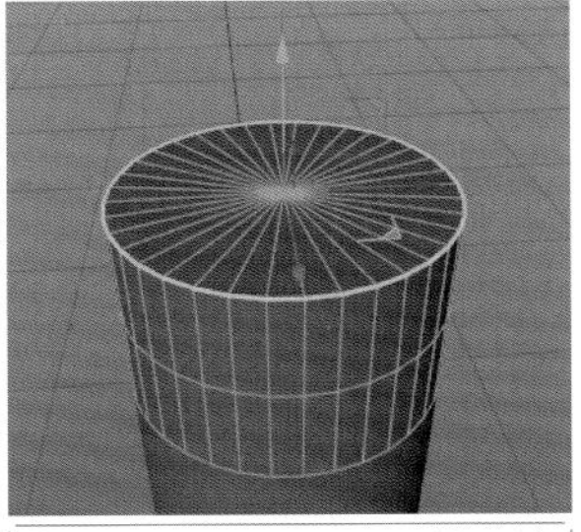

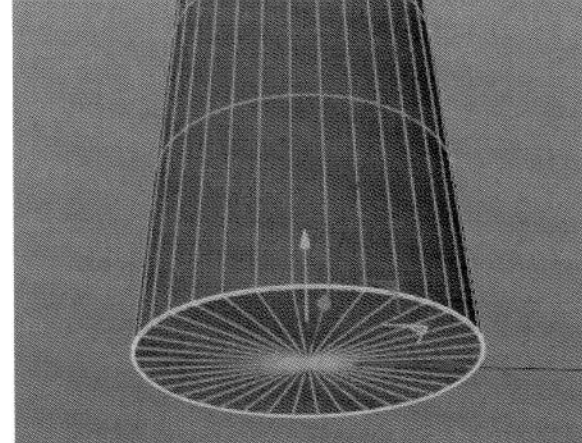

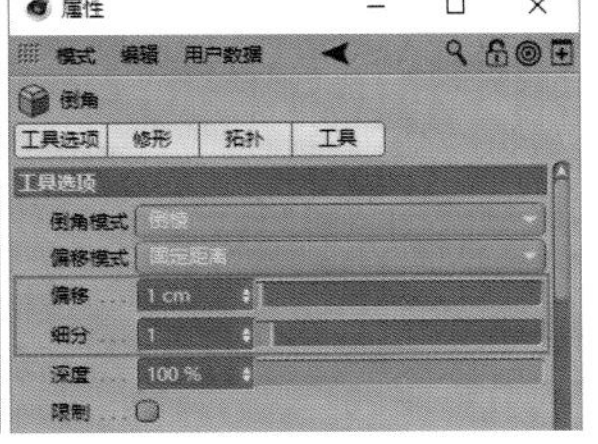

图11-7

06 进行茶叶袋建模。创建一个圆柱对象，设置“旋转分段”为24，其他参数保持默认，并取消勾选“封顶”选项，如图11-8所示。

图11-8

提示

取消勾选“封顶”选项会让圆柱体对象上下的两个面消失，只保留圆柱体的圆筒形状，在制作不需要封顶的模型时经常用到这个功能。

07 把圆柱对象转为可编辑对象，沿着z轴使用“缩放”工具将其向内收缩，如图11-9所示。

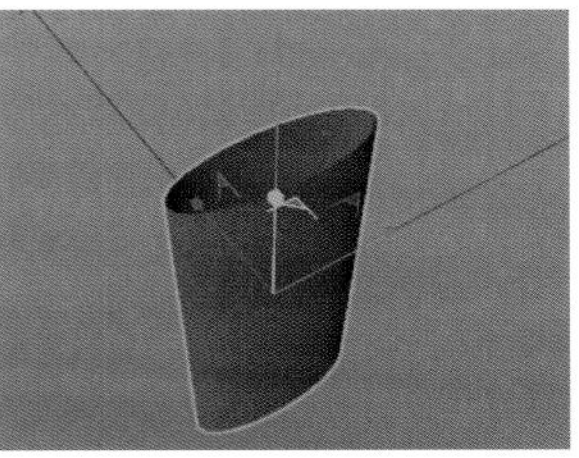

图11-9

08 在“边”模式下，使用“循环/路径切割”工具在中间切出一条循环边，选中最下方的边并使用“缩放”工具沿着x轴将其向外放大，调整茶叶袋底部的大小，如图11-10所示。

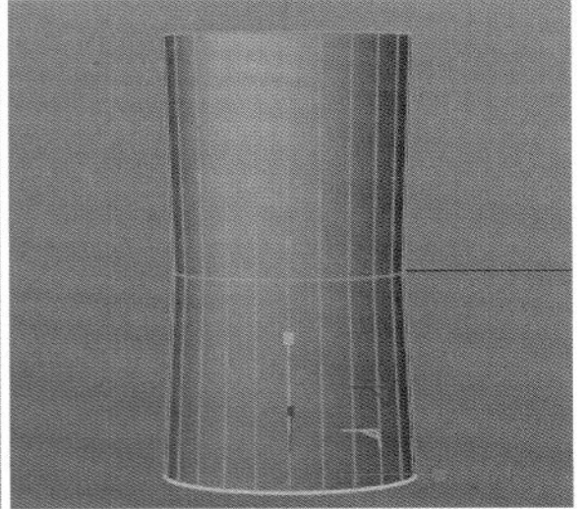

图11-10

09 使用与上一步相同的方法对茶叶袋的结构进行调整，如图11-11所示。

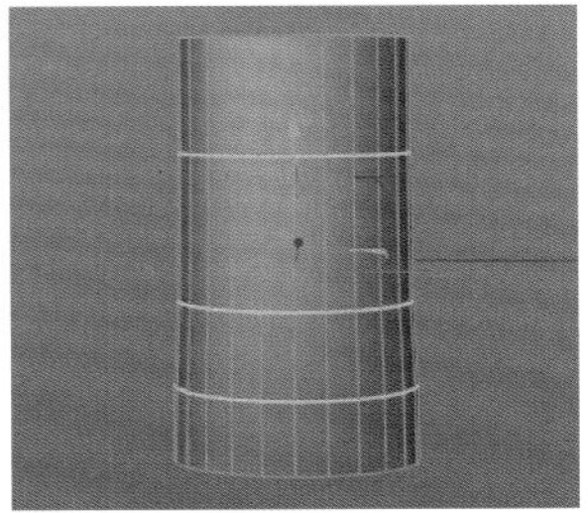

图11-11

提示

“缩放”工具是使用频率很高的工具。在建模时可以用它调整模型的整体大小，也可以单独调整模型在某个坐标轴上的大小。

10 在“边”模式下，选中茶叶袋两侧中间的线，对它们进行倒角处理，设置“偏移”为1.4cm、“细分”为1，如图11-12所示。

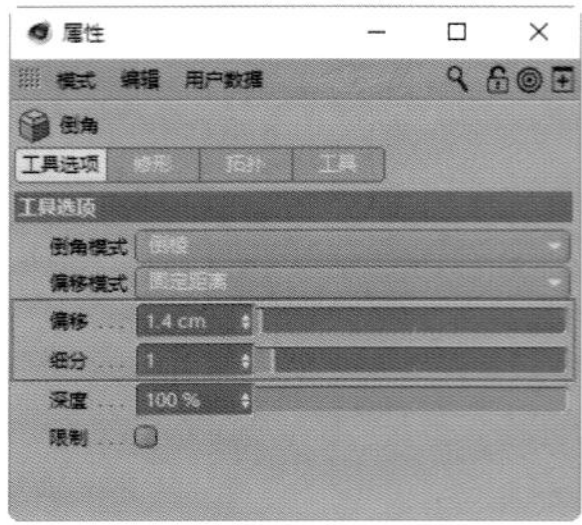

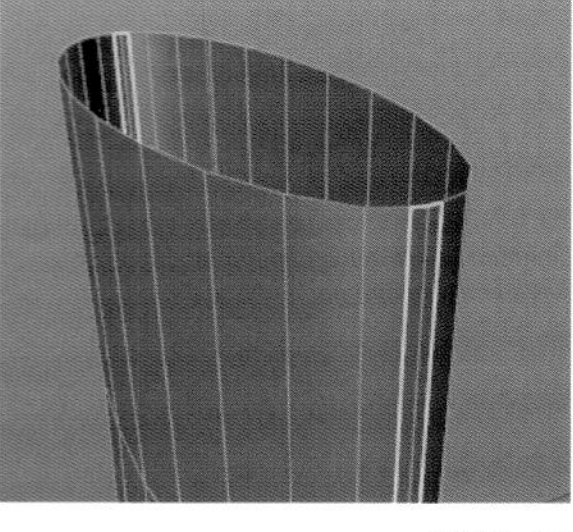

图11-12

11 在“边”模式下，选中茶叶袋顶部的线，调整顶部开口的距离，并按住Ctrl键沿着y轴向上复制出一圈面，用来制作茶叶袋顶部的封口区域，如图11-13所示。

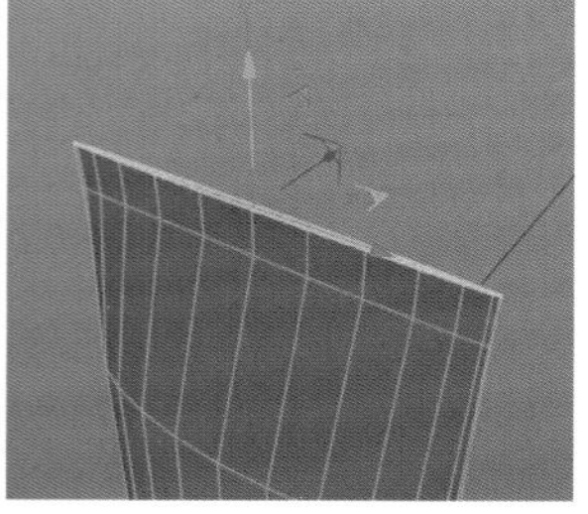

图11-13

12 选中顶部封口区域的线，对其进行倒角处理，设置“偏移”为2cm、“细分”为1，如图11-14所示。

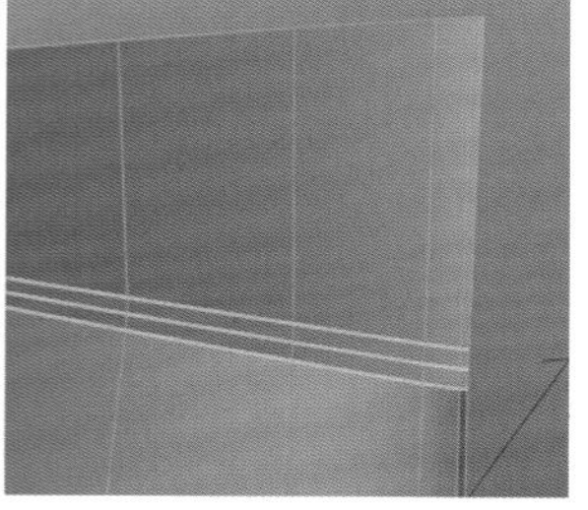

图11-14

13 选中上一步倒角后出现的中间的线，切换到“右视图”模式，沿着z轴向内收缩，制作茶叶袋封口处的压线效果，如图11-15所示。

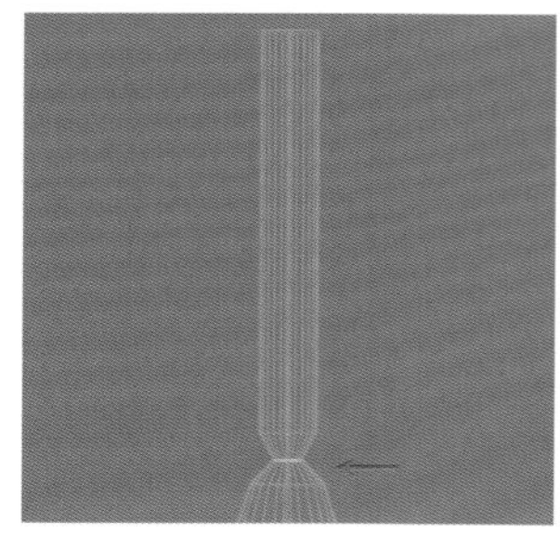

图11-15

14 选中茶叶袋底部的循环线，使用与制作茶叶袋顶部封口处相同的方法制作茶叶袋底部封口的模型效果，如图11-16所示。

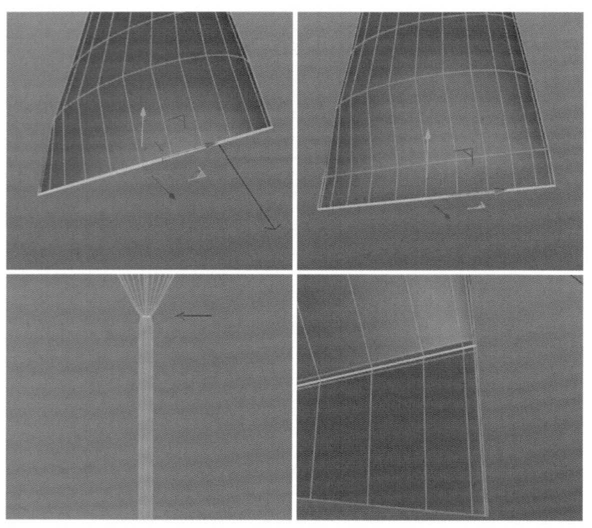

图11-16

15 在“边”模式下，选中茶叶袋正面中间的线，按住Ctrl键沿着z轴向外拖曳，挤压出新的面，用来制作茶叶袋中间区域的模型效果，如图11-17所示。

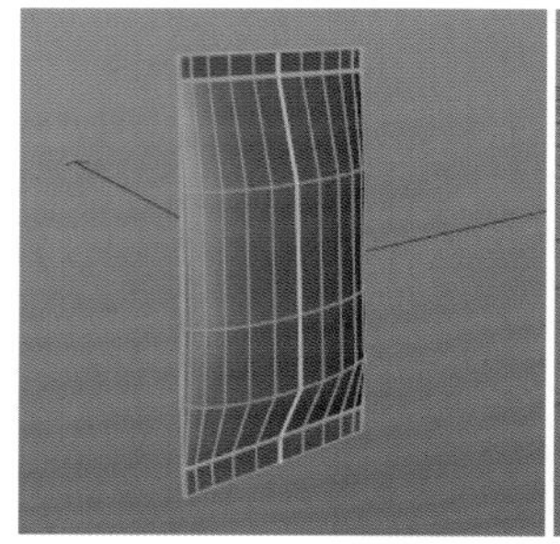
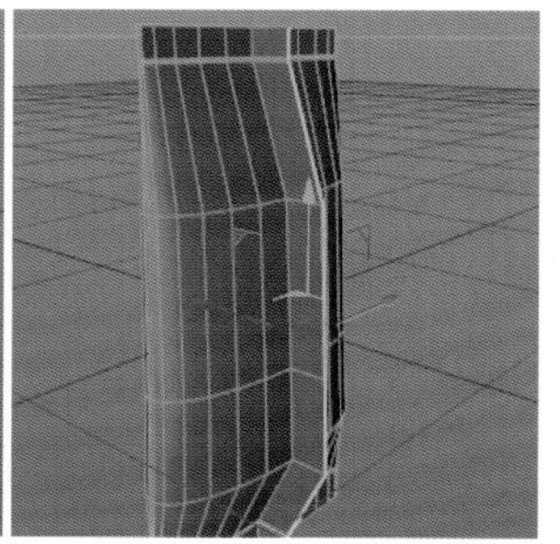

图11-17

16 使用“移动”工具调整上一步挤压生成的面的位置，如图11-18所示。

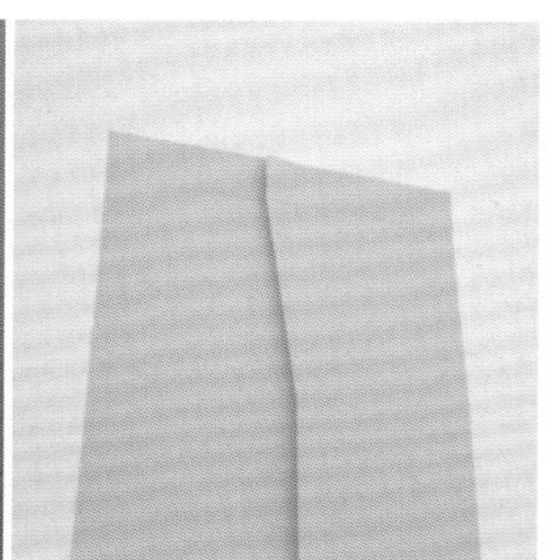

图11-18

17 在“边”模式下，使用“循环/路径切割”工具对上一步制作好的多边形区域进行布线和卡边，并对其加入“细分曲面”，观察模型效果，如图11-19所示。

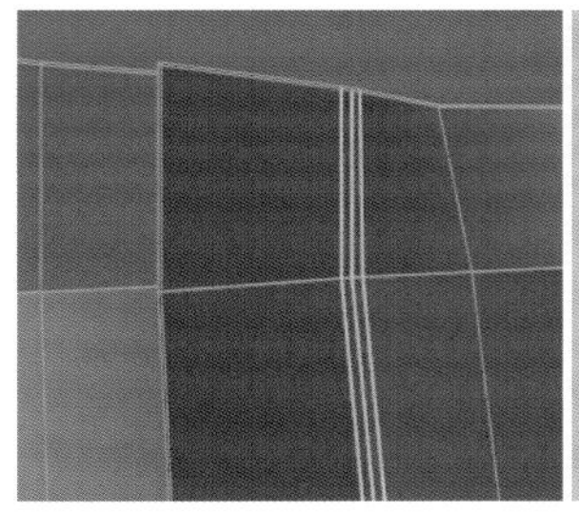

图11-19

18 在“点”模式下，可以对茶叶袋顶部和底部的点进行调整，制作出茶叶袋上下褶皱的随机效果，如图11-20所示。

图11-20

11.1.2 茶叶外包装建模

本案例的茶叶外包装盒分为两个部分，分别是外盒和内盒。茶叶外包装模型效果如图11-21所示。

图11-21

01 创建一个立方体对象，根据茶叶罐和茶叶袋的大小调整立方体的尺寸，在“属性”面板中设置“尺寸. X”为430cm、“尺寸. Y”为160cm、“尺寸. Z”为300cm、“分段Y”为2，其他参数设置保持默认，如图11-22所示。

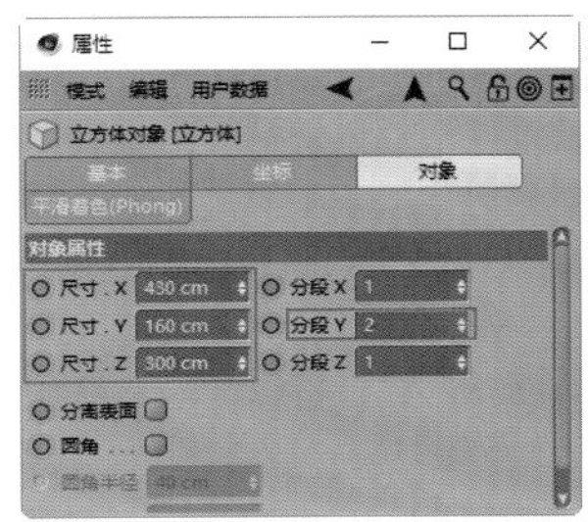

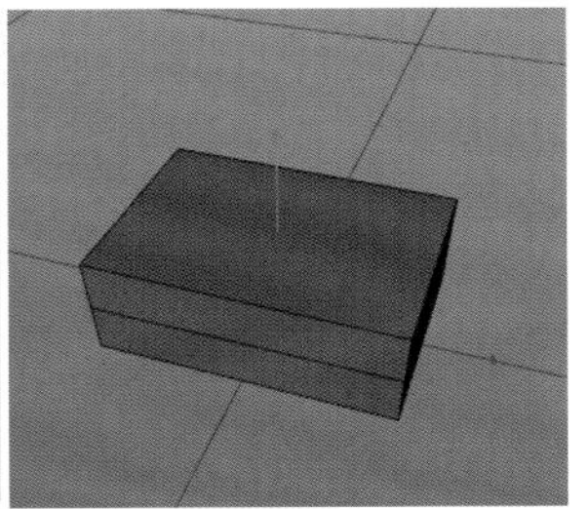

图11-22

02 把立方体对象转为可编辑对象，在“边”模式下，选中中间的线（这条线是盒子上下两个部分的分割线），使用“滑动”工具调整线的位置，如图11-23所示。

图11-23

03 在“多边形”模式下，选中立方体上方的所有面，单击鼠标右键并执行“分裂”命令，参考前面茶叶罐的制作方法并把立方体分成上下两个部分，然后分别命名为“外盒上”和“外盒下”，如图11-24所示。

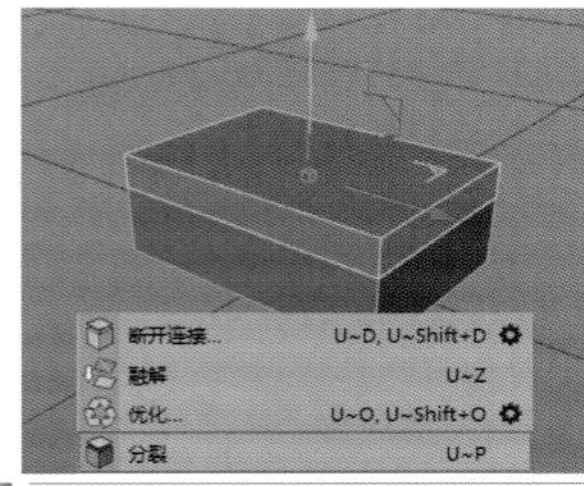

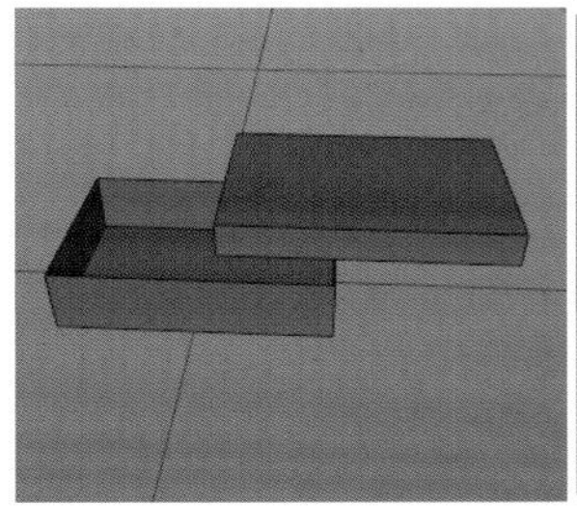
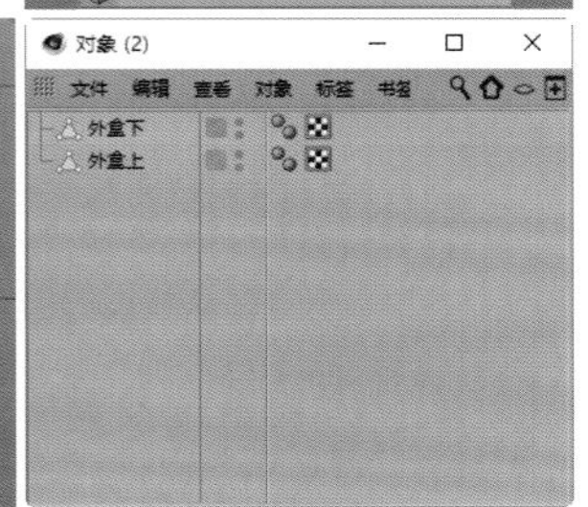

图11-24

04 在“边”模式下，选中“外盒上”对象转角处的边，对其进行倒角处理，设置“偏移”为2cm、“细分”为3，制作盒子模型的边缘细节，如图11-25所示。

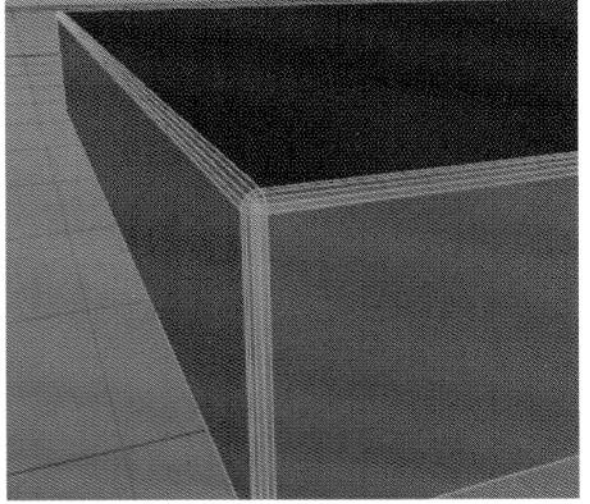

图11-25

05 在“边”模式下，选中“外盒下”对象转角处的边，对其进行倒角处理，设置“偏移”为2cm、“细分”为3，如图11-26所示。

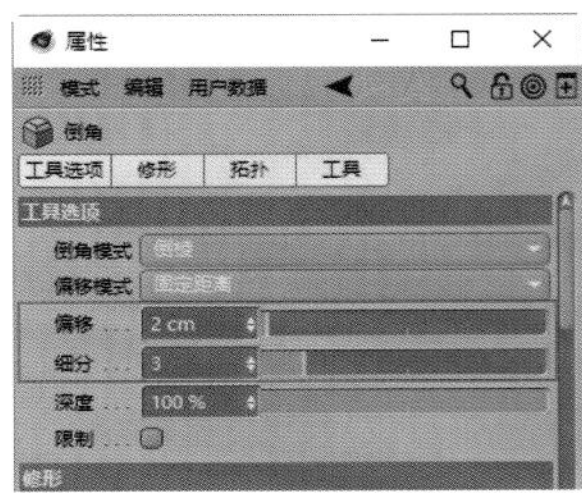

图11-26

06 在“边”模式下，选中“外盒下”对象上方的边，按住Ctrl键的同时用“缩放”工具向内挤压出厚度，然后继续按住Ctrl键的同时沿着y轴向上挤压出高度，制作盒子内部衔接效果的细节，如图11-27所示。

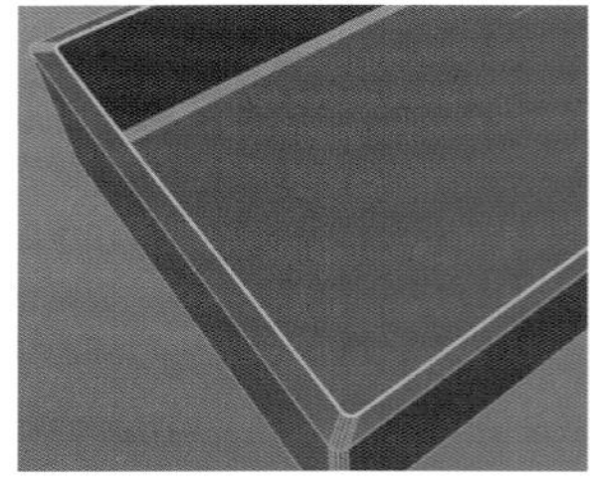
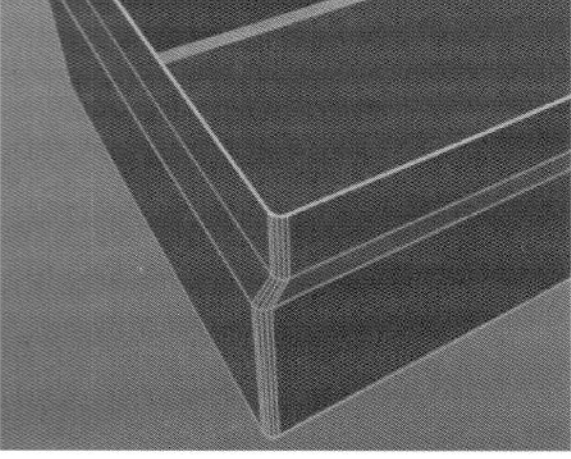

图11-27

07 选中“外盒下”对象转折处的线，使用“倒角”工具对这些线进行倒角布线，添加盒子上的细节，设置“偏移”为2cm、“细分”为3，如图11-28所示。

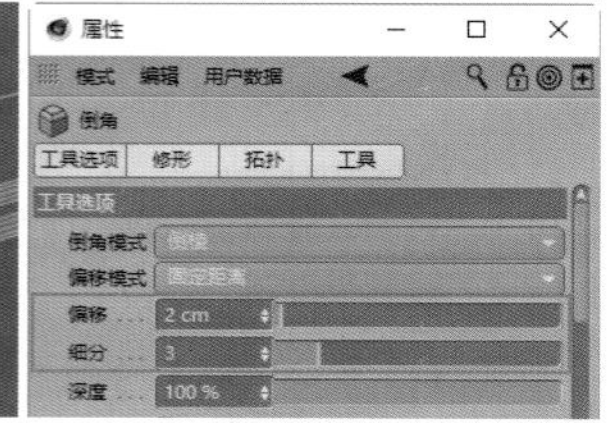

图11-28

08 进行内盒建模。创建一个立方体对象，根据外盒的大小调整立方体的尺寸，在“属性”面板中设置“尺寸. X”为420cm、“尺寸. Y”为92cm、“尺寸. Z”为288cm，把该立方体对象放置于“外盒下”对象的内部，并转为可编辑对象，命名为“内盒”，如图11-29所示。

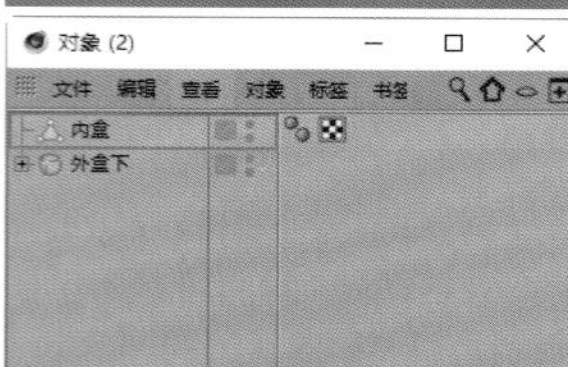

图11-29

提示

在制作产品模型时，有时需要使用一个物体作为参考来调整产品模型的大小，如这里的内盒模型就需要根据外盒的大小来调整尺寸。默认情况下两个物体对象会重合在一起，影响观察，这时可以选中其中一个物体，然后在“属性”面板中勾选“透明”选项。

09 在“多边形”模式下，选中顶部的面并按Delete键删除，如图11-30所示。

图11-30

10 在“边”模式下，选中顶部的一圈循环边，按住Ctrl键的同时用“缩放”工具向外挤压，这里需要注意挤压的距离不能超出外盒的厚度，如图11-31所示。

图11-31

11 在“边”模式下，选中“内盒”的转折边并对其进行倒角处理，以添加细节，设置“偏移”为2cm、“细分”为2，如图11-32所示。

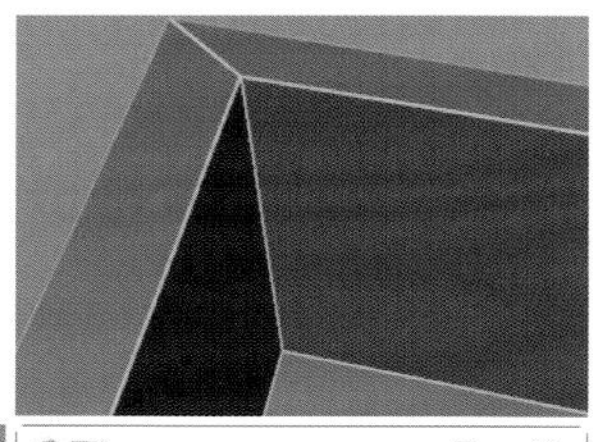

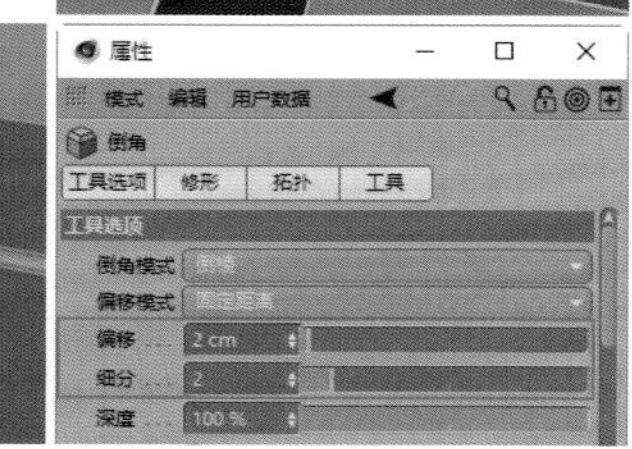

图11-32

12 创建一个立方体对象，把它放置于“内盒”对象的内部，根据内盒的大小调整立方体的尺寸，在“属性”面板中设置“尺寸. X”为416cm、“尺寸. Y”为90cm，“尺寸. Z”为282cm、“分段X”为3，并将该立方体转为可编辑对象，命名为“内盒格子”，如图11-33所示。

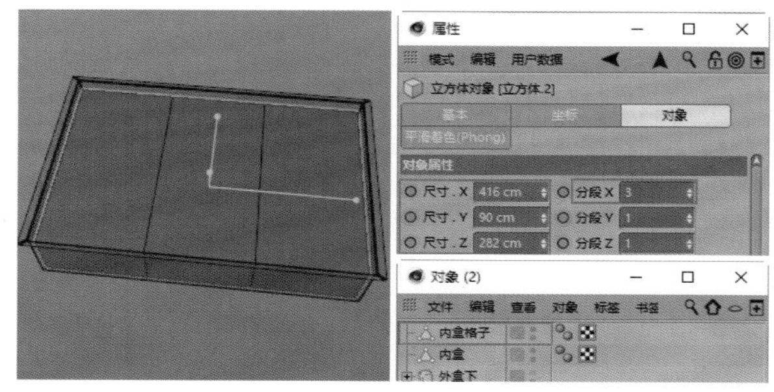

图11-33

13 在“边”模式下，全选所有的边，使用“倒角”工具对它们进行倒角处理，设置“偏移”为2cm、“细分”为2，如图11-34所示。

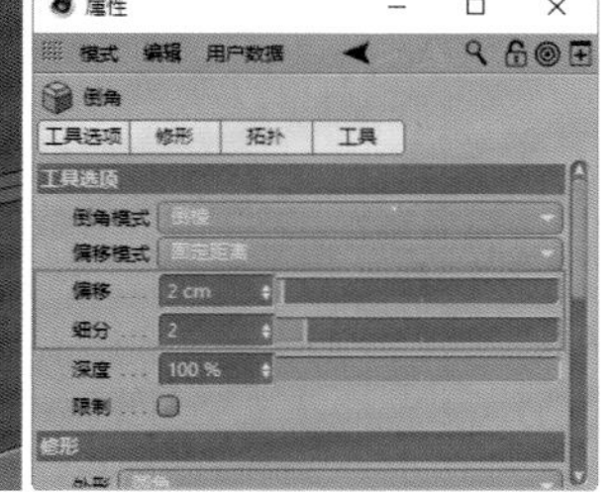

图11-34

14 在“多边形”模式下，选中顶部的3个面，使用“内部挤压”工具对这3个面执行向内挤压操作，如图11-35所示。

图11-35

15 使用“挤压”工具向下挤压刚才选中的面，挤压的距离不能超出外部边缘，如图11-36所示。

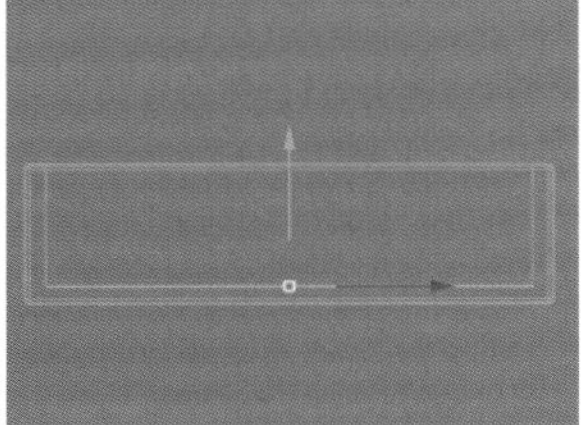

图11-36

16 在“边”模式下，使用“倒角”工具对刚才挤压后生成的转折边进行倒角处理，设置“偏移”为2cm、“细分”为2，如图11-37所示。

图11-37

17 把制作好的所有外包装模型放置在一起，完成茶叶外包装的建模，如图11-38所示。

图11-38

11.1.3 茶叶建模

茶叶是外形随机性很强的物体，所以在建模的时候应尽量模拟这种随机的形态。本案例中茶叶模型需要用之前学过的变形器来完成。制作好的茶叶模型效果如图11-39所示。

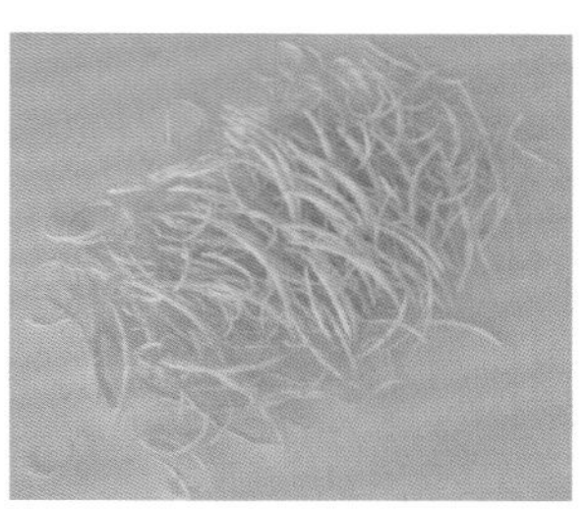

图11-39

01 创建一个平面对象，然后将其调整为长方形，设置“宽度”为630cm、“高度”为230cm，“宽度分段”和“高度分段”均为20，并将该平面转为可编辑对象，如图11-40所示。

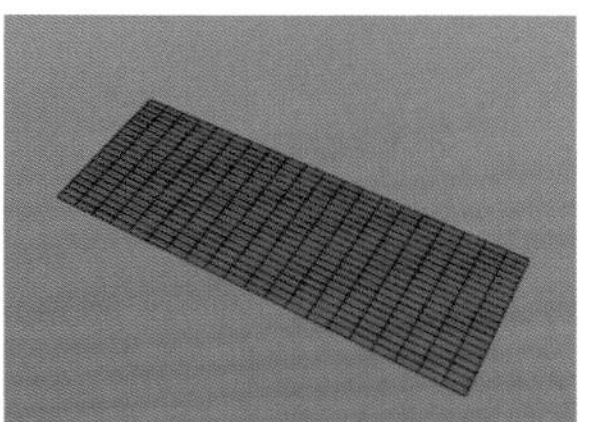

图11-40

02 在“点”模式下，调整平面对象的外形结构，如图11-41所示。

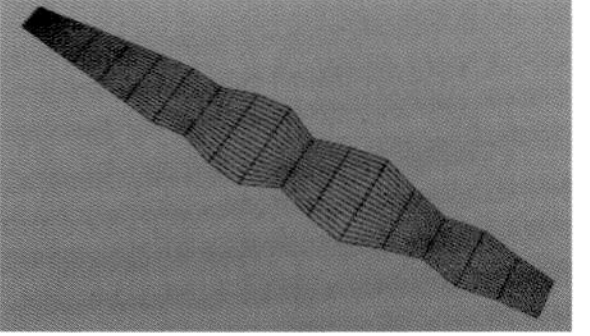

图11-41

03 为“平面”添加“锥化”变形器，单击变形器“属性”面板中的“匹配到父级”按钮，设置“强度”为68%，制作平面对象一端变窄的效果，如图11-42所示。

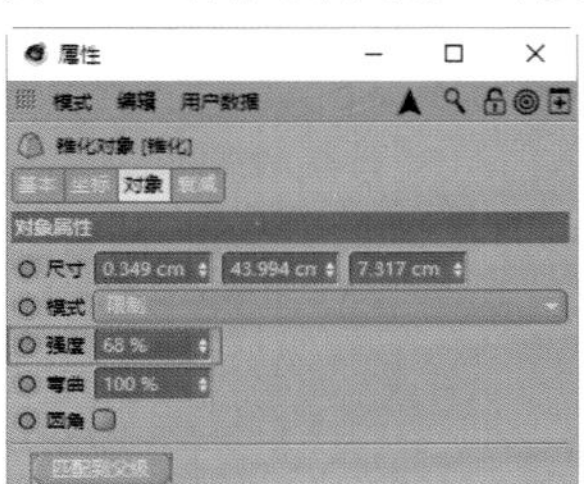

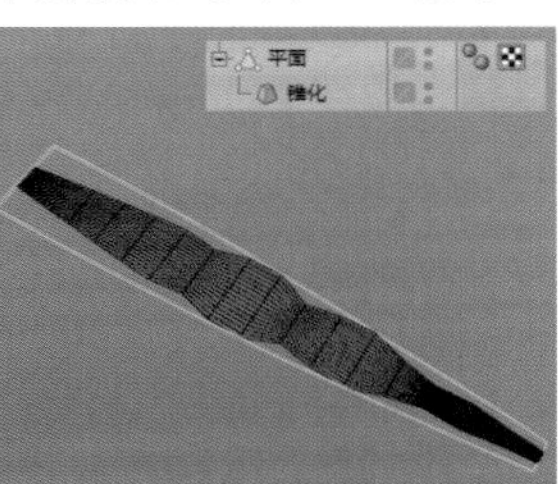

图11-42

04 复制一个“锥化”变形器，在“属性”面板中设置坐标“R．H”为180°，制作平面对象另一端的变窄效果，如图11-43所示。

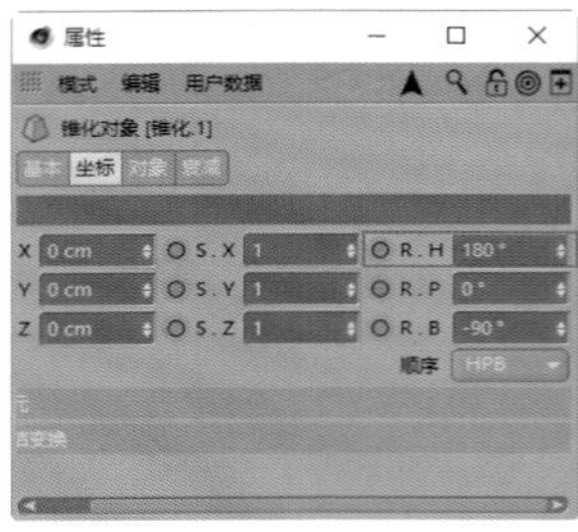

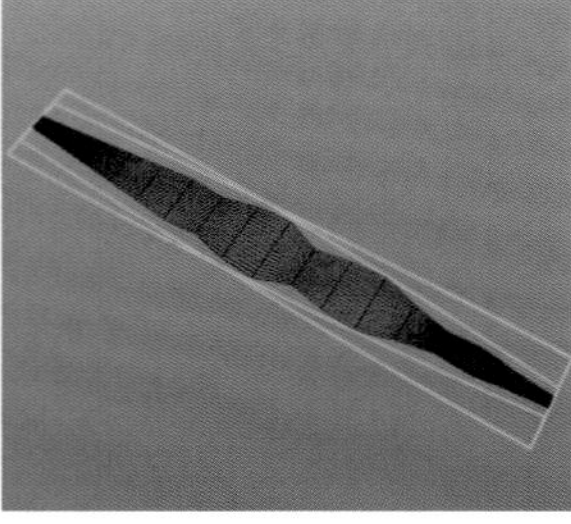

图11-43

05 为平面添加“扭曲”变形器，单击变形器“属性”面板中的“匹配到父级”按钮，设置“尺寸”为（0cm，1.042cm，43.994cm）、“模式”为“无限”、“强度”为48°，制作平面第1次卷曲的效果，如图11-44所示。

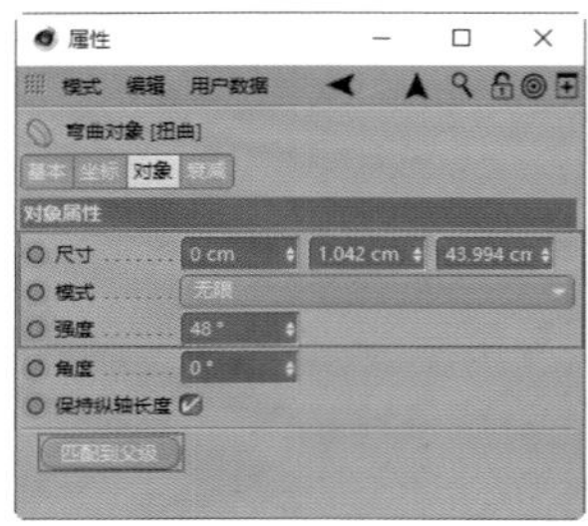

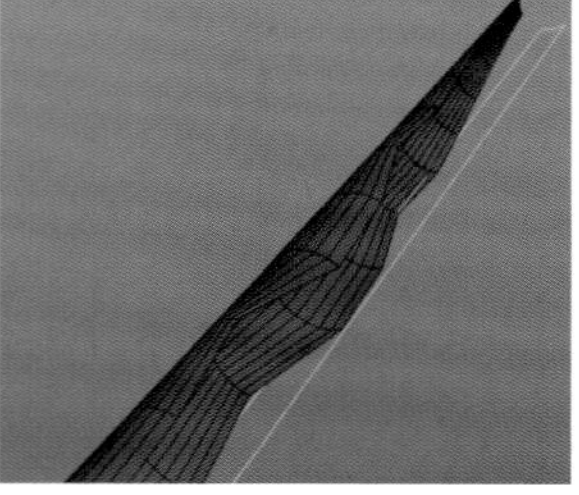

图11-44

06 复制一个“扭曲”变形器，单击变形器“属性”面板中的“匹配到父级”按钮，设置“尺寸”为（0cm，43.994cm，7.317cm）、“模式”为“无限”、“强度”为232°，通过改变“扭曲”变形器的坐标轴方向来制作平面第2次卷曲的效果，如图11-45所示。

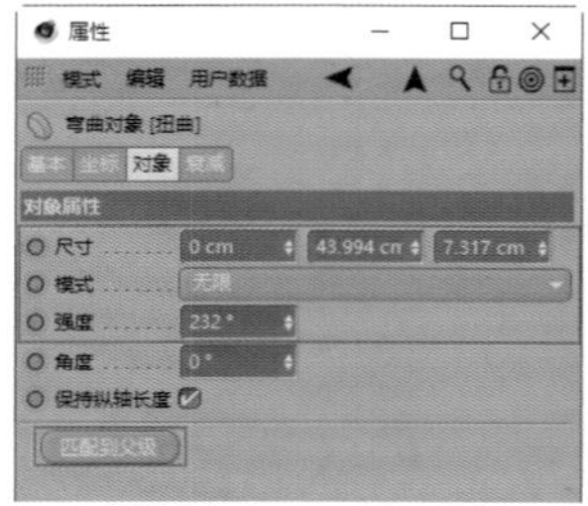

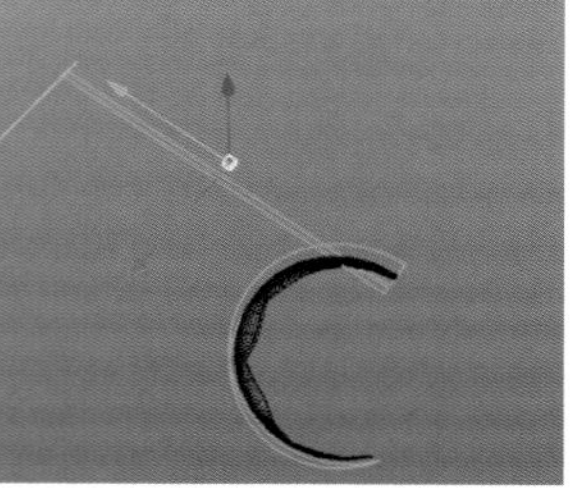

图11-45

07 为“平面”添加“置换”变形器，在变形器“属性”面板中的“着色”选项卡中添加“噪波”着色器，调整“置换”变形器的“高度”为1.3cm左右，制作平面表面凹凸的效果，如图11-46所示。

08 到这里，茶叶模型的制作已经介绍完了。为了使茶叶更加真实，可以复制多份制作好的茶叶，调整它们的变形器参数制作不同形态的茶叶模型，如图11-47所示。

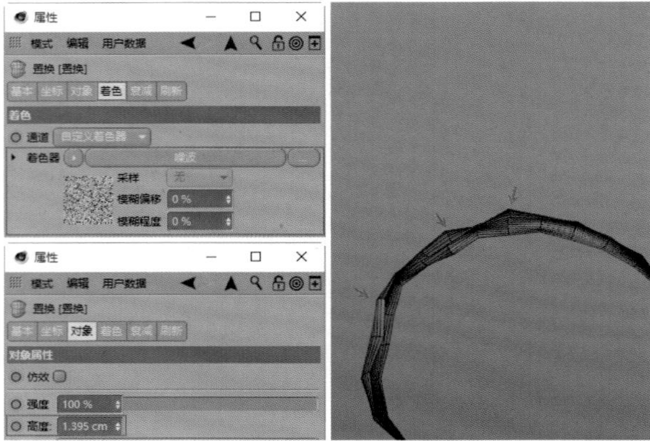

图11-46

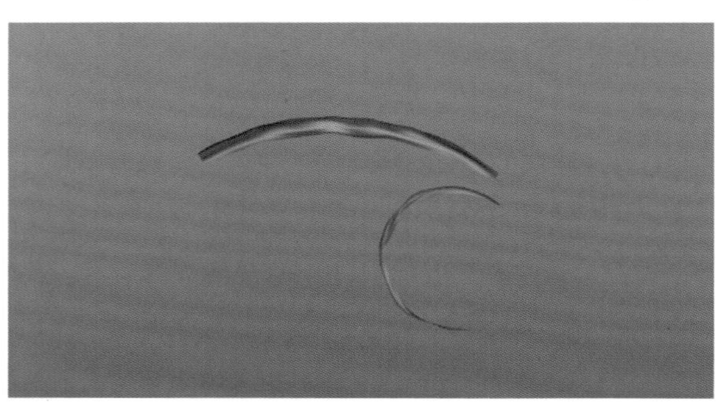

图11-47

11.1.4 UV拆分及贴图

茶叶的包装分为3个部分，包括装茶叶的茶叶袋和茶叶罐，以及包装盒。下面介绍这3个部分的UV拆分和贴图的制作过程，如图11-48所示。

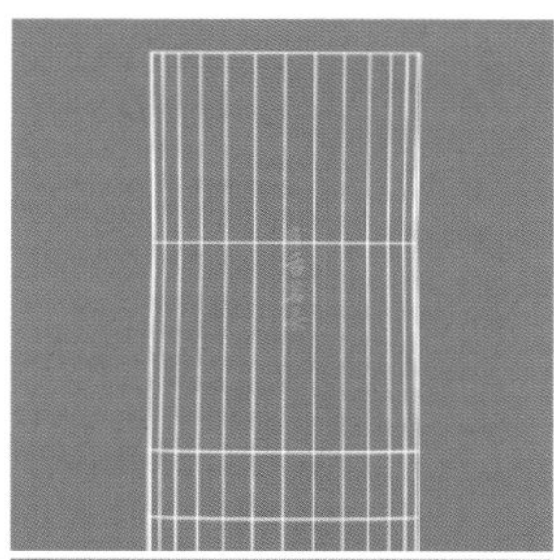

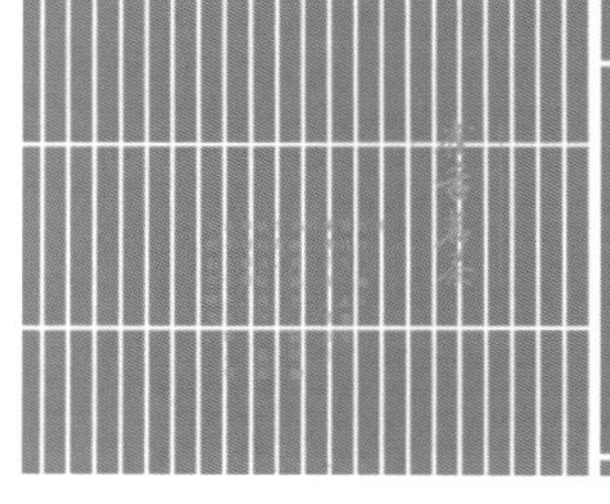

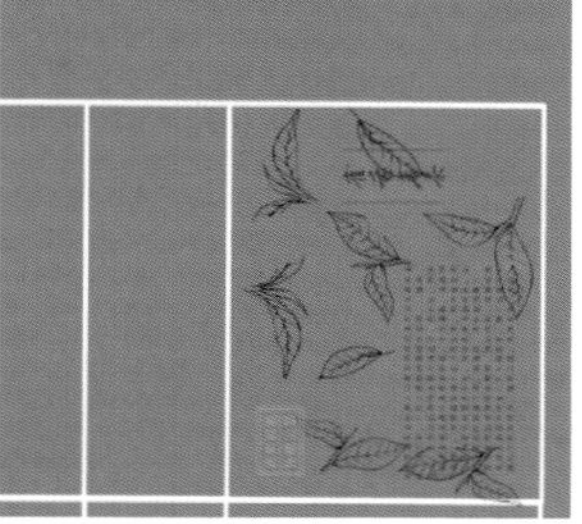

图11-48

01 包装盒UV拆分。单击Cinema 4D右上方的“界面”菜单，在下拉菜单中执行“BP – UV Edit”命令，切换到UV编辑界面；制作外盒封皮的UV，如图11-49所示。

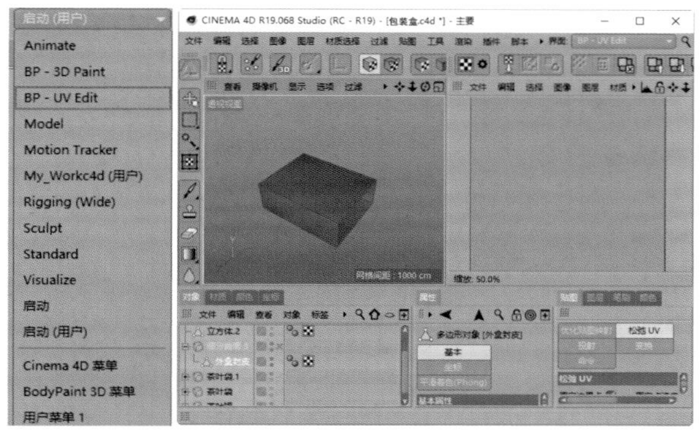

图11-49

02 在左侧面板上方快捷工具栏中单击“边”按钮，选中需要展开UV的边，并执行“选择>设置选集”菜单命令，为刚才选中的边添加“选集”标签，如图11-50所示。

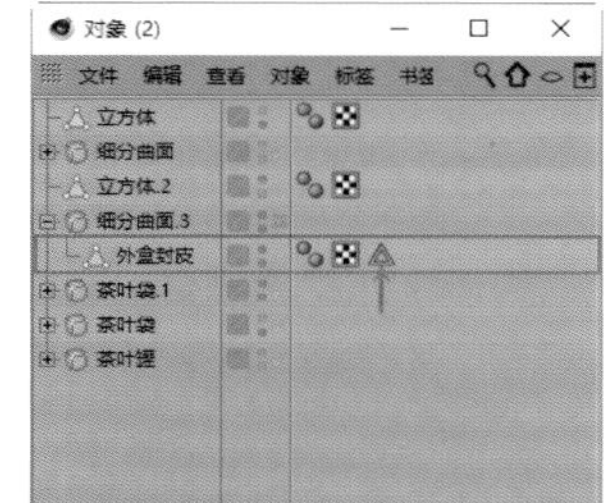

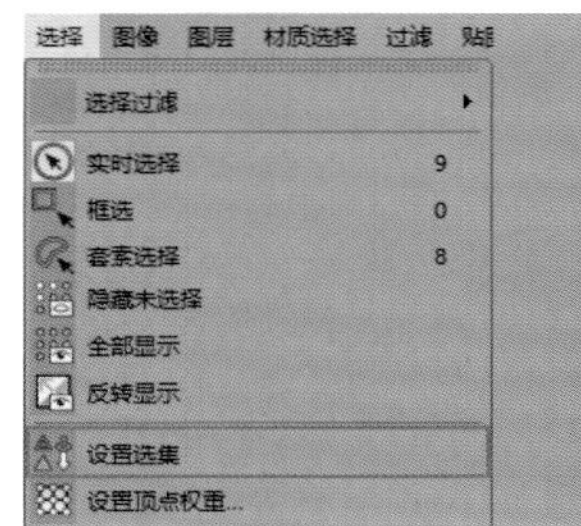

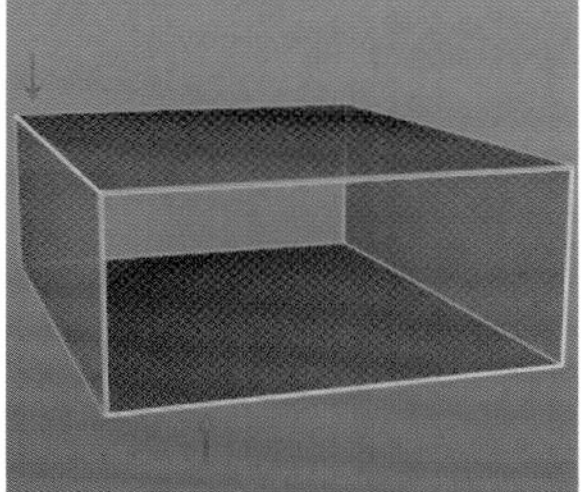

图11-50

03 在左侧面板上方快捷工具栏中单击“多边形”按钮，选中所有的面，如图11-51所示。

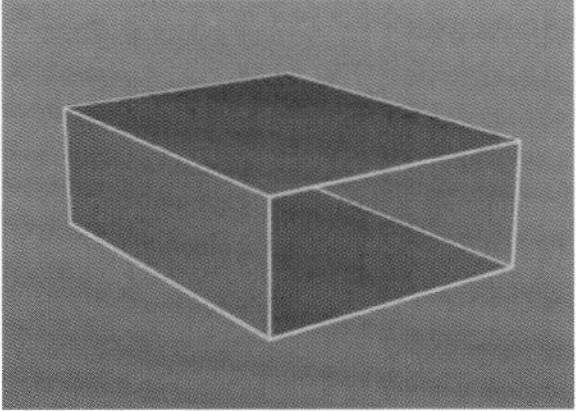

图11-51

04 在UV编辑界面右下方的“贴图”选项卡中选择“投射”选项卡，单击“前沿”按钮，上方UV编辑面板中会显示选中面的UV形状，如图11-52所示。

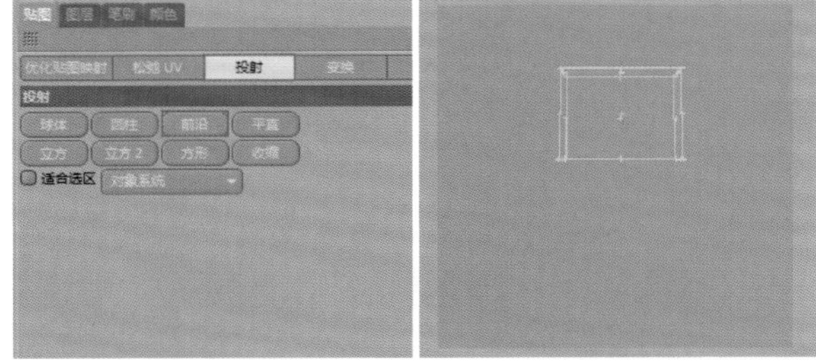

图11-52

05 在UV编辑界面右下方的“松弛UV”选项卡中勾选“沿所选边切割”选项，把之前创建的边的“选集”标签拖曳到该选项下方的空白区域，并勾选“使用标签”选项，单击“应用”按钮，松弛UV并重新进行排列，如图11-53所示。

06 使用“旋转”工具对展开的UV进行旋转，调整UV的摆放位置，如图11-54所示。

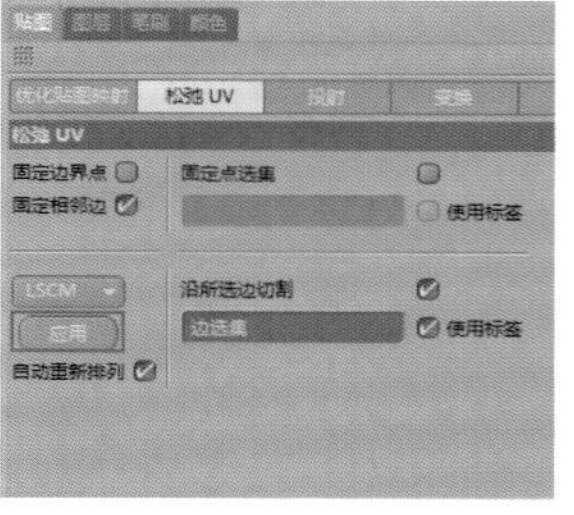

图11-53

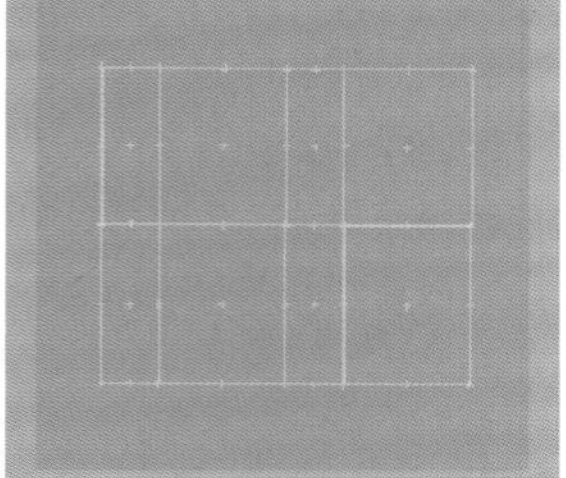

图11-54

07 在UV编辑面板中执行“文件>新建纹理”菜单命令，在弹出的面板中设置纹理的“宽度”和“高度”均为2048像素、“分辨率”为72像素/英寸（dpi），如图11-55所示。

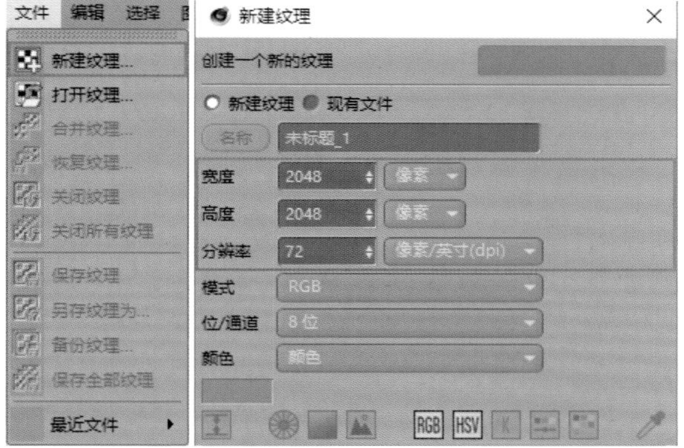

图11-55

08 切换到UV编辑界面右下方的“图层”选项卡，单击下方的“新建图层”按钮，新建一个空白图层，如图11-56所示。

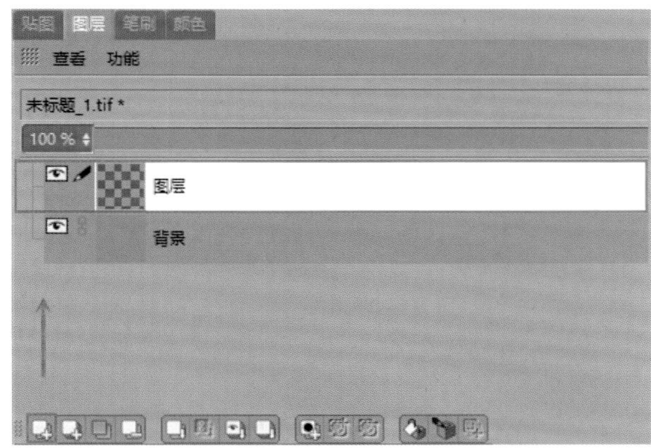

图11-56

09 在UV编辑面板中执行“图层>描边多边形”菜单命令，对UV进行描边，如图11-57所示。

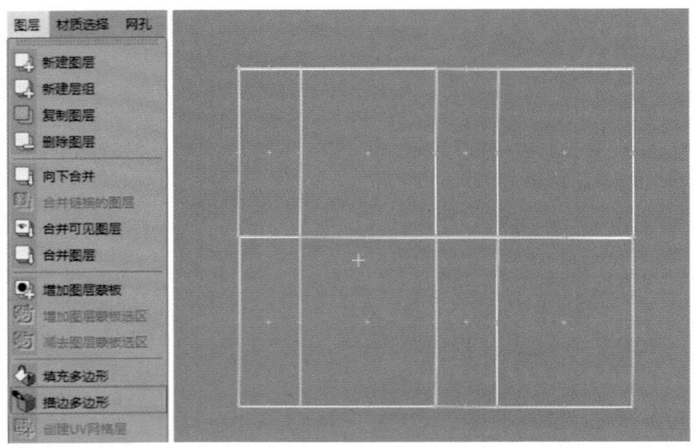

图11-57

10 在UV编辑面板中执行“文件>另存纹理为”菜单命令，在弹出的面板中设置“另存文件”为“PSD(*.psd)”格式，单击“确定”按钮，如图11-58所示，在弹出的面板中设置纹理保存路径。

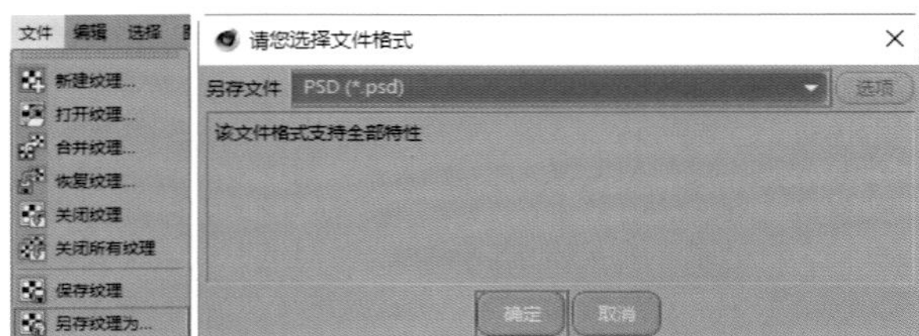

图11-58

11 在Photoshop中打开刚才制作的UV贴图文件，白色的线框图层即是贴图的区域，包装的纹理需要在这个白色线框内设计制作，如图11-59所示。

图11-59

12 在Photoshop中的设计过程不是本书的重点，这里就不介绍了。读者需要注意的是要把设计的主要内容放置于UV白色线框内，如图11-60所示。

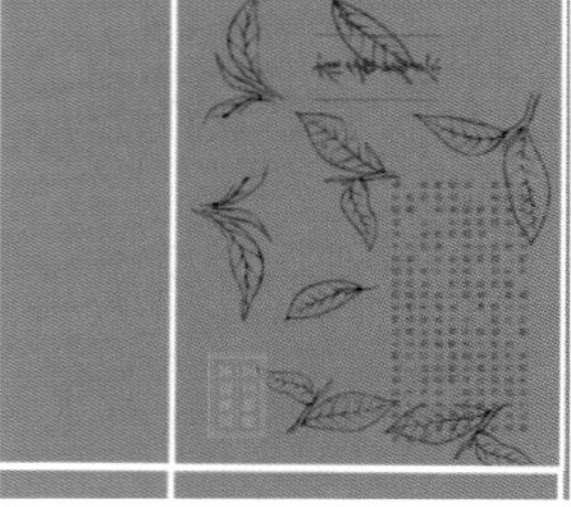

图11-60

13 选中“外盒上”对象，单击Cinema 4D右上方的“界面”菜单，在下拉菜单中执行“BP – UV Edit”命令，切换到UV编辑界面，制作“外盒上”对象的UV，如图11-61所示。

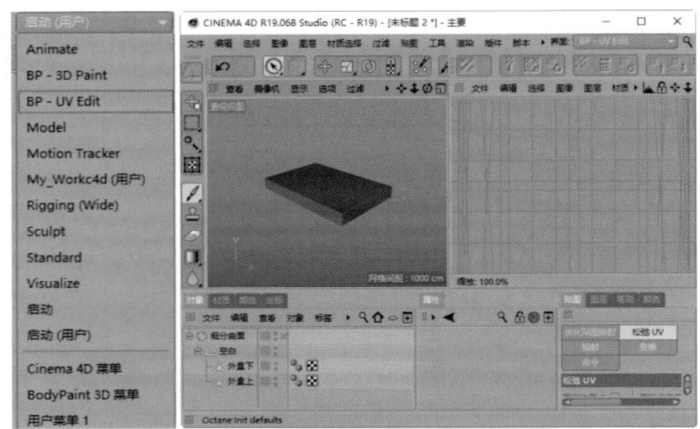

图11-61

14 在左侧面板上方快捷工具栏中单击“边”按钮，选中4个角上的边，并执行“选择>设置选集”菜单命令，为刚才选中的边添加“选集”标签，如图11-62所示。

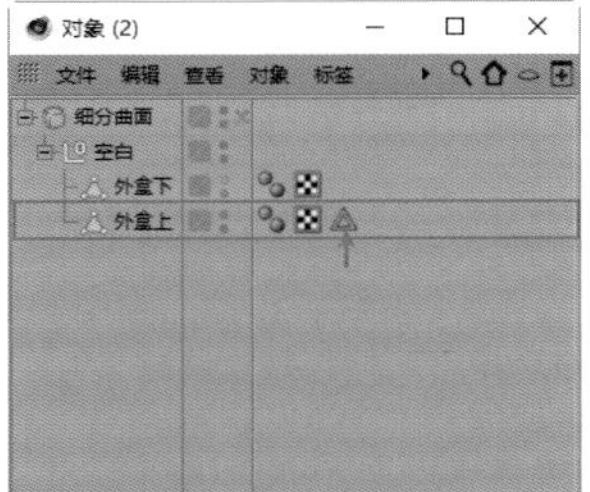

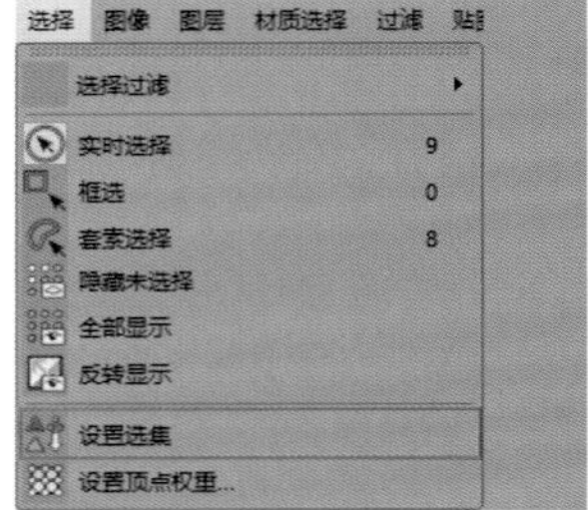

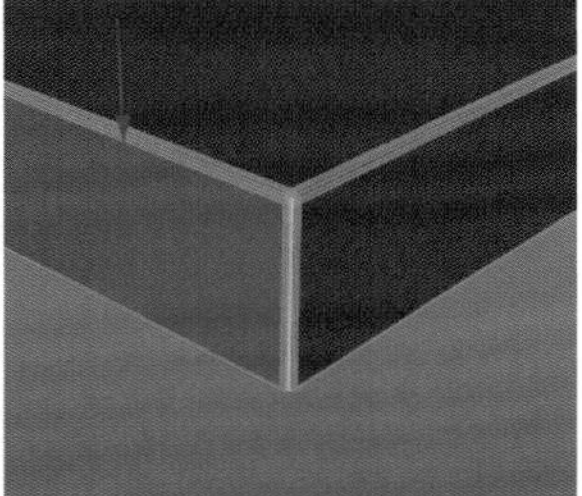

图11-62

15 在左侧面板上方快捷工具栏中单击“多边形”按钮，选中所有的面，如图11-63所示。

图11-63

16 在UV编辑界面右下方的“贴图”选项卡中选择“投射”选项卡，单击“前沿”按钮，上方UV编辑会显示选中面的UV形状，如图11-64所示。

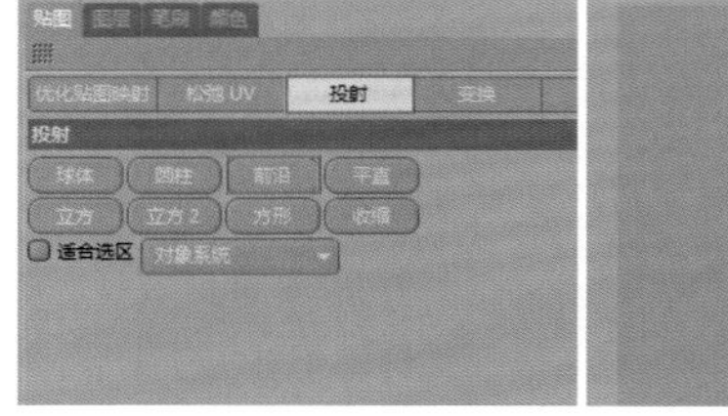

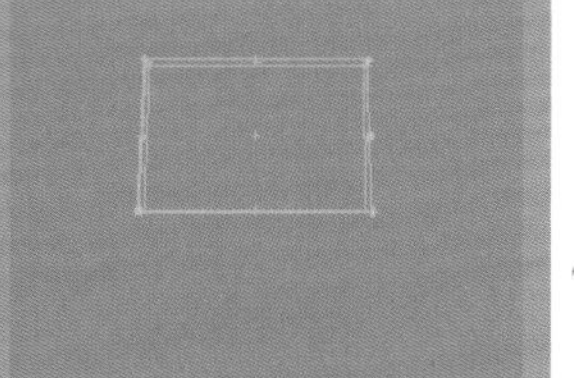

图11-64

17 在UV编辑界面右下方的“松弛UV”选项卡中，勾选“沿所选边切割”选项，把之前创建的边的“选集”标签拖曳到该选项下方的空白区域，并勾选“使用标签”选项，单击“应用”按钮，松弛UV并重新进行排列，如图11-65所示。

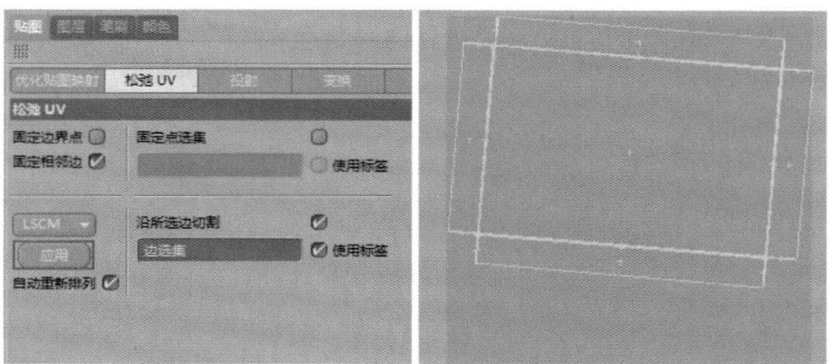

图11-65

18 使用“旋转”工具对展开的UV进行旋转，调整UV的摆放位置，如图11-66所示。

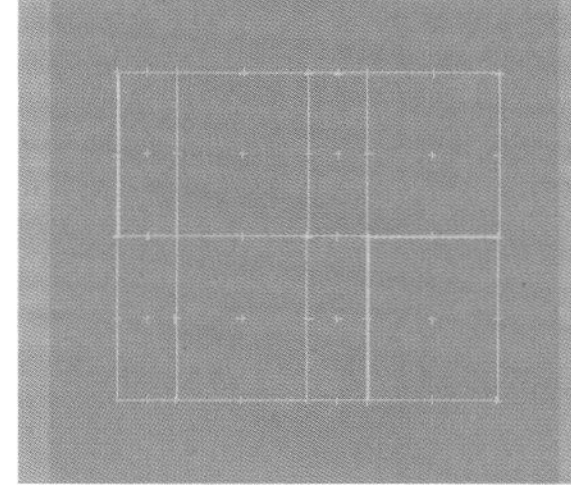

图11-66

19 在UV编辑面板中执行“文件>新建纹理”菜单命令，在弹出的面板中设置纹理的“宽度”和“高度”均为2048像素、“分辨率”为72像素/英寸（dpi），如图11-67所示。

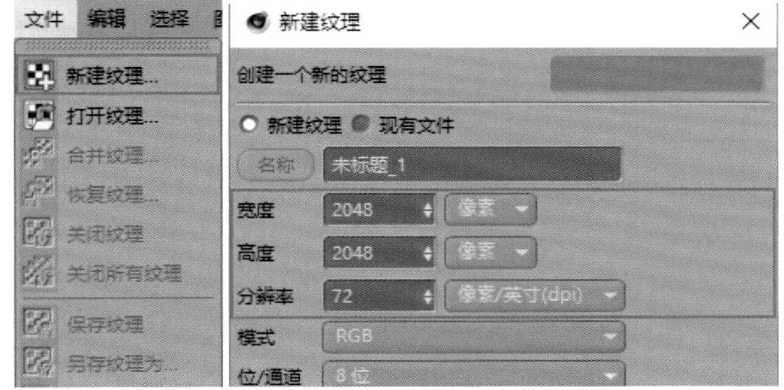

图11-67

20 切换到UV编辑界面右下方的“图层”选项卡，单击下方的“新建图层”按钮，新建一个空白图层，如图11-68所示。

图11-68

21 在UV编辑面板中执行“图层>描边多边形”菜单命令，对UV进行描边，如图11-69所示。

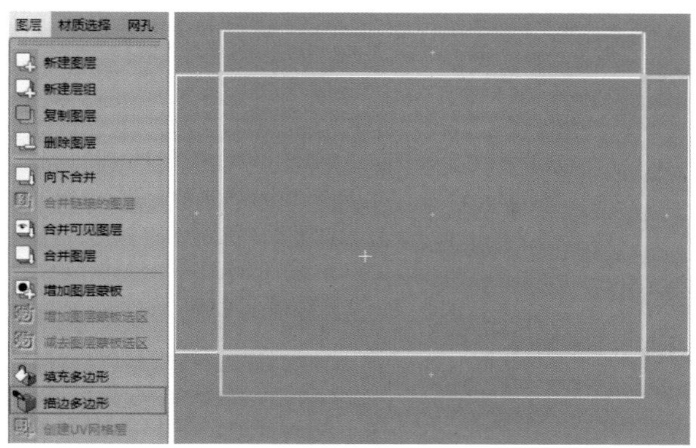

图11-69

22 在UV编辑面板中执行“文件>另存纹理为”菜单命令，在弹出的面板中设置“另存文件”为“PSD(*.psd)”格式，单击“确定”按钮，如图11-70所示，在弹出的面板中设置纹理保存路径。

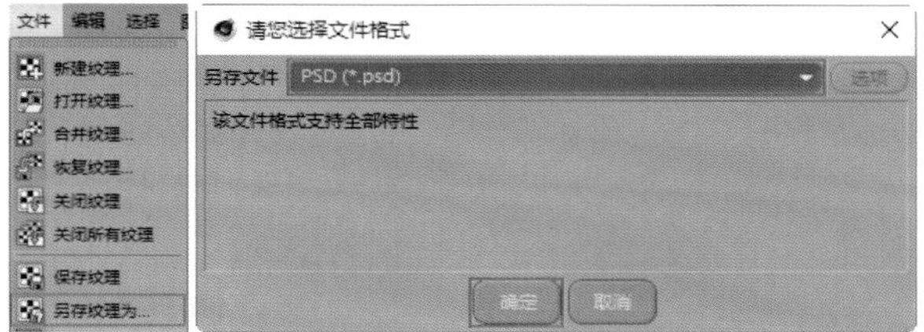

图11-70

23 在Photoshop中打开刚才制作的UV贴图文件，白色的线框图层即是贴图的区域，包装的纹理需要在这个白色线框内设计制作，如图11-71所示。

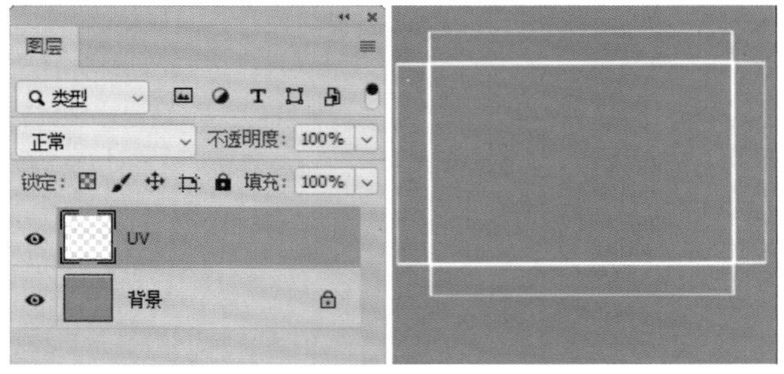

图11-71

24 在Photoshop中的设计过程不是本书的重点，这里就不具体讲解了。读者需要注意的是要把设计的主要内容放置于UV白色线框内，如图11-72所示。

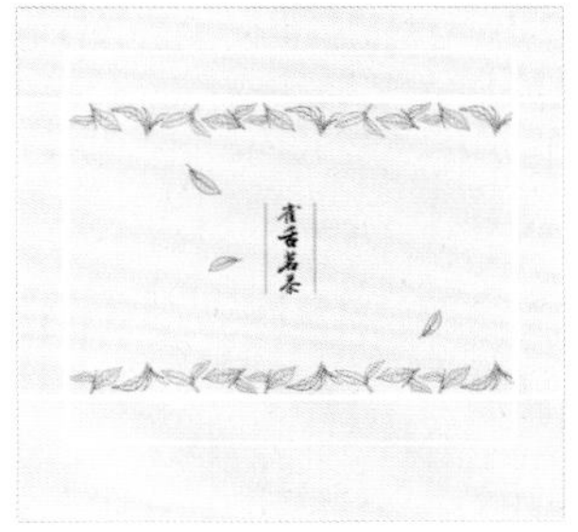

图11-72

25 进行茶叶袋UV拆分。单击Cinema 4D右上方的“界面”菜单，在下拉菜单中执行“BP – UV Edit”命令，切换到UV编辑界面；制作“茶叶袋”的UV，如图11-73所示。

图11-73

26 在左侧面板上方快捷工具栏中单击“多边形”按钮，选中需要制作UV贴图的面，如图11-74所示。

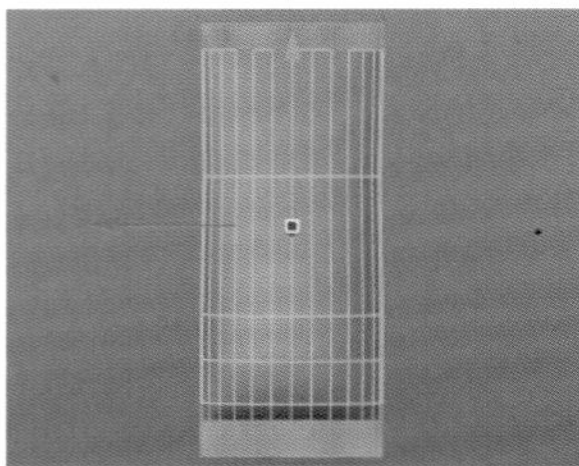

图11-74

27 在UV编辑界面右下方的“贴图”选项卡中选择“投射”选项卡，单击“前沿”按钮，上方UV编辑面板中会显示选中面的UV形状，如图11-75所示。

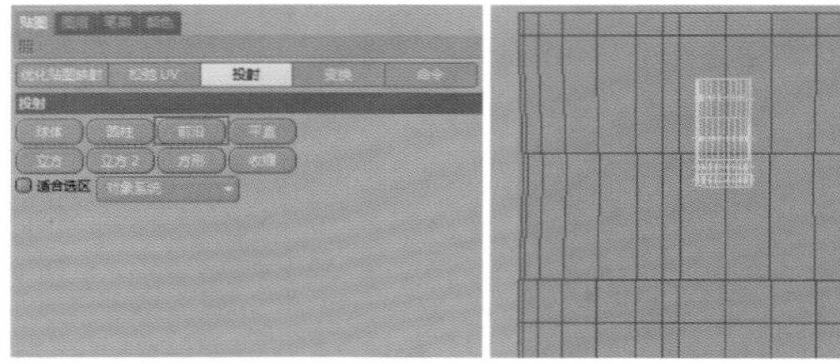

图11-75

28 在UV编辑界面右下方的“松弛UV”选项卡中进行设置后单击“应用”按钮，松弛UV并重新进行排列，如图11-76所示。

29 使用“缩放”工具对展开的UV进行缩放，调整UV的摆放位置，如图11-77所示。

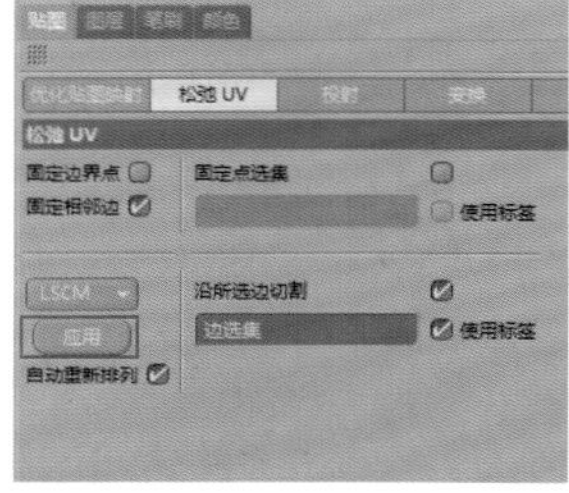

图11-76

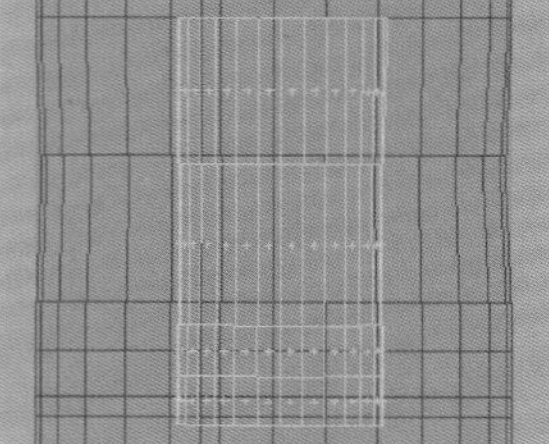

图11-77

30 在UV编辑面板中执行“文件＞新建纹理”菜单命令，在弹出的面板中设置纹理的“宽度”和“高度”均为2048像素、“分辨率”为72像素/英寸（dpi），如图11-78所示。

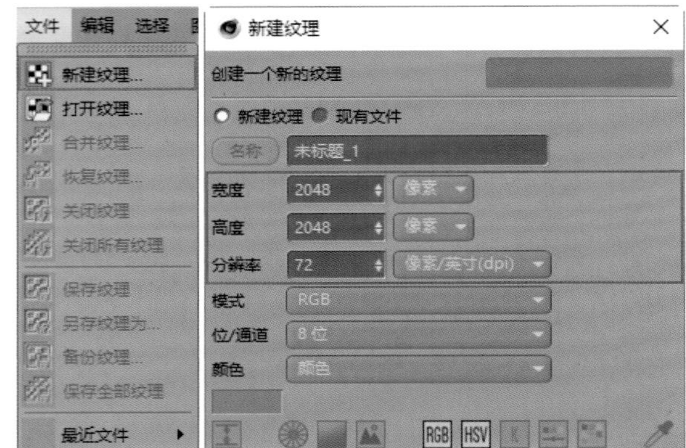

图11-78

31 切换到UV编辑界面右下方的“图层”选项卡，单击下方的“新建图层”按钮，新建一个空白图层，如图11-79所示。

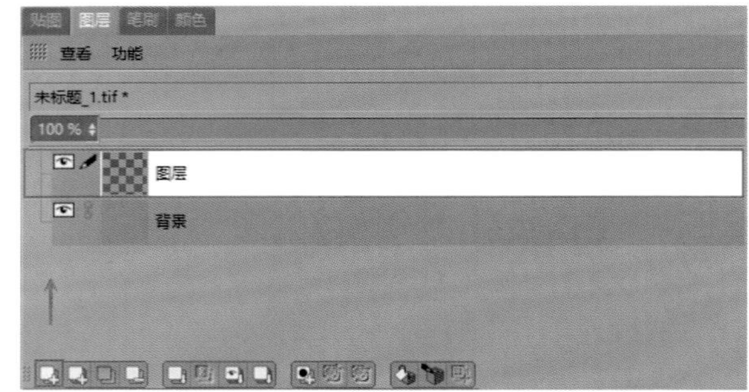

图11-79

32 在UV编辑面板中执行“图层＞描边多边形”菜单命令，对UV进行描边，如图11-80所示。

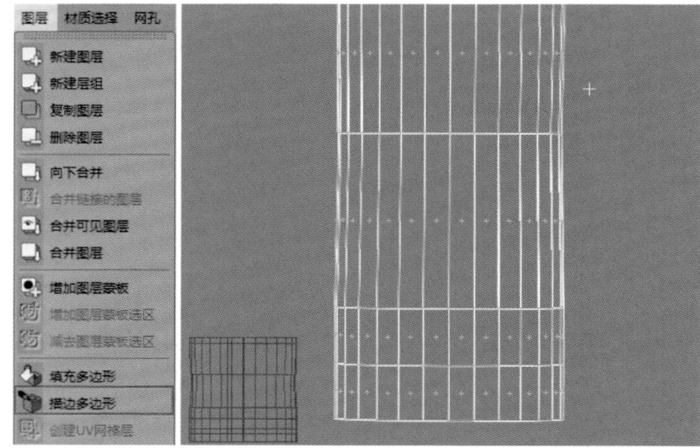

图11-80

33 在UV编辑面板中执行“文件＞另存纹理为”菜单命令，在弹出的面板中设置“另存文件”为“PSD(*.psd)”格式，单击“确定”按钮，如图11-81所示，在弹出的面板中设置纹理保存路径。

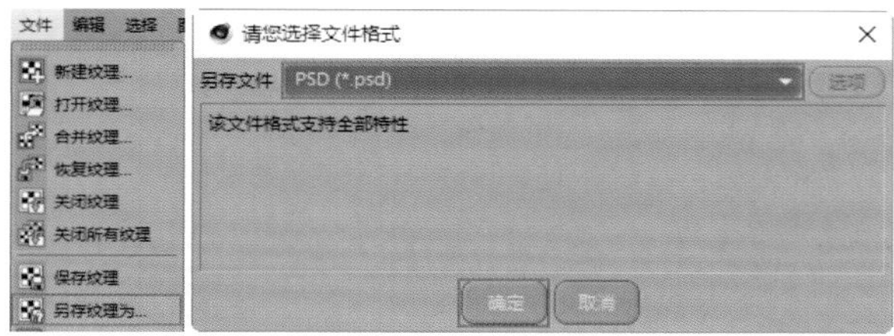

图11-81

34 在Photoshop中打开刚才制作的UV贴图文件，白色的线框图层即是贴图的区域，包装的纹理需要在这个白色线框内设计制作，如图11-82所示。

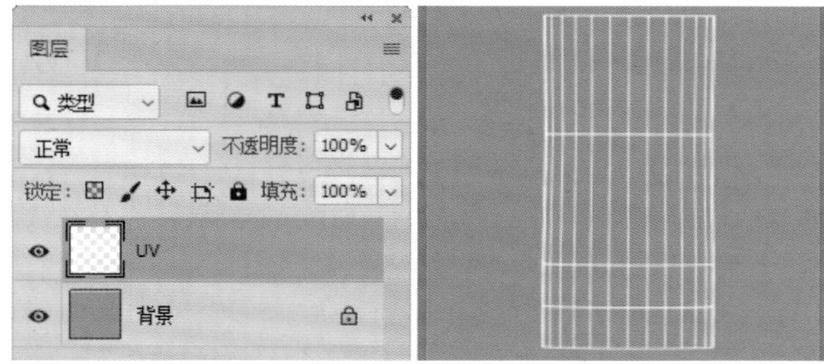

图11-82

35 在Photoshop中的设计过程不是本书的重点，这里就不再讲解了。读者需要注意的是要把设计的主要内容放置于UV白色线框内，如图11-83所示。

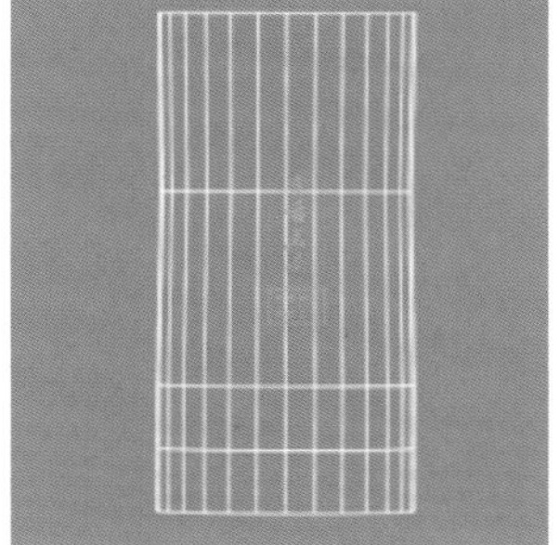

图11-83

36 进行茶叶罐UV拆分。单击Cinema 4D右上方的“界面”菜单，在下拉菜单中执行“BP – UV Edit”命令，切换到UV编辑界面，制作茶叶罐的UV，如图11-84所示。

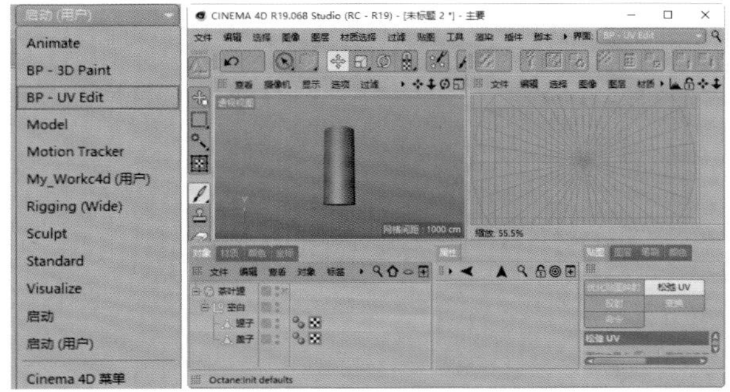

图11-84

37 选中罐子对象，在左侧面板上方快捷工具栏中单击“边”按钮，选中需要展开UV的边，并执行“选择>设置选集”菜单命令，为刚才选中的边添加“选集”标签，如图11-85所示。

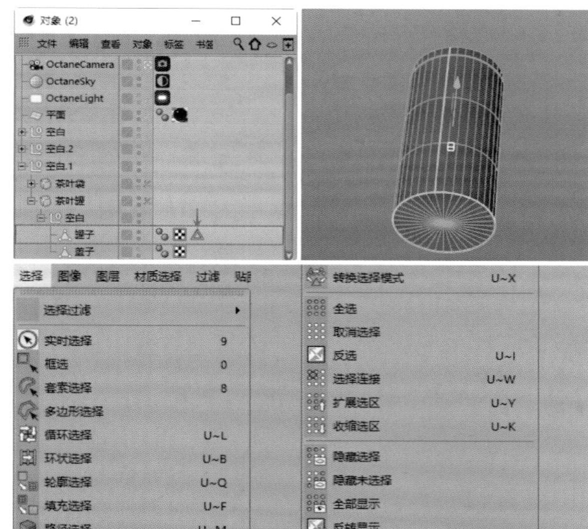

图11-85

38 在左侧面板上方快捷工具栏中单击“多边形”按钮，选中所有的面，如图11-86所示。

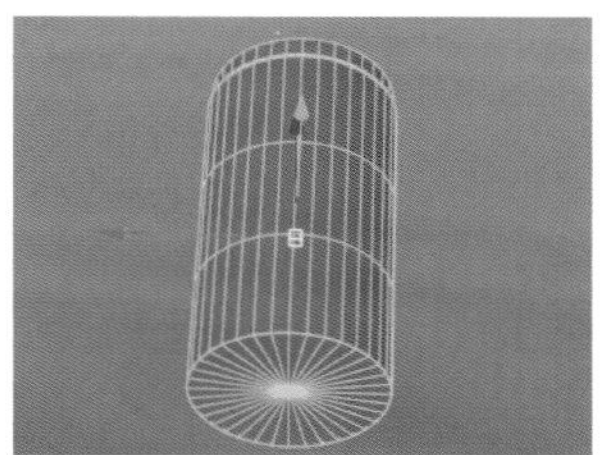

图11-86

39 在UV编辑界面右下方的“贴图”选项卡中选择“投射”选项卡，单击“前沿”按钮，上方UV编辑面板中会显示选中面的UV形状，如图11-87所示。

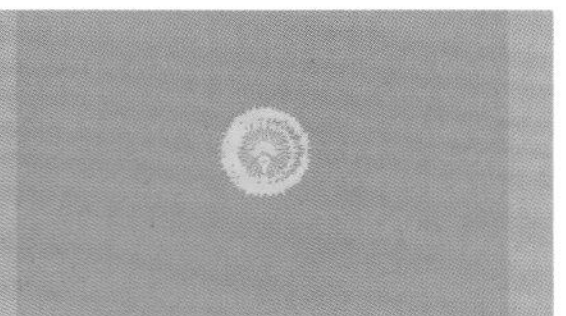

图11-87

40 在UV编辑界面右下方的“松弛UV”选项卡中勾选“沿所选边切割”选项，把之前创建的边的“选集”标签拖曳到该选项下方的空白区域，并勾选“使用标签”选项，单击“应用”按钮，松弛UV并重新进行排列，如图11-88所示。

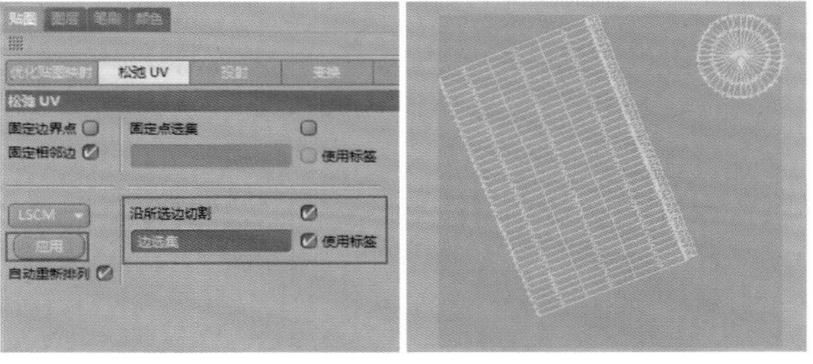

图11-88

41 使用"旋转"工具和"移动"工具对展开的UV进行旋转和移动，调整UV的摆放位置，如图11-89所示。

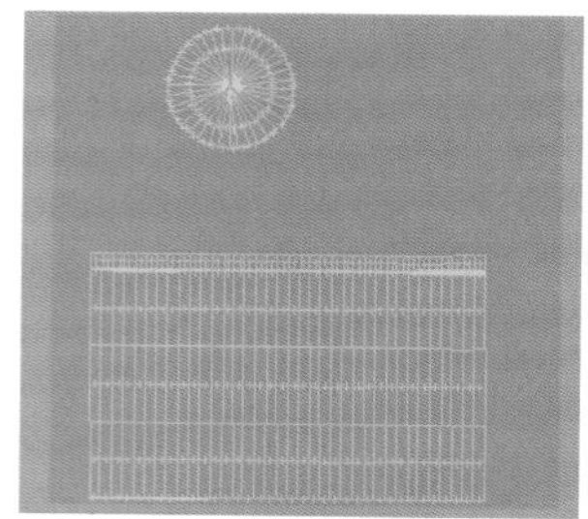

图11-89

42 在UV编辑面板中执行"文件>新建纹理"菜单命令，在弹出的面板中设置纹理的"宽度"和"高度"均为2048像素、"分辨率"为72像素/英寸（dpi），如图11-90所示。

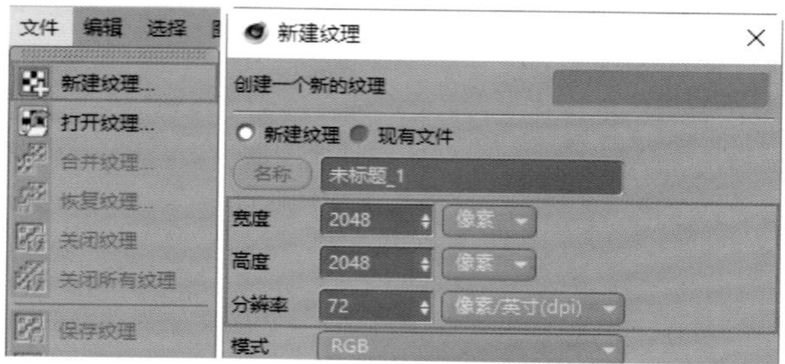

图11-90

43 切换到UV编辑界面右下方的"图层"选项卡，单击下方的"新建图层"按钮，新建一个空白图层，如图11-91所示。

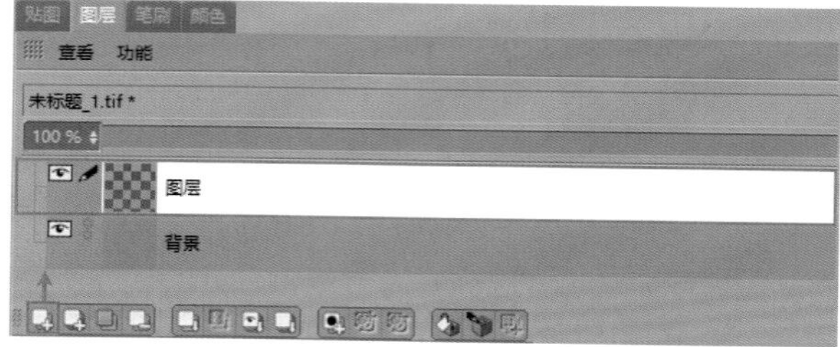

图11-91

44 在UV编辑面板中执行"图层>描边多边形"菜单命令，对UV进行描边，如图11-92所示。

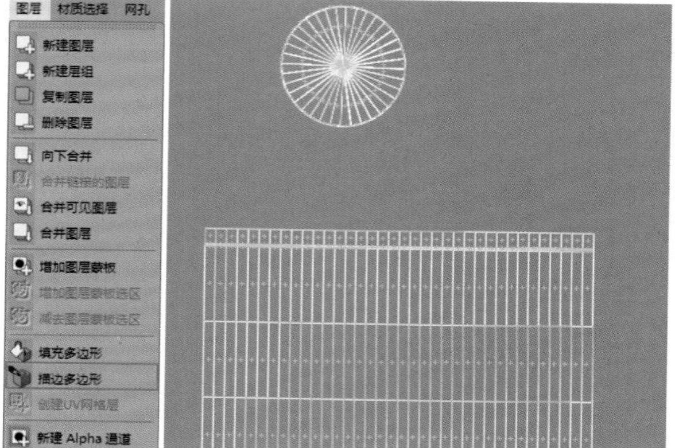

图11-92

45 在UV编辑面板中执行"文件>另存纹理为"菜单命令，在弹出的面板中设置"另存文件"为"PSD(*.psd)"格式，单击"确定"按钮，如图11-93所示，在弹出的面板中设置纹理保存路径。

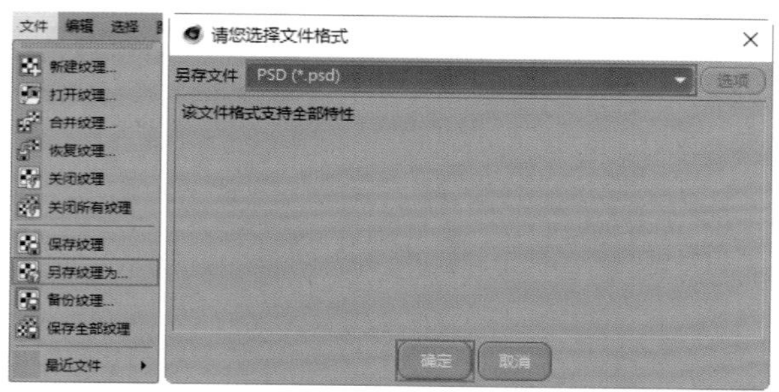

图11-93

46 在Photoshop中打开刚才制作的UV贴图文件，白色的线框图层即是贴图的区域，包装的纹理需要在这个白色线框内设计制作，如图11-94所示。

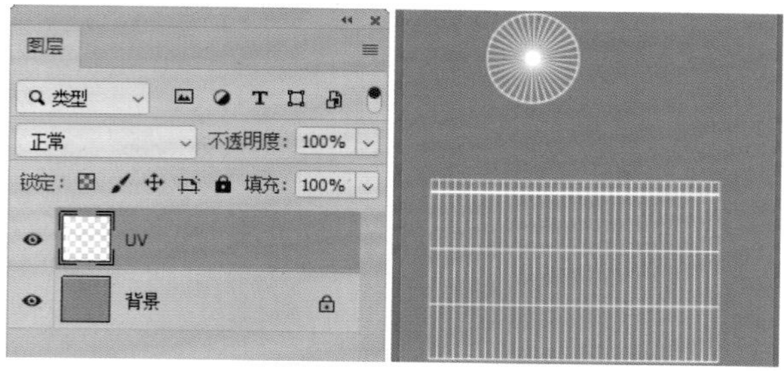

图11-94

47 在Photoshop中的设计过程不是本书的重点，这里就不再讲解了。读者需要注意的是要把设计的主要内容放置于UV白色线框内，如图11-95所示。

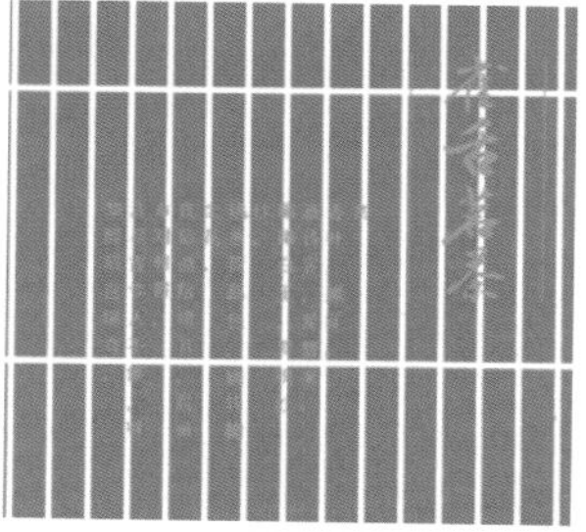

图11-95

技术专题：UV拆分错误的解决方法

在拆分模型UV时，有时会遇到出现"松弛UV错误 - UV - 没有适当的边界"的错误提示，出现这种问题的原因大致有两种：一是模型布线不合理，模型上有多余的点或重复的面，这时需要仔细检查模型的布线结构，对不合理的地方重新进行布线调整；二是模型有厚度，模型的贴图大部分情况下只需要贴在模型的外表面，所以在对有厚度的模型制作UV时，读者需要注意不要选择模型内部的面。

这里我们以一个立方体对象为例，首先使用"挤压"工具将立方体向内挤压，使其内部产生厚度，在对立方体进行UV拆分时会出现"松弛UV错误 - UV - 没有适当的边界"的错误提示，这是因为在制作UV时选择了立方体所有的面。

之后，我们只选择立方体外部的面，再次制作UV，就不会再出现错误提示了，如图11-96所示。

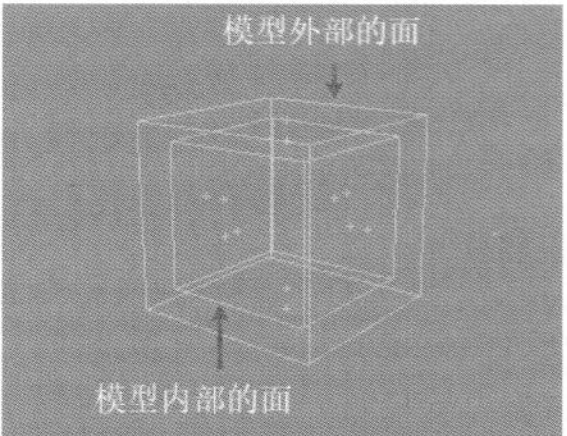

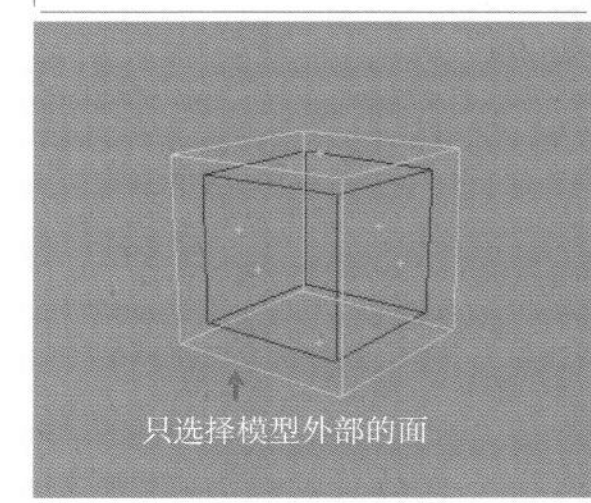

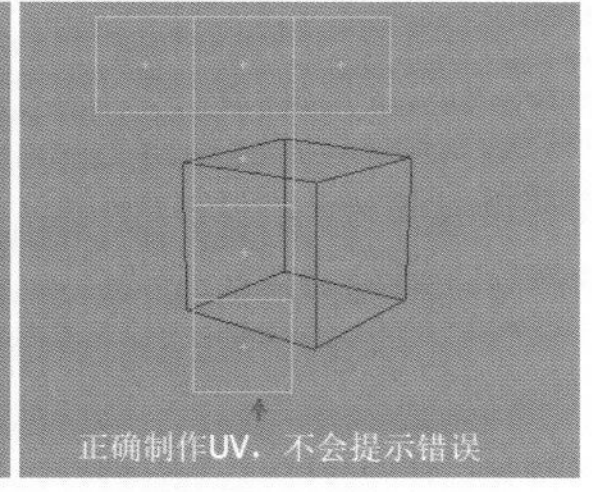

图11-96

11.1.5 布景搭建

搭建好的茶叶包装场景模型效果如图11-97所示。

图11-97

01 创建一个平面对象并调整其大小，设置“宽度”和“高度”均为4225cm、“宽度分段”和“高度分段”均为120，作为场景的地板，如图11-98所示。

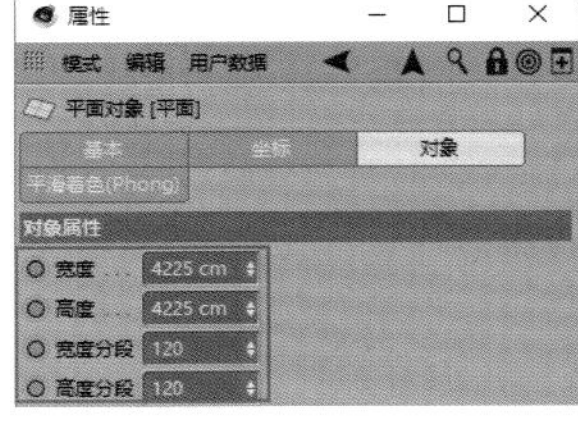

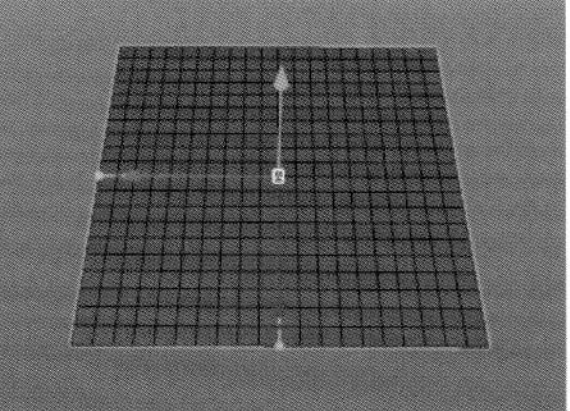

图11-98

02 导入茶壶和茶杯模型并调整到合适的位置，作为场景中的造型元素，如图11-99所示。

03 把之前制作的茶叶罐、茶叶袋和外包装对象放入场景中，并调整它们的位置，如图11-100所示。

图11-99

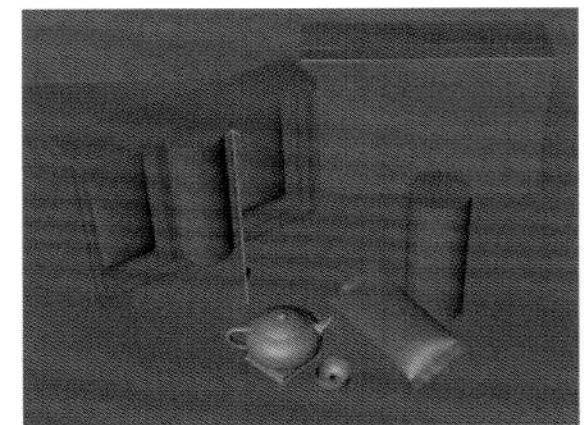

图11-100

04 在“Octane Render”面板中执行“对象>Octane摄像机”菜单命令，创建一个摄像机，设置“焦距”为80，并调整“摄像机”视角为俯视视角，如图11-101所示。

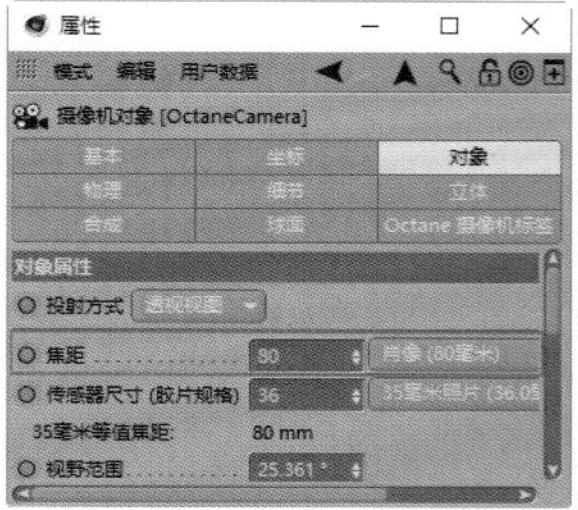

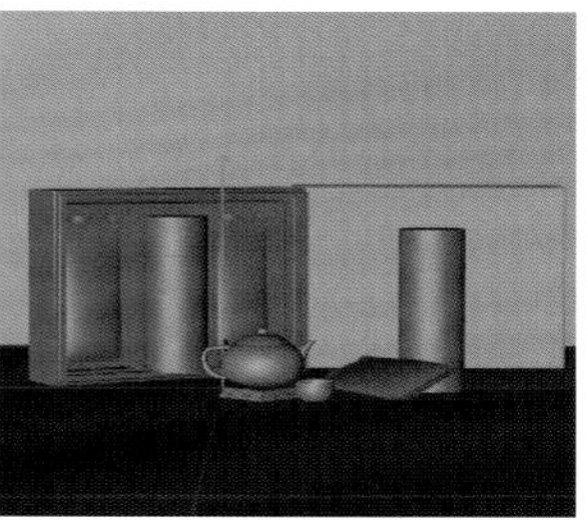

图11-101

11.1.6 配置场景环境与材质

搭建好场景之后，就可以配置场景的环境和材质了。配置好的场景环境和材质效果如图11-102所示。

图11-102

01 在“Octane Render”面板中执行“对象>Octane HDRI环境”菜单命令，并加载tex文件夹中的环境贴图，进行环境配置，如图11-103所示。

图11-103

02 只使用环境光进行照明的场景是偏暗的，所以还需要使用“Octane区域光”为场景中的物体对象补光，如图11-104所示。

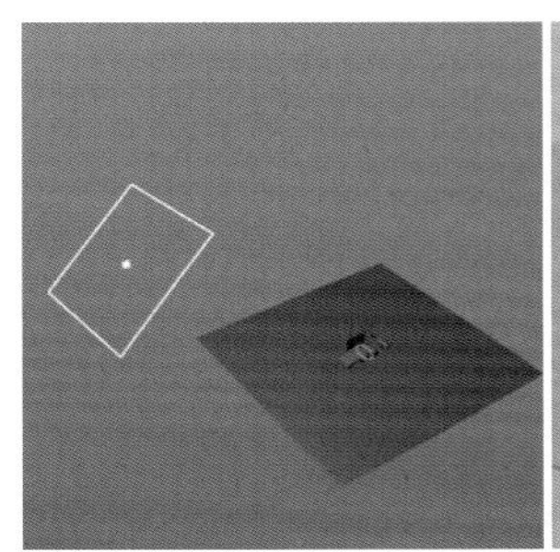

图11-104

03 使用“Octane光泽材质”，打开“Octane节点编辑器”，使用“图像纹理”节点连接材质的“漫射”通道和“镜面”通道，对其添加tex文件夹中的“外盒封皮.psd”纹理贴图；使用“混合纹理”节点连接材质的“凹凸”通道，将“混合纹理”中的“纹理1”与“纹理2”分别连接两个新的“图像纹理”节点，并分别对这两个“图像纹理”节点添加tex文件夹中的“外盒封皮_黑白.jpg”和“外盒封皮_黑白2.jpg”纹理贴图，再把该材质赋给外盒封皮对象，如图11-105所示。

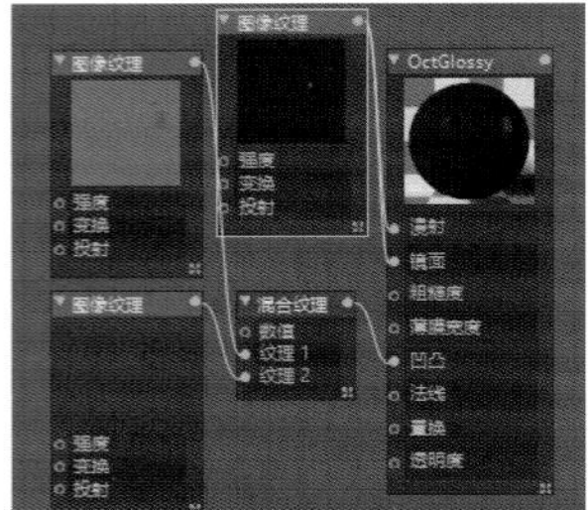

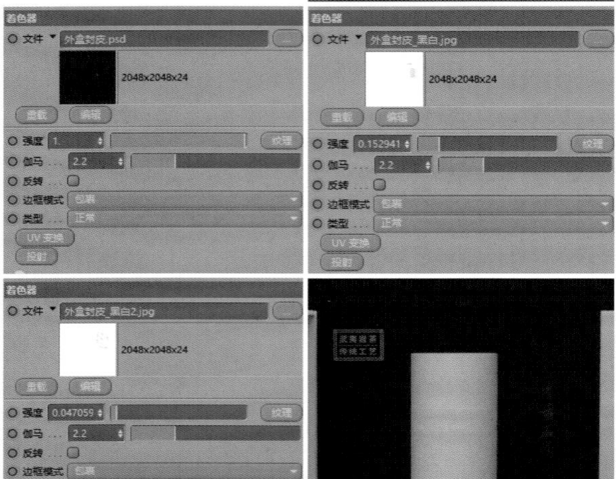

图11-105

04 使用“Octane光泽材质”，设置“漫射”通道的“颜色”为黄色，在“粗糙度”中设置“浮点”为0.2左右，把该材质赋给外盒下对象，如图11-106所示。

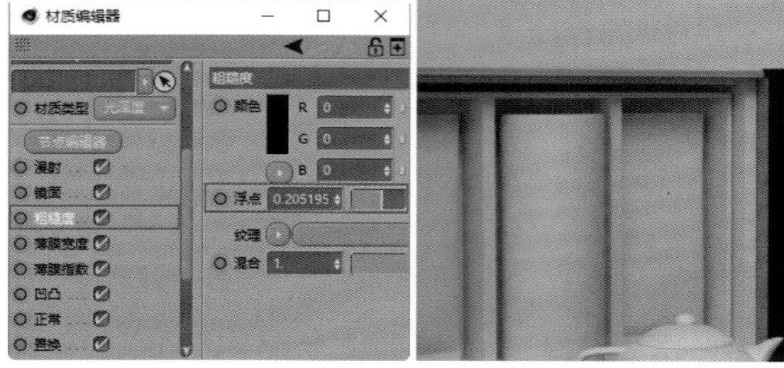

图11-106

05 使用“Octane光泽材质”，设置“漫射”通道的“颜色”为黄色，在“粗糙度”中设置“浮点”为0.2左右；打开“Octane节点编辑器”，使用“图像纹理”节点连接材质的“凹凸”通道和“透明度”通道，对其添加tex文件夹中的“外盒上_文字透明.jpg”纹理贴图，并把该材质赋给外盒上对象，如图11-107所示。

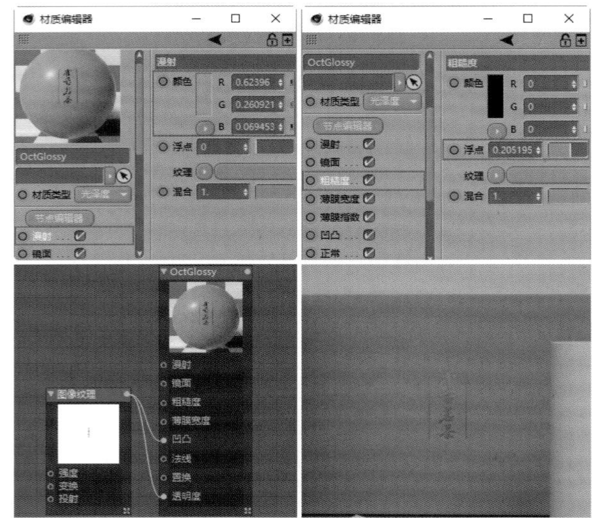

图11-107

06 使用“Octane光泽材质”，在“粗糙度”中设置“浮点”为0.5；打开“Octane节点编辑器”，使用“图像纹理”节点连接材质的“漫射”通道，对其添加tex文件夹中的“茶叶罐UV.jpg”纹理贴图，并把该材质赋给内盒和外盒格子对象，如图11-108所示。

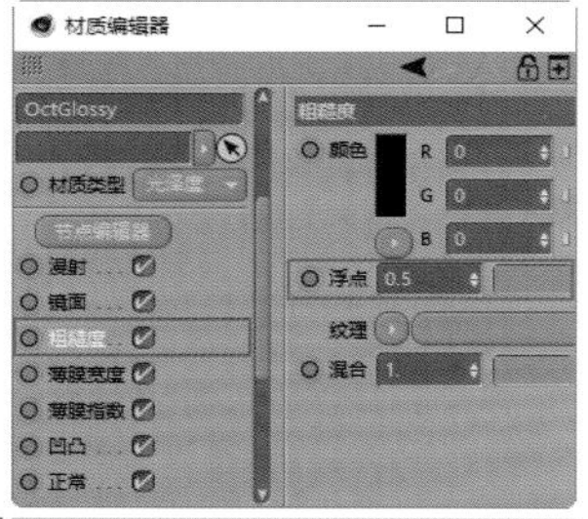

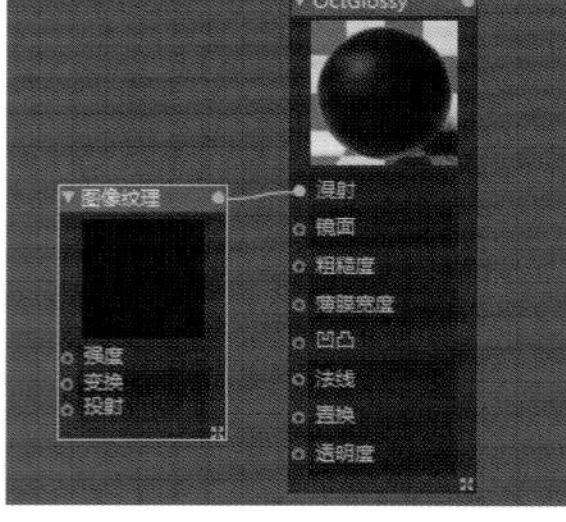

图11-108

07 使用“Octane光泽材质”，在“粗糙度”中设置“浮点”为0.5；打开“Octane节点编辑器”，使用“图像纹理”节点连接材质的“漫射”通道，对其添加tex文件夹中的“茶叶袋UV.psd”纹理贴图，并把该材质赋给茶叶袋对象，如图11-109所示。

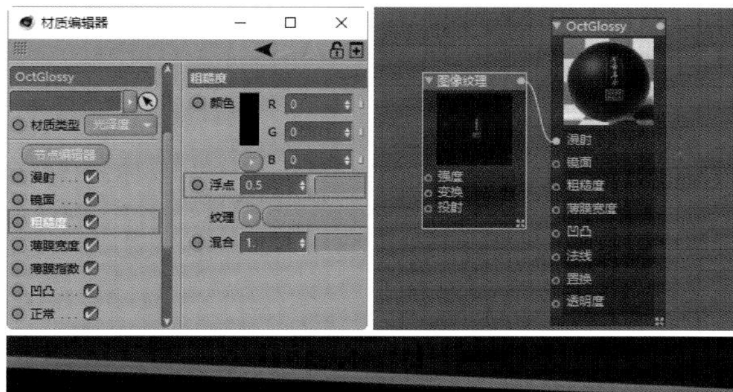

图11-109

08 使用“Octane光泽材质”，在“粗糙度”中设置“浮点”为0.5；打开“Octane节点编辑器”，使用“图像纹理”节点连接材质的“漫射”通道，对其添加tex文件夹中的“茶叶罐UV.psd”纹理贴图；使用新的“图像纹理”节点连接材质的“透明度”通道，对其添加tex文件夹中的“茶叶罐_黑白.jpg”纹理贴图，并把该材质赋给茶叶罐的罐子对象，如图11-110所示。

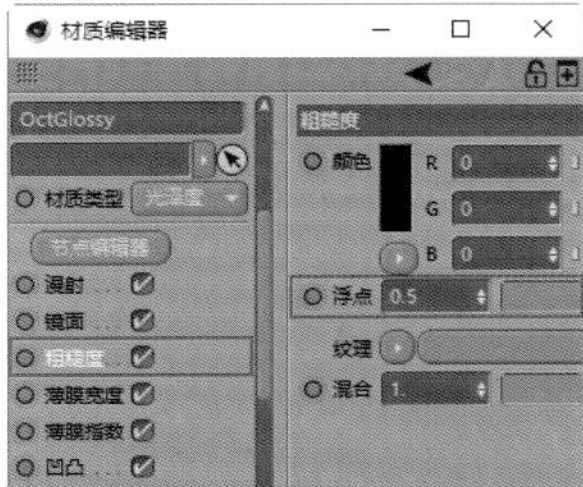

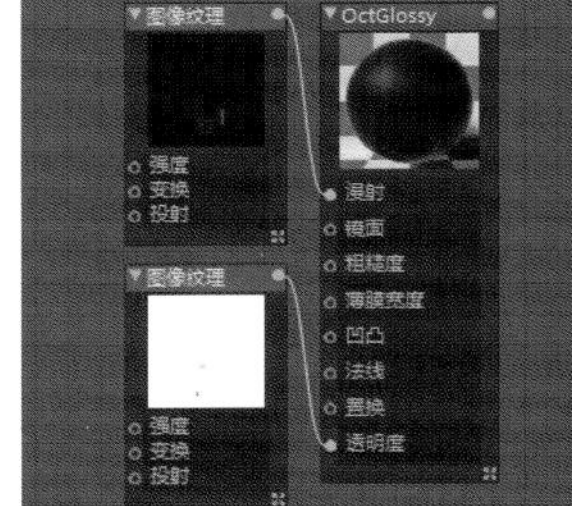

图11-110

09 使用“Octane光泽材质”，取消勾选“漫射”通道，设置“镜面”通道的“颜色”为黄色，在“粗糙度”中设置“浮点”为0.04左右，设置“索引”为1，把该材质赋给罐子对象，如图11-111所示。

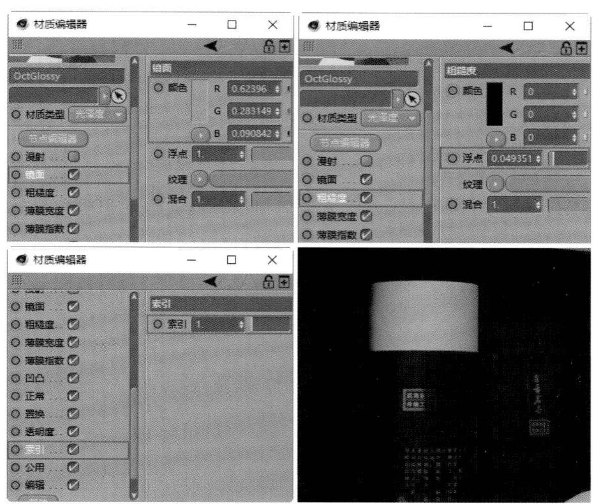

图11-111

10 把刚才赋给内盒对象的材质赋给茶叶罐的盖子对象，如图11-112所示。

图11-112

11 使用“Octane光泽材质”，在“粗糙度”中设置“浮点”为0.3左右，设置“索引”为1.4；打开“Octane节点编辑器”，使用“图像纹理”“RGB颜色”和“混合纹理”节点连接材质的“漫射”通道，对其添加tex文件夹中的“纹理.jpg”纹理贴图，并把该材质赋给茶壶和茶杯对象，如图11-113所示。

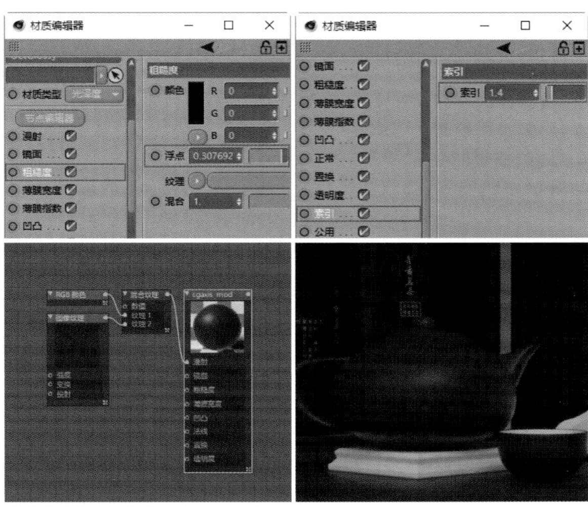

图11-113

12 使用“Octane光泽材质”，在“粗糙度”中设置“浮点”为0.14左右，在“漫射”中设置“颜色”为棕色，并把该材质赋给茶托对象，如图11-114所示。

13 使用“Octane光泽材质”，打开“Octane节点编辑器”，使用“图像纹理”节点，对其添加tex文件夹中的“木纹.jpg”纹理贴图，把它连接到“色彩校正”节点，通过“色彩校正”节点可以调整图片的颜色，并把“色彩校正”节点连接到材质的“漫射”通道；在“粗糙度”中设置“浮点”为0.04左右，设置“索引”为1.4，并把该材质赋给地板对象，如图11-115所示。

图11-114

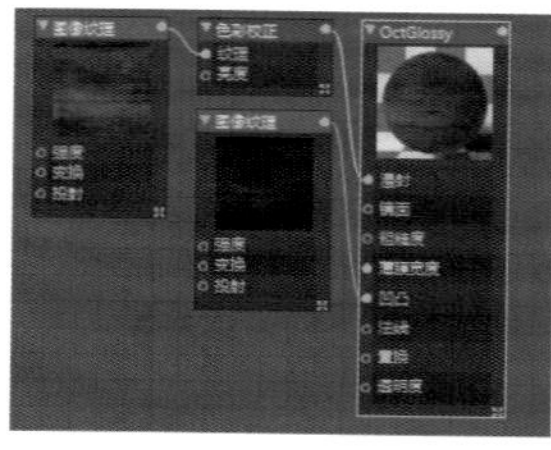

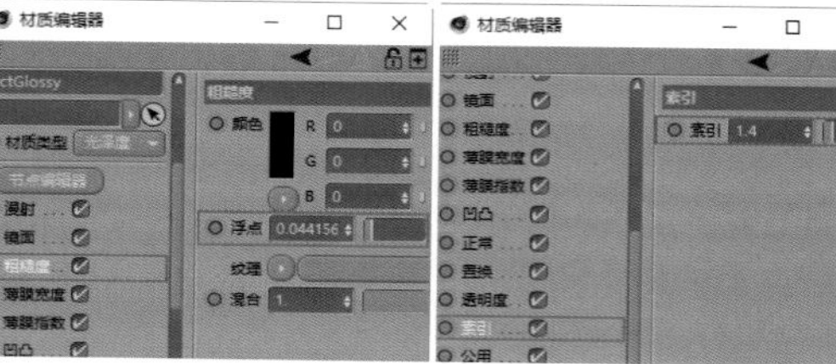

图11-115

技术专题：改变贴图颜色

在制作产品包装贴图时,“混合”“相乘”“添加”和“减去”节点可以用来更改贴图的颜色，它们的使用方法相同，这里以“添加”节点为例进行说明。

使用“Octane光泽材质”，打开“Octane节点编辑器”，使用“图像纹理”节点并对其添加一张纹理贴图，默认的贴图颜色是“绿色”。使用“添加”节点，把“图像纹理”节点连接到“添加”节点的“纹理2”；使用“RGB颜色”节点并连接到“添加”节点的“纹理1”，把“添加”节点连接到材质的“漫射”通道，这时若更改“RGB颜色”节点的颜色，纹理贴图的颜色也会改变，如图11-116所示。

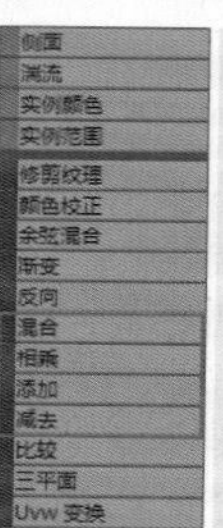

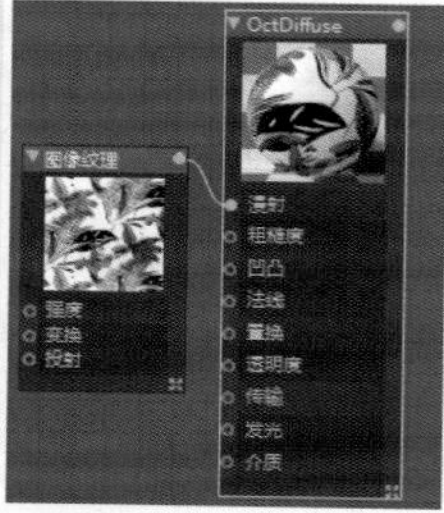

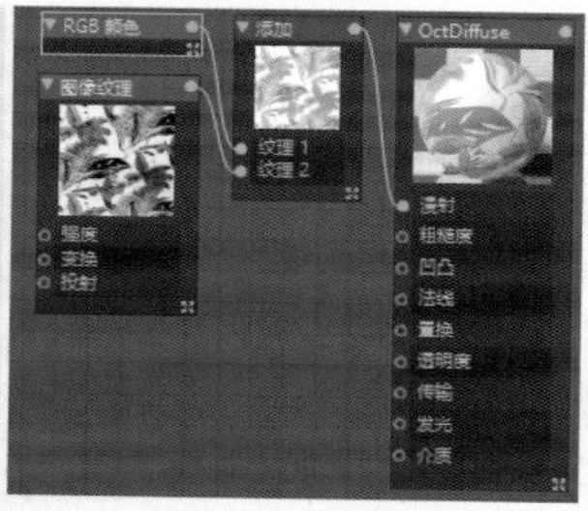

图11-116

11.1.7 渲染效果展示

更多渲染好的效果如图11-117所示。

图11-117

11.2 牛奶包装渲染案例

场景位置	场景文件 >CH11> 牛奶包装渲染场景 .c4d
实例位置	实例文件 >CH11> 牛奶包装渲染案例 .c4d
视频名称	牛奶包装渲染案例
技术掌握	牛奶包装盒模型制作方法及材质的调节方法

本案例介绍牛奶包装盒模型的制作过程，以及材质和渲染环境的调节方法。

本案例中牛奶包装盒的上部结构与之前讲解过的包装结构不同，本节将结合之前介绍过的包装建模知识进一步讲解建模布线的方法。

由于牛奶包装盒模型的结构特殊，因此在展开UV时可以对结构特殊的模型单独制作UV，这也是在对产品进行UV制作时常用的技巧之一。

制作好的牛奶产品包装效果如图11-118所示。

图11-118

11.3 鸡蛋包装渲染案例

场景位置	场景文件 >CH11> 鸡蛋包装渲染场景 .c4d
实例位置	实例文件 >CH11> 鸡蛋包装渲染案例 .c4d
视频名称	鸡蛋包装渲染案例
技术掌握	鸡蛋包装盒模型制作方法及材质的调节方法

本案例介绍在曲面硬边挖洞的技巧，以及材质和渲染环境的调节方法。

鸡蛋外包装盒属于一种异形结构。本案例将为读者讲解在遇到这种结构的模型时，应该如何思考、制作、处理布线细节等。

在材质方面，鸡蛋产品和包装盒的材质制作需要用到不同的贴图和材质节点，这需要对之前学到的知识进行综合运用。在平时进行产品包装制作时，一种材质效果往往是由很多个节点合成的。

制作好的鸡蛋产品包装效果如图11-119所示。

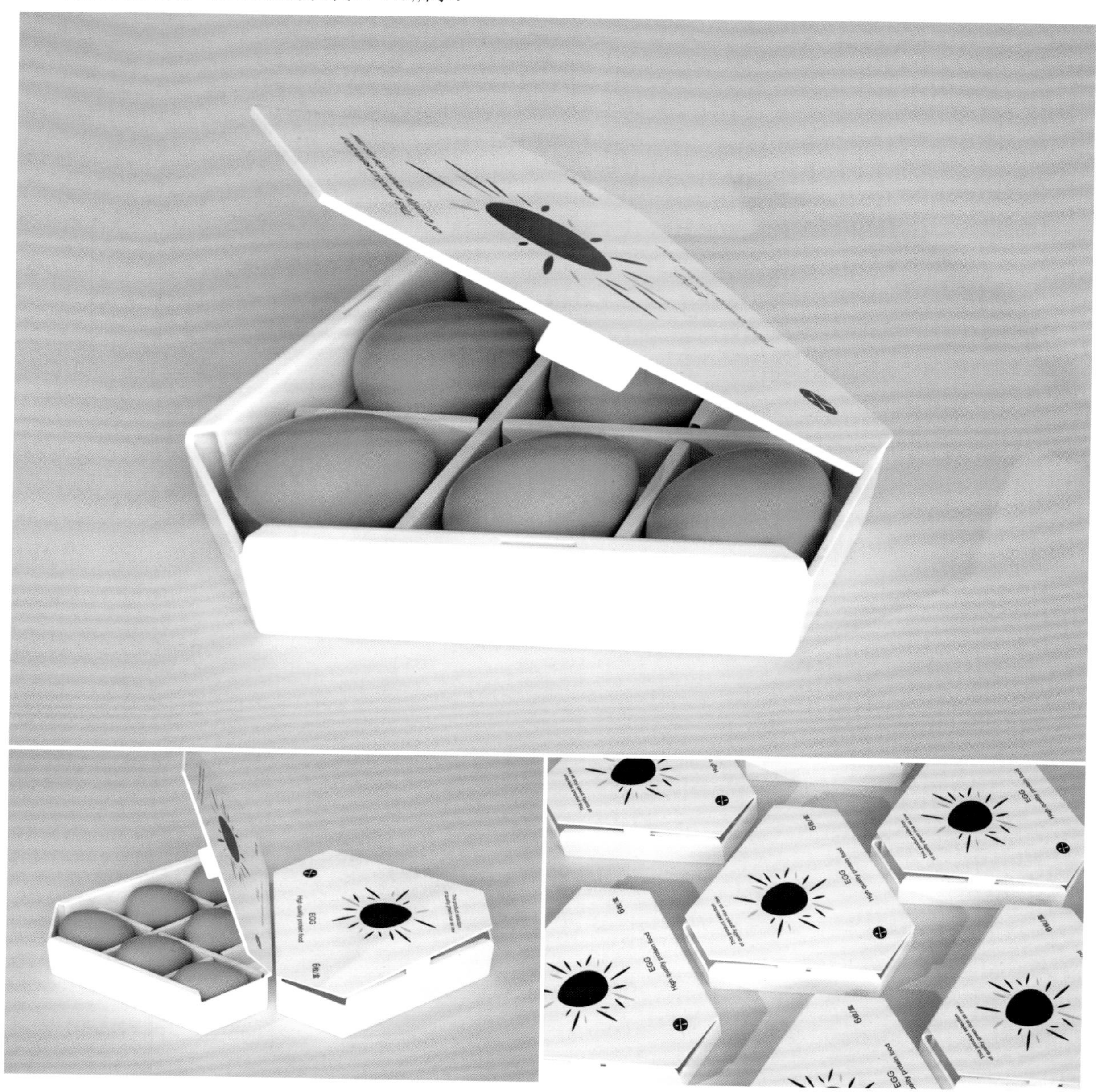

图11-119

附录

附录1 Cinema 4D 常用快捷键速查表

1.基础快捷键

操作	快捷键
新建	Ctrl+N
合并	Ctrl+Shift+O
打开	Ctrl+O
关闭全部	Ctrl+Shift+F4
另存为	Ctrl+Shift+S
保存	Ctrl+S
退出	Alt+F4

2.动画时间线操作快捷键

操作	快捷键
向前播放	F8
向后播放	F6
停止播放	F7
转到下一帧	G
转到上一帧	F
转到下一关键帧	Ctrl+G
转到上一关键帧	Ctrl+F
转到结束	Shift+G
转到开始	Shift+F
记录活动对象	F9
自动关键帧	Ctrl+F9

3.建模快捷键

操作	快捷键
创建点	M+A
桥接	M+B
笔刷	M+C
封闭多边形孔洞	M+D
多边形画笔	M+E
切割边	M+F
熨烫	M+G
镜像	M+H
磁铁	M+I
平面切割	M+J
线性切割	M+K
循环/路径切割	M+L
连接点/边	M+M
消除	M+N
滑动	M+O
缝合	M+P
焊接	M+Q
细分曲面权重	M+R
倒角	M+S
挤压	M+T
设置点值	M+U
旋转边	M+V
内部挤压	M+W
矩阵挤压	M+X
偏移	M+Y
沿法线移动	M+Z

4.视图操作快捷键

操作	快捷键
透视视图	F1
顶视图	F2
右视图	F3
正视图	F4
全部视图	F5

附录2 关于Cinema 4D操作的一些小技巧

1.显示模型点、线、面数量信息

在“视图”面板中的“HUD标签”选项卡中，勾选“所选取点”选项、“所选取边”选项和“选取多边形”选项。“HUD标签”可以用来设置显示工程项目中的属性信息。

2.灵活控制灯光照射角度

选中需要控制的灯光，执行“工具＞照明工具”菜单命令，单击并移动鼠标指针，就可以精准地控制灯光的照射角度和位置了。

3.贴合物体表面

当物体A需要贴合物体B表面进行移动时，可以使用“角色”标签中的“约束”标签。

4.交互式渲染设置方法

在交互式渲染框的任意位置单击鼠标右键，执行“交互式区域渲染设置”命令，在弹出的面板中可以对其进行相关设置。

5.灵活使用填充选择工具

当将多个模型转为一个可编辑对象后，如果需要单独选中其中的某个模型，可以在“多边形”模式下，使用“填充选择”工具在需要选中的模型上单击，即可快速选中需要的模型。

6.快速执行命令

按快捷键Shift+C，弹出“命令”面板，在面板中输入需要执行的命令，例如“克隆”，可以快速地创建“克隆”工具。

7.隐藏窗口

工作时如果某些面板暂时不需要，可以按住Ctrl键，然后在面板最左侧单击把这些工具隐藏起来。

8.快速创建父子级物体对象

按住Alt键单击物体B，可以将其设置为物体A的父级对象。

按住Shift键单击物体B，可以将其设置为物体A的子级对象。

附录3 Cinema 4D插件和预设文件安装方法

1.插件文件安装目录

把需要安装的插件文件复制并粘贴到Cinema 4D安装目录下的plugins文件夹中即可。

2.预设文件安装目录

把需要安装的预设文件复制并粘贴到Cinema 4D安装目录下的library/browser文件夹中即可。